徹頭徹尾

[철두철미] 처음부터 끝까지 빈틈없이 철저하게

최신 출제경향에 맞춘

최고의 수험서

2024

AIR POLLUTION ENVIRONMENTAL

대기환경 산업기사 필기 I 이론정리

서영민 · 이철한 · 달팽이

최신 대기환경관계법규 적용!!

최신 대기공정시험기준 적용!!

2018~2023년 기출문제 **완벽풀이!!**

- 최근 대기환경 관련 법규 · 공정시험 기준 수록 및 출제 비중 높은 내용 표시
- 최근 출제 경향에 맞추어 핵심 이론 및 계산문제 · 풀이 수록
- 핵심필수문제(이론) 및 과년도 문제 · 풀이 상세한 해설 수록
- 기초가 부족한 수험생도 쉽게 학습할 수 있도록 내용 구성
- 각 단원별 출제비중 높은 내용 표시

예문사

머리말...

본서는 한국산업인력공단 최근 출제기준에 맞추어 구성하였으며 대기환경 기사 필기시험을 준비하는 수험생 여러분들이 효율적으로 공부할 수 있도록 필수 내용만 정성껏 담았습니다.

본 교재의 특징

1 최근 출제경향에 맞추어 핵심이론과 계산문제 및 풀이 수록
2 각 단원별로 출제비중 높은 내용 표시
3 최근 대기환경 관련 법규, 공정시험기준 수록 및 출제비중 높은 내용 표시
4 핵심필수문제(이론) 및 최근 기출문제풀이의 상세한 해설 수록

차후 실시되는 시험문제들의 해설을 통해 미흡하고 부족한 점을 계속 수정 · 보완해 나가도록 하겠습니다.

끝으로, 이 책을 출간하기까지 끊임없는 성원과 배려를 해주신 예문사 관계자 여러분, 주경야독 윤동기 이사님, 정용민 팀장, 달팽이 박수호님, 인천의 친구 김성기에게 깊은 감사를 전합니다.

저자 **서 영 민**

대기환경기사 출제기준(필기)

직무분야	환경 · 에너지	중직무분야	환경	자격종목	대기환경기사	적용기간	2020.1.1.~2024.12.31

○ 직무내용 : 대기분야에서 측정망을 설치하고 그 지역의 대기오염 상태를 측정하여 다각적인 연구와 실험분석을 통해 대기오염에 대한 대책을 강구하고, 대기오염 물질을 제거 또는 감소시키기 위한 오염방지 시설을 설계, 시공, 운영하는 업무

필기검정방법	객관식	문제수	100	시험시간	2시간 30분

필기과목명	문제수	주요항목	세부항목	세세항목
대기오염개론	20	1. 대기오염	1. 대기오염의 특성	1. 대기오염의 정의 2. 대기오염의 원인 3. 대기오염인자
			2. 대기오염의 현황	1. 대기오염물질 배출원 2. 대기오염물질 분류
			3. 실내공기오염	1. 배출원 2. 특성 및 영향
		2. 2차오염	1. 광화학반응	1. 이론 2. 영향인자 3. 반응
			2. 2차오염	1. 2차 오염물질의 정의 2. 2차 오염물질의 종류
		3. 대기오염의 영향 및 대책	1. 대기오염의 피해 및 영향	1. 인체에 미치는 영향 2. 동 · 식물에 미치는 영향 3. 재료와 구조물에 미치는 영향
			2. 대기오염사건	1. 대기오염사건별 특징 2. 대기오염사건의 피해와 그 영향
			3. 대기오염대책	1. 연료 대책 2. 자동차 대책 3. 기타 산업시설의 대책 등
			4. 광화학오염	1. 원인 물질의 종류 2. 특징 3. 영향 및 피해
			5. 산성비	1. 원인 물질의 종류 2. 특징 3. 영향 및 피해 4. 기타 국제적 환경문제와 그 대책

필 기 과목명	문제수	주요항목	세부항목	세세항목
		4. 기후변화 대응	1. 지구온난화	1. 원인 물질의 종류 2. 특징 3. 영향 및 대책 4. 국제적 동향
			2. 오존층파괴	1. 원인 물질의 종류 2. 특징 3. 영향 및 대책 4. 국제적 동향
		5. 대기의 확산 및 오염예측	1. 대기의 성질 및 확산개요	1. 대기의 성질 2. 대기확산이론
			2. 대기확산방정식 및 확산 모델	1. 대기확산방정식 2. 대류 및 난류확산에 의한 모델
			3. 대기안정도 및 혼합고	1. 대기안정도의 정의 및 분류 2. 대기안정도의 판정 3. 혼합고의 개념 및 특성
			4. 오염물질의 확산	1. 대기안정도에 따른 오염물질의 확산특성 2. 확산에 따른 오염도 예측 3. 굴뚝 설계
			5. 기상인자 및 영향	1. 기상인자 2. 기상의 영향
연소 공학	20	1. 연소	1. 연소이론	1. 연소의 정의 2. 연소의 형태와 분류
			2. 연료의 종류 및 특성	1. 고체연료의 종류 및 특성 2. 액체연료의 종류 및 특성 3. 기체연료의 종류 및 특성
		2. 연소계산	1. 연소열역학 및 열수지	1. 화학적 반응속도론 기초 2. 연소열역학 3. 열수지
			2. 이론공기량	1. 이론산소량 및 이론공기량 2. 공기비(과잉공기계수) 3. 연소에 소요되는 공기량
			3. 연소가스 분석 및 농도 산출	1. 연소가스량 및 성분분석 2. 오염물질의 농도계산
			4. 발열량과 연소온도	1. 발열량의 정의와 종류 2. 발열량 계산 3. 연소실 열발생율 및 연소온도 계산 등

필기 과목명	문제수	주요항목	세부항목	세세항목
		3. 연소설비	1. 연소장치 및 연소방법	1. 고체연료의 연소장치 및 연소방법 2. 액체연료의 연소장치 및 연소방법 3. 기체연료의 연소장치 및 연소방법 4. 각종 연소장애와 그 대책 등
			2. 연소기관 및 오염물	1. 연소기관의 분류 및 구조 2. 연소기관별 특징 및 배출오염물질 3. 연소설계
			3. 연소배출 오염물질 제어	1. 연료대체 2. 연소장치 및 개선방법
대기오염방지기술	20	1. 입자 및 집진의 기초	1. 입자동력학	1. 입자에 작용하는 힘 2. 입자의 종말침강속도 산정 등
			2. 입경과 입경분포	1. 입경의 정의 및 분류 2. 입경분포의 해석
			3. 먼지의 발생 및 배출원	1. 먼지의 발생원 2. 먼지의 배출원
			4. 집진원리	1. 집진의 기초이론 2. 통과율 및 집진효율 계산 등
		2. 집진기술	1. 집진방법	1. 직렬 및 병렬연결 2. 건식집진과 습식집진 등
			2. 집진장치의 종류 및 특징	1. 중력집진장치의 원리 및 특징 2. 관성력집진장치의 원리 및 특징 3. 원심력집진장치의 원리 및 특징 4. 세정식집진장치의 원리 및 특징 5. 여과집진장치의 원리 및 특징 6. 전기집진장치의 원리 및 특징 7. 기타집진장치의 원리 및 특징
			3. 집진장치의 설계	1. 각종 집진장치의 기본 및 실시 설계시 고려인자 2. 각종 집진장치의 처리성능과 특성 3. 각종 집진장치의 효율산정 등
			4. 집진장치의 운전 및 유지관리	1. 중력집진장치의 운전 및 유지관리 2. 관성력집진장치의 운전 및 유지관리 3. 원심력집진장치의 운전 및 유지관리 4. 세정식집진장치의 운전 및 유지관리 5. 여과집진장치의 운전 및 유지관리 6. 전기집진장치의 운전 및 유지관리 7. 기타집진장치의 운전 및 유지관리

필 기 과목명	문제수	주요항목	세부항목	세세항목
		3. 유체역학	1. 유체의 특성	1. 유체의 흐름 2. 유체역학 방정식
		4. 유해가스 및 처리	1. 유해가스의 특성 및 처리이론	1. 유해가스의 특성 2. 유해가스의 처리이론(흡수, 흡착 등)
			2. 유해가스의 발생 및 처리	1. 황산화물 발생 및 처리 2. 질소산화물 발생 및 처리 3. 휘발성유기화합물 발생 및 처리 4. 악취 발생 및 처리 5. 기타 배출시설에서 발생하는 유해가스 처리
			3. 유해가스 처리설비	1. 흡수 처리설비 2. 흡착 처리설비 3. 기타 처리설비 등
			4. 연소기관 배출가스 처리	1. 배출 및 발생 억제기술 2. 배출가스 처리기술
		5. 환기 및 통풍	1. 환기	1. 자연환기 2. 국소환기
			2. 통풍	1. 통풍의 종류 2. 통풍장치
대기오염공정시험기준(방법)	20	1. 일반분석	1. 분석의 기초	1. 총칙 2. 적용범위
			2. 일반분석	1. 단위 및 농도, 온도표시 2. 시험의 기재 및 용어 3. 시험기구 및 용기 4. 시험결과의 표시 및 검토 등
			3. 기기분석	1. 기체크로마토그래피 2. 자외선가시선분광법 3. 원자흡수분광광도법 4. 비분산적외선분광분석법 5. 이온크로마토그래피 6. 흡광차분광법 등
			4. 유속 및 유량 측정	1. 유속 측정 2. 유량 측정
			5. 압력 및 온도 측정	1. 압력 측정 2. 온도 측정

필 기 과목명	문제수	주요항목	세부항목	세세항목
		2. 시료채취	1. 시료채취방법	1. 적용범위 2. 채취지점수 및 위치선정 3. 일반사항 및 주의사항 등
			2. 가스상물질	1. 시료채취법 종류 및 원리 2. 시료채취장치 구성 및 조작
			3. 입자상 물질	1. 시료채취법 종류 및 원리 2. 시료채취장치 구성 및 조작
		3. 측정방법	1. 배출오염물질 측정	1. 적용범위 2. 분석방법의 종류 3. 시료채취, 분석 및 농도산출
			2. 대기중 오염물질 측정	1. 적용범위 2. 측정방법의 종류 3. 시료채취, 분석 및 농도산출
			3. 연속자동측정	1. 적용범위 2. 측정방법의 종류 3. 성능 및 성능시험방법 4. 장치구성 및 측정조작
			4. 기타 오염인자의 측정	1. 적용범위 및 원리 2. 장치구성 3. 분석방법 및 농도계산
대기 환경 관계 법규	20	1. 대기환경 보전법	1. 총칙	
			2. 사업장 등의 대기 오염물질 배출규제	
			3. 생활환경상의 대기 오염물질 배출규제	
			4. 자동차·선박 등의 배출가스의 규제	
			5. 보칙	
			6. 벌칙 (부칙포함)	
		2. 대기환경 보전법 시행령	1. 시행령 전문 (부칙 및 별표 포함)	
		3. 대기환경 보전법 시행규칙	1. 시행규칙 전문 (부칙 및 별표, 서식 포함)	
		4. 대기환경 관련법	1. 대기환경보전 및 관리, 오염방지와 관련된 기타법령(환경정책기본법, 악취방지법, 실내공기질 관리법 등 포함)	

대기환경산업기사 출제기준(필기)

직무분야	환경 · 에너지	중직무분야	환경	자격종목	대기환경산업기사	적용기간	2020.1.1.~2024.12.31

○ 직무내용 : 대기분야에서 측정망을 설치하고 그 지역의 대기오염 상태를 측정하여 다각적인 연구와 실험분석을 통해 대기오염에 대한 대책을 강구하고, 대기오염 물질을 제거 또는 감소시키기 위한 오염방지 시설을 설계, 시공, 운영하는 업무

필기검정방법	객관식	문제수	80	시험시간	2시간

필기 과목명	문제수	주요항목	세부항목	세세항목
대기오염개론	20	1. 대기오염	1. 대기오염의 특성	1. 대기오염의 정의 2. 대기오염의 원인 3. 대기오염인자
			2. 대기오염의 현황	1. 대기오염물질 배출원 2. 대기오염물질 분류
			3. 실내공기오염	1. 배출원 2. 특성 및 영향
		2. 대기환경기상	1. 기상영향	1. 대기안정도의 분류 및 판정 2. 안정도에 따른 오염물질의 확산 및 예측 3. 대기확산이론
			2. 기상인자	1. 바람 2. 체감율 3. 역전현상 4. 열섬효과 등
		3. 광화학오염	1. 광화학반응	1. 이론 2. 영향인자 3. 반응
		4. 대기오염의 영향 및 대책	1. 대기오염의 피해 및 영향	1. 인체에 미치는 영향 2. 동 · 식물에 미치는 영향 3. 재료와 구조물에 미치는 영향
			2. 대기오염사건	1. 대기오염사건별 특징 2. 대기오염사건의 피해와 그 영향
			3. 광화학오염	1. 원인 물질의 종류 2. 특징 3. 영향 및 피해
			4. 산성비	1. 원인 물질의 종류 2. 특징 3. 영향 및 피해

필기 과목명	문제수	주요항목	세부항목	세세항목
			5. 대기오염대책	1. 연료 대책 2. 자동차 대책 3. 기타 산업시설의 대책 등
		5. 기후변화 대응	1. 지구온난화	1. 원인 물질의 종류 2. 특징 3. 영향 및 대책 4. 국제적 동향
			2. 오존층 파괴	1. 원인 물질의 종류 2. 특징 3. 영향 및 대책 4. 국제적 동향
대기 오염 방지 기술	20	1. 입자 및 집진의 기초	1. 입자동력학	1. 입자에 작용하는 힘 2. 입자의 종말침강속도 산정 등
			2. 입경과 입경분포	1. 입경의 정의 및 분류 2. 입경분포의 해석
			3. 먼지의 발생 및 배출원	1. 먼지의 발생원 2. 먼지의 배출원
			4. 집진원리	1. 집진의 기초이론 2. 통과율 및 집진효율 계산 등
		2. 집진기술	1. 집진방법	1. 직렬 및 병렬연결 2. 건식집진과 습식집진 등
			2. 집진장치의 종류 및 특징	1. 중력집진장치의 원리 및 특징 2. 관성력집진장치의 원리 및 특징 3. 원심력집진장치의 원리 및 특징 4. 세정식집진장치의 원리 및 특징 5. 여과집진장치의 원리 및 특징 6. 전기집진장치의 원리 및 특징 7. 기타집진장치의 원리 및 특징
			3. 집진장치 설계	1. 각종 집진장치의 기본설계시 고려 인자 2. 각종 집진장치의 처리성능과 특성 3. 각종 집진장치의 효율산정 등
			4. 집진장치의 운전 및 유지관리	1. 중력집진장치의 운전 및 유지관리 2. 관성력집진장치의 운전 및 유지관리 3. 원심력집진장치의 운전 및 유지관리 4. 세정식집진장치의 운전 및 유지관리 5. 여과집진장치의 운전 및 유지관리 6. 전기집진장치의 운전 및 유지관리 7. 기타집진장치의 운전 및 유지관리

필기 과목명	문제수	주요항목	세부항목	세세항목
		3. 유해가스 및 처리	1. 유해가스의 특성 및 처리 이론	1. 유해가스의 특성 2. 유해가스의 처리이론(흡수, 흡착 등)
			2. 유해가스의 발생 및 처리	1. 황산화물 발생 및 처리 2. 질소산화물 발생 및 처리 3. 휘발성유기화합물 발생 및 처리 4. 악취 발생 및 처리 5. 기타 배출시설에서 발생하는 유해가스 처리
			3. 유해가스 처리설비	1. 흡수 처리설비 2. 흡착 처리설비 3. 기타 처리설비 등
			4. 연소기관 배출가스 처리	1. 배출 및 발생 억제기술 2. 배기가스 처리기술
		4. 환기 및 통풍	1. 환기	1. 자연환기 2. 국소환기
			2. 통풍	1. 통풍의 종류 2. 통풍장치
			3. 유체의 특성	1. 유체의 흐름 2. 유체역학 방정식
		5. 연소이론	1. 연료의 종류 및 특성	1. 고체연료의 종류 및 특성 2. 액체연료의 종류 및 특성 3. 기체연료의 종류 및 특성
			2. 공기량	1. 이론산소량 및 이론공기량 2. 공기비(과잉공기계수) 3. 연소에 소요되는 공기량
			3. 연소가스 분석 및 농도산출	1. 연소가스량 및 성분분석 2. 연소생성물의 농도계산 3. 연소설비
			4. 발열량과 연소온도	1. 발열량의 정의와 종류 2. 발열량 계산 3. 연소실 열발생율 및 연소온도 계산 등
			5. 연소기관 및 오염물	1. 연소기관의 분류 및 구조 2. 연소기관별 특징 및 배출오염물질

필 기 과목명	문제수	주요항목	세부항목	세세항목
대기 오염 공정 시험 기준 (방법)	20	1. 일반분석	1. 분석의 기초	1. 총칙 2. 적용범위
			2. 일반분석	1. 단위 및 농도, 온도표시 2. 시험의 기재 및 용어 3. 시험기구 및 용기 4. 시험결과의 표시 및 검토 등
			3. 기기분석	1. 기체크로마토그래피 2. 자외선가시선분광법 3. 원자흡수분광광도법 4. 비분산적외선분광분석법 5. 이온크로마토그래피 6. 흡광차분광법 등
			4. 유속 및 유량 측정	1. 유속 측정 2. 유량 측정
			5. 압력 및 온도 측정	1. 압력 측정 2. 온도 측정
		2. 시료채취	1. 시료채취방법	1. 적용범위 2. 채취지점수 및 위치선정 3. 일반사항 및 주의사항 등
			2. 가스상물질	1. 시료채취법 종류 및 원리 2. 시료채취장치 구성 및 조작
			3. 입자상 물질	1. 시료채취법 종류 및 원리 2. 시료채취장치 구성 및 조작
		3. 측정방법	1. 배출오염물질측정	1. 적용범위 2. 분석방법의 종류 3. 시료채취, 분석 및 농도산출
			2. 대기중 오염물질 측정	1. 적용범위 2. 측정방법의 종류 3. 시료채취, 분석 및 농도산출
			3. 연속자동측정	1. 적용범위 2. 측정방법의 종류 3. 성능 및 성능시험방법 4. 장치구성 및 측정조작
			4. 기타 오염인자의 측정	1. 적용범위 및 원리 2. 장치구성 3. 분석방법 및 농도계산

필 기 과목명	문제수	주요항목	세부항목	세세항목
대기 환경 관계 법규	20	1. 대기환경 보전법	1. 총칙	
			2. 사업장 등의 대기 오염물질 배출규제	
			3. 생활환경상의 대기 오염물질 배출규제	
			4. 자동차·선박 등의 배출가스의 규제	
			5. 보칙	
			6. 벌칙(부칙포함)	
		2. 대기환경 보전법 시행령	1. 시행령 전문 (부칙 및 별표 포함)	
		3. 대기환경 보전법 시행규칙	1. 시행규칙 전문 (부칙 및 별표 포함)	
		4. 대기환경 관련법	1. 대기환경보전 및 관리, 오염 방지와 관련된 기타법령(환경정책기본법, 악취방지법, 실내공기질 관리법 등 포함)	

전체목차...

1권

2권

3권

세부목차...

PART 01 대기오염 개론

PART 02 연소공학

▸ 열역학 기초

▸ 연소공학

PART 03 대기오염 방지기술

PART 01

대기오염 개론

01 대기오염의 정의

(1) WHO(세계보건기구)

대기 중에 인위적으로 배출된 오염물질이 한 가지 또는 그 이상이 존재하여 오염물질의 양, 농도 및 지속시간이 어떤 지역의 불특정 다수인에게 불쾌감을 일으키는 상태

(2) 일반적 정의

한가지 혹은 그 이상의 물질이 옥외의 대기에서 인간 및 동・식물, 재산에 위해를 줄 수 있는 양의 농도, 지속시간으로 존재하여 생활이나 재산의 향유 및 업무의 수행을 부당하게 침해하는 상태

(3) 대기환경보전법

대기오염물질이란 대기오염의 원인이 되는 가스・입자상 물질로서 환경부령으로 정하는 것을 말한다.

① 가스
물질이 연소・합성・분해될 때에 발생하거나 물리적 성질로 인하여 발생하는 기체상 물질을 말한다.

② 입자상 물질
물질이 파쇄・선별・퇴적・이적될 때, 그 밖에 기계적으로 처리되거나 연소・합성・분해될 때에 발생하는 고체상 또는 액체상의 미세한 물질을 말한다.

(4) 대기

① 지구 중력장(에너지)에 이끌려 지표를 덮고 있는 기체의 층으로 고도가 높아지면 대기가 적어진다.

② 공기는 물에 비해 탄성이 약하며, 약 0~50℃의 온도범위 내에서 공기는 보통 이상기체의 법칙을 따른다.

③ 공기의 절대습도란 절대적인 수증기의 양, 즉 단위부피의 공기 속에 함유된 수증기량의 값이며 수증기량이 일정하면 절대습도는 온도가 변하더라도 절대 변하지 않는다.

(5) 대기권

지구표면을 둘러싸고 있는 공기의 층으로 주로 질소와 산소 성분으로 구성되어 있다.

학습 Point

대기의 정의 숙지

02 대기의 조성

(1) 개요

① 대기의 수직온도 분포에 따라 대류권, 성층권, 중간권, 열권으로 구분할 수 있다.

② 대기의 온도는 위쪽으로 올라갈수록, 대류권에서는 하강, 성층권에서는 상승, 중간권에서 하강, 다시 열권에서는 상승한다.

③ 대기의 밀도는 기온이 낮을수록 높아지므로 고도에 따른 기온분포로부터 밀도분포가 결정된다.

(2) 대류권

① 대류권은 위도 45도의 경우 지표에서부터 평균 11～12 km까지의 높이이며 극지방으로 갈수록 낮아진다(적도 : 16～17 km, 중위도 : 10～12 km, 극 : 6～8 km).

② 구름이 끼고 비가 오는 등의 기상현상은 대류권에 국한되어 나타난다.

③ 기상요소의 수평분포는 위도, 해륙분포 등에 의하여 지역에 따라 다르게 나타나지만 연직방향에 따른 변화가 더욱 크다.

④ 대류권의 하부 1～2 km까지를 대기경계층(행성경계층)이라 하고, 이 대기경계층의 상층은 지표면의 영향을 직접 받지 않으므로 자유대기라고도 부른다. 즉, 대류권의 자유대기는 행성경계층의 상층으로 지표면의 영향을 직접 받지 않는 층이다.

⑤ 행성경계층(Planetary Boundary Layer)에서는 지표면의 마찰의 영향을 받기 때문에 풍속이 지표에서 멀어질수록 강하게 분다.

⑥ 대기경계층은 지표면의 마찰영향을 직접 받아서 기상요소의 일변화가 일어나는 층이다.

⑦ 대류권의 고도는 겨울철에 낮고, 여름철에 높으며, 보통 저위도 지방이 고위도 지방에 비해 높다.

⑧ 대류권에서는 고도가 높아짐에 따라 단열팽창에 의해 약 6.5℃/km씩 낮아지는 기온감률 때문에 공기의 수직혼합이 일어난다. 즉, 기층이 불안정하여 대류현상이 일어나기 쉽다.

⑨ 대기의 4개 층 중 가장 얇지만 질량의 80%가 이곳에 존재한다.

⑩ 대류권의 상부에서 다른 층으로 전이되는 영역을 대류권계면이라 부르며, 이 지역에서는 고도에 따른 온도감소가 나타나지 않는다.

⑪ 대류권에서 고도에 따른 온도가 감소함에도 불구하고 때로는 온도가 고도에 따라 증가하는 역전층이 나타나는 경우도 있다.

⑫ 대류권 내 건조대기의 성분 및 조성

㉠ 농도가 매우 안정된 성분으로는 산소(O_2), 질소(N_2), 아르곤(Ar) 등이다.

㉡ 지표 부근의 표준상태에서의 건조공기의 구성성분은 부피농도로, 질소>산소>아르곤>이산화탄소 순이다.

㉢ 이산화질소(NO_2), 암모니아(NH_3) 성분은 농도가 쉽게 변하는 물질에 해당한다.

㉣ 오존의 평균농도는 0.04 ppm 정도로 지역별 오염도에 따라 일변화가 매우 크다.

㉤ Ar(아르곤)은 농도가 안정된 물질에 속하며 그 농도는 0.934% 정도를 나타낸다.

㉥ CH_4(메탄)은 쉽게 농도가 변하지 않는 물질에 해당한다.

㉦ 쉽게 농도가 변하지 않는 물질로서 농도의 크기순은 Ne>He>Kr>Xe이다.

(3) 성층권

① 성층권의 고도는 약 11 km에서 50 km까지이다.

② 성층권역에서는 고도에 따라 온도가 증가하고, 하층부의 밀도가 커서 안정한 상태를 나타낸다. 즉, 대기의 대류현상이 나타나지 않는다.

③ 하층부의 밀도가 커서 매우 안정한 상태를 유지하므로 공기의 상승이나 하강 등의 연직운동은 억제된다.

④ 성층권에서 고도에 따라 온도가 상승하는 이유는 성층권의 오존이 태양광선 중의 자외선을 흡수하기 때문이다.

⑤ 화산분출 등에 의하여 미세한 분진이 이 권역에 유입되면 수년간 남아있게 되어 기후에 영향을 미치기도 한다.

⑥ 자외선복사에너지는 성층권을 통과할수록 서서히 감소하여 가장 낮은 온도는 성층권 하부에서 나타난다.

⑦ 성층권계면에서의 온도는 지표보다 약간 낮으나 성층권 계면 이상의 중간권에서 기온은 다시 하강한다.

⑧ 오존층

㉠ 오존농도의 고도분포는 지상 약 20~25 km 내에서 평균적으로 약 10 ppm(10,000 ppb)의 최대 농도를 나타낸다.

㉡ 오존의 생성 및 분해반응에 의해 자연상태의 성층권 영역에서는 일정한 수준의 오존량이 평형을 이루어, 다른 대기권 영역에 비해 농도가 높은 오존층이 생긴다.

㉢ 지구 전체의 평균오존량은 약 300 Dobson 전후이지만, 지리적 또는 계절적으로는 평균치의 ±50% 정도까지 변화한다(적도 200 Dobson, 극지방 400 Dobson).

㉣ 290 nm 이하(약 0.3μm 이하)의 단파장인 UV-C는 대기 중의 산소와 오존분자 등의 가스 성분에 의해 그 대부분이 흡수되어 지표면에 거의 도달하지 않는다.

즉, 오존층의 O_3는 주로 자외선 파장(200~290 nm)의 태양빛을 흡수하여 대류권 지상의 생명체를 보호한다.

ⓜ 오존층에서는 오존의 생성과 소멸이 계속적으로 일어나면서 오존의 농도를 유지한다.

ⓑ 성층권의 오존층이 대부분 자외선을 차단한 후 대류권으로 들어오는 태양빛의 파장은 280 nm 이상이다. 즉, 약 0.3 μm 이하의 단파장에서 성층권의 오존층에 의한 태양빛의 흡수가 있다.

Reference | Dobson Unit (DU)

1 Dobson은 지구 대기 중 오존의 총량을 0℃, 1기압의 표준상태에서 두께로 환산했을 때 0.01 mm(10 μm)에 상당하는 양을 의미한다. 즉, 10 μm 두께의 오존을 지표에 깔 수 있을 정도의 오존의 양을 말하며 이는 평방 미터당 2.69×10^{20}개의 오존원자가 있는 정도이다.

(4) 중간권

① 중간권의 고도는 약 50 km에서 90 km까지이다.

② 고도에 따라 온도가 낮아지며, 지구대기층 중에서 가장 기온이 낮은 구역이 분포한다.

③ 대기층에서 가장 낮은 온도를 나타내는 부분은 중간권의 상층부분으로 약 -90℃에 달한다.

④ 대기는 불안정하여 점진적으로 대류현상은 나타나지만, 수증기가 거의 없으므로 기상현상은 일어나지 않는다.

⑤ 유성체(Meteoroid)로부터 지구를 보호하는 역할을 한다(마찰에 의해 중간권에서 연소).

⑥ 중간권 이상에서의 온도는 대기의 분자운동에 의해 결정된 온도로서 직접 관측된 온도와는 다르다.

(5) 열권

① 열권의 고도는 약 80 km 이상이며, 이 권역에서는 분자들이 전리상태에 있기 때문에 전리층이라고도 한다.

② 질소나 산소가 파장 0.1 μm 이하의 자외선을 흡수하기 때문에 온도가 증가한다.

③ 대기의 밀도가 매우 작기 때문에 충돌에 의한 에너지전달과정이 없다.

④ 이온과 자유전자들이 분포하며 전기적 현상(전리층, 오로라)이 발생한다.

⑤ 공기가 매우 희박하여, 낮과 밤의 기온차가 심하다.

⑥ 대류권과 비교했을 때 열권에서 분자의 운동속도는 매우 느리지만 공기평균 자유행로는 길다.

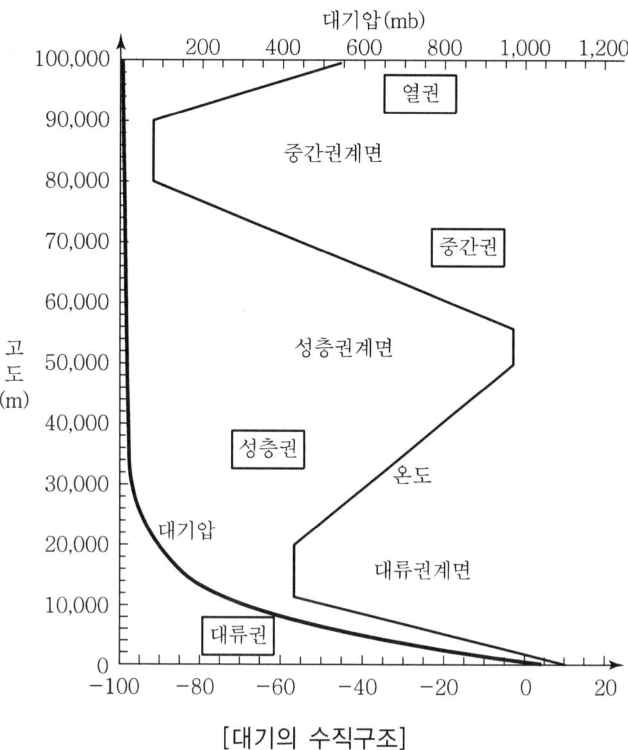

[대기의 수직구조]

(6) 대기 조성에 따른 구분

① 균질층(Homosphere)

㉠ 지상 0~80(88) km 정도까지의 고도를 갖는다.

㉡ 수분을 제외하고는 질소 및 산소 등 분자조성비가 어느 정도 일정하다.

㉢ 균질층 내의 공기는 건조가스로서 지상 0~30 km 정도까지 공기의 98%가 존재하고 있다.

㉣ 지표부근 건조대기의 일반적인 부피농도 크기 순서(표준상태에서 건조공기 조성)

> 질소 > 산소 > 아르곤 > 탄산가스 > 네온 > 헬륨 > 일산화탄소 > 크립톤 > 크세논
> (N_2) (O_2) (Ar) (CO_2) (Ne) (He) (CO) (Kr) (Xe)

㉤ 농도가 매우 안정된 성분으로는 질소, 산소, 아르곤, 이산화탄소 등이다.

② 이질층(Heterosphere)

㉠ 고도 80 km 이상을 이질층이라 분류한다.

㉡ 이질층은 보통 4개 층으로 분류되며 질소층, 산소원자층, 헬륨층, 수소원자층으로

분류한다(수소원자층 : 3,600~9,600 km).

㉢ 이질층 내의 공기는 강한 산화력으로 인하여 지상에서 발생되어 상승한 이물질을 산화, 소멸시킨다.

(7) 대기오염물질의 체류기간

대기성분 기체의 체류시간은 어떤 물질이 환경 내에 널리 분포될 수 있는지를 결정하는데 매우 중요하며 자연발생물질이나 오염된 기체 모두에 해당된다.

① 체류시간(t)

$$t = \frac{\text{대기에 있는 어떤 물질의 양}}{\text{대기에 유입되는 속도(또는 대기에서 유출되는 속도)}}$$

② 건조공기의 성분조성비 및 체류시간(0℃, 1 atm)

성분	농도(체적)	체류시간
N_2(질소)	78.09%	4×10^8 year
O_2(산소)	20.94%	6,000 year
Ar(아르곤)	0.93%	주로 축적
CO_2(이산화탄소)	0.035%	7~10 year
Ne(네온)	18.01 ppm	주로 축적
He(헬륨)	5.20 ppm	주로 축적
H_2(수소)	0.4~1.0 ppm	4~7 year
CH_4(메탄)	1.5~1.7 ppm	3~8 year
CO(일산화탄소)	0.01~0.2 ppm	0.5 year
H_2O(물)	0~4.0 ppm	변동성
O_3(오존)	0.02~0.07 ppm	변동성
N_2O(아산화질소)	0.05~0.33 ppm	5~50 year
NO_2(이산화질소)	0.001 ppm	1~5 day
SO_2(아황산가스)	0.0002 ppm	1~5 day

필수 문제

01 어떤 혼합기체의 부피 조성이 질소가스 70%와 이산화탄소 30%로 이루어졌다. 이 혼합기체의 평균분자량은?

풀이

평균분자량 = (N_2 분자량×0.7) + (CO_2 분자량×0.3) = (28×0.7) + (44×0.3) = 32.8

필수 문제

02 어떤 혼합가스 성분을 분석한 결과 CO_2가 5%이고 나머지가 N_2로 구성되어 있다면 이 혼합가스의 밀도(kg/m³)는?

풀이

$$\text{혼합가스밀도} = \frac{\text{질량}}{\text{부피}} = \frac{[(44 \times 0.05) + (28 \times 0.95)]\text{g}}{22.4\text{L}} = 1.29\text{g/L}(\text{kg/m}^3)$$

필수 문제

03 공기의 조성비가 다음과 같은 때 공기의 평균분자량(g)과 공기밀도(kg/m³)를 구하시오?(단, 표준상태 0℃, 1기압)

질소 : 78.2%, 산소 21%, 아르곤 0.5%, 이산화탄소 0.3%

풀이

(1) 공기의 평균 분자량 = 각 성분 가스의 분자량(g)×체적 분율(%)

$$= \frac{[(28(N_2) \times 78.2) + (32(O_2) \times 21.0) + (39.95(Ar) \times 0.5) + (44(CO_2) \times 0.3)]}{100}$$

$$= \frac{2,894.78}{100} = 28.95\text{g}$$

(2) $\text{공기밀도} = \frac{\text{질량}}{\text{부피}} = \frac{28.95\text{g}}{22.4\text{L}} = 1.29\text{g/L}(= \text{kg/m}^3)$

필수 문제

04 대류권 내에서 CO_2의 평균농도가 350 ppm이고 대류권의 평균높이가 11 km일 때, 대류권 내에 존재하는 CO_2의 무게(ton)는?(단, 지구의 반지름은 6,400 km라 가정)

풀이

CO_2(ton) = 대류권 체적 × CO_2 농도

대류권 체적 = 대류권까지 체적(대류권을 포함한 체적) − 지구체적

$$= \frac{4}{3}\pi r^3 - \frac{4}{3}\pi r^3$$

$$= \frac{4}{3} \times 3.14 \times [11{,}000 + (6{,}400 \times 10^3)]^3 \text{m}^3$$

$$- \frac{4}{3} \times 3.14 \times (6{,}400 \times 10^3)^3 \text{m}^3$$

$$= (1.1032 \times 10^{21})\text{m}^3 - (1.0975 \times 10^{21})\text{m}^3$$

$$= 5.7 \times 10^{18} \text{m}^3$$

$$= 5.7 \times 10^{18} \text{m}^3 \times 350/10^6 \times 44\text{kg}/22.4\text{m}^3 \times 1\text{ton}/1{,}000\text{kg}$$

$$= 3.92 \times 10^{12} \text{ton}$$

학습 Point

1. 각 권역의 특징 숙지
2. 균질층 대기성분 비율 숙지

03 대기오염의 규모

(1) 지방규모

① 5 km 정도의 규모이다.
② 지방규모의 오염문제는 하나 또는 수 개의 대규모 오염원에 의해 규모가 결정된다.
③ 오염물질이 배출되는 고도가 낮을 경우 그 주변에 큰 영향을 줄 수 있다.
④ 자동차, 발전소 및 산업시설에서 배출되는 오염물질이 지역문제를 일으킨다.

(2) 도시규모

① 50 km 정도의 규모이다.
② 도시규모의 대기오염문제는 개별 오염원이 그 원인이 된다(지방규모도 동일함).
③ 도시의 오염문제는 2차 오염물질 생성에 원인으로 작용한다.
④ 대규모 도시지역의 중요한 대기오염 문제는 광화학 반응에 의한 오존의 생성이다.

(3) 지역규모

① 50~500 km 정도의 규모이다.
② 지역규모의 대기오염은 도시지역의 산화제 문제, 지역에서 발생한 오염물질이 지역의 배경농도에 첨가되는 문제, 시정장애문제의 3가지 형태로 분류된다.

(4) 대륙규모

① 500~수천 km 정도의 규모이다.
② 대륙규모의 가장 큰 문제는 이웃 국가에 영향을 미칠 수도 있는 국가대기오염정책이다.

(5) 지구규모

① 지구 전체의 규모이다.
② 오존층 파괴, 지구 온난화 및 체르노빌 원자력 발전소 사고 등 지구 전체에 문제를 일으킨다.

각 규모별 특징 숙지

04 대기환경지표 : 대기오염도 판단지표

(1) 환경지표의 필요성

① 환경의 질에 대해 정부와 일반국민 간에 공통적으로 쉽게 이해함
② 국민에게 환경에 대한 권리와 의무를 인식하게 함
③ 환경정책의 종합적인 목표설정 및 환경정책에 활용함

(2) PSI (Pollutant Standard Index)

① 개요

㉠ 일반국민이 이해하기 힘든 오염물질의 측정단위·수치를 쉽게 이해하고 표현할 수 있도록 나타내는 오염물질의 표준지표이다.

㉡ 1976년 EPA에서 대기오염수준을 0~500까지 점수화하여 대기오염도를 표현하였다.

② PSI 지표에 사용되는 오염물질

㉠ 아황산가스(SO_2)
㉡ 일산화탄소(CO)
㉢ 질소산화물(NO_2)
㉣ 오존(O_3)
㉤ 부유분진(TSP) : TSP는 1987년 이후 PM-10으로 변경
㉥ 아황산가스와 부유분진의 혼합물(SO_2+TSP)

③ PSI 지표등급 판정

각각 오염물질의 PSI 값을 산정한 후 그중 가장 높은 값을 선정한다.

④ PSI 값과 대기질 상태

PSI 값	대기질 구분
0~50	양호(Good)
51~100	보통(Moderate)
101~200	나쁨(Unhealthful)
201~300	매우 나쁨(Very Unhealthful)
301~500	위험(위해 : Hazardous)

(3) AEI (Air Environment Index)

① 개요

AEI 지수는 PSI 에 적용되었던 오염물질 인자를 사용하며 0~100의 범위로 하여 나타내는 오염물질의 지표이다.

② AEI 지표등급 판정

가장 높은 오염지수를 선정하여 AEI 값으로 판정한다.

③ AEI 등급 및 값

등급	AEI 지수	표현	비고
I	0~20	양호(Good)	–
II	20~40	보통(Moderate)	–
III	40~60	나쁨(Unhealthful)	증상은 민감한 사람에게 나타남
IV	60~80	매우 나쁨(Very Unhealthful)	건강한 사람에게도 자극
V	80~100	위해(Hazardous)	건강한 사람에게도 질병발생 우려 있음

(4) ORAQI (Oak Ridge Air Quality Index)

① 개요

대기오염 정도를 0~1,000까지 점수화하여 환경기준치와 비교하여 나타내는 지표이다.

② ORAQ 지표에 사용되는 오염물질

㉠ SO_2

㉡ CO

㉢ NO_2

㉣ O_3

㉤ TSP(PM10)

③ ORAQI 지표등급 판정

각 오염물질 기준치의 2배, 5배, 10배를 근거로 총지표를 계산하여 판정한다.

④ ORAQI 값과 대기질 상태

ORAQI 값	대기질 구분
0~20	우수
21~40	양호
41~60	보통
61~80	나쁨
81~100	아주 나쁨
101 이상	위험

(5) API (Air Pollution Index)

① 개요

대기 중 각종 오염물질의 농도, 즉 대기오염 정도를 일반국민들이 쉽게 알 수 있도록 한 지표이다.

② API 등급 및 상태

오염도	상태
1	대기상태가 깨끗한 자연대기
2	대기상태가 약간 오염된 대기
3	인체 및 동식물에 피해를 주기 시작하는 오염된 대기
4	대기상태가 심하게 오염된 대기
5	대기상태가 극심하여 일반국민이 피해야 할 정도의 오염된 대기

필수 문제

01 표준상태에서 SO_2 농도가 1.28 g/m³이라면 몇 ppm인가?

풀이 농도(ppm) $= 1{,}280\,\text{mg/m}^3 \times \dfrac{22.4\,\text{mL}}{64\,\text{mg}}$

$= 448\,\text{ppm}\,(\text{mL/m}^3)$

필수 문제

02 B-C유 보일러 배출가스 중 SO_2 농도가 표준상태에서 560 ppm으로 측정되었다면 몇 mg/m³인가?

풀이 농도(mg/m³) $= 560\,\text{ppm}\,(\text{mL/m}^3) \times \dfrac{64\,\text{mg}}{22.4\,\text{mL}}$

$= 1{,}600\,\text{mg/Sm}^3$

필수 문제

03 200℃, 1 atm에서 이산화황의 농도가 2.0 g/m³이다. 표준상태에서는 몇 ppm인가?

풀이 농도(ppm) $= 2.0\,\text{g/m}^3 \times \dfrac{22.4\,\text{mL}}{64\,\text{mg}} \times 10^3\,\text{mg/g} \times \dfrac{273+200}{273}$

$= 1{,}212.82\,\text{ppm}$

필수 문제

04 A사업장 굴뚝에서의 암모니아 배출가스가 30 mg/m^{3}로 일정하게 배출되고 있는데, 향후 이 지역 암모니아 배출허용기준이 20 ppm으로 강화될 예정이다. 방지시설을 설치하여 강화된 배출허용기준치의 70%로 유지하고자 할 때, 이 굴뚝에서 방지시설을 설치하여 저감해야 할 암모니아의 농도는 몇 ppm인가?(단, 모든 농도조건은 표준상태로 가정)

풀이 농도(ppm) $= 30\text{mg/m}^3 \times \dfrac{22.4\text{mL}}{17\text{mg}} = 39.53\text{ppm}$

유지배출허용기준치 $= 20\text{ppm} \times 0.7 = 14\text{ppm}$

저감해야 할 농도(ppm) $= 39.53 - 14 = 25.53\text{ppm}$

필수 문제

05 염화수소 1 V/Vppm에 상당하는 W/W ppm은?(단, 표준상태기준, 공기의 밀도는 1.293 kg/m^3)

풀이 농도(ppm) $= 1\,\text{mL/m}^3 \times \dfrac{36.5\,\text{mg}}{22.4\,\text{mL}} \times \text{m}^3/1.293\,\text{kg} = 1.26\,\text{mg/kg(ppm)}$

학습 Point

① PSI 지표 오염물질 및 PSI 값과 대기질 상태 관계 숙지
② AEI 등급판정 숙지
③ API 등급 및 상태 숙지

05 대기오염의 원인

(1) 자연적인 발생원

인간의 활동과 무관한 자연현상에 의해 발생된다.

① 화산활동에 의한 화산재 및 각종 가스(주 : 유황)
② 산불 및 바람에 의한 비산되는 물질
③ 황사현상
④ 꽃가루 및 동·식물의 부패와 발효에 의해 발생되는 물질
⑤ 바다에서 발생하는 해염입자

(2) 인위적인 발생원

인간의 활동에 의해 발생된다.

① 각종 연료사용으로 인한 연소
② 각종 제품제조의 산업설비
③ 자동차 운행
④ 농약
⑤ 폐기물 소각

(3) 특징

① 자연적인 발생원에 의한 대기오염물질 발생량은 인위적인 발생원에서의 발생량보다 훨씬 많다.
② 자연적인 발생원에서 배출되는 오염물질들은 넓은 공간으로 확산 및 분산되어 그 농도가 아주 낮게 된다.
③ 자연적인 발생원에서 배출되는 오염물질들은 강우현상, 대기 중 산화반응 및 토양으로의 흡수를 통하여 자정될 수도 있다.
④ 인위적인 발생원에서 배출되는 오염물질들은 국지적으로 분산되므로 대기 중에서 그 농도는 높아진다.
⑤ 일반적으로 대부분 대기오염은 인위적인 발생원에서 배출되는 것을 의미한다.
⑥ 인위적 발생 오염물질은 크게 1차 오염물질과 2차 오염물질로 구분할 수 있다.

학습 Point

대기오염의 특징 숙지

06 대기오염물질 배출원

(1) 대기오염물질 배출원의 구분

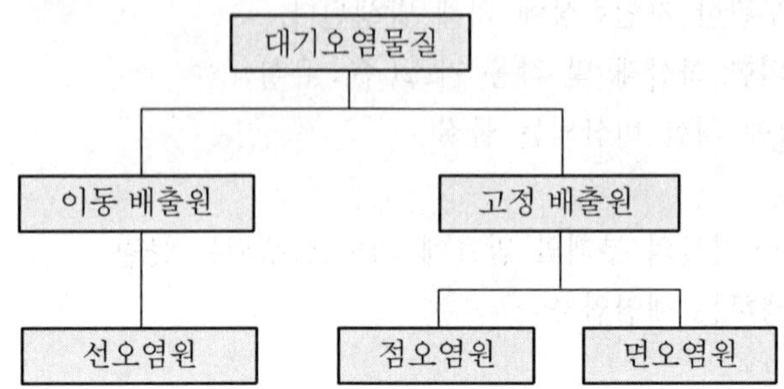

(2) 고정 배출원

① 점오염원(Point Source)

㉠ 하나의 시설이 대량의 오염물질을 배출하는 오염원

㉡ 영향범위가 넓게 나타남

㉢ 예 : 소각로, 화력발전소, 대규모공장 및 산업시설 등

② 면오염원(Area Source)

㉠ 소규모 점오염원이 다수 존재하여 오염물질을 발생시킴으로써 해당지역에 커다란 점오염원 형태를 나타냄

㉡ 대기확산이 활발하지 않아 지표면에 강한 영향을 미침

㉢ 예 : 연료연소 배출원, 주거난방, 건설현장의 비산먼지, 휘발성 유기화합물 배출원

(3) 이동배출원

① 선오염원(Line Source)

㉠ 오염원이 고정되어 있지 않은 이동배출원

㉡ 대기확산이 활발하지 않아 지표면에 강한 영향을 미침

㉢ 도로변 주변에 대기오염문제를 야기시킴

㉣ 예 : 자동차, 선박, 기차, 비행기

(4) 1차 오염물질

① 정의

발생원에서 직접 대기로 배출되는 오염물질

② 종류

㉠ 에어로졸(입자상 물질)

㉡ SO_2, NO_x, NH_3, CO, CO_2, HCl, Cl_2, N_2O_3, HNO_3, CS_2, SiO_2, H_2SO_4, HC(방향족 탄화수소)

㉢ NaCl(바닷물의 물보라 등이 배출원)

㉣ CO_2, Pb, Zn, Hg 금속산화물

(5) 2차 오염물질

① 개요

㉠ 발생원에서 배출된 1차 오염물질이 상호 간 또는 공기와의 반응에 의해서 생성된 오염물질을 의미한다.

㉡ 1차 오염물질들이 대기 중에서 물리·화학적 과정에 의해 부차적으로 생성되는 오염물질을 말한다.

㉢ 배출된 오염물질이 자외선과 탄화수소의 촉매로 광화학반응 등을 통하여 활성·분해되어 성상이 다른 오염물질로 광산화물이 대표적이다.

② 종류

에어로졸(H_2SO_4 mist), O_3, PAN($CH_3COOONO_2$), 염화니트로실(NOCl), 과산화수소(H_2O_2), 아크롤레인(CH_2CHCHO), PBN($C_6H_5COOONO_2$), 알데히드(Aldehydes ; RCHO), SO_2, SO_3, NO_2, 케톤(R-CO-R′)

③ 예

㉠ 아산화황이 대기 중에서 산화하여 생성된 삼산화황

㉡ 이산화질소의 광화학반응에 의하여 생성된 일산화질소

㉢ 질소산화물의 광화학반응에 의한 원자상 산소와 대기 중의 산소가 결합하여 생성된 오존

④ 광화학 반응

㉠ 광화학 반응

ⓐ 대류권에서 광화학대기오염에 영향을 미치는 대기오염상 중요한 물질은 900nm 이하의 빛을 흡수하는 물질이다.(900nm 이상은 적외선 파장 범위이기 때문에 광화학반응에 영향을 주지 못함)

ⓑ 대기 중의 어떤 종류의 분자는 태양빛을 흡수하여 여기 상태가 되거나 분해한다.

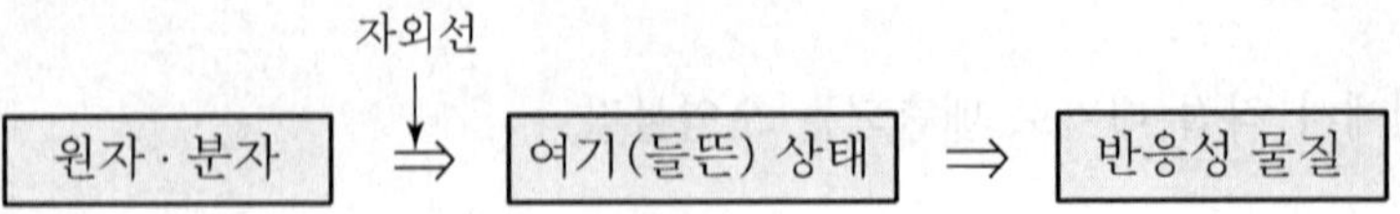

㉡ 질소산화물(NO_x)의 광화학 반응

ⓐ 대기 중에서 산화반응

$NO \rightarrow NO_2$로 전환 의미, 즉 $2NO + O_2 \rightarrow 2NO_2$

ⓑ 광화학 반응

NO_2는 자외선(430 nm 이하 : 202~422 nm) 및 일부 가시광선 흡수

$NO_2 + hv$(자외선) $\rightarrow NO + O$: 광분해 반응

$NO + NO_2 + H_2O \rightarrow 2HNO_2$

$HNO_2 + hv \rightarrow OH + NO$

ⓒ O_3의 생성반응

대기 중의 오존농도는 보통 NO_2로 산화되는 NO의 양에 비례하여 증가하며 NO에서 NO_2로의 산화가 거의 완료되고, NO_2가 최고농도에 도달하면서 O_3 농도가 증가하기 시작한다.

$O + O_2 + M \rightarrow O_3 + M$; M : 제3의 물질(예 : N_2)

ⓓ 순환반응

생성 O_3가 NO와 반응하므로 최종적인 O_3 농도는 증가하지 않음

$NO + O_3 \rightarrow NO_2 + O_2$

㉢ NO_2의 광화학반응(광분해) Cycle

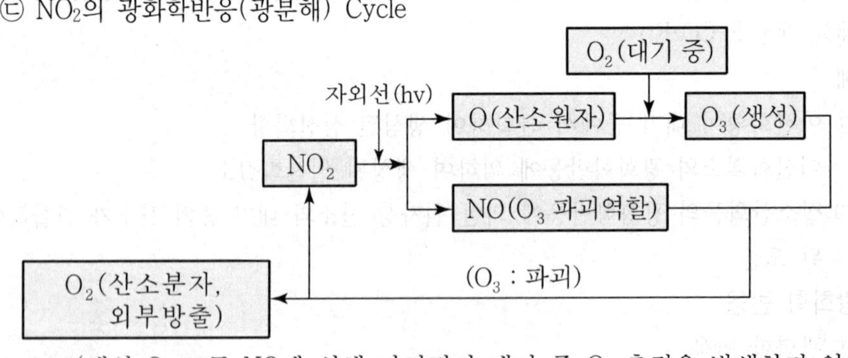

(생성 O_3 모두 NO에 의해 파괴되어 대기 중 O_3 축적은 발생하지 않음)

㉣ 휘발성 유기화합물(VOC) 존재시 광화학 반응

ⓐ 자외선에 의한 NO_2의 광분해 반응

$NO_2 + hv \rightarrow NO + O$

ⓑ O(산소원자)의 O_3 생성 및 VOC와 반응 RO_2(과산화기) 생성

$O + O_2 + M \rightarrow O_3 + M$

$O_3 + VOC \rightarrow RO_2$

ⓒ RO_2 와 NO 의 반응

$RO_2 + NO \rightarrow NO_2 + RO$

$NO_2 + hv \rightarrow NO + O$

$O + O_2 + M \rightarrow O_3 + M$

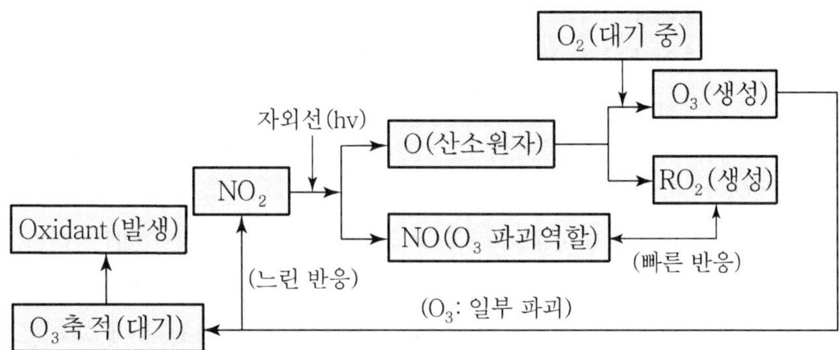

(VOC의 산화로 생성된 RO_2는 O_3를 파괴시키는 NO와 반응하여 O_3 파괴를 방해하는 역할을 하므로 대기 중 O_3은 축적하게 됨)

- 오존은 200~320 nm의 파장에서 강한 흡수가, 450~700 nm에서는 약한 흡수를 나타낸다.
- NO 광산화율이란 탄화수소에 의하여 NO가 NO_2로 산화되는 비율을 뜻하며, ppb/min의 단위로 표현된다.(대기 중 오존농도는 보통 NO_2로 산화되는 NO의 양에 비례하여 증가함)
- 과산화기가 산소와 반응하여 오존이 생성될 수 있다.
- 오존의 탄화수소 산화(반응)율은 원자상태의 산소에 의한 탄화수소의 산화에 비해 상당히 느리게 진행된다.
- 광화학스모그의 형성과정에서 하루 중 농도의 최대치가 나타나는 시간대가 일반적으로 빠른 순서는 NO>NO_2>O_3이다. 즉, NO와 HC의 반응에 의해 오전 7시경을 전후로 NO_2가 상당한 비율로 발생하기 시작한다.
- 성층권의 오존층이 대부분의 자외선을 차단한 후 대류권으로 들어오는 태양빛의 파장은 280 nm 이상의 파장이다.

- NO에서 NO_2로의 산화가 거의 완료되고 NO_2가 최고 농도에 도달하는 때부터 O_3가 증가되기 시작한다.
- NO_2는 도시대기오염물질 중에서 가장 중요한 태양빛 흡수기체로서 420nm 이상의 가시광선에 의해 NO와 O로 광분해된다.
- 케톤은 파장 300~700 nm에서 약한 흡수를 하여 광분해한다.
- 알데히드(RCHO)는 파장 313 nm 이하에서 광분해하며 일출 후 계속 증가하다가 12시 전후를 기점으로 감소한다. 즉, O_3 생성에 앞서 반응초기부터 생성되며 탄화수소의 감소에 대응한다.
- SO_2는 파장 200~290 nm에서 강한 흡수가 일어나지만 대류권에서는 광분해하지 않는다.
- 대기 중에 NO가 공존하면 O_3은 NO_2와 O_2로 되돌아가므로 O_3은 축적되지 않고 대기 중 O_3은 증가하지 않는다.
- 상대습도가 낮고, 풍속이 2.5 m/sec 이하로 작은 지역이 광화학반응에 의한 고농도 O_3 생성이 유리하다.
- 광화학 반응에서 탄화수소를 주로 공격하는 화학종은 OH 기이다.
- 광화학 옥시던트 물질은 인체의 눈, 코, 점막을 자극하고, 폐기능을 약화시키며 고무의 균열, 섬유류의 약화, 식물의 엽록소 파괴 등에 피해를 준다.
- 정상상태일 경우 오존의 대기 중 오존농도는 NO_2와 NO비, 태양빛의 강도 등에 의해 좌우된다.
- 광화학적 산화반응을 통해 생성된 물질들은 강한 산화반응을 하기 때문에 산화성 스모그, 광화학 스모그, LA형 스모그라고 한다.
- 광화학반응을 통해 생성된 에어로졸은 대부분 황산염류, 질산염류 등으로 가시광선의 파장과 비슷한 크기를 가지기 때문에 미산란(Mie scattering) 효과에 의해 대기의 색깔변화와 가시도를 감소시킨다.
- 휘발성유기화합물(VOC)의 우리나라에서 배출비중이 가장 큰 배출원은 유기용제 사용이다.

Reference | 광화학 Smog 반응

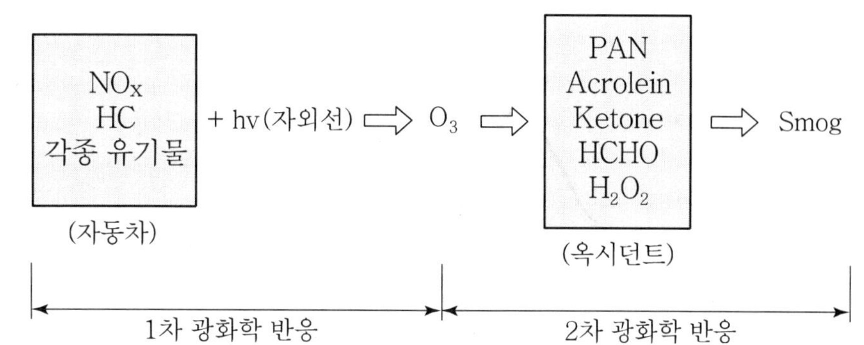

1. 광화학 Smog의 3대 원인 인자
   (1) NO_x(NO_2는 도시대기오염물 중에서 가장 중요한 태양빛 흡수기체)
   (2) HC(올레핀계) : 올레핀계 탄화수소가 광화학 활성이 가장 강함
   (3) 자외선(380~400 nm)

2. 광화학 Smog의 발생조건
   (1) 자외선의 강도가 큰 경우(시간당 일사량이 5MJ/m^2 이상으로 큰 경우)
   (2) 공기의 정체가 크고 대기오염물질의 배출량(NO_x, VOC)이 많은 경우
   (3) 기온역전이 형성된 경우(대기 안정)
   (4) 혼합고가 낮은 경우
   (5) 기압경도가 완만하여 풍속 4m/sec 이하(2.5m/sec 이하)의 약풍이 지속될 경우

3. 광화학 산화제(옥시던트)의 농도에 영향을 미치는 요인
   (1) 빛(자외선)의 강도
   (2) 빛(자외선)의 지속시간
   (3) 반응물의 양
   (4) 대기 안정도(기온역전)

4. 대표적 산화물질(옥시던트)
   (1) PAN (2) PB_zN
   (3) PBN (4) PPN
   (5) O_3 (6) H_2SO_4, HNO_3
   (7) Aldehyde (8) H_2O_2

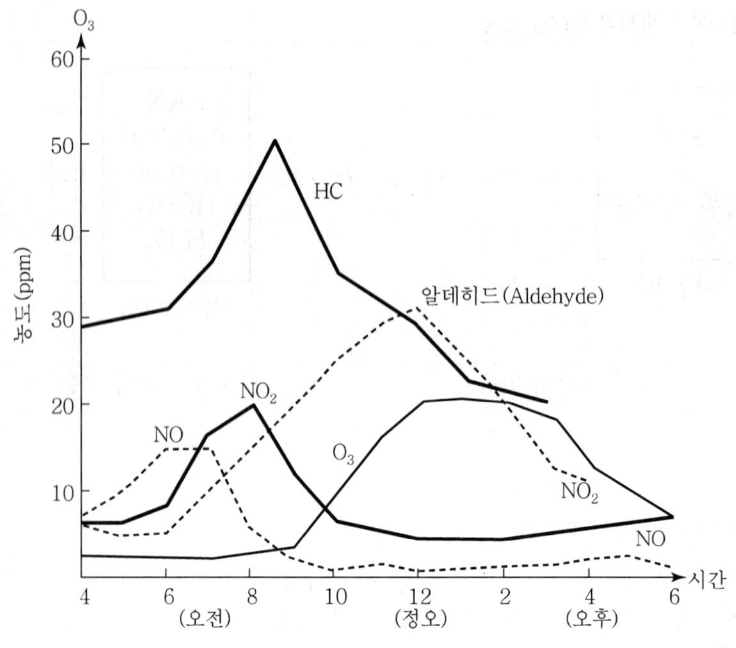

[광화학 반응인자의 일중 농도변화]

(6) 1, 2차 대기오염물질

① 정의

발생원에서 직접 및 대기 중에서 화학반응을 통해 생성되는 물질이다.

② 종류

SO_2, SO_3, NO, NO_2, HCHO, H_2SO_4, 케톤(Ketones), 유기산(Organic Acid), 알데히드(Aldehydes) 등

(7) 대기오염물질의 배출업종(배출원)

대기오염물질 배출업의 사업장 분류기준은 대기오염물질의 연간 총발생량으로 한다.

① 아황산가스 : SO_2

㉠ 용광로
㉡ 제련소
㉢ 석탄화력발전소
㉣ 펄프제조공장
㉤ 황산제조공장
㉥ 염료제조공장

② 황화수소 : H_2S
- ㉠ 석유정제
- ㉡ 석탄건류
- ㉢ 가스공업(도시가스제조업 포함)
- ㉣ 형광물질 원료 제조
- ㉤ 하수처리장

③ 암모니아 : NH_3
- ㉠ 비료공업
- ㉡ 냉동공업
- ㉢ 나일론 제조공장
- ㉣ 표백 및 색소 공장
- ㉤ 암모니아 제조공장

④ 염화수소 : HCl
- ㉠ 소다공업
- ㉡ 활성탄 제조
- ㉢ 금속제련
- ㉣ 플라스틱 공업
- ㉤ 염산제조
- ㉥ 쓰레기소각장(PVC 소각)

⑤ 염소 : Cl_2
- ㉠ 소다공업
- ㉡ 농약 제조
- ㉢ 화학공업

⑥ 일산화탄소 : CO
- ㉠ 코크스 제조
- ㉡ 내연기관(자동차 배기)
- ㉢ 제철공업
- ㉣ 탄광공업
- ㉤ 석유화학공업

⑦ 질소산화물 : NO_x
- ㉠ 내연기관(보일러)
- ㉡ 폭약제조
- ㉢ 비료제조
- ㉣ 필름제조
- ㉤ 금속부식
- ㉥ 아크

⑧ 불화수소 : HF(불소화합물)
- ㉠ 인산비료공업(화학비료공업)
- ㉡ 유리공업
- ㉢ 요업
- ㉣ 알루미늄공업

⑨ 이황화탄소 : CS_2
- ㉠ 비스코스 섬유공업
- ㉡ 이황화탄소 제조공장

⑩ 시안화수소 : HCN
- ㉠ 청산제조업
- ㉡ 가스공업
- ㉢ 제철공업
- ㉣ 화학공업

⑪ 포름알데히드 : HCHO
- ㉠ 합성수지공업
- ㉡ 피혁제조공업
- ㉢ 포르말린 제조공업
- ㉣ 섬유공업

⑫ 브롬 : Br_2

㉠ 염료 ㉡ 의약품

㉢ 농약제조

⑬ 페놀 : C_6H_5OH

㉠ 타르공업 ㉡ 도장공업

㉢ 화학공업 ㉣ 의약품

⑭ 벤젠 : C_6H_6

㉠ 포르말린 제조 ㉡ 도장공업

㉢ 석유정제

⑮ 비소 : As

㉠ 화학공업 ㉡ 유리공업(착색제)

㉢ 피혁 및 동물의 박제에 방부제로 사용

㉣ 살충제(과수원의 농약분무작업)

⑯ 카드뮴 : Cd

㉠ 카드뮴 제련 ㉡ 도금공업

㉢ 아연제련공업

⑰ 납 : Pb(납화합물)

㉠ 도가니 제조공장 ㉡ 건전지 및 축전지 제조공장

㉢ 고무가공 공장 ㉣ 가솔린 자동차 배출가스

㉤ 인쇄 ㉥ 크레용, 에나멜, 페인트 제조공업

⑱ 아연 : Zn

㉠ 산화아연 제조 ㉡ 금속아연 용융공업

㉢ 아연도금 ㉣ 청동의 주조 및 가공

⑲ 크롬 : Cr

㉠ 크롬산 및 중크롬산 제조공업 ㉡ 화학비료공업

㉢ 염색공업 ㉣ 시멘트 제조업

㉤ 피혁제조업

⑳ 니켈 : Ni

㉠ 석탄화력발전소 ㉡ 디젤엔진 배기

㉢ 석면제조 ㉣ 니켈광산 및 정련

㉑ 구리 : Cu

㉠ 구리광산 및 제련소 ㉡ 도금공장

㉢ 농약제조

필수 문제

01

교통밀도가 6,000대/h, 차량평균속도가 95 km/h 인 고속도로상에서 차량 1대의 평균 탄화수소 방출량이 0.2×10^{-2} g/s · 대 일 때 고속도로에서 방출되는 총탄화수소의 양 (g/s · m)은?

풀 이

총탄화수소량(g/s · m)

$$= \frac{6{,}000\text{대}/\text{hr} \times 0.2 \times 10^{-2}\text{g}/\text{sec}\cdot\text{대}}{95 \times 10^{3}\text{m}/\text{hr}} = 1.26 \times 10^{-4}\text{g}/\text{sec}\cdot\text{m}$$

필수 문제

02

어떤 대기오염 배출원에서 이산화질소를 0.2 %(V/V) 포함한 물질이 30 m^3/s 로 배출되고 있다. 1년 동안 이 지역에서 배출되는 이산화질소의 배출량(ton)은 얼마인가? (단, 표준상태를 기준으로 하며, 배출원은 연속가동된다고 한다.)

풀 이

이산화질소배출량(ton)

$=30\text{m}^3/\text{sec}\times0.002\times46\text{kg}/22.4\text{m}^3\times60\text{sec}/\text{min}\times60\text{min}/\text{hr}\times24\text{hr}/\text{day}\times365\text{day}/\text{year}$

$=3{,}885{,}685\text{kg}\times\text{ton}/1{,}000\text{kg}=3{,}885.69\text{ton}$

필수 문제

03

체적이 100 m^3 인 복사실의 공간에서 오존(O_3)의 배출량이 분당 0.2 mg 인 복사기를 연속 사용하고 있다. 복사기 사용 전 실내 오존의 농도가 0.13 ppm 이라고 할 때, 2시간 30분 사용 후 복사실의 오존농도(ppb)는?(단, 0℃, 1기압 기준, 환기 없음)

풀 이

오존의 농도=복사기 사용 전 농도+복사기 사용으로 증가된 농도

사용 전 농도 $=0.13\text{ppm}\times10^3\text{ppb}/\text{ppm}=130\text{ppb}$

사용으로 증가된 농도

$$= \frac{0.2\text{mg}/\text{min} \times 150\text{min} \times 22.4\text{mL}/48\text{mg}}{100\text{m}^3} = 0.14\text{ppm}(140\text{ppb})$$

$=130+140=270\text{ppb}$

필수 문제

04 120m³ 인 복사실에서 오존배출량이 분당 240μg 인 복사기를 연속사용하고 있다. 이 복사기를 사용하기 전의 실내오전의 농도가 196μg/Nm³ 라고 할 때, 6시간 사용 후 복사실의 오존농도(ppb)는?(단, 0℃, 1기압, 환기 없음)

오존의 농도=복사기 사용 전 농도+복사기 사용으로 증가된 농도

사용 전 농도=196μg/Nm³

사용으로 증가된 농도

$$=\frac{240\mu g/min \times 6hr \times 60min/hr}{120m^3}=720\mu g/Nm^3$$

$=196+720=916\mu g/Nm^3$

$$=916\mu g/Nm^3\times\frac{22.4mL}{48mg}\times 1mg/10^3\mu g$$

$=0.42746ppm\times10^3ppb/ppm=427.47ppb$

학습 Point

1. 2차 대기오염물질 내용 숙지
2. 광화학 smog반응 내용 숙지
3. 광화학 반응인자의 일중 농도변화 숙지
4. 대기오염물질 배출업종 내용 숙지

07 대기 복사에너지

(1) 태양에너지

① 태양에너지는 지구상에 미치는 에너지의 근원이다.

② 태양은 고온의 가스로 구성되어 있고 계속적인 핵융합으로 에너지가 생성된다.

③ 태양의 평균 표면온도는 약 6,000 °K 정도이다.

④ 태양복사는 우주공간을 방사선 형태로 퍼져나가며 그 강도는 거리의 2승에 반비례하여 감소한다(거리의 역이승 법칙).

⑤ 태양복사에너지의 세기는 가시광선 영역에서 가장 강하고, 0.5 μm의 파장에서 최대에너지를 방출한다.

(2) 태양상수

① 정의

지구의 대기권 밖에서 햇빛(태양광선)에 수직인 1 cm^2 의 면적에 1분 동안 들어오는 태양복사에너지의 양을 말한다.

② 태양상수의 값

2 $cal/cm^2 \cdot min$ (1,380 W/m^2)

③ 지표에 도달하는 태양복사에너지(E)

지표면 1 cm^2의 면적이 1분 동안 받는 평균복사에너지

$$E = \frac{\text{1분 동안에 받는 총에너지}}{\text{전 지구의 표면적}} = \frac{\pi R_e^2 I}{4\pi R_e^2} = \frac{I}{4}$$

$$= 0.5\ cal/cm^2 \cdot min$$

여기서, R_e : 지구 반지름

I : 태양상수

(3) 태양고도

$$\sin\alpha = \sin\phi \cdot \sin\delta + \cos\phi \cdot \cos\delta \cdot \cos h$$

여기서, α : 지구상 어떤 지점의 태양고도각
ϕ : 지구상 어떤 지점의 위도
δ : 태양의 적위
h : 시간각

Reference | 지표상에 도달하는 일사량 변화에 영향을 주는 요소

① 태양 입사각의 변화
② 계절
③ 대기의 두께(optical air mass)

(4) 복사

① 전자기파

㉠ 복사는 전자기파 형태로 에너지(열)가 매질을 통하지 않고 고온에서 저온의 물체로 직접 전달되므로 진공상태(매질이 없음)인 우주공간상에서도 전달될 수 있다.

㉡ 전자기파의 파장범위는 매우 넓으며 단파장(X-선)에서 장파장(AM전파)까지 매우 다양하나 물리적인 성질(전달속도, 회절, 굴절, 반사)은 동일하다.

㉢ 대기 중에서의 복사는 보통 0.1～100 μm 파장영역에 속한다.

㉣ 대기 복사파장 영역 중 인간이 느낄 수 있는 가시광선은 보라색인 0.36 μm～붉은색인 0.75 μm까지이다.

② 흑체

㉠ 입사된 복사에너지를 완전히 흡수하는 가장 이상적인 물체를 흑체(Black Body)라 한다.

㉡ 지구상에 존재하는 물체의 복사 특성은 흑체와 유사하다고 간주한다.

㉢ 주어진 온도에서 이론상 최대에너지를 복사하는 물체를 흑체라고 한다.

③ 스테판-볼츠만의 법칙(Stefan-Boltzmann's Law)

㉠ 정의

복사에너지 중 파장에 대한 에너지 강도가 최대가 되는 파장과 흑체의 표면온도의 관계를 나타내는 법칙 즉, 흑체 복사를 하는 물체에서 방출되는 복사강도는 그 물체의 절대온도의 4승에 비례한다.

㉡ 관련식

흑체 표면의 단위면적으로부터 단위시간에 방출되는 전파장의 복사에너지의 양(흑체의 전복사도) E는 흑체의 절대온도 4승에 비례한다.

$$E=\sigma T^4$$

여기서, E : 흑체 단위표면적에서 복사되는 에너지
T : 흑체의 표면 절대온도
σ : 스테판-볼츠만 상수(5.67×10^{-8} W/m^2 · K^4)

필수 문제

01 스테판-볼츠만의 법칙에 의할 때 표면온도가 1,000 K 에서 2,000 K 가 되었다면 흑체에서 복사되는 에너지는 몇 배가 되는가?

풀이

$E=\sigma T^4$이므로

$$\left(\frac{T_2}{T_1}\right)^4=\left(\frac{2,000}{1,000}\right)^4=16\text{배}$$

필수 문제

02 도시지역이 시골지역보다 태양의 복사열량이 10% 감소한다고 한다. 도시지역의 지상온도가 250 K일 때 시골지역의 지상온도는 얼마나 되겠는가?(단, 스테판-볼츠만의 법칙을 이용함)

풀이

$E=\sigma\times T^4$

우선 도시지역의 복사에너지를 구함

$E=(5.67\times10^{-8})\times250^4=221.48(\text{W/m}^2)$

시골지역의 복사에너지

$E=221.48\times1.1=243.63(\text{W/m}^2)$

시골지역의 지상온도

$243.63=(5.67\times10^{-8})\times T^4$

$T^4=4,296,825,000$ K

$T=256.03$ K

④ 비인의 변위법칙(Wiens Displacement Law)

㉠ 정의

최대에너지 파장과 흑체 표면의 절대온도와는 반비례함을 나타내는 법칙으로 파장의 길이가 작을수록 표면온도가 높은 물체이다.

㉡ 관련식

$$\lambda_m = \frac{a}{T} = \frac{2,897}{T}$$

여기서, λ_m : 복사에너지 중 파장에 대한 에너지강도가 최대가 되는 파장(μm)

T : 흑체의 표면온도(K)

a : 비례상수

⑤ 플랑크의 법칙(Planck's Distribution Law of Emission)

㉠ 정의

흑체로부터 복사되는 에너지강도를 표면온도와 파장의 함수로 나타내며 방정식으로 표현된다.

㉡ 관련식

흑체에서 복사되는 에너지 중 파장 λ와 $\lambda + \Delta\lambda$ 사이에 들어 있는 에너지량을 E_λ라 하면

$$E_\lambda = C_1\lambda^{-5}[\exp(C_2/\lambda T) - 1]^{-1}$$

$$E_\lambda = hv = h\frac{C}{\lambda}$$

여기서, E_λ : 파장이 λ인 복사에너지의 에너지 강도

T : 흑체의 표면온도(K)

C : 빛의 속도(3.0×10^8 m/sec)

h : Planck's 상수

V : 진동수

C_1, C_2 : 상수

㉢ 타 법칙과의 관계

ⓐ 플랑크의 방정식을 적분 : 스테판 볼츠만의 법칙 확인가능(흑체에서 방출되는 총복사에너지는 표면온도의 4승에 비례

ⓑ 플랑크의 방정식을 미분 : 비인의 변위법칙 확인가능(최대에너지 파장은 표면 온도에 반비례)

Reference | 키르히호프의 법칙

① 열역학평형 상태하에서는 어떤 주어진 온도에서 매질의 방출계수와 흡수계수의 비는 매질의 종류에 관계없이 온도에 의해서만 결정된다는 법칙이다.
② 복사를 흡수하는 성질이 있는 물체에는 반드시 복사를 방출하는 성질이 있다는 것과, 또 복사를 완전히 흡수하는 물체는 그 온도에서 가능한 최대의 복사를 방출하는 물체라는 것을 나타낸다.
③ 주어진 온도에서 어떤 물체의 파장 λ의 복사선에 대한 흡수율은 동일온도와 파장에 대한 그 물체의 복사율과 같다.
④ 이 법칙은 국소적 열역학 평형에 대해서도 확장된다.

(5) 복사평형

지구가 흡수하는 태양복사에너지와 지구표면에서 방출되는 지구복사에너지가 평형상태를 이루어 지구의 평균기온이 일정하게 유지된다는 의미이다.

① 태양복사 및 지구복사

㉠ 태양복사

ⓐ 파장 0.5 μm 정도에서 복사속밀도 값이 최대(0.4~0.7 μm의 파장범위에 43% 분포)

ⓑ 단파복사(태양은 표면온도가 약 6,000 K 정도로 높아 파장이 짧은 복사에너지를 많이 방출)

㉡ 지구복사

ⓐ 파장 14 μm 정도에서 복사속밀도 값이 최대(2.5~25 μm의 파장범위에 95% 분포)

ⓑ 장파복사(지구는 표면온도가 288 K 정도로 낮아 파장이 긴 복사에너지를 많이 방출)

② 비어의 법칙(Beer-Lambert's Law)

㉠ 정의

어떤 매질을 통과하는 빛의 복사속밀도는 통과한 거리에 따라 지수적으로 감소함을 나타내는 법칙이다.

㉡ 관련식

대기층을 통과하는 동안의 태양복사의 감쇄는 K(감쇄계수), ρ(매질밀도), S(통과거리)에 좌우되며 K는 대기층의 조성물질의 성분에 영향을 받는다.

$$I = I_0 \exp(-K\rho S)$$

여기서, I : 매질로 입사 후 빛의 복사 속 밀도
I_0 : 매질로 입사 전 빛의 복사 속 밀도
K : 감쇄계수
ρ : 매질의 밀도
S : 통과거리

③ 대기의 흡수

㉠ 지표면에서 측정된 태양복사에너지는 적외선 파장 영역에서 강한 흡수대를 나타내며 이는 주로 수증기에 의한 흡수이다.

㉡ 파장이 작은 자외선(0.31 μm 〉)은 산소분자 및 오존에 의해 거의 모두 흡수된다.

㉢ 파장이 긴 가시광선 영역에서는 흡수가 아주 적게 나타난다.

㉣ 지구복사의 흡수는 수증기와 탄산가스(CO_2)가 가장 큰 역할을 하며 수증기에 의한 흡수는 적외선 영역, CO_2는 2.5~3 μm, 4~5 μm의 파장영역에 대해서 이루어진다.

㉤ 대기의 창(Atmospheric Window)

대기에 의한 흡수가 약하여 8~12 μm의 파장영역의 복사는 대기에 의하여 거의 흡수되지 않고 지구대기권을 그대로 통과하는데 이 파장영역을 대기의 창이라 한다.

④ 산란

㉠ 개요

ⓐ 지구대기 중에서 광선이 기체분자 및 에어로졸에 부딪쳐 여러 방향으로 퍼져나가게 되는 현상이며 산란의 세기는 입사되는 빛의 파장(λ)에 대한 입자크기(반경)의 비에 의해 결정된다.

ⓑ 빛을 입자가 들어있는 어두운 상자 안으로 도입시킬 때 산란광이 나타나며 이것을 틴달빛이라고 한다.

ⓒ 입자에 빛이 조사될 때 산란의 경우, 동일한 파장의 빛이 여러 방향으로 다른 강도로 산란되는 반면, 흡수의 경우는 빛에너지가 열, 화학반응의 에너지로 변환된다.

ⓓ Mie 산란의 결과는 모든 입경에 대하여 적용되나, Rayleigh 산란의 결과는 입사빛의 파장에 대하여 입자가 대단히 작은 경우에만 적용된다.

㉡ 레일라이 산란(Rayleigh Scattering)

ⓐ 빛의 산란강도는 광선 파장의 4승에 반비례한다는 법칙으로 Rayleigh는 "맑은 하늘 또는 저녁 노을은 공기분자에 의한 빛의 산란에 의한 것"이라는 것을 발견하였다.

ⓑ 입자의 반경이 입사광선의 파장보다 훨씬 작은 경우에 산란효과가 뚜렷하게 나타난다. 즉, 산란을 일으키는 입자의 크기가 전자파 파장보다 훨씬 작은 경우에 일어난다.(레일라이 산란은 [파장/입자직경]가 10보다 클 때 나타나는 산란현상, 즉 전자기파가 그 파장의 1/10 이하의 반지름을 가지는 입자에 의해 산란되는 현상)

ⓒ 입자의 반경이 작을수록 산란이 더 잘 일어난다.

ⓓ 맑은 날 하늘이 푸르게 보이는 이유는 태양광선의 공기에 의한, 즉 레일리 산란 특성에 의해 파장이 짧은 청색광이 긴 적색광보다 더욱 강하게(많이) 산란되기 때문이다. 즉, 레일라이산란에 의해 가시광선 중에서는 청색광이 많이 산란되고 적색광이 적게 산란된다.

㉢ 미산란(Mie Scattering)

ⓐ 광선이 파장과 이를 산란시키는 입자의 반경이 같은 경우에 산란효과가 뚜렷하게 나타난다.(입자의 크기가 빛의 파장과 거의 같거나 큰 경우에 나타나는 산란)

ⓑ 태양복사에너지는 지표면에 도달하기 전에 대기 중에 있는 여러 물질에 의해 산란되어 그 양이 줄어들게 된다. 특히 대기 중의 먼지나 입자의 직경이 전자파의 파장과 거의 같은 크기의 경우, 하늘은 백색이나 뿌옇게 흐려져 일사량의 감소를 초래하며 간접적으로 대기오염도를 예측할 수 있는데 이와 같은 현상을 미산란이라 한다.

ⓒ 광화학 반응에 의해 생성된 물질은 미산란 효과에 의해 대기의 파장변화와 가시도의 감소를 초래한다.

⑤ 알베도(Albedo)

지구지표의 반사율을 나타내는 지표. 즉 알베도는 입사에너지에 대하여 반사되는 에너지의 의미며 지표면 상태 중 일반적으로 얼음이 알베도가 가장 크다.

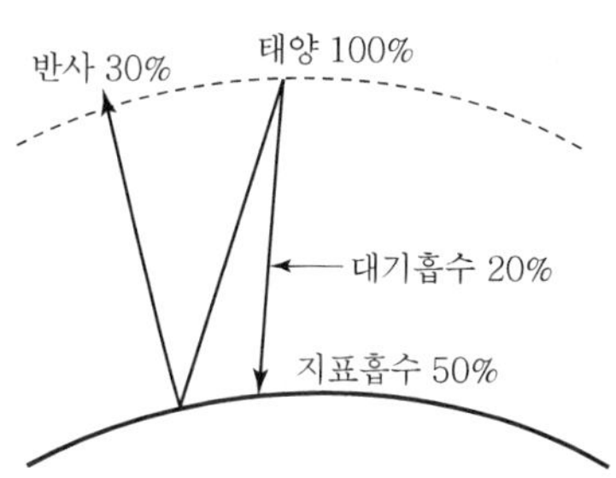

반사하는 30%를 반사율 또는 알베도라 한다.

학습 Point

1 태양상수 내용 숙지
2 스테판-볼츠만의 법칙 내용 숙지
3 플랑크의 법칙 내용 숙지
4 레일라이 및 미산란 내용 숙지
5 알베도 내용 숙지

08 대기오염사건

(1) 크라카타우섬 사건

① 발생연도

1883년

② 발생장소

인도네시아 Krakatau 섬

③ 원인

대분화가 발생(유황 포함 유해가스) : 화산폭발사건

④ 피해

그 지역 주민에게 막대한 건강에 대해 피해 야기

⑤ 특징

자연적인 대기오염 사건

(2) 뮤즈계곡 사건

① 발생연도

1930년 12월

② 발생장소

벨기에 Meuse Valley

③ 환경조건

분지, 무풍, 기온역전, 연무 발생의 공장지대

④ 원인

금속, 발전, 유리, 아연, 제철, 황산, 비료공장 등

⑤ 원인물질

SO_2, H_2SO_4(황산미스트), 불소화합물, CO, 미세입자, 금속산화물 등

⑥ 피해

㉠ 약 60여 명의 사망자(평상시 사망자 수의 10배) 및 전 연령층에서 급성호흡기 자극성 증상의 환자 발생

㉡ 식물, 조류에 치명적인 영향을 미침

㉢ 급성호흡기 자극성 질환, 심장과 폐의 만성질환

⑦ 특징

최초의 인위적인 대기오염사건

(3) 도쿄 요꼬하마 사건

① 발생연도

1946년 겨울

② 발생장소

도쿄 요꼬하마 공업지역

③ 환경조건

무풍, 농연무의 공업지역

④ 원인물질

원인불명이나 도쿄 요꼬하마 공업지역 공장의 배출가스로 추정

⑤ 피해

심한 천식환자 발생

(4) 도노라 사건

① 발생연도

1948년 10월

② 발생장소

미국 펜실베니아주의 공업도시인 Donora

③ 환경조건

분지, 무풍, 기온역전, 연무의 공업지역

④ 원인

제철, 전선, 아연, 황산공장

⑤ 원인물질

SO_2, 황산 mist, NO_x, 미세입자

⑥ 피해

㉠ 18명 사망

㉡ 약 6,000명의 심폐증 환자발생(인구 14,000명 중 43% 발생)

(5) 포자리카 사건

① 발생연도

1950년 11월

② 발생장소

멕시코의 공업단지인 Poza Rica

③ 환경조건

기온역전, 지상형 분지, 안개

④ 원인

공장의 부주의로 인한 누출사고

⑤ 원인물질

H_2S

⑥ 피해

- 22명 사망
- 320명 급성중독(기침, 호흡곤란, 점막자극)

(6) 런던 Smog 사건

① 발생연도

1952년 12월

② 발생장소

영국 London

③ 환경조건

기온역전(복사성 역전), 하천평지, 무풍, 연무, 높은 습도, 대도시

④ 원인

가정난방용 및 화력발전소의 석탄연소

⑤ 원인물질

SO_2, 분진(부유먼지), 에어로졸 등

⑥ 피해

㉠ 3주 동안 4,000명, 2개월 동안 8,000명 사망

㉡ 전 연령층에 만성기관지염, 천식, 기관지 확장증, 폐섬유증 등

⑦ 특징

최대의 사망자수를 기록한 대기오염사건

(7) 로스앤젤레스 Smog 사건

① 발생연도

1954년 7월부터 여름

② 발생장소

미국 Los Angeles

③ 환경조건

기온역전, 해안분지, 백색연무, 급격한 인구증가(대도시) 등

④ 원인

자동차 증가에 따른 석유계 연료소비(자동차배출가스의 광화학반응)

⑤ 원인물질

CO, CO_2, SO_3, NO_2, 올레핀계 탄화수소, 광화학적 산화물(알데히드, 아크로레인, 오존, PAN 등) 형성

⑥ 피해

㉠ 눈, 코, 기도, 폐의 지속적 점막 자극

㉡ 고무제품 균열 및 건축물 손상에 따른 재산상 손실

㉢ 일상생활의 불쾌감 야기

[London Smog와 LA Smog의 비교]

구분	London 형(1952년)	LA 형(1954년)
특징	Smoke+Fog의 합성	광화학작용(2차성 오염물질의 스모그 형성)
반응 · 화학반응	• 열적 환원반응 • 연기+안개 → 환원형 Smog	• 광화학적 산화반응 • HC+NO_x+hv → 산화형 Smog
발생시 기온	4℃ 이하	24℃ 이상(25~30℃)
발생시 습도	85% 이상	70% 이하
발생시간	새벽~이른 아침, 저녁	주간(한낮)
발생 계절	겨울(12~1월)	여름(7~9월)
일사량	없을 때	강한 햇빛
풍속	무풍	3m/sec 이하
역전 종류	복사성 역전(방사형) : 접지역전	침강성 역전(하강형)
주오염 배출원	• 공장 및 가정난방 • 석탄 및 석유계 연료의 연소 • 원인물질 : SO_2, 부유먼지	• 자동차 배기가스 • 석유계 연료의 연소 • 원인물질 : NO_X, O_3, PAH, HC
시정거리	100m 이하	1.6~0.8km 이하
Smog 형태	차가운 취기가 있는 농무형	회청색의 농무형
피해	• 호흡기 장애, 만성기관지염, 폐렴 • 심각한 사망률(인체에 대해 직접적 피해)	• 점막자극, 시정악화 • 고무제품 손상, 건축물 손상

Reference | 방사성 역전

밤과 아침 사이에 지표면이 냉각되어 공기온도가 낮아지기 때문에 발생. 즉 지표에 접한 공기가 그보다 상공의 공기에 비하여 더 차가워져 생기는 현상

Reference | 침강성 역전

고기압권에서 공기가 하강하여 기온이 단열압축으로 승온되어 발생하는 현상이며, 넓은 범위에 걸쳐 시간에 무관하게 장기적으로 지속됨

(8) 세베소 사건

① 발생연도
1976년 7월

② 발생장소
이탈리아 세베소시 농약제조회사

③ 원인
농약제조공장에서 다량의 유독성 가스 누출

④ 원인물질
염소가스, 다이옥신(Dioxins)

⑤ 피해
수백 마리 동물이 죽거나 병들고 사람들에게 피부병을 유발함

(9) 보팔 사건

① 발생연도
1984년 12월

② 발생장소
인도의 Bhopal

③ 원인
살충제(비료) 공장(유니온 카바이드사)에서 유독가스 1시간 누출

④ 원인물질
메틸이소시아네이트 : Methyl Iso Cyanate (MIC ; CH_3CNO)

⑤ 피해
약 1,200~2,500명 사망 및 2만 명 이상 응급조치

(10) 체르노빌 사건

① 발생연도
1986년 4월

② 발생장소
우크라이나공화국의 체르노빌 원자력 발전소

③ 원인
원자로 제4호기 폭발(멜팅다운)

④ 원인물질

방사성 물질(방사능)

⑤ 피해

수천~수만 명의 환자 및 난민 발생 추정

Reference

뮤즈계곡사건, 도노라사건 및 런던스모그의 공통적인 주요대기오염 원인물질은 SO_2이며 환경조건은 무풍, 기온역전이다.

학습 Point

London, LA형 Smog 내용 비교 숙지

09 실내공기오염

(1) 개요

① 실내공기오염이란 주택, 공공건물, 지하시설물, 병원, 교통수단 등의 다양한 실내공간의 공기가 오염된 상태를 의미한다.

② 실내공기오염은 매우 복합적인 원인(온열환경요소인 온도 · 습도 · 기류 · 복사열과 가스성분인 일산화탄소 · 이산화탄소 · 질소산화물 및 부유분진, 미생물)에 의해 발생되며, 실외대기오염보다 인체에 미치는 영향이 더욱 중요하다는 사실을 인식하지 못하는 현실이다.

③ 실내공기오염의 지표물질은 이산화탄소이다.

(2) 실내오염의 주요원인(주요 배경)

① 인구의 밀집화

② 실내생활화(1일 약 80% 이상 실내생활)

③ 실내공간의 밀집화

④ 건물의 밀폐화로 인한 오염된 공기순환

(3) 실내공기환경에 미치는 영향요소

① 물리적 요소

온도, 습도, 풍속 등

② 화학적 요소

일산화탄소, 질소산화물, 담배연기 등

③ 생물학적 요소

세균, 바이러스 등

Reference

실내공기오염의 지표라는 관점에서 볼 때 세균의 위험성은 그 자체의 병원성보다 오히려 세균의 수가 문제시되는 경우가 많다.

(4) 실내오염물질의 발생원 분류 및 특징

① 분류

㉠ 가스상 물질

ⓐ 라돈(Rn) : 건축재료, 물, 나무

ⓑ 포름알데히드(HCHO) : 가구류, 담배연기, 각종 절연재료

ⓒ NH_3 : 대사작용

ⓓ VOC : 용제류, 접착제, 화장품

ⓔ PAH : 담배연기

㉡ 입자상 물질

ⓐ 석면 : 절연재료, 각종 난연성 물질

ⓑ 먼지(PM) : 방향제

ⓒ 알레르기 : 진드기, 애완동물의 털

② 대표적 실내공기 오염물질 특징

㉠ 라돈(Radon) : Rn

ⓐ 주기율표에서 원자번호가 86번으로, 화학적으로 불활성 물질(거의 반응을 일으키지 않음)이며 흙 속에서 방사선 붕괴를 일으키는 지구상에서 발견된 약 70여 가지의 자연방사능 중 하나의 물질이다.

ⓑ 무색, 무취로 사람이 매우 흡입하기 쉬운 기체로 액화되어도 색을 띠지 않는 물질이며, 토양, 콘크리트, 대리석, 지하수, 건축자재 등으로부터 공기 중으로 방출된다.

ⓒ 자연계에 널리 존재하며, 주로 건축자재를 통하여 인체에 영향을 미치고 있다.

ⓓ 자연계의 물질 중에 함유된 우라늄-238 계열의 연속붕괴과정에서 만들어진 라듐-226의 괴변성 생성물질로서 인체에 폐암을 유발시키는 오염물질이다(라듐의 핵분열시 생성되는 물질이 라돈임).

ⓔ 우라늄과 라듐은 Rn-222의 발생원에 해당하며, Rn-222의 반감기는 3.8일이며, 그 낭핵종도 같은 종류의 알파선을 방출하지만 화학적으로는 거의 불활성이다.

ⓕ 라돈은 공기에 비하여 약 9배 무거워 지하공간에서 농도가 높게 나타나며 농도 단위는 PCi/L(Bq) 를 사용한다.(1 PCi/L = 37 Bq/m^3)

ⓖ 라돈의 α붕괴에 의하여 미세입자 상태인 라돈의 딸핵종(낭핵종)이 생성되어 호흡기로 현저히 흡입 시 폐포 및 기관지에 부착되어 α선을 방출하여 폐암을 유발한다.

㉡ 포름알데히드(HCHO)

ⓐ 상온에서 자극성 냄새를 갖는 가연성 무색 기체로 폭발의 위험성이 있으며 비중은 약 1.03이며, 합성수지공업, 피혁공업 등이 주된 배출업종이다.

ⓑ VOC의 한 종류로 가장 일반적인 오염물질 중 하나이고, 건물 내부에서 발견되

는 오염물질 중 가장 심각한 오염물질이다.

ⓒ 환원성이 강한 물질이며 산화시키면 포름산이 되고 물에 잘 녹고 40% 수용액을 포르말린이라 한다.

ⓓ 방부제, 옷감, 잉크, 페놀수지의 원료로서 발포성 단열재, 실내가구, 가스난로의 연소, 광택제, 카펫, 접착제 등의 새 자재에서 주로 방출되며, 살균·방부제 등으로 이용된다.

ⓔ 인체흡수 경로상 호흡기에 의한 흡입에 의한 독성이 가장 강하며, 농도 1 ppm 이하에서 눈, 코 등의 자극증상과 피부질환, 구토, 정서불안정 증상을 나타낸다.

ⓕ 피부, 눈 및 호흡기계에 강한 자극효과를 가지며 폐수종(급성폭로시)과 알레르기성 피부염 및 직업성 천식을 야기한다.

㉢ 석면 : Asbestos

ⓐ 석면은 자연계에서 산출되는 길고, 가늘며, 강한 섬유상 물질로서 굴절성, 내열성, 내압성, 절연성, 불활성이 높고 산·알칼리 등 화학약품에 대한 저항성이 강하다.(석면이나 광물성 섬유들은 장력강도와 열 및 전기적인 절연성이 크고, 화학적으로 분해가 잘 되지 않음)

ⓑ 광물성 규산염의 총칭이며 사문석, 각섬석이 지열 및 지하수의 작용으로 인하여 섬유화된 것이다.

ⓒ 석면의 발암성은 청석면(크로시돌라이트)>갈석면(아모사이트)>온석면 순이다.

ⓓ 석면은 얇고 긴 섬유의 형태로서 규소, 수소, 마그네슘, 철, 산소 등의 원소를 함유하며 그 기본구조는 산화규소(SiO_2)의 형태를 취한다.

ⓔ 슬레이트, 보온재, 단열재, 페인트의 첨가제, 브레이크 라이닝의 원료로 사용된다.

ⓕ 건물이 낡은 경우나 해체공사 시에는 석면먼지가 공기 중에 부유하므로 노동재해의 중요한 요인으로 간주되기도 한다.

ⓖ 석면폐, 기관기염, 호흡곤란 등 폐기능 장해가 인정되며 폐암, 중피종암, 늑막암, 위암을 발생시킨다.

ⓗ 석면의 공업적 생산 및 소비량은 백석면인 사문석 계통이 가장 많고 청석면, 갈석면의 각섬석 계통이 적다.

ⓘ 석면에 폭로되어 중피종이 발생되기까지의 기간은 일반적으로 폐암보다는 긴 편이나 20년 이하에서 발생하는 예도 있다.

ⓙ 석면의 유해성은 청색면이 백색면보다 강하다.

ⓚ 미국에서 가장 일반적인 것으로는 크리소타일(백석면)이 있다.

Reference | 석면의 종류 및 특성

그룹	종류	화학식	특성	주요성분 Si	Mg	Fe
사문석 Serpentine	크리소타일 (백석면) Chrysotile	$Mg_3(Si_2O_5)$ $(OH)_4$ 흰색	• 가늘고 부드러운 섬유 • 휨 및 인장강도 큼 • 가장 많이 사용(미국에서 발견되는 석면 중 95% 정도) • 내열성 (500℃에서 섬유조직하에 결정 생성) • 가직성 • 광택은 비단광택이고 경도는 2.5이다.	40	38	2
각섬석 Amphibole	아모사이트 (갈석면) Amosite	$(FeMg)SiO_3$ 밝은 노란색	• 취성 및 고내열성 섬유 • 내열성, 내산성, 가직성 없음	50	2	40
	크로시도라이트 (청석면) Crocidolite	$Na_2Fe(SiO_3)_2$ $FeSiO_3H_2O$ 청색	• 석면광물 중 가장 강함, 취성 • 내열성, 내산성, 부분적 가직성	50	-	40
	안소필라이트 Anthophylite	$(MgFe)_7Si_8O_{22}$ $(OH)_2$ 밝은 노란색	• 취성 흰색섬유 • 거의 사용치 않음	58	29	6
	트레모라이트 Tremolite	$Ca_2Mg_5Si_8O_{22}$ $(HO)_2$ 흰색	거의 사용치 않음	55	15	2
	악티노라이트 Actinolite	$CaO_3(MgFe)$ O_4SiO_2 흰색	거의 사용치 않음	55	15	2

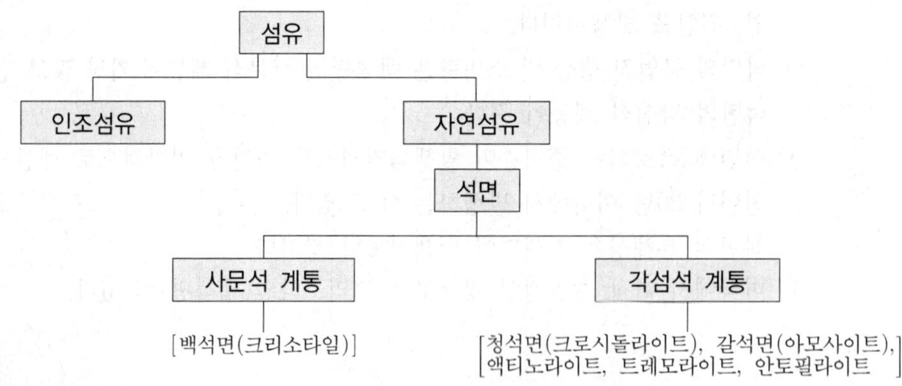

[석면의 구분]

■ 석면폐증(Asbestosis)

① 석면을 취급하는 작업에 4~5년 종사시 폐하엽부위에 다발하며 흉막을 따라 폐중엽이나 설엽으로 퍼져가며 주로 폐하엽에서 발생한다.

② 흡입된 석면섬유가 폐의 미세기관지에 부착하여 기계적인 자극에 의해 섬유증식증이 진행되며 폐의 석면분진 침착에 의한 섬유화이며, 흉막의 섬유화와는 무관하다.

③ 석면분진의 크기는 길이가 5~8 μm보다 길고, 두께가 0.25~1.5 μm보다 얇은 것이 석면폐증을 잘 일으킨다.

④ 인체에 대한 영향은 규폐증과 거의 비슷하지만 구별되는 증상으로 폐암을 유발시킨다(결정형 실리카가 폐암을 유발하며 폐암발생률이 높은 진폐증).

⑤ 폐암, 중피종암, 늑막암, 위암 등을 일으킨다.

⑥ 석면폐증의 용혈작용은 석면 내의 Mg에 의해서 발생되며 적혈구의 급격한 증가증상이다.

⑦ 비가역적이며, 석면노출이 중단된 후에 악화되는 경우도 있다.

⑧ 폐의 석면화(섬유화)는 폐조직의 신축성을 감소시키고, 가스교환능력을 저하시키므로 결국 혈액으로의 산소공급이 불충분하게 된다.

■ 규폐증(Silicosis)

① 규폐증은 결정형 규소(암석 : 석영분진)에 직업적으로 노출된 근로자에게 발생하는 진폐증의 일종이다.

② 유리규산(SiO_2) 분진 흡입으로 폐에 만성섬유증식이 나타난다.

③ 유리규산(석영) 분진에 의한 규폐성 결정과 폐포벽 파괴 등 망상내피계 반응은 분진입자의 크기가 2~5 μm일 때 자주 일어난다.

④ 폐결핵을 합병증으로 폐하엽부위에 많이 생긴다.

㉣ 휘발성 유기화합물 : VOC

ⓐ 전 지구적으로 볼 때 자연에서 발생하는 생물학적 NMHC(Non Methane Hydro carbon) 발생량이 인위적인 NMHC 발생량보다 많다.

ⓑ 일반적 의미의 휘발성 유기화합물은 NMHC, 할로겐족 탄화수소화합물, 알코올, 알데히드, 케톤 같은 산소결합 탄화수소화합물들을 내포한다.

ⓒ 자연적인 휘발성 유기화합물은 대류권의 오존생성 및 지구온난화 등과도 관련이 있다.

ⓓ VOC의 발생원은 건축재료, 페인트, 세탁용 용제, 살충제, 가솔린 제조, 접착제

등이 있으며 우리나라의 경우 최근 총배출량으로 가장 큰 부분 배출원은 유기용제 사용이다.

ⓔ VOC의 주요오염물질은 벤젠, 톨루엔, 크실렌, 에틸렌, 펜타클로로벤젠, 디클로로벤젠 등이 있다.

ⓕ 유기용제(주 : 벤젠, 톨루엔, 크실렌)는 피부로 흡수되기 쉬우며 휘발성이 커 호흡기를 통한 흡수로 중독을 일으키기 쉽다.

ⓖ 방향족 유기용제로 고농도, 장시간 노출되면 피로감, 정신착란, 현기증 등의 증상이 나타나고 암을 유발하기도 한다.

ⓗ 벤젠은 상온, 상압에서 무색의 휘발성 액체이며, 끓는점은 약 80℃ 정도이고, 인화성이 강하다.

ⓘ 벤젠은 호흡기를 통해 약 50% 정도 흡수되며, 장기간 폭로시 혈액장애, 간장장애를 일으키고 재생불량성 빈혈, 백혈병을 유발시킨다.

ⓙ 톨루엔은 무색액체이며, 끓는점은 약 111℃ 정도이고, 휘발성이 강하고 그 증기는 폭발성이 있다.

ⓚ 톨루엔은 방향족 탄화수소 중 급성 전신중독을 유발하는데 독성이 가장 강한 물질이며 벤젠보다 더 강하게 중추신경계의 억제재로 작용한다.

Reference

실내공기오염의 지표라는 관점에서 볼 때 세균의 위험성은 그 자체의 병원성보다 오히려 세균의 수가 문제시되는 경우가 많다.

(5) 실내공기오염 관련 질환

① 빌딩증후군(SBS ; Sick Building Syndrome)

㉠ 빌딩 내 거주자가 밀폐된 공간에서 유해한 환경에 노출되었을 때 눈, 피부, 상기도의 자극, 피부발작, 두통, 피로감 등과 같이 단기간 내에 진행되는 급성적인 증상을 말한다.

㉡ 점유자들이 건물에서 보내는 시간과 관계하여 특별한 증상이 없이 건강과 편안함에 영향을 받는 것을 말한다.

㉢ 빌딩증후군 증상은 건물의 특정 부분에 거주하는 거주자들에게 나타날 수도 있고, 또 건물 전체에 만연되어 있을 수 있으며, 인공적인 공기조절이 잘 안 되고 실내공기가 오염된 상태에서 흡연에 의한 실내공기오염이 가중되고 실내온도·습도 등

이 인체의 생리기능에 부적합함으로써 생기는 일종의 환경유인성 신체 증후군이라 할 수 있다.

② 복합화학물질 민감증후군(MCS ; Multiple Chemical Sensitivity)

㉠ 오염물질이 많은 건물에서 살다가 몸에 화학물질이 축적된 사람들이 다른 곳에서 그와 유사한 물질에 노출만 되어도 심각한 반응을 나타내는 경우이며 화학물질 과민증이라고도 한다.

㉡ 미국의 세론. G. 란돌프박사는 특정화학물질에 오랫동안 접촉하고 있으면 나중에 잠시 접하는 것만으로도, 두통이나 기타 여러 가지 증상이 생기는 현상이라고 명명하였다.

③ 새집증후군(SHS ; Sick House Syndrome)

집, 건축물 신축시 사용하는 건축자재나 벽지 등에서 나오는 유해물질로 인해 거주자들이 느끼는 건강상 문제 및 불쾌감을 이르는 용어이며, 주요 원인물질로는 마감재나 건축자재에서 배출되는 휘발성 유기화합물(VOCs) 중 포름알데히드(HCHO)와 벤젠, 톨루엔, 클로로포름, 아세톤, 스틸렌 등이다.

④ 빌딩 관련 질병현상(BRI ; Building Related Illness)

㉠ 건물 공기에 대한 노출로 인해 야기된 질병을 의미하며 병인균(Etilogic Agent)에 의해 발발되는 레지오넬라병(Legionnair's Disease), 결핵, 폐렴 등이 있다.

㉡ 증상의 진단이 가능하며 공기 중에 부유하는 물질이 직접적인 원인이 되는 질병을 의미한다. 또한 빌딩증후군(SBS)에 비해 비교적 증상의 발현 및 회복은 느리지만 병의 원인 파악이 가능한 질병이다.

Reference | 실내공기질 유지기준 및 권고기준 항목

(1) 유지기준
① 미세먼지(PM-10), ② 이산화탄소, ③ 포름알데히드, ④ 총부유세균, ⑤ 일산화탄소
⑥ 미세먼지(PM-2.5)

(2) 권고기준
① 이산화질소, ② 라돈, ③ 총휘발성유기화합물, ④ 곰팡이

학습 Point

라돈, 석면, VOC의 특징 숙지

10 가스상 물질의 종류와 영향

(1) 대기오염물질의 인체침입경로

① 호흡기

㉠ 인체에 들어오는 가장 영향이 큰 침입경로는 호흡기이다.

㉡ 오염물질의 흡수속도는 그 오염물질의 공기 중 농도와 용해도, 폐까지 도달하는 양은 그 오염물질의 용해도에 의해서 결정된다.

② 피부

㉠ 피부를 통한 흡수량은 접촉피부면적 및 그 오염물질의 유해성과 비례하며 오염물질이 침투될 수 있는 피부면적은 약 $1.6\,m^2$이며 피부흡수량은 전 호흡량의 15% 정도이다.

㉡ 피부를 통한 대표적 흡수물질은 4에틸납, 이황화탄소 등이 있다.

③ 소화기

소화기(위장관)를 통한 흡수량은 위장관의 표면적, 혈류량, 오염물질의 물리적 성질에 좌우되며 우발적, 고의에 의하여 섭취된다.

(2) 대기오염물질이 건강에 미치는 영향인자

① 대기오염물질의 종류 및 농도
② 발생지형 및 기후조건
③ 대기오염물질 폭로되는 시간 및 폭로빈도
④ 개인의 감수성
⑤ 생활환경 및 생활조건

(3) 인체에 미치는 피해의 일반적 특징

① 대기오염의 피해도(K : 오염물질지수)

$$K = C \times T \text{ (Haber 법칙)}$$

여기서, C : 대기오염물질의 농도
T : 폭로지속시간

② 풍속이 낮고 기온역전 조건에서 피해 정도가 크며 일반주택지역보다는 공장 및 그 주변지역 주민에게서 더 많은 피해를 호소한다.

③ 단일오염물질에 대한 피해보다는 복합(혼합)오염물질의 상가작용 및 상승작용에 의해 피해가 크게 나타난다.

Reference

1. 상가작용(Additive Effect)
   ① 대기 중 오염인자가 2종 이상 혼재하는 경우에 있어서 혼재하는 오염인자가 인체의 같은 부위에 작용함으로써 그 유해성(피해)이 가중되는 것을 말한다.
   ② 상대적 위해성 수치로 표현하면
   $2+3=5$
   여기서, 수치는 위해성의 크기
2. 상승작용(Synergism Effect)
   ① 각각 단일물질에 폭로되었을 때 위해성보다 훨씬 위해성이 커지는 것을 말한다.
   ② 상대적 위해성 수치로 표현하면
   $2+3=10$
   여기서, 수치는 위해성의 크기

(4) 황산화물(SOx)

① 개요

㉠ 자연에 존재하는 석탄 및 석유류는 0.1~0.5% 이상의 유황을 함유하여 연소 시 황산화물이 다량 발생하며, 부유먼지와 더불어 상승작용을 일으켜 인체에 미치는 영향이 크다.

㉡ 황산화물의 종류로는 SO_2(아황산가스), SO_3(삼산화황), H_2SO_3(아황산), H_2SO_4(황산) 및 황산염($CaSO_4$: 황산칼슘, $CuSO_4$: 황산구리, $MgSO_4$: 황산마그네슘) 등이 있다.

㉢ 황산화물 중 배기가스 내에서는 SO_2, SO_3 형태(SO_2 : SO_3의 발생비율 40~80 : 1)가 주를 이루며 그 중에서도 SO_2가 대부분이다. 따라서 배기가스 측정에 있어서도 SO_2를 주로 한다.

㉣ 전 지구적 규모로 볼 때 해양을 통해 자연적 발생원 중 가장 많은 양의 황화합물이 DMS(CH_3SCH_3) 형태로 배출되고 있으며, 일부는 H_2S, OCS(카르보닐황), CS_2 형태로 배출되고 있다.

㉤ 황화합물은 산화상태가 클수록 증기압이 커지고 용해성도 증가한다.

ⓗ 자연적인 발생원은 해면 및 육지로부터의 H_2S의 발생, 바다 소금물에 의한 SO_4^{2-}의 방출이다.

ⓢ 양모, 면, 나일론, 셀룰로오스 섬유, 레이온 등 각종 섬유는 황산화물의 미세한 액적에 의해 섬유색깔이 탈색 또는 퇴색되며 인장력이 감소된다. 즉, 인장강도를 크게 떨어뜨린다.

ⓞ 금속을 부식시키며, 습도가 높을수록 부식률은 증가한다.

② SO_2(아황산가스)

㉠ 개요

ⓐ SO_2는 분자량 64.06, 기체 밀도 2.9 g/cm³, 액체비중 1.43 이며 이산화황, 무수아황산이라고도 부른다.

ⓑ 비가연성인 폭발성이 있는 무색의 자극성 기체로서 융점은 −75.5℃, 비점은 −10℃ 정도이며, 환원성이 있고, 표백현상도 나타낸다.

ⓒ 불쾌하고 자극적인 취기가 있는 무색의 기체이며, 물에 잘 녹고 초산, 에탄올, 클로로포름, 에테르에도 용해된다.

ⓓ 지구규모보다는 산성비와 같은 국지적인 환경오염에 기여가 크다.

㉡ 특징

ⓐ SO_2는 물에 대한 용해도가 높아 구름의 액적, 빗방울, 지표수 등에 쉽게 녹아 H_2SO_3 를 생성한다. 또한 H_2SO_3는 산소와 결합하여 H_2SO_4 를 생성시킨다.
($SO_3 + H_2O \rightarrow H_2SO_4$)

ⓑ 연소과정에서 배출되는 SO_2는 대류권에서 거의 광분해되지 않으며 파장 280～290 nm 및 220 nm 이하에서 광흡수가 나타난다. 광분해가 가능하지 않은 이유는 저공에 도달하는 것보다 더 짧은 파장이 요구되기 때문이다.

ⓒ 모든 SO_2의 광화학은 일반적으로 전자적으로 여기된 상태의 SO_2 의 분자반응들만 포함한다.

ⓓ 낮은 농도의 올레핀계 탄화수소도 NO가 존재하면 SO_2를 광산화시키는 데 상당히 효과적일 수 있다.

ⓔ 파라핀계 탄화수소는 NO_2와 SO_2가 존재하여도 Aersol을 거의 형성시키지 않는다.

ⓕ 대기 중 SO_2는 약 30% 정도가 황산염으로 전환되며, 평균 체류시간은 약 1～4(5)일 정도로 짧다.

ⓖ 대기 중으로 유입된 SO_2는 물에 잘 녹고 반응성이 크므로 입자상 물질의 표면이나 물방울에 흡착된 후 비균질반응에 의해 대부분 황산염(SO_4^{2-})으로 산화

되어 제거된다.

ⓗ 가스상태의 SO_2는 대기압하에서 환원제 및 산화제로 모두 작용할 수 있다.

ⓘ SO_2가 황산미스트로 되면 위해성이 약 10배 정도 증가한다.

ⓙ 대기 중 SO_2는 시간당 약 0.1∼0.2% 씩 태양광선에 의해 산화되어서 매우 작은 입자를 형성하기도 한다.

ⓚ 물에 대한 용해도가 매우 높기 때문에 흡입된 대부분의 가스는 상기도 점막에서 흡수된다.

ⓛ 환원성 표백제로도 이용되고 화석연료의 연소에 의해서도 발생한다.

㉢ 인체에 미치는 영향

ⓐ 인체에 미치는 피해는 농도와 노출시간이 문제가 되며, 주로 호흡기 계통의 질환을 일으킨다.

ⓑ 적당히 노출시는 상부호흡기에 영향을 미치며 단독호흡보다 먼지나 액적 등과 동시에 흡입시 황산미스트가 되어 SO_2보다 독성이 약 10배 정도 증가한다.

ⓒ SO_3는 호흡기 계통에서 분비되는 점막에 흡착되어 H_2SO_4된 후, 조직에 작용하여 궤양을 일으킨다.

ⓓ 흡입된 SO_2의 95% 이상은 수용성 기체이므로 상기도에 흡수되며, 잔여량이 비강 또는 인후에 흡수된다.

ⓔ 기관지염 및 호흡저항의 상승, 폐기종을 유발하며 시야감소도 나타난다.

ⓕ SO_2는 고농도일수록 비강 또는 인후에서 많이 흡수되며 저농도인 경우에는 극히 낮은 비율로 흡수된다.

㉣ 재산상의 피해

ⓐ 금속 및 재료를 부식시키며 습도가 높을 경우 부식속도가 증가된다(부식은 SO_2에 의한 것이 아니라 H_2O와 작용하여 형성된 H_2SO_4에 의한 것으로 공기가 SO_2를 함유하면 부식성이 매우 강하게 된다.) 즉, 대기 중에서 형성되는 아황산 및 황산은 석회, 대리석, 시멘트 등 각종 건축재료를 약화시킨다.

ⓑ 건축물, 고무제품류 등을 퇴색 및 노화시킨다.

ⓒ 섬유의 인장강도를 크게 떨어뜨리며 가죽, 종이 등의 품질을 떨어뜨린다.

ⓓ SO_2는 대기 중의 분진과 반응하여 황산염이 형성됨으로써 대부분의 금속을 부식시킨다. 즉, 황산화물은 대기 중 또는 금속표면에서 황산으로 변함으로써 부식성을 더 강하게 한다.

Reference | 일반적으로 대기오염물질이 차지하는 비중

$SO_2 > NO_2 > CO_2 > CH_4$

③ H_2S(황화수소)

㉠ 개요

ⓐ 녹는점 −89.9℃, 끓는점 −61.8℃, 비중 0.96인 썩은 계란 냄새가 나는 무색의 기체이다.

ⓑ 많은 탄화수소를 용해하며 공기 중에서 연소하여 이산화황이 되고 독성이 강하여 취급에 주의하여야 한다.

㉡ 특징

ⓐ 강질산, 강산화성 물질, 금속분과 격렬한 반응, 공기와 혼합하면 폭발 혼합물을 생성한다(폭발범위 4.3~46%, 발화점 260℃).

ⓑ 연소시 아황산가스가 발생하고 인체, 금속, 목재에 부식성이 있다.

㉢ 인체에 미치는 영향

ⓐ 고농도 흡입 시 두통, 현기증, 보행불능 및 호흡장애를 일으키고 중추신경을 마비시켜 실신이 일어나기도 한다.

ⓑ 점막을 자극하여 각막염, 눈의 통증, 각막수포, 시각불명료 등을 일으킨다.

㉣ 재산상의 피해

ⓐ 금속표면에 검은색 피막을 형성시키고 페인트 등을 변색시킨다.

ⓑ 황화수소에 저항성이 강한 금속은 Au(금), Pt(백금) 등이다.

④ CS_2(이황화탄소)

㉠ 개요

ⓐ 분자량 76.14, 녹는점 −111.53℃, 끓는점 46.25℃, 인화점 −30℃이고 상온에서 무색 투명하고 휘발성이 강하면서 순수한 경우에는 냄새가 거의 없지만 일반적으로 불쾌한 냄새가 나는 유독성 액체로 공기 중에서 서서히 분해되어 황색을 나타낸다.(상온에서도 빛에 의해 서서히 분해되며 인화되기 쉽다.)

ⓑ 보통 목탄 또는 메탄과 증기상태의 황을 750~1,000℃에서 반응시켜 제조한다.

ⓒ 주로 비스코스레이온과 셀로판 제조공정 중에 사용되어 배출하는 오염물질이며 사염화탄소 생산 시 원료로도 사용되어 배출된다.

ⓓ 햇빛에 파괴될 정도로 불안정하지만, 전도성, 부식성은 비교적 약하다.

ⓔ CS_2의 증기는 공기보다 약 2.64배 정도 무겁다.

㉡ 인체에 미치는 영향

ⓐ 급성중독시 알코올, 클로로포름 등의 마취작용과 비슷하고, 심한 경우 호흡곤란으로 사망할 수 있다.

ⓑ 만성중독시 전신권태, 두통, 현기증 등을 일으키며 가벼운 빈혈 등도 나타날 수 있다.

ⓒ CS_2는 지용성이므로 피부에 동통을 유발하여 화상으로 이어질 수도 있다.

ⓓ 피부를 통해서도 흡수되지만 대부분 상기도를 통해 체내흡수되며, 중추신경계에 대한 특징적인 독성작용으로 심한 급성 혹은 아급성 뇌병증을 유발한다.

⑤ OCS(카르보닐황)

㉠ 대류권에서 매우 안정하므로 거의 화학적인 반응을 하지 않고 서서히 성층권으로 유입되며 광분해반응에 종속된다.

㉡ 반응성이 작아 청정대류권에서 가장 높은 농도를 나타내는 황화합물(수백 ppt 정도)로 간주되며, 거의 일정한 수준의 농도를 유지한다.

필수 문제

01 A공장에서 배출되는 아황산가스의 농도가 400 ppm이다. 이 공장에서 시간당 배출가스량이 75.5 m^3이라면 하루에 발생되는 아황산가스는 몇 kg인가?(단, 표준상태기준, 공장은 연속 가동됨)

풀이

아황산가스량(kg/day) $= 75.5m^3/hr \times 400mL/m^3 \times 64mg/22.4mL \times kg/10^6mg \times 24hr/day$
$= 2.07kg/day$

(5) 질소산화물(NO_x)

① 개요

㉠ 질소산화물은 대기 중에 NO, NO_2, NO_3, N_2O, N_2O_3, N_2O_4, N_2O_5 등이 존재하지만 대기오염 측면에서 중요한 물질은 화석연료 연소 시 배출하는 NO(일산화질소)와 NO_2(이산화질소)이며 개략적인 비는 NO : NO_2(90 : 10) 정도이다.

㉡ 연료의 연소 시에 주로 배출(NO_x의 약 90%)되며, 올레핀계 탄화수소와 함께 태양광선(자외선)에 의한 광화학 스모그를 생성한다.

㉢ 질소산화물은 유기물의 분해 시 생성되기도 하며, 마을저장고에서 일하는 농부들에게 Silo Filter Disease를 일으키기도 한다.

㉣ NO_x는 직접적으로 눈에 대한 자극을 주지 않으며 기관지염, 폐기종 및 폐렴, 천식 증상은 SO_x과 비슷하다.

㉤ 전 세계 질소화합물의 배출량 중 자연적인 추정배출량은 인위적인 추정배출량보

다 약 5~15배 정도 많으며(인위적인 질소화합물 배출량은 자연적 배출량의 10% 정도로 거의 대부분이 연소과정에서 발생) 연간 총배출량은 주로 배출원별로는 난방, 연료별로는 석탄사용이 제일 큰 비중을 차지한다.

ⓑ 연료 중의 질소화합물은 일반적으로는 천연가스보다 석탄에 많으며 중유, 경유순으로 적어진다. 특히 천연가스에는 질소성분이 거의 없으므로 연료의 NO_x 생성은 무시할 수 있다.

ⓢ 대기 중에서의 추정 체류시간은 NO와 NO_2가 약 2~5일, N_2O가 약 20~100년 정도이다.

ⓞ NO_x는 혈중헤모글로빈과 결합하여 메트헤모글로빈을 형성함으로써 산소 전달을 방해한다.

ⓙ NO_x는 그 자체로도 인체에 해롭지만 광화학스모그의 원인물질로도 중요한 역할을 한다.

ⓒ NO_x에 저항성이 약한 식물로는 담배, 해바라기 등이 있다.

ⓚ NO_x는 각종 섬유를 탈착시키며 철 등의 금속을 부식시킨다.

② **NO_x의 생성특성**

NO_x 생성에 영향을 미치는 인자는 불꽃온도, 연소실 체류시간, 과잉공기량 등이며 이 생성인자를 변화시켜 NO_x 발생량을 조절할 수 있다.

㉠ 일반적으로 동일 발열량을 기준으로 NO_x 배출량은 석탄>오일>가스 순이다.

㉡ 연료 NO_x는 주로 질소성분을 함유하는 연료의 연소과정에서 생성된다.

㉢ 천연가스에는 질소성분이 거의 없으므로 연료의 NO_x 생성은 무시할 수 있다.

㉣ 고정오염원에서 배출되는 질소산화물은 주로 NO(연소과정에서 처음 발생되는 NO_x는 NO)이며, 소량(약 5%)의 NO_2를 함유하며 연소불꽃온도가 높을수록 NO 발생이 많아진다. 즉, 연소실 온도가 높을 때가 낮을 때보다 많은 NO_x가 배출된다.

Reference | **연료 중 질소화합물의 NO_x로의 변환율**

① 일반적 변화율은 30~50% 정도로 연료와 공기와의 혼합특성, 연소장치의 특성에 따라 변화한다.
② 연소온도는 변환율에 거의 영향 주지 않는다.
③ 공기비 증가에 따라 변환율도 비례하여 증가한다.
④ 질소화합물의 종류는 변환율에 영향을 미치지 않는다.

③ NO(일산화질소)

㉠ NO는 주로 연소시에 배출되는 무색의 기체로 물에 난용성이며, 비중은 1.27이고 혈중 헤모글로빈과 결합력이 CO보다 수백 배 더 강하여 NO-Hb을 생성, 체내의 산소운반능력을 감소시키는 역할을 한다.

㉡ NO의 독성은 NO_2의 독성보다 1/5 정도이며 O_3의 1/10~1/15 정도이다.

㉢ 연소과정 중 고온에서 발생하는 주된 질소화합물의 형태로 NO 자체로는 독성이 크지 않아 피해가 뚜렷하게 나타나지는 않는다.

㉣ NO는 주로 교통량이 많은 도심의 이른 아침에 하루 중 최고치가 나타난다.

㉤ NO는 대기 중에서 O_3 또는 Oxidant(산화제) 존재하에 쉽게 NO_2로 산화되며 중추신경장애로 마비 및 경련을 유발한다.

④ NO_2(이산화질소)

㉠ 공기에 대한 비중이 1.59 이며, 질식성이 있고 적갈색의 자극성을 가진 가스이다.

㉡ NO_2의 급성피해는 자극성 가스로서 눈과 코를 강하게 자극하고 기관지염, 폐기종, 폐렴 등을 일으킨다.

㉢ NO_2의 대기 중 체류시간은 NO와 같이 약 2~5일 정도이며 파장 0.42 mm 이상의 가시광선에 의해 광분해되는 물질이다.

㉣ NO_2는 대기 중에서 습도가 높은 경우 OH(수산화기)와 반응 후 HNO_3(질산)을 형성하여 금속을 부식시키며 산성비의 원인이 되며 해안지역에서는 해염입자와 반응하여 질산염을 생성하며 대기 중에서 제거된다.

㉤ NO_2는 태양광선에 의해 탄화수소와 반응하여 광화학 스모그를 형성하며 광화학반응으로 생성된 옥시던트는 눈을 자극한다(NO_2의 광화학적 분해작용으로 대기 중의 O_3 농도가 증가하고 HC가 존재하는 경우에는 Smog를 생성시킨다). 즉, 도시대기오염물 중에서 가장 중요한 태양빛 흡수기체이다.

㉥ NO_2의 독성은 NO 독성보다 약 5~6(7)배 정도 강하고 혈색소와 친화력이 강하여 용혈을 일으키며 NO보다는 수중용해도가 높다.

㉦ 젊은 식물세포에 영향을 주며 식물 잎 전체에 흑갈색의 맥간반점을 유발시킨다.

㉧ NO_2는 호흡기질환에 대한 면역성 감소를 야기시키며 혈중 헤모글로빈과 결합하여 메트헤모글로빈을 형성함으로써 산소전달을 방해한다.

㉨ NO_2의 피해는 농도에 영향을 받으며 폭로시간에는 상관없다.

㉩ NO_2는 서울을 비롯한 대도시 지역의 1990~2000년 동안 오염농도가 CO, Pb, SO_2에 비해 크게 감소하지 않은 경향을 보였다.

㉪ NO_2는 가시광선을 흡수하므로 0.25 ppm 정도의 농도에서 가시거리를 상당히 감소시킨다.

Reference | 옥시던트(Oxidants)

광산화물질은 2차 오염물질로서 대기 중에서 질소산화물과 탄화수소가 자외선에 의한 촉매반응으로 광화학스모그가 생성되어 축적된다. 또한 광화학반응으로 생성된 옥시던트는 주로 눈을 자극하며 DNA, RNA에도 작용하여 유전인자에 변화를 일으킨다.

(1) 오존(O_3)

① 특이한 냄새가 나며 기체는 엷은 청색, 액체·고체는 각각 흑청색, 암자색을 나타낸다.

② 분자량 48, 비등점 −11.9℃, 밀도 2.144 g/L, 비중 1.67로 공기 중에 약 오십만분의 일(1/500,000) 정도 존재시에도 감지가 가능하며 물에 난용성이다.

③ 건축물의 퇴색, 고무제품의 균열을 유발시킨다.

(2) 포름알데히드(HCHO)

① 무색기체로 자극성이 강하고 물에 잘 녹고, 에테르, 알코올에도 용해되며 아세트알데히드(CH_3CHO)의 증기와 공기 중에서 폭발성을 나타낸다.

② 분자량 30.03, 비중 20℃에서 0.85(공기를 1.0으로 기준할 경우는 1.03), 비등점 −19.5℃, 인화점 300℃로 금속부식성을 가지며 방부제, 옷감, 잉크 등의 원료로 사용된다.

③ 실내공기오염원으로 피혁공업, 합성수지공업, 건축자재(UFFI : Urea Formaldehyde Form Insulation), 실내가구, 가스난로 연소, 흡연, 접착제 등이 배출원이다.

④ 피부, 눈 및 호흡기계에 강한 자극효과를 가지며 폐부종(급성폭로시)과 알레르기성 피부염 및 직업성 천식을 야기한다.

(3) 아크로레인($CH_2=CHCHO$)

① 휘발성, 폭발성이 있으며 비등점은 52.5℃, 인화점은 −18℃이다.

② 자극적인 냄새가 나는 무색액체로 상당한 독성이 있고 공기 중에 쉽게 강산화되며 불안정하여 용도는 한정되어 있으나, 유기합성의 원료로 사용될 수 있다.

(4) 질산과산화아세틸(PAN)

① PAN은 Peroxyacetyl Nitrate의 약자이며 $CH_3COOONO_2$의 분자식을 갖고 강산화제 역할을 하며 대기 중에서의 농도는 0.1 ppm 내외이다.

② PAN의 생성반응식(대기 중 탄화수소로부터의 광화학반응으로 생성)

$CH_3COOO + NO_2 \rightarrow CH_3COOONO_2$

구조식은

$$CH_3-\overset{\overset{\displaystyle O}{||}}{C}-O-O-NO_2$$

③ PAN은 불안정한 화합물이므로 광화학반응에 의해 분해도 가능하며 강한 산화력과 눈에 대한 자극성이 있는 광화학 옥시던트이다.

④ PBN(Peroxybenzoyl Nitrate)는 PAN보다 100배 이상 눈에 강한 통증을 주며, 빛을 분산(흡수)시키므로 가시거리를 단축(감소)시킨다.(PAN도 가시거리 감소)

구조식은

$$C_2H_5-\overset{\overset{\large O}{||}}{C}-O-O-NO_2[C_2H_5COOONO_2]$$

⑤ R기가 Propionyl 기이면 PPN(Peroxypropionyl Nitrate)이 되며 화학식은 $C_2H_5COOONO_2$ 이다.

⑥ 식물에 미치는 영향은 유리화, 은백색 또는 청동색 광택을 나타내며, 주로 해면조직에 피해를 준다(식물의 잎에 흑반병 발생).

⑦ 어린 잎(초엽)에 가장 민감하며 지표식물로는 강낭콩, 시금치, 상추, 셀러리 등이 있다.

⑤ N_2O(아산화질소)

㉠ 질소가스와 오존의 반응으로 생성되거나 미생물활동에 의해 발생하며, 특히 토양에 공급되는 비료의 과잉 사용이 문제가 되고 있다.

㉡ N_2O는 대류권에서는 태양에너지에 대하여 매우 안정한 온실가스로 알려져 있고, 성층권에서는 오존층 파괴물질(오존분해물질)로 알려져 있다.

㉢ 투명하고 감미로운 향기와 단맛을 지니고 있으며 웃음가스라고도 한다. 주로 사용하는 용도는 마취제이다.

㉣ 성층권에서는 N_2O가 오존과 반응하여 NO를 생성한다. 즉, 오존을 분해하는 물질이다.

㉤ NO와 NO_2에 비해 N_2O가 장기간 대기 중에 체류(5~50year)하며 보통 대기 중에 약 0.5ppm 정도 존재한다.

⑥ 대기 중 농도변화

㉠ NO는 주로 교통량이 많은 이른 아침(오전 7~9시)에 하루 중 최고치를 나타낸다. 즉, 대기 중에서 최고 농도가 나타나는 시간이 가장 이른 것이 NO이며 NO와 탄화수소의 반응에 의해 NO_2는 오전 7시경을 전후로 해서 상당한 비율로 발생하기 시작한다.

㉡ NO_2 의 농도 최고치는 NO 농도 최고치 기준 약 1시간 후에 나타나는데 그 이유는 NO가 태양복사에너지를 흡수하여 NO_2 로 산화되면 NO농도는 감소, NO_2의 농도는 증가하기 때문이다.

㉢ NO가 강한 태양복사에너지에 의하여 NO_2로 산화되기 때문에 NO_2는 한여름철에 높은 농도를 나타내며 오존의 농도가 최대에 도달할 때 통상적으로 아주 적게 생성된다.

㉣ NO_2 가 먼저 형성된 후에 O_3가 형성된다. 즉 O_3 농도가 최고치(오후 2~4시경)에 이르기 전에 NO_2의 최고농도가 나타난다.

ⓜ 퇴근시간대에도 NO 농도가 다소 증가하는 추세를 나타내는데 오후에는 오전보다 평균풍속이 높고 대기혼합작용이 활발하기 때문에 오전 농도만큼 높지는 않다.

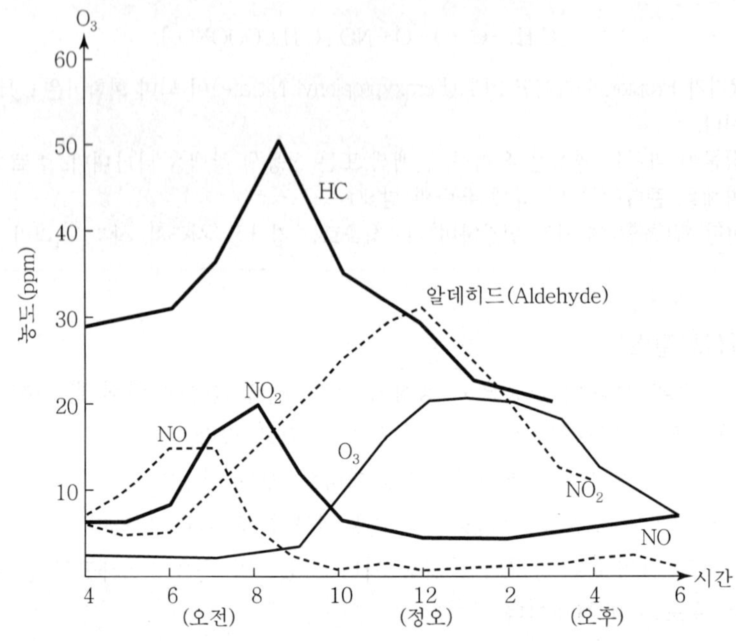

(6) 일산화탄소(CO)

① 개요

㉠ CO는 분자량 28.01, 비중 0.968, 비등점 −191.5℃, 인화점 608.9℃, 폭발한계 12.5~75%로 불꽃이 존재시 쉽게 폭발하는 성질이 있다.

㉡ 냄새가 없는 맹독성, 무색 기체로 각종 유해한 화합물을 생성한다.

㉢ CO의 배경농도는 남반구는 0.04~0.06ppm, 북반구는 0.1~0.2ppm이다.

② 특징

㉠ 인위적 배출은 가연성분(탄소 및 유기물)의 불완전 연소 시나 자동차의 배출가스에서 많이 발생되고 자연적 발생원은 화산폭발, 테르펜류의 산화, 클로로필의 분해, 해수 중 미생물의 작용, 산불 등이 있다.

㉡ 대기 중에서 CO_2로 산화되기 어렵고 물에 난용성이므로 수용성 가스와는 달리 비에 의한 영향을 거의 받지 않는다.

㉢ 대기 중에서 평균 체류시간은 발생량과 대기 중 평균농도로부터 1~3개월로 추정되고 있다.

㉣ 토양 박테리아의 활동에 의하여 CO_2로 산화되어 대기 중에서 제거되고 대류권 및 성층권에서의 광화학반응에 의해 대기 중에서도 제거된다.

㉤ CO는 다른 물질에 대한 흡착현상을 거의 나타내지 않으며, 유해한 화학반응 또한 거의 일으키지 않는다. 또한 물에 난용성이기 때문에 강수에 의한 영향을 거의 받지 않는다.

㉥ 도시 대기 중의 CO 농도가 높은 것은 연소 등에 의한 배출량은 많은 반면, 토양면적 등의 감소에 따라 제거능력이 감소하기 때문이다.

㉦ 지구의 위도별 CO 농도는 북위 중위도 부근(북위 50° 부근)에서 최대치를 보인다.

㉧ CO는 산소보다 혈액 내 헤모글로빈(Hb)과 친화력이 200~300배(210배) 정도 강하여 카르복시 헤모글로빈(CO-Hb)을 형성함으로써 혈액의 산소전달기능(산소운반능력)을 방해한다. 또한 일반적으로 1% HbCO(Carboxyhemoglobin) 이하에서 인체에 대한 영향은 아주 미약한 편이다.

㉨ CO는 인체 호흡기 자극증상은 없으며 식물에도 큰 영향을 미치지는 않지만 급성 중독시 운동신경 및 근육마비, 현기증, 구토, 두통 등의 증상이 나타난다.

㉩ CO는 100 ppm 정도에서 인체와 식물에 해로우며 1~3주간 노출되어도 고등식물에 대한 피해는 약하다.

㉪ 인체에 대한 독성은 농도와 흡입시간과 관계가 있고 일산화탄소에 노출시 인체에 아주 강한 영향을 받는 장기는 심장이다.

㉫ 유해한 화학반응을 거의 일으키지 않는 편이다.

㉬ 풍향과 풍속이 일정한 경우 도로 부근의 농도는 교통량과 비례하여 CO 발생량이 증가되는 경향을 보인다.

㉭ 비흡연자보다 흡연자의 체내 일산화탄소 농도가 높다.

[CO-Hb의 농도에 따른 인체 영향]

COHb 농도(%)(혈중)	1시간	8시간	인체 증상
	대기 중 CO(ppm)		
비흡연가 : 2~2.5% 비흡연가 : 5%		10~15 30	시간 감각 약화됨 시력장애
2.5~3.0	70~85	15~18	관상동맥 환자의 운동능력 저하
3.0~4.0	85~100	18~30	호흡기 질환 환자에게 영향 운동시 다리 통증
4.0~6.5	100~207	30~45	중추신경계 영향 작업능력 저하
10			과격한 근육활동시 숨이 참
20	400~500		일반활동에도 숨이 참 간헐적 두통 발생
30	1,000		주의력 산만, 피로감, 신경과민
40~50	1,000(1~2 hr)		두통, 정신착란
60~70	1,000(4~5 hr)		의식혼탁, 호흡중추 마비
80	1,500~2,000(4~5 hr)		사망

필수 문제

01 흡연 시의 일산화탄소 농도가 250 ppm일 때, 혈액 속의 카르복시헤모글로빈(HbCO)의 평형농도(%)는?(단, 혈액 속의 카르복시헤모글로빈(HbCO)과 옥시헤모글로빈(HbO_2)의 평형농도는 아래의 식을 이용하고, P_{CO} 및 P_{O_2}는 흡입가스 중 일산화탄소와 산소의 분압을 나타내며, 폐 속에 있는 가스의 산소함유량은 대기의 조성과 같다고 가정)

$$\frac{[HbCO]}{[HbO_2]} = 210\left[\frac{P_{CO}}{P_{O_2}}\right]$$

풀이 가정 : 공기 중 산소농도 → 21%

HbCO의 농도 → x

HbO_2의 농도 → 100 − x

$$\frac{[HbCO]}{[HbO_2]} = 210\left[\frac{P_{CO}}{P_{O_2}}\right]$$

P_{CO} : 250 ppm

P_{O_2} : 21%(210,000 ppm)

$$\frac{[x]}{[100-x]} = 210\left(\frac{250}{210,000}\right) = 0.25$$

x(HbCO) = 20%

(7) 이산화탄소(CO_2)

① 개요

㉠ 분자량 44, 비등점 −78℃, 비중 1.53으로 무색, 무미의 기체이며 압력을 가할 경우 쉽게 액화되는 성질이 있다.

㉡ 정상대기 중에 농도는 약 0.03%(315～320 ppm) 정도 존재하며 체류시간은 약 7～10년이다.

㉢ 미생물의 분해작용과 화석연료의 연소 및 산림파괴에 의하여 발생한다.

㉣ 실내환기량 산정을 위한 실내공기오염 지표물질이다.

② 특징

㉠ 고층대기에서 광화학적인 분해반응을 일으키는 경우를 제외하면 대류권 내에서는 화학적으로 극히 안정한 편이다.

㉡ 탄소의 순환에서 탄소(CO_2로서)의 가장 큰 저장고 역할을 하는 부분은 해수이다.

㉢ 수증기와 함께 지구온난화에 중요하게 기여하고 있는 기체이다(지구온실효과에 대한 추정기여도는 CO_2가 50% 정도로 가장 높음).

㉣ 전 지구적인 배출량은 화석연료 연소 등에 의한 인위적인 배출량이 자연적인 배출량보다 훨씬 적다.(인위적 배출량 1.4×10^{10}ton/year ; 자연적 배출량 10^{12}ton/year)

㉤ 미국 하와이 마우나로아에서 측정한 CO_2 계절별 농도는 1년을 주기로 봄, 여름에는 감소하는 경향을 나타내고 겨울철에는 증가하는 계절의 편차를 보이는데 이는 봄-여름철의 경우 식물이 광합성 작용으로 인해 CO_2를 흡수하기 때문인 것으로 해석된다.

㉥ 실외에서는 온실가스로 작용하며 실내공기오염의 지표물질이며 대기 중 다량존재 시 수용액의 pH를 낮추는 역할을 한다.

㉠ 잠재적인 대기오염물질로 취급되고 있는 물질이며 대기 중 농도는 북반구의 경우 계절적으로는 보통 봄부터 여름에는 감소하고 가을부터 겨울에 증가한다.

㉡ 지구 북반구의 CO_2 농도가 상대적으로 높으며 대기 중에 배출되는 CO_2는 식물에 의한 흡수보다 해수에 의한 흡수가 몇십 배 많다.

㉢ CO_2의 증가는 탄산염을 함유한 석회석 등으로 만든 건축물에 피해를 주며 이때의 반응식은 $CO_2 + CaCO_3 + H_2O \rightarrow Ca(HCO_3)_2$ 이다.

㉣ 풍향과 풍속이 일정한 경우 도로 부근 농도는 교통량과 비례하여 CO_2량이 증가되는 경향을 보인다.

㉤ CO_2 자체만으로는 특별한 독성이 없으나 호흡기 중에 CO가 많아지면 상대적으로 O_2의 양이 부족해서 산소결핍증을 유발한다.

㉥ 현재 대기중의 CO_2 농도는 약 410ppm 정도이다.

(8) 오존(O_3)

① 성층권 오존

㉠ 자외선 조사에 의해 산소분자들끼리 분해와 결합을 반복적으로 하여 일정량을 유지하려 한다.

㉡ 성층권에서 오존의 역할은 태양복사에너지 중 유해 자외선을 흡수, 결과적으로 지표 생태계를 보호하는 역할을 한다.

② 대류권 오존(지표면 오존)

㉠ 대류권에서의 오존은 국지적인 광화학스모그로 생성된 옥시던트의 지표물질이다. 즉, 오존은 태양빛, 자동차 배출원인 질소산화물과 휘발성 유기화합물(HC) 등에 의해 일어나는 복잡한 광화학반응으로 생성되어 강력한 산화 작용을 한다.

㉡ 대기 중 NO_2가 태양에너지에 의해 NO와 O로 광분해되고 원자 상태의 O가 공기 중 산소분자(O_2) 및 HC가 결합, O_3 및 PAN 등 여러 옥시던트를 형성(광화학반응)하며 옥시던트의 약 90% 정도가 O_3이다.(올레핀계 탄화수소가 탄화수소 중 평균적으로 광화학활성이 가장 강함)

㉢ 질소산화물은 오존의 직접적인 전구물질이며 대기 중 지표면 오존의 농도는 NO_2로 산화된 NO량에 비례하여 증가한다.

㉣ 대기 중 오존의 배경농도(자연적으로 존재하는 오존농도)는 약 20~50 ppb 또는 10~20 ppb(0.02~0.05 ppm 또는 0.01~0.02 ppm) 정도이나 계절, 위도에 따라 차이가 난다.

㉤ 오염된 대기 중의 오존은 로스앤젤레스 스모그 사건에서 처음 확인되었다.

㉥ 대류권의 오존은 온실가스로도 작용하며 2차 대기오염물질에 해당한다.

㉦ 대류권에서 광화학반응으로 생성된 오존은 대기 중에서 주로 야간에 NO_2와 반응하여 소멸된다.

ⓞ 오염된 대기 중에서 오존 농도에 영향을 주는 것은 태양빛의 강도, NO_2/NO비, 반응성 탄화수소농도 등이다.

ⓩ 대류권에서 오존의 생성률은 과산화기의 농도와 관계가 깊다. 즉, 과산화기가 산소와 반응하여 오존이 생길 수 있다.

ⓒ 도시나 전원지역의 대기 중 오존농도는 가끔 NO_2의 광해리에 의해 생성될 때보다 높은 경우가 있는데, 이는 오존을 소모하지 않고 NO가 NO_2로 산화하기 때문이다.

ⓚ 청정지역의 오존농도의 일변화는 도시지역보다 작으므로 대기 중 NO, NO_2 농도 변화에 따른 오존의 광화학적 생성과 소멸을 밝히기에 불리하다.

ⓣ 대류권에서 광화학반응으로 생성된 오존은 대기 중에서 소멸되고 VOC에 의해 일부 축적된다.

ⓟ 국지적인 광화학스모그로 생성된 Oxidant의 지표물질이다.

③ 특징

㉠ 월별 농도변화 양상 중 약간의 불규칙성을 제외하고서는 광화학반응에 의해 도시 대기 중의 오존농도는 일사량이 많은 계절, 즉 여름에 농도가 높게 나타난다(하고동저 형태).

㉡ 물에는 잘 용해되지 않고 대기 중 불안정하기 때문에 자기분해 반응을 한다.

㉢ 지표에서의 오존은 200~300 nm의 파장에서 강한 흡수가, 450~700 nm에서는 약한 흡수가 있다.

㉣ 대류권에서 자연적 오존은 질소산화물과 식물에서 방출된 탄화수소의 광화학반응으로 생성되며 식물로부터 배출되는 탄화수소의 한 예로서, 테르펜은 소나무에서 생기며, 소나무향을 가진다.

㉤ 오존은 하루 중 일사량이 높았을 때 최고농도를 나타내고, 상대습도가 낮으며 풍속이 2.5m/sec 이하로 작은 지역이 오존생성에 유리하다.

④ 피해

㉠ 인체에 있어서는 주로 호흡기 계통에 직접적인 피해를 입혀 기관지염을 일으키며 섬모운동의 기능장해 및 폐수종과 폐충혈 등을 유발시킨다. 또한 반복 노출되면 가슴통증, 기관지염, 심장질환, 천식 등을 일으킨다.

㉡ 인체 유전인자(DNA, RNA에 오존이 작용)에 변화를 초래할 수 있다. 즉, 염색체 이상을 일으키며 적혈구의 노화를 초래한다.

㉢ 산화력이 강하여 눈을 자극하고, 섬모운동의 기능장애를 일으킬 수 있다.

㉣ 타이어나 고무절연제 등 고무제품에 노화를 초래하여 균열을 일으키며 착색된 각종 섬유를 탈색(퇴색)시킨다.

⑤ 지표오존 증가시 저감대책(대도시, 하절기)

㉠ 차량의 배출허용기준을 강화한다.

㉡ 배연탈질 설비를 설치한다.

㉢ 연소 및 소각조건을 개선한다.

(9) 불소(F_2) 및 그 화합물

① 개요

㉠ 불소(Fluorine)는 원자량 19, 비등점 −188℃로 일반적으로 상온에서 무색의 발연성 기체상태로 존재하며 강한 자극성을 나타내고 물에 잘 녹으며, 불소화합물로는 F_2, HF, SiF_4, H_2SiF_6 등이 있다.

㉡ 불소화합물의 형태로 대부분 인산비료, 알루미늄, 각종 중금속의 제조공정에서 발생한다.

② 특징

㉠ 반응성이 풍부하므로 단분자로는 거의 존재하지 않는다.

㉡ 주로 어린잎에 민감하며, 잎의 끝 또는 가장자리가 탄다.

㉢ 불소화합물에 강한 식물은 담배, 목화, 고추 등이다.

(10) 폴리클로리네이티드바이페닐(PCB)

① 개요

㉠ 많은 수(242종)의 이성질체가 있으며 염소화 정도에 따라 비중 1.18~1.74, 끓는점 275~360℃이며 물에 불용성이고 용기용매에는 용해도가 좋다.

㉡ 산과 알칼리에 안정하며 열에 안정한 불연성 화합물로 구리 이외의 일반금속을 침해하지 않는다.

② 특징

㉠ 토양과 해수 중에서 장기간 잔류하고 인체에 흡입시 간, 신경 및 피부 등에 심각한 장해를 일으킨다.

㉡ 식물연쇄를 거쳐 사람이나 가축의 체내에 축적된다.

(11) 포스겐($COCl_2$)

① 개요

㉠ 분자량이 98.9이며, 독특한 풀냄새가 나는 무색(시판용품은 담황녹색)의 기체(액화가스)로 끓는점은 약 8.2℃, 융점은 −128℃이며 화학반응성, 인화성, 폭발성 및 부식성이 강하다.

ⓛ 클로로포름, 사염화탄소 등이 산화시에도 생성되며 합성수지, 고무, 합성섬유, 도료, 의약품, 용제 등의 원료로 사용된다.

② 특징

㉠ 포스겐 자체는 자극성이 경미하고, 건조상태에서는 부식성이 없으나, 수분이 존재하면 가수분해되어 염산이 생기므로 금속을 부식시킨다.

㉡ 최류, 흡입에 의한 재채기, 호흡곤란 등의 급성중독 증상을 나타내며 몇시간 후에 폐수종을 일으켜 사망할 수 있다.

㉢ 수중에서 재빨리 염산으로 분해되어 거의 급성 전구증상 없이 치사량을 흡입할 수 있으므로 매우 위험하다.

㉣ 물이 쉽게 용해되지 않는 기체이며, 인체에 대한 유독성은 강한 편이다.

(12) 탄화수소류(HC)

① 개요

㉠ 지구 전체적으로 발생량은 인위적 발생량보다 자연적 발생량이 많으며 인위적 발생량은 전체 발생량의 약 1% 정도로 자동차 감속시 많이 발생한다.

㉡ HC는 대기 중에서 여러 물질(산소, 질소, 염소, 황 등)과 반응하여 여러 종류의 탄화수소 유도체를 생성한다.

㉢ VOC는 다양한 배출원을 가지며 우리나라의 경우 최근 큰 배출량을 차지하는 배출원은 유기용제 사용이다.

㉣ 대기 중의 광화학 반응에서 탄화수소와 반응하여 2차 오염물질을 형성하는 화학종은 −OH, NO, NO_2 등이며 CO는 광화학반응에 의하여 대기 중에서 제거된다.

② 분류

㉠ 지방족(사슬모양)

ⓐ 포화탄화수소(파라핀계)

ⓑ 불포화탄화수소

- 알칸계(메탄계 탄화수소) → C_nH_{2n+2} : 단일결합
- 알켄계(에틸렌계 탄화수소) → C_nH_{2n} : 이중결합
- 알킨계(아세틸렌계 탄화수소) → C_nH_{2n-2} : 삼중결합

㉡ 방향족(고리모양)

ⓐ 방향족 : 벤젠, 톨루엔, 크실렌, 니트로벤젠, 클로로벤젠, 아닐린 등

ⓑ 이원소족 : 피리딘[C_5H_5]

ⓒ 치환족 : 사이크로헥산[C_6H_{12}]

③ 특징

㉠ 탄화수소류 중에서 올레핀계 화합물(이중결합)은 포화 탄화수소나 방향족 탄화수

소보다 대기 중에서 반응성이 크다.

ⓛ 불포화 탄화수소(이중결합, 삼중결합)는 반응성이 높아 광화학 반응을 일으킨다.

ⓒ 지방족 탄화수소는 단일결합으로 되어 있어 반응성이 불포화 탄화수소류보다 작다.

ⓡ 방향족 탄화수소류는 벤젠고리를 가진 것으로 석탄을 건류하여 생기는 콜타르를 증류한 후 얻은 화합물을 말하며, BTX(Benzene, Toluene, Xylene)가 대표적 물질로 대기 중에서 고체로 존재한다.

ⓜ 다핵방향족 탄화수소(PAH)는 벤젠고리(2개 이상)를 함유하며 독성 물질이 많고 일부는 발암물질로 정하여져 있다. 특히 3.4-벤조피렌은 자동차배기가스, 담배, 석탄 연기 등에서 발생하며 발암물질이다.

ⓑ 대기환경 중 탄화수소는 기체, 액체 및 고체로 존재하는데, 탄소원자가 1~4개인 탄화수소는 상온, 상압에서 기체로, 탄소수가 5개 이상인 것은 액체 또는 고체로 존재한다.

ⓢ 방향족 탄화수소는 대기 중에서 고체로 존재하며, 메탄계 탄화수소의 지구배경농도는 약 1.5 ppb이다.

ⓞ 탄화수소류 중에서 이중결합을 가진 올레핀계 화합물은 포화탄화수소나 방향족 탄화수소보다 대기 중에서 반응성이 크다.

ⓙ 방향족 탄화수소는 대기 중에서 고체로 존재한다.

Reference | 벤조피렌

① 탄화수소류 중 대표적인 발암물질이다.
② 환경호르몬이다.
③ 연소과정에서 생성된다.
④ 숯불에 구운 쇠고기 등 가열로 검게 탄 식품, 담배연기, 자동차배기가스, 석탄타르 등에 포함되어 있다.

(13) 할로겐화 탄화수소

① 개요

㉠ 할로겐화 탄화수소는 탄화수소화합물(CH_4, C_2H_6, C_3H_8 등) 중 수소원자의 하나 또는 하나 이상이 할로겐화 원소(Cl, F, Br, I 등)로 치환된 화합물을 말한다.

ⓛ 표준비점은 약 −90℃~80℃ 정도이며 상온에서는 안정하다.

ⓒ 불연성이며 화학반응성이 낮고 일반적으로 독성은 낮다.

② 할로겐화 탄화수소의 일반적 독성작용

㉠ 다발성이며 중독성

ⓛ 연속성

㉢ 중추신경제의 억제작용

㉣ 점막에 대한 중등도 자극효과

③ 특성

㉠ 일반적으로 할로겐화 탄화수소의 독성의 정도는 화합물의 분자량이 클수록, 할로겐 원소가 커질수록 증가한다.

㉡ 할로겐화된 기능기가 첨가되면 마취작용이 증가하여 중추신경계에 대한 억제작용이 증가하며 기능기 중 할로겐족(F, Cl, Br 등)의 독성이 가장 크다.

㉢ 포화탄화수소는 탄소수가 5개 정도까지는 갈수록 중추신경계에 대한 억제 작용이 증가한다.

㉣ 알켄족이 알칸족보다 중추신경계에 대한 억제작용이 크다.

㉤ 냉각제, 금속세척, 플라스틱과 고무의 용제 등으로 사용된다.

㉥ 할로겐화 탄화수소 중 사염화탄소(CCl_4)는 가열하면 포스겐이나 염소로 분해되며, 신장장애를 유발하며, 간에 대한 독성작용이 심하다.

㉦ 대부분의 할로겐화 탄화수소 화합물은 중추신경계 억제작용과 점막에 대한 중등도의 자극효과를 가진다.

(14) 벤젠(C_6H_6)

① 개요

㉠ 상온, 상압에서 향긋한 냄새를 가진 무색 투명한 휘발성 액체로 인화성이 강하며 분자량 78.11, 비점(끓는점) 80.1℃, 물에 대한 용해도는 1.8 g/L이다.

㉡ 석유정제, 포르말린 제조 등에서 발생되며 체내흡수는 대부분 호흡기를 통해 이루어지며 염료, 합성고무 등의 원료 및 페놀 등의 화학물질 제조에 사용되고 중추신경계에 대한 독성이 크다.

㉢ 원유에서 콜타르를 분류하고 경유의 부분을 재증류하여 얻어지며, 석유의 접촉분해와 접촉개질에 의해서도 얻어진다.

② 특징

㉠ 체내에서 페놀로 대사하여 황산 혹은 글루크론산과 결합하여 소변으로 배출된다. 즉, 페놀은 벤젠의 생물학적 노출지표로 이용된다.

㉡ 인체 내로 흡수된 벤젠은 지방이 풍부한 피하조직과 골수에서 고농도로 오래 잔존 가능하여 혈중 농도보다 20배나 더 높은 농도를 유지하기도 한다.

㉢ 벤젠치환화합물(대표적 : 톨루엔, 크실렌)은 노출에 따른 영구적 혈액장애는 일으키지 않는다.

㉣ 방향족 탄화수소 중 저농도 장기간 폭로(노출)되어 만성중독(조혈장해)을 일으키는 경우에는 벤젠의 위험도가 가장 크다.

㉤ 장기간 폭로시 혈액장애, 간장장애, 재생불량성 빈혈을 일으킨다.

㉥ 벤젠 폭로에 의해 발생되는 백혈병은 주로 급성 골수아성 백혈병(Acute Myeloblastic Leulkemia)이다.

㉦ 혈액장애는 혈소판 감소, 백혈구 감소증, 빈혈증을 말하며 범혈구 감소증이라 한다.

㉧ 만성장해로서 조혈장해는 비가역적 골수손상(골수독성 : 골수이상증식증후군) 등을 의미하며 천천히 진행한다. 또한 급성독성 시 마취 증상이 강하고 두통, 운동실조 등을 일으킬 수 있다.

㉨ 고농도의 벤젠증기는 마취작용이 있고 약하기는 하지만 눈 및 호흡기 점막을 자극한다.

㉩ 조혈장해는 벤젠중독의 특이증상(모든 방향족 탄화수소가 조혈장해를 유발하지 않음)이다.

㉪ 벤젠고리에 히드록시기(수소와 산소로 이루어진 작용기 －OH)가 붙어 있는 화합물은 페놀(C_6H_5OH)이라고 한다.

(15) 톨루엔($C_6H_5CH_3$)

① 개요

㉠ 방향의 무색액체로 휘발성이 강하고 인화, 폭발의 위험성이 있으며 분자량 92.13, 비점 110.63℃, 물에 대한 용해도는 5.15 g/L이다.

㉡ 피부로도 흡수되며 증기형태로 흡입시 약 50% 정도가 체내에 남는다.

② 특징

㉠ 방향족 탄화수소 중 급성 전신중독을 유발하는 데 가장 독성이 강한 물질이며 뇌손상도 유발시킨다.

㉡ 벤젠보다 더 강하게 중추신경계의 억제제로 작용한다.

㉢ 영구적인 혈액장해를 일으키지 않고(벤젠은 영구적 혈액장해) 골수 장해도 일어나지 않는다.

㉣ 생물학적 노출지표는 요중 마뇨산 및 혈중 톨루엔이고 생물학적 노출기준(BEI)은 요중 마뇨산 1.6 g/g－크레아티닌, 혈중 톨루엔 0.05 mg/L 이다.

㉤ 주로 간에서 마뇨산으로 되어 요로 배설된다.

(16) 다환(다핵)방향족 탄화수소(PAH)

① 개요

㉠ 석탄, 기름, 가스, 쓰레기, 각종 유기물질의 불완전연소가 일어나는 동안에 형성된

화학물질 그룹이다.

㉡ 대부분 PAH는 물에 잘 용해되지 않고 공기 중에 쉽게 휘발하는 성질이 있다.

② 특징

㉠ 산성비의 주요 원인물질로 작용한다.

㉡ 고리 형태를 갖고 있는(벤젠고리가 2개 이상 연결된 것으로 20여 가지 이상이 있음) 방향족 탄화수소로서 미량으로도 암 및 돌연변이를 일으킬 수 있다.

㉢ 철강제조업의 코크스제조공정, 담배의 흡연, 연소공정, 석탄건류, 아스팔트 포장, 굴뚝 청소시 발생한다.

㉣ PAH는 비극성의 지용성 화합물이며 소화관을 통하여 흡수된다.

㉤ PAH는 시토크롬 P-450의 준개체단에 의하여 대사되고, PAH의 대사에 관여하는 효소는 P-448로 대사되어 중간산물이 발암성을 나타낸다.

㉥ 대사 중에 산화아렌(Arene Oxide)를 생성하고 잠재적 독성이 있다.

㉦ 연속적으로 폭로된다는 것은 불가피하게 발암성으로 진행됨을 의미한다.

㉧ PAH는 배설을 쉽게 하기 위하여 수용성으로 대사되는데 체내에서 먼저 PAH가 Hydroxylation(수산화)되어 수용성을 돕는다.

㉨ PAH의 발암성 강도는 독성강도와 연관성이 크다.

㉩ 고농도의 PAH는 지방분을 포함하는 모든 신체조직에 유입되어 간, 신장 등에 축적된다.

㉪ 대부분 공기역학적 직경이 2.5μm 미만인 입자상 물질이다.

(17) 암모니아(NH_3)

① 개요

㉠ 알칼리성으로 자극적인 냄새가 강한 무색의 가스이며 쉽게 액화되어 액체상태로 공업분야(비료, 냉동제 등)에 많이 이용된다.

㉡ 물에 대한 용해가 잘 되고(수용성) 폭발성(폭발범위 16~25%)이 있다.

② 특징

㉠ 피부, 점막에 대한 자극성과 부식성이 강하여 고농도의 암모니아가 눈에 들어가면 시력장해를 일으킨다.

㉡ 고농도의 가스 흡입시 폐수종을 일으키고 중추작용에 의해 호흡정지를 초래한다.

㉢ 암모니아 중독시 비타민 C가 해독에 효과적이다.

㉣ 아황산가스와 동일하게 물에 대한 용해도가 높기 때문에 흡입된 대부분의 가스가 상기도 점막에서 흡수되므로 즉각적으로 자극증상을 유발한다.

㉤ 대기 중 강우에 의해 잘 제거된다.

(18) 브롬(Br, 브롬화합물)

① 개요

브롬(취소)은 할로겐 원소의 하나이며 상온에서는 적갈색의 자극적인 냄새가 나는 액체로 존재하며 부식성이 강하다.

② 특징

㉠ 부식성, 휘발성이 강하고 독성이 많아 실내오염 및 대기를 오염시킨다.

㉡ 의약품이나 사진의 재료, 살균제 등으로 사용된다.

㉢ 톡 쏘는 듯한 냄새가 나며 피부, 눈, 호흡기관(주로 상기도에 대하여 급성 흡입효과) 등에 자극을 주고 부식작용도 유발한다.

㉣ 고농도하에서는 일정기간이 지나면 폐수종을 유발하기도 하며 만성폭로 시 구강과 혀가 갈색으로 변색되며 호흡 시 독특한 냄새가 나고, 피부반점이 생긴다는 보고도 있다.

(19) 염화비닐(C_2H_3Cl)

① 개요

클로로포름과 비슷한 냄새가 나는 무색의 기체로 공기와 폭발성 혼합가스를 만들며 염화비닐수지 제조에 사용된다.

② 특징

㉠ 장기간 폭로될 때 간조직 세포에서 여러 소기관이 증식하고 섬유화 증상이 나타나 간에 혈관육종(Hemangiosarcoma)을 일으킨다.

㉡ 만성폭로되면 레이노증후군(레이노 현상), 말단 골연화증, 간·비장의 섬유화가 일어난다.

㉢ 그 자체 독성보다 대사산물에 의하여 독성작용을 일으킨다.

㉣ 문맥압이 상승하여 식도 정맥류 및 식도출혈을 일으킬 수 있다.

(20) 삼염화에틸렌($CHCl=CCl_2$: 트리클로로에틸렌)

① 개요

클로로포름과 같은 냄새가 나는 무색투명한 액체이며 인화성, 폭발성이 있고 금속의 탈지, 세정제, 일반용제로 널리 사용된다.

② 특징

㉠ 마취작용이 강하며, 피부·점막에 대한 자극은 비교적 약하다.

㉡ 고농도 노출에 의해 간 및 신장에 대한 장해를 유발한다.

㉢ 폐를 통하여 흡수되고 삼염화에틸렌과 삼염화초산으로 대사된다.

㉣ 중추신경계를 억제하며 간과 신장에 미치는 독성은 사염화탄소에 비해 낮은 편이다.

(21) 사염화탄소(CCl_4)

① 개요

특이한 냄새(에테르와 비슷)가 나는 무색의 액체로 소화제, 탈지세정제, 용제로 이용된다.

② 특징

㉠ 고농도로 폭로시 간장이나 신장 장해를 유발하며, 초기 증상으로 지속적인 두통, 구역 및 구토, 간 부위의 압통 등의 증상을 일으키는 할로겐화 탄화수소이다.

㉡ 피부로도 흡수되며 피부, 간장, 신장, 소화기, 중추신경계에 장해를 일으키는데 특히 간장에 대한 독성작용을 가진 물질로 유명하다.

㉢ 가열하면 포스겐이나 염소(염화수소)로 분해되어 주의를 요한다.

㉣ 폐를 통해 흡수되어 간에서 과산화작용에 의해 중심소엽성 괴사를 일으킨다.

(22) 아크릴아마이드($H_2C=CH-CONH_2$)

① 개요

아크릴아마이드는 폴리아크릴아마이드(Polyacrylamide) 물질을 구성하는 물질이며 마감제 및 응집침전제로 사용된다.

② 특징

㉠ 지용성으로 주로 피부를 통하여 흡수되며 언어장애, 다발성 신경염(말초신경염)을 일으킨다.

㉡ 다량의 아크릴아마이드는 실험용 쥐에 투여하면 암이 유발되고 사람의 경우 신경계통에 위험을 초래할 수 있다는 사실이 밝혀져 발암물질 및 유전적 변이를 일으킬 수 있는 물질로 알려져 있다.

(23) 불화수소(HF ; Hydrogen Flouride)

① 개요

HF(플루오린화 수소)는 플루오린과 수소의 화합물로 수소결합을 하며 코를 찌르는 자극성 취기를 나타내고 빙점(녹는점)은 −8.37℃, 비점(끓는점) 19.54℃, 비중은 14℃에서 0.988이다.

② 특징

㉠ 온도에 따라 액체나 기체로 존재하는 무색의 부식성 독성물질이다.

㉡ 석유, 알루미늄, 플라스틱, 염료 등의 사업장에서 촉매제로 널리 이용된다.

㉢ 반응성이 풍부하여 각종 금속의 산화물, 수산화물 등과 반응하여 그 염을 생성한다.

㉣ 고농도시엔 호흡기 점막자극을 유발한다.

㉤ 용매로서는 대부분의 유기·무기화합물을 녹인다.

㉥ 알루미늄 제조공정에서 Na_3AlFe, AlF_3가 약 1,000℃에서 HF를 발생시킨다.

(24) 염화수소(HCl)

① 무색의 자극성 기체로 물에 녹는 것은 염산이며 염소화합물, 염화비닐 제조에 이용되고 주요 사용공정은 합성, 세척 등이다.

② 물에 대한 용해는 잘 되며 SO_2 보다 식물에 미치는 영향이 훨씬 적으며 한계농도는 10 ppm 에서 수시간 정도이다.

③ 피부나 점막에 접촉하면 염산이 되어 염증, 부식 등이 커지며 장기간 흡입시 폐수종(폐렴)을 일으킨다.

④ 주로 눈과 기관지계를 자극하며 소다공업, 플라스틱 제조, 활성탄 제조공정, 염화에틸렌 제조용의 염소 급속 냉각시설에서 발생한다.

⑤ HCl은 SO_2보다 식물에 미치는 영향이 훨씬 적으며 한계농도는 10ppm에서 수 시간 정도이다.

(25) 염소(Cl_2)

① 상온에서 강한 자극성 냄새가 나는 황록색(녹황색) 기체이며 산화제, 표백제, 수돗물의 살균제 및 염소화합물 제조에 이용한다.

② 물에 대한 용해도는 0.7% 정도이고 피부나 점막에 부식성, 자극성 작용을 한다(부식성은 염화수소의 20배).

③ 기관지염을 유발하며 만성작용으로 치아산식증이 일어난다.

④ 염소는 암모니아에 비해 훨씬 수용성이 약하므로 후두에 부종만을 일으키기보다는 호흡기계 전체에 영향을 미친다.

⑤ 표백공업, 소다공업, 화학공업, 농약제조시에 발생한다.

(26) 시안화수소(HCN)

① 상온에서 무색투명한 비점이 낮은 액체(일부 기체)로 폭발성이 강하고 물에 대한 용해도도 매우 크고 복숭아씨 냄새와 비슷한 자극취를 내며 비중은 약 0.7 정도로 약간 방향성을 가진다.

② 유성섬유, 플라스틱, 시안염 제조에 사용되며 원형질(Protoplasmic) 독성이 나타난다.

③ 인화성이 있고 연소 시 유독가스를 발생시킨다.

④ 물·알코올, 에테르 등과 임의의 비율로도 혼합되며, 그 수용액은 극히 약산성을 나타낸다.

⑤ 독성은 두통, 갑상선 비대, 코 및 피부자극 등이며 중추신경계의 기능 마비를 일으켜 심한 경우 사망에 이른다.

⑥ 호기성 세포가 산소 이용에 관여하는 시토크롬 산화제를 억제한다. 즉, 시안이온이 존재하여 산소를 얻을 수 없다.

(27) 아닐린($C_6H_5NH_2$)

① 특유의 냄새가 나는 투명기체로 연료 중간체와 향료의 제조원료로 이용된다.

② 메트헤모글로빈(Methemoglobin)을 형성하여 간장, 신장, 중추신경계 장해를 일으키며 시력과 언어장해 증상을 유발한다.

(28) 악취

① 정의

황화수소, 메르캅탄류, 아민류, 기타 자극성 있는 기체상 물질이 사람의 후각을 자극하여 불쾌감, 혐오감을 주는 냄새를 말한다.

② 최소감지농도(Detection Threshold)

매우 엷은 농도의 냄새는 아무것도 느낄 수 없지만 이것을 서서히 진하게 하면 어떤 농도가 되고, 무엇인지 모르지만 냄새의 존재를 느끼는 농도로 나타나는데 이 최소농도를 최소감지농도라 한다.

③ 최소인지농도(Recognition Threshold)

농도를 짙게 해가면 냄새 질이나 어떤 느낌의 냄새인지를 표현할 수 있는 시점이 나오게 되는데 이 최저농도가 되는 곳을 최소인지 농도라 한다.

④ 냄새물질의 특성

㉠ 냄새는 화학적 구성보다는 구성그룹배열에 의해 나타나는 물리적 차이에 의해 결

정된다는 견해가 지배적이며 증기압이 높은 물질일수록 일반적으로 악취는 더 강하다고 볼 수 있다.

㉡ 냄새가 강한 일부 물질은 물과 지방질에 용해 가능하며 일반적으로 냄새물질은 화학반응성이 풍부하다.

㉢ 파라핀(Paraffin) 및 CS_2 를 제외한 악취물질들은 적외선을 강하게 흡수한다.

㉣ 악취는 통상 분자 내부 진동에 의존한다고 가정되므로 라만변이와 냄새는 서로 관련이 있다.

㉤ 활성탄과 같은 흡착제는 악취유발물질을 대량으로 흡착 가능하다.

㉥ 물리적 자극량과 인간의 감각강도의 관계는 웨버-페흐너(Weber-Fechner) 법칙이 잘 맞고 후각에도 잘 적용된다.

㉦ 불포화도(2중결합 및 3중결합의 수)가 높으면 냄새가 보다 강하게 난다.

㉧ 분자 내 수산기의 수는 1개일 때가 가장 강하고 수가 증가하면 약해져 무취에 이른다.

㉨ 냄새물질의 골격이 되는 탄소수는 저분자일수록 관능기 특유의 냄새가 강하고 자극적이나 8~13에서 가장 향기가 강하다.

㉩ 분자량이 큰 물질(300 이상)은 냄새강도가 분자량에 반비례하여 단계적으로 약해지는 경향이 있고 특정물질은 냄새가 거의 없다.

㉪ 실온에서 대다수는 액상이나 고체로 존재하는 경우도 있다.

㉫ 화학물질이 냄새물질로 되기 위해서는 친유성과 친수성기의 양기를 가져야 한다.

㉬ 냄새물질이 비교적 저분자인 것은 휘발성이 높은 것을 의미한다.

㉭ 냄새분자를 구성하는 원소로는 C, H, O, N, S, Cl 등이고 냄새물질은 화학반응성이 풍부하여 산화·환원반응, 중합·분해반응, 에스테르화·가수분해반응이 잘 일어난다.

㉮ 락톤 및 케톤화합물은 환상이 클수록 냄새가 강해지고, 탄소수가 8~13일 때 가장 강하다.

㉯ 에스테르 화합물은 구성하는 산이나 알코올류보다 방향이 우세하다.

㉰ 분자 내에 황 및 질소가 있으면 냄새가 강하다.

㉱ 냄새물질은 불쾌감과 작업능률 저하를 가져온다.

㉲ 냄새물질은 대부분 흡수, 흡착에 의해 제거가 가능하다.

[주요 악취물질의 특성]

원인물질명	냄새	발생원	최소감지농도(ppm)	비고
황화수소(H_2S)	달걀 썩는 냄새	약품제조, 정유공장, 펄프제조	0.00041	황화합물
메틸메르캅탄(CH_3SH)	양배추(양파) 썩는 냄새	석유정제, 가스제조, 약품제조, 펄프제조, 분뇨, 축산	0.0001	황화합물
이산화황(SO_2)	유황 냄새	화력발전연소	0.055	황화합물
암모니아(NH_3)	분뇨자극성 냄새	분뇨, 축산, 수산	0.1	질소화합물
트리메틸아민 [$(CH_3)_3N$]	생선 썩은 냄새	분뇨, 축산, 수산	0.0001	질소화합물
아세트알데하이드 (CH_3CHO)	자극적 곰팡이 냄새	화학공정	0.002	알데하이드류
프로피온알데하이드 (CH_3CH_2CHO)	자극적이고 새콤하며 타는 듯한 냄새		0.002	알데하이드류
톨루엔($C_6H_5CH_3$) 스티렌($C_6H_5CH=CH_2$) 자일렌[$C_6H_4(CH_3)_2$] 벤젠(C_6H_6)	용제, 시너(가솔린) 냄새	화학공정	0.9 0.03 0.38~0.058 2.7	탄화수소류
염소(Cl_2)	자극적인 냄새	화학공정	0.314	할로겐원소
피로피온산 노말부티르산	자극적이고 신 냄새 땀 냄새		– –	지방산류

기타 : ① 아크로레인(CH_2CHCOH)
자극적인 냄새가 나는 무색액체이며 지방이 연소시 발생하는 발암물질이고 독성이 특별히 강하여 눈, 폐를 심하게 자극하며 석유화학, 약품제조시 발생(최소감지농도 : 0.0085 ppm)

② 에틸아민($CH_3CH_2NH_2$)
암모니아취 물질로 수산가공, 약품제조시 발생(최소감지농도 : 0.046 ppm)

③ 아세트산에틸($CH_3CO_2C_2H_5$)(최소감지농도 : 0.87 ppm)

④ 프로피온산(CH_3CH_2COOH)

⑤ 메틸이소부틸케톤[$CH_3COCH_2CH(CH_3)_2$]

Reference | 악취물질의 최소감지농도

① 초산(아세트산 : CH_3COOH) : 0.0057ppm
② 아세톤(CH_3COCH_3) : 42ppm
③ 이황화탄소(CS_2) : 0.21ppm
④ 포름알데히드 : 0.50ppm
⑤ 페놀 : 0.00028ppm
⑥ 아닐린 : 0.0015ppm
⑦ 피리딘 : 0.063ppm

Reference | Weber－Fechner 법칙

물리화학적 자극량과 인간의 감각강도의 관계를 나타낸 법칙이다.

$$I = K \cdot \log C + b$$

여기서, I : 냄새(악취) 세기
C : 악취물질의 농도
K : 냄새물질별 상수
b : 상수(무취농도의 가상대수치)

Reference | 악취물질 중 알데히드류의 특성 및 종류

1. 특성
   자극적이며 새콤하고 타는 듯한 냄새를 발생시킨다.
2. 종류
   ① 아세트알데히드(CH_3CHO)
   ② 프로피온알데히드(CH_3CH_2CHO)
   ③ n－부티르알데히드[$CH_3(CH_2)_2CHO$]
   ④ i－부티르알데히드[$(CH_3)_2CHCHO$]

Reference

염소, 포스겐 및 질소산화물 등의 상기도 자극증상은 경미한 반면, 수 시간 경과 후 오히려 폐포를 포함한 하기도의 자극증상은 현저하게 나타나는 편이다.

학습 Point

1 대기오염물질의 인체침입경로 내용 숙지
2 각 대기오염물질의 특징 숙지(출제비중 매우 높음)

11 중금속의 종류와 영향

(1) 납(Pb)

① 개요

㉠ 납은 부드러운 청회색(청색 또는 은회색)의 금속으로 고밀도와 내식성이 강한 특성을 갖는다.

㉡ 대기 중에 납은 입자직경이 0.1~5 μm로 존재하며 주로 호흡기를 통하여 체내에 흡수된다.

② 발생원

㉠ 가솔린(휘발유) 자동차의 연소배기가스 : Knocking 방지제의 첨가 물질인 Tetraethy Lead(4에틸납, 옥탄가 향상제) 및 Tetramethy-Lead(4메틸납 : 세척제) 연소시 대기 중으로 배출되며 대기 중 납의 상당부분(≒95%)을 차지한다.

㉡ 납 제련소 및 납광산

㉢ 건전지, 축전지 생산

㉣ 인쇄소

㉤ 고체폐기물의 소각

③ 특성

㉠ 대부분의 납화합물은 물에 잘 녹지 않고 융점은 327℃, 끓는점 1,620℃이며 무기납과 유기납으로 구분한다.

㉡ 소화기로 섭취된 납은 입자의 크기에 따라 다르지만 약 10% 정도만이 소장에서 흡수되고, 나머지는 대변으로 배출된다. 또한 인체 내 노출된 납의 90% 이상은 뼈조직에 축적된다.

㉢ 세포 내에서 SH기와 결합하여 포르피린과 Heme 합성에 관여하는 효소를 포함한 여러 세포의 효소작용을 방해하고 적혈구 내의 전해질이 감소되어 적혈구 생존기간이 짧아지고 심한 경우 용혈성 빈혈이 나타나기도 한다.(인체혈액 헤모글로빈의 기본요소인 포르피린 고리의 형성을 방해함으로써 헤모글로빈의 형성을 억제함)

㉣ 헴(Heme) 합성의 장해로 주요증상은 빈혈증이며 혈색소량의 감소, 적혈구의 생존기간 단축, 파괴가 촉진된다. 즉, 헤모글로빈의 형성을 억제한다.

㉤ 납 중독의 주요 증상은 위장계통의 장해, 신경・근육계통의 장해, 중추신경장해, 경련이며 만성납중독현상은 혈액증상, 신경증상, 위장관증상 등으로 나눌 수 있다.

㉥ 초기에 납빈혈이 나타나며 망상적혈구와 친염기성 적혈구의 수가 증가한다.

㉦ 매우 낮은 농도에서 어린이에게 학습장애 및 기능 저하를 초래하며 이는 소아 이미증(Pica) 환자에게서 발생하기 쉽다.

ⓞ 납 성분을 함유한 도료는 황화수소(H_2S)와 반응하여 검은색의 PbS로 된다.

ⓩ 납의 중독증상으로는 조혈기능장애로 인한 빈혈이며, 이 증상이 계속되면 신경계통을 침해하여 간이나 신경에 영향을 미친다. 또한 시신경 위축에 의한 실명, 사지의 경련도 일으킬 수 있다.

ⓒ 만성중독 시에는 혈중 프로토폴피린이 현저하게 증가한다.

ⓚ 특징적인 5대 만성중독증상으로는 연창백, 연연, 코프로폴피린뇨, 호염기성 점적혈구, 심근마비 등을 들 수 있다.

ⓣ 납중독의 해독제로 Ca-EDTA, 페니실아민, DMSA 등을 사용한다.

(2) 수은(Hg)

① 개요

㉠ 수은은 원자량 200.59, 비중 13.6, 은백색을 띠며 아주 무거운 금속으로 상온에서 액체상태의 유일한 금속이며 수은합금(아말감)을 만드는 특징이 있다.

㉡ 증기 또는 먼지의 형태로 대기 중에 배출되고 미량으로도 인체에 영향을 미치며 널리 알려진 피해는 유기수은에 의한 미나마타병으로 구심성 시야협착, 난청, 언어장해 등이 나타난다.

㉢ 수은(메틸수은)에 의한 중독증상은 일반적으로 Hunter-Russel 증후군으로 일컬어지고 있다.

② 발생원

㉠ 무기수은(금속수은)

ⓐ 형광등, 온도계, 체온계, 혈압계 제조

ⓑ 수은전지, 아말감, 페인트, 농약, 살균제 제조

㉡ 유기수은

ⓐ 의약, 농약, 펄프 제조

ⓑ 종자소독

③ 특성

㉠ 융점이 38.97℃, 비등점은 356.6℃로 상온에서 기화하여 수은증기를 만든다.

㉡ 상온에서는 산화되지 않으나 비등점보다 낮은 온도에서 가열시 독성이 강한 산화수은이 발생하며 수은화합물은 유기수은화합물과 무기수은화합물로 대별된다.

㉢ 유기수은 중 알킬수은화합물의 독성은 무기수은화합물의 독성보다 매우 강하고 탄소-수은결합도 강하다.

㉣ 금속수은은 수은증기를 흡입하면 대부분 흡수되나 경구 섭취 시에는 소구를 형성하므로 위상관으로는 잘 흡수되지 않는다.

ⓜ 유기수은 중 메틸수은, 에틸수은은 모든 경로로 흡수가 잘되고 특히 소화관으로 흡수는 100% 정도이며 사지감각 이상, 구음장애, 청력장애, 구심성 시야협착, 소뇌성운동질환 등의 주요증상이 특징이다.

ⓑ 금속수은은 전리된 수소이온이 단백질을 침전시키고 -SH기 친화력을 가지고 있어 세포 내 효소반응을 억제함으로써 독성작용을 일으킨다.

ⓢ 금속수은은 뇌, 혈액, 심근 등, 무기수은은 신장, 간장, 비장 등, 알킬수은은 간장, 신장, 뇌 등에 축적된다.

ⓞ 금속수은은 대변보다 소변으로 배설이 잘 되며, 유기수은 화합물은 대변으로 주로 배설되고, 알킬수은은 대부분 담즙을 통해 소화관으로 배설되지만 소화관에서 재흡수도 일어난다.

ⓙ 신장 및 간에 고농도 축적 현상이 일반적이며 혈액 내 수은 존재 시 약 90%는 적혈구 내에서 발견된다.

ⓒ 수은중독의 특징적인 증상은 사지감각이상, 구음장애, 청력장애, 구심성 시야협착, 소뇌성 정신질환, 구내염, 근육진전, 정신증상으로 분류된다.

ⓚ 전신증상으로는 중추신경계통 특히, 뇌조직에 심한 증상이 나타나 정신장해를 일으킬 수 있고 유기수은(알킬수은) 중 메틸수은은 미나마타(Minamata)병을 발생시킨다.

ⓣ 만성중독의 경우 전형적인 증상은 특수한 구내염, 눈, 입술, 혀, 손발 등이 빠르고 엷게 떨리고, 손과 팔의 근력이 저하되며, 다발성신경염도 일어난다고 보고된다.

(3) 카드뮴(Cd)

① 개요

㉠ 카드뮴은 청색을 띤 은백색의 금속으로 부드럽고 연성이 있는 금속이며, 물에는 잘 녹지 않고 산에는 잘 녹으며 가열시 쉽게 증기화한다.

㉡ 주로 산화카드뮴이나 황산카드뮴으로 존재하고 내식성이 강한 금속이다.

② 발생원

㉠ 아연광석의 채광이나 제련과정에서 나오는 부산물

㉡ 카드뮴 축전기 제조

③ 특성

㉠ 융점이 320.9℃, 비등점은 767℃로 산소와 결합시 흄을 만들며 흄이 많이 발생할 때는 갈색의 연기처럼 보인다.

㉡ 주로 호흡기나 소화기를 통해 인체에 흡수되며 칼슘 결핍시 장 내에서 칼슘 결합 단백질의 생성이 촉진되어 카드뮴의 흡수가 증가된다.

㉢ 카드뮴이 체내에 들어가면 간에서 혈장 단백질(Metallothionein) 생합성이 촉진되어 폭로된 중금속의 독성을 감소시키는 역할을 하나 다량의 카드뮴일 경우 합성이 되지 않아 중독작용을 일으킨다.

㉣ 체내에 흡수된 카드뮴은 혈액을 거쳐 2/3는 간과 신장에 축적되며 배설은 대단히 느리다.

㉤ 간, 신장, 장관벽에 축적하여 효소의 기능유지에 필요한 -SH기와 반응하여 조직세포에 독성작용을 일으킨다.

㉥ 호흡기를 통한 독성이 경구독성보다 약 8배 정도 강하고 산화카드뮴에 의한 장해가 가장 심하다.

㉦ 만성 폭로시 가장 흔한 증상은 단백뇨(신장기능 장해 : 신결석증)이며 골격계 장해(골연화증), 폐기능 장해도 유발한다. 또한 후각신경의 마비와 동맥경화증이나 고혈압증의 유발요인이 되기도 한다.

㉧ 급성폭로로는 화학성 폐렴(폐에 강한 자극 증상) 및 구토, 복통, 설사, 급성위장염 등이 나타나며 기관지염증을 일으키는 경우도 있다.

㉨ 산피질에서 임계농도에 이르면 처음에는 저분자량의 단백질의 배설이 증가하는데, 계속적으로 폭로되면 아미노산뇨, 당뇨, 고칼슘뇨증, 인산뇨 등의 증상을 가지는 Fanconi씨 증후군으로 진행된다.

㉩ 카드뮴에 의한 질환은 수질오염으로 인하여 발생한 이따이이따이병이 있다.

(4) 크롬(Cr)

① 개요

크롬은 단단하면서 부서지기 쉬운 회색금속으로 여러 형태의 산화합물로 존재하며 그 독성은 원자상태에 따라 달라진다.

② 발생원

㉠ 피혁(가죽)공업 ㉡ 염색공업 및 안료제조

㉢ 시멘트 제조 ㉣ 방부제, 약품제조

③ 특성

㉠ 융점이 1,905℃, 비등점은 2,200℃로 자연 중에는 주로 3가 형태로 존재하고 6가크롬은 적다.

㉡ 인체에 유해한 것은 6가크롬(중크롬산)이며 3가크롬보다 6가크롬이 체내흡수가 많다.

㉢ 호흡기, 소화기, 피부를 통하여 체내에 흡수되며 호흡기가 가장 중요하다.

㉣ 3가 크롬보다 6가 크롬이 체내흡수가 많고 3가 크롬은 피부흡수가 어려우나 6가 크롬은 쉽게 피부를 통과한다.

ⓜ 크롬은 생체에 필수적인 금속으로 결핍 시에는 인슐린의 저하로 인한 것과 같은 탄수화물의 대사 장애를 일으키며 저농도에서는 염증과 궤양을 일으키기도 한다.

ⓑ 6가크롬은 생체막을 통해 세포 내에서 3가로 환원되어 간, 신장, 부갑상선, 폐, 골수에 축적되며, 대부분은 대변을 통해 배설된다.

ⓢ 급성폭로 시 신장장애(혈뇨증, 요독증), 위장장해, 급성폐렴을 일으킨다.

ⓞ 만성폭로 시 점막의 염증, 비중격천공, 피부궤양, 폐암, 기관지암, 비강암을 발생시킨다.

ⓙ 만성중독은 코, 폐 및 위장의 점막에 병변을 일으키는 것이 특징이다.

(5) 베릴륨(Be)

① 개요

매우 가벼운 금속으로 높은 장력을 가지고 있으며 회색빛(육방정 결정체)이 나고 베릴륨 합금은 전기 및 열의 전도성이 크다.

② 발생원

ⓐ 합금제조　　ⓑ 원자로 작업

ⓒ 우주항공산업　　ⓓ 산소화학합성

③ 특징

ⓐ 융점이 1,280℃, 비등점은 2,970℃로 더운 물에 약간 용해되고 약산과 약알칼리에는 용해되는 성질이 있다.

ⓑ 마모와 부식에 강하며 저농도에서도 장해는 일반적으로 아주 크게 나타난다.

ⓒ 베릴륨화합물은 흡입, 섭취 혹은 피부접촉으로는 거의 흡수되지 않으며, 폐에 잔존할 수 있고, 뼈, 간, 비장에 침착될 수 있고, 신배설은 느리고 다양하다.

ⓓ 용해성 화합물은 침입 후 다른 조직에 분포하며 산모의 모유를 통하여 태아에게까지 영향을 미친다.

ⓜ 급성폭로는 주로 용해성 베릴륨화합물(염화물, 황화물, 불화물)이 일으키며 인후염, 기관지염, 폐부종, 접촉성 피부염 등이 발생한다.

ⓑ 만성폭로 시에는 육아 종양, 화학적 폐렴, 폐암을 발생시킨다.

ⓢ 폭로되지 않은 사람에게서는 검출되지 않으므로 우선 폭로를 확진할 수 있다.

ⓞ 베릴륨 폐증은 Neighborhood Case라고도 불린다.

ⓙ 독성이 강하고, 폐포에 축적되어 베릴리오시스를 생성, 쥐에게서는 심각한 병과 발암성이 나타난다.

(6) 비소(As)

① 개요

은빛 광택을 내는 비금속(유사금속 : Metaled)으로서 가열하면 녹지 않고 승화되면 피부 특히, 겨드랑이나 국부 등에 습진형 피부염이 생기며 피부암이 유발되는 물질이며 인체에 대표적인 인체의 국소증상으로 손·발바닥에 나타나는 각화증, 각막궤양, 비중격천공, Mee's Line, 탈모 등을 유발하는 물질이다.

② 발생원

㉠ 화학공업

㉡ 유리공업(착색제)

㉢ 피혁 및 동물의 박제에 방부제로 사용

㉣ 살충제(과수원의 농약 분무 작업)

㉤ 토양의 광석 등 자연계에 널리 분포

③ 특성

㉠ 자연계에서는 3가 및 5가의 원소로서 삼산화비소, 오산화비소의 형태로 존재하며 독성작용은 5가보다는 3가의 비소화합물이 강하다. 특히 물에 녹아 아비산을 생성하는 삼산화비소가 가장 독성이 강력하다.

㉡ 비소의 분진과 증기는 호흡기를 통해 체내에 흡수되고 비소화합물이 상처에 접촉됨으로써 피부를 통하여 흡수될 수도 있다.

㉢ 체내에서 -SH 기를 갖는 효소작용을 저해시켜 세포호흡에 장해를 일으킨다.

㉣ 골조직(뼈) 및 피부는 비소의 주요한 축적장기이며 뼈에는 비산칼륨 형태로 축적되고 배출은 대부분 뇨를 통해 이루어진다.

㉤ 혈관 내 용혈을 일으키며 두통, 오심, 흉부압박감을 호소하기도 하며 10 ppm 정도에 폭로되면 혼미, 혼수, 사망에 이른다.

㉥ 대표적 3대 증상으로는 복통, 빈뇨, 황달 등이다.

㉦ 만성적인 폭로에 의한 국소증상으로는 손·발바닥에 나타나는 각화증, 각막궤양, 비중격 천공, 탈모 등을 들 수 있다.

㉧ 급성폭로는 섭취 후 수분 내지 수시간 내에 일어나며 오심, 구토, 복통, 피가 섞인 심한 설사를 유발한다.

㉨ 급성 또는 만성중독으로는 용혈을 일으켜 빈혈, 과빌리루빈혈증 등이 생긴다.

㉩ 급성중독일 경우 치료방법으로는 활성탄과 하제를 투여하고 구토를 유발시킨다.

㉪ 쇼크의 치료에는 강력한 수액제와 혈압상승제를 사용한다.

(7) 망간(Mn)

① 개요

철강제조에서 직업성 폭로가 가장 많고 알루미늄, 구리와 합금제조, 용접봉의 용도를 가지며 계속적인 폭로로 전신의 근무력증, 수전증, 파킨슨씨 증후군이 나타나며 금속열을 유발한다.

② 발생원

㉠ 특수강철 생산(망간 함유 80% 이상 합금)

㉡ 망간 건전지

㉢ 전기용접봉 제조업

㉣ 산화제(화학공업)

③ 특성

㉠ 마모에 강한 특성 때문에 최근에 금속제품에 널리 활용되며 인간을 비롯한 대부분 생물체에는 필수적인 금속으로서 동·식물에서는 종종 결핍이 보고되고 있다.

㉡ 호흡기, 소화기 및 피부를 통하여 체내에 흡수되며 이중 호흡기를 통한 경로가 가장 많고 또 가장 위험하다.

㉢ 체내에 흡수된 망간은 혈액에서 신속하게 제거되어 10~30%는 간에서 축적되며 뇌혈관막과 태반을 통과하기도 한다.

㉣ 만성폭로 시 무력증, 식욕감퇴 등의 초기증세를 보이다 심해지면 중추신경계의 특정부위를 손상시켜 파킨슨 증후군과 보행장해 및 말이 느리고 단조로워진다.

㉤ 급성폭로 시 열, 오한, 호흡곤란 등의 증상을 특징으로 하는 금속열을 일으키고 급성고농도에 노출 시에는 화학성 폐렴, 간독성, 조증(들뜸병)의 정신병 양상을 나타낸다.

(8) 구리(Cu)

① 열, 전기의 전도성이 크며 습한 공기 중에서는 CO_2 와 반응하여 녹청[$(Cu(OH)_2CuCO_3)$]이 생긴다.

② 청동, 모빌(Monel)과 같이 비철합금, 도금, 용접봉 등에 함유되어 있다.

③ 증기상태의 구리화합물은 호흡기 질환, 눈·피부에 심한 자극을 유발하며 대기 중 부유하는 카드뮴 및 망간은 구리의 유독성에 많은 영향을 끼친다.

④ 급성노출 시에는 코, 목의 자극증상과 메스꺼움, 금속열 등을 유발한다.

(9) 니켈(Ni)

① 니켈은 모넬(Monel), 인코넬(Inconel), 인콜리(Incoloy)와 같은 합금과 스테인리스 강에 포함되어 있다.

② 도금, 합금, 제강 등의 생산과정에서 발생한다.

③ 정상 작업에서는 용접으로 인하여 유해한 농도까지 니켈흄이 발생되지 않는다. 그러나 스테인리스 강이나 합금을 용접할 때에는 고농도의 노출에 대해 주의가 필요하다.

④ 니켈은 위장관으로 거의 흡수되지 않으며 가용성 니켈염과 니켈 카보닐은 호흡기를 통해 쉽게 흡수된다.

⑤ 급성폭로 시에는 폐부종, 폐렴이 발생되며 만성중독 장해는 폐, 비강, 부비강에 암이 발생되고 간·장에도 손상이 발생된다.

⑥ 가용성 니켈화합물에 폭로된 후 흔한 증상으로는 피부증상이다.

⑦ 니켈은 촉매역할을 하며 대기 중 SO_2를 SO_3로 산화하여 황산박층을 만들고 난 후 황산니켈로 변한다.

(10) 철(Fe)

① 철은 강의 주성분이며 산화철은 용접작업에 노출되었을 때 발생되는 주요 물질이다.

② 산화철 흄은 코, 목, 폐에 자극을 일으키며 장기간 노출되면 폐에 축적되고 이를 흉부촬영시 X선으로 확인할 수 있다. 이러한 상태를 산화철폐증이라고 하며 용접진폐증의 주된 형태이다.

③ 철은 대기오염물질의 농도, 습도와 온도가 높을수록 부식속도가 빠르지만 일정한 시간이 흐르면 보호막이 생겨 부식속도가 떨어진다.

(11) 아연(Zn)

① 납땜용 자재에서 주로 발생되며 가장 중요한 건강장해로 알려져 있는 것은 금속열이다.

② Fume이 공기 중에 산화한 것을 흡입하면 금속열을 일으킨다.

③ 아연은 SO_2와 수증기가 공존할 때 표면에 피막을 형성해서 보호막 역할을 한다.

(12) 불소(F)

① 자극성의 황갈색 기체로 체내에 들어온 불소는 뼈를 연화시키고, 그 칼슘화합물이 치아에 침착되어 반상치를 나타낸다.

② 일반적으로 뼈에 가장 많이 축적되는 물질이 불소이다.

(13) 인(P)

① 황린, 인산염 증기의 흡입에 의해 중독되며 독성이 매우 강하다.
② 주로 농약제조, 농약사용 시에 중독 위험이 있다.
③ 건강장해 증상은 권태, 식욕부진, 소화기장애, 빈혈, 황달 증세가 나타난다.
④ 증상은 X-ray를 거쳐 정확한 진단을 내려야 한다.

(14) 알루미늄(Al)

① 알루미늄 화합물은 위장관에서 다른 원소의 흡수에 영향을 미칠 수 있는데 불소의 흡수를 억제하고 칼슘과 철 화합물의 흡수를 감소시키며 소장에서 인과 결합하여 인 결핍과 골연화증을 유발한다.
② 알루미늄 독성작용으로 인간에게서 입증된 2개의 주요 조직은 뼈와 뇌이고, 알루미늄 열은 결막염, 습진, 상기도 자극을 유발한다.
③ 알루미늄은 산화되어 Al_2O_3를 표면에 형성하여 대기오염물질을 방지하는 보호막 역할을 한다.

(15) 금속증기열(Metal Fume Fever)

① 개요

금속이 용융점 이상으로 가열될 때 형성되는 고농도의 금속산화물을 흄 형태로 흡입함으로써 발생되는 일시적인 질병이며 금속 증기를 들이마심으로써 일어나는 열, 특히 아연에 의한 경우가 많으므로 이것을 아연열이라고 하는데, 구리, 니켈 등의 금속 증기에 의해서도 발생한다.

② 발생원인 물질

㉠ 아연　㉡ 구리
㉢ 망간　㉣ 마그네슘
㉤ 니켈　㉥ 납

③ 증상

㉠ 금속증기에 폭로 후 몇 시간 후에 발병되며 체온상승, 목의 건조, 오한, 기침, 땀이 많이 발생하고 호흡곤란이 생긴다(감기 증상과 비슷).
㉡ 증상은 12~24시간(또는 24~48시간) 후에는 자연적으로 없어지게 된다.
㉢ 기폭로 된 근로자는 일시적 면역이 생긴다.
㉣ 특히 아연 취급작업장에는 당뇨병 환자는 작업을 금지한다.

㉤ 금속증기열은 폐렴, 폐결핵의 원인이 되지는 않는다.
㉥ 철폐증은 철분진 흡입시 발생되는 금속열의 한 형태이다.
㉦ 월요일 열(Monday Fever)이라고도 한다.

(16) 셀레늄(Se)

① 구조가 다른 여러 동소체가 있으나, 가장 안정한 것은 회색의 금속 셀레늄이며 이 회색 셀레늄은 광전도체이고 셀레늄 동소체 중에서 유일하게 전기를 통하며 217℃에서 녹아 암갈색 액체가 되고 685℃에서 끓는다.
② 셀레늄은 대부분의 다른 원소들과 반응하여 화합물을 만드나, 반응성은 산소나 황보다는 작고 물에 녹지 않으며, 공기 중에서 푸른빛을 내며 연소하여 SeO_2(이산화 셀레늄)이 된다.
③ 금속양 원소로서 화성암, 퇴적암, 황과 구리를 함유한 무기질 광석에 많이 분포되어 있으며 상업용 셀레늄은 주로 구리의 전기분해 정련시 찌꺼기로부터 추출된다.
④ 주로 폐, 위장관 혹은 손상된 피부를 통해 흡수되고, 간에서 유기 셀레늄의 형태로 대사된다.
⑤ 인체에 필수적인 원소로서 적혈구가 산화됨으로써 일어나는 손상을 예방하는 글루타티온과산화효소의 보조인자 역할을 한다.
⑥ 생체 내에 미량 존재함으로써 생물의 생존에 필수적인 요소로서 당 대사과정에서의 탈탄산반응에 관여하는 동시에 비타민 E의 증가나 지방분 감소에도 효과가 있으며, 특히 As의 길항체로서도 관여한다.
⑦ 인체 폭로시 숨을 쉴 때나 땀을 흘릴 때 마늘냄새가 나며, 만성적인 대기 중 폭로시 오심과 소화불량과 같은 위장관 증상도 호소하며 격막염을 일으키는데 이를 'Rose Eye'라고 부른다.
⑧ 급성폭로시 심한 호흡기 자극을 일으켜 기침, 흉통, 호흡곤란 등을 유발하며, 심한 경우 폐부종을 동반한 화학성 폐렴이 생기기도 한다.

(17) 바나듐(V)

① 은회색의 전이금속으로 단단하나 연성(잡아 늘이기 쉬운 성질)과 전성(펴 늘일 수 있는 성질)이 있고 주로 화석연료, 특히 석탄 및 중유에 많이 포함되고 코·눈·인후의 자극을 동반하여 격심한 기침을 유발한다.
② 원소 자체는 반응성이 커서 자연상태에서는 화합물로만 존재하며 산화물 보호피막을 만들기 때문에 공기 중 실온에서는 잘 산화되지 않으나 가열하면 산화된다.

③ 내부식성이 좋고 알칼리, 황산, 염산에 대해서 안정하다.
④ 독성 정도는 산화상태에 따라 다르며 오산화물(오산화바나듐)의 독성이 강하다.
⑤ 바나듐은 주 바나듐이 들어 있는 금속을 가공하는 과정(오산화바나듐 제조공정, 촉매제, 합금강제조)에서 먼지로 흡입되어 호흡기 계통에 이상 증세를 가져온다.
⑥ 바나듐에 폭로되면 인지질 및 지방분의 합성, 혈장 콜레스테롤치가 저하되며, 만성폭로시 설태가 낄 수 있다.
⑦ 광부나 석탄연료 배출구 주위에 거주하는 사람들의 폐 중 농도가 증대된다.
⑧ 뼈에 소량 축적될 수 있으며, 배설은 주로 신장을 통해 이루어진다.
⑨ 만성폭로 시 설태가 끼며, 혈장 콜레스테롤 치수가 저하될 수 있다.
⑩ 급성폭로 시 다량의 눈물이 나는 등의 증상을 일으키며 폐렴이 생길 수 있다.
⑪ 폐기능 검사상 폐쇄성 양상을 나타낸다.
⑫ 다른 영양물질의 대사 장해를 일으키기도 한다.

(18) 탈리움(Thalliume)

① 탈리움은 탈모제나 구서제의 성분으로 대개 이를 섭취함으로써 중독이 발생하며 치사량은 약 1.0 mg이다.
② 증상은 대개 12시간 이내에 구토, 복통 및 설사, 운동실조 및 감각이상 등의 신경학적 증세가 발생한다.
③ 탈리움의 수용성염은 위장관, 피부, 호흡기를 통해 흡수되고, 배설은 신장을 통해 주로하며, 나머지는 다른 조직상에 저장된다.

Reference | 금속의 부식속도

철>아연>구리>알루미늄

학습 Point

각 중금속의 특성 숙지(Pb, Hg, Cd, Cr, As 출제비중 높음)

12 입자상 물질의 종류와 영향

(1) 개요

① 입자상 물질(Aerosol)은 공기 중에 포함된 고체 및 액체상의 미립자를 말한다. 입자상 물질은 먼지 또는 에어로졸(Aerosol)로 통용되고 있으며 주로 물질의 파쇄, 선별 등 기계적 처리 혹은 연소, 합성, 분해 시에 발생하는 고체상 또는 액체상의 미세한 물질이다.

② 고체상 물질은 먼지, 흄, 검댕 등이고 액체미립자는 미스트, 스모그, 박무 등이다.

③ 스모그와 스모크 등은 고체이거나 액체로 존재한다.

④ 대기 중에 존재하는 입자상 물질은 태양 및 지구의 복사에너지를 분산시키거나 흡수하기도 하는데, 특히 0.1~1 μm 크기의 입자는 가시거리에 많은 영향을 미치고 인체의 폐 속으로의 침투도가 최대가 된다.

(2) 조대입자와 미세입자

① 조대입자(Coarse Particle)

㉠ 바람에 날린 토양 및 해염을 비롯하여 기계적 분쇄과정을 거쳐 주로 생성된다. 즉 자연적 발생원에 의한 것이 대부분이다.

㉡ 대기 중 배출 후 비교적 빠른 시간(수분 내지 수 기간) 내에 지표면에 침적하여 대기오염에 대한 기여도는 높지 않다.

② 미세입자(Fine Particle)

㉠ 인위적 발생원 즉, 화석연료의 연소, 자동차 배기가스에 의한 것이 대부분을 차지한다.

㉡ 일부 가스상 물질이 대기 중 응축반응과정을 거쳐 입자상 물질로 변환된 2차 입자상 물질이 있다.

㉢ 1~2 μm 이하의 미세입자가 세정(Rain Out) 효과가 작은 이유는 브라운운동을 하기 때문이다.

㉣ 질소산화물과 탄화수소의 반응에 의해 0.2 μm 이하의 입자가 발생한다.

Reference | 먼지의 자연적 발생원

① 화산의 폭발에 의해서 분진과 SO_2가 발생한다.
② 사막과 같이 지면의 먼지가 바람에 날릴 경우 통상 0.3 μm 이상의 입자상 물질이 발생한다.
③ 자연적으로 발생한 O_3과 자연대기 중 탄화수소(HC) 간의 광화학적 기체반응에 의해 0.2 μm 이상의 입자가 발생한다.

Reference | 입자 크기별 구분

① 핵영역 : 평균입자 지름이 0.1μm 이하인 영역, 연소 등 화학반응에 의해 핵으로 형성된 부분
② 집적영역 : 0.1~2.5μm인 영역, 핵영역이나 조대영역의 입자에 비해 대기에 잘 제거되지 않으며 체류시간도 길다.
③ 조대영역 : 2.5μm보다 큰 영역, 대부분 기계적 작용에 의해 생성된다.
④ 핵영역과 집적영역의 미세입자는 입자에 의한 여러 대기오염현상을 일으키는 데 큰 역할을 한다.

Reference

1. PM10
   공기역학적 직경을 기준으로 10 μm 이하의 입자상 물질을 말하며, 호흡성 먼지 양의 척도를 나타낸다.
2. Rain Wash
   대기 중 오염물질이 빗물에 씻겨내리는 현상
3. Rain Out
   산성우의 장거리 이동의 요인이 되는 오염물질을 핵으로 응결하여 중력에 의해 강하되는 현상

(3) 종류

① 에어로졸(Aerosol)

㉠ 정의

유기물의 불완전 연소시 발생한 액체나 고체의 미세한 입자가 공기 중에 부유되어 있는 혼합체이며 가장 포괄적인 용어이다. 연무체 또는 연무질이라고도 한다.

㉡ 특징

ⓐ 비교적 안정적으로 부유하여 존재하는 상태를 에어로졸이라고도 한다.
ⓑ 기체 중에 콜로이드 입자가 존재하는 상태의 의미도 있다.

② 먼지(Dust)

㉠ 정의

입자의 크기가 비교적 큰 고체입자로서 대기 중에 떠다니거나 흩날리는 입자상 물질을 말한다.

㉡ 특성

ⓐ 입자의 크기는 1~100 μm 정도이고 물질의 운송 또는 처리과정에서 발생한다.
ⓑ 20 μm 이상의 입경을 갖는 먼지를 강하먼지라 하며 대기 중에 체류하지 못하

고 가라앉는다.

ⓒ 0.1～10 μm 범위의 입경을 갖는 먼지를 부유먼지라 하며 대기 중에 체류하여 떠다니는 먼지를 말한다.

③ 훈연(Fume)

㉠ 정의

금속이 용해되어 액상물질로 되고 이것이 가스상 물질로 기화된 후 다시 응축되어 고체미립자로 보통 크기가 0.1 또는 1 μm 이하이므로 호흡성 분진의 형태로 체내에 흡입되어 유해성도 커진다. 즉 Fume은 금속이 용해되어 공기에 의해 산화되어 미립자가 분산하는 것이다.

㉡ 특성

ⓐ 금속 산화물과 같이 가스상 물질이 승화, 증류 및 화학반응 과정에서 응축될 때 주로 생성되는 고체입자이다.

ⓑ 아연과 납산화물의 훈연은 고온에서 휘발된 금속의 산화와 응축과정에서 생성된다.

ⓒ 입자크기 1 μm 이하로 활발한 브라운 운동으로 상호충돌에 의해 응집하며 응집한 후 재분리는 쉽지 않다.

ⓓ 일반적으로 훈연은 금속의 연소과정(금속정련) 및 도금공정에서 발생하며 입자의 크기가 균일성을 갖는다.

④ 매연(Smoke)

㉠ 정의

불완전연소로 만들어진 미세입자(에어로졸의 혼합체)로서 크기는 0.01～1.0 μm 정도이다.

㉡ 특성

ⓐ 기체와 같이 활발한 브라운 운동을 하며 쉽게 침강하지 않고 대기 중에 부유하는 성질이 있다.

ⓑ 주로 탄소성분과 연소물질로 구성되어 있다.

⑤ 연무(Mist)

㉠ 정의

액체의 입자가 공기 중에 비산하여 부유확산되어 있는 것을 말하며 입자의 크기는 보통 100 μm 이하(0.01～10 μm 정도)이며 미립자 등의 핵 주위에 공기가 응축하여 생기거나 큰 물체로부터 분산하여 생기는 입자를 말한다.

㉡ 특성

ⓐ 증기의 응축 또는 화학반응에 의해 생성되는 액체입자로서 주성분은 물로서 안

개와 구별된다.

ⓑ 일반적으로 안개(Fog)보다 투명하고 수평 시정거리가 1 km 이상으로 회백색을 띤다.

ⓒ 미스트가 증발되면 증기화될 수 있다.

⑥ 안개(Fog)

㉠ 정의

대기 중의 수분 및 증기가 냉각응축되어 생성되는 액체이며 크기는 1~10 μm(5~50 μm) 정도이다.

㉡ 특성

ⓐ 분산질은 액체입자이고 눈에 보이는 입자상 물질을 뜻하며 시정 수평거리는 보통 1 km 미만이다.

ⓑ 습도는 100% 또는 여기에 가까운 경우로 눈에 보이는 입자상 물질이다.

㉢ 대기오염물질과 수분이 반응하여 산성을 띤 산성안개도 있다.

⑦ 검댕(Soot)

㉠ 정의

탄소함유물질의 불완전연소로 형성된 입자상 오염물질로서 탄소입자의 응집체이다.

㉡ 특성

입자크기는 1.0 μm 이상이며 대표적 물질인 PAH(다환방향족 탄화수소)는 발암물질로 알려져 있다.

⑧ 박무(Haze)

㉠ 정의

ⓐ 대부분 광화학 반응으로 생성되며 수분, 오염물질, 먼지 등으로 구성되고 입자크기는 1 μm(10 μm) 이하이다.

ⓑ 아주 작은 다수의 건조입자(습도 70% 이하)가 대기 중 떠 있는 현상을 말한다.

㉡ 특성

ⓐ 대기 중에서 시정거리는 보통 1 km 미만이고 상대습도는 70% 이하이다.

ⓑ 시정을 나쁘게 하며, 색깔로써 안개와 구별된다.

⑨ 스모그(Smog)

㉠ 정의

Smoke와 Fog가 결합된 상태이며 광화학 생성물과 수증기가 결합하여 에어로졸이 된다. 즉, 가스의 응축과정에서 생성된다.

㉡ 특성

입자크기는 보통 1 μm보다 작고 Mist보다는 포괄적인 개념으로 해석된다.

(4) 입자상 물질의 크기 결정방법

① 가상직경

㉠ 공기역학적 직경(Aero-Dynamic Diameter)

ⓐ 대상 먼지와 침강속도가 같고 단위밀도가 1 g/cm^3이며, 구형인 먼지의 직경으로 환산된 직경이다.(측정하고자 하는 입자상 물질과 동일한 침강속도를 가지며 밀도가 1 g/cm^3인 구형 입자의 직경)

ⓑ 입자의 크기를 입자의 역학적 특성, 즉 침강속도(Setting Velocity) 또는 종단속도(Terminal Velocity)에 의하여 측정되는 입자의 크기를 말한다.

ⓒ 입자의 공기 중 운동이나 호흡기 내의 침착기전을 설명할 때 유용하게 사용한다.

ⓓ 공기 중 먼지입자의 밀도가 1g/cm^3보다 크고, 구형에 가까운 입자의 공기역학적 직경은 실제 광학직경보다 항상 크다.

㉡ 질량 중위 직경(Mass Median Diameter)

ⓐ 입자 크기별로 농도를 측정하여 50%의 누적분포에 해당하는 입자크기를 말한다.

ⓑ 입자를 밀도, 크기 형태에 따라 측정기기의 단계별로 질량을 측정한 것이다.

ⓒ 직경분립충돌기(Cascade Impactor)를 이용하여 측정한다.

② 기하학적(물리적) 직경

- 광학, 전자, 주사 현미경을 이용하는 방법으로 투영된 입자의 모양이 원형이 아닐 때 입자의 최장 또는 최단 크기로 정의하거나 여러 방향으로 나누어 크기를 측정하여 산출평균한 값으로 광학직경(Optical Diameter)이라고도 한다.
- 입자직경의 크기는 페렛직경, 등면적직경, 마틴직경 순으로 작아지며, 측정위치에 따라 그 투영면적이 상이하기 때문에 정확한 산출에 어려움이 있다.

㉠ 마틴직경(Martin Diameter)

ⓐ 먼지의 면적을 2등분하는 선의 길이로 선의 방향은 항상 일정하여야 하며 과소평가할 수 있는 단점이 있다.

ⓑ 입자의 2차원 투영상을 구하여 그 투영면적을 2등분한 선분 중 어떤 기준선과 평행인 것의 길이(입자의 무게중심을 통과하는 외부경계면에 접하는 이론적인 길이 ; 입자상 물질의 그림자를 2개의 등면적으로 나눈 선의 길이)를 직경으로 사용하는 방법이다.

㉡ 페렛직경(Feret Diameter)

먼지의 한쪽 끝 가장자리와 다른 쪽 가장자리 사이의 거리로 과대평가될 가능성이 있는 입자성 물질의 직경이다. 즉, 입자의 투영면적의 가장자리에 접하는 가장 긴 선의 길이를 말한다.

ⓒ 등면적직경(Projected Area Diameter)

ⓐ 먼지의 면적과 동일한 면적을 가진 원의 직경으로 가장 정확한 직경이다.

ⓑ 측정은 현미경 접안경에 Porton Reticle을 삽입하여 측정한다.

즉, $D=\sqrt{2^n}$ [D(μm)는 입자직경, n은 Porton Reticle에서 원의 번호]

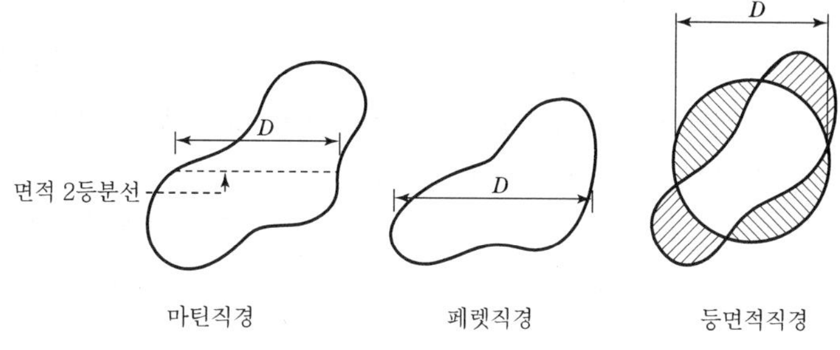

[물리적 직경]

Reference | 역학적 등가상당 직경

1. 개요
역학적 등가상당 직경은 비구형입자의 크기를 역학적으로 산출하는 방법 중의 하나로 본래의 입자와 밀도 및 침강속도가 동일하다고 가정한 구형입자의 직경을 말한다.

2. Stokes 직경
스토크스 직경은 알고자 하는 입자상 물질과 같은 밀도 및 침강속도를 갖는 입자상 물질의 직경을 말한다.(입자의 모양이 실제로 구형이 아니더라도 동일한 침강속도와 밀도를 갖는 구형입자의 직경을 의미)

3. Aero-Dynamic Diameter(공기역학적 직경)
대상 먼지와 침강속도가 같고 단위밀도가 $1\,g/cm^3$이며 구형입자의 직경으로 환산된 직경을 말한다.

4. Stokes 및 Aero-Dynamic Diameter의 차이점
공기역학적 직경은 단위밀도($1\,g/cm^3$)를 갖는 구형입자로 가정하는 데 비해 스토크스 직경은 대상입자상 물질의 밀도를 고려한다는 점이 차이점이다.

Reference | 입자상 물질 측정방법 구분

(1) 중량농도법
① β-ray 흡수법
② 다단식 충돌판 측정법(Cascade Impactor)
③ Piezobalance(압전천칭식 디지털분진계)

(2) 개수농도법
정전식 분급법

(5) 가시거리(가시도 : Visibility)

① 개요

㉠ 고농도의 오염물질을 동반한 가시도의 감소는 빛의 산란과 흡수에 기인되며 시정감소에 영향을 미치는 요인은 가스상 오염물질, 입자상 부유오염물질, 무기탄소(Element Carbon), 상대습도이다.

㉡ 강도가 I인 빛으로 x거리에서 조명하여 이 거리를 통과하는 동안 흡수와 분산으로 빛의 강도가 dI 만큼 감소할 때 $dI = -\sigma I dx$(σ : 소광계수 : 대기 중에서 빛이 줄어들기 때문에 부호는 −임) 식이 성립한다.

㉢ 시정장애 현상의 직접적인 원인은 주로 부유분진 중 미세먼지이다.

㉣ 2차 오염물질의 입경분포, 화학성분, 수분함량 등의 여러 가지 인자들이 시정장애 현상에 영향을 미친다.

㉤ 시정장애 물질들은 주민의 호흡기계 건강에 영향을 미친다.

② 가스상 오염물질

㉠ 가스상 오염물질에 의한 시정거리 악화는 주로 빛의 흡수에 의한 효과가 작용하며 중요물질은 NO_2 이다.

㉡ NO_2 는 430 nm 이하에서 복사에너지를 흡수하며, 빛의 총소멸에 대한 기여도는 매우 낮은(약 10%) 편이다.

㉢ 석양노을 및 대기가 오염된 지역의 갈색 Haze 현상은 NO_2의 흡수현상 때문이다.

③ 입자상 부유오염물질

㉠ 입자상 부유오염물질에 의한 시정거리 악화는 주로 빛의 산란과 흡수에 의한 효과가 작용한다.

㉡ 가시도의 감소는 작은 입자의 농도에 관계되며, 0.1~1 μm의 작은 입자는 빛의 산란에 가장 크게 작용한다.

㉢ 빛의 총소멸에 대한 기여도는 높은(약 50~90%) 편이다.

④ 무기탄소(Element Carbon)

㉠ 주로 입자상태에서만 빛을 흡수하여 무기탄소의 총소멸에 대한 기여도는 50%(도심지역) 이상이 된다.

㉡ 유기탄소(Organic Carbon)은 광화학적 반응에 의해 시정을 악화시킨다.

⑤ 상대습도

상대습도가 50~90%로 증가함에 따라 시정악화 현상이 현저해진다. 즉, 가시거리는 습도에 의하여 크게 영향을 받는다.

(6) 상대습도 70%일 때 최대시정거리

$$L = \frac{1{,}000 \times A}{G}$$

여기서, L : 최대시정거리(km) : 가시거리
G : 먼지농도($\mu g/m^3$)
A : 상수 1.2(0.6~2.4)

(7) 파장 5,240Å일 때 시정거리

$$L_v = \frac{5.2 \times \rho \times r}{K \times G}$$

여기서, L_v : 시정거리(km ; m)
K : 분산면적비
G : 먼지농도($\mu g/m^3$; g/cm^3)
ρ : 먼지밀도(g/m^3)
r : 먼지반경(μm)

(8) 빛의 전달률 계수(COH ; Coefficient Of Haze)

① 개요

㉠ 대기 중의 먼지에 대한 대기질의 오염도를 평가하는 방법으로 깨끗한 여과지에 먼지를 모은 다음 빛전달률의 감소를 측정함으로써 결정되며 COH의 계수는 1,000 m를 기준으로 측정된 값이다.

㉡ COH 값이 0 이면 빛전달률이 양호함을 의미하고 이 값이 커질수록 빛전달률이 적게 되며, 대기질은 오염된 것을 의미한다.

㉢ COH는 빛전달률을 측정 시 광화학적 밀도가 0.01이 되도록 하는 여과지상의 빛을 분산시키는 고형물의 양을 의미한다.

② 관련식

$$\text{COH}(1{,}000\,\text{m당}) = \frac{\text{분진의 광학적 밀도}/0.01}{L} \times 10^3$$

여기서, L : 총이동거리(m) = 속도(m/sec) × 시간(sec)
분진의 광학적 밀도 = log(불투명도)

$$= \log\left(\frac{1}{\text{빛의 전달률}}\right)$$

$$\text{빛의 전달률} = \frac{I_t}{I_0} \times 100$$

I_0 : 입사세기
I_t : 투과세기

③ 특성

㉠ COH 산출식에서 불투명도란 더러운 여과지를 통과한 빛전달분율이 역수로 정의된다.
㉡ COH 산출식에서 광학적 밀도는 불투명도의 log 값으로 정의된다.
㉢ COH 값이 0 이면 깨끗한 것이며, 빛 전달분율이 0.977 이면 COH 값은 1 이 된다.
㉣ COH는 광학적 밀도를 0.01로 나눈 값이다.

(9) Beer-Lambert 법칙

① 개요

㉠ 광원으로부터 광도 I_0 로 나온 빛이 대기를 통과시 대기 중의 입자 및 기체 등에 의해 흡수 산란되어 거리 X를 통과하는 빛의 광도 I는 약해지는 관계의 법칙이다.
㉡ 시정거리는 대기 중 입자의 산란계수, 입자농도에 반비례하며 입자밀도, 입자직경에 비례한다.

② 관련식

$$I = I_0 \exp[-b_{ext} \cdot X]$$

여기서, b_{ext} = 가스상 물질의 산란계수 + 가스상 물질의 흡수계수 + 입자상 물질의 산란계수 + 입자상 물질의 흡수계수
= 빛 소멸계수(Extinction Coefficient)

X : 시정거리(km)

필수 문제

01 분진의 농도가 0.075 mg/m^3 인 지역의 상대습도가 70% 일 때 가시거리(km)는?(단, 계수는 1.2로 가정)

풀이

시정거리(L) : 상대습도 70%

$$L(km) = \frac{1,000 \times A}{G} = \frac{1,000 \times 1.2}{0.075\ mg/m^3 \times 1,000\ \mu g/mg} = 16\ km$$

필수 문제

02 상대습도가 70%이고, 상수를 1.2로 정의할 때 가시거리가 12 km라면 먼지농도($\mu g/m^3$)는?

풀이

상대습도 70%일 때 가시거리(L)

$$L = \frac{1,000 \times A}{G}$$

$$G(\mu g/m^3) = \frac{1,000 \times 1.2}{12km} = 100\mu g/m^3$$

필수 문제

03

파장이 5,240 Å 인 빛 속에서 밀도가 0.85 g/cm³ 이고, 지름이 0.8 μm 인 기름방울의 분산면적비 K가 4.1 이라면 가시도가 2,414 m 되기 위해서 분진의 농도(g/m³)는 얼마여야 하는가?

풀 이

시정거리(L_v) : 파장 5,240 Å

$$L_v(\mathrm{m}) = \frac{5.2 \times \rho \times r}{K \times G}$$

$$G = \frac{5.2 \times \rho \times r}{K \times L_v}$$

$$\rho = 0.85\mathrm{g/cm^3} \times 10^6\mathrm{cm^3/m^3} = 0.85 \times 10^6\mathrm{g/m^3}$$

$$r = 0.8\mu\mathrm{m} \times 0.5 = 0.4\mu\mathrm{m}$$

$$= \frac{5.2 \times 0.85 \times 10^6\mathrm{g/m^3} \times 0.4\mu\mathrm{m}}{4.1 \times 2{,}414\mathrm{m} \times 10^6\mu\mathrm{m/m}}$$

$$= 1.79 \times 10^{-4}\mathrm{g/m^3}$$

필수 문제

04

파장이 5,240 Å 인 빛 속에서 밀도가 0.95 g/cm³, 직경 0.6 μm 인 기름방울의 분산면적비가 4.5 일 때 먼지농도가 0.4 mg/m³ 이라면 가시거리는 약 몇 km인가?(단, 파장 5,240 Å일 때 식 이용)

풀 이

시정거리(L_v) : 파장 5,240Å

$$L_v = \frac{5.2 \times \rho \times r}{K \times G}$$

$$\rho = 0.95\mathrm{g/cm^3} \times 10^6\mathrm{cm^3/m^3} = 0.95 \times 10^6\mathrm{g/m^3}$$

$$r = 0.6\mu\mathrm{m} \times 0.5 = 0.3\mu\mathrm{m}$$

$$G = 0.4\mathrm{mg/m^3} \times 10^3\mu\mathrm{g/mg} = 4 \times 10^2\mu\mathrm{g/m^3} = 0.4 \times 10^{-3}\mathrm{g/m^3}$$

$$= \frac{5.2 \times (0.95 \times 10^6)\mathrm{g/m^3} \times 0.3\mu\mathrm{m}}{4.5 \times (4 \times 10^2)\mu\mathrm{g/m^3}} = 823.33\mathrm{m} \times 1\mathrm{km}/1{,}000\mathrm{m} = 0.82\mathrm{km}$$

필수 문제

05 빛의 소멸계수(σ_{ext})가 0.45 km^{-1} 인 대기에서, 시정거리의 한계를 빛의 강도가 초기 강도의 95% 가 감소했을 때의 거리라고 정의할 때, 이때 시정거리 한계(km)는?(단, 광도는 Lambert-Beer 법칙을 따르며, 자연대수로 적용)

풀이

Beer-Lambert 법칙

$I = I_0 \cdot \exp[-b_{ext} \cdot X]$

$(1-0.95) = 1 \times \exp(-0.45 \times X)$

$\ln 0.05 = -0.45X$

$X(km) = 6.66\ km$

필수 문제

06 먼지의 농도를 측정하기 위해 여과지를 통해 공기의 속도를 0.3 m/sec 로 하여 1.5시간 동안 여과시킨 결과, 깨끗한 여과지에 비하여 사용된 여과지의 빛전달률이 80%였다면 1,000 m당 COH는?

풀이

$$COH(1{,}000\,m당) = \frac{분진의\ 광학적\ 밀도/0.01}{L} \times 1{,}000$$

$$분진의\ 광학적\ 밀도 = \log\left(\frac{1}{빛전달률}\right)$$

$$= \log\left(\frac{1}{0.8}\right) = 0.0969$$

$$L(종이동거리,\ m) = 0.3\ m/sec \times 1.5\ hr \times 3{,}600\ sec/1\ hr = 1{,}620\ m$$

$$= \frac{0.0969/0.01}{1{,}620} \times 1{,}000 = 5.98$$

학습 Point

1 입자물질의 크기 내용 숙지
2 가시거리 내용 숙지(출제비중 높음)
3 Beer-Lambert 법칙 숙지

13 식물에 미치는 영향

(1) 아황산가스(SO_2)

① 피해 현상

㉠ 고엽이나 노엽보다 생활력이 왕성한 잎이 피해를 많이 입으며 피해를 입은 부위는 황갈색 내지 회백색으로 퇴색된다.

㉡ 0.1~1ppm에서도 수시간 내 고등식물에 피해를 준다.

㉢ 식물잎 뒤쪽 표피 밑의 세포 Parenchyma가 피해를 입기 시작한다.

㉣ 엽맥을 따라 형성되는 백화현상이나 네크로시스가 대표적이며 백화현상에 의한 맥간반점이 형성된다.

㉤ 황갈색 내지 회백색 반점 및 잎맥 사이(맥간)의 표백이 나타나고 온도가 높아 기공이 열려 있는 낮 동안과 습도가 높을 때 피해현상이 뚜렷이 나타난다. 즉, 피해 부분은 엽육세포이다.

㉥ 반점 발생 경향은 맥간반점을 띤다.

② SO_2에 저항성이 강한 식물

까치밤나무, 수랍목, 협죽도, 옥수수, 감귤, 글라디올러스, 장미, 개나리, 양배추, 쥐당나무(정치목) 등

③ SO_2에 민감한(약한) 식물

㉠ 자주개나리(알파파)

지표식물(대기오염을 사람보다 먼저 인지하고 환경피해 정도를 알려주는 식물)

㉡ 목화, 보리(대맥), 콩, 메밀, 담배, 시금치, 고구마, 전나무, 소나무, 낙엽송, 코스모스, 양상치 등

④ 한계농도

㉠ 식물이 피해를 받지 않을 정도의 농도를 의미한다.

㉡ 8 hr 노출 시 약 0.8 mg/m^3(0.05 ppm 이하)

(2) 오존(O_3)

① 피해현상

㉠ 잎의 책상세포 및 표피에 영향을 주어 회백색 도는 갈색 반점이 발생, 엽록소 파괴, 동화작용 억제, 산소작용의 저해를 유발한다.

㉡ 잎의 색소 형성, 회갈색 반점 형성, 얼룩표백 등이 나타난다.

㉢ 늙은 잎에 가장 민감하게 작용하고 어린잎에는 영향이 적으며 셀룰로오스를 손상시킨다.

㉣ 식물의 피해 정도는 기공의 개폐, 증산작용의 대소 등에 따라 달라진다.

㉤ 0.2ppm 정도의 농도에서 2~3시간 접촉하면 피해를 일으킨다.

② O_3에 저항성이 강한 식물

사과, 복숭아, 아카시아, 해바라기, 국화, 양배추, 제비꽃, 귤 등

③ O_3에 민감한(약한) 식물

㉠ 담배(지표식물)

㉡ 시금치, 파, 포도, 자주개나리, 밀감, 토란 등

④ 한계농도

4 hr 노출시 약 59 $\mu g/m^3$(0.03 ppm 이하)

(3) 불소 및 그 화합물(HF)

① 피해 현상

㉠ 주로 잎의 끝이나 가장자리의 발육부진이 두드러지며 균에 의한 병이 발생하며 어린잎에 피해가 현저한 편이다.(잎의 선단부나 엽록부에 피해)

㉡ 불화수소는 식물의 잎을 주로 갈색 또는 상아색으로 변색시키며(황화현상) 특히 어린잎에 현저하다.

㉢ 적은 농도에서도 피해를 주며 식물에 대한 독성이 SO_2보다 약 100배 정도 강하다.

㉣ 불소 및 그 화합물은 알루미늄의 전해공장이나 인산비료 공장에서 HF 또는 SiF_4 형태로 배출된다.

Reference | 식물에 피해 영향 정도

$HF > SO_3 > O_3 > PAN > NO > CO$ [고등식물 : $HF > Cl_2 > O_3 > SO_2 > NO_2 > CO$]

② HF에 저항성이 강한 식물

자주개나리, 장미, 콩, 담배, 목화, 라일락, 시금치, 토마토, 민들레, 질경이, 명아주 등

③ HF에 민감한(약한) 식물

글라디올러스, 옥수수, 살구, 복숭아, 어린소나무, 메밀, 자두 등

④ 한계농도

5~6주 노출 시 약 0.08~0.1 $\mu g/m^3$(0.1 ppb 이하)

(4) PAN (광화학 Smog)

① 피해현상

㉠ 잎의 표면이 유리화, 은백색의 광택화되어 표피세포 파괴현상으로 백색이나 반점이 생긴다.

㉡ 잎의 해면연조직에 영향을 미치며 어린잎에 가장 민감하게 작용한다.

② PAN(광화학 Smog)에 저항성이 강한 식물

사과, 벚꽃, 밀감, 옥수수, 무, 수선화 등

③ PAN(광화학 Smog)에 민감한(약한) 식물

강낭콩, 시금치, 상추, 셀러리, 장미, 고무나무 등

④ 한계농도

6 hr 노출시 약 50 $\mu g/m^3$(0.01 ppm 이하)

(5) 황화수소(H_2S)

① 피해현상

㉠ 일반적으로 독성은 크지 않으나 어린잎의 성장기에는 피해가 크다.

㉡ 어린잎 및 새싹에 가장 많은 영향을 미치고 기부와 잎의 가장자리에 피해를 준다.

② H_2S에 저항성이 강한 식물,

복숭아, 사과, 딸기, 카네이션 등

③ H_2S에 민감한(약한) 식물

코스모스, 무, 오이, 토마토, 클로버, 담배, 대두 등

(6) 이산화질소(NO_2)

① 잎 전체에 영향을 주는 것이 특징이며, 암모니아에 접촉하여 수 시간이 지나면 잎 전체가 불규칙적인 갈색 또는 흑색으로 변한다.

② 주로 엽육세포에 영향을 미치며 젊은 잎에 가장 민감하게 작용한다.

③ 꽃과식물에는 잎 전체, 소나무 등에는 잎침 내부에 갈색(흑갈색) 반점을 유발시킨다.

④ 한계농도는 4 hr 노출시 4,700~5,000 $\mu g/m^3$(2.5 ppm 이하) 정도이다.

(7) 암모니아(NH_3)

① 잎 전체에 영향을 주는 것이 특징이며, 암모니아에 접촉하여 수시간 지나면 잎 전체가 갈색 또는 흑색이 된다.

② 성숙한 잎에 가장 민감하게 작용하며 최초의 증상은 잎 선단부에 경미한 황화현상으로 나타난다.
③ NH_3에 민감한 식물(지표식물)은 토마토, 해바라기, 메밀 등이다.
④ 토마토, 메밀 등은 40ppm 정도의 암모니아 가스 농도에서 1시간이 지나면 피해증상이 나타난다.
⑤ 독성은 HCl과 비슷한 정도이다.

(8) 에틸렌(C_2H_4)

① 매우 낮은 농도에서 피해를 나타내며, 주된 증상으로 상편생장, 전두운동의 저해, 황화현상과 빠른 낙엽, 줄기의 신장저해, 성장감퇴 등이 있다.
② 잎의 모든 부분에 피해가 나타나며 증상으로는 잎의 기형화, 꽃의 탈리 등이 나타난다.
③ 어린 가지의 성장을 억제시키며 이상낙엽을 유발한다.
④ 대표적 지표식물은 스위트피, 토마토, 메밀 등이다.(0.1ppm 정도의 저농도에서도 스위트피와 토마토에 상편생장을 일으킴)
⑤ 에틸렌가스에 대한 저항성이 가장 큰 식물은 양배추이며 클로버, 상추 등도 크다.

(9) 염소(Cl_2)

① 잎의 외피, 엽육세포에 피해가 나타나며 증상으로는 잎맥 사이의 표백현상, 기관탈리가 나타난다.
② 성숙한 잎에 가장 민감하게 작용한다.
③ 식물의 피해한계는 290 $\mu g/m^3$(2 hr 노출) 정도이다.

(10) 일산화탄소(CO)

① 식물에는 큰 영향을 미치지 않는다.
② 약 500ppm 정도에서는 토마토잎에 피해를 준다.
③ 100ppm까지는 1~3주간 노출되어도 고등식물에 대한 피해는 약하다.

학습 Point

SO_2, O_3, HF가 식물에 미치는 내용 및 각 오염물질에 대한 지표식물 숙지

14 지구환경 문제

(1) 산성비

① 정의

산성비란 보통 빗물의 pH가 5.6보다 낮게 되는 경우를 말하는데, 이는 자연상태에 존재하는 CO_2(≒330~370 ppm)가 빗방울에 흡수되어 평형을 이루었을 때의 pH를 기준으로 한 것이다.

② 주요 원인물질

㉠ H_2SO_4(≒65%) : SO_4^{2-}

㉡ HNO_3(≒30%) : NO_3^-

㉢ HCl(≒5%) : Cl^-

③ 특성

㉠ 산성비는 인위적으로 배출된 SO_x 및 NO_x 화합물질이 대기 중에서 황산 및 질산으로 변환되어 발생한다.

㉡ 산성비는 인체에 피부염을 유발하고 하천 및 호수를 산성화한다. 또한 하천 및 호수 바닥에 포함하고 있는 알루미늄이나 망간 등을 용출시켜 오염을 유발한다.

㉢ 건축물(석고, 대리석 등)의 풍화 및 금속물체의 부식을 일으킨다.

㉣ 식물 잎에 포함하고 있는 칼슘, 마그네슘 등을 녹여 유실시킴으로써 열매 및 씨의 성장을 방해한다.

㉤ 산성비가 토양에 내리면 토양은 산적 성격이 약한 교환기부터 순차적으로 Ca^{2+}, Mg^{2+}, Na^+, K^+ 등의 교환성 염기를 방출하고, 그 교환자리에 H^+가 흡착되어 치환된다.

㉥ 교환성 Al은 산성의 토양에만 존재하는 물질이고, 교환성 H와 함께 토양 산성화의 주요한 요인이 된다.

㉦ Al^{3+}은 뿌리의 세포분열이나 Ca 또는 P의 흡수 및 흐름을 저해한다.

㉧ 토양의 양이온 교환기는 강산적 성격을 갖는 부분과 약산적 성격을 갖는 부분으로 나누는데, 결정성의 점토광물은 강산적이고 결정도가 낮은 점토광물은 약산적이다.

㉨ 토양과 흡착되어 있는 양이온을 교환성 양이온이라 하는데 이 중 양적으로 많은 것은 Ca^{2+}, Mg^{2+}, Na^+, K^+, Al^{3+}, H^+ 등 6종이다.

㉩ Al^{3+}와 H^+ 이외의 양이온을 교환성 염기라 하며, 토양 pH는 흡착되어 있는 교환성 양이온에 의해 결정된다.

㉪ 토양입자는 일반적으로 ⊖하전으로 대전되어 각종 양이온을 정전기적으로 흡착하고 있다.

④ 산성비와 관련된 국제협약

㉠ 제네바 협약

ⓐ 1979년 제네바 협약은 유럽에서의 산성비 문제가 심각하고, 국경이동 대기오염을 통제하기 위한 국제적 협약이 필요하다는 요청에 따라, 주로 유럽지역의 국가를 중심으로 체결된 조약이다.

ⓑ 이 협약은 대기오염원이 될 수 있는 물질이 먼 거리까지 이동할 수 있다는 점을 고려하여, 환경보호 분야, 특히 대기오염 분야에서의 상호협력 강화에 중점을 두고 있다.

㉡ 헬싱키 의정서

1987년에 발효된 협약으로 스웨덴 호수의 산성도 증가의 주요요인이 인접국가로부터 이동되는 장거리 이동 오염물질에 상당부분 기인한다는 결론에 따라 유황배출 또는 월경이동을 최저 30% 삭감하도록 한 협약이다.

㉢ 소피아 의정서

ⓐ 1988년 불가리아 소피아에서 산성비의 원인물질인 질소산화물 삭감에 관한 의정서가 체결되었다.

ⓑ 소피아 의정서의 주요내용은 질소산화물 배출량 또는 국가 간 이동량의 최저 30%를 삭감하는 것에 관한 것이다.

(2) 온실효과

① 개요

㉠ 전 지구의 평균 지상기온은 지구가 태양으로부터 받고 있는 태양에너지와 지구가 적외선 형태로 우주로 방출하고 이는 에너지의 균형으로부터 결정된다. 이 균형은 대기 중의 CO_2, 수증기(H_2O) 등 흡수 기체가 큰 역할을 하고 있다.

㉡ 대기의 온실효과는 실제 온실에서의 보온작용과 같은 원리가 아니며, 온실기체가 대기 중에서 계속 축적되어 발생하는 지구대류권의 온도증가 현상이다.

② 온실효과가스

㉠ 온실가스(온실기체)란 파장이 짧은 태양광선(가시광선 등)은 그대로 통과시키지만 태양광에 의해 따뜻해진 지표가 방사하는 파장이 긴 적외선을 잘 흡수하는 광화학적 성질을 가진 기체이다.

㉡ 온실가스는 아주 넓은 7~20 μm 이상 파장범위의 적외선을 흡수하여 지구온도를 상승시켜 마치 온실의 유리 같은 효과를 낸다. 즉, 가시광선은 통과시키고 적외선을 흡수해서 열을 밖으로 나가지 못하게 함으로써 보온작용을 하는 것을 대기의 온실효과라 한다.

㉢ 대표적 지구온실가스
CO_2, CH_4, CFC, N_2O, O_3(대류권), 수증기

㉣ 온실효과에 대한 기여도
CO_2 > CFC11, CFC12 > CH_4 > N_2O

㉤ CH_4는 지표 부근 대기 중 농도(지표 부근 배경농도)가 약 1.5 ppm 정도이고 매년 0.9%씩 증가하며 주로 미생물의 유기물 분해작용에 의해 발생하며, 적외선의 특수 파장을 흡수하여 온실기체로 작용한다.

㉥ N_2O는 대기 중에 존재하는 기체상의 질소산화물 중 대류권에서 온실가스로 작용하고 대기 중 농도가 약 3 ppm으로 매년 0.2~0.3% 증가한다. 일명 웃음기체라고도 하며 성층권에서는 오존층 파괴물질로 작용한다. 발생원으로는 토양 중 생물사체 및 배설물의 분해, 질소비료 대량 사용에 의한 미생물의 분해에 의한다.

㉦ O_3는 온실가스 중 동일한 부피에서 분자량이 가장 크므로 가장 무거운 물질이다.

㉧ 온실가스들은 각각 적외선 흡수대가 있으며, CO_2의 주요흡수대는 파장 13~17 μm 정도이며 O_3는 9~10μm 정도, CH_4, N_2O의 주요 흡수대는 7~8 μm, 프레온 11, 12의 흡수대는 11~12 μm이다.

㉨ 온실가스가 증가하면 대류권에서 적외선 흡수량이 많아져서 온실효과가 증대된다.

㉩ 수증기(H_2O)는 지구온실효과에 대한 기여도가 가장 큰 물질이지만 인위적인 대기오염물질이 아니기 때문에 기여도에서 일반적으로 제외한다.

㉪ 다른 온실가스의 증가로 인한 지구온도 상승 시 해수표면에서 증발량이 많아져(수증기 양 증가) 지구온실효과는 더욱 가중된다.

③ 온실효과 영향

㉠ 지구평균기온이 연평균 0.03℃씩 증가하는 추세이다.

㉡ 해수면의 상승으로 인한 육지 감소(식량생산 감소), 전염병 발생, 수자원문제(지하수 및 강주변 염분 증가)가 발생한다.

㉢ 생태계 변화 또는 파괴가 발생한다.

㉣ 온난화에 의한 해면상승은 전 지구적으로 일정하지 않다.

㉤ 지구온난화는 대류권 오존의 생성반응을 촉진시켜 오존의 농도가 증가한다.

㉥ 기온상승과 토양의 건조화는 생물 성장의 남방한계 및 북방한계에도 영향을 준다.

㉦ 기상조건의 변화는 대기오염의 발생횟수와 오염농도에 영향을 준다.

Reference

1. 엘니뇨(ElNino) 현상
   ① 엘니뇨란 스페인어로 '남자아이' 또는 '아기예수'라는 뜻으로 전 지구적으로 발생하는 대규모의 기상현상으로 대기와 해양의 상호작용으로 열대 동태평양에서 중태평양에 걸친 광범위한 구역에서 해수면의 상승을 유발한다.
   ② 열대 태평양 남미해안으로부터 중태평양에 이르는 넓은 범위에서 해수면의 온도가 평년보다 보통 0.5℃ 이상 높은 상태가 6개월 이상 지속되는 현상을 의미한다.
   ③ 엘니뇨가 발생하는 이유는 태평양 적도 부근에서 동태평양의 따뜻한 바닷물을 서쪽으로 밀어내는 무역풍이 불지 않거나 불어도 약하게 불기 때문이다.
   ④ 엘니뇨로 인한 피해가 주요농산물 생산지역인 태평양 연안국에 집중되어 있어 농산물 생산이 크게 감축되고 있다.
   ⑤ 엘니뇨 시기에는 서태평양의 기압이 높아지고 남태평양의 기압이 내려가는 남방진동이 나타난다.

2. 라니냐(La Nina) 현상
   ① 라니냐란 스페인어로 '여자아이'라는 뜻으로 엘니뇨 현상의 반대의미이다.
   ② 라니냐가 발생하는 이유는 적도무역풍이 평년보다 강해지며, 서태평양의 해수면과 수온이 평년보다 상승하게 되고, 찬 해수의 용승현상 때문에 적도 동태평양에서 저수온 현상이 강화되어 나타난다.
   ③ 해수면의 온도가 6개월 이상 0.5℃ 이상 낮은 현상이 지속되어 엘니뇨 현상과 마찬가지로 기상이변의 주요원인이 된다.

3. 관계
   엘니뇨와 라니냐는 서로 독립적인 현상이 아니라 반대위상을 가지는 자연계의 진동현상이라 할 수 있다.

④ 교토의정서

㉠ 기후변화 협약 제3차 당사국총회(COP-3)에서 구속력 있는 온실가스 감축의무를 명문화한 교토의정서를 채택하였다.

㉡ 교토의정서는 선진국에게 강제성 있는 감축의무 목표를 설정하고 온실가스를 상품으로 거래하게 한 것이 가장 큰 의의이다.

㉢ 6종류의 온실가스 설정(저감 및 관리대상 온실가스)
CO_2, CH_4, N_2O, HFC(수소불화탄소), PFC(과불화탄소), SF_6(육불화황)
단, CFC는 몬트리올 의정서에 의해 미리 규제를 받고 있고 H_2O는 자연계에서 순환되므로 제외하였다.

㉣ 시장원리에 의해 온실가스를 상품처럼 거래할 수 있도록 한 유연성 체제인 교토메커니즘을 도입하였다.

⑤ 교토메커니즘

㉠ 공동이행제도(JI ; Joint Implementation)

감축의무가 있는 선진국 사이에서 온실가스 감축사업을 공동으로 수행하는 것을 인정하여 한 국가가 다른 국가에 투자하여 감축한 온실가스 감축량의 일부분을 투자국의 감축실적으로 인정하는 제도이다.

㉡ 청정개발체제(CDM ; Clean Development Mechanism)

ⓐ 선진국이 개발도상국에서 온실가스 감축사업을 수행하여 달성한 실적을 선진국의 감축목표 달성에 활용할 수 있도록 하는 제도이다.

ⓑ 선진국은 감축목표 달성에 사용할 수 있는 온실가스 감축량을 얻고 개발도상국은 선진국으로부터 기술이전 및 재정지원, 고용창출 등을 기대할 수 있다.

㉢ 배출권거래제(ET ; Emission Trading)

온실가스 감축의무국가가 의무감축량을 초과하여 달성 시 이 초과분을 다른 온실가스 감축의무국가와 거래 가능하게 한 제도이다.

⑥ 지구온난화지수(GWP ; Grobal Warming Potential)

㉠ 같은 질량일 경우 온실가스별로 지구온난화에 영향을 미치는 정도를 나타낸 수치로 이 값이 클수록 지구온난화에 대한 기여도가 크다는 의미이다. 즉, 온실기체들의 구조상 또는 열축적능력에 따라 온실효과를 일으키는 잠재력을 지수로 표현한 것이다.

㉡ 이산화탄소 1을 기준으로 하여 메탄 21, 아산화질소 310, 수소불화탄소 140~11,700, 과불화탄소 6,500~9,200(11,700), 육불화황 23,900 등이다.

Reference | 온실가스 특성

온실가스	지구온난화지수 (GWP)	온난화 기여도 (%)	수명(연)	주요 배출원
CO_2	1	55	100~250	연소반응/산업공정(소성반응)
CH_4	21	15	12	폐기물처리과정/농업/가축배설물(축산)
N_2O	310	6	120	화학산업/농업(비료)
HFCs	140~11,700(1,300)	24	70~550	냉매/용제/발포제/세정제
PFCs	6,500~11,700(7,000)			냉동기/소화기/세정제
SF_6	23,900			전자제품 및 변압기의 절연체

Reference | 기후변화협약

1992년 채택되고 1994년에 발효된 기후변화협약은 대기 중 온실가스의 안정화를 목표로, 형평성, 공통의 차별화된 책임, 대응능력, 지속가능발전(ESSD) 등을 원칙으로 하고 있다.

Reference | 리우선언

① 1992년 6월 '지구를 건강하게, 미래를 풍요롭게'라는 슬로건 아래 개최된 지구 정상회담에서 환경과 개발에 관한 기본적인 원칙을 표방한 선언이다.
② 인간은 지속 가능한 개발을 위한 관심의 중심으로 자연과 조화를 이룬 건강하고 생산적인 삶을 향유하여야 한다는 주요원칙을 담고 있다.

Reference | 오슬로협약

폐기물의 해양에 따른 온실가스 감축목표와 관련한 국제협약

Reference | 기후생태계 변화유발물질

6대 온실가스+CFC(염화불화탄소)

(3) 오존층 파괴

① 정의

성층권에서의 오존층은 태양으로부터 복사되는 유해 자외선을 흡수, 차단하는 필터와 같은 역할을 하여 지구생명체를 보호하고 지구온도를 적절하게 조절해주는 기능을 한다. 이 오존층은 자연적으로 생성과 소멸을 반복하여 평형상태를 유지하고 있으나 인위적으로 배출된 대기오염물질이 자연생성 오존양보다 더 많이 오존층을 파괴하여 균형이 깨지는 것을 의미한다.

② 오존층

㉠ 오존층이란 성층권에서도 오존이 더욱 밀집해 분포하는 지상 약 20~30 km 구간을 말하며 오존의 최대 농도는 약 10 ppm 정도이다.

㉡ 오존층에서는 오존의 생성과 소멸이 계속적으로 일어나면서 오존의 농도를 유지

하며 또한 지표면의 생물체에 유해한 자외선을 흡수한다. 성층권의 오존층 농도가 감소하면 지표면에 보다 많은 양의 자외선이 도달한다.

㉢ 오존의 생성 및 분해반응에 의해 자연상태의 성층권영역에서는 일정수준의 오존량이 평형을 이루게 되고, 다른 대기권역에 비해 오존의 농도가 높은 오존층이 생긴다.

㉣ 오존층의 두께를 표시하는 단위는 돕슨(Dobson)이며, 지구 대기 중의 오존총량을 표준상태에서 두께로 환산했을 때 1 mm를 100돕슨으로 정하고 있다. 즉, 1 Dobson은 지구 대기 중 오존의 총량을 0℃, 1기압의 표준상태에서 두께로 환산하였을 때 0.01 mm에 상당하는 양이다.

㉤ 지구 전체의 평균오존 전량은 약 300 Dobson이지만, 지리적 또는 계절적으로 그 평균값의 ±50% 정도까지 변화하고 있다.(오존총량은 적도상에서 약 200 Dobson, 극지방에서 약 400 Dobson)

㉥ 290 nm 이하의 단파장인 UV-C는 대기 중의 오존분자 등의 가스성분에 의해 그 대부분이 흡수되어 지표면에 거의 도달하지 않는다.

㉦ 성층권을 비행하는 초음속 여객기(SST plane)에서 NO가 배출되며, 이는 촉매적으로 오존을 파괴한다.

③ 성층권에서 오존의 생성 및 소멸

㉠ 성층권에서 오존은 광화학 반응에 의하여 생성반응과 소멸반응을 반복적으로 하여 자연계에서 오존농도를 평형 상태로 유지시키고 있다.

㉡ 각종 인위적 발생에 의한 오존층 파괴물질 등에 의해 생성반응보다 소멸(파괴)반응이 크면 오존층은 점차 얇아져 특정지역에서는 구멍(오존층)을 생성하게 한다.

㉢ 생성 및 소멸반응

[생성]

$$O_2 \xrightarrow{240\,nm(hv)} 2O$$

$$O_2 + O + M \rightarrow O_3 + M$$

ⓐ 오존은 성층권에서는 대기 중의 산소분자가 주로 240 nm 이하의 자외선에 의해 광분해되어 생성된다.

ⓑ 여기서 M은 제3의 물질로 에너지를 받아들이는 물질을 의미하며, 대표적 물질은 질소(N_2)이다.

[소멸]

$$O_3 \xrightarrow{240\sim300\,nm(hv)} O_2 + O\cdot$$

오존은 파장 240~300 nm(200~290 nm)의 자외선에 의하여 광분해되어 소멸(분해)된다.

[파괴]

ⓐ CFC계열 화합물(프레온가스)이 성층권에 도달하면 자외선에 의해 분해(라디칼반응)되어 염소원자(반응성이 큰 염소라디칼)가 형성된다.

$$CF_xCl_y \xrightarrow{hv} CF_xCl_{y-1} + Cl\cdot$$

ⓑ 염소원자는 오존과 반응하여 오존파괴를 진행한다.

$$Cl\cdot + O_3 \longrightarrow \cdot ClO + O_2$$

ⓒ 일산화염소(· ClO)는 산소원자와 반응하여 염소원자 되어 위의 ⓑ반응이 일어난다. 즉 이러한 반응 과정이 연속적으로 반복되어 오존층이 파괴된다.

$$\cdot ClO + O \rightarrow O_2 + Cl\cdot$$

ⓓ 오존층 파괴지수(ODP ; Ozone Depletion Potential)
CFC 11의 오존층 파괴영향을 1로 하였을 경우, 오존층 파괴에 영향을 미치는 물질의 상대적 영향을 나타내는 값으로 단위중량당 오존의 소모능력을 의미한다.

[특정물질 및 오존파괴지수(ODP)]

군	호	특정물질의 종류	화학식	오존파괴지수
Ⅰ	①	트리클로로플루오르메탄(CFC-11)	$CFCl_3$	1.0
	②	디클로로디플루오르메탄(CFC-12)	CF_2Cl_2	1.0
	③	트리클로로트리플루오르에탄(CFC-113)	$C_2F_3Cl_3$	0.8
	④	트리클로로트리플루오르에탄(CFC-114)	$C_2F_4Cl_2$	1.0
	⑤	클로로펜타플루오르에탄(CFC-115)	C_2F_5Cl	0.6
Ⅱ	⑥	브로모트리플로오르메탄(Halon-1301)	CF_3Br	10.0
	⑦	브로모클로로디플루오르메탄(Halon-1211)	CF_2BrCl	3.0
	⑧	디브로모테트라플루오르에탄(Halon-2402)	$C_2F_4Br_2$	6.0
Ⅲ	⑨	클로로트리플루오르메탄(CFC-13)	CF_3Cl	1.0
	⑩	펜타클로로플루오르에탄(CFC-111)	C_2FCl_5	1.0
	11	테트라클로로디풀루오르에탄(CFC-112)	$C_2F_2Cl_4$	1.0
	12	헵타클로로플루오르프로판(CFC-211)	C_3FCl_7	1.0
	13	헥사클로로디플루오르프로판(CFC-212)	$C_3F_2Cl_6$	1.0
	14	펜타클로로트리플루오르프로판(CFC-213)	$C_3F_3Cl_5$	1.0
	⑮	테트라클로로테트라풀루오르프로판(CFC-214)	$C_3F_4Cl_4$	1.0
	16	트리클로로펜타플루오르프로판(CFC-215)	$C_3F_5Cl_3$	1.0
	17	디클로로헥사플루오르프로판(CFC-216)	C_3FCl_2	1.0
	⑱	크로로헵타플루오르프로판(CFC-217)	C_3F_7Cl	1.0
Ⅳ	⑲	사염화탄소	CCl_4	1.1
Ⅴ	⑳	1,1,1-트리클로로에탄(메틸클로로포름)	$C_2H_3Cl_3$	0.1
Ⅵ	㉑	디클로로프루오르메탄(HCFC-21)	$CHFCl_2$	0.04
	㉒	클로로디플루오르메탄(HCFC-22)	CHF_2Cl	0.055
	㉓	클로로플루오르에탄(HCFC-31)	CH_2FCl	0.02
	24	테트라클로로플루오르에탄(HCFC-121)	C_2HFCl_4	0.01-0.04
	25	트리클로로디플루오르에탄(HCFC-122)	$C_2HF_2Cl_3$	0.02-0.08
	26	디클로로트리플루오르에탄(HCFC-12(HCFC-123)	$C_2HF_3Cl_2$	0.02-0.06
	㉗	디클로로트리플루오르에탄(HCFC-123)	$CHCl_2CF_3$	0.02
	㉘	디클로로트리플루오르에탄(HCFC-124)	C_2HF_4Cl	0.02-0.04
	㉙	디클로로트리플루오르에탄(HCFC-124)	$CHClCF_3$	0.022
	㉚	트리클로로플루오르에탄(HCFC-131)	$C_2H_2FCl_3$	0.007-0.05
	31	디클로로디플루오르에탄(HCFC-132)	$C_2H_2F_2Cl_2$	0.008-0.05
	32	클로로트리플루오르에탄(HCFC-133)	$C_2H_2F_3Cl$	0.02-0.06
	㉝	디클로로플루오르에탄(HCFC-141)	$C_2H_3FCl_2$	0.005-0.07
	㉞	디클로로플루오르에탄(HCFC-141b)	CH_3CFCl_2	0.11
	㉟	크로로디플루오르에탄(HCFC-142)	$C_2H_3F_2Cl$	0.008-0.07
	36	클로로플루오르에탄(HCFC-142b)	CH_3CF_2Cl	0.065
	37	클로로플루오르에탄(HCFC-151)	C_2H_4FCl	0.003-0.005

군	호	특정물질의 종류	화학식	오존파괴지수
VI	38	헥사클로로플루오르프로판(HCFC-221)	C_3HFCl_6	0.015-0.07
	39	펜타클로로디플루오르프로판(HCFC-222)	$C_3HF_2Cl_5$	0.01-0.09
	40	테트라클로로트리플루오르프로판(HCFC-223)	$C_3HF_3Cl_4$	0.01-0.08
	41	트리클로로테트라플루오르프로판(HCFC-224)	$C_3HF_4Cl_3$	0.01-0.09
	42	디클로로펜타플루오르프로판(HCFC-225)	$C_3HF_5Cl_2$	0.02-0.07
	43	디클로로펜타플루오르프로판(HCFC-225ca)	CF_3CF_2 $CHCl_2$	0.025
	44	디클로로펜타플루오르프로판(HCFC-225cb)	CF_2ClCF_2 $CHClF$	0.033
	45	클로로헥사플루오르프로판(HCFC-226)	C_3HF_6Cl	0.02-0.10
	46	펜타클로로플루오르프로판(HCFC-231)	$C_3H_2FCl_5$	0.05-0.09
	47	테트라크로로디플루오르프로판(HCFC-232)	$C_3H_2F_2Cl_4$	0.008-0.10
	48	트리크로로트리플루오르프로판(HCFC-233)	$C_3H_2F_3Cl_3$	0.007-0.23
	49	디클로로테트라플루오르프로판(HCFC-234)	$C_3H_2F_4Cl_2$	0.01-0.28
	50	크로로펜타플루오르프로판(HCFC-235)	$C_3H_2F_5Cl$	0.03-0.52
	51	테트라클로로플루오르프로판(HCFC-241)	$C_3H_3FCl_4$	0.004-0.09
	52	트리클로로플루오르프로판(HCFC-242)	$C_3H_3F_2Cl_3$	0.005-0.13
	53	디클로로트리플루오르프로판(HCFC-243)	$C_3H_3F_3Cl_2$	0.007-0.12
	54	클로로테트라플루오르프로판(HCFC-244)	$C_3H_3F_4Cl$	0.009-0.14
	55	트리크로로플루오르프로판(HCFC-251)	$C_3H_4FCl_3$	0.001-0.01
	56	디크로로디플루오르프로판(HCFC-252)	$C_3H_4F_2Cl_2$	0.005-0.04
	57	클로로트리플루오르프로판(HCFC-253)	$C_3H_4F_3Cl$	0.003-0.03
	58	디크로로플루오르프로판(HCFC-261)	$C_3H_5FCl_2$	0.002-0.02
	59	클로로디플루오르프로판(HCFC-262)	$C_3H_5F_2Cl$	0.002-0.02
	60	클로로플루오르프로판(HCFC-271)	C_3H_6FCl	0.001-0.03
VII	61	디브로모플루오르메탄	$CHFBr_2$	1.00
	62	브로모디플루오르메탄(HBFC-22B1)	CHF_2Br	0.74
	63	브로모플루오르메탄	CH_2FBr	0.73
	64	테트라브로모플루오르에탄	C_2HFBr_4	0.3-0.8
	65	트리브로모디플루오르에탄	$C_2HF_2Br_3$	0.5-1.8
	66	디브로모트리플루오르에탄	$C_2HF_3Br_2$	0.4-1.6
	67	브로모테트라플루오르에탄	C_2HF_4Br	0.7-1.2
	68	트리브로모플루오르에탄	$C_2H_2FBr_3$	0.1-1.1
	69	디브로모디플루오르에탄	$C_2H_2F_2Br_2$	0.2-1.5
	70	브로모트리플루오르에탄	$C_2H_2F_3Br$	0.7-1.6
	71	디브로모플루오르에탄	$C_2H_3FBr_2$	0.1-1.7
	72	브로모디플루오르에탄	$C_2H_3F_2Br$	0.2-1.1
	73	브로모플루오르에탄	C_2H_4FBr	0.07-0.1
	74	헥사브로모플루오르프로판	C_3HFBr_6	0.3-1.5

군	호	특정물질의 종류	화학식	오존파괴지수
VII	75	펜타브로모디플루오르프로판	$C_3HF_2Br_5$	0.2 - 1.9
	76	테트라브로모트리플루오르프로판	$C_3HF_3Br_4$	0.3 - 1.8
	77	트리브로모테트라플루오르프로판	$C_3HF_4Br_3$	0.5 - 2.2
	78	디브로모펜타플루오르프로판	$C_3HF_5Br_2$	0.9 - 2.0
	79	브로모헥사플루오르프로판	C_3HF_6Br	0.7 - 3.3
	80	펜타브로모플루오르프로판	$C_3H_2FBr_5$	0.1 - 1.9
	81	테트라브로모플루오르프로판	$C_3H_2F_2Br_4$	0.2 - 2.1
	82	트리브로모트리플루오르프로판	$C_3H_{12}F_3Br_3$	0.2 - 5.6
	83	디브로모테트라플루오르프로판	$C_3H_2F_4Br_2$	0.3 - 7.5
	84	브로모펜타플루오르프로판	$C_3H_2F_5Br$	0.9 - 14
	85	테트라브로모플루오르프로판	$C_3H_3FBr_4$	0.08 - 1.9
	86	트리브로모디플루오르프로판	$C_3H_3F_2Br_3$	0.1 - 3.1
	87	디브로모트리플루오르프로판	$C_3H_3F_3Br_2$	0.1 - 2.5
	88	브로모테트라플루오르프로판	$C_3H_3F_4Br$	0.3 - 4.4
	89	트리브로모플루오르프로판	$C_3H_4FBr_3$	0.03 - 0.3
	90	디브로모디플루오르프로판	$C_3H_4F_2Br_2$	0.1 - 1.0
	91	브로모트리플루오르프로판	$C_3H_4F_3Br$	0.07 - 0.8
	92	디브로모플루오르프로판	$C_3H_5FBr_2$	0.04 - 0.4
	93	브로모디플루오르프로판	$C_3H_5F_2Br$	0.07 - 0.8
	94	브로모플루오르프로판	C_3H_6FBr	0.02 - 0.7
VIII	95	브로모클로로메탄	CH_2BrCl	0.12
IX	96	메틸브로마이드(다만, 수출입 농산물 검역용은 제외한다)	CH_3Br	0.6

Reference | CFC-115

① 용도 : 냉각, 거품크림안정제 ② 대류권 잔류기간 : 약 500년

Reference | 오존파괴물질의 평균수명

① CFC-11 : 55년
② CFC-12 : 116년
③ CFC-13 : 400년
④ HCFC-22 : 15.8년
⑤ CFC-113 : 110년
⑥ CFC-114 : 220년
⑦ CFC-115 : 550년
⑧ CFC-123 : 1.6년
⑨ CFC-124 : 6.6년

Reference | 프레온가스(CFC ; Chloro Fluoro Carbons)

① 동일 분자량을 가진 유기화합물보다 끓는점이 낮다.
② 인체에 독성이 없고, 가연성 · 부식성이 없다.
③ 무색, 무취, 폭발성이 없는 매우 안정한 가스이다.
④ 산 · 알칼리에도 안정하고 기름류를 잘 용해시키는 성질이 있어 작은 틈새에도 침투력이 좋다.
⑤ 냉장고 · 에어컨의 냉매, 스프레이 분무제 · 소화제 · 발포제 · 세정제로 이용된다.
⑥ 대기 중 파괴되는 기간이 평균 70~550년 정도로 매우 안정한 물질이므로 거의 분해되지 않고 성층권 영역까지 확산된다.
⑦ 종류
- CFC-11[CCl_3F] : 프레온 11
- CFC-12[CCl_2F_2] : 프레온 12
- CFC-113[CCl_2FCClF_2]
- CFC-114[$CClF_2CClF_2$]
- CFC-115[$CClF_2CF_3$]

⑧ 명명법
100 자릿수 → 분자 중의 탄소(C)의 수 -1
10 자릿수 → 분자 중의 수소(H)의 수 +1
1 자릿수 → 분자 중의 플루오르(F)의 수

예) $C_2Cl_3F_3$ 프레온가스의 명명법
분자 중 탄소의 수 : 2-1=1
분자 중 수소의 수 : 0+1=1
분자 중 불소의 수 : 3
→ CFC 113

⑨ 구조식(화학식)

[CFC-11]
```
     Cl
     |
Cl - C - Cl
     |
     F
```

[CFC-12]
```
     F
     |
Cl - C - Cl
     |
     F
```

⑤ 오존층 보호를 위한 국제협약

㉠ 비엔나 협약

비엔나 협약은 1985년 3월에 만들어진 오존층 보호를 위한 최초의 협약이다. 즉, 오존층 파괴의 영향으로부터 지구와 인류를 보호하기 위해 최초로 만들어진 보편적인 국제협약이다.

㉡ 몬트리올 의정서(제1차 당사국회의)

1987년 9월 오존층 파괴물질의 생산 및 소비감축, 즉 생산·소비량을 규제하기 위해 채택한 것이 몬트리올 의정서이다.

㉢ 런던회의(제2차 당사국회의)

1990년 런던에서 몬트리올 의정서의 내용을 보완·개정한 내용을 담고 있다.

㉣ 코펜하겐회의(1992년)

Reference | 바젤 협약

1989년 스위스 바젤에서 체결된 협약으로 유해 폐기물의 국가 간 이동 및 처리에 관한 규제를 다루고 폭발성·인화성·독성 등을 가진 폐기물을 규제대상 물질로 정하여 국가 간 이동을 금지하는 것이 주 내용이다.

Reference | 소피아 의정서(소피아 조약)

질소산화물 배출량 또는 국가 간 이동량의 최저 30% 삭감에 관한 국가 간 장거리 이동 대기오염 협약이다.

Reference | 람사협약

자연자원의 보전과 현명한 이용을 위한 습지보전 협약이다.

Reference | CITES

멸종위기에 처한 야생동식물의 보호를 위한 협약이다.

Reference | 헬싱키 의정서

유황배출량 또는 국가 간 이동량 최저 30% 삭감에 관한 협약이다.

학습 Point

1. 온실효과가스 및 영향 내용 숙지
2. 오존층파괴 중 성층권에서 오존의 생성 및 소멸 내용 숙지
3. 특정물질 및 ODP관계 숙지(출제비중 높음)

15 바람에 관여하는 힘

오염물이 대기 내에서 확산하는 경우 가장 큰 영향을 미치는 기상현상은 바람이다.

(1) 기압경도력(Pressure gradient force)

① 일반적으로 수평면상의 고기압과 저기압의 기압 차이에 의해 생기는 힘을 의미한다.
② 바람 발생의 근본 원인이 되는 것이 기압경도력이다.
③ 수평기압경도력은 등압선의 간격이 좁으면 강해지고, 반대로 간격이 넓으면 약해진다.

(2) 전향력(코리올리 힘, Coriolis Force)

① 지구의 자전에 의해 생기는 가속도에 의한 힘, 즉 지구의 자전에 의해 운동하는 물체에 작용하는 힘을 의미하며 운동의 방향만 변화시키고 속도에는 영향을 미치지 않는다.
② 지구자전에 의한 전향력 때문에 북반구에서는 항상 움직이는 물체의 운동방향의 오른쪽 직각(90°) 방향으로 작용한다.
③ 지구자전에 의한 전향력 때문에 남반구에서는 항상 움직이는 물체의 운동방향의 왼쪽 직각(90°) 방향으로 작용한다.
④ 전향력은 극지방에서 최대가 되고 적도지방에서는 최소가 된다.
⑤ 전향력의 크기는 위도, 지구자전 각속도, 풍속의 함수로 나타낸다.
⑥ 코리올리의 힘이라고도 하며 힘의 방향은 기압경도력과 반대이다.

$$C = V \times f = 2\,\Omega \sin\phi V$$

여기서, C : 코리올리의 힘(전향력)
V : 물체(단위질량을 갖는 공기덩어리)의 속도
f : 코리올리 인자(전향 인자)
$f = 2\,\Omega\sin\phi$
Ω : 지구자전 각속도(7.27×10^{-5}rad/sec)
ϕ : 물체가 있는 지점의 위도
극지방에서 최대, 적도지방에서 최솟값(0)을 가짐

(3) 원심력(Centrifugal Force)

① 원심력은 곡선의 바깥쪽으로 향하는 힘이다.

② 지구자전 중 원심력(C_f)

$$C_f = \Omega^2 R\cos\phi$$

여기서, Ω : 지구 자전각속도
R : 지구의 반경
ϕ : 위도

적도지방에서 최대, 극지방에서 최소값(0)을 가짐

(4) 마찰력(Friction Force)

① 마찰력은 지표 부근에서 풍속에 비례하여 진행방향에 대하여 반대방향으로 작용하는 힘이다.

② 마찰력은 지표 부근의 풍속을 감소시키는 중요한 역할을 한다. 이는 고도 상층으로 올라갈수록 마찰효과가 작아지기 때문이다.

③ 마찰력의 크기는 지표의 조도와 풍속에 비례하며 풍향의 변화에도 관계가 있다.

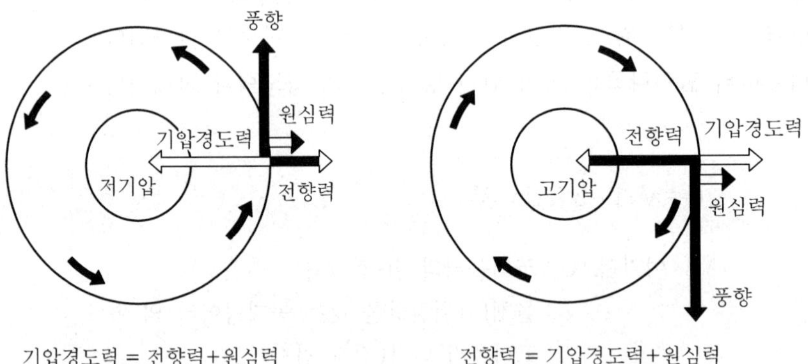

[바람에 관여하는 힘의 평형 : 북반구]

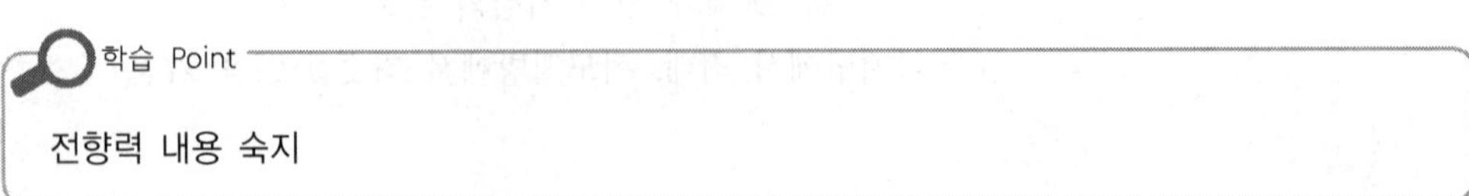

전향력 내용 숙지

16 바람의 종류

(1) 지균풍(Geostrophic Wind)

① 지표면으로부터의 마찰력이 무시될 수 있는 고도(상층 ; 행성경계층 PBL보다 높은 고도 ≒1km 이상)에서 등압선이 직선(등압선과 평행)일 경우 코리올리 힘(전향력)과 기압경도력의 두 힘만으로 완전히 등압선에 평행하게 직선운동을 하는 수평바람을 의미한다.
② 고공풍이므로 마찰력의 영향이 거의 없다.
③ 지균풍에 영향을 주는 기압경도력과 전향력은 크기가 같고 방향이 반대이다.
④ 등압선이 평행인 경우 북반구에서는 관측자가 지구를 향하여 내려다볼 때 저기압지역이 풍향의 왼쪽에 위치한다.

(2) 경도풍(Gradient Wind)

① 등압선이 곡선인 경우, 원심력 · 기압경도력 · 전향력의 세 힘이 평형을 이루는 상태에서 등압선을 따라 부는 바람이다.
② 북반구의 저기압에서는 시계 반대방향으로 회전하면서 위쪽으로 상승하면서 불고 고기압에서는 시계방향으로 회전하면서 분다.
③ 경도풍은 일반적으로 지상 500~700 m 높이에서 등압선을 따라 불며 고기압일 때 경도풍의 힘의 평형은 (전향력=기압경도력+원심력)이고 저기압일 때 경도풍의 힘의 평형은 (기압경도력=전향력+원심력)이다.

(3) 지상풍(Surface Wind)

① 마찰층(Friction Layer ; 지표면이 거칠기 변화로 마찰의 영향을 받는 층) 내의 바람을 의미한다.
② 지상풍에 관여하는 힘은 기압경도력, 마찰력, 전향력이다.
③ 마찰층 내의 바람은 높이에 따라 항상 시계방향으로 각천이(Angular Shift)가 생기며 위로 올라갈수록 변하는 양은 감소하여 실제 풍향은 천천히 지균풍에 가까워진다. 이를 에크만 나선(Ekman Spiral ; 마찰영향에 따른 풍향, 풍속의 변화이론)이라 한다.
④ 마찰층 내의 바람은 위로 올라갈수록 그 변화량이 감소한다.
⑤ 마찰층 이상 고도에서 바람의 고도변화는 기온분포에 의존한다.

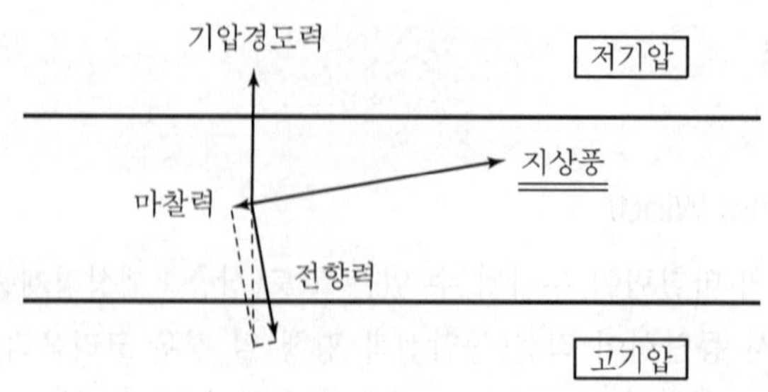

[마찰력에 의한 지상풍]

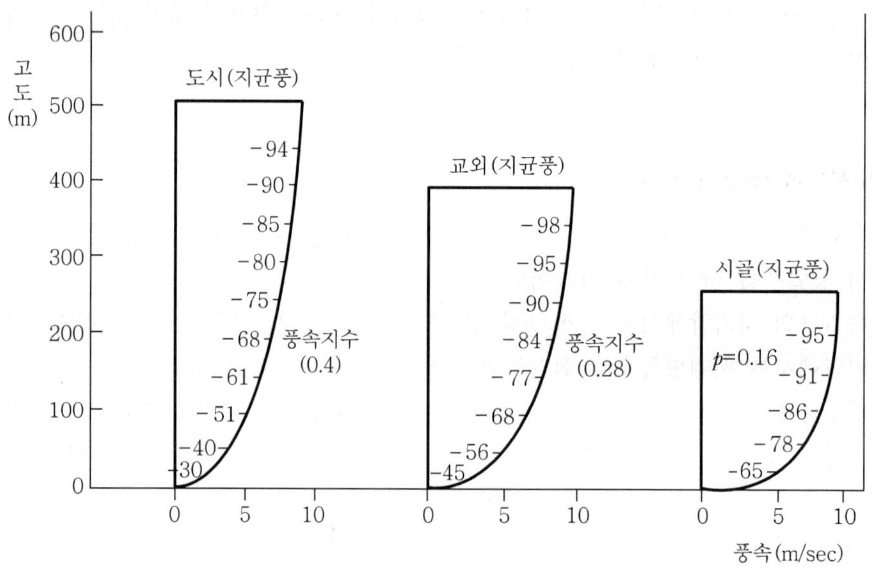

[지면거칠기, 고도에 따른 풍속분포]

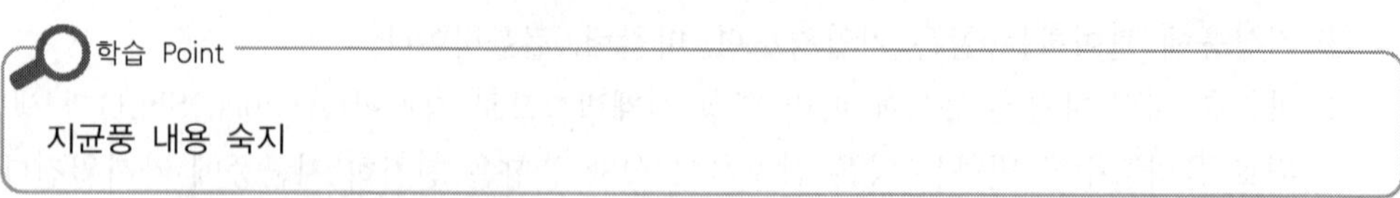

지균풍 내용 숙지

17 국지환류(국지풍)의 종류

육지와 바다는 서로 다른 열적 성질 때문에 주간에는 바다로부터 야간에는 육지로부터 바람이 부는 해륙풍이 생겨난다.

(1) 해륙풍

해륙풍은 임해지역의 바다와 육지의 비열차 또는 비열용량차에 의해 발달하며 해륙풍이 장기간 지속될 경우 폐쇄된 국지순환의 결과로 해안가에 산업도시가 있는 지역에서는 대기오염물질의 축적이 일어날 수 있다.

① 육풍
- ㉠ 육지에서 바다로 향해 부는 바람이다.
- ㉡ 주로 밤에 분다.
- ㉢ 바다의 온도 냉각률이 육지에 비해 작아서 기압차에 의해 육지에서 바다 쪽 5~6 km 정도까지 바람이 불며 겨울철에 빈발한다.
- ㉣ 육풍은 해풍에 비해 풍속이 작고, 수직·수평적인 영향범위가 적은 편이다.

② 해풍
- ㉠ 바다에서 육지로 향해 부는 바람이다.
- ㉡ 주로 낮에 분다.
- ㉢ 바다보다 육지가 빨리 데워져서 육지의 공기가 상승하기 때문에 바다에서 육지로 8~15 km 정도까지 바람이 분다.(낮 동안 햇빛에 데워지기 쉬운 육지 쪽 지표상에 상승기류가 형성되어 바다에서 육지로 부는 바람)
- ㉣ 대규모 바람이 약한 맑은 여름날에 발달하기 쉽다.
- ㉤ 해풍의 가장 전면(내륙쪽)에서는 해풍이 급격히 약해져서 해풍의 수렴구역이 생기는데 이 수렴구역을 해풍전선이라 한다.

③ 해풍이 육풍보다 영향을 미치는 거리가 일반적으로 길다. 즉, 해풍이 육풍보다 강한 것이 특징이다.

Reference | 푄풍(Fohn wind)

① 육지의 경사면을 따라 하강하는 바람의 일종으로 습윤한 바람이 산맥을 넘을 경우 고온건조해지는 현상을 의미한다. 즉 고도가 높은 산맥에 직각으로 강한 바람이 부는 경우에는 산맥의 풍하쪽으로 건조한 바람이 불어 내리는데 이러한 바람을 말한다.
② 공기의 온도가 높고 건조하여 화재위험성이 높다.
③ 로키산맥의 동쪽경사면을 따라 흐르는 것을 치누크라고 한다.
④ 산맥의 정상을 기준으로 북상쪽 경사면을 따라 공기가 상승하면서 건조단열변화를 하기 때문에 평지에서보다 기온이 약 1℃/100m의 비율로 하강한다.

(2) 산곡풍

① 곡풍
㉠ 산의 사면(비탈면)을 따라 상승하는 바람이다. 즉, 골짜기에서 정상부분으로 분다.
㉡ 주로 낮에 분다.
㉢ 일출이 시작되면 산 정상에서의 가열이 크므로 상승하는 기류가 생성된다.

② 산풍
㉠ 밤에 경사면이 빨리 냉각되어 경사면 위의 공기 온도가 같은 고도의 경사면에서 떨어져 있는 공기의 온도보다 차가워져 경사면 위의 공기 전체가 아래로 침강하게 되어 부는 바람이다.
㉡ 사면 상부에서부터 장파복사 냉각이 시작되어 중력에 의한 하강기류가 생겨 부는 바람이다. 즉, 경사면 → 계곡 → 주계곡으로 수렴하면서 풍속이 가속되기 때문에 낮에 산 위쪽으로 부는 곡풍보다 더 강하다.
㉢ 주로 밤에 분다.

(3) 전원풍

① 도시 중심부에 축적된 열이 주변 교외지역보다 많아 온도가 상승하여 상승기류가 형성되어 상승된 공기의 부족분만큼 교외지역에서 채우는 바람이 도심지역으로 부는데, 이를 전원풍이라 한다.
② 도시열섬효과에 의해 생성되는 바람이다.

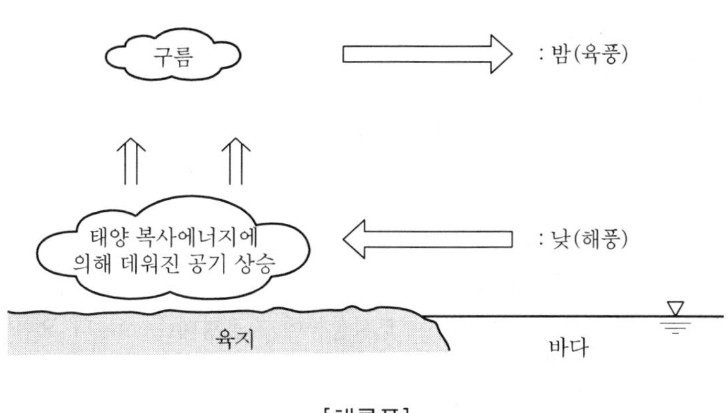
구름
: 밤(육풍)
태양 복사에너지에
의해 데워진 공기 상승
: 낮(해풍)
육지
바다

[해륙풍]

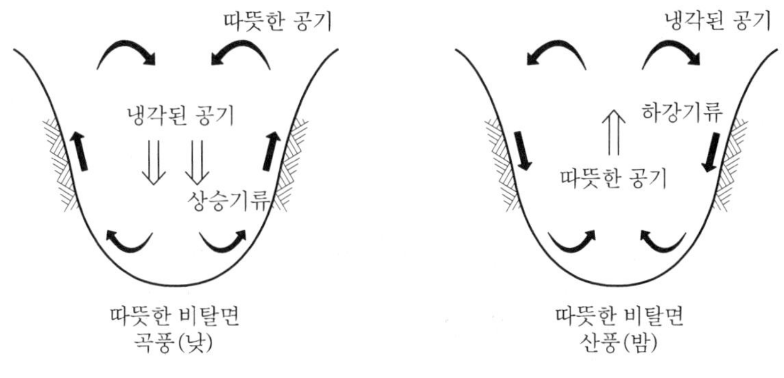
따뜻한 공기
냉각된 공기
상승기류
따뜻한 비탈면
곡풍(낮)
냉각된 공기
하강기류
따뜻한 공기
따뜻한 비탈면
산풍(밤)

[산곡풍]

Reference | 도시열섬현상(Heat Island Effect)

1. 개요 및 특징
   (1) 대도시에서 열 방출량이 많은 데 비하여 외부로 확산이 잘 안 되기 때문에 시내(도시) 온도가 주변온도보다 높게 되는 현상을 말하며, 직경 10km 이상의 도시에서 잘 나타나는 현상이다.
   (2) Dust Dome Effect라고도 하며 도시지역 표면의 열적 성질의 차이 및 지표면에서의 증발잠열의 차이, 태양의 복사열에 의해 도시에 축적된 열이 주변지역에 비해 크기 때문에 국부적인 온도상승으로 인하여 도시상공에 지붕형태(Dome)의 오염물질이 형성되어 도시의 대기오염을 증가시키는 현상이다.
   (3) 도시지역과 교외지역은 풍속이나 대기안정도의 특성이 서로 다르고, 열섬 규모와 현상은 시공간적으로 다양하게 나타낸다.
   (4) 도시지역에서의 풍속은 교외지역에 비하여 평균적으로 25~30% 감소하며 주로 밤에 잘 발생한다.
   (5) 이 현상으로 인해 도시의 중심부가 주위보다 고온이 되어 상승기류가 발생하고 도시 주위의 시골에서 도시로 바람이 부는 것을 전원풍이라 한다.
   (6) 고기압의 영향으로 하늘이 맑고 바람이 약한 때에 잘 발생한다.
   (7) 도시에서 대기오염의 확산을 조사할 경우에는 도시열섬효과를 고려하여야 한다.

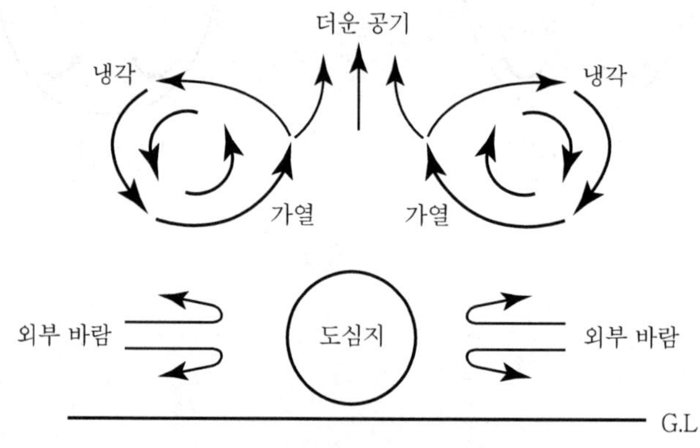

[도심 열섬현상 개략도]

2. 원인
   (1) 도시지역의 인구 집중에 따른 인공열 발생의 증가
   (2) 도시의 건물 등 구조물에 의한 거칠기 길이의 변화(건물이 많아서 태양열의 흡수가 많기 때문)
   (3) 지표면의 열적 성질 차이(도시의 지표면은 도로포장률이 높기 때문에 시골보다 열용량이 크고 열전도율이 높아 원인이 됨)
   (4) 단위면적당 연료소모가 많음

3. 피해
   (1) 도시지역이 주변 교외지역보다 온도가 높아진다.
   (2) 오염물질 확산이 불량하여 도시지역의 오염도가 가중된다.
   (3) 도시의 온도 증가에 따른 상승기류로 인하여 대기오염물질이 응결핵으로 작용하여 주변지역보다 운량과 강우량이 증가하며 안개가 자주 발생한다.
   (4) 건조해져 코 기관지염증의 원인이 되며 태양복사량과 관련된 비타민 D의 결핍을 초래한다.

Reference | 바람장미(Wind Rose)

① 바람장미는 풍향별로 관측된 바람의 발생빈도와 풍속을 16방향인 막대기형으로 표시한 기상도형이다.
② 풍향은 중앙에서 바람이 불어오는 쪽으로 막대모양으로 표시하고, 풍향 중 주풍은 가장 빈번히 관측된 풍향을 말하며 막대의 길이가 가장 긴 방향이다.
③ 관측된 풍향별로 발생빈도를 %로 표시한 것을 방향량(Vector)이라 하며, 바람장미의 중앙에 숫자로 표시한 것을 무풍률이라 한다.
④ 풍속은 막대의 굵기로 표시하며 풍속이 0.2 m/sec 이하일 때를 정온(Calm) 상태로 본다.

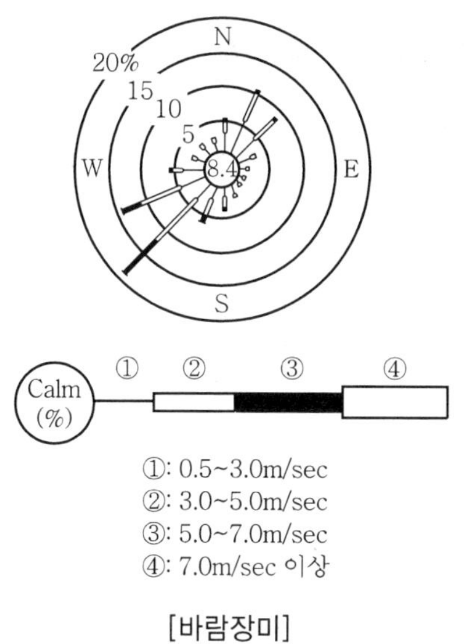

[바람장미]

학습 Point

1 해륙풍 및 산곡풍 내용 숙지
2 푄풍 내용 숙지
3 도시열섬현상 숙지

18 대기안정도

대기안정도와 난류는 대기경계층 내에서 오염물질의 확산 정도를 결정하는 중요한 인자이다.

(1) 분류

① 정적인 안정도
　㉠ 건조단열체감률
　㉡ 온위

② 동적인 안정도
　㉠ 파스퀼의 안정도 수
　㉡ 리차드슨 수

(2) 건조단열체감률과 환경감률의 비교 방법

① 건조단열감률(r_d)

이론적인 기온체감률을 의미하며 실제로는 일어나지 않으나 실제 대기의 난류특성 평가시 평가척도로는 매우 중요하게 이용된다.

$$r_d = -0.986℃/100\,m ≒ -1℃/100\,m$$

[대류권에서의 높이에 따른 기온 차이를 이론적으로 표시]

Reference | 습윤단열감률(r_s)

① 대기 중 공기의 잠열 영향 때문에 건조단열체감률보다 적게 온도가 하강한다.
② 습윤상태 공기는 100 m 고도 상승시 약 0.6℃씩 하강한다.

$$r_s ≒ -0.6℃/100\,m$$

Reference | 대류응결고도

> 지표 부근의 공기덩어리가 지면으로부터 열을 받으면 부력을 얻어 상승하게 되는데, 상승과정에서 단열변화가 이루어져 어떤 고도에 이르면 상승한 공기 중에 들어있는 수증기는 포화되고 응결이 이루어진다. 이와 같이 열적상승에 의해 응결이 이루어지는 고도를 대류응결고도라 한다.

② 환경감률(r)

대기의 고도에 따른 수직 온도분포를 실제 측정한 값을 의미하며, 실제적인 기온체감률이다.

③ 체감률 비교에 따른 대기안정도

㉠ 과단열(불안정)

ⓐ 불안정 상태로 환경감률이 건조단열감률보다 큰 경우에 해당한다.

ⓑ 고도가 높아짐에 따라 기온체감률이 −1℃/100 m를 초과한다.

ⓒ 태양복사열에 의한 지표가열이 매우 활발한 날 또는 한랭한 기류가 온난한 지표 위로 이동하는 경우 나타난다.

ⓓ 대기 중 오염물질의 확산이 가장 잘 이루어진다.

ⓔ 고도증가에 따라 온위가 감소하는 대기 상태이다.

ⓕ $r_d < r$ 또는 $\left(\frac{-dT}{dZ}\right)_{env} > r_d$ 로 나타낸다.

㉡ 중립

ⓐ 환경감률이 건조단열감률의 기온체감률 기울기가 같은 경우에 해당한다.

ⓑ 수직이동한 기류가 부력의 증감 없이 일정한 대기의 상태이다.

ⓒ 고도증가에 따라 온위가 변하지 않고 일정한 대기 상태이다.

ⓓ $r_d = r$ 또는 $\left(\frac{-dT}{dZ}\right)_{env} = r_d$ 로 나타낸다.

㉢ 미단열(준단열, 약안정)

ⓐ 고도가 높아짐에 따라 기온체감률이 −1℃/100 m보다 완만한 감률을 가지며 대기상태는 다소 안정하게 된다.

ⓑ 건조단열감률이 환경감률보다 큰 경우에 해당한다.

ⓒ 일반적으로 중위도지방에서 많이 나타나는 대기상태이다.

ⓓ $r_d > r$ 또는 $\left(\frac{-dT}{dZ}\right)_{env} < r_d$ 로 나타낸다.

㉣ 등온

ⓐ 주위 대기의 온도가 고도와는 관계없이 일정한 대기의 상태이다.

ⓑ $r=0$ 또는 $\left(\frac{-dT}{dZ}\right)_{env} = 0$ 로 나타낸다.

㉤ 안정(역전)

ⓐ 건조단열감률이 환경감률보다 아주 큰 경우에 해당한다.

ⓑ 고도가 높아질수록 기온도 증가되는 대기의 상태이다.

ⓒ 기온의 증감이 반대경향으로 나타나 기온의 역전층이라 하고 대기오염물질 확산이 잘 이루어지지 않고 정체하여 오염이 악화될 수 있는 대기조건이다.

ⓓ 연기 환산폭도 가장 작아 최대 착지거리가 크다.

ⓔ $r_d \gg r$ 또는 $\left(\frac{-dT}{dZ}\right)_{env} \ll r_d$ 로 나타낸다.

Reference | 낮과 밤의 기온 및 기온의 연직분포

1. 낮에는 고도(지중에서는 깊이)에 따라 온도가 감소하므로 기온감률은 음의 값이 되며 이러한 상태를 체감상태라 한다.
2. 밤에는 고도에 따라 온도가 상승하여 기온감률은 양의 값이 되며 이러한 상태를 기온역전이라 한다.
3. 지표에 가까울수록 낮에 기온이 더 높고 밤에 기온은 더 낮으므로 기온의 일교차는 지표면 부근에서 가장 크다.
4. 고도에 따른 온도의 기울기는 지표면 부근에서 가장 크고, 고도(또는 깊이)에 따라 감소한다.
5. 현열은 낮에는 지표에서 공기 중으로, 밤에는 공기 중에서 지표로 향한다.

1. 조건부 불안정 조건
   $r_d > r > r_s$ (건조단열감률 > 환경감률 > 습윤단열감률)

2. 절대 불안정 조건
   $r > r_d > rs$

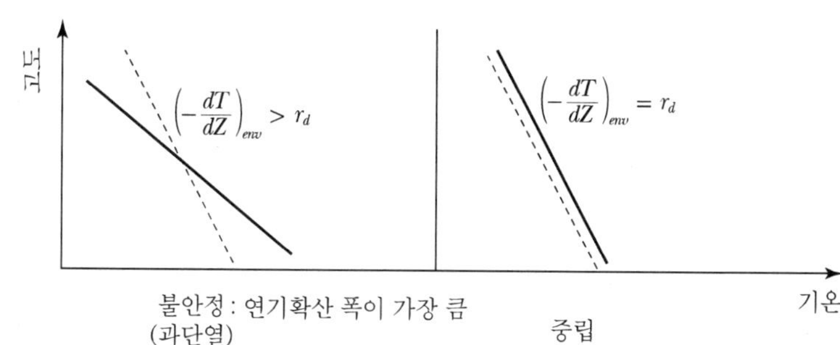

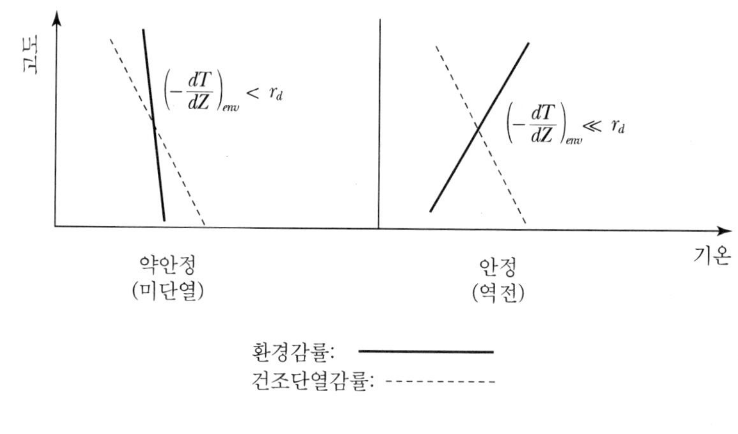

[대기안정도와 체감률]

필수 문제

01 지상으로부터 500 m까지의 평균 기온감률은 −1.18℃/100 m 이다. 100 m 고도에서 기온이 16.2℃ 라 하면 고도 440 m 에서의 기온(℃)은?

풀이

440 m에서의 기온(℃) = 16.2℃ − [1.18℃/100 m×(440 − 100) m] = 12.19℃

필수 문제

02 대기 중 환경감률이 −4℃/km 인 경우 대기의 상태는?

풀이

건조단열감률(r_d)

r_d = −1℃/100 m×1,000 m/km = −10℃/km

r_d 〉r(환경감률) 조건이므로 대기상태는 미단열이다.(고도가 높아짐에 따라 기온감률이 −1℃/100m보다 완만한 감률을 가지며 대기상태는 다소 안정함)

필수 문제

03 지상 60 m에서의 온도는 23℃ 이고, 10 m 에서 온도는 23.2℃ 이다. 두 높이 간의 평균 감률에 의한 대기상태는?

풀이

$$\text{평균감률} = \frac{(23-23.2)℃}{(60-10)\text{m}} = \frac{-0.2℃}{50\text{ m}} = \frac{-0.4℃}{100\text{ m}}$$: 대기의 상태는 미단열이다.

(3) 온위(Potential temperature)

① 개요

㉠ 공기가 건조단열적으로 하강 또는 상승하여 기압이 1,000 mbar 인 고도까지 이동시켰을 경우의 온도를 온위라 한다.

㉡ 어느 공기의 온위가 같으면 밀도도 같게 되며, 밀도는 온위에 반비례하므로 온위가 높을수록 공기밀도는 작아진다.

㉢ 온위는 온도와 압력의 특수한 대기조합이 연관된 건조단열을 정의하는 한 방법이다.

㉣ 환경감률이 건조단열감률과 같은 기층에서의 온위는 일정하고 대기의 상태는 중립을 나타낸다.

㉤ 온위는 보존성이 있어 기단의 종류 및 특성의 파악시 이용되고 공기의 상승이나 하강을 예측할 수 있다.

㉥ 온위의 수직분포에서 대기안정도 판단이 가능하며 대기오염물질의 거동을 파악하는 데 이용된다.

② 관련식

$$온위(\theta) = T\left(\frac{P_0}{P}\right)^{R/C} = T\left(\frac{1,000}{P}\right)^{0.288}$$

여기서, θ : 온도(K)
T : 기온(K)
P : 기온측정고도에서 기압(mbar)
P_0 : 기준고도에서 기압(1,000 mbar)
R, C : 상수

③ 대기안정도 판정

고도에 따라 온위가 감소하면 대기는 불안정하고 증가하면 대기는 안정하다.

㉠ 불안정

$$\left(\frac{dT}{dZ}\right)_{env} < 0$$

고도가 증가함에 따라 온위 감소

㉡ 중립

$$\left(\frac{dT}{dZ}\right)_{env} = 0$$

고도가 증가함에 따라 온위 변화 없음

㉢ 안정

$$\left(\frac{dT}{dZ}\right)_{env} > 0$$

고도가 증가함에 따라 온위 증가

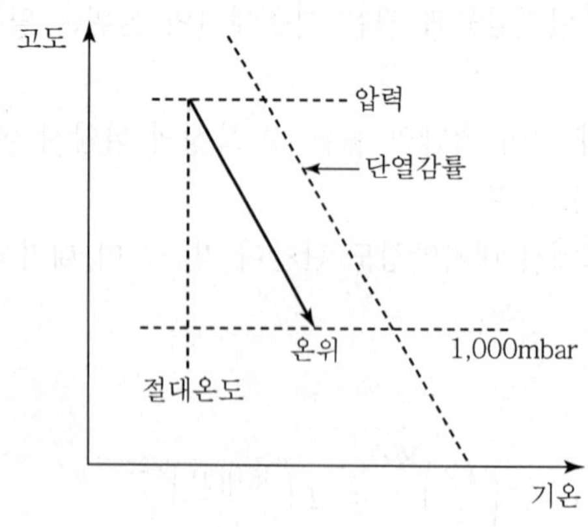

[온위의 단열]

필수 문제

01 2,000 m에서 대기압력(최초기압)이 860 mbar, 온도가 5℃, 비열비 K가 1.4 일 때 온위(Potential Temperature)는?(단, 표준압력은 1,000 mbar)

풀이 온위(θ) $= T\left(\dfrac{1,000}{P}\right)^{0.288} = (273+5)\times\left(\dfrac{1,000}{860}\right)^{0.288} = 290.34\,\text{K}$

필수 문제

02 기압과 기온이 각각 930 mbar, 18℃ 인 고도에서의 온위는?(단, 표준기압은 1,000 mbar 이다.)

풀이 온위(θ) $= T\left(\dfrac{1,000}{P}\right)^{0.288} = (273+18)\times\left(\dfrac{1,000}{930}\right)^{0.288} = 297.15\,\text{K}$

Reference | 라디오존데(Radiosonde)

1. 라디오존데란 대기 상층의 기상요소(고도별 온도, 기압, 습도, 풍향, 풍속)를 자동적으로 측정하여 소형 송신기에 의해 지상으로 송신하는 장치이다.
2. 각 관측기계는 5 m/sec의 속도로 상승하는 기구에 실려 20~30 km의 상공에 이르기까지 관측과 송신을 계속하면서 기상요소를 관측한다.
3. WWW(세계기상감시계획)의 일환으로 실시하는 관측으로, 대기의 입체적인 분석을 위하여 매우 유용하게 이용된다.

(4) 파스퀼 안정도수(PSC ; Pasquill Stability Class)

① 개요

㉠ Pasquill은 확산추정 시 변동측정법을 추천하였으며, 광범위한 추정에 필요한 기상자료를 이용하여 확산의 계획안을 제출하였다.

㉡ 주간에는 일사강도(일사량)와 풍속, 야간에는 운량과 풍속으로부터 6단계 즉 매우 불안정한 A등급부터 매우 안정한 F등급으로 분류하며 대기확산모델의 입력자료용으로 가장 널리 사용된다.

㉢ 비교적 정확하고 계산에 필요한 기상관측이 용이하며 태양복사량, 지상 10 m 고도에서 풍량, 풍속, 운량, 운고로부터 계산된다.

㉣ 낮에는 풍속이 2 m/sec 이하로 약할수록, 일사량은 강할수록 대기안정도 등급은 강한 불안정 상태를 나타낸다.

② 문제점

㉠ PSC는 일사강도의 기준이 주관적이다.

㉡ 안정도 등급이 불연속적이다.

㉢ 높은 굴뚝에서의 안정도 등급에는 부적절하다.(PSC는 지표면에서의 등급)

㉣ 도시열섬현상, 지표거칠기 등의 고려가 불가능하다. 즉, 지표가 거칠고 열섬효과가 있는 도시나 지면의 성질이 균일하지 않은 곳에서는 오차가 크게 나타날 수 있다.

(5) 리차드슨 수(R_i ; Richardson Number)

① 개요

㉠ 근본적으로 대류난류를 기계적인 난류로 전환시키는 비율을 측정한 값으로 지구 경계층에서의 기류안정도를 나타내는 척도로 이용된다.

㉡ R_i는 두 층(상하층 : 보통 지표에서 수 m와 10 m 내외의 고도)에서 기온과 풍속을 동시에 측정한 무차원 수이다.

㉢ R_i는 풍속 측정이 중요한데, 이는 풍속차의 제곱에 반비례하기 때문이다.

[리차드슨 수(R_i)와 대기안정도]

R_i	-1.0	-0.1	-0.01	0	+0.01	+0.1	+1.0
대기운동	자유대류	자유대류 증가		강제대류	강제대류 감소		대류 없음
안정도	불안정			중립	안정		

② 관련식

$$\text{리차드슨 수}(R_i) = g/T \cdot \frac{\Delta T/\Delta Z}{(\Delta u/\Delta Z)^2} \quad : \text{Panofsky의 } R_i\text{식}$$

여기서, g : 그 지역의 중력가속도(지구 중력가속도)
T : 절대온도(잠재온도)
ΔT : 두 층의 온도차
ΔZ : 두 층의 고도차
Δu : 두 층의 풍속차
$\Delta T/\Delta Z$: 자유대류의 크기(수직방향 온위경도)
$\Delta u/\Delta Z$: 강제대류의 크기(수직방향 풍속경도)

③ 특징

㉠ 기계적 난류(강제대류)와 대류난류(자유대류) 중 어느 것이 지배적인가를 추정할 수 있다.

㉡ R_i이 큰 음의 값을 가지면 대류가 지배적이어서 바람이 약하게 되어 강한 수직운동이 일어나며, 굴뚝의 연기는 수직 및 수평 방향으로 빨리 분산한다.

㉢ 0의 값에 접근할수록 분산이 줄어든다.

ⓔ "$0 < R_i < 0.25$"의 경우는 성층(Stratification)에 의해서 약화된 기계적 난류(강제난류)가 존재함을 나타내고, "$R_i > 0.25$"의 경우는 수직방향의 혼합은 거의 없게 되고 수평상의 소용돌이만 남게 된다.

ⓜ "$R_i = 0$"은 중립상태로 분산이 줄어들어 기계적 난류(강제 대류)가 지배적인 상태이다.

ⓑ "$R_i < -0.04$"의 경우 대류난류(자유대류)에 의한 혼합이 지배적이다.(대기안정도 : 불안정)

ⓢ "$-0.03 < R_i < 0$"의 경우 기계적 난류와 대류가 존재하나 기계적 난류가 혼합을 주로 일으킨다.

ⓞ 풍속의 수직분포가 대수적 분포일 경우 R_i의 범위는 "$-0.01 < R_i < 0.01$"정도이다.

(6) 고도에 따른 풍속

① 개요

일반적으로 바람은 지표면의 거칠기에 의해 마찰을 받으므로 풍속은 고도가 증가함에 따라 마찰에 의한 영향이 적으므로 증가한다.

② 관련식

㉠ Deacon식 : 풍속의 지수법칙(실용적으로 사용됨)

$$\left(\frac{U_2}{U_1}\right) = \left(\frac{Z_2}{Z_1}\right)^P$$

$$U_2 = U_1 \times \left(\frac{Z_2}{Z_1}\right)^P$$

여기서, U_2 : 고도 Z_2에서의 풍속(m/sec)
U_1 : 고도 Z_1에서의 풍속(m/sec)
Z_2 : 임의의 고도(m)
Z_1 : 기준 고도(m)
P : 풍속지수

㉡ Sutton 식

$$U_2 = U_1 \times \left(\frac{Z_2}{Z_1}\right)^{\frac{2}{2-n}}$$

여기서, n : 대기안정도 계수(강한 안정 0.5, 강한 불안정 0.2)

필수 문제

01 지상 10 m 에서의 풍속이 4 m/sec 일 때, 44 m 높이에서의 풍속(m/sec)은 얼마인가?(단, Deacon의 지수법칙 이용, 풍속지수 0.2)

풀이 $U_2 = U_1 \times \left(\frac{Z_2}{Z_1}\right)^P = 4 \times \left(\frac{44}{10}\right)^{0.2} = 5.38\ \text{m/sec}$

필수 문제

02 지표높이 10 m 에서의 풍속이 4 m/sec 일 때 상공의 풍속이 6 m/sec 가 되는 위치의 높이는?(단, 풍속지수는 0.28, Deacon 법칙 적용)

풀이 $U_2 = U_1 \times \left(\frac{Z_2}{Z_1}\right)^P$

$6 = 4 \times \left(\frac{Z_2}{10}\right)^{0.28}$

$Z_2 = 42.55\ \text{m}$

필수 문제

03 지상 10 m 에서의 풍속은 3.0 m/sec 이다. 지상고도 100 m 에서 기상상태가 매우 불안정할 때와 안정할 때의 풍속비율은?(단, Deacon 의 Power Law를 적용하고, 대기안정도에 따른 풍속지수값은 매우 불안정할 때는 0.15, 안정할 때는 0.6을 적용한다.)

풀이 $U_2 = U_1 \times \left(\frac{Z_2}{Z_1}\right)^P$

매우 불안정 : $U = 3 \times \left(\frac{100}{10}\right)^{0.15} = 4.238\ \text{m/sec}$

안정 : $U = 3 \times \left(\frac{100}{10}\right)^{0.6} = 11.94\ \text{m/sec}$

풍속비율 $= \frac{4.238}{11.94} = 0.355$

(7) 최대혼합깊이(최대혼합고, MMD ; Maximum Mixing Depth)

① 개요

㉠ 기온이 상승된 지표 부근의 공기는 상층 공기와의 밀도차에 의하여 대류가 발생하는데, 상하 혼합이 활발한 지상으로부터 이 층까지의 높이를 혼합층이라 하며, 혼합층 고도가 최대가 될 때를 최대혼합고(최대혼합깊이)라고 한다.

㉡ 열부상효과에 의하여 대류에 의한 혼합층의 깊이가 결정되는데, 이를 최대혼합깊이라 한다.

㉢ 과단열감률이 생기면 반드시 대류현상이 있게 되고, 이때 대류가 이루어지는 최대고도를 최대혼합고라 한다. 즉, 최대혼합고가 높으면 높을수록 오염물질이 넓게 퍼져서 농도를 낮추어 피해를 줄인다.

㉣ 가열되지 않은 기단과 주위의 대기를 이상기체라고 하면 대기 중에서 기간이 가열에 의해 위로 가속될 때 기단의 가속도식은 $\left[\dfrac{dv}{dt} = \left(\dfrac{\text{가열 후 기단온도} - \text{주변 대기온도}}{\text{주변 대기온도}}\right) \times \text{중력가속도}\right]$로 볼 수 있다.

② 특징

㉠ MMD는 실제로 지표 위 수 km까지의 실제 공기의 온도 종단도를 작성함으로써 결정된다.

㉡ 야간에 역전이 심할 경우에는 그 값이 거의 0이 될 수도 있고, 대기오염의 심화가 나타난다.

㉢ MMD 값은 통상적으로 밤에 가장 낮으며, 낮 시간 동안 증가한다. 낮 시간 동안에는 통상 2~3 km 값을 나타내기도 한다.(오후 2시를 전후로 해서 일중 최대치 나타냄)

㉣ 계절적으로 최대혼합깊이는 겨울에 최소가 되고 이른 여름에 최댓값을 나타낸다.

㉤ 환기량은 혼합층의 높이와 혼합층 내의 평균풍속을 곱한 값으로 정의된다.

㉥ 최대혼합고 값이 1,500m 이하인 경우에 통상 대도시 지역에서의 대기오염이 심화된다는 보고가 있다.(MMD가 높은 날은 대기오염이 적음)

㉦ MMD 자료는 통상 1개월간의 평균치로서 가용한다.

③ 관련식

오염물질의 농도는 혼합고도의 3승에 반비례한다.

$$C \simeq \frac{1}{H^3}$$

여기서, C : 오염농도(ppm), H : 혼합고도(m)

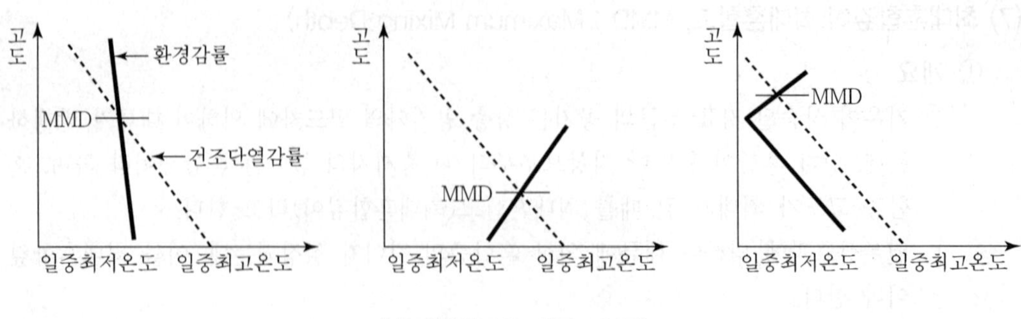

[대기안정도에 따른 MMD]

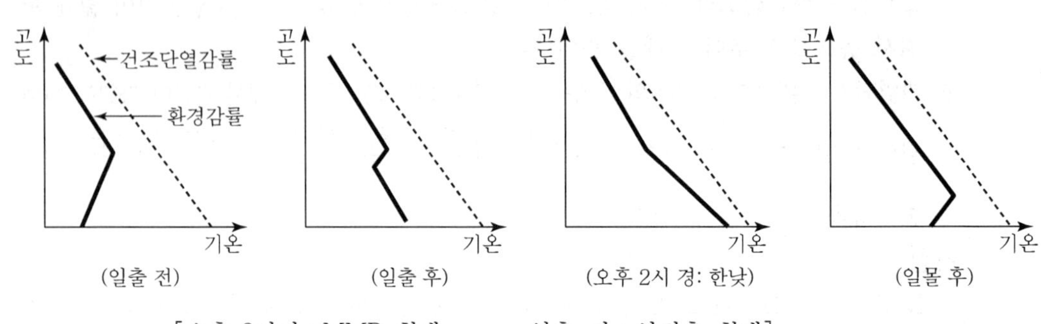

[오후 2시경 : MMD 최대　　　일출 전 : 역전층 최대]

[기온의 변화(1day)]

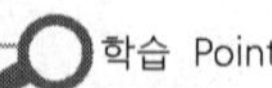

필수 문제

01 최대혼합고도를 300 m 로 예상하여 오염물질 농도를 5 ppm 으로 예측하였다. 그러나 실제 관측된 최대혼합고도는 500 m 이었다. 이때 실제 나타날 오염 농도(ppm)는?

풀이 오염물질 농도는 혼합고도의 3승에 반비례

$$C_2 = C_1 \times \left(\frac{MMD_1}{MMD_2}\right)^3 = 5\text{ ppm} \times \left(\frac{300}{500}\right)^3 = 1.08\text{ ppm}$$

학습 Point

1. 건조단열체감률과 환경감률의 비교방법 숙지
2. 온위 관련식 내용 숙지
3. 리차드슨 수 내용 숙지
4. 고도에 따른 풍속 관련식 내용 숙지
5. MMD 내용 숙지

19 기온역전

(1) 개요

① 대류권에서는 일반적으로 고도가 높아짐에 따라 온도는 감소하나 반대로 고도가 높아짐에 따라 온도도 높아지는 층을 역전층이라 하며, 이 역전층 내에서는 오염물질이 확산되지 못하고 축적되어 오염물질농도가 높아지게 된다.

② 일반적으로 가을과 겨울은 역전의 기간이 길며, 자주 발생한다.

(2) 분류

기온역전은 역전층이 발생하는 위치에 따라 접지역전과 공중역전으로 분류한다.

① 접지(지표)역전

㉠ 복사역전　　㉡ 이류역전

② 공중역전

㉠ 침강역전　　㉡ 전선형 역전

㉢ 해풍형 역전　　㉣ 난류역전

(3) 복사역전(Radiative Inversion)

① 개요

주로 맑은 날 야간에 지표면에서 발산되는 복사열로 인하여 복사냉각이 시작되면 이로 인해 온도가 상공으로 소실되어 지표 냉각이 일어나 지표면의 공기층이 냉각된 지표와 접하게 되어 주로 밤부터 이른 아침 사이에 복사역전이 형성되며 낮이 되면 일사에 의해 지면이 가열되므로 곧 소멸된다.

② 특징

㉠ 지표에 접한 공기가 그보다 상공의 공기에 비하여 더 차가워져서 생기는 현상이며 지표 가까이에 형성되므로 지표역전(접지역전)이라고도 한다.

㉡ 대기오염물질 배출원이 위치하는 대기층에서 주로 발생한다.

㉢ 일출 직전에 하늘이 맑고 습도가 낮고, 바람이 없는 경우에 강하게 생성된다. 즉, 구름이 낀 날이나 센바람이 부는 날에는 잘 생기지 않는다.

㉣ 보통 가을부터 봄에 걸쳐 날씨가 좋고, 바람이 약하며, 습도가 적을 때 자정 이후 아침까지 잘 발생하고, 낮이 되면 일사로 인해 지면이 가열되면 곧 소멸되는 역전

의 형태이다.

ⓜ 방사역전(Radiation Inversion)과 같은 의미이며, 이는 겨울철 맑은 날 이른 아침에 주로 발생한다.

ⓑ 지표면 부근의 공기는 상층대기보다 밀도가 크다.

ⓢ 대기가 안정한 상태로 지표 부근의 오염물질이 축적되어 심각한 대기오염을 유발할 수 있으며 대기오염물질이 강우, 바람에 의하여 분산 또는 감소될 가능성은 적다.

ⓞ 안개가 발생하기 쉽고 매연이 소산되기 어려워 지표 부근의 오염농도가 커진다.

ⓩ 복사역전은 눈이 덮인 지역의 경우 알베도가 0.8보다 크고, 태양에서의 복사열전달이 최소가 되기 때문에 오전의 복사적인 현상이 연장되는 경향이 있다.

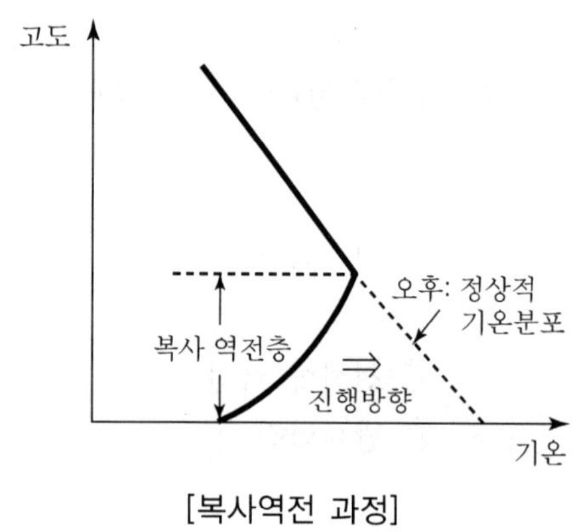

[복사역전 과정]

(4) 이류역전

① 따뜻한 공기가 차가운 지표면 위로 흘러갈 때 발생한다.

② 따뜻한 하층이 상대적으로 찬 지표면에 의해 냉각되어 발생한다.

(5) 침강역전

① 개요

고기압 중심부분에서 기층이 서서히 침강하면서 기온이 단열변화(단열압축)하여 기층이 승온되어 발생하는 현상이다. 즉, 단열압축에 의하여 가열되어 하층의 온도가 낮은 공기와의 경계에 역전층을 형성하고 매우 안정하며 대기오염물질의 연직확산을 억제하는 역전현상이다.

② 특징

㉠ 고기압이 정체하고 있는 넓은 범위에 걸쳐서 시간에 무관하게 장기적으로 지속된다.

㉡ 침강역전이 낮은 고도까지 하강하면 대기오염의 농도는 증가하는 경향이 있다.

㉢ 대도시에서 발생한 대기오염 사건(로스앤젤레스 스모그)과 밀접한 관계가 있는 역전형태이다.

㉣ 배출원 상부에서 주로 발생하고 단기간의 오염문제라기보다는 장기간 지속 시 오염물질의 장기축적 문제를 야기할 수 있다.

㉤ 대개 지상 1,000~2,000 m 또는 3,000 m 상공에 형성된다.

㉥ 역전층에는 석유계 배출가스나 매연이 축적되고 광화학 작용에 의한 스모그가 발생된다.

③ 상부면(Top)과 하부면(Bottom)의 기층의 온도차 변화

역선풍(Anticyclone)구역 내에서 차가운 공기가 장시간 침강(단열적)하였을 경우

$$\left(\frac{dT}{dP}\right)_{Top} > \left(\frac{dT}{dP}\right)_{Bottom}$$

온도는 상부면의 기층이 하부면의 기층보다 높다.

(6) 전선형 역전(Frontal Inversion)

비교적 높은 고도에서 따뜻한 공기와 차가운 공기가 부딪쳐 따뜻한 공기가 차가운 공기 위로 상승하면서 전선을 이룰 때 발생하며 공중역전에 해당한다. 또한 빠른 속도로 움직이는 경향이 있어서 오염문제에 심각한 영향을 주지는 않는 편이다.

(7) 해풍형 역전(See-Breeze Inversion)

바다에서 차가운 바람이 더워진 육지 위로 불 때 전선면이 형성되면서 발생하는 역전으로, 이동성이므로 오염물질을 오랫동안 정체시키지는 않는 편이다.

(8) 난류형 역전

난류 발생시의 기온분포, 즉 건조단열감률 분포 상단에서 형성되는 역전층으로, 난류로 인하여 대기오염물질농도는 낮아진다.

(9) 지형성 역전

산을 넘는 푄기류가 산골짜기로 통과할 때 발생하는 역전이며, 이 역전층은 산골짜기, 분지 등으로 냉기가 모일 경우 발생한다.

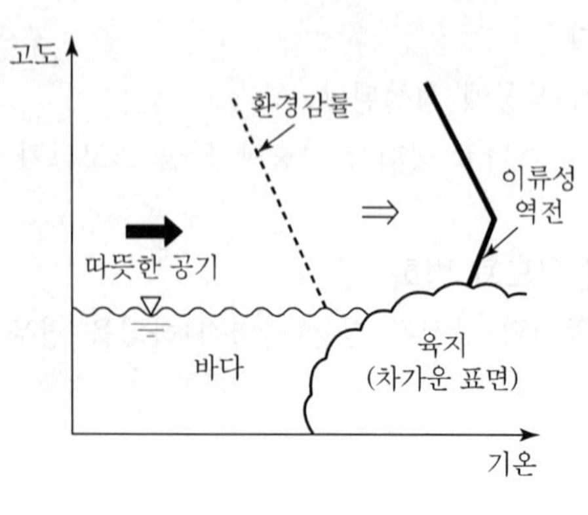

[이류성 역전]

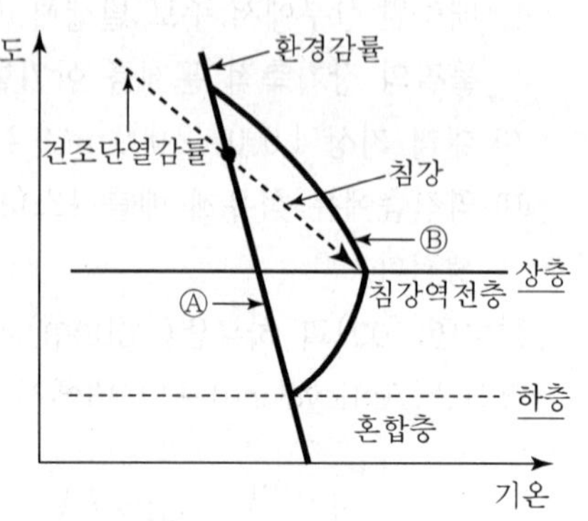

[침강역전 과정(고기압)]

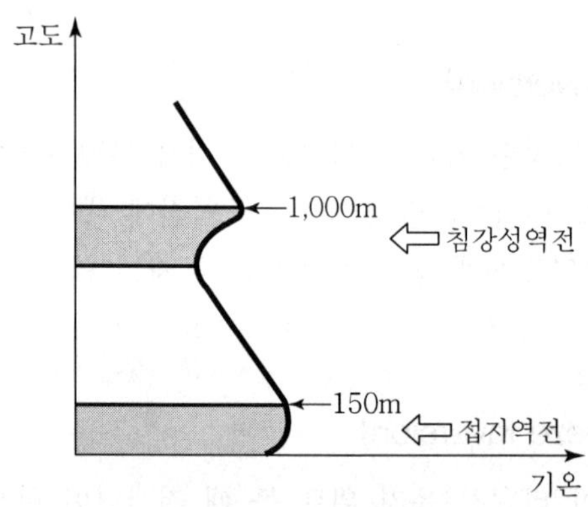

[접지역전과 침강역전이 동시에 발생하는 경우]

학습 Point

복사 및 침강역전 내용 숙지(출제비중 높음)

20 연기의 형태

굴뚝에서 연기가 퍼져 확산되는 모양은 굴뚝 상단부 배출 고도에서의 풍속 및 고도에 따른 기온분포에 따라 대표적으로 6가지의 형태를 나타낸다.

(1) Looping(환상형)

① 공기의 상층으로 갈수록 기온이 급격히 떨어져서 대기상태가 크게 불안정하게 되며, 연기는 상하 좌우방향으로 크고 불규칙하게 난류를 일으키며 확산되는 연기 형태이다.

② 대기가 불안정하여 난류가 심할 때, 즉 풍속이 매우 강하여 혼합이 크게 일어날 때 발생한다.

③ 오염물질의 연직 확산이 굴뚝 부근의 지표면에서는 국지적, 일시적인 고농도 현상이 발생되기도 한다.(순간 농도는 가장 높음)

④ 지표면이 가열되고 바람이 약한 맑은 날 낮(오후)에 주로 일어난다.

⑤ 과단열감률조건(환경감률이 건조단열감률보다 큰 경우)일 때, 즉 대기가 불안정할 때 발생한다.

⑥ 연기는 상・하층 공기의 혼합운동을 하기 때문에 오염물질 농도는 빨리 희석(확산)되며 지표면까지 이동한다.

⑦ 최대착지거리는 가까워지며 최대착지농도는 높게 나타난다.

⑧ 굴뚝이 낮은 경우에는 풍하 쪽 지상에 강한 오염이 생기며, 고・저기압에 상관없이 발생한다. 즉, 굴뚝 가까운 곳에서 지표농도가 높게 나타날 수 있다.

(2) Conning(원추형)

① 대기상태가 중립인 경우 연기의 배출형태이다.

② 발생시기는 바람이 다소 강하거나 구름이 많이 낀 날에 자주 관찰된다.

③ 연기 Plume 내 오염물의 단면분포가 전형적인 가우시안 분포를 나타낸다.

④ 연기의 이동이 수직보다 수평이 크기 때문에 오염물질이 먼 거리까지 이동할 수 있다.

(3) Fanning(부채형)

① 대기상태가 안정조건(건조단열감률이 환경감률보다 큰 경우)일 때 발생한다.

② 상하의 확산 폭이 적어 지표에 미치는 오염도는 적으나, 굴뚝의 높이가 낮으면 지표 부근에 심각한 오염문제를 발생시킨다.

③ 대기가 매우 안정한 상태일 때에 아침과 새벽에 잘 발생하며, 강한 역전조건에서 잘 생긴다.

④ 풍향이 자주 바뀔 때에는 뱀이 기어가는 연기모양이 된다.

⑤ 연기가 배출되는 상당한 고도까지도 강안정한 대기가 유지될 경우, 즉 기온역전현상을 보이는 경우 연직운동이 억제되어 발생한다.

⑥ 최대착지거리는 멀어지며 최대착지농도는 낮게 나타난다.

⑦ 연기는 수직, 즉 상하 분산이 최소이고 수평이동이 매우 크게 나타나 연기가 마치 부채를 펼쳐놓은 것처럼 퍼져나가는 형태이다.

⑧ 고기압 구역에서 하늘이 맑고 바람이 약하면 지표로부터 열방출이 커서 한밤으로부터 아침까지 복사역전층이 생길 때에 발생하는 연기모양이다.

⑨ 연기의 수직방향 분산은 최소가 되고, 풍향에 수직되는 수평방향의 분산도 매우 적다.

(4) Fumigation(훈증형)

① 대기의 하층은 불안정, 그 상층은 안정상태일 경우에 나타나는 연기의 형태이며 상층에서 역전이 발생하여 굴뚝에서 배출되는 연기가 아래쪽으로만 확산되는 형태로서 보통 30분 이상 지속되지는 않는다.

② 오염물질 배출구 바로 주위에서 오염 정도가 심하며 오염물질의 배출 높이가 역전층 높이보다 낮은 곳에 위치하는 경우에 지표면에서의 오염물질 농도가 일시적으로 높아질 수 있다.

③ 하늘이 맑고 바람이 약한 날의 아침에 주로 발생한다.

④ 야간에 발생한 접지역전층이 일출 후 지표면 가열에 의하여 하층대류가 활발해지면서 발생한다.

⑤ 오염물의 확산, 침적이 왕성하므로 지표의 농도는 최대치에 도달한다.

⑥ 일시적으로 나타나는, 즉 과도기적인 현상이다.

(5) Lofting(지붕형)

① 굴뚝의 높이보다 더 낮게 지표 가까이에 역전층(안정)이 이루어져 있고, 그 상공에는 대기가 불안정한 상태일 때 주로 발생한다.

② 고기압 지역에서 하늘이 맑고 바람이 약한 늦은 오후(초저녁)나 이른 밤에 주로 발생하기 쉽다.

③ 연기에 의한 지표에 오염도는 가장 적게 되며 역전층 내에서 지표배출원에 의한 오염도는 크게 나타난다.

④ 훈증형과 마찬가지로 일시적으로 나타나는 과도기적인 현상이다.

⑤ 고도에 따른 온도분포가 Fumigation 형에 대한 조건과 반대이다.

(6) Trapping(구속형)

① 고기압지역에서 상층은 침강형 역전(공중역전층)이 형성되고, 하층은 복사형 역전을 형성할 때 나타난다.

② 굴뚝상단의 일정높이에 역전층이 존재하고, 그 하층에도 역전층이 존재하는 때에 관찰되며 배출된 연기는 이들 역전층 사이에 갇혀 있는 형태로 나타난다.

Reference | 연기의 확산 형태 중 역전층이 존재하는 형태

1. Fanning(부채형)
2. Lofting(지붕형)
3. Trapping(구속형)

Reference | 연기의 분산형 순서(맑은 여름날, 해가 뜬 후부터 오후 최고 기온까지)

Fanning → Fumigation → Conning → Looping

① Looping(환상형)

불안정 :

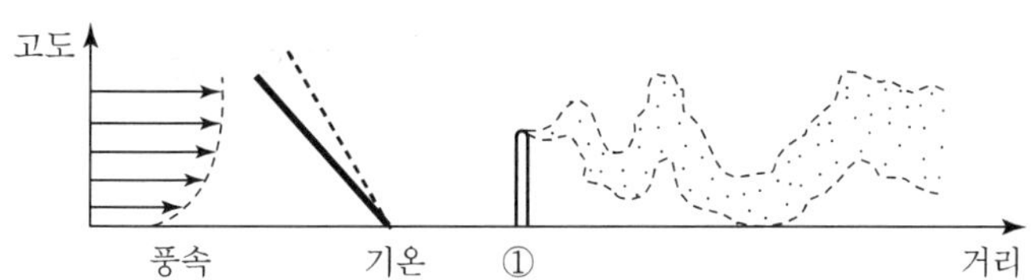

② Conning(원추형)

중립(안정) :

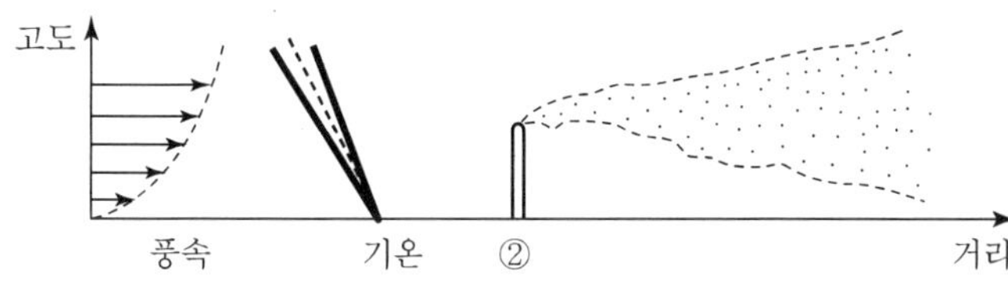

③ Fanning(부채형)

지표역전(안정) :

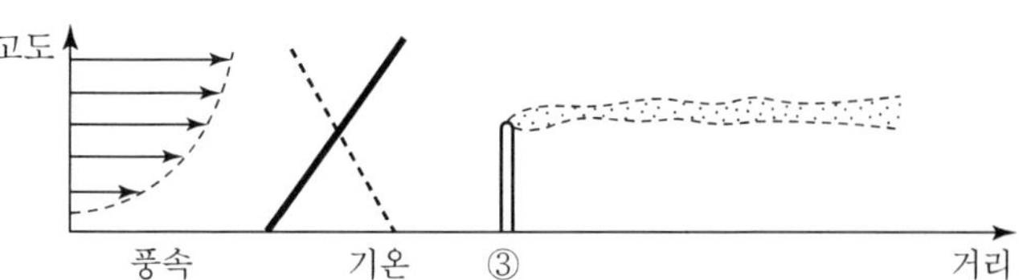

④ Fumigation(훈증형) : 상층, 안정

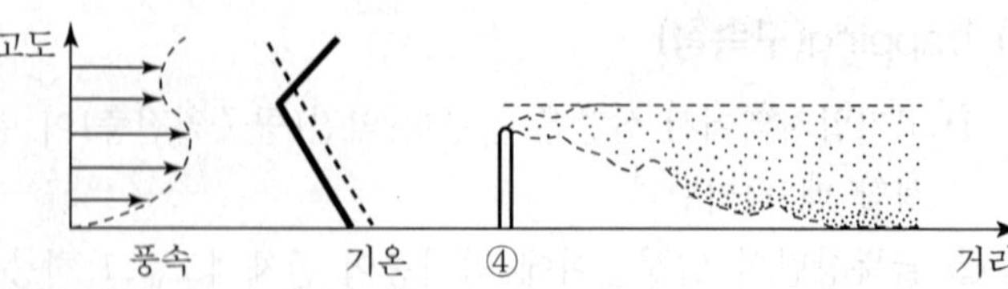

⑤ Lofting(지붕형) : 하층, 안정

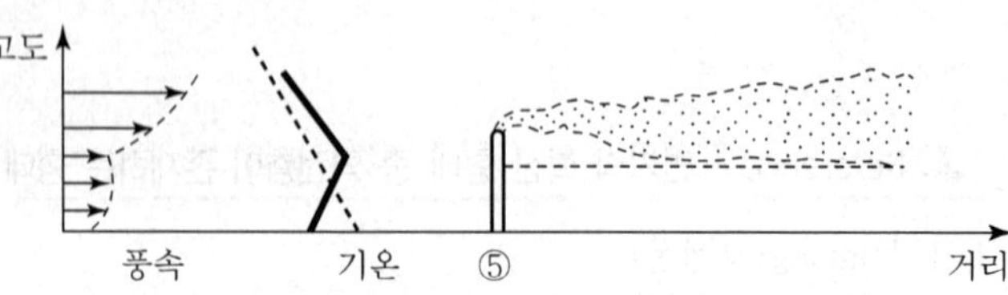

⑥ Trapping(구속형) : 상·하층 안정

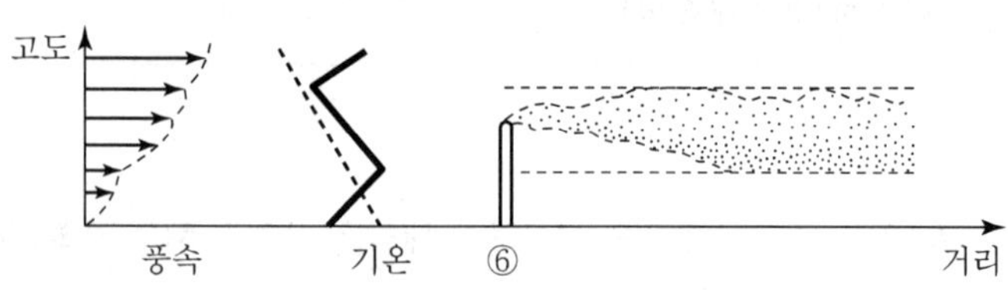

실선(———) : 환경감률
점선(-------) : 건조단열감률

[연기의 형태]

학습 Point

각 연기형태의 특징 숙지

21 대기확산과 모델

대기확산모델이란 배출된 오염물질이 대기 중에서 확산·이동되어 나타나는 농도를 물리·화학적인 이론을 바탕으로 정량적으로 계산될 수 있도록 프로그램화한 것을 말한다.

(1) 가우시안 모델(Gaussian Model)

① 개요 및 특징

㉠ 점오염원에서는 풍하방향으로 확산되어 가는 Plume(연기의 모양)이 정규분포(Gaussian)한다는 가정하에 유도, 즉 연기의 확산은 정상상태로 가정한다.

㉡ 주로 평탄지역에 적용되도록 개발되어 왔으나 최근 복잡지형에도 적용이 가능하도록 개발되고 있다.

㉢ 간단한 화학반응을 묘사할 수 있는 모델이다.

㉣ 장·단기적 대기오염도 예측에 사용이 용이하다.

② 가정조건

㉠ 오염물질의 배출이 점오염원이며 연속적이기 때문에 풍하방향(x축)으로의 확산은 무시한다.(x축의 확산은 이류이동이 지배적, 즉 $V_x=0$) 즉, 연직방향의 풍속은 통상 수평방향의 풍속보다 상대적으로 크기가 작기 때문에 연직방향의 풍속은 무시한다.(연기 내 반응은 무시한다.)

㉡ 오염물질은 Plume 내에서 소멸 및 다른 물질로 전환되지 않으며, 지표반사가 없고 침투한다고 가정한다.(연기분산은 steady state이다.)

㉢ 오염물질의 농도분포는 x축(풍하방향), y축(수평방향), Z축(수직방향)으로 정규분포(가우스분포)한다고 간주한다.

㉣ 바람에 의한 오염물질의 주 이동방향은 x축이며, 풍속 u는 일정하다.

㉤ 배출오염물질은 기체(입경이 미세한 Aerosol 포함)이다.

㉥ 난류확산계수는 일정하다.

㉦ x방향을 주바람 방향으로 고려하면 y방향(풍횡방향)의 풍속은 0이다.

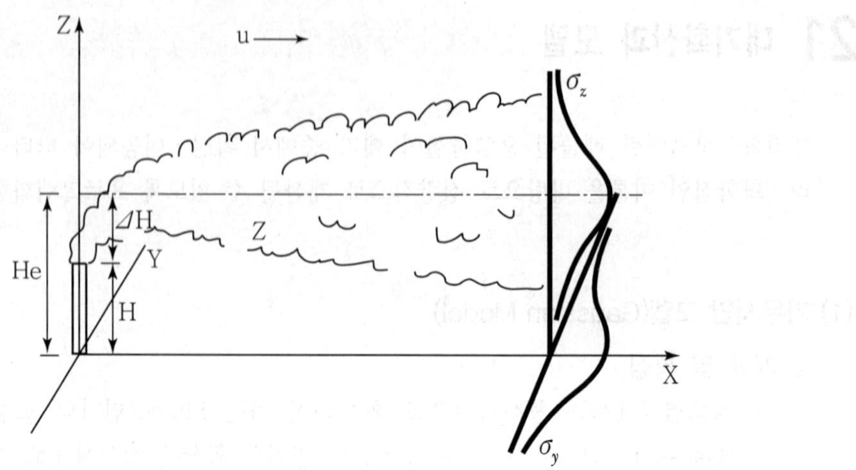

[가우시안 모델의 요소]

(2) 가우시안 확산모델의 수식

① 기본식

x방향에는 정상흐름 평균풍속이 있고 확산이 없으며 정상흐름 평균풍속에 대하여 수직인 평균풍속, Z방향에는 확산망이 있고 배출원에서 시간당 Q의 물질이 방출되는 경우 Y－Z 면의 농도분포를 정규분포로 가정한다.

$$C=\frac{Q}{2\,\pi u\sigma_y\sigma_z}\exp\left\{-\frac{1}{2}\left(\frac{y^2}{\sigma_y^2}+\frac{z^2}{\sigma_z^2}\right)\right\}$$

여기서, C : 오염물질의 농도(g/m³, μg/m³)

Q : 배출원에서 오염물질 배출속도(배출량 : g/sec)

u : 굴뚝높이(굴뚝상단)에서의 평균풍속(m/sec)

σ_y : Y축에 대한 확산계수(수평방향의 확산계수 : Y축의 오염농도 표준편차 또는 확산폭 : m)

σ_z : Z축에 대한 확산계수(수직방향의 확산계수 : Z축의 오염농도 표준편차 또는 확산폭 : m)

z : 농도를 구하려는 지점의 높이로서 지표면으로부터의 농도를 구하려는 지점까지수직거리(연직방향의 높이)

Reference | 가우시안 모델

1. 특징
   ① 입력자료의 수집이 간편 용이함
   ② 계산시간이 적게 소요됨
   ③ 응용성이 높음
   ④ 대기확산을 해석하는 방법으로 가장 많이 이용됨
   ⑤ 모델의 전개과정에서 도입된 여러 가정조건으로 인하여 그 자체가 많은 제한을 가지고 있음
   ⑥ 대기확산에 있어서 가장 중요한 변수인 수평, 수직 확산폭(표준편차)의 결정 등에 문제점이 있음

2. 제한성
   ① 수평방향 확산폭(y) 및 수직방향 확산폭(Z)의 값들이 정확하지 않아 실제 확산모델에 적용하는 것에 어려움이 있음
   ② 마찰에 의한 수직확산을 고려할 수 없음(풍속을 일정하다고 가정하므로)
   ③ 연기의 지면흡수, 침전, 화학적 변화를 고려하지 않아 장기간 오염농도 추정시 단기간 확산계수 적용할 경우 오차를 유발할 수 있음

Reference | 가우시안 모델에서 수평 및 수직방향의 표준편차(σ_y, σ_z)의 가정조건

1. 시료채취시간은 약 10분으로 간주한다.
2. 지표는 평탄하다고 간주한다.
3. 표준편차값은 고도에 따라 변하는 값으로 고도는 대기 중에서 하부 수백 m에 국한하여 사용한다.
4. σ_y, σ_z값은 대기의 안정상태와 풍하거리 x의 함수이다.

② 유효굴뚝높이 고려한 식

배출가스가 유효굴뚝높이(He : Effective Stack Height)에서 Z축을 He 만큼 평행이동 함으로써 유효굴뚝을 고려한 식이다.

㉠ z≧0 : z방향의 +영역농도

$$c(x, y, z, He) = \frac{Q}{2\pi u \sigma_y \sigma_z} \exp\left[-\frac{1}{2}\left\{\left(\frac{y}{\sigma_y}\right)^2 + \left(\frac{z-H}{\sigma_z}\right)^2\right\}\right]$$

㉡ z≥0 : z방향의 －영역농도

$$c(x,\ y,\ z,\ He)=\frac{Q}{2\,\pi u\sigma_y\sigma_z}\exp\left[-\frac{1}{2}\left\{\left(\frac{y}{\sigma_y}\right)^2+\left(\frac{z+H}{\sigma_z}\right)^2\right\}\right]$$

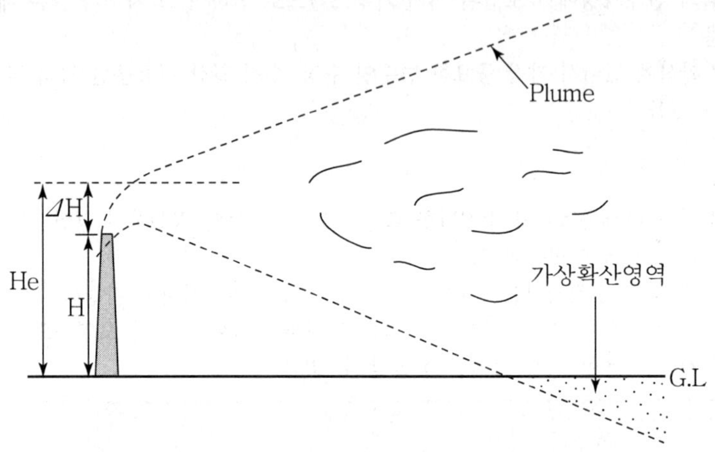

[유효굴뚝높이를 고려한 가우시안 확산모델식]

③ 지표반사와 유효굴뚝높이를 고려한 식

㉠ 배출가스가 수직방향으로 확산되어 지표면에 도달시 더 이상 확산되지 못하고 중첩되어 농도가 높아지는 경우를 고려한 식이다.

㉡ 지표면으로부터 고도 H에 위치하는 점오염원－지면으로부터 반사가 있는 경우에 사용한다.

$$c(x,\ y,\ z,\ He)=\frac{Q}{2\,\pi u\sigma_y\sigma_z}\exp\left[-\frac{1}{2}\left\{\left(\frac{y}{\sigma_y}\right)^2\right]\times\left[\exp\left\{-\frac{1}{2}\left(\frac{z-H_e}{\sigma_z}\right)^2\right\}+\exp\left\{-\frac{1}{2}\left(\frac{z+H_e}{\sigma_z}\right)^2\right\}\right]$$

여기서, He : 유효굴뚝높이(m)

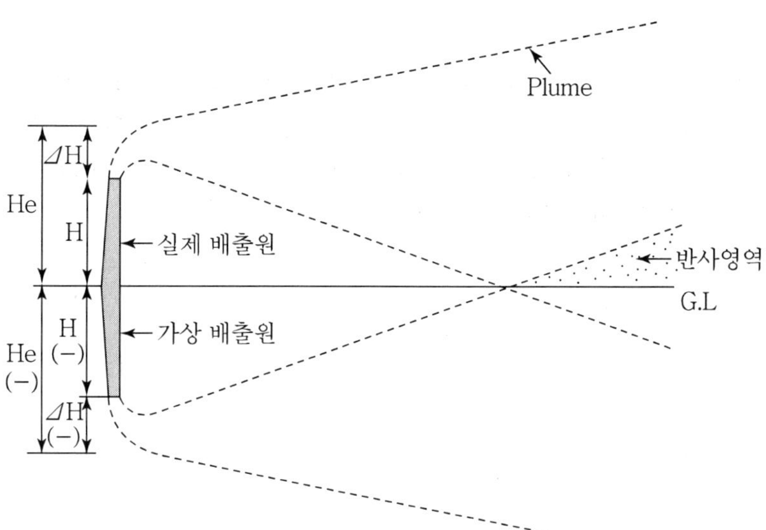

④ 확산(Plume) 중심축상 농도

㉠ y=0 및 지표면(z=0)의 농도를 의미한다.

㉡ 지표면에서 오염물질의 반사를 고려한, 지표중심선에 따른 오염물의 농도변화를 예측하는 식이다.

$$c(x,\ 0,\ 0,\ He) = \frac{Q}{\pi u \sigma_y \sigma_z} \times \exp\left[-\frac{1}{2}\left(\frac{He}{\sigma_z}\right)^2\right]$$

⑤ 지면 오염원 농도

He=0 의 농도를 의미한다.

$$c(x,\ 0,\ 0,\ 0) = \frac{Q}{\pi u \sigma_y \sigma_z} \times \exp\left[-\frac{1}{2}\left(\frac{0}{\sigma_y}\right)^2\right] = \frac{Q}{\pi u \sigma_y \sigma_z}$$

필수 문제

01 지상에서 NO_x를 3 g/s 로 배출하고 있는 굴뚝 없는 쓰레기 소각장에서 풍하 방향으로 3 km 떨어진 곳에서의 중심축상 NO_x의 지표면에서의 오염농도(g/m^3)는 얼마인가? (단, 가우시안모델식을 사용하고, 풍속은 7 m/s, σ_y = 190 m, σ_z = 65 m이며, NO_x는 배출되는 동안에 화학적으로 반응하지 않는 것으로 가정한다.)

풀이

C(x, y, z, He)

$$= \frac{Q}{2\pi\sigma_y\sigma_z U}\exp\left[-\frac{1}{2}\left(\frac{y}{\sigma_y}\right)^2\right] \times \left[\exp\left(-\frac{1}{2}\left(\frac{z-H_e}{\sigma_z}\right)^2\right)+\exp\left(-\frac{1}{2}\left(\frac{z+H_e}{\sigma_z}\right)^2\right)\right]$$

위 식에서

y=z=0, He=0 이므로

$$C = \frac{Q}{\pi u \sigma_y \sigma_z}$$

$$= \frac{3\ \mathrm{g/sec}}{3.14 \times 7\ \mathrm{m/sec} \times 190\ \mathrm{m} \times 65\ \mathrm{m}} = 1.1 \times 10^{-5}\ \mathrm{g/m^3}$$

02 가우시안모델의 대기오염 확산방정식을 적용할 때 지면에 있는 오염원으로부터 바람 부는 방향으로 200m 떨어진 연기의 중심축상 지상 오염농도(mg/m^3)는?(단, 오염물질의 배출량은 6g/sec, 풍속은 3.5m/sec, σ_y, σ_z는 각각 22.5m, 12m이다.)

풀이

C(x, y, z, He)

$$= \frac{Q}{2\pi\sigma_y\sigma_z U}\exp\left[-\frac{1}{2}\left(\frac{y}{\sigma_y}\right)^2\right] \times \left[\exp\left(-\frac{1}{2}\left(\frac{z-H_e}{\sigma_z}\right)^2\right)+\exp\left(-\frac{1}{2}\left(\frac{z+H_e}{\sigma_z}\right)^2\right)\right]$$

위 식에서

y=z=0, He=0 이므로

$$C = \frac{Q}{\pi u \sigma_y \sigma_z}$$

$$= \frac{6\ \mathrm{g/sec}}{3.14 \times 3.5\ \mathrm{m/sec} \times 22.5\ \mathrm{m} \times 12\ \mathrm{m}}$$

$$= 2.021 \times 10^{-3}\ \mathrm{g/m^3} \times 1{,}000\ \mathrm{mg/g} = 2.021\ \mathrm{mg/m^3}$$

필수 문제

03 유효높이(H)가 60 m 인 굴뚝으로부터 SO_2가 125 g/s 의 속도로 배출되고 있다. 굴뚝높이에서의 풍속은 6 m/s 이고 풍하거리 500 m 에서 대기안정 조건에 따라 편차 σ_y는 36 m, σ_z는 18.5 m 이었다. 이 굴뚝으로부터 풍하거리 500 m 의 중심선상의 지표면 농도($\mu g/m^3$)는?(단, 가우시안모델식을 사용하고, SO_2는 배출되는 동안에 화학적으로 반응하지 않는다고 가정한다.)

풀이

C(x, y, z, He)

$$= \frac{Q}{2\pi\sigma_y\sigma_z U}\exp\left[-\frac{1}{2}\left(\frac{y}{\sigma_y}\right)^2\right] \times \left[\exp\left(-\frac{1}{2}\left(\frac{z-H_e}{\sigma_z}\right)^2\right) + \exp\left(-\frac{1}{2}\left(\frac{z+H_e}{\sigma_z}\right)^2\right)\right]$$

위 식에서

중심선상의 지표면 농도 y=z=0

$$C(x,\ 0,\ 0,\ He) = \frac{Q}{\pi u \sigma_y \sigma_z} \times \exp\left[-\frac{1}{2}\left(\frac{H_e}{\sigma_z}\right)^2\right]$$

$$= \frac{125\ g/sec \times 10^6\ \mu g/g}{3.14 \times 6\ m/sec \times 36\ m \times 18.5\ m} \times \exp\left[-\frac{1}{2}\left(\frac{60\ m}{18.5\ m}\right)^2\right]$$

$= 51.77(\mu g/m^3)$

필수 문제

04 SO_2가 유효높이 100 m 인 굴뚝으로부터 150 g/s 의 속도로 배출되고 있다. 굴뚝높이에서의 풍속은 5 m/s 이고, 대기의 안정도는 0 이다. 이때 굴뚝으로부터 1,000 m 거리에서의 지표중심선상의 농도(ppb)는?(단, 안정도 0일 때 1,000 m 지점의 σ_y = 68 m, σ_z = 32 m, 농도계산은 $C = \frac{Q}{\pi u \sigma_y \sigma_z}\exp\left[-\frac{1}{2}\left(\frac{H_e}{\sigma_z}\right)^2\right]$ 이용하여, 표준상태로 가정)

풀이

$$C = \frac{Q}{\pi u \sigma_y \sigma_z}\exp\left[-\frac{1}{2}\left(\frac{H_e}{\sigma_z}\right)^2\right]$$

$Q = 150\ g/sec \times 10^6\ \mu g/g = 150 \times 10^6\ \mu g/sec$

$$= \frac{150 \times 10^6\ \mu g/sec \times 22.4\ \mu L/64\ \mu g}{3.14 \times 5\ m/sec \times 68\ m \times 32\ m} \times \exp\left[-\frac{1}{2}\left(\frac{100\ m}{32\ m}\right)^2\right]$$

$= 11.64\ \mu L/m^3$(11.64ppb)

필수 문제

05 1시간에 1,000 대의 차량이 고속도로 위에서 평균시속 80 km 로 주행하며, 각 차량의 평균탄화수소 배출률은 0.2 g/s 이다. 바람이 고속도로와 측면 수직방향으로 5 m/s 로 불고 있다면 도로지반과 같은 높이의 평탄한 지형의 풍하 500 m 지점에서의 지상오염 농도(μg/m^3)는?(단, 대기는 중립상태이며, 풍하 500 m 에서의 σ_z = 15 m, C(x, y, 0) = $\frac{2q}{(2\pi)^{\frac{1}{2}}\sigma_z U}\exp\left[-\frac{1}{2}\left(\frac{H}{\sigma_z}\right)^2\right]$ 를 이용)

풀이 $C(x,\ y,\ 0) = \frac{2q}{(2\pi)^{\frac{1}{2}}\sigma_z u}\exp\left[-\frac{1}{2}\left(\frac{H}{\sigma_z}\right)^2\right]$

q(탄화수소 양 : g/m · sec) = 0.2 g/sec · 대×1,000대/hr×hr/80 km×km/1,000 m
= 0.0025 g/m · sec

u = 5 m/sec

σ_z = 15 m

H = 0

$= \frac{2 \times 0.0025\ \text{g/m} \cdot \text{sec} \times 10^6\ \mu\text{g/g}}{(2\pi)^{\frac{1}{2}} \times 15\ \text{m} \times 5\ \text{m/sec}} \times \exp\left[-\frac{1}{2}\left(\frac{0}{15\ \text{m}}\right)^2\right]$

= 26.59 μg/m^3

(3) 와동확산모델(Eddy Diffusion Model)

① 개요 및 특징

㉠ 혼합길이(Mixing Length)의 개념을 포함하고 있으며, 대기이동이론에 가장 기본적인 모델이다.

㉡ 정상상태조건하에서 단위면적당 확산되는 물질의 이동속도는 농도의 기울기에 비례하는 Fick의 확산방정식으로 설명되며, 실제 대기에 적용하기 위해서는 몇 가지 가정이 전제되어야 한다.

② 가정조건(Fick의 확산방정식을 실제 대기에 적용시키기 위해 추가하는 가정)

㉠ 바람에 의한 오염물의 주 이동방향은 x축이다.

㉡ 확산과정은 안정상태(정상상태 : dc/dt = 0)이다. 즉 풍향, 풍속, 온도, 시간에 따른 농도변화가 없는 정상상태이다.

㉢ 오염물은 연속적인 점오염원으로부터 계속적으로 방출된다.

㉣ 단열과정은 안정상태이고 풍속은 x, y, z 좌표시스템의 어느 점에서든 일정하다. (바람은 시간 경과에 따라 변하지 않으며 Plume의 단면전체에 풍속은 균일함)

㉤ 오염물이 x축을 따라 이동하는 것은 하류(풍하)로의 확산에 의한 물질이동보다 더 강하다.

③ Fick의 확산방정식

㉠ Fick의 확산방정식은 오염물이 기체일 경우 적용되며 시간에 따른 오염물 농도의 변화를 선형화한 여러 항으로 구성된다.

$$\frac{dc}{dt} = K_x \frac{\sigma^2 c}{\sigma x^2} + K_y \frac{\sigma^2 c}{\sigma y^2} + K_z \frac{\sigma^2 c}{\sigma z^2}$$

여기서, c : 농도
t : 시간
K_x, K_y, K_z : 각 x, y, z 좌표축 방향에서의 소용돌이 확산계수
(세 개의 직각 좌표상의 와동확산계수)

㉡ 방정식을 선형화할 때 고려할 항

ⓐ 바람에 의한 수평방향 이류항

ⓑ 난류에 의한 분산항

ⓒ 분자확산에 의한 항

(4) 상자모델(Box Model)

① 개요 및 특징

㉠ 여러 개의 평행한 선으로 면을 나누어서 각 선을 선오염으로 간주하여 전체 농도를 구하는 방법이다.

㉡ 보다 간단하고 직관적인 방법의 요구시 상자모델을 이용하여 농도를 구한다.

② 가정조건

㉠ 고려되는 공간에서 오염물의 농도는 균일하다.

㉡ 오염물 배출원이 지표면 전역에 균등하게 분포되어 있다.

㉢ 오염원은 배출과 동시에 균등하게 혼합된다.

㉣ 고려되는 공간의 수직단면에 직각방향으로 부는 바람의 속도가 일정하여 환기량

이 일정하다.

㉤ 오염물의 분해는 일차 반응에 의한다.(오염물은 다른 물질로 전환되지 않고 지표면에 흡수되지 않음)

(5) 분산모델(Dispersion Model)

① 개요

기상학의 기본원리에 의하여 대기오염의 영향 등을 예측하는 모델이며, 특정한 오염원의 배출속도와 바람에 의한 분산요인을 입력자료로 하여 수용체 위치에서의 영향을 계산한다.

② 특징

㉠ 2차 오염원의 확인이 가능하다.

㉡ 지형 및 오염원의 작업조건에 영향을 받는다.

㉢ 미래의 대기질을 예측할 수 있다.

㉣ 새로운 오염원이 지역 내에 생길 때, 매번 재평가를 하여야 한다.

㉤ 점, 선, 면 오염원의 영향을 평가할 수 있다.

㉥ 단기간 분석 시 문제가 된다.

㉦ 특정오염원의 영향을 평가할 수 있는 잠재력을 가지고 있으나 기상과 관련하여 대기중의 무작위적 특성을 적절하게 묘사할 수 없으므로 결과에 대한 불확실성이 크다.

㉧ 먼지의 영향평가는 기상의 불확실성과 오염원이 미확인인 경우에 문제점을 가진다.

③ 대기오염원 영향 평가시 요구되는 입력자료

㉠ 오염물질의 배출속도(배출량) 및 온도

㉡ 배출원의 위치 및 높이

㉢ 굴뚝의 높이(유효굴뚝높이) 및 재질, 직경

㉣ 오염원의 가동시간

㉤ 방지시설의 효율

④ 주요 대기분산모델의 특징

㉠ ISCST(Industrial Source Complex Model for Short Term)

ⓐ 공업단지와 같은 여러 점오염원에 적용한다.

ⓑ CRSTER 모델의 수정모델이다.

ⓒ 주로 단기농도 예측에 사용된다.

㉡ ISCLT(Industrial Complex Model for Long Term)

ⓐ 점, 선, 면(주로 면 오염원) 오염원에 적용한다.

ⓑ 가우시안 모델로서 미국에서 널리 이용되는 범용적인 모델이다.

ⓒ 주로 장기농도 계산용의 모델이다.

ⓓ AQDM과 CDM을 합친 모델로 Pasquill 안정도 등급에 의한 농도를 계산한다.

㉢ TCM(Texas Climatological Model)

ⓐ 점, 면 오염원 및 비반응성 오염물질에 적용한다.

ⓑ 주로 장기적인 평균농도 계산용의 모델이며 우리나라에서 많이 사용된다.

ⓒ 풍향, 풍속(Briggs의 연기상승식) 및 안정도의 빈도분포(Pasquill-Gifford의 확산 계수식)로부터 계산한다.(CDM과 유사함)

㉣ ADMS(Atmospheric Dispersion Model System)

ⓐ 가우시안 모델을 적용하며 적용배출원 형태는 점, 선, 면이다.

ⓑ 도시지역에서 오염물질의 이동을 계산하는 모델이다.

ⓒ 영국에서 많이 사용했던 모델이다.

㉤ AUSPLUME(Australian Plume Model)

ⓐ 가우시안 모델로서 미국의 ISCST와 ISCLT 모델을 개조하여 만든 모델이다.

ⓑ 호주에서 많이 사용했던 모델이다.

㉥ UAM(Urban Airshed Model)

ⓐ 점, 면 오염원에 적용한다.

ⓑ 미국에서 개발되었고 광화학모델을 이용하여 계산하는 모델이다.

ⓒ 도시지역에서 광화학반응을 고려하여 오염물질의 이동을 계산한다.

㉦ HIWAY

ⓐ 선 오염원에 적용한다.

ⓑ 주로 단기성 농도 예측에 사용된다.

ⓒ 도로변 풍하지역에서의 보존성 오염물질의 매시간 농도를 농도가 정규분포한다는 가정하여 계산한다.

ⓓ HIWAY-2는 HIWAY 모델을 수정한 단기성 모델이며 이동배출원의 도로굴곡, 소용돌이 확산, 풍속도 고려한 모델이다.

㉧ MM5

ⓐ 미국에서 개발되었으며, 기상예측에 주로 사용된다.

ⓑ 바람장모델로 바람장을 계산하는 모델이다.

㉨ RAMS(Regional Atmospheric Model System)

ⓐ 미국에서 개발되었다.

ⓑ 바람장모델로서 바람장과 오염물질 분산을 동시에 계산할 수 있다.

㉩ CTDMPLUS

ⓐ 점, 면 오염원에 적용한다.

ⓑ 미국에서 개발되었으며, 가우시안모델을 적용한다.

ⓒ 복잡한 지형에 대해 오염물질의 이동을 계산하는 모델이다.

㉪ RAM

ⓐ 평탄한 지형의 점, 면 오염원에 적용한다.

ⓑ 농도분포를 매시간 기상조건으로서의 정상상태를 가정하여 매시간별로 예측하는 단기성 모델이다.

ⓒ 연속배출원의 공간적 오염물 농도분포(수평, 수직확산)를 계산하는 모델이다.

ⓓ 바람장모델로 바람장과 오염물질의 분산을 동시에 계산한다.

㉫ CDM

ⓐ 평탄한 지형의 점, 면 오염원에 적용한다.

ⓑ 장기적인 평균농도를 계산하는 모델이다.

ⓒ 풍향, 풍속, 대기안정도의 빈도분포로부터 계산한다.

㉭ CALINE

ⓐ 선 오염원에 적용한다.

ⓑ 장기적인 농도를 계산하는 모델이다.

ⓒ 고속도로에서 자동차로 인한 일산화탄소(CO) 등의 확산예측 및 혼합고를 고려하여 계산한다.

㉮ SMOGS TOP(Statistical Models of Groundlevel Term Ozone Pollution)

ⓐ 벨기에에서 개발한 모델이다.

ⓑ 통계모델로서 도시지역의 오존농도를 계산하는 데 이용된다.

(6) 수용모델(Receptor Model)

① 개요

수용체에서 오염물질의 특성을 분석한 후 오염원의 기여도를 평가하는 모델이며, 수리통계학적으로 분석한다.

② 특징

㉠ 새로운 오염원이나 불확실한 오염원과 불법배출 오염원을 정량적으로 확인, 평가할 수 있다.

ⓛ 지형, 기상학적 정보가 없이도 사용 가능하다.

ⓒ 현재나 과거에 일어났던 일을 추정하여 미래를 위한 전략을 세울 수 있으나, 미래 예측은 어렵다.

ⓔ 오염원의 조업 및 운영상태에 대한 정보 없이도 사용 가능하다.

ⓜ 측정자료를 입력자료로 사용하므로 시나리오 작성이 곤란하다.

ⓑ 수용체 입장에서 평가가 현실적으로 이루어질 수 있다.

ⓢ 환경과학 전반(입자상 및 가스상 물질, 가시도 문제 등)에 응용 가능하다.

ⓞ 모델의 분류로는 오염물질의 분석방법에 따라 현미경분석법과 화학분석법으로 구분할 수 있다.

③ 수용모델의 분석법

㉠ 광학현미경법

입경이 큰 입자를 대상으로 입자의 외관 및 형상을 관찰하여 그 크기를 측정할 수 있다.

㉡ 전자주사현미경법

광학현미경보다 작은 입자를 측정할 수 있고, 정상적으로 먼지의 오염원을 확인할 수 있다.

㉢ 시계열분석법

대기오염 제어의 기능을 평가하고 특정오염원의 경향을 추적할 수 있으며, 타 방법을 통해 제시된 오염원을 확인하는 데 매우 유용한 정성적 분석법이다.

㉣ 공간계열법

시료채취기간 중 오염배출속도 및 기상학 등에 크게 의존하여 분산모델과 큰 연관성을 갖는다.

Reference | 대기확산모델의 종류

1. 예측기간
   ① 장기모델
      월별, 계절별, 연간의 장기간 평균농도 계산
   ② 단기모델
      1시간, 수시간의 단기간 평균농도 계산
2. 대상오염원(배출원)
   ① 점오염원
      발전소, 소각장 등 대규모 배출시설(일반적으로 배출허가시설 3종 이상 업소)
   ② 면오염원
      주택, 군소배출시설, 상업지역 등 소형 오염원

③ 선오염원
자동차, 선박, 철도, 항공 등 이동오염원

3. 연기확산 형태
① 'Plume' 모델
연기가 배출구에서부터 착지지점까지 연속되는 것으로 계산하는 모델
② Puff 모델
단위시간에 배출된 연기를 하나의 커다란 공기 덩어리로 가정하여 시간에 따른 풍향변화와 안정도별 확산계수에 따라 농도를 계산한다. Lagrangian 모델이 대표적인 Puff 모델
③ Eulerian 모델
대상지역을 작은 상자로 나누어 각 상자에서의 바람장, 확산도, 화학반응 등을 계산하는 모델

4. 확산이론(확산방정식)
① BOX 모델
대상 지역을 상자로 간주하여 그 공간 내 평균농도를 계산하나 부정확함
② Gaussian 모델
일반적으로 가장 많이 사용
③ 3차원 수치모델
Lagrangian, Eulerian 모델 등으로 매우 정교하나 고도의 기술을 필요로 함

필수 문제

01 부피가 1,000m³ 이고 환기가 되지 않은 작업장에서 화학반응을 일으키지 않는 오염물질이 50 mg/min 씩 배출되고 있다. 작업을 시작하기 전에 측정한 이물질의 평균농도가 10 mg/m³ 이라면 1시간 30분 이후의 작업장의 평균농도(mg/m³)는?(단, 상자모델을 적용하며, 작업시간 전·후의 온도 및 압력조건은 동일하다.)

풀이

$$\text{평균농도}(mg/m^3) = \frac{50mg/min \times 90min}{1,000m^3} + 10mg/m^3 = 14.5mg/m^3$$

학습 Point

1 가우시안 확산모델의 수식 내용 숙지
2 분산모델 및 수용모델의 비교특징 숙지(출제비중 높음)

22 유효굴뚝높이 연기의 상승고

(1) 유효굴뚝높이

① 개요

㉠ 실제 굴뚝높이보다 굴뚝에서 배출되는 연기(Plume)가 더 높은 고도까지 상승하는 경우 이 고도를 유효굴뚝높이(Effective Stack Height)라고 한다.

㉡ 유효굴뚝높이를 상승시키는 가장 좋은 방법은 배출가스의 온도를 높이는 것이다.

㉢ 유효굴뚝높이를 위한 계산식에는 연기(Plume) 상승에 따른 농도변화의 영향이 고려되지 않았다.

② 유효굴뚝높이 결정 인자 및 영향

㉠ 배출된 오염물질이 가지는 운동량(오염물질배출속도, Momentum)

㉡ 배출온도에 의한 부력

㉢ 굴뚝의 특성

㉣ 기상조건 및 상태

㉤ 오염물의 물리·화학적 특성

㉥ 유효굴뚝높이는 연도배출가스의 열배출률이 클수록(배출가스량 증가), 배출가스의 유속이 클수록, 외기와의 온도차가 클수록, 굴뚝의 통풍력이 클수록 증가한다.

Reference | 신설 공장의 굴뚝높이 결정시 고려사항

① 공장에서 방출될 대기오염물질의 양(Q)
② 최대허용농도(C)
③ 고려되어야 할 하류지점까지의 거리(X)와 풍속(U)

③ 관련식

$$He = H + \Delta H$$

여기서, He : 유효굴뚝높이(유효굴뚝고)
H : 실제 굴뚝높이
ΔH : 연기(Plume)의 상승높이

(2) 유효굴뚝의 연기 상승높이 관련식

① 오염물질 배출속도에 의한 연기 상승 : 운동량(관성력이 지배하는 연기)

㉠ Ruppy 식 : 기본식

$$\Delta H = 1.5\left(\frac{V_s}{u}\right) \times D$$

여기서, ΔH : 연기(Plume)의 상승높이(m)
V_s : 굴뚝에서 연기의 배출속도(m/sec)
D : 굴뚝의 직경(m)
u : 굴뚝 출구 주위부분의 풍속(m/sec)

㉡ Smith 식

$$\Delta H = \left(\frac{V_s}{u}\right)^{1.4} \times D$$

㉢ Brigg 식

ⓐ 중립 및 불안정 조건

$$\Delta H = 3.0\left(\frac{V_s}{u}\right) \times D$$

ⓑ 안정조건

$$\Delta H = 1.5\left(\frac{F_m}{u\sqrt{s}}\right)^{\frac{1}{3}}$$

여기서, s : 안정도 지수
F_m : 관성력

② 부력에 의한 연기 상승(열부력)

㉠ Holland 식(기본식)

$$\Delta H = \frac{V_s \cdot D}{u}\left[1.5 + 2.68 \times 10^{-3} P \cdot D\left(\frac{T_s - T_a}{T_s}\right)\right]$$

여기서, P : 압력(mbar)

T_s : 배기가스의 절대온도(273+℃)

T_a : 대기의 절대온도(273+℃)

㉡ 부력을 이용한 식

$$\Delta H = 150 \times \frac{F}{u^3}$$

$$\Delta H = \frac{114\ CF^{1/3}}{u}$$

여기서, F : 부력 $= g\left(\frac{D}{2}\right)^2 V_s\left(\frac{T_s - T_a}{T_a}\right)$

㉢ Mosse(Carson) 식

$$\Delta H = C \times \frac{1}{u^2} \times g V_s\left(\frac{D}{2}\right)^2 \times \left(\frac{T_s - T_a}{T_a}\right)$$

여기서, C : 상수(일반적 150)

g : 중력가속도(9.8 m/sec^2)

학습 Point

유효굴뚝의 연기상승높이 관련식 숙지

23 Sutton의 확산방정식

(1) 최대착지농도

① 개요

㉠ 최대착지농도(C_{max})는 배출량(Q)에 정비례한다.

㉡ 최대착지농도(C_{max})는 유효굴뚝높이(H_e) 및 실제 굴뚝높이(H)에서의 평균풍속에는 반비례한다.

② 관련식

$$C_{max} = \frac{2Q}{\pi e u H_e^2}\left(\frac{\sigma_z}{\sigma_y}\right)$$

여기서, C_{max} : 최대착지농도

e : 자연대수의 밑수값(2.72)

u : H_e에서의 평균풍속(m/sec)

H_e : 유효굴뚝높이(m)

Q : 오염물질 배출량(m^3/sec)

σ_y : 수평방향 확산계수(m)

σ_z : 수직방향 확산계수(m)

$$C_{max} \propto \frac{1}{H_e^2} \ : \ C_{max} \propto \frac{1}{u}$$

$$C_{max} \propto Q$$

③ 최대착지농도를 감소시키기 위한 방법

㉠ 배출가스 온도를 가능한 한 높게 한다.

㉡ 배출가스 속도를 높인다.

㉢ 저농도 원료를 사용한다.

㉣ 굴뚝을 높게 한다.

Reference

① 유효연돌높이를 높여 C_{max}를 1/2 로 감소시킬 경우 상승유효연돌높이
상승유효연돌높이 = $\sqrt{2}$ ×유효연돌높이
② C_{max} 경우 x축상의 거리
x축상의 거리(σ_z) = $\frac{\text{유효연돌높이}}{\sqrt{2}}$ = 0.707×유효연돌높이

(2) 최대착지거리

① 개요

㉠ 최대착지거리(X_m)는 유효굴뚝높이(H_e)에 비례한다.

㉡ 최대착지거리(X_m)는 수직방향 확산계수(σ_z)에 반비례한다.

㉢ 최대착지거리(X_m)는 대기안정도가 불안정할수록 작고 안정할수록 크다.

② 관련식

$$X_m = \left(\frac{H_e}{\sigma_z}\right)^{\frac{2}{2-n}}$$

여기서, X_m : 최대착지농도가 나타나는 지점(m)
σ_z : 수직방향 확산계수(m)
H_e : 유효굴뚝높이(m)
n : 안정도계수(일반적으로 안정 0.5, 불안정 0.25)

Reference | 경도모델(K-이론모델)

① Sutten의 K-이론모델식에서 대기오염물질의 확산은 오염물질 농도경도에 비례한다.
② K-이론모델의 가정
ⓐ 오염배출원에서 무한히 멀어지면 오염농도는 0이 된다.
ⓑ 오염물질은 지표를 침투하지 못하고 반사한다.
ⓒ 배출된 오염물질은 소멸하거나 생성되지 않고 계속 흘러만 갈 뿐이다.
ⓓ 배출원에서 배출된 오염물질량 및 오염물질의 농도는 무한하다.
ⓔ 연기의 축에 직각인 단면에서 오염물질의 농도분포는 가우스분포이다.
ⓕ 풍하 측으로 지표면은 평평하고 균일하다.
ⓖ 풍하 쪽으로 가면서 대기안정도 및 확산계수는 일정하다.

필수 문제

01 굴뚝의 실제높이가 30 m 이고, 반지름은 2 m 이다. 이때 배출가스의 분출속도가 20 m/s 이고, 풍속이 5 m/s 일 때 유효굴뚝높이는?(단, $\Delta H = 1.5 \times \left(\frac{V_s}{u}\right) \times D$ 이용)

풀이

$H_e = H + \Delta H$

$\Delta H = 1.5 \times \left(\frac{V_s}{u}\right) \times D = 1.5 \times \left(\frac{20}{5}\right) \times (2 \times 2) = 24\,\text{m}$

$= 30 + 24 = 54\,\text{m}$

필수 문제

02 연기의 배출속도 50 m/s, 평균풍속 300 m/min, 유효굴뚝높이 55 m, 실제 굴뚝높이 24 m 인 경우 굴뚝의 직경(m)은?(단, $\Delta H = 1.5 \times (V_s/U) \times D$식 적용)

풀이

$\Delta H = 1.5 \times \left(\frac{V_s}{u}\right) \times D$

$\Delta H = H_e - H = 55 - 24 = 31\text{m}$

$31\text{m} = 1.5 \times \left(\frac{50\ \text{m/sec})}{300\ \text{m/min} \times \text{min}/60\ \text{sec}}\right) \times D$

$D = 2.07\text{m}$

필수 문제

03 굴뚝의 반경이 1.5 m, 평균풍속이 180 m/min 인 경우 굴뚝의 유효연돌높이를 24 m 증가시키기 위한 굴뚝 배출가스의 속도(m/sec)?(단, 연기의 유효상승높이 $\Delta H = 1.5 \times \frac{V_s}{u} \times D$ 이용)

풀이

$\Delta H = 1.5 \times \left(\frac{V_s}{u}\right) \times D$

$24\text{m} = 1.5 \times \left(\frac{V_s}{180\ \text{m/min} \times \text{min}/60\ \text{sec}}\right) \times (1.5 \times 2)\text{m}$

$V_s = 16\text{m/sec}$

필수 문제

04 내경이 2 m이고, 실제 높이가 50 m 인 연돌에서 15 m/sec 로 배출되는 배기가스의 온도는 127℃, 대기 중의 공기압은 1기압, 기온은 27℃ 이다. 연돌 배출구에서의 풍속이 5 m/sec 일 때, 유효연돌높이(m)는?(단, Holland의 연기 상승높이 결정식은 다음과 같다.)

$$\Delta H=\frac{V_s \cdot d}{U}\left[1.5+2.68\times10^{-3}\cdot P\left(\frac{T_s-T_a}{T_s}\right)\times d\right]$$

풀 이

$$H_e=H+\Delta H$$

$$\Delta H=\frac{V_s \cdot d}{U}\left[1.5+2.68\times10^{-3}\times P\left(\frac{T_s-T_a}{T_s}\right)\times d\right]$$

$$=\frac{15\times2}{5}\left[1.5+(2.68\times10^{-3})\times1{,}013.2\left(\frac{(273+127)-(273+27)}{273+127}\right)\times2\right]$$

$=17.15\,\text{m}$ [note : 1 atm = 1,013.2 mbar]

$=50+17.15=67.15\,\text{m}$

필수 문제

05 굴뚝높이 50 m, 배출 연기온도 200℃, 배출 연기속도 30 m/s, 굴뚝직경이 2 m 인 화력발전소가 있다. 주변 대기온도가 20℃ 이고, 굴뚝 배출구에서 대기 풍속이 10 m/s이며, 대기압은 1,000 mb 인 조건에서 다음 Holland 식을 이용한 연기의 유효굴뚝높이(m)는?

$$\Delta H=\frac{V_s \cdot d}{U}\left[1.5+2.68\times10^{-3}\cdot P_a\left(\frac{T_s-T_a}{T_s}\right)\times d\right]$$

풀 이

$$H_e=H+\Delta H$$

$$\Delta H=\frac{V_s \cdot d}{U}\left[1.5+2.68\times10^{-3}\cdot P\left(\frac{T_s-T_a}{T_s}\right)\times d\right]$$

$$=\frac{30\times2}{10}\left[1.5+2.68\times10^{-3}\times1{,}000\left(\frac{(273+200)-(273+20)}{273+200}\right)\times2\right]$$

$=21.24\,\text{m}$

$=50+21.24=71.24\,\text{m}$

필수 문제

06 굴뚝 직경 3 m, 배출속도 10 m/sec, 배출온도 500 K, 대기온도 27℃, 풍속 4.2 m/sec 일 때, 유효상승고(Δh)는?(단, $\Delta h = \frac{114\ CF^{1/3}}{u}$, $C = 1.58$, $F = g\left(\frac{D}{2}\right)^2 V_s\left(\frac{T_s - T_a}{T_a}\right)$를 이용하여 계산할 것)

풀이 유효상승고(Δh) $= \frac{114\ CF^{1/3}}{u}$

$$\text{F(부력)} = g\left(\frac{D}{2}\right)^2 V_s\left(\frac{T_s - T_a}{T_a}\right)$$

$$= 9.8 \times \left(\frac{3}{2}\right)^2 \times 10 \times \left(\frac{500 - (273 + 27)}{(273 + 27)}\right) = 147\ \mathrm{m^4/sec^3}$$

$$= \frac{114 \times 1.58 \times 147^{1/3}}{4.2} = 226.33\,\mathrm{m}$$

필수 문제

07 높이 40m인 굴뚝으로부터 20m/sec로 연기가 배출되고 있다. 굴뚝 반지름은 2m, 굴뚝 주위로 풍속은 4m/sec, 배출가스의 열방출률은 4,000kJ/sec 일 때, 아래의 식을 이용하여 유효굴뚝의 높이를 계산하면?(단, Holland의 식은 아래와 같고, Q_h는 열방출률(kJ/sec) $\Delta H(m) = \frac{Vs \cdot d}{U} \times \left(1.5 + 0.0096 \times \frac{Q_h}{Vs \cdot d}\right)$)

풀이

$$H_e = H + \Delta H$$

$$\Delta H = \frac{Vs \cdot d}{U}\left(1.5 + 0.0096 \times \frac{Q_h}{Vs \cdot d}\right)$$

$$= \frac{20 \times 4}{4} \times \left[1.5 + \left(0.0096 \times \frac{4,000}{20 \times 4}\right)\right] = 39.6\,\mathrm{m}$$

$$= 40 + 39.6 = 79.6\,\mathrm{m}$$

필수 문제

08 내경이 2 m 인 굴뚝에서 온도 440 K 의 연기가 6 m/s 의 속도로 분출되며 분출지점에서의 주변 풍속은 3 m/s 이다. 대기의 온도가 300 K, 중립조건일 때 연기의 상승 높이 (Δh)는?(단, $\Delta H = \dfrac{114\ CF^{1/3}}{u}$ 이용, C=1.58, F=부력매개변수)

풀이 연기상승높이(Δh)$= \dfrac{114\ CF^{1/3}}{u}$

$$\text{F(부력)} = g\left(\frac{D}{2}\right)^2 V_s\left(\frac{T_s - T_a}{T_a}\right)$$

$$= 9.8 \times \left(\frac{2}{2}\right)^2 \times 6 \times \left(\frac{440-300}{300}\right) = 27.44\,\text{m}^4/\text{sec}^3$$

$$= \frac{114 \times 1.58 \times 27.44^{1/3}}{3} = 181.09\,\text{m}$$

필수 문제

09 불안정한 조건에서 굴뚝방출 가스속도가 13 m/sec, 굴뚝의 안지름이 3.6 m, 가스온도가 167℃, 기온이 20℃, 풍속이 7 m/sec 일 때 연기의 상승높이(유효상승고)는?(단, 불안정 조건시 연기의 상승높이 $\Delta h = 150 \times \dfrac{F}{u^3}$ 이며, F는 부력을 나타낸다.)

풀이 유효상승고(Δh)$= 150 \times \dfrac{F}{u^3}$

$$F\text{(부력)} = g\left(\frac{D}{2}\right)^2 V_s\left(\frac{T_s - T_a}{T_a}\right)$$

$$= 9.8 \times \left(\frac{3.6}{2}\right)^2 \times 13 \times \left(\frac{(273+167)-(273+20)}{(273+20)}\right)$$

$$= 207.1\,\text{m}^4/\text{sec}^3$$

$$= 150 \times \frac{207.1}{7^3} = 90.56\,\text{m}$$

필수 문제

10 직경 4 m인 굴뚝에서 연기가 10 m/s 의 속도로 풍속 5 m/s 인 대기로 방출된다. 대기는 27℃, 중립상태 $\left(\dfrac{\Delta\theta}{\Delta Z}=0\right)$이고, 연기의 온도가 167℃ 일 때 TVA 모델에 의한 연기의 상승고(m)는?(단, TVA 모델 : $\Delta H=\dfrac{173\cdot F^{1/3}}{U\cdot \exp(0.64\Delta\theta/\Delta Z)}$, 부력계수 $F=[g\cdot Vs\cdot d^2(Ts-Ta)]/4T_a$를 이용할 것)

풀이 연기상승고(ΔH)$=\dfrac{173\cdot F^{1/3}}{U\cdot \exp(0.64\Delta\theta/\Delta Z)}$

$$\text{F(부력계수)}=\frac{g\cdot V_s\cdot d^2(T_s-T_a)}{4\,T_a}$$

$$=\frac{9.8\times10\times4^2[(273+167)-(273+27)]}{4\times(273+27)}$$

$$=182.93\,\text{m}^4/\text{sec}^3$$

$\dfrac{\Delta\theta}{\Delta z}$(온도)는 중립상태이기 때문에 0

$$=\frac{173\times182.93^{1/3}}{5\times\exp(0.64\times0)}=196.41\,\text{m}$$

필수 문제

11 내경 3,000 mm 인 굴뚝으로부터 5,000 kJ/s 의 열을 가진 연기가 25 m/s 의 속도로 방출되고 있다. 주위의 풍속이 300 m/min 일 때 연기의 상승고(m)는?(단, 연기의 상승고는 Carson과 Moses의 식 $\Delta H=-0.029\,V_s d/U+2.62\,Q_h^{1/2}/U$를 이용할 것)

풀이 연기상승고(ΔH)$=\left(-0.029\dfrac{V_s d}{u}\right)+\left(2.62\dfrac{Q_h^{1/2}}{u}\right)$

$$=\left[-0.029\times\frac{(25\times3{,}000\text{ mm}\times1\text{ m}/1{,}000\text{ mm})}{(300\text{ m/min}\times1\text{ min}/60\text{ sec})}\right]$$

$$+\left[2.62\times\frac{(5{,}000)^{1/2}}{(300\text{ m/min}\times1\text{ min}/60\text{ sec})}\right]$$

$$=36.62\,\text{m}$$

필수 문제

12 Sutton의 확산방정식에서 현재 굴뚝의 유효고도가 40 m 일 때, 최대지표농도를 1/4로 낮추려면 굴뚝의 유효고도를 얼마만큼 더 증가시켜야 하는가?(단, 기타 조건은 같다고 가정한다.)

풀이

최대착지농도(C_{max})

$$C_{max} = \frac{2\,Q}{\pi e u He^2} \times \frac{\sigma_z}{\sigma_y}$$ 에서 기타 조건이 같으므로

$$C_{max} = \frac{1}{He^2}$$

$$H_e = \frac{1}{\sqrt{C_{max}}} = \frac{1}{\sqrt{1/4}} = 2$$

H_e 2배 증가시 C_{max}는 1/4로 감소하므로

나중 유효연돌높이 = 40 m×2 = 80 m

증가시켜야 하는 높이 = 80 − 40 = 40 m

Reference

상승유효연돌높이 = $\sqrt{4}$ ×유효연돌높이 = $\sqrt{4}$ ×40 = 80 m

필수 문제

13 어떤 공장의 현재 유효연돌고의 높이가 44 m 이다. 이때의 농도에 비해 유효연돌고를 높여 최대지표농도를 1/2로 감소시키고자 한다. 다른 조건이 모두 같다고 가정할 때 유효연돌고의 높이(m)는?

풀이

$$C_{max} = \frac{1}{{H_e}^2}$$

$$H_e = \frac{1}{\sqrt{C_{max}}} = \frac{1}{\sqrt{1/2}} = 1.4142$$

유효연돌고높이(m) = 44×1.4142 = 62.23 m

Reference

유효연돌고높이 = $\sqrt{2}$ ×유효연돌높이 = $\sqrt{2}$ ×44 = 62.23 m

필수 문제

14 굴뚝배출가스량 15 m^3/sec, HCl 의 농도 802 ppm, 풍속 20 m/sec, K_y =0.07, K_z = 0.08 인 중립대기조건에서 중심축상 최대지표농도가 1.61×10^{-2} ppm 인 경우 굴뚝의 유효고(m)는?(단, Sutton의 확산식을 이용한다.)

풀이

$$C_{max} = \frac{2Q}{\pi \cdot e \cdot u \cdot H_e^2}\left(\frac{K_z}{K_y}\right)$$

$$1.61 \times 10^{-2} = \frac{2 \times (15 \times 802)}{\pi \times e \times 20 \times H_e^2} \times \left(\frac{0.08}{0.07}\right)$$

$$\pi \times e \times 20 \times H_e^2 \times 0.07 = 119,552.795$$

$$H_e^2 = 9,999.708$$

$$H_e = \sqrt{9,999.708} = 99.99\text{m}$$

필수 문제

15 Sutton 의 확산식을 이용하여 C_{max} (ppm)를 구하시오.(단, σ_y, σ_z =0.05, u =10 m/sec, H_e =100 m, Q =10 sm^3/sec, SO_x의 농도 1,500 ppm)

풀이

$$C_{max} = \frac{2Q}{\pi \cdot e \cdot u \cdot H_e^2}\left(\frac{\sigma_z}{\sigma_y}\right) = \frac{2 \times 10 \times 1,500}{\pi \times e \times 10 \times 100^2} \times \left(\frac{0.05}{0.05}\right) = 0.035\,\text{ppm}$$

필수 문제

16 유효굴뚝높이가 100 m 이고, SO_2의 배출량이 115 g/s 인 화력발전소가 있다. 굴뚝배출구에서 대기풍속이 5 m/s 일 때 최대착지농도(μg/m^3)는?(단, $C_{max} = \frac{0.1171\,Q}{U\sigma_y\sigma_z}$ 이용, σ_y =250 m, σ_z =140 m)

풀이

$$C_{max} = \frac{0.1171\,Q}{u \cdot \sigma_y \cdot \sigma_z} = \frac{0.1171 \times 115\text{g/sec} \times 10^6 \mu\text{g/g}}{5 \times 250 \times 140} = 76.95\mu\text{g/m}^3$$

필수 문제

17 유효굴뚝높이 60 m 에서 유량 980,000 m^3/day, SO_2 1,200 ppm 으로 배출되고 있다. 이때 최대지표농도(ppb)는?(단, Sutton의 확산식을 사용하고, 풍속은 6 m/s, 이 조건에서 확산계수 K_y =0.15, K_z =0.18이다.)

풀이

$$C_{\max} = \frac{2\,Q}{\pi \cdot e \cdot u \cdot {H_e}^2}\left(\frac{\sigma_z}{\sigma_y}\right)$$

$$= \frac{2 \times 980{,}000\ \mathrm{m^3/day} \times \mathrm{day}/86{,}400\ \mathrm{sec} \times 1{,}200\ \mathrm{ppm}}{\pi \times e \times 6 \times 60^2} \times \left(\frac{0.18}{0.15}\right)$$

$$= 0.17718\ \mathrm{ppm} \times 10^3\ \mathrm{ppb/ppm}$$

$$= 177.18\ \mathrm{ppb}$$

필수 문제

18 유효굴뚝높이와 지표상 최고오염농도와의 관계식에서 지상 최고농도를 현재의 1/5로 하려면 유효굴뚝높이를 원래의 몇 배로 하여야 하는가?(단, 기타 대기조건은 같은 조건이며, Sutton식을 이용)

풀이

$$C_{\max} = \frac{1}{{H_e}^2}$$

$$H_e = \frac{1}{\sqrt{C_{\max}}} = \frac{1}{\sqrt{1/5}} = 2.24$$ (즉, 원래의 2.24배이다.)

필수 문제

19 주변환경조건이 동일하다고 할 때, 굴뚝의 유효고도가 1/3 로 감소한다면 하류중심선의 최대지표농도는 어떻게 변화하는가?(단, Sutton 의 확산식을 이용)

풀이

$$C_{\max} = \frac{1}{{H_e}^2} = \frac{1}{(1/3)^2} = 9$$ (즉, 9배 증가한다.)

필수 문제

20 굴뚝유효고도가 70m에서 90m로 높아졌다면 굴뚝의 풍하측 중심축상 지상최대오염농도는 70일 때의 것과 비교하면 몇 %가 되겠는가?(단, Sutton의 확산식을 이용)

풀이 $C_{\max} = \dfrac{1}{{H_e}^2}$

$$\frac{\left(\dfrac{1}{90^2}\right)}{\left(\dfrac{1}{70^2}\right)} \times 100 = 60.49\%$$

필수 문제

21 유효굴뚝높이 100 m 정도에서 확산계수가 $K_y = K_z = 0.1$ 이고, 풍속 u = 5 m/sec이다. 지표면에서의 대기오염농도가 최대가 되는 착지거리는 얼마인가(m)?(단, 대기상태는 중립이며, 안정도계수(n) = 0.25)

풀이 최대착지거리(X_m)

$$X_m = \left(\frac{H_e}{K_z}\right)^{\frac{2}{2-n}} = \left(\frac{100}{0.1}\right)^{\frac{2}{2-0.25}}$$

$$= 2{,}682.7\text{m}$$

필수 문제

22 Sutton의 확산식에서 지표고도에서 최대오염이 나타나는 풍하 측 거리(m)는?(단, $K_y = K_z = 0.07$, H_e = 155 m, $\dfrac{2}{2-n}$ = 1.14)

풀이 $$X_m = \left(\frac{H_e}{K_z}\right)^{\frac{2}{2-n}} = \left(\frac{155}{0.07}\right)^{1.14} = 6{,}509.78\,\text{m}$$

필수 문제

23 굴뚝으로부터 배출되는 SO_2가 풍하 측 5,000 m 지점에서 지표 최고농도를 나타냈을 때, 유효굴뚝높이(m)는?(단, Sutton의 확산식을 사용하고, 수직확산계수는 0.07, 대기안정도 지수(n)는 0.25이다.)

풀이

$$X_m = \left(\frac{H_e}{\sigma_z}\right)^{\frac{2}{2-n}}$$

$$5{,}000 = \left(\frac{H_e}{0.07}\right)^{\frac{2}{2-0.25}}$$

$H_e = 120.70\,\text{m}$

필수 문제

24 풍속이 2m/s인 어느 날 저유소의 탱크가 폭발하여 벤젠 100kg 이 순식간에 배출되었다. 사고 후 저유소에서 풍하방향으로 600m 떨어진 지점의 지면에 연기의 중심부가 도달하는 데 소요되는 시간은 몇 분인가?(단, instantaneous puff equation $C = \frac{2Q_P}{(2\pi)^{3/2}\sigma_x\sigma_y\sigma_z} \cdot \exp\left[-\frac{1}{2}\left(\frac{x-ut}{\sigma_x}\right)^2\right]$ 이용)

풀이 $\text{소요시간(min)} = \frac{\text{거리}}{\text{속도}} = \frac{600\text{m}}{2\text{m/sec} \times 60\text{sec/min}} = 5\text{min}$

학습 Point

최대착지농도 및 최대착지거리 내용 및 관련식 숙지(출제비중 높음)

24 Down Wash 및 Down Draught

(1) Down Wash(세류현상)

① 정의

㉠ 연기가 굴뚝 아래로 흩날리어 굴뚝 밑부분에 오염물질의 농도가 높아지는 현상을 Down Wash라 한다.

㉡ 오염물질의 토출속도에 비해 굴뚝높이에서의 풍속이 크면 연기가 굴뚝 아래로 향하여 오염물질이 흩날리어 굴뚝 일부분에 오염물질의 농도가 높아지는 현상을 말한다($V_s/u<1\sim2$ 경우 생김).

② Down Wash 방지조건

$$\frac{V_s}{u}>2[V_s>2u]$$

여기서, V_s : 굴뚝배출가스의 유속(오염물질 토출속도)

u : 풍속(굴뚝높이에서의 풍속)

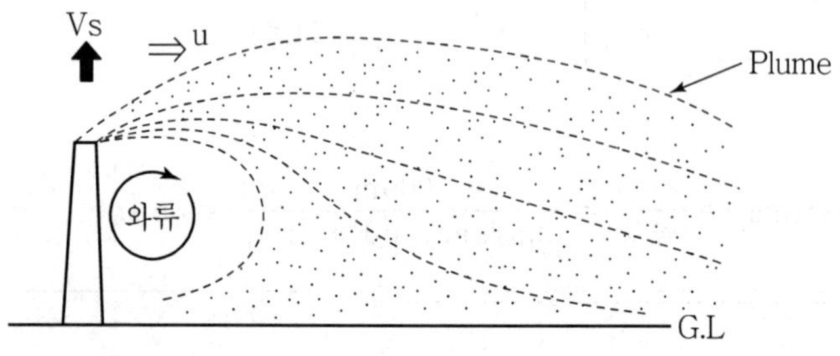

$\frac{V_s}{u}<1\sim2$: Down Wash

[Down Wash]

(2) Down Draught(역류현상)

① 정의

연기가 굴뚝 주변 건물이나 지형물의 배후에서 발생되는 와류(소용돌이)에 연기가 말려 들어가는 현상이며, 건물은 바람의 영향에 의해 하류 측에 난류를 발생시킨다.

② Down Draught 방지조건

㉠ 굴뚝높이를 주변 건물높이의 2.5배 이상 높게 한다.

㉡ 배출가스의 온도를 높여 부력 및 운동력을 증가시킨다.

㉢ 굴뚝 상부에 정류판을 설치한다.

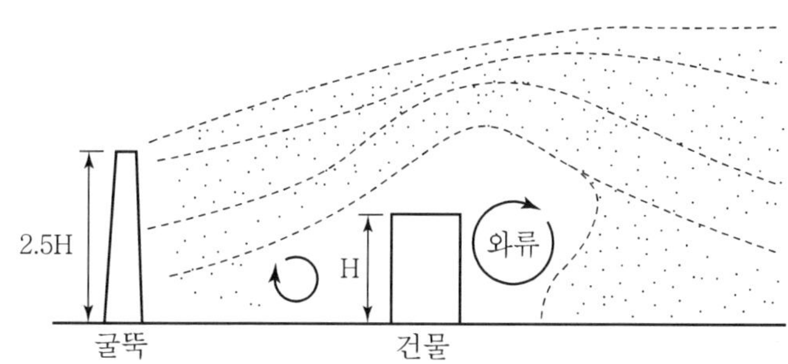

굴뚝높이 : 2.5 H(바람직)

[Down Draught]

 학습 Point

Down Wash 내용 숙지

PART

02

연소 공학

열역학 기초

01 온도

어떤 물질의 온랭의 정도를 표시하는 척도이다.

(1) 섭씨온도

① 'Celsius도'라고도 하며 단위는 '℃'이다.

② 0℃, 760 mmHg(표준대기압) 상태에서 순수한 물의 빙점(어는점)을 0℃, 비점(끓는점)을 100℃로 정하여 100등분 후 1개의 눈금을 1℃로 한 온도이다.

(2) 화씨온도

① 'Fahrenheit도'라고도 하며 단위는 '°F'이다.

② 0℃, 760 mmHg(표준대기압) 상태에서 순수한 물의 빙점(어는점)을 32°F, 비점(끓는점)을 212°F로 정하여 180등분 후 1개의 눈금을 1°F로 한 온도이다.

③ 섭씨온도와 관련식

$$℃ = \frac{5}{9}(\text{화씨온도} - 32) = (°F - 32)/1.8 \qquad [1℃ = 1.8°F]$$

$$°F = \left(\frac{9}{5} \times \text{섭씨온도}\right) + 32 = 32 + (℃ \times 1.8)$$

(3) 절대온도

① 'Kelvin도'라고도 하며 단위는 'K'이다.

② $-273.15℃$에서 모든 물체의 운동이 정지(최저에너지 상태)하는 순간을 $0℃$로 기준으로 하는 온도이다.

③ 섭씨온도와 관련식

$K=273.16+t℃$

$$K=273+t℃$$

④ Rankin 온도(°R)

절대온도 0 K는 $-459.58°F$와 같다.

$°R=459.58+t(°F)$

$$°R=460+t(°F)=1.8\times K$$

학습 Point

섭씨온도 및 화씨온도 환산 숙지

02 압력

단위면적에 작용하는 힘의 크기로 표시된다.

(1) 표준대기압

① 대기압은 기압계로 측정된 압력으로, 일반적으로 mmHg로 표시된다.

② 표준대기압은 공기가 누르는 힘(면적 1 cm^2에 대기가 누르는 힘)이며 0℃, 760 mmHg 상태의 압력이다.

③ 표준대기압의 단위환산

1 atm=1.0332 kg_f/cm^2=760 mmHg(Torr)=10,332 mmAQ

=14.7 lb/in^2(PSI)=29.9 inHg=1.01325 bar

=1,013.23 millibar=101,325 Pa(N/m^2)=1,033.6 cmH_2O=1.013×10^6 $dyne/cm^2$

(2) 절대압력

① 완전 진공상태에서의 기준압력으로 1 N의 힘이 단위면적(1 m^2)에 가해질 때의 압력을 의미한다.

② 절대압력은 게이지압력에 표준대기압을 더한 압력이다.

(3) 계기(게이지) 압력

① 대기압을 0으로 계산한 압력으로, 계기에 나타낸 압력을 의미한다.

② 측정압력과 대기압과의 차를 나타내며 단위는 psig로 표시된다.

(4) 압력의 단위환산

① SI 단위

1 N/m^2=1 Pa=1/9.81 kg_f/m^2=1/32.2 lb/ft^2

② 절대 단위

1 bar=10^6 $dyne/cm^2$=10^5 N/m^2=750.5 mmHg=1,000 millibar

03 열량

(1) 칼로리(cal)

① 1기압하에서 순수한 물 1 g을 14.5℃에서 15.5℃까지 온도를 1℃ 올리는 데 소요된 열량을 Calorie라 한다. 1 cal는 일반적으로 1기압하에서 1 g의 물(얼음, 수증기)을 1℃ 올리는 데 필요한 열량이다.

② 칼로리 단위환산

1 kcal = 1,000 cal = 3.968 Btu = 427 kg · m = 4.2 kJ

(2) B.T.U(British Thermal Unit)

① 순수한 물 1 lb(454 g)을 61.5°F에서 62.5°F까지 온도를 1°F 올리는 데 소요된 열량을 말한다.

② Btu 단위환산

1 Btu = 0.252 kcal = 252 cal

Reference | 엔탈피(Enthalpy)

① 어떤 반응이 자발적으로 일어날지의 여부는 엔탈피, 즉 반응으로 인해 생기는 열변화와 엔트로피, 즉 반응물과 생성물의 무질서도에 의해 결정된다.

② 엔탈피는 반응경로와 무관하여 물질의 양에 비례한다.

③ 반응물이 생성물보다 에너지상태가 높으면 발열반응이고, 흡열반응은 반응계의 엔탈피가 증가한다.

④ 관련식

$$\Delta H = C_p \Delta T = \Delta Q$$

여기서, ΔH : 엔탈피 변화량

$\Delta H < 0$(발열반응)

$\Delta H > 0$(흡열반응)

ΔT : 온도변화량

ΔQ : System의 열량변화

⑤ 엔트로피

System의 무질서도에 대한 직접적인 척도이며 무질서가 커질수록 엔트로피도 증가한다.

필수 문제

01 아래 식을 이용하여 $C_2H_4(g) \rightarrow C_2H_6(g)$로 되는 반응의 엔탈피(kJ)는?

$2C+2H_2(g) \rightarrow C_2H_4(g) \quad \Delta H=52.3kJ$
$2C+3H_2(g) \rightarrow C_2H_6(g) \quad \Delta H=-84.7kJ$

풀 이

엔탈피(ΔH) = ΔQ 즉 엔탈피는 system의 열량변화이므로
$\Delta H=-84.7kJ-(+52.3kJ)=-137.0kJ$

Reference | 깁스(Gibbs) 자유에너지

(1) 자유에너지는 화학반응의 평형상태를 설명할 때 쓰이는 열역학 변수의 하나로 반응의 엔트로피와 엔탈피 변화를 절충한 함수이다.

(2) 자유에너지(G) = 엔탈피(H) − [(절대온도(T)×엔트로피(S)]
① G변화는 부피 변화를 수반하지 않고도 얻을 수 있는 최대일의 척도이다.
② 자유에너지를 사용해서 일을 하면 자발적인 반응에서 G가 감소하여야 한다.
③ 평형상태에서 $\Delta G=0$ 이다.
④ $\Delta G<0$이면 반응은 자발적, 즉 변화의 방향을 결정해 주는 것이다.
⑤ 엔탈피가 감소하고 엔트로피가 증가하면 G는 감소한다.
⑥ 혼합물 경우 ΔG는 반응물과 생성물의 농도에 관계한다.

Reference | 열량 단위 비교

kcal	B.T.U
1	3.968
0.252	1

1 B.T.U을 대기압 상태에서 물 1b의 온도를 1°F 올리는 데 필요한 열량

학습 Point

깁스 자유에너지 내용 숙지

04 비열

어떤 물질 1g의 온도를 1℃ 올리는 데 필요한 열량이다.

① 순수한 물의 비열

㉠ 모든 물질 중 가장 큼

㉡ 1 cal/g · ℃

② 기체의 비열

㉠ 정적비열(CV)

체적(부피)이 일정한 상태에서의 비열

㉡ 정압비열(CP)

압력을 일정하게 유지시킨 후의 비열

㉢ 비열비(K)

$$K = \frac{CP}{CV}$$: CP는 항상 CV보다 큼

$$R = CP - CV$$

여기서, R : 기체상수

③ 특징

㉠ 상태함수가 아니고 경로에 따라 달라지는 양이다.

㉡ 단열화염온도를 이론적으로 산출하기 위해 알아야 하는 열역학적 성질 중의 하나이다.

㉢ 반응조건에 상관없이 동일한 값을 가지므로 연소반응에서 항상 상수로 취급한다.

㉣ 이상기체의 경우 항상 정압비열은 정적비열보다 큰 값을 가진다.

05 열용량

일정한 양의 물질의 온도를 1℃ 올리는 데 필요한 열량이다.

$$\Delta H = m \cdot C \cdot \Delta t(\text{cal})$$

여기서, ΔH : 필요 열량
m : 질량
C : 비열
Δt : 온도변화

Reference | 각 물질의 비열 ℃

① 물 : 1 kcal/kg · ℃
② 얼음 : 0.5 kcal/kg · ℃
③ 공기 : 0.24 kcal/kg · ℃
④ 중유 : 0.45 kcal/kg · ℃

06 이상기체 법칙

이상기체는 분자 상호 간에 인력이 거의 작용하지 않고, 기체분자 자신의 부피도 없으며 공기는 약 0~50℃ 온도 범위 내에서 보통 이상기체의 법칙을 따른다.

(1) 보일의 법칙(Boyle's Law)

1) 정의

부피와 압력관계이며 일정한 온도에서 일정량의 기체의 부피는 압력에 반비례한다.

2) 관련식

$$PV = K(\text{상수}) : V \propto \frac{1}{P}$$

$$P_1 V_1 = P_2 V_2 \qquad \frac{P_1}{P_2} = \frac{V_2}{V_1}$$

(1 → 초기　2 → 최종)

(2) 샤를의 법칙(Charle's Law)

1) 정의

부피와 온도관계이며 일정한 압력에서 일정량의 부피는 절대온도에 비례한다.

2) 관련식

$$V = K(\text{상수})\, T$$

$$\frac{V_1}{T_1} = \frac{V_2}{T_2}$$

(1 → 초기　2 → 최종)

$$V_2 = \frac{V_1 T_2}{T_1} = V_1\left(1 + \frac{1}{273} \times t\right)$$

모든 기체의 부피는 압력이 일정할 때 온도 1℃ 상승시마다 1/273 만큼 증가된다.

필수 문제

01 25℃에서 부피가 40 L인 기체가 40℃로 증가하는 경우 증가한 부피(L)를 구하시오.

풀이 $V_2 = V_1\left(1 + \frac{t}{273}\right)$

우선 V_1을 구하면

$40 = V_1\left(1 + \frac{25}{273}\right)$ $\quad V_1 = 36.64\ L$

$V_2 = 36.64\left(1 + \frac{40}{273}\right) = 42.01\ \text{L}$

증가부피(L) = 42.01 − 40 = 2.01 L

필수 문제

02 상온 25℃에서 가스의 체적이 400 m^3이었다. 이때 기온이 35℃로 상승하였다면 가스 체적(m^3)은?

풀이 가스체적(m^3) $= 400\,\text{m}^3 \times \frac{273 + 35}{273 + 25} = 413.42\,\text{m}^3$

(3) 보일-샤를의 법칙(Boyle-Chares's Law)

1) 정의

모든 기체의 부피는 절대온도에 비례하고 압력에 역비례한다.

2) 관련식

$$\frac{PV}{T} = K(\text{상수})$$

$$\frac{P_1 V_1}{T_1} = \frac{P_2 V_2}{T_2}$$

(1 → 초기 2 → 최종)

$$V_2 = V_1 \times \frac{T_2}{T_1} \times \frac{P_1}{P_2}$$

$$P_2 = P_1 \times \frac{V_1}{V_2} \times \frac{T_2}{T_1}$$

Reference | 배출가스의 밀도(r)

$$r = r_0 \times \frac{273}{273 + T} \times \frac{P_a}{760}$$

여기서, r_0 : 0℃, 1기압(760 mmHg)로 환산한 밀도

P_a : 배출가스 정압

T : 배출가스 절대온도

필수 문제

01 0℃, 1 atm 에서 질소산화물 50 L 는 150℃, 740 mmHg 에서 부피가 얼마인가?

풀이

$$\frac{P_1 V_1}{T_1} = \frac{P_2 V_2}{T_2}$$

$$V_2 = V_1 \times \frac{T_2}{T_1} \times \frac{P_1}{P_2} = 50\ L \times \left(\frac{273+150}{273}\right) \times \left(\frac{760}{740}\right) = 79.57\ \text{L}$$

필수 문제

02 표준상태에서 A시료의 체적은 51 Nm^3 이다. 25 ℃ 820 mmHg 에서의 체적(m^3)은?

풀이

$$\frac{P_1 V_1}{T_1} = \frac{P_2 V_2}{T_2}$$

$$V_2 = V_1 \times \frac{T_2}{T_1} \times \frac{P_1}{P_2} = 51\,\text{Nm}^3 \times \left(\frac{273+25℃}{273+0℃}\right) \times \left(\frac{760}{820}\right) = 51.59\ \text{m}^3$$

(4) 이상기체 방정식

보일, 샤를, 아보가드로 법칙을 결합하여 유래한 방정식이다.

$$PV = nRT$$

여기서, P : 가스의 압력

V : 가스의 부피

n : 몰수 $= \left(\frac{m}{M} = \frac{\text{가스의 질량}}{\text{가스의 분자량}}\right)$

R : 기체상수 $= \frac{PV}{nT} = \frac{(1\ \text{atm}) \times (22.414\ \text{L})}{(1\ \text{mol}) \times (273.15\ \text{K})}$

$= 0.082057\ \text{L} \cdot \text{atm/mole} \cdot \text{K}$

$= 8.314\ \text{J/mol} \cdot \text{K}$

$= 1.987\ \text{cal/mol} \cdot \text{K}$

T : 가스의 절대온도

$$\rho = \frac{m}{V} = \frac{PM}{RT}$$

여기서, ρ : 기체의 밀도

$$M = \frac{mRT}{PV} = \frac{\rho RT}{P}$$

여기서, M : 기체(가스)의 물질량(분자량)

필수 문제

01 20℃, 대기압 상태에서 이산화탄소의 밀도(kg/m³)는?

풀이

$$\rho = \frac{\mathrm{PM}}{\mathrm{RT}}$$

$$= \frac{1\ \mathrm{atm} \times 44\ \mathrm{g/mol} \times \mathrm{kg}/1{,}000\ \mathrm{g}}{(0.082057\ \mathrm{L} \cdot \mathrm{atm/mole} \cdot \mathrm{K}) \times (273+20)\mathrm{K} \times \mathrm{m}^3/1{,}000\ \mathrm{L}} = 1.83\ \mathrm{kg/m^3}$$

필수 문제

02 온도 및 압력이 각각 40℃, 750 mmHg 일 때 NO_2 200 g 이 차지하는 부피(L)를 구하시오.

풀이

$$PV = \frac{m}{M}RT$$

$$V = \frac{m}{M} \times \frac{RT}{P}$$

$$= \frac{200\ \mathrm{g}}{46\ \mathrm{g}} \times \frac{(0.082057\ \mathrm{L} \cdot \mathrm{atm/mole} \cdot \mathrm{K}) \times (273+40)\mathrm{K}}{750\ \mathrm{mmHg} \times (1\ \mathrm{atm}/760\ \mathrm{mmHg})} = 113.16\ \mathrm{L}$$

Reference | 라울(Raoult)의 법칙

① 정의
여러 성분이 있는 용액에서 증기가 나올 때 증기의 각 성분의 부분압은 용액의 분압과 평형을 이룬다는 법칙

② 예
휘발성인 에탄올을 물에 녹인 용액의 증기압은 물의 증기압보다 높다. 그러나 비휘발성인 설탕을 물에 녹인 용액인 설탕물의 증기압은 물의 증기압보다 낮다.

필수 문제

03

배출가스의 온도가 150℃이고 음압(−)이 120 mmH$_2$O 일 때 배출가스의 밀도(kg/m^3)는?(단, 표준상태에서 배출가스의 밀도는 1.29 kg/m^{3}이고 대기압은 1 atm)

풀이

$$r = r_0 \times \frac{273}{273+T} \times \frac{P_a}{760}$$

$$= 1.29 \times \frac{273}{273+150} \times \frac{760-(120/13.6)}{760} = 0.82\text{kg/m}^3$$

[Note : 1 mmHg = 13.6 mmH$_2$O]

학습 Point

보일 · 샤를의 법칙 관련식 숙지

07 잠열 및 현열

(1) 잠열

1) 정의

온도의 변화는 없고 다만 물질의 상태변화 시에만 소요되는 열량이다.

2) 종류

① 융해열

㉠ 0 ℃의 얼음이 0 ℃의 물로 되려면 80 cal/g의 열량이 필요한데, 이 열량을 융해열이라 한다.

㉡ 일정한 온도에서 1mol의 고체를 액체로 만들기 위해 필요한 에너지를 말한다. (얼음의 융해열 : 6.0kJ/mol=80kcal/kg)

② 증발잠열(기화열)

㉠ 100 ℃의 포화수가 100 ℃의 건조증기로 되려면 539 cal/g의 열량이 필요한데, 이 열량을 기화열이라 한다.

㉡ 일정한 온도에서 1mol의 액체를 기체로 만들기 위해 필요한 에너지를 말한다. (물의 기화열 : 40.7kJ/mol=539kcal/kg)

(2) 현열

1) 정의

물질에 의하여 흡수 또는 방출된 열이 물질의 상태변화에는 사용되지 않고 온도변화(온도상승)로만 나타나는 열량이다. 즉, 물질의 상태변화 없이 어떤 물질의 온도변화에 따른 소요 열량이다.

2) 관련식

$$Q(\text{kcal}) = \text{질량}(\text{kg}) \times \text{정압비열}(\text{kcal/kg}\cdot{}^\circ\text{C}) \times \text{온도차}({}^\circ\text{C})$$

여기서, Q : 현열(소요열량 의미)

필수 문제

01 0℃일 때 물의 융해열과 100℃일 때 물의 기화열을 합한 열량(kcal/kg)은?

풀이

융해열(0℃ 얼음이 0℃의 물로 될 때 필요한 열량) : 80 kcal/kg
기화열(100℃ 포화수가 100℃의 건조증기로 될 때 필요한 열량) : 539 kcal/kg
총열량=80+539=619 kcal/kg

Reference | 슈미트 수(Schmidt Number)

① 슈미트 수는 물체 표면에 형성되는 경계층 내의 물질이동과 상관관계를 나타내는 무차원 수이다.
② 일반적인 유체에서의 슈미트 수는 수백 정도를 나타낸다.
③ 슈미트 수는 유체 고유의 성질에 의해 정해지며 기체나 액체 모두 마찬가지로 임계점 근방을 제외하고는 압력과 관계없이 주로 온도에 의해 변화하는데 기체일 경우에는 그 변화폭이 아주 미소하다.
④ 관련식

$$S_n = \frac{\mu}{\rho D} = \frac{\text{운동량의 확산속도}}{\text{물질의 확산속도}}$$

여기서, S_n : 슈미트 수
μ : 유체의 점성계수
ρ : 유체의 밀도
D : 물질분자의 확산계수[열전도에서(프란틀 수 : Prandtl Number)에 해당]

Reference | 루이스 수(Lewis Number)

① 루이스 수는 물질 이동과 열 이동의 상관관계를 나타내는 무차원수이다.
② 온도의 확산속도에 대한 물질의 확산속도의 비를 의미한다.
③ 관련식

$$L_e = \frac{hc}{D \cdot AB} = \frac{\text{온도의 확산속도}}{\text{물질의 확산속도}}$$

여기서, L_e : 루이스 수
hc : 열확산도
D : 물질(질량)의 확산속도
A, B : 성분

08 비중 및 밀도

(1) 비중

① 비중은 임의의 온도에서 부피를 갖는 기준물질의 질량과 기준물질과 동일 부피의 어떤 물질의 질량비를 의미하며 대기환경 관점에서는 공기의 분자량을 기준으로 하여 그 해당 기체가 몇 배 더 무거운가로 표시하거나 공기밀도에 대하여 몇 배 더 큰 비인가로 표시한다.

② 비중의 단위는 무차원이다.

(2) 밀도

① 단위체적당 유체의 질량을 밀도라 한다.

② 관련식

$$\text{밀도}(\rho) = \frac{\text{질량}(\mathrm{kg})}{\text{체적}(\mathrm{m^3})}$$

(3) 비중량

① 단위체적당 유체의 중량(무게)을 비중량이라 한다.

② 관련식

$$\text{비중량}(\gamma) = \frac{\text{중량}(\mathrm{kg})}{\text{체적}(\mathrm{m^3})} = \frac{\mathrm{m \cdot g}}{\mathrm{V}} = \rho \cdot \mathrm{g}$$

여기서, $\mathrm{kg/m^3 = kg_f/m^3 = kg중/m^3}$

(4) 비체적

① 단위 질량의 체적으로, 밀도의 역수를 비체적이라 한다.

② 관련식

$$\text{비체적}(V_s) = \frac{\text{체적}(\mathrm{m^3})}{\text{질량}(\mathrm{kg})} = \frac{1}{\rho}$$

09 점성

(1) 점도(점성도 : 점성계수)

① 점성은 유체분자 상호 간에 작용하는 분자응집력과 인접유체층 간의 분자운동에 의하여 생기는 운동량 수송에 기인한다.

② 유체가 흐르며 분자들 간 상대적인 운동을 할 경우 층과 층 사이에 마찰저항이 발생하는데 이를 점도 또는 점성도라 하며 액체의 점도는 기체에 비해 아주 크며, 대개 분자량이 증가하면 함께 증가한다.

③ 온도가 증가하면 대개 액체의 점도는 감소하고, 기체의 점도는 상승한다.

④ 온도에 따른 액체의 운동점도(kinematic viscosity)의 변화폭은 절대점도의 경우보다 좁다.

⑤ 액체의 점성계수는 주로 분자응집력에 의하므로 온도의 상승에 따라 낮아진다.

⑥ 점성계수는 온도에 의해 영향을 받지만 압력과 습도에는 거의 영향을 받지 않는다.

⑦ Hagen의 점성법칙에서 점성의 결과로 생기는 전단응력은 유체의 속도구배에 비례한다.

(2) 점성(점도)의 단위

① 푸아즈(Poise)가 사용된다.

② 1 poise = 1 g/cm · sec[cgs단위] = 10^{-1} kg/m · sec [mks단위]

③ 1 poise의 1/100을 Centi-Poise[CP]라고 한다. 즉, 1 CP = 10^{-2} g/cm · sec

(3) 동점도(동점성계수)

① 유체의 점도(점성계수)를 그의 밀도로 나눈 값을 의미한다.

② 단위로는 Stokes(cm²/sec)가 쓰이며 이것의 1/100을 Centistokes[CS]라 한다.

③ 관련식

$$\text{동점성계수}(V) = \frac{\text{점성계수}}{\text{유체밀도}}$$

필수 문제

01 1 Centi-Poise를 kg/m · sec로 나타내시오.

풀 이 1 CP = 0.01 g/cm · sec × 1 kg/1,000 g × 100 cm/1 m = 0.001 kg/m · sec

연소공학

01 연소이론

(1) 연소의 정의

① 연소는 연료 중 가연성 물질(C.H.S)이 산소와 반응하여 열, 빛, 이산화탄소, 수증기를 급속히 발생시키는 산화현상이다.

② 연소는 많은 열을 수반하는 발열화학 반응이다.

③ 연소는 고속의 발열반응으로 일반적으로 빛을 수반하는 현상의 총칭이다.

(2) 연소의 3요소 : 연소의 조건

1) 가연성(가연성 물질)

① 개요

산화되기 쉬운 물질을 의미하며 가연성 물질을 산화시키는 대표적 물질로는 산소, 산화질소, 할로겐계 물질 등이 있다.

② 가연물 구비조건

㉠ 반응열(발열량)이 클 것
㉡ 열전도율이 낮을 것
㉢ 활성화 에너지가 작을 것
㉣ 산소와 친화력이 우수할 것
㉤ 연소접촉 표면적이 클 것
㉥ 연쇄반응을 일으킬 수 있을 것
㉦ 흡열반응을 일으키지 않을 것
㉧ 화학적으로 활성이 강할 것

Reference | 활성화에너지

화학반응을 일으키기 위해 필요로 하는 최소한의 에너지를 의미한다.

2) 산소공급원

① 공기 ② 산소

3) 점화원(열원)

① 정의

연소를 위해 연료물질에 활성화에너지를 주는 물질(고온, 열)을 의미한다.

② 화기

㉠ 전기 불꽃 ㉡ 정전기 불꽃

㉢ 마찰 불꽃 ㉣ 단열압축에 의한 열

Reference | 가연한계

① 일반적으로 가연한계는 산화제 중의 산소분율이 커지면 넓어진다.
② 파라핀계 탄화수소의 가연범위는 비교적 좁다.
③ 기체연료는 압력이 증가할수록 가연한계가 넓어지는 경향이 있다.
④ 혼합기체의 온도를 높게 하면 가연범위는 넓어진다.

(3) 완전연소

1) 정의

산소가 충분한 상태에서 가연성 물질을 다시 연소시킬 수 없는 상태로 완전히 산화되는 연소로 연소 후 발생되는 물질 중에서 가연성분이 없는 연소를 의미하며, 연소장치에서의 완전연소 여부는 배출가스의 분석결과로 판정할 수 있다.

2) 완전연소 반응식의 예

$C + O_2 \rightarrow CO_2 + 97{,}000\ \text{kcal/mol}$

$H_2 + \frac{1}{2}O_2 \rightarrow H_2O + 68{,}000\ \text{kcal/mol}$

$S + O_2 \rightarrow SO_2 + 79{,}000\ \text{kcal/mol}$

3) 완전연소 구비조건 : 3 T

① 온도(Temperature)

연료를 인화점 이상 예열하기 위한 충분한 온도

② 시간(Time)
완전연소를 위한 충분한 체류시간

③ 혼합(Turbulence)
연료와 공기의 충분한 혼합

④ 기타
㉠ 충분한 연소실 용적
㉡ 공기의 충분한 공급

필수 문제

01 CO_2 50 kg을 표준상태에서의 부피(m^3)로 나타내시오.(단, CO_2 이상기체, 표준상태로 간주)

풀이 부피(m^3) $= 50\,kg \times \dfrac{22.4\,m^3}{44\,kg} = 25.45\,m^3$

(4) 불완전연소

1) 정의

가연성 물질이 연소한 후 생성되는 생성물이 재연소 가능한 형태로 배출되는 연소를 의미한다.

2) 불완전연소 반응식의 예

$$C + \frac{1}{2}O_2 \rightarrow CO + 29{,}000\ kcal/mol$$

Reference

① 정상연소
연소에 필요한 산소가 일정 속도로 공급되어 일정한 속도로 진행되는 연소

② 비정상 연소
연소가 폭발과 같이 일정한 속도로 진행되지 않는 연소

3) 불완전연소의 발생원인

① 산소공급원이 부족한 경우

② 주위 온도 및 연소실 온도가 너무 낮은 경우

③ 연료 조성이 적당하지 않은 경우

④ 연소기구 형태가 적합하지 않은 경우

⑤ 환기 및 배기가 충분하지 않은 경우

⑥ 불꽃이 냉각된 경우

(5) 착화온도(착화점, 발화점, 발화온도)

1) 정의

가연성 물질이 점화원 없이 주위의 축적된 산화열에 의하여 연소를 일으키는 최저 온도이며, 착화온도(발화점)가 낮은 물질일수록 위험성이 크다.

2) 인화점과 비교

① 발화점과 인화점은 서로 아무런 관계가 없다.

② 발화점은 일반적으로 인화점보다 수백 ℃씩 높은 온도를 나타낸다.

③

	발화점	인화점
점화원	없음	있음
필요인자	물질농도 및 에너지	물질농도
연소 System	밀폐계(외부에서 가열)	개방계(국부적 열원에 의한 발화현상)

3) 착화온도(착화점)가 낮아지는 조건

① 동질물질인 경우 화학적으로 발열량이 클수록

② 화학결합의 활성도가 클수록(반응활성도가 클수록)

③ 공기 중의 산소농도 및 압력이 높을수록

④ 분자구조가 복잡할수록(분자량이 클수록)

⑤ 비표면적이 클수록

⑥ 열전도율이 낮을수록

⑦ 석탄의 탄화도가 작을수록

⑧ 공기압, 가스압 및 습도가 낮을수록

⑨ 활성화 에너지가 작을수록

Reference

① 인화점
가연성 물질에 불씨(점화원)를 접촉 시 불이 붙는 최저온도이며 가연성 액체연료의 위험성을 나타내는 척도로 사용된다. 또한 인화점에서는 외부에서의 열을 제거하면 연소가 중단된다.

② 연소점
인화점보다 5~10℃ 높은 온도이며 점화원을 제거하더라도 계속하여 연소할 수 있는 온도이다.

4) 자연발화점

① 정의

가연성 물질이 점진적으로 산화되면서 축적된 산화열이 발화되는 최저온도이다. 즉, 공기가 충분한 상태에서 연료를 일정 온도 이상으로 가열했을 때 외부에서 점화하지 않더라도 연료 자신의 연소열에 의해 연소가 일어나는 최저온도이다.

② 자연발화의 형태

㉠ 산화열에 의한 발화
㉡ 분해열에 의한 발화
㉢ 흡착열에 의한 발화
㉣ 미생물에 의한 발화

③ 자연발화의 충족조건

㉠ 주위 온도가 높을 것
㉡ 열전도율이 낮을 것
㉢ 발열량이 클 것
㉣ 비표면적이 넓을 것

5) 연료의 착화온도

① 고체연료

㉠ 코크스 : 500~600℃
㉡ 무연탄 : 370~500℃
㉢ 목탄 : 320~400℃
㉣ 역청탄 : 250~400℃
㉤ 갈탄 : 250~350℃, 갈탄(건조) : 250~400℃

② 액체연료

㉠ 경유 : 592℃
㉡ B중유 : 530~580℃
㉢ A중유 : 530℃
㉣ 휘발유 : 500~550℃
㉤ 등유 : 400~500℃

③ 기체연료

㉠ 도시가스 : 600~650℃
㉡ 코크스 : 560℃
㉢ 수소가스 : 550℃
㉣ 프로판가스 : 493℃

㉤ LPG(석유가스) : 440~480℃ ㉥ 천연가스(주 : 메탄) : 650~750℃

㉦ 발생로가스 : 700~800℃

Reference | 연소(화염)온도

① 이론단열연소온도는 실제 연소온도보다 높다.
② 공기비를 크게 할수록 연소온도는 낮아진다.
③ 실제 연소온도는 연소로의 열손실에 영향을 받는다.
④ 평형단열연소온도는 이론단열연소온도와 같지 않다.

(6) 폭발

1) 정의

가연성 기체 또는 액체열의 발생속도가 열의 이동속도를 상회하는 현상으로 급격한 압력의 발생 또는 해방의 결과로 매우 빠르게 연소를 진행하여 파열되거나 팽창되어 매우 큰 파괴력을 일으키는 현상이다.

2) 폭발의 종류

① 화학적 폭발

폭발성 혼합가스의 점화 등으로 화학적 화합물의 치환 또는 반응에 의한 폭발현상

② 압력의 폭발

고압압력용기 폭발, 보일러 팽창탱크 폭발 등 기기장치에서 압력의 일시적 상승으로 인한 폭발

③ 분해폭발

가압에 의한 단일가스(아세틸렌, 산화에틸렌, 히드라진)가 분해하여 폭발

④ 중합폭발

중합반응(시안화수소, 단량체)에 의한 중합력에 의한 폭발

⑤ 촉매폭발

촉매(일광, 직사광선)에 의한 폭발

⑥ 분진폭발

분진인자(알루미늄, 마그네슘)의 충격 및 충돌에 의한 폭발

(7) 폭굉(Detonation)

1) 정의

① 가스 중의 음속보다 화염전파속도가 큰 경우, 파면선단에 충격파(미기압파)라는 소용돌이 형태의 압력으로 격렬한 파괴작용이 일어나는데, 이를 폭굉이라 한다.

② 연소파의 전파속도가 음속을 초월하는 것으로 연소파의 진행에 앞서 충격파가 진행되어 심한 파괴작용을 동반한다.

2) 폭속(폭굉속도)

1,000~3,500 m/sec(정상연소속도 : 0.03(1)~10 m/sec)

3) 폭굉온도 및 압력

① 온도 : 250~500 ℃

② 압력 : 50 atm

4) 폭굉유도거리(Detonation Inducement Distance)

① 정의

최초의 정상적인(완만한) 연소상태에서 격렬한 폭굉으로 진행할 때까지의 거리를 말한다.

② 폭굉유도거리가 짧아지는 요건

㉠ 정상의 연소속도가 큰 혼합가스일수록

㉡ 관 속에 방해물이 있거나 관내경이 작을수록

㉢ 압력이 높을수록

㉣ 점화원의 에너지가 강할수록

(8) 가스의 폭발범위

1) 폭발범위

① 가연성 가스가 공기 중에 존재할 때 폭발할 수 있는 농도의 범위를 부피(%)로 나타내고 농도가 높은 쪽을 폭발상한계, 농도가 낮은 쪽을 폭발하한계로 표현한다.

② 폭발한계 농도 이하에서는 폭발성 혼합가스를 생성하기 어렵다.

2) 가연성 가스의 폭발범위에 따른 위험도 증가 요인

① 폭발하한농도가 낮을수록 위험도 증가

② 폭발상한과 폭발하한의 차이가 클수록 위험도 증가

③ 가스온도가 높고 압력이 클수록 폭발범위 증가

④ 폭발한계농도 이하에서는 폭발성 혼합가스를 생성하기 어려움

3) 폭발범위와 압력의 관계

① 가스압력이 높을수록 발화온도는 낮아짐

② 가스압력이 높을수록 폭발범위는 커짐(하한값은 크게 변하지 않으나 상한값이 크게 커짐)

③ 수소의 경우는 10 atm(1 MPa) 정도까지는 폭발범위가 작아지고 그 이상 압력에서는 다시 점점 커짐

④ 일산화탄소(CO 또는 N_2, 공기 System) 경우는 압력이 높을수록 폭발범위가 작아짐

⑤ 가스의 압력이 대기압 이하로 낮아지는 경우는 폭발범위가 작아짐

⑥ 연소물질 중 Mist 성분이 포함되어 있으면 폭발범위는 현저히 커짐

4) 가스의 위험도(H)

① 개요

㉠ 폭발범위를 하한계 값으로 나눈 것이며 가연성 가스의 위험 정도를 판단하는데 목적이 있다.

㉡ 가스의 위험도 값이 클 경우 폭발(연소)하기 쉬운 가스이다.

② 관련식

$$H = \frac{U - L}{L}$$

여기서, H : 위험도
U : 폭발상한계값(%)
L : 폭발하한계값(%)

5) 르샤틀리에(Le Chatelier) 법칙

① 개요

㉠ 혼합가스의 폭발범위를 구하는 식으로 점화원에 의해 폭발을 일으킬 수 있는 혼합가스 중의 가연성 가스의 부피(%)를 의미한다.

㉡ 열역학적인 평형이동에 관한 원리로서 평형상태에 있는 물질계의 온도, 압력을 변화시키면 그 변화를 감소시키는 방향으로 반응이 진행되어 새로운 평형에 도달한다는 의미가 있다.

② 관련식

$$\frac{100}{L}=\frac{V_1}{L_1}+\frac{V_2}{L_2}+\cdots\cdots+\frac{V_n}{L_n}$$

여기서, L : 혼합가스 폭발한계치(하한계, 상한계)
L_1, L_2, L_n : 각 성분가스의 단독 폭발한계치(하한계, 상한계)
V_1, V_2, V_n : 각 성분가스의 부피 분포 비율(%)

$$L=\frac{100}{\frac{V_1}{L_1}+\frac{V_2}{L_2}+\cdots\cdots+\frac{V_n}{L_n}}$$

필수 문제

01 아래의 조성을 가진 혼합기체의 하한 연소범위(%)는?

성분	조성(%)	하한 연소범위(%)
메탄	80	5.0
에탄	15	3.0
프로판	4	2.1
부탄	1	1.5

풀이 $\frac{100}{LEL}=\frac{V_1}{L_1}+\frac{V_2}{L_2}+\frac{V_3}{L_3}+\frac{V_4}{L_4}=\frac{80}{5.0}+\frac{15}{3.0}+\frac{4}{2.1}+\frac{1}{1.5}$

$LEL=4.24(\%)$

필수 문제

02 CH_4 30%, C_2H_6 30%, C_3H_8 40%인 혼합가스의 폭발범위는?(단, CH_4 폭발범위 5~15%, C_2H_6 폭발범위 3~12.5%, C_3H_8 폭발범위 2.1~9.5% 르샤틀리에의 식 이용)

풀이 폭발하한치(LEL)

$$\frac{100}{LEL}=\frac{30}{5}+\frac{30}{3}+\frac{40}{2.1}$$

$LEL=2.85\%$

폭발상한치(UEL)

$$\frac{100}{UEL}=\frac{30}{15}+\frac{30}{12.5}+\frac{40}{9.5}$$

$UEL=11.61\%$

폭발범위 : 2.85~11.61%

Reference | 각 가스의 폭발한계값(상온, 1 atm)

가스	폭발하한치(%)	폭발상한치(%)
일산화탄소(CO)	12.5	74.0
수소(H_2)	4.0	75.0
메탄(CH_4)	5.0	15.0
아세틸렌(C_2H_2)	2.5	81.0
에틸렌(C_2H_4)	2.7	36.0
에탄(C_2H_6)	3.0	12.4
프로필렌(C_3H_6)	2.2	9.7
프로판(C_3H_8)	2.1	9.5
부틸렌(C_4H_8)	1.7	9.9
부탄(C_4H_{10})	1.8	8.5

(9) 불활성화

1) 최소산소농도 (MOC ; Minimum Oxygen Concentration)

① 개요

화염을 전파하기 위해 요구되는 최소한의 산소농도를 의미하며 폭발방지에 유용한 기준이다.

② 관련식

$$MOC = 연소(폭발)하한치 \times \frac{O_2의\ 몰수}{연료의\ 몰수}$$

필수 문제

01 Propane의 최소산소농도(MOC)는?(단, Propane의 폭발하한계는 2.1 Vol%이다.)

풀이 $MOC = 폭발하한치 \times \frac{O_2\ 몰수}{연료\ 몰수}$

탄화수소의 연소반응식

$$C_mH_n + \left(m + \frac{n}{4}\right)O_2 \rightarrow mCO_2 + \left(\frac{n}{2}\right)H_2O$$

$$C_3H_8 + 5O_2 \rightarrow 3CO_2 + 4H_2O$$

$$= 2.1 \times \frac{5}{1} = 10.5\%$$

(10) 탄화도

1) 개요

① 석탄의 성분이 변화되는 진행 정도, 즉 석탄이 탄화되는 정도를 나타내는 지수로 석탄의 탄화도가 저하하면 탄화수소가 감소하여 수분과 이산화탄소가 증가하여 발열량은 낮아진다.

② 석탄 탄화작용이 진행됨에 따라 고정탄소는 증가, 휘발성분은 감소한다.

③ 고정탄소에 대한 휘발분의 비율(고정탄소/휘발분)을 연료비라 하며 석탄의 탄화 정도를 나타내는 지수이다.

④ 탄화도가 증가하면 산소의 농도가 감소한다.

⑤ 가장 양질의 연료가 탄화도가 높다.

2) 탄화도의 크기

무연탄 > 역청탄(유연탄) > 갈탄 > 이탄 > 목재

3) 탄화도가 높아질 경우 나타나는 현상

① 착화온도가 높아진다.

② 고정탄소가 증가한다.

③ 발열량이 높아진다.

④ 연료비[고정탄소(%)/휘발분(%)]가 증가한다.

⑤ 연소속도가 늦어진다.

⑥ 수분 및 휘발분이 감소한다.

⑦ 비열이 감소한다.

⑧ 산소의 양이 감소한다.

⑨ 매연발생률이 감소한다.

(11) 연소속도

1) 개요

연소속도는 연료가 착화되면서 나타나는 연소반응의 빠르기를 의미하며, 연소속도가 급격하게 진행할 때를 폭발이라 한다.

2) 특징

① 기체연료의 연소속도는 가연물(연료)과 산소의 혼합물 초기농도가 높아질수록 증가한다.

② 연료의 연소 시 CO_2, H_2O, N_2 등의 연소생성물의 농도가 높아지면 연소속도는 감소된다.

3) 연소속도를 지배하는 요인

① 공기 중의 산소의 확산속도(분무시스템의 확산)

② 연료용 공기 중의 산소농도

③ 반응계의 온도 및 농도(반응계 : 가연물 및 산소)

④ 활성화에너지

⑤ 산소와의 혼합비

⑥ 촉매

4) 가연물질의 연소속도

물질	수소	아세틸렌	프로판 및 일산화탄소	메탄
연소속도 (cm/sec)	290	150	43	37

(12) 화학적 반응속도론(연소반응속도론)

1) 화학반응속도

① 화학반응속도는 반응물이 화학반응을 통하여 생성물을 형성할 때 단위시간당 반응물이나 생성물의 농도변화를 의미한다.

② 반응시간이 경과함에 따라 반응물은 점점 작아지므로 (−)가 되고, 생성물은 시간이 경과함에 따라 생성량이 많아져 (+)가 된다.

③ 화학반응속도는 반응물, 생성물 중 어느 하나만 측정되면 구할 수 있다.

④ 일련의 연쇄반응에서 반응속도가 가장 늦은 반응단계를 속도결정단계라 한다.

⑤ 반응의 활성화 에너지가 클수록 반응속도는 느려진다.

⑥ 반응속도상수, 온도, 반응의 차수(0차, 1차, 2차)가 클수록 반응속도는 빨라진다.

⑦ 반응속도식은 온도와 가연성 물질 농도에 의존한다.

2) 일반적 화학반응식

$$\frac{dc}{dt} = -k \cdot c^n$$

여기서, k : 반응계수(속도상수)

n : 반응차수(0차, 1차, 2차)

c : 반응물질의 농도

3) 0차 반응(Zero Order Reaction)

① 개요

㉠ 반응물의 농도를 무제한 증가할지라도 반응속도에는 영향을 미치지 않는 반응을 0차 반응이라 한다.

㉡ 반응속도가 반응물의 농도에 영향을 받지 않는, 즉 농도에 무관한 반응을 의미하며 시간에 대한 농도변화는 그래프상 직선으로 표현된다.

② 관련식

$$C_t = -kt + C_0$$

여기서, C_t : t시간 후 남은 반응물의 농도

k : 0차 반응의 속도상수(mol/L·hr)

C_0 : 초기($t=0$)에서의 반응물의 농도

$$x = kt$$

여기서, x : t시간 후 반응한 농도

$$반감기 = a/2K$$

여기서, a : 초기($t=0$) 반응물의 농도

4) 1차 반응(First Order Reaction)

① 개요

반응속도가 반응물의 농도에 비례하여 진행되는 반응이며 시간에 대한 농도변화는 그래프상 직선이 아닌 곡선으로 표현된다.(단, 시간에 대한 농도의 대수로 표현하면 직선이 됨)

② 관련식

$$C_t = C_0 e^{-k \cdot t}$$

여기서, C_t : t시간 후 남은 반응물의 농도
C_0 : 초기($t=0$) 반응물의 농도
k : 1차 반응의 속도상수(hr^{-1}, 1/hr)

$$\ln\left(\frac{C_t}{C_0}\right) = -kt$$

$$반감기 = \frac{\ln 2}{K}$$

5) 2차 반응(Second Order Reaction)

① 개요

반응속도가 반응물의 농도제곱에 비례하여 진행하는 반응이며, 시간에 대한 농도의 역수로 표현하면 직선이 된다.

② 관련식

$$\frac{1}{C_t} - \frac{1}{C_0} = Kt$$

6) 반응속도상수와 온도

① 연료와 공기가 혼합된 상태에서는 균질반응을 하고, 균질반응속도는 Arrhenius 식으로 나타내며, 반응속도상수는 온도가 가장 중요한 인자이다.

② Arrhenius 법칙(반응속도상수를 온도의 함수로 나타낸 방정식)

$$K = Ae^{-\left(\frac{E_a}{RT}\right)}$$

여기서, K : 반응속도상수

A : Frequency Factor(빈도계수) 또는 Pre Exponential Factor

E_a : 활성화 에너지

T : 절대온도

R : 기체상수

$$\ln k = -\frac{E_a}{RT} + \ln A$$

위 식을 1에서 2까지 적분하면

$$\ln\frac{k_2}{k_1} = \frac{E_a}{R}\left(\frac{1}{T_1} - \frac{1}{T_2}\right)$$

$$\ln k = -\frac{E_a}{2.303R} \cdot \frac{1}{T} + \log A$$

7) 평형상수

① 화학평형

화학반응에서 정반응속도와 역반응속도가 같아, 즉 반응생성물의 농도와 역반응 생성물의 농도가 균형을 이루는 것을 의미한다.

② 관련식

$$aA + bB \underset{K_2}{\overset{K_1}{\rightleftarrows}} cC + dD$$

$$Kc = \frac{[C]^c\ [D]^d}{[A]^a\ [B]^b}$$

여기서, Kc : 화학평형상수

$$Kc = \frac{K_1}{K_2}$$

K_1 : 정반응 속도상수

K_2 : 역반응 속도상수

$[A][B][C][D]$: 각 반응, 생성물의 농도

필수 문제

01 1,000초 동안 반응물의 1/2 이 분해되었다면 반응물이 1/250 이 남을 때까지는 얼마의 시간(sec)이 필요한가?(단, 1차 반응기준)

풀이

$$\ln\frac{C_t}{C_0} = -kt$$

$$k = -\frac{1}{t}\ln\left(\frac{C_t}{C_0}\right) = -\frac{1}{1,000}\ln\left(\frac{1/2}{1}\right) = 0.000693\text{sec}^{-1}$$

$$\ln\left(\frac{1/250}{1}\right) = -0.000693\text{sec}^{-1} \times t$$

$t = 7,967.48$ sec

필수 문제

02 어떤 1차 반응에서 1,000 sec 동안 반응물의 1/2 이 분해되었다면 반응물의 1/10 이 남을 때까지의 시간(sec)은?

풀 이

$$\ln\frac{C_t}{C_0} = -kt$$

$$k = -\frac{1}{t}\ln\left(\frac{C_t}{C_0}\right) = -\frac{1}{1{,}000}\ln\left(\frac{1/2}{1}\right) = 0.000693\text{sec}^{-1}$$

$$\ln\left(\frac{1/10}{1}\right) = -0.000693\text{sec}^{-1} \times t$$

$t = 3{,}322.63$ sec

필수 문제

03 어떤 화학과정에서 반응물질을 25% 분해하는 데 41.3분 소요된다는 것을 알았다. 이 반응이 1차라고 가정할 때, 속도상수(S^{-1})는?

풀 이

$$\ln\frac{C_t}{C_0} = -kt$$

$\ln\left(\frac{0.75}{1}\right) = -k \times 41.3$ min [반응 후 생성물=100−25=75%(0.75)]

$k = 0.00697\ \text{min}^{-1} \times 1\ \text{min}/60\ \text{sec} = 0.0001161S^{-1}(1.161\times10^{-4}\ S^{-1})$

필수 문제

04 암모니아농도가 용적비로 215 ppm 인 실내공기를 송풍기로 환기시킬 때 실내용적이 4,040 m^3 이고, 송풍량이 111 m^3/min 이면 농도를 11 ppm 으로 감소시키기 위한 시간은?

풀 이

$$\ln\frac{C_t}{C_0} = -kt$$

$$k = \frac{\text{송풍량}}{\text{작업장용적}} = \frac{111\text{m}^3/\text{min}}{4{,}040\text{m}^3} = 0.02747\text{min}^{-1}$$

$$\ln\left(\frac{11}{215}\right) = -0.02747 \times t$$

$t = 108.22$min

필수 문제

05

A→B+C의 연소반응식에 있어서 반응 개시 후 3분이 경과하였을 때 A의 농도는 몇 mol/L 인가?(단, 위 반응은 1차 반응(반응속도가 A농도로 1차로 비례)이며 속도상수(K)는 $3.5\times10^{-1}\,\text{min}^{-1}$, A의 초기농도는 12 mol/L)

풀이

$$\ln\frac{C_t}{C_0} = -kt$$

$$\ln\left(\frac{C_t}{12}\right) = (-3.5\times10^{-1})\times3$$

$$C_t = e[(-3.5\times10^{-1})\times3]\times12 = 4.19\ \text{mol/L}$$

필수 문제

06

NH_3를 제조하는 작업장(10 m×100 m×10 m)에서 NH_3 10 kg 이 누출되어 전 작업장 내로 확산되었다. 이때 송풍능력 100 m^3/min 의 송풍기를 사용하여 허용농도로 환기시키는 데 소요되는 시간(hr)은?

(단, $-\dfrac{d[A]}{dt} = K[A]$, NH_3 허용농도 25 ppm, 표준상태 기준)

풀이

$$\ln\frac{C_t}{C_0} = -kt$$

$$C_0(NH_3\ \text{농도}) = \frac{NH_3\text{양}}{\text{작업장 용적}}\times10^6$$

$$= \frac{10\ \text{kg}\times\dfrac{22.4\ \text{m}^3}{17\ \text{kg}}}{(10\times100\times10)\text{m}^3}\times10^6 = 1{,}317.65\ \text{ppm}$$

$$C_t = 25\ \text{ppm}$$

$$K = \frac{\text{송풍량}}{\text{작업장 용적}} = \frac{100\ \text{m}^3/\text{min}}{(10\times100\times10)\text{m}^3} = 0.01\ \text{min}^{-1}$$

$$\ln\left(\frac{25}{1{,}317.65}\right) = -0.01\times t$$

$$t = 396.47\ \text{min}\times\text{hr}/60\ \text{min} = 6.61\ \text{hr}$$

필수 문제

07

창고에 화재가 발생하여 적재된 A화합물이 5분 동안에 1/2 이 소실되었다. 이 화합물의 90%가 소실되는 데 소요되는 시간(min)은?(단, 연소반응은 2차 반응으로 진행된다.)

풀이

$$\frac{1}{C_t} - \frac{1}{C_0} = kt$$

$$\frac{1}{0.5} - \frac{1}{1} = k \times 5,\ k = 0.2\mathrm{min}^{-1}$$

$$\frac{1}{0.1} - \frac{1}{1} = 0.2\mathrm{min}^{-1} \times t$$

$t = 45$ min

필수 문제

08

A+B ⇄ C+D 반응에서 A와 B의 반응물질이 각각 1 mol/L 이고, C와 D의 생성물질이 각각 0.5 mol/L일 때, 평형상수 값을 구하시오.

풀이

평형상수(Kc)

$$Kc = \frac{[\ C\ ][\ D\ ]}{[\ A\ ][\ B\ ]} = \frac{[0.5][0.5]}{[0.5][0.5]} = 1$$

(생성물질 각 0.5 mol/L ⇒ 반응물질 각 0.5 mol/L 의미)

필수 문제

09

A(g) → 생성물 반응에서 그 반감기가 0.693/K 인 반응은 몇 차 반응인가?(단, k는 속도상수)

풀이

$$\ln\left(\frac{C_t}{C_0}\right) = -kt$$

$\ln 0.5 = -k \times t$

$t = 0.693/K$이므로 1차 반응

필수 문제

10 1,000K에서 아래 반응식 (a), (b) 각각의 평형상수 Kp_1, Kp_2는 아래와 같다. 아래 식을 이용하여 다음의 반응(c) $CO_2(g) \rightleftarrows CO(g) + 1/2O_2(g)$의 1,000K에서의 평형상수는?

(a) $H_2O(g) \rightleftarrows H_2(g) + 1/2O_2(g)$, $Kp_1 = 8.73 \times 10^{-11}$
(b) $CO_2(g) + H_2(g) \rightleftarrows H_2O(g) + CO(g)$, $Kp_2 = 7.29 \times 10^{-11}$

풀이

$H_2O \rightleftarrows H_2 + 1/2\ O_2$

$$Kp_1 = \frac{[H_2][O_2]^{\frac{1}{2}}}{[H_2O]} = 8.73 \times 10^{-11}$$

$$[O_2]^{\frac{1}{2}} = 8.73 \times 10^{-11} \times \frac{[H_2O]}{[H_2]}$$

$CO_2 + H_2 \rightleftarrows H_2O + CO$

$$Kp_2 = \frac{[H_2O][CO]}{[CO_2][H_2]} = 7.29 \times 10^{-11}$$

$$\frac{[CO]}{[CO_2]} = 7.29 \times 10^{-11} \times \frac{[H_2]}{[H_2O]}$$

$CO_2 \rightleftarrows CO + 1/2\ O_2$

$$Kc = \frac{[CO][O_2]^{\frac{1}{2}}}{[CO_2]}$$

$$= \frac{[CO]}{[CO_2]} \times [O_2]^{\frac{1}{2}}$$

$$= \left[7.29 \times 10^{-11} \times \frac{[H_2]}{[H_2O]}\right] \times \left[8.73 \times 10^{-11} \times \frac{[H_2O]}{[H_2]}\right] = 6.36 \times 10^{-21}$$

필수 문제

11 가우시안 확산모델을 이용하여 화력발전소에서 10 km 떨어지고, 평균풍속이 1 m/s인 주거지역의 SO_2농도를 계산하였더니 0.05 ppm 이었다. SO_2의 화학반응(1차 반응)을 고려한다면 주거지역의 SO_2 농도(ppm)는 얼마인가?(단, SO_2의 대기 중에서 반응속도상수는 $4.8 \times 10^{-5} s^{-1}$이고 1차 반응을 이용하여 계산할 것)

풀이 $C_t = C_o \cdot e^{-(k \cdot t)}$

t(소요시간) = 거리/속도 = 10,000m/(1m/sec) = 10,000sec

$= 0.05 \times e^{-(4.8 \times 10^{-5} \times 10,000)} = 0.03\text{ppm}$

필수 문제

12 어떤 0차 반응에서 반응을 시작하고 반응물의 1/2이 반응하는 데 30분이 걸렸다. 반응물의 90%가 반응하는 데 소요되는 시간(min)은?

풀이

$C_t = -kt + C_o$

$C_t - C_o = -kt$

$-0.5 = -k \times 30\text{min},\ k = 0.0167\text{min}^{-1}$

$0.9 = 0.0167 \times t$

$t = 53.89\text{min}$

필수 문제

13 벤젠 소각 시 소각상수 k가 500℃에서 0.00011/s, 600℃에서 0.14/s일 때 벤젠소각에 필요한 활성화에너지(kcal/mol)는?(단, 벤젠의 연소반응은 1차 반응으로 가정, 속도상수 k는 Arrhenius식 이용)

풀이

$$\ln\frac{k_2}{k_1} = \frac{E_a}{R}\left(\frac{1}{T_1} - \frac{1}{T_2}\right)$$

$$\ln\frac{0.14}{0.00011} = \frac{E_a}{1.987}\left(\frac{1}{273+500} - \frac{1}{273+600}\right)$$

$7.14 = 0.0000745 E_a$

$E_a = 95,838\text{cal/mol} \times \text{kcal}/1,000\text{cal} = 95.84\text{kcal/mol}$

필수 문제

14 어떤 반응에서 0℃에서의 반응속도상수가 $0.001s^{-1}$이고 100℃에서의 반응속도상수가 $0.05s^{-1}$일 때 활성화에너지(kJ/mol)는?

풀이

$$K = Ae^{-\frac{E_a}{RT}}$$

$$\ln K = -\frac{E_a}{RT} + \ln A$$

$$\ln\frac{k_2}{k_1} = \frac{E_a}{R}\left(\frac{1}{T_1} - \frac{1}{T_2}\right)$$

$$\ln\frac{0.05}{0.001} = \frac{E_a}{8.314}\left(\frac{1}{273+0} - \frac{1}{273+100}\right)$$

$$3.912 = 0.0001181E_a$$

$$E_a = 33,124\,\text{J/mole} \times \text{kJ}/1,000\,\text{J}$$

$$= 33.12\,\text{kJ/mol}$$

Reference | 너셀 수(Nusselt Number ; Nu)

① 전도열 이동속도에 대한 대류열 이동속도의 비
② 강제대류 열전달에서 Nu가 클수록 대류열전달이 활발함
③ 관계식

$$\text{Nu} = \frac{\text{hL}}{\text{k}} = \frac{\text{대류계수}}{\text{전도계수}}$$

학습 Point

1 가연물 구비조건 내용 숙지
2 착화온도 낮아지는 조건 내용 숙지
3 폭굉유도거리 내용 숙지
4 르샤틀리에 법칙 관련식 숙지
5 탄화도가 높을 경우 나타나는 현상 내용 숙지
6 1차 반응 관련식 숙지

02 연소형태

가연물의 종류에 따른 연소형태 종류

연료	연소형태(연소방식)
기체 연료	예혼합연소(Premixed Burning) 확산연소(Diffusive Burning) 부분예혼합연소(Semi-Premixed Burning)
액체 연료	증발연소(Evaporating Combustion) 분무연소(Spray Burning) 액면연소(Pool Burning) 등심연소(Wick Combustion) : 심화연소
고체 연료	증발연소(Evaporating Combustion) 분해연소(Decomposing Combustion) 표면연소(Surface Combustion) 자기연소(내부연소)

(1) 확산연소법

1) 정의

가연성 연료와 외부공기가 서로 확산에 의해 혼합하면서 화염을 형성하는 연소형태, 즉 연료를 버너노즐로부터 분리시켜 외부공기와 일정속도로 혼합하여 연소하는 방법이다.(버너 내에서 공기와 혼합시키지 않고 버너노즐에서 연료가스를 분사하고 연료와 공기를 일정속도로 혼합하여 연소)

2) 특징

① 연소용 공기와 기체연료(가스)를 예열할 수 있다.
② 붉고 화염이 길다.
③ 그을음이 발생하기 쉽다.(연료분출속도가 큰 경우)
④ 역화(Back Fire)의 위험이 없다.
⑤ 주로 탄화수소가 적은 발생로가스, 고로가스 등에 적용되는 연소방식이다.

3) 확산연소에 사용되는 버너의 종류

① 포트형

② 버너형

4) 확산화염의 형태

① 자연분류 확산화염
화염이 버너로부터 정지상태에 있는 공기 내에 분출되어 연료분류의 계면에 형성

② 동축류 확산화염
화염이 버너 연료와 공기류가 같은 축에 분출되어 연료류의 계면에 형성

③ 대향류 확산화염
화염이 대향하는 연료와 공기류의 분리점 부근에 형성

④ 대향류 분류화염
화염이 공기류에 대향하여 분출된 연료분류의 계면에 형성

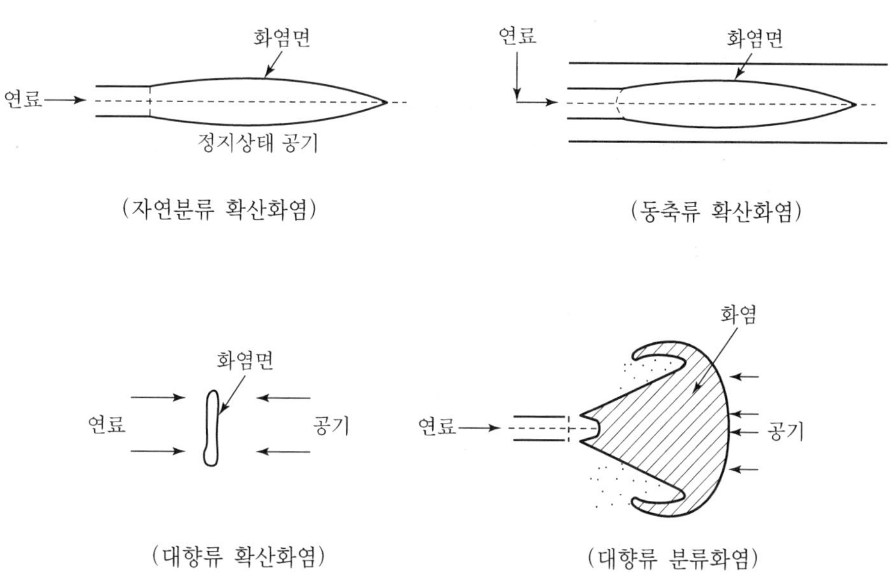

[확산화염의 형태]

5) 분류확산화염

① 개요

동축류 확산화염 중 연료류의 속도가 주위의 공기류 속도보다 빠른 화염 및 자유분류 확산화염을 합하여 분류확산화염이라 한다.

② 특징

㉠ 분류속도가 작은(느린) 영역에서는 화염의 표면이 매끈한 층류화염이 형성되며, 이 층류화염의 길이는 버너 구경의 제곱과 연료의 유속에 비례하여 증가한다.

$$x_f \propto \frac{d^2 \cdot V_{fu}}{D_f}$$

여기서, x_f : 화염의 길이
d^2 : 버너의 구경
V_{fu} : 연료의 유속
D_f : 연료의 확산계수

㉡ 층류화염에서 난류화염으로 전이하는 높이는 유속이 증가함에 따라 급속히 아래쪽으로 이동하여 층류화염의 길이가 감소된다.

㉢ 천이화염에서 유속을 더 증가시키면 대부분의 화염이 난류가 되고 전체 화염의 길이는 크게 변화하지 않는다.

㉣ 층류화염에서 난류화염으로의 전이는 분류 레이놀드수에 의존한다.

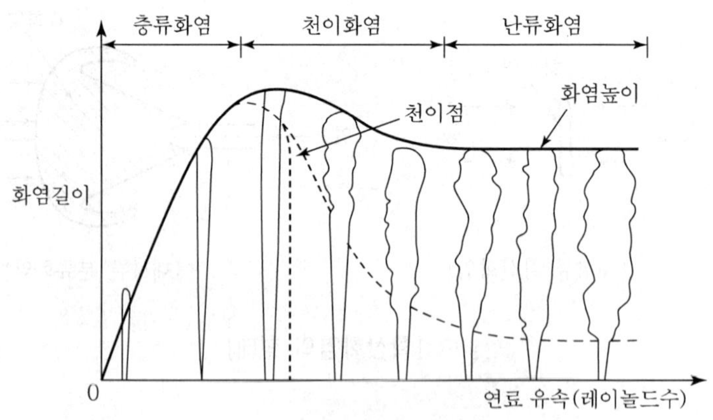

[분류확산화염의 변화]

(2) 예혼합연소법

1) 정의

① 기체연료가 공기와 미리 혼합된 상태에서 버너에 의해 연소실 내에 분출시켜서 연소가 이루어지는 방법으로 연소효율이 100%까지도 가능하다.

② 연소기 내부에서 연료와 공기의 혼합비가 변하지 않고 균일하게 연소가 가능하다.

2) 특징

① 화염온도가 높아 연소부하가 큰 경우에 사용이 가능하다.

② 혼합기의 분출속도가 느릴 경우 역화의 위험이 있어 역화방지기를 부착해야 한다.(기체연료의 연소방법 중 역화위험이 가장 큼)

③ 연소조절이 쉽다.(연료와 공기의 혼합비가 일정하여 균일하게 연소됨)

④ 화염이 짧고, 완전연소로 인한 그을음 생성량은 적다.

3) 공기의 양에 따른 버너의 종류

① 전1차식 ② 분젠식 ③ 세미분젠식

Reference | 역화(Back Fire)의 원인

역화현상은 가스노즐 분출속도가 연소속도보다 느리게 되면 화염이 버너 내부에서 연소하는 현상이다.

① 1차 공기가 과대한 경우
② 버너 노즐부의 과열로 인하여 연소속도가 증가한 경우
③ 염공이 확대된 경우
④ 분출가스압이 저하된 경우
⑤ 인화점이 낮은 연료 및 유류성분 중 물, 이물질이 포함된 경우
⑥ 점화시간 지연 및 압력이 과대한 경우

Reference | 부분예혼합연소(절충식 연소방법)

① 연소용 공기의 일부를 미리 연료와 혼합하고, 나머지 공기는 연소실 내에서 혼합하여 확산연소시키는 방식으로 소형 또는 중형 버너로 사용되는 기체연료의 연소방식이다.
② 소형 또는 중형 버너로 널리 사용되며, 기체연료 또는 공기의 분출속도에 의해 생기는 흡인력을 이용하여 공기 또는 연료를 흡인한다.

(3) 증발연소

1) 정의

화염으로부터 열을 받으면 가연성 증기가 발생하는 연소, 즉 액체연료가 액면에서 증발하여 가연성 증기로 되어 산소와 반응한 후 착화되어 화염이 발생하고 증발이 촉진되면서 연소, 즉 물질이 직접 기화하면서 연소가 이루어지는 것을 의미한다. (비교적 융점이 낮은 고체연료가 연소하기 전에 액상으로 융해한 후 증발하여 연소하는 형태이다)

2) 특징

① 연료의 증발속도가 연소속도보다 빠르면 불완전 연소가 된다.
② 증발온도가 열분해온도보다 낮은 경우 증발연소된다.

3) 적용연료

① 휘발유, 등유, 경유, 알코올(중유는 제외)
② 나프탈렌, 벤젠
③ 양초

4) 기타

탄소 성분이 많은 중질유 등의 연소에서는 초기에는 증발연소를 하고, 그 열에 의해 연료 성분이 분해되면서 연소한다.

(4) 분무연소

1) 정의

액체연료를 분무화하여 미립자로 만든 후 공기에 혼합하여 연소시키는 방법이다.

2) 분무연소의 예

디젤기관

(5) 분해연소

1) 정의

고체연료가 가열되면 연소 초기에 열분해가 일어나서 가연성 가스가 발생하며, 이를 공기와 혼합하여 긴 화염을 발생시키면서 확산연소하는 과정을 분해연소라 한다.

(분해온도가 증발온도보다 낮은 고체연료가 기상 중에 화염을 동반하여 연소할 경우 관찰되는 연소형태이다.)

2) 특징

① 열분해는 증발온도보다 분해온도가 낮은 경우에 가열에 의해 발생된다.
② 고체연료는 일반적으로 연소 전에 분해되어 가연성 가스가 발생된다.
③ 착화온도에 도달하기 전에 휘발분이 생성되고 그것이 연소되면서 착화연소가 시작된다.

3) 분해연소의 예

① 석탄, 목재(휘발분을 가짐)
② 중유(증발이 어려움)

(6) 표면연소

1) 정의

고체연료 표면에 고온을 유지시켜 표면에서 반응을 일으켜 내부로 연소가 진행되는 연소방법이다.

2) 특징

① 흑연, 코크스, 목탄 등과 같이 대부분 탄소만으로 되어 있고 휘발분이 적은 고체연료의 가장 대표적인 연소방법이다.
② 고체연료 표면에 산소가 반응하여 불꽃 없이 적열 후 연소된다. 즉, 코크스나 석탄 등이 고온연소 시 고체 표면이 빨갛게 빛을 내면서 반응하는 연소로 화염이 없는 연소형태이다.
③ 증발, 분해되지 못하고 표면의 탄소로부터 직접 연소되는 현상이다. 즉, 휘발분의 함유율이 적은 물질이 연소될 때 표면의 탄소분부터 직접 연소된다.

3) 표면연소 예

① 코크스, 숯(목탄), 흑연
② 금속
③ 석탄(분해연소와 탄소의 표면연소의 두 반응에서 이루어짐)

(7) 자기연소(내부연소)

1) 정의

외부공기 없이 고체 자체의 산소 분해에 의하여 연소하면서 내부로 연소가 폭발적으로 진행되는 방법이다.

2) 자기연소의 예

① 니트로글리세린(nitroglycerine)

② 화약, 폭약(TNT)

(8) 그을림 연소

숯불과 같이 불꽃을 동반하지 않는 열분해와 표면연소의 복합 형태라 볼 수 있다.

(9) 기화연소

연료를 고온의 물체에 접촉 또는 충돌시켜서 액체를 가연성 증기로 변환 후 연소시키는 방식이다.

Reference | 화격자 연소

① 고정된 층을 연소용 공기가 통과하면서 연소가 일어난다.
② 모닥불이나 화재 등도 이 화격자 연소의 일종이다.
③ 금속격자 위에 연료를 깔고 아래에서 공기를 불어 연소시키는 형태이다.

Reference

분사연소, COM연소, 미분연소는 연료의 표면적을 넓게 하여 연소반응이 원활하게 이루어지도록 하는 연소형태이다.

필수 문제

01

액화프로판 700kg 을 기화시켜 9.5 Sm^3/hr 로 연소시킨다면 약 몇 시간 사용할 수 있는가?(단, 표준상태 기준)

풀이 $$사용시간(hr) = \frac{700kg \times 22.4Sm^3/44kg}{9.5Sm^3/hr} = 37.51hr \qquad [C_3H_8 = (12\times3) + 8 = 44]$$

학습 Point

1 확산연소법 및 예혼합연소법 내용 숙지
2 역화의 원인 내용 숙지

03 연료

(1) 정의

연료란 공기 중의 산소에 의한 연소반응에서 열을 얻기 위한 물질, 즉 연소열을 경제적으로 이용할 수 있는 물질이며 상온에서 형태 및 성질에 따라 고체, 액체, 기체연료로 구분한다.

(2) 연료의 구비조건

① 공급, 저장, 운반 및 취급이 편리할 것
② 인체에 무해해야 하고 대기오염의 영향이 적을 것
③ 단위용적당 발열량이 클 것
④ 안정성이 있고 경제적이며 점화성이 좋을 것
⑤ 가격이 저렴하고 매장량이 풍부해야 할 것
⑥ 저장 및 사용에 있어서 안정성이 있을 것

(3) 연료의 요소

1) 주성분

① 탄소(C), 수소(H)
② 주성분이 발열량을 좌우한다.

2) 불순물

산소(O), 질소(N), 황(S), 수분(H_2O), 회분(Ash)

3) 가연성분

고정탄소(C), 수소(H), 황(S), 휘발성분

(4) 고체연료

1) 고체연료의 구성성분

① 원소분석

탄소(C), 수소(H), 산소(O), 질소(N), 황(S), 회분(Ash), 수분(H_2O)

② 공업분석

㉠ 공업분석은 건류나 연소 등의 방법으로 석탄을 공업적으로 이용할 때 석탄의 특성을 표시하는 분석방법이다.

㉡ 수분(H_2O), 회분(Ash), 휘발성분, 고정탄소. 이 중 휘발분 및 고정탄소는 고체연료 연소 시 기준이 된다.

③ 원료조성

㉠ 고체연료의 C/H비는 15~20 정도이다.

㉡ 고체연료는 액체연료에 비하여 수소함유량은 적고 산소함유량은 많다.

㉢ 고체연료의 분자량은 300~800 전후이다.

2) 고체연료의 장단점

① 장점

㉠ 노천야적이 가능하다.

㉡ 저장 및 취급이 용이하다.

㉢ 매장량이 풍부하다.(구하기 쉬움)

㉣ 특수목적에 사용할 수 있다.(연소성이 느린 점을 이용)

㉤ 연소장치가 간단하고 가격이 저렴하다.

㉥ 에너지 밀도가 낮다.

② 단점

㉠ 완전연소가 곤란하다.

㉡ 회분이 많아 재(Ash)가 다량 발생하며 재처리가 곤란하다.

㉢ 전처리(건조, 분쇄 등)가 필요하다.

㉣ 연소효율이 낮아 고온을 얻기 힘들다.

㉤ 연소조절이 어렵고 매연이 발생한다.

㉥ 착화연소가 곤란하며 연료의 배관수송이 어렵다.

㉦ 품질이 균일하지 못하다.

㉧ 연소 시 많은 공기가 필요하므로 연소장치가 대형화된다.

3) 고체연료의 종류

① 천연물질

숯, 목재, 이탄, 갈탄, 역청탄, 무연탄 등

② 가공물질

목탄, 코크스, 반성코크스, 연탄 등

4) 고체연료에 함유된 주요성분의 특징

① 수분

㉠ 착화성 불량(수분증발 후 연소하기 때문)

㉡ 열손실 초래(기화열을 소비하기 때문)

㉢ 점화가 어렵고 열효율을 낮춤

㉣ 통기 및 통풍이 불량해짐(화층의 균일성을 방해하기 때문)

② 회분

㉠ 발열량 저하로 연료가치 저하

㉡ 연소불량 초래(연소효율 저하)

㉢ 통풍 방해(클링커 발생 때문)

③ 휘발분

㉠ 휘발분이 많을수록 발열량을 저하시킴

㉡ 휘발분이 많을수록 연소효율이 저하되고 매연(그을음) 발생이 심함

㉢ 휘발분이 많을수록 연료가치가 낮아짐(불완전 연소생성물이 발생하기 때문)

㉣ 휘발분이 많을수록 점화가 쉬움

④ 고정탄소

㉠ 고정탄소의 값이 클수록 발열량을 증가시킴

㉡ 고정탄소의 값이 클수록 불꽃(청색)이 짧아지고 점화시기를 늦춤

㉢ 고정탄소의 값이 클수록 열효율을 증가시킴(연소성을 좋게 함)

㉣ 고정탄소의 값이 클수록 매연발생이 적음

㉤ 고정탄소의 값이 클수록 복사선의 강도가 큼

⑤ $\text{연료비} = \dfrac{\text{고정탄소}(\%)}{\text{휘발분}(\%)}$

㉠ 탄화도가 커짐에 따라 연료비 증가

㉡ 연료비가 높을수록 양질의 석탄을 의미(대표적 : 무연탄)

⑥ 기공률 $= \dfrac{1-\text{겉보기비중}}{\text{참비중}} \times 100$

일반적으로 기공률은 코크스가 큼

⑦ 착화온도

㉠ 압력이 높을수록 착화온도 저하

㉡ 발열량이 클수록 산소량 증가

Reference | 고정탄소

① 정의

일반적으로 공업분석항목에 고정탄소, 수분, 회분, 휘발분이 있으며, 이때 고정탄소는 100%에서 수분과 회분, 휘발분 함량을 뺀 나머지를 말한다.

② 계산

수분(%) + 휘발분(%) + 회분(%) + 고정탄소(%) = 100%

고정탄소(%) = 100 − [수분(%) + 휘발분(%) + 회분(%)]

Reference | 회분(Ash) 측정

회분은 시료 1g을 실온에서 500℃까지는 60분, 500~815℃에서는 30~60분, 815±10℃에서 함량이 될 때까지 가열, 연소한 후의 잔류분, 즉 석탄이 완전히 연소하고 난 후에 남게 되는 불연성의 잔존물을 말한다.

Reference

휘발분의 조성은 고탄화도 역청탄에서는 탄화수소가스 및 타르성분이 많아 발열량이 높다.

5) 석탄

① 석탄 분류

㉠ 점결성에 따른 분류

ⓐ 강점결탄
- 굳은 코크스를 얻음
- 고도 역청탄

ⓑ 약점결탄
- 취약한 코크스를 얻음
- 반역청탄, 저도 역청탄

ⓒ 비점결탄 ┌ 전혀 융합되지 않음
　　　　　 └ 무연탄, 반무연탄, 갈탄

Reference | 점결성

석탄이 가열되면 연화·융화되어 가소성을 띠나, 이때 응용되지 않는 부분은 팽창되면서 굳어져 탄력 있는 다공성 물질로 변화하는데 이 성질이 점결성이며, 열화되면 낮아지고 회분이 많으면 그 경향이 커진다.

㉡ 탄화도에 따른 분류

ⓐ 토탄(이탄) < 아탄 < 갈탄 < 역청탄(유연탄) < 무연탄

ⓑ 석탄의 탄화 정도를 나타내는 지수인 연료비$=\frac{\text{고정탄소}(\%)}{\text{휘발분}(\%)}$에 의해 무연탄이 탄화도, 탄소분(고정탄소)의 값이 가장 높고 휘발성분의 값은 가장 적다.

ⓒ 연료비가 높을수록 양질의 석탄이며 무연탄이 가장 높다.

ⓓ 무연탄은 고정탄소량이 많아 연료비가 가장 높다.

ⓔ 석탄의 탄화도가 저하하면 탄화수소가 감소하며 수분과 이산화탄소가 증가하여 발열량은 낮아진다.

ⓕ 석탄의 비중은 석탄화도가 진행됨에 따라 증가되는 경향을 보인다.

ⓖ 건조된 석탄은 석탄화도가 진행된 것일수록 착화온도가 상승한다.

Reference | 탄화도

긴 지질시대를 거쳐 생성된 석탄은 그 산출상태와 성질에 있어서 많은 차이점을 갖게 되는데 지질조건과 생성지층에 따라 생성속도와 성상이 달라지게 된다. 이와 같은 변화과정을 석탄화 또는 탄화라고 하고, 그 진행 정도를 석탄화도 또는 탄화도라고 한다.

② 석탄의 풍화작용

㉠ 정의

석탄을 대기 중에 장기간 방치하면 공기 중의 산소와 산화작용에 의해 표면 광택이 저하되고 연료비가 감소하는 현상이다.

㉡ 원인

ⓐ 수분, 휘발분이 많은 경우

ⓑ 입자가 작은 경우

ⓒ 외기온도가 높은 경우

ⓓ 바로 출하된 석탄인 경우

㉢ 피해

ⓐ 휘발분 및 점결성이 감소함

ⓑ 발열량이 저하함

ⓒ 석탄 고유 광택이 변하여 표면광택이 저하함

ⓓ 연하고 물러져 분탄이 되기 쉬움

③ 석탄의 자연발화현상

㉠ 개요

ⓐ 풍화작용의 지속 및 석탄의 저장방법이 불량하면 탄층 내부온도가 60℃ 이상이 되어 완만하게 발생하는 열이 내부에 축적되어 스스로 점화하여 연소하는 현상이다.

ⓑ 자연발화 가능성이 높은 갈탄 및 아탄은 정기적으로 탄층 내부의 온도를 측정할 필요가 있다.

㉡ 대책

ⓐ 실내온도를 60℃ 이하로 유지 및 건조한 곳에 저장함

ⓑ 탄층의 높이 제한(옥내 2 m 이하, 옥외 4 m 이하) : 퇴적은 가능한 낮게 함

ⓒ 적당한 저장기간 정함(30일 이내가 바람직)

ⓓ 저장 시 탄의 종류별로 구분

ⓔ 탄 내부의 통기시설 설치

④ 석탄의 특징

㉠ 석탄회분의 용융 시 SiO_2, Al_2O_3 등의 산성 산화물량이 많으면 회분의 용융점이 높아진다.

㉡ 점결성은 석탄에서 코크스 생산 시 중요한 성질이다.

㉢ 연료조성 변화에 따른 연소특성으로 수분은 착화불량과 열손실을, 회분은 발열량 저하 및 연소불량을 초래한다.

㉣ 석탄의 휘발분은 매연발생의 요인이 되며 비중은 탄화도가 진행될수록 커진다.

㉤ 석탄을 고온건류하여 코크스를 생산할 때 온도는 1,000~1,200℃ 정도이고, 저온건류 시는 500~600℃이다.

ⓑ 석탄의 착화온도는 수분함유량에 크게 영향을 받으며, 무연탄의 착화온도는 보통 440~550℃ 정도이며, 비열은 약 0.31kcal/kg · ℃ 정도로 석탄화도가 진행함에 따라 비열은 감소한다.

ⓢ 건조된 석탄은 탄화도가 진행된 것일수록 착화온도가 상승한다.

ⓞ 고정탄소의 함량이 큰 연료는 발열량이 높다.

ⓩ 석탄에 함유된 수분형태는 고유수분, 부착수분, 결합수분(화합수분)으로 구분된다.

Reference | 갈탄

① 휘발분이 많기 때문에 착화성이 좋음
② 착화온도는 520~720K 정도로 비교적 낮음

Reference | 아탄

① 순발열량이 낮음
② 다량의 수분을 포함
③ 유효하게 이용할수록 열량이 적다는 단점

〈고체연료의 특성 비교〉

구분	목탄	코크스	무연탄	갈탄	역청탄	이탄	아탄
비중	0.3~0.6	0.6~1.4	1.5~1.8	1.0~1.3	1.2~1.7	0.8~1.1	1.0~1.3
착화온도(℃)	350~400	500~600	440~450	250~450	300~400	250~300	200~220
고위발열량 (kcal/kg)	6,800~7,500	6,800~7,500	7,500~8,100	3,500~5,000	5,000~7,300	3,500~4,500	2,500~4,800
수분(%)	6	2	3	9	3	17	12
회분(%)	2	10	12	17	12	12	23
휘발분(%)	42	3	10	37	37	47	37
고정탄소(%)	50	85	75	37	48	24	28
연료비	1.2 정도	28 정도	7.5 이상	1 이하	1.0~4	–	–

6) 코크스

① 개요

㉠ 코크스란 점결탄을 주성분으로 하는 원료탄(역청탄)을 고온(≒1,000℃) 건류하여 얻어진 2차 연료이다.

㉡ 건류란 공기의 공급 없이 가열, 즉 열분해하는 것을 의미한다.

② 특징

㉠ 코크스의 주성분은 탄소이며 주로 코크스로에서 제조함

㉡ 회분은 석탄 중 회분이 그대로 남기 때문에 원탄의 양보다 많음

㉢ 휘발성분이 거의 없어 착화하기 어려움

㉣ 발열량은 6,800~7,500(8,000) kcal/kg, 이론공기량은 8.0~9.0 Sm^3/Sm^3

㉤ 열분해이므로 매연 발생이 거의 없음

㉥ 역청탄을 저온건류해서 얻어지는 반성코크스는 휘발분이 많고, 착화성도 좋음

Reference | 역청(bitumen)탄

① 비튜멘은 역청이라고도 부르며, 천연적으로 나는 탄화수소류 또는 그 비금속유도체 등의 혼합물의 총칭으로서 원유나 아스팔트, 피치, 석탄 등을 말한다.
② 역청탄의 이론공기량은 7.5~8.5 Sm^3/Sm^3이며 탄소함유율은 75~90%, 휘발분은 20~45% 정도 함유한다.
③ 역청탄은 흑색고체이며, 비점결성에서 강점결성까지 다양한 범주의 성질을 가진다.
④ 역청탄은 착화온도가 330~450℃이며, 연소시 황색화염을 수반하며, 건류하여 코크스, 석탄타르, 석탄가스 등을 생산하는 데 많이 사용된다.
⑤ 역청탄은 산업용으로 아주 다양하게 사용되며 발전용, 보일러용으로 사용된다.

필수 문제

01 석탄을 공업분석하여 다음과 같은 결과를 얻었다. 이 석탄의 연료비는?

구분	함량(%)
수분	2.1
회분	15.0
휘발분	36.4

풀이 $\text{연료비} = \frac{\text{고정탄소}(\%)}{\text{휘발분}(\%)}$

$\text{고정탄소}(\%) = 100 - (\text{수분} + \text{회분} + \text{휘발분})$

$= 100 - (2.1 + 15.0 + 36.4) = 46.5\%$

$\text{휘발분}(\%) = 36.4\%$

$= \frac{46.5}{36.4} = 1.28$

7) 석탄 슬러리 연소

석탄 슬러리 연료는 석탄분말에 기름을 혼합한 COM과 물을 혼합한 CWM으로 대별된다.

① COM(Coal Oil Mixture) 연소

㉠ COM은 주로 석탄분말과 중유의 혼합연료이다. 유해성분을 포함하고 있으므로 재와 매연처리, 연소가스의 연소실 내 체류시간을 미분탄 정도로 고려할 필요가 있다.(석탄 52.9%+중유 38%+물 10% 혼합)

㉡ 배출가스 중의 질소산화물(NOx), 황산화물(SOx), 분진농도는 미분탄 연소와 중유연소의 평균 정도가 되며 별도의 탈황, 탈질설비가 필요하다.

㉢ 화염길이는 미분탄 연소와 비슷하고, 화염안정성은 중유연소와 유사하다.

㉣ 미분탄의 침강을 방지하기 위해 계면활성제를 사용하며 Ballmill 등을 사용하여 중유 내에서 석탄을 분쇄, 혼합하여 제조한다.

㉤ COM은 연소실 내의 체류시간의 부족, 분사변의 폐쇄와 마모, 재의 처리 등에 주의할 필요가 있다.

㉥ 중유보다 미립화 특성이 양호하다.

㉦ 표면연소 시기에는 COM 연소의 경우 연소온도가 높아진 만큼, 표면연소가 가속된다고 볼 수 있다.

㉧ 분해연소 시기에는 COM 연소의 경우 50 wt%(w/w) 중유에 휘발분이 추가되는 형태로 되기 때문에 미분탄 연소보다는 분무연소에 더 가깝다.

㉨ 중유 전용 보일러의 경우 별도의 개조가 필요하다.

② CWM(Coal Water Mixture) 연소

㉠ 물과 석탄을 섞어서 유체로 만든 석탄슬러리 연료이다.

㉡ 석탄과 물이 분리되어 침강되지 않도록 계면활성제를 혼합한 연료이다.
㉢ 저농도 CWM은 석탄(50%), 물(50%)이고 고농도 CWM은 석탄(70%), 물(30%)이다.
㉣ CWM은 잘 연소되지 않는 특성이 있으나 분무시키면 양호하게 연소 가능하다.
㉤ 취급하기 안전하고, 수송이 간편하며, 지하저장탱크를 이용할 수 있는 장점이 있다.
㉥ COM에 비하여 100% 석탄전환이 가능하며 원가가 저렴하다.
㉦ COM의 경우 상온에서는 점도가 높아 유동성이 없으므로 항상 가열하여 사용하지만 CWM은 상온에서도 가열이 불필요하다.
㉧ 액상으로 수송·저장이 용이하며, 수송 중 비산, 열량의 감소, 자연발화의 영향이 없다.
㉨ 미분탄연소보다 100~150℃ 정도 낮아 질소산화물의 발생이 억제된다.
㉩ 기존 석탄연소 발전보다 설비비가 적게 드나 COM 연료보다 수송관 및 버너 등의 마모는 심하다.
㉪ 표면연료 시기에는 물의 증발열만큼 화염과 연소가스 온도가 낮아지며 석탄 입자는 응집한 상태로 표면연소를 하기 때문에 미연소분의 비율이 증가한다.
㉫ 분해연소 시기에는 30 wt%(w/w)의 물이 증발하여 증발열을 빼앗음과 동시에 휘발분과 산소를 희석하기 때문에 화염의 안정성이 나쁘다.

Reference | 연료의 표면적을 넓게 하여 연소반응이 원활하게 이루어지도록 하는 연료형태 종류

① 분사연소　② COM연소　③ 미분연소

(5) 액체연료

1) 액체연료의 구성성분(원소분석)

탄소(C), 수소(H), 산소(O), 질소(N), 황(S), 회분(Ash), 수분(H_2O)

2) 액체연료(주 : 석유)의 장단점

① 장점

㉠ 타 연료에 비하여 발열량이 높다.
㉡ 석탄 연소에 비하여 매연발생이 적다.

㉢ 연소효율 및 열효율이 높다.

㉣ 회분이 거의 없어 재의 발생이 없고 기체연료에 비해 밀도가 커 저장에 큰 장소를 필요로 하지 않고 연료의 수송도 간편하다.

㉤ 점화, 소화, 연소조절이 용이하며 일정한 품질을 구할 수 있다.

㉥ 계량과 기록이 쉽고 저장 중 변질이 적다.

② 단점

㉠ 역화, 화재(인화)가 발생할 수 있어 위험이 크며 연소온도가 높아 국부가열의 위험성이 존재한다.

㉡ 중질유의 연소에서는 황성분으로 인하여 SO_2, 매연이 다량 발생한다.

㉢ 국내 자원이 적고, 수입에의 의존 비율이 높으며 소량의 재 중에 금속산화물이 장해원인이 될 수 있다.

㉣ 사용 버너에 따라 고압연료분사시 소음이 발생된다.

3) 비중

온도가 1℃ 상승함에 따라 부피는 0.0007 증가하고 비중은 0.00065 감소한다.

① 비중이 커질 때의 특성

㉠ 연소온도가 낮아지며 연소성도 나빠진다.

㉡ 탄화수소비(C/H)가 커진다 : 중유>경유>등유>가솔린

㉢ 발열량이 감소한다.

㉣ 화염의 휘도가 커진다.(중유가 가장 큼)

㉤ 착화점(인화점)이 높아진다 : 중유>경유>등유>가솔린

㉥ 점도가 증가한다.

㉦ 잔류탄소가 증가한다.

② 비중 시험방법

㉠ 비중병법(가장 정확한 측정방법)

㉡ 비중계법

㉢ 비중천평법

㉣ 치환법

4) 점도

① 개요

㉠ 점도는 유체가 운동할 때 나타나는 마찰의 정도를 나타내고, 동점도는 절대점도를 유체의 밀도로 나눈 것이다.

㉡ 비중이 작을수록, 온도는 높을수록 점도는 낮아진다.

㉢ 동점도가 감소하면 끓는점과 인화점이 낮아지고, 완전연소된다.

② 고점도 경우의 피해

㉠ 연소상태 불량(화염 스파크 발생)

㉡ 버너 Tip(선단)에 카본(C) 부착

㉢ 송유 곤란 및 불완전연소 가능성

③ 저점도 경우의 피해

㉠ 인화점이 낮아지며 고점도보다 유동점이 낮음

㉡ 역화 발생 및 완전연소 가능성

㉢ 연료소비량 과다 증가

5) 인화점

① 개요

㉠ 인화점은 불씨 접촉에 의해 불이 점화되는 최저의 온도이며 화기에 대한 위험도를 나타낸다. 즉, 액체연료의 표면에 인위적으로 불씨를 가했을 때 연소하기 시작하는 최저온도를 말한다.

㉡ 인화점이 높으면(140℃ 이상) 착화가 곤란하고, 낮으면 연소는 잘 되나 역화의 위험이 있다.

㉢ 인화 후 연소가 지속되는 온도를 연소점이라 하며, 연소점은 인화점보다 7~10℃ 정도 높다.

㉣ 석유의 증기압은 40℃에서의 압력(kg/cm^2)으로 나타내며, 증기압이 큰 것은 인화점 및 착화점이 낮아서 위험하다.(증기압이 낮으면 인화점이 높아 연소효율 저하)

㉤ 인화점은 보통 그 예열온도보다 약 5℃ 이상 높은 것이 좋다.

㉥ 인화점이 낮을수록 연소는 잘 되나 위험하며, C중유는 보통 70℃ 이상(90~120℃)이고 가솔린은 −20~−40℃(−50~0℃), 경유는 50~70℃, 등유는 30~70℃이다.

② 인화점 시험방법

㉠ 태그 밀폐식
석유제품에 적용(인화점 80℃ 이하)

㉡ 태그 개방식
휘발성 가연물질에 적용(인화점 80℃ 이하)

㉢ 클리블랜드 개방식
윤활유류에 적용(인화점 80℃ 이상, 단 중유류 제외)

㉣ 펜스키마르텐스 밀폐식
석유류에 적용(인화점 50℃ 이상)

㉤ 에벨펜스키 밀폐식
석유류에 적용(인화점 50℃ 이하)

6) 유동점

① 개요
유동점은 배관수송 중 유체온도를 서서히 냉각하였을 때 연료유를 유동시킬 수 있는 최저의 온도, 즉 액체연료가 흐를 수 있는 최저속도이다.

② 특징
㉠ 일반적으로 유동점은 응고점보다 2.5℃ 높게 나타난다.
㉡ 유동점이 매우 높은 경우 유동이 불가능하고 설비에 고장을 유발할 수 있다.
㉢ 고점도 중유가 저점도 중유보다 유동점이 더 높다.
㉣ 유동점은 저온에서 중유를 취급할 경우의 난이도를 나타내는 척도가 될 수 있다.

7) 잔류탄소

공기 부족 시 고온가열하면 건류 상태로 되어 탄소성분이 응축하여 생기는 탄소성분을 잔류탄소라 한다.

8) 회분

① 개요
석유계 연체연료 중 중유에 포함되어 있는 불순물이 연소하여 금속산화물 형태의 고체형상으로 되는 것을 회분이라 한다.

② 특징
㉠ 회분 포함시 연료의 질을 떨어뜨리며 분진을 발생시킨다.
㉡ 회분의 구성성분은 주로 마그네슘, 칼륨, 규소 등이다.
㉢ 연소효율이 떨어지며 연소 후 배출물질이 많아진다.

9) 황 성분

① 연소 시 SO_2(아황산가스)를 발생시키며 150℃ 이하 시 저온부식의 원인이 된다.

② 다량의 황 성분이 포함된 연료는 발열량이 감소되며 인화점은 증가한다.

③ 황 성분 포함 시 연료의 질이 저하되며 매연이 발생된다.

Reference | 황(S) 성분의 함량순서

중유 > 경유 > 등유 > 휘발유 > LPG

10) 수분

수분 존재 시 발열량이 저하되며 고유수분이 증가되어 연소 시 맥동의 원인이 된다.

11) 액체연료의 종류 및 특성

① 특성

㉠ 주된 액체연료는 석유류이며, 석유류는 자연적으로 존재하고, 비중은 0.78~0.97 정도로 석유의 비중이 커지면 탄화수소비(C/H)가 증가된다.

㉡ 석유류는 화학적으로 대부분이 탄화수소(HC)의 혼합물이다.

㉢ 일반적으로 중질유는 방향족계 화합물을 30% 이상 함유하고, 상대적으로 밀도 및 점도가 높은 반면, 경질유는 방향족계 화합물을 10% 미만 함유하고 밀도 및 점도가 낮은 편이다.

㉣ 일반적으로 API가 34° 이상이면 경질유(API가 30~34°이면 중질유), API가 30° 이하이면 중질유로 분류한다.

㉤ 점도가 낮을수록 유동점이 낮아지므로 일반적으로 저점도의 중유는 고점도의 중유보다 유동점이 낮다.

㉥ 석유류의 증기압이 큰 것은 착화점이 낮아서 위험하다.

Reference | API (American Petrdeum Institute) 지표

미국석유협회(API)가 제정한 석유비중 표시방법으로 원유나 석유제품의 비중을 나타내는 지표이다. 일반적으로 탄화수소가 많을수록 비중이 커진다.

② 종류

㉠ 휘발유(가솔린, Gasolin)

ⓐ 주성분 : C, H(탄소수 : 5~12)

ⓑ 비등점 : 30~200℃[인화점 : −50~0℃]

ⓒ 비중 : 0.7~0.8

ⓓ 고위발열량 : 11,000~11,500 kcal/kg
ⓔ 석유정제 중 가장 경질의 물질이다.
ⓕ 옥탄가 80 이상을 고급 가솔린이라 하며, 옥탄가 상승을 위해 사용되는 물질은 4 에틸납이다.

㉡ 등유(Kerosene)
ⓐ 주성분 : C, H(탄소수 : 10~14)
ⓑ 비등점 : 150~280℃(180~300℃)[인화점 : 30~70℃]
ⓒ 비중 : 0.78~0.82
ⓓ 고위발열량 : 11,000~11,500 kcal/kg
ⓔ 등유는 용도에 따라 1호등유(난방연료), 2호등유(세정용, 용제)로 구분된다.
ⓕ 휘발유와 유사한 방법으로 정제하며 무색 내지 담황색이고 인화점은 휘발유보다 높다.

㉢ 경유(Light Oil)
ⓐ 주성분 : C, H(탄소수 : 11~19)
ⓑ 비등점 : 200~320℃(250~350℃)
ⓒ 비중 : 0.8~0.9
ⓓ 고위발열량 : 11,000~11,500 kcal/kg
ⓔ 정제한 경유는 무색에 가깝고, 착화성 적부는 Cetane 값으로 표시되며, 세탄값 40~60 정도의 것이 좋은 편이다.
ⓕ 착화성 및 인화성이 좋고 점도가 적당하며 수분 및 침전물을 함유하지 않는다.

㉣ 중유(Heavy Oil)
ⓐ 주성분 : C, H(O, S, N)(탄소수 : 17 이상)
ⓑ 비등점 : 230~360℃[인화점 : 90~120℃]
ⓒ 비중 : 0.92~0.97(4℃ 물에 대한 15℃ 중유의 중량비)
ⓓ 고위발열량 : 10,000~11,000 kcal/kg
ⓔ 중유는 상압증류, 감압증류, 잔유를 의미하며 벙커유라고도 한다.
ⓕ 점도에 따라 A중유, B중유, C중유 3가지로 분류(C중유>B중유>A중유)하며 수송 시 적정점도는 500~1,000cst 정도이다.
ⓖ 황성분 함유율이 높다.(특히 C중유)
ⓗ 중유 성상은 비중, 점도, 유동점, 인화점, 잔류탄소, 회분, 수분, 황성분, 불순물 등으로 나타낸다.(비중이 클수록 유동점, 점도가 증가)
ⓘ 인화점이 낮은 경우에는 역화의 위험성이 있고, 높을 경우(140℃ 이상)에는

착화가 어렵다.(중유의 인화점 : ≒70℃ 이상)

ⓙ 인화점은 보통 그 예열온도보다 약 5℃ 이상 높은 것이 좋다.

ⓚ 중유 중의 잔류탄소의 함량은 7~16% 정도이다.(잔류탄소함량이 많아지면 점도는 높아짐)

ⓛ 점도가 낮은 것은 일반적으로 낮은 비점의 탄화수소를 함유한다.

12) 석유계 액체연료의 탄수소비(C/H)

① C/H비가 클수록 이론공연비는 감소한다.

② C/H비가 클수록 방사율이 크며(장염 발생) 휘도가 높아진다.

③ C/H비가 클수록 비교적 비점이 높고 매연이 발생되기 쉽다.(파라핀계가 매연 발생량이 가장 적음)

④ 중질연료일수록 C/H비가 크다.(중유>경유>등유>휘발유)

⑤ C/H는 연소공기량 및 발열량, 연료의 연소특성에 영향을 준다.

⑥ C/H비 크기순서는 올레핀계>나프텐계>아세틸렌>프로필렌>프로판이다.

⑦ 석유의 비중이 커지면 C/H비가 증가하고 발열량은 감소한다.

13) 액체연료의 미립화 영향 요인

① 분사압력 ② 분사속도(분무유량)

③ 연료의 점도 ④ 분무거리 ⑤ 분사각도

Reference | 석유계 액체연료의 주성분 구분

액체연료의 대부분은 원유의 정제에 의해 만드는 석유계 연료로서 많은 탄화수소의 화합물들(파라핀계, 나프탈렌계, 방향족 등)이다.

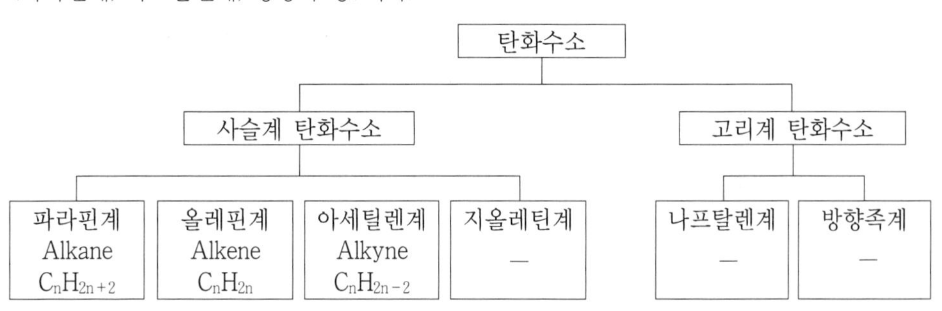

단, n : 탄소(C)의 개수

- 알케인(Alkane) : 단일결합의 포화탄화수소(파라핀계 탄화수소)
- 알켄(Alkene) : 이중결합의 불포화탄수소(올레핀 또는 에틸렌계 탄화수소)
- 알카인(Alkyne) : 삼중결합의 불포화탄수소(아세틸렌계 탄화수소)

Reference | 석유계 액체연료의 구성원소

원소	C	H	S	N
조성(%)	83~87	12~15	0.1~4.0	0.05~0.8

Reference | 옥탄가 및 세탄가

1. 옥탄가(Octane Number)

(1) 개요

① 옥탄가란 가솔린의 안티노킹성(Anti-Knocking)을 나타내는 척도로 가솔린의 품질을 결정하는 요소이다.

② 가솔린 연료에 존재하는 탄화수소 중에서 안티노킹성이 가장 높은 이소옥탄(iSO-Octane : iSO-C_8H_{18} : 2.2.4-Trimethyl Pentane)이 나타내는 안티노킹성을 100으로 하고, 안티노킹성이 가장 작은 노말헵탄(n-Heptane : n-C_7H_{16})이 나타내는 안티노킹성을 옥탄가 0으로 정의한다.

③ 관련식

옥탄가는 이소옥탄, 노말헵탄의 혼합물이 나타내는 옥탄가를 이소옥탄의 부피로 나타낸다.

$$\text{옥탄가}(\%) = \frac{\text{이소옥탄}}{\text{이소옥탄} + \text{노말헵탄}} \times 100(\%)$$

④ 특징

㉠ 파라핀계(N-Paraffine)에서는 탄소 수가 증가할수록 옥탄가가 저하하여 C_7에서 옥탄가는 0이다.

㉡ 이소파라핀계(iSO-Paraffine)에서는 Methyl 측쇄(결사슬)가 많을수록, 특히 중앙부에 집중할수록 옥탄가는 증가한다.

㉢ 나프텐계(Naphthene : Cyclo-Alkane)는 방향족계 탄화수소보다는 옥탄가가 작지만 N-Paraffine계보다는 큰 옥탄가를 가진다.

㉣ 방향족탄화수소(Aromatic Hydrocarbon)의 경우 벤젠고리의 측쇄가 C_3까지는 옥탄가가 증가하지만 그 이상이면 감소한다.

㉤ 옥탄가 값이 클수록 고급휘발유로 분류되며, 80% 이상이면 특급휘발유라 한다.

⑤ 옥탄가 향상 방안

㉠ 옥탄가가 높은 탄화수소의 함유량을 높이기 위한 가솔린의 성분비를 변경한다.

㉡ 안티노킹제 첨가

- 4에틸납
- MTBE(11%)

2. 세탄가(Cetane Number)

(1) 개요

① 세탄가란 디젤기관의 착화성(점화성, Lgnition Quality)을 정량적으로 평가하는 데

이용되는 수치이며, 이 값이 클수록 디젤노킹을 일으키기 어려워진다.

② 점화성능이 우수한 Cetane(N-hexadecane)의 점화성능을 100으로 정하고, 점화 성능이 좋지 않은 α-Methylnaphthalene을 0으로 정하여 이들 물질의 혼합물이 나타내는 세탄가를 Cetane의 부피로 나타낸다.

③ 관련식

$$세탄가(\%) = \frac{n-세탄}{(n-세탄)+(\alpha-메틸나프탈렌)} \times 100(\%)$$

④ 특징

㉠ 디젤엔진의 노킹은 착화지연으로 발생하는 것으로 세탄가가 높아지게 되면 착화성이 좋아져서 디젤노킹이 감소한다.

㉡ 세탄가를 높이면 점화지연을 줄여 엔진 내 연소를 균등하게 할 수 있으며 결과적으로 급격한 압력상승을 방지하여 소음·진동을 저감하게 된다.

㉢ 일반적으로 경유의 세탄가는 45 이상으로 정하여져 있으며 착화성이 좋은 경우 40~60의 세탄값의 범위를 갖는다.

Reference | 에멀전 연료

① 에멀전이란 어느 액체 내에 다른 액체의 작은 물방울이 균일하게 분산하고 있는 상태를 의미한다.

② 물을 첨가한 만큼의 과열증기 잠열손실이 증가된다.

③ 분무연료의 미립자화가 촉진되기 때문에 저산소연소 시에도 먼지발생을 억제할 수 있다.

④ 열효율이 낮고 장기 운전시 부식의 문제가 있다.

Reference | 알코올 연료

① 에탄올(C_2H_5OH)

- 특유의 냄새와 맛이 있고 상온에서는 무색의 액체로 존재한다.
- 수소결합을 하며 다른 알코올, 에테르, 클로로폼 등에 녹을 수 있다.

② 프로판올(C_3H_7OH)

프로판올은 프로판의 수소 하나가 히드록시기로 치환된 화합물로 1-프로판올(n-프로판올) 및 2-프로판올(이소프로판올) 2개의 이성질체가 있다.

③ 부탄올(C_4H_9OH)

- 부탄 또는 이소부탄의 수소원자 한 개를 수산기로 치환한 화합물의 총칭으로 지방족 포화알코올의 일종이다.
- 부틸알코올이라고도 하며 n-부탄올, 2-부탄올, 이소부탄올(발효부탄올), 3-부탄올의 4개의 이성질체가 있다.

④ 펜탄올($C_5H_{11}OH$)

에테르, 아세톤, 벤젠 등 많은 유기물을 용해하며, 무색의 독특한 냄새를 가지고, 8종의 이성질체가 있다.

Reference | 오일 셰일(Oil Shale)

케로겐(kerogen)이라 불리는 유기질 물질이 스며들어 있는 혈암 같은 암반을 말하는 것으로, 이 물질은 원래 식물이 수백만 년 동안 석유로 토화되어 유기물질에 흡수된 것이다. 이것이 압력을 받아 성층화가 이루어져 이 물질을 만들게 된다.

Reference | 나프타(naphtha)

① 가솔린과 유사하거나 또는 약간 높은 끓는점 범위의 유분으로 240℃에서 96% 이상이 증류되는 성분을 말한다.
② 옥탄가가 낮아 직접적으로 내연기관의 연료로 사용될 수 없기 때문에 가솔린에 혼합하거나 석유화학 원료용으로 주로 사용된다.

Reference

메탄올과 같이 산소를 함유한 연료의 경우 발열량은 일반석유계 액체연료보다 낮아진다.

(6) 기체연료

1) 개요

① 기체연료는 천연가스를 제외하면 타 기체 및 고체연료에서 제조되고 석유계 가스와 석탄가스로 분류된다.
② 기체연료는 연소시 공급연료 및 공기량을 밸브를 이용하여 간단하게 임의로 조절할 수 있어 부하변동 범위가 넓다.
③ 기체연료는 수소와 산소함유량이 낮다.

2) 장점

① 적은 과잉공기(공기비)로 완전연소가 가능하며 연료의 예열이 쉽다.
② 연료 속에 회분 및 유황 함유량이 적어 배연가스 중 SO_2, 먼지, 검댕 등 대기오염물질 발생량이 매우 적다.
③ 연소효율이 높고 연소조절, 점화 및 소화가 용이하다.
④ 저발열량의 것(저질연료)으로도 고온을 얻을 수 있고 전열효율을 높일 수 있다.
⑤ 연소율의 가연범위(Turn-down Ratio, 부하 변동범위)가 넓어 연소조절이 용이하다.

3) 단점

① 다른 연료에 비해 연료밀도가 낮아 수송효율이 낮고, 취급이 곤란하며 위험성이 크다.

② 공기와 혼합해서 점화하면 폭발 등의 위험이 있다.

③ 다른 연료에 비해 저장이 곤란하고 시설비가 많이 든다.

4) 기체연료의 종류

① 천연가스(NG ; Natural Gas)

㉠ 지하 분출가스를 직접 채취하며 그 중 탄화수소(메탄)를 주성분으로 하는 가연성 가스이며 발열량은 9,000~12,000kcal/Sm^3 정도이다.

㉡ 성상에 따라 건성가스(상온상태에서 액화되지 않는 성분으로 구성된 가스)와 습성가스(압축 시 상온에서 쉽게 액화되는 가스)로 크게 구분된다.

㉢ 습성가스의 주성분은 메탄, 에탄이고 프로판, 부탄 등을 포함하며 주로 유전지대에서 생산한다. 또한 건성가스의 주성분은 메탄으로 도시가스용으로 많이 사용한다.

㉣ 천연가스의 이론공기량은 약 8.5~10.0(8.0~9.5)Sm^3/Sm^3 정도이다.

㉤ 천연가스의 수분, 기타의 잔류물을 제거하여 200기압 정도로 압축하여 자동차의 연료로 사용하면 옥탄가가 높기 때문에 유리하다.

㉥ 기화시 공기보다 가볍고(비중 0.62) 액화 시 체적이 감소(기체의 1/600)한다.

㉦ 냉열 이용이 가능하고 천연고무에 대한 용해성은 없다.

㉧ 다른 기체연료보다 폭발한계가 5~15%로 좁고 화염전파속도도 36.4cm/sec로 늦어 안전한 편이다.

Reference | 천연가스 이론공기량

주성분 CH_4 기준으로 계산하면

$CH_4 + 2O_2 \rightarrow CO_2 + 2H_2O$

$$\text{이론공기량}(A_0) = \frac{O_0}{0.21} = \frac{2}{0.21} = 9.52Sm^3/Sm^3$$

② 액화석유가스(LPG ; Liquified Petroleum Gas)

㉠ LPG는 상온에서 약간의 압력(10~20 atm)을 가하면 쉽게 액화시킬 수 있는 석유계 탄화수소이며 이론공기량은 20.8~24.7Sm^3/Sm^3이다.

㉡ 탄소수가 3~4개까지 포함되는 탄화수소류가 주성분으로 C_3H_8(프로판), C_4H_{10}(부탄) 등이며 시판되고 있는 LPG의 구성은 프로판 70%, 부탄 30% 정도 된다.

㉢ 대부분 석유정제 시 부산물로 얻어지며 가정, 업무용으로 많이 사용된다.

㉣ 비중이 공기보다 무거워(공기보다 1.5~2.0배 정도) 누출 시 인화, 폭발의 위험성이 높은 편이다.(LPG는 밀도가 공기보다 커서 누출시 건물의 바닥에 모이게 되고 LNG는 공기보다 가벼워 건물의 천장에 모이는 경향이 있다.)

㉤ 액체에서 기체로 기화할 때 증발열이 90~100 kcal/kg 이므로 취급상 주의를 요한다. 또한 착화온도는 405~466℃ 정도이다.

㉥ 발열량이 약 20,000~30,000 kcal/Sm^3 이상으로 LNG보다 높은 편이며, 황 성분이 적고 독성이 없다.

㉦ 원유, 천연가스에서 회수(산출)되거나 나프타의 분해에 의해 얻어지기도 하지만 대부분 석유정제 시 부산물로 얻어진다.

㉧ 상온, 상압 상태에서는 가스이며 저장 및 수송 시에는 액체상태로 취급이 간단하다. 즉, 사용에 편리한 기체연료의 특징과 수송 및 저장에 편리한 액체연료의 특징을 겸비하고 있다.(액화 시 가스상태보다 부피가 약 1/250로 되어 저장, 수송 등 취급이 용이)

㉨ 유지 등을 잘 녹이기 때문에 고무패킹이나 유지로 갠 도포제로 누출을 막는 것은 곤란하다.

㉩ 기화 및 액화가 용이하고 연소시 많은 공기가 필요하다.

③ 액화천연가스(LNG ; Liquified Natural Gas)

㉠ LNG는 CH_4(메탄)을 주성분으로 하는 천연가스를 1기압하에서 −168℃(−162℃) 정도로 냉각하여 액화시킨 연료로 대량 수송 및 저장을 가능하게 한다.

㉡ 주성분은 대부분이 메탄이고 그 외에 에탄, 프로판, 부탄 등으로 구성되어 있다.

㉢ 도시가스용으로 주로 사용되며 청결한 무공해 가스이다.

㉣ 비중이 공기보다 작아 쉽게 축적되지 않는다.

㉤ LPG에 비하여 발열량은 40~50% 정도로 작다.

④ 석탄가스(Coal Gas)

㉠ 석탄가스는 석탄을 건류할 때 생성되는 가스를 총칭한다.

㉡ 주성분으로는 수소(H_2) 및 메탄(CH_4)이고 발열량은 약 5,000 kcal/Sm^3 정도로 높은 편이다.

㉢ 코크스로에서 제조된 것을 Cokes Gas라 하며 제철소에서 코크스 제조 시 부산물로 발생되는 가스가 코크스로의 연료에 사용된다.

⑤ 고로가스(Blast Furance Gas)

㉠ 제철용 고로에서 얻어지는 부산물 가스이다. 즉, 용광로에서 선철을 제조할 때 발생한다.

㉡ 발생로 가스와 유사하지만 이산화탄소(CO_2)와 분진이 많고 발열량은 약 900 kcal/Sm^3 정도이다.

㉢ 주성분은 질소(N_2) 및 일산화탄소(CO)이고 제철공장에서 에너지원 및 동력용으로 사용된다.

⑥ 발생로 가스

㉠ 코크스나 석탄, 목재 등을 적열상태로 가열하여 공기 혹은 산소를 보내어 불완전 연소해서 얻어진 가스이며 이론공기량은 0.93~1.29 Sm^3/Sm^3이다.(일반적으로 발생로 가스는 코크스나 석탄을 불완전연소해서 얻은 가스라고도 함)

㉡ 가열된 석탄 또는 코크스에 공기와 수증기를 연속적으로 주입하여 부분적으로 산화반응시킴으로써 얻어지는 기체연료이다.

㉢ 주성분은 질소(N_2) 및 일산화탄소(CO)이고 발열량은 약 3,700 kcal/Sm^3 정도이다.

㉣ 가연성분은 일산화탄소(25~30%), 수소(10~15%) 및 약간의 메탄이다. 또한 제조상 공기공급에 의해 다량의 질소를 함유하고 있다.

⑦ 수성가스

㉠ 고온으로 가열된 무연탄이나 코크스 등에 수증기를 반응시켜 발생하는 가스이다.

㉡ 주성분은 수소(H_2), 일산화탄소(CO)이고 발열량은 약 2,600~5,100 kcal/Sm^3 정도이다.

㉢ 이론공기량은 2.34~4.69Sm^3/Sm^3이다.

⑧ 오일가스

㉠ 석유류의 분해에 의해서 얻어지는 가스이다.

㉡ 오일가스의 제조방법에는 열분해, 부분연소, 수증기 개질, 수소화 분해 등이 있다.

㉢ 주성분은 수소(H_2), 포화탄화수소이고 발열량은 약 3,000~10,000 kcal/Sm^3 정도이다.

㉣ 이론공기량은 1.26~10.76 Sm^3/Sm^3이다.

⑨ 도시가스

㉠ 가스제조사에서 일반 가정에 공급되는 가스로 주로 석유계 가스가 공급된다.

㉡ LPG, 오일가스 등 가스를 단독 또는 혼합하여 정해진 열량으로 조절하여 공급된다.

⑩ 전로가스

선철을 제강과정에서 강철로 만드는 제강과정에서 발생하는 가스로서 주성분은 일산화탄소이다.

⑪ DME(Dimethyl Ether)

㉠ 상온상압에서 무색투명한 기체이며, 물성이 LPG와 유사한 기압에서 액화된다.

㉡ 점도가 경유에 비해 낮고 산소함유율이 34.8% 정도로 높아 매연이 적은 편이다.

㉢ 고무와 반응하여 팽창하거나 용해되는 특성이 있어 재질에 주의해야 한다.

㉣ 자동차 연료의 하나로, 자기착화성이 좋고 디젤엔진에 적용이 가능하여 석유 대체용 연료로 쓰인다. 산소함유 연료로 연소 시에 부유먼지는 전혀 발생하지 않는다.

㉤ 유황을 함유하지 않으므로 SOx는 발생하지 않고, NOx도 최대한 배출을 억제할 수 있다.

㉥ 공기 중 장기노출시에는 비활성적이며(안전한 화합물) 부식성, 발암성과 마취성이 없어 인체에 무해하다.

㉦ 세탄가가 55 이상으로 높아 경유를 대체할 수 있고, 물성이 LPG와 유사한 특성이 있으며, 발열량은 경유에 비해 낮은 편이다.

Reference | 기체연료의 성분

1. 가연성
   CH_4, C_3H_8, C_3H_6, C_2H_4, CO, H_2

2. 불연성
   CO_2, N_2, W(수분)

Reference | 각 성분의 발열량

① CH_4(메탄) : Hh(13,265 kcal/kg), Hℓ(11,953 kcal/kg)
Hh(9,500 kcal/Sm^3), Hℓ(8,500 kcal/Sm^3)

② C_2H_4(에틸렌) : Hh(12,399 kcal/kg), Hℓ(11,349 kcal/kg)
Hh(16,606 kcal/Sm^3), Hℓ(15,200 kcal/Sm^3)

③ C_3H_8(프로판) : Hh(12,033 kcal/kg), Hℓ(11,079 kcal/kg)
Hh(23,637 kcal/Sm^3), Hℓ(21,762 kcal/Sm^3)

④ C_4H_{10}(부판) : Hh(11,837 kcal/kg), Hℓ(10,932 kcal/kg)
Hh(30,650 kcal/Sm^3), Hℓ(28,306 kcal/Sm^3)
⑤ C_5H_{12}(펜탄) : Hh(11,714 kcal/Sm^3), Hℓ(10,839 kcal/Sm^3)
⑥ C_6H_{14}(헥산) : Hh(11,546.8 kcal/Sm^3), Hℓ(10,692 kcal/Sm^3)
⑦ C_7H_{16}(헵탄) : Hh(11,489 kcal/Sm^3), Hℓ(10,650 kcal/Sm^3)
⑧ C_8H_{18}(옥탄) : Hh(11,447 kcal/Sm^3), Hℓ(10,618 kcal/Sm^3)
⑨ 수소 : Hh(3,050 kcal/Sm^3), Hℓ(2,500 kcal/Sm^3)

필수 문제

01 프로판 450kg 을 기화시킨다면 표준상태에서 기체의 용적(Sm^3)은?

풀이
기체용적(Sm^3) = 450kg×22.4Sm^3/44kg = 229.09Sm^3

필수 문제

02 액체프로판 440kg을 기화시켜 8Sm^3/hr로 연소시킨다면 약 몇 시간 사용할 수 있는가?(단, 표준상태기준)

풀이
$$\text{시간(hr)} = 440\,\text{kg} \times 22.4\,\text{Sm}^3/44\,\text{kg} \times \text{hr}/8\,\text{Sm}^3 = 28\,\text{hr}$$

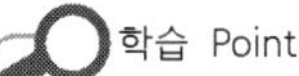
학습 Point

1 각 연료의 내용 숙지(출제비중 높음)
2 옥탄가 및 세탄가 내용 숙지

04 연소장치 및 연소방법

(1) 고체연료의 연소장치

1) 화격자 연소장치(Grate Of Stoker Incinerator)

① 개요

㉠ 화격자 연소란 고체연료를 고정 또는 이동 화격자 위에서 연소하는 방식이다. 화격자는 주입된 고체연료를 운반시켜 연소되게 하는 역할 및 화격자 사이에 공기가 통과하도록 하는 기능을 하며, 화격자 하부로 재가 화격자를 통하여 쉽게 낙하하여 재를 제거한다.

㉡ 하향식 연소방식은 상향식에 비하여 연료의 양을 반 정도로 감소시키며 휘발성이 많고 열분해가 쉬운 물질을 연소할 경우 적용한다.

㉢ 산포식 스토커, 계단식 스토커에 의한 연소방식은 화격자 연소장치에 속한다.

② 화격자 연소장치 종류

㉠ 산포식 스토커

㉡ 계단식 스토커

㉢ 하급식 스토커

㉣ 체인 스토커

③ 투입방식에 따른 구분

㉠ 상부 투입식

ⓐ 투입되는 연료와 공기의 공급방향이 향류로 교차되는 형태, 즉 연료와 공기흐름이 반대방향이다.(착화면의 이동방향과 공기흐름이 같음)

ⓑ 정상상태의 고정층은 상부로부터 석탄층, 건조층, 건류층, 환원층, 산화층, 회층, 화격자순으로 구성된다.

ⓒ 공급된 연료(석탄)는 연소가스에 의해 가열되어 건류층에서 휘발분을 방출한다.

ⓓ 코크스화한 석탄은 환원층에서 아래의 산화층에서 발생한 CO_2를 CO로 환원한다.

ⓔ 수동스토커 및 산포식 스토커가 대표적이며 저품질 석탄의 연소에 적합하다.

ⓕ 연소시 화격자 상에 고정층을 형성하지 않으면 안 되므로 분상의 석탄은 그대로 사용하기가 곤란하다.

ⓖ 하부 투입식보다 더 고온이 되고 CO_2에서 CO로 변화속도가 빠르다.

㉡ 하부 투입식

ⓐ 투입되는 연료와 공기흐름이 같은 방향이다.(착화면의 이동방향과 공기흐름이 반대)

ⓑ 연료층이 연소가스에 직접 접하지 않고 가열은 오직 고온의 산화층으로부터 방사되는 복사열에 의하여 연소된다.

ⓒ 정상상태의 고정층은 상부로부터 회층, 환원층, 산화층, 건류층, 공급연료층, 화격자로 구성된다.

ⓓ 공급공기량이 과다하면 연소상태가 불안정하게 되어 소화될 수 있다.

ⓔ 수분이 많고 저위발열량이 낮은 연료, 난연성 및 착화하기 어려운 연료 연소에 적합하다.

㉢ 십자 투입식

ⓐ 투입되는 연료와 공기흐름이 어느 정도의 각도를 유지하고 공기는 공급연료에서 연소층으로 흐른다.

ⓑ 연소층과 회층 사이에는 건류층, 환원층, 산화층의 3개 층으로 나누어져 있다.

ⓒ 화층은 공기공급 방향에서 연료층 → 건류층 → 산화층 → 환원층으로 구성된다.

④ 화격자 종류

㉠ 이동식 화격자

주입연료를 잘 운반시키나 뒤집지 못하는 문제점이 있다.

㉡ 복동식 화격자

고정된 화격자 사이에 폐기물이 끼어 막히는 경우가 생긴다.

㉢ 부채형 반전식 화격자

교반력이 커서 저질쓰레기의 소각에 적당하며 부채형 화격자의 90° 왕복운동에 의해 폐기물을 이송시킨다.

㉣ 역동식 화격자

화격자 상에서 건조, 연소, 후연소가 이루어지므로 폐기물 교반 및 연소조건이 양호하고 소각효율이 높으나 화격자의 마모가 심하다.

㉤ 병렬요동식 화격자

ⓐ 고정화격자와 가동화격자를 횡방향으로 나란히 배치하고 가동화격자를 전후로 왕복운동시킨다.

ⓑ 비교적 강한 이송력을 갖고 있고, 화격자 눈의 메워짐이 별로 없다는 장점은 있으나 낙진량이 많고 냉각작용이 부족하다.

ⓑ 이상식 화격자

건조, 연소, 후연소의 각 화격자에 높이 차이를 두어 낙하시킴으로써 폐기물 층을 혼합하며 내구성이 좋다.

ⓢ 흔들이식 화격자

⑤ 장점

㉠ 연속적인 소각과 배출이 가능하다.

㉡ 경사화격자 방식의 경우는 수분이 많거나 발열량이 낮은 연료도 어느 정도 연소가 가능하다.

㉢ 용량부하가 크며 전자동운전이 가능하다.

⑥ 단점

㉠ 수분이 많거나 플라스틱같이 열에 쉽게 용해되는 물질에 의한 화격자 막힘의 염려가 있다.

㉡ 체류기간이 길고 교반력이 약하여 국부가열이 발생할 염려가 있다.

㉢ 고온 중에서 기계적 가동에 의해 금속부의 마모 및 손실이 심하게 나타난다.

㉣ 클링커 장애(Clinker Trouble)가 문제가 되는 연소장치이다.

Reference | 폰 롤 시스템(Von Roll System)

① 일련의 왕복식 화격자들을 사용하여 폐기물을 소각로 내에서 이동시키면서 연소시키는 방식

② 화격자의 구성

㉠ 건조화격자

㉡ 연소화격자

㉢ 후연소화격자

Reference | 체인 스토커(Chain Stoker)

① 고체연료 연소장치 중 하급식 연소방식이다.

② 연소과정이 미착화탄 → 산화층 → 환원층 → 회층으로 변하여 연소된다.

③ 연료층을 항상 균일하게 제어할 수 있고, 저품질 연료도 유효하게 연소시킬 수 있어 쓰레기 소각로에 많이 이용되는 화격자연소장치이다.

Reference

화격자연소로에서 석탄연소시 화염이동속도 입경이 작을수록, 발열량이 높을수록, 공기가 높을수록, 석탄화가 낮을수록 화염이동속도는 커진다.

2) 고정상 연소장치(Fixed Bed Incinerator)

① 개요

연소로 내의 화상 위에서 연료물질을 연소하는 방식의 화격자로서 적재가 불가능한 슬러지(오니), 입자상 물질, 열을 받아 용융해서 착화연소하는 물질(플라스틱)의 연소에 적합하다.

② 구조에 따른 구분

㉠ 경사식

ⓐ 연료의 건조, 연소에 대하여 기계적 가동부분이 없어 기계적 고장이 없고 건설비가 저렴하다는 장점이 있다.

ⓑ 경사식의 적용을 위해서는 연료물질이 접착성이 없고 성상이 일정하여야 한다.

㉡ 수평식

회분이 적은 고분자계 연료 연소에 적합하며 연소장치 밖에 설치된 송풍기에 의하여 연소공기를 균등하게 강제 송풍해야 한다.

③ 장점

㉠ 화격자에 적재가 불가능한 슬러지, 입자상 물질의 연료를 연소할 수 있다.

㉡ 열에 열화, 용해되는 플라스틱을 잘 연소시킬 수 있다.

④ 단점

㉠ 체류기간이 길고 교반력이 약하여 국부가열이 발생할 수 있다.

㉡ 연소효율이 나쁘고 잔사용량이 많이 발생된다.

3) 미분탄 연소장치(Pulverized Coal Incinerator)

① 개요

석탄의 표면적을 크게(0.1 mm 정도 크기로 분쇄) 하고 1차공기 중에 부유시켜서 공기와 함께 노 내로 흡입시켜 연소시키는 방법이다. 적은 공기비로도 완전연소가 가능하며, 화력발전소나 시멘트 소성로와 같은 대형 대용량 연소시설에서 석탄으로 연소시키고자 할 때 가장 적합한 연소방식이다.

② 특징

㉠ 반응속도는 탄의 성질, 공기량 등에 따라 변한다.

㉡ 연소에 요하는 시간은 대략 입자 지름의 제곱에 비례한다.

㉢ 부하변동에 쉽게 적응할 수 있으므로 대형과 대용량 설비에 적합하다.

㉣ 최초의 분해연소 시에 다량의 가연가스를 방출하고 곧 이어서 고정탄소의

표면연소가 시작된다.

③ 장점

㉠ 같은 양의 석탄에서는 화격자 연소보다 연료의 접촉표면적이 대단히 커지고, 공기와의 접촉 및 열전달도 좋아지므로 작은 공기비로도 완전연소가 가능하다.

㉡ 점화 및 소화 시 열손실은 적고 부하의 변동에 쉽게 적응할 수 있다.

㉢ 연소속도가 빠르고 높은 연소효율을 기대할 수 있다.

㉣ 연소량의 조절이 용이, 즉 연소제어가 용이하고 과잉공기에 열손실이 적다.

㉤ 사용연료의 범위가 넓어 스토커 연소에 적합하지 않은 점결탄과 낮은 발열량의 탄 등 저질탄에도 유효하게 사용할 수 있다.

㉥ 대용량 보일러에 적용할 수 있다.

④ 단점

㉠ 설치 및 유지비가 고가이다.

㉡ 비산분진의 배출량 및 재비산이 많고 집진장치가 필요하다.

㉢ 분쇄기 및 배관 중에 폭발의 우려 및 수송관의 마모가 일어날 수 있다.

㉣ 역화, 폭발의 위험성이 있다.(단, 역화는 분출가스압이 제한된 경우 발생)

㉤ 소용량 보일러에 적용할 수 없다.

Reference | 접선기울형(접선기울기형) 버너(Tangential Titling Burner)

① 미분탄 연소로에 사용되는 버너 중 하나이며 화염을 상하로 이동시켜서 과열을 방지할 수 있도록 되어 있다.
② 사각연소로인 경우 각 모퉁이에 3~5개의 버너가 높이가 다르게 설치되어 있다.
③ 1차 공기 및 석탄 주입관 끝은 10~30° 정도의 각 범위에서 조정할 수 있도록 되어 있다.

4) 유동층 연소장치(Fluidized Bed Combustion)

① 개요

㉠ 하부에서 공기를 주입하여 불활성층인 모래를 유동시켜 이를 가열시키고 상부에서 연료물질을 주입하여 연소하는 형식이며 유동층은 보유열량이 높아 (1.42×10^5 kcal/m^3) 최적의 연소조건을 형성하여 유동층 내의 온도는 항상 700~800℃을 유지하면서 연소한다. 또한 유동화가 행해지는 공기유속의 범위는 한정되어 있으며 통상 0.3~4m/sec 정도이다.

㉡ 모래 대신 석탄을 이용하는 방식을 석탄의 유동층 연소방식이라 하며 미분탄 장치가 필요하지 않다.(미분탄연소와는 달리 고체연료를 분쇄할 필요가 없고,

이에 따른 동력손실이 없다.)

㉢ 유동층연소는 다른 연소법에 비해 NOx 생성 억제가 잘 되고, 화염층을 작게 할 수 있으므로 장치의 규모도 작게 할 수 있다.

㉣ 높은 열용량을 갖는 균일온도의 층내에서는 화염전파는 필요 없고, 층의 온도를 유지할 만큼의 발열만 있으면 된다.

㉤ 연료의 층내 체류시간이 길어 저발열량의 석탄도 완전연소가 가능하다.

② 유동층 매체(유동사)의 구비조건

㉠ 불활성이어야 하고 내마모성이 있어야 한다.

㉡ 열에 대한 충격이 강하고 융점이 높아야 한다.

㉢ 입도분포가 균일하고 미세하여야 한다.

㉣ 비중이 작아야 한다.

㉤ 공급이 안정되고 가격이 저렴하여야 한다.

③ 장점

㉠ 유동매체의 열용량이 커서 액상, 기상 및 고형폐기물의 전소 및 환소가 가능하다.

㉡ 일반 소각로에서 소각이 어려운 난연성 폐기물의 소각에 적합하며, 특히 폐유, 폐윤활유 등의 소각에 탁월하다.

㉢ 반응시간이 빨라 소각시간이 짧다.(유동층을 형성하는 분체와 공기와의 접촉면적이 큼)

㉣ 연소효율이 높아 미연소분이 적고 2차연소실이 불필요하다.(미연분의 생성량이 적어 회분매립으로 인한 2차 공해가 감소됨)

㉤ 연소온도가 미분탄연소로에 비해 낮고 과잉공기량이 낮아 NO_x 생성억제에 효과가 있다.(노 내에서 산성가스의 제거가 가능하며 별도의 배연탈황설비 불필요함)

㉥ 기계적 구동부분이 적어 고장률이 낮다. 즉, 유동매체에 석회석 등의 탈황제를 사용하여 노 내 탈황도 가능하다.

㉦ 노 내 온도의 자동제어로 열회수가 용이하다.(격심한 입자의 운동으로 층내가 균일온도로 유지됨)

㉧ 유동매체의 축열량이 높은 관계로 단시간 정지 후 가동시 보조연료 사용 없이 정상가동이 가능하다.

㉨ 전열면적이 적게 들고, 석탄의 유동층 연소방식은 미분탄 장치가 불필요하다.

㉩ 주방쓰레기, 슬러지 등 수분함량이 높은 폐기물을 층 내에서 건조와 연소를 동시에 할 수 있다.

㉪ 연료의 층내체류시간이 길어 저발열량의 석탄도 완전연소가 가능하다.

④ 단점

㉠ 층의 유동으로 상으로부터 찌꺼기의 분리가 어려우며 운전비, 특히 동력비가 높다.

㉡ 대형의 고형폐기물은 투입이나 유동화를 위해 파쇄가 필요하다.

㉢ 유동매체의 손실로 인한 보충이 필요하다.

㉣ 재나 미연탄소의 배출이 많다.

㉤ 부하변동에 쉽게 대응할 수 없다. 즉, 적응성이 낮은 편이다.

㉥ 수명이 긴 Char는 연소가 완료되지 않고 배출될 수 있으므로 재연소장치에서의 연소가 필요하다.

⑤ 유동층 연소에서 부하변동에 대한 보완대책

㉠ 공기분산판을 분할하여 층을 부분적으로 유동시킨다.

㉡ 유동층을 몇 개의 셀로 분할하여 부하에 따라 작동시키는 수를 변화시킨다.

㉢ 층의 높이를 변화시킨다.

5) 회전식 연소로(Rotary Kiln)

① 개요

회전하는 원통형 소각로로서 경사진 구조로 되어 있는 회전식 소각로이며 길이와 직경의 비는 2~10, 회전속도는 0.3~1.5 rpm 정도로 투입되는 연소물질은 교반・건조・이동되면서 연소된다.

② 장점

㉠ 넓은 범위의 액상 및 고상폐기물을 소각할 수 있다.

㉡ 액상이나 고상폐기물을 각각 수용하거나 혼합하여 처리할 수 있다.

㉢ 경사진 구조로 용융상태의 물질에 의하여 방해받지 않는다.

㉣ 소각 전처리(예열, 혼합, 파쇄)가 크게 요구되지 않는다.

㉤ 소각시 공기와의 접촉이 좋고 효율적으로 난류가 생성된다.

㉥ 소각에 방해 없이 재의 연속적 배출이 가능하다.

㉦ 체류시간을 조절할 수 있다.

㉧ 독성물질의 파괴효율이 높다.(1,400℃ 이상 가동 가능)

③ 단점

㉠ 처리량이 적을 경우 설치비가 많이 소요된다.

㉡ 노에서의 공기유출이 크므로 종종 대량의 과잉공기가 필요하다.

㉢ 대기오염 제어시스템에 대하여 분진부하율이 높다.

㉣ 2차 연소실이 필요하고 연소효율이 낮은 편이다.

ⓓ 구형 형태의 폐기물은 완전연소가 끝나기 전에 굴러떨어질 수 있다.
ⓔ 대기 중으로 부유물질이 발생할 수 있다.
ⓕ 대형폐기물로 인한 내화재의 파손이 발생하므로 주의를 요한다.
ⓖ 소각재 배출 시 열손실이 크다.

Reference | 폐타이어의 연료화 방식

① 액화법에 의한 연료추출방식
② 열분해에 의한 오일추출방식
③ 직접연소방식

(2) 액체연료의 연소장치

1) 기화연소방식(증발연소)

① 연료를 고온의 물체에 접촉 또는 충돌시켜 액체를 가연성 증기로 변환 후 연소시키는 방식이며 일반적으로 증발식 연소는 경질유의 연소에 적합하다.

② 증발식 버너 종류

㉠ 포트형 버너(포트식 연소)

ⓐ 기름을 접시모양의 용기에 넣어 점화하면 연소열로 인해 액면이 가열되어 발생되는 증기가 외부에서 공급되는 공기와 혼합연소하는 방식으로, 휘발성이 좋은 경질유의 연소에 효과적이다.

ⓑ 접시형태의 용기에 연료를 투입, 노 내의 열이나 방사열로 증발시켜 연소하는 버너이다.

ⓒ 포트액면 연소는 액면에서 증발한 연료가스 주위를 흐르는 공기와 혼합하면서 연소하는 것으로 연소속도는 주위 공기의 흐름속도에 거의 비례하여 증가한다.

㉡ 심지형 버너(심지식 연소)

ⓐ 주로 등유연소장치에서 모세관현상에 의해 증발연소시키는 방식으로 심지에 의해 연료저장소 속의 기름을 흡입하여 연소하는 버너이며 점화 및 소화시 공기와 혼합이 나빠 그을음 및 악취가 발생한다.

ⓑ 심지연소는 공급공기의 유속이 낮을수록, 공기의 온도가 높을수록 화염의 높이가 높아진다.

㉢ 증발식 버너(증발식 연소)

ⓐ 경질유(등유, 경유, 디젤유) 연소에 적합한 방식으로 방사열에 의해 공급된 연소용 공기와 혼합되어 연소하는 방식이다.

ⓑ 증발연소는 일반적으로 가정용 석유스토브, 보일러 등 연료가 경질유이며, 소형인 것을 사용한다.

㉣ 월프레임형 버너

회전하는 연료노즐에서 오일을 수평으로 방사하여 코일이나 노 내의 열로서 가열된 화점에 접촉시켜 증발이 일어나 연소하는 방식이다.

2) 분무화연소방식

① 연료(주로 중유)를 미세하게 분무하여 공기와 혼합하여 연소시키는 방식이다.

② 충돌분무화식에서 분무화 입경은 연료의 점도와 표면 장력이 클수록 커진다.

③ 분무방식에 따라 유압식 버너, 회전식 버너, 고압공기식 버너, 저압공기식 버너 등으로 구분한다.

④ 충돌분무화식에서 분무화 입경을 작게 하기 위한 연료 예열온도는 85±5℃ 정도이다.

⑤ 이류체 분무화식은 증기 또는 공기의 분무화 매체를 사용하여 분무화시키는 방식이다.

⑥ 분무연소기에서 그을음이 생성되는 것을 방지하기 위해서는 배기가스 재순환 등에 의해서 연소용 공기의 O_2 농도를 증가시켜 포위염(envelope flame) 형성을 조장한다.

3) 유류연소 버너가 갖추어야 할 조건

① 연료유를 미립화해서 공기와 혼합하여 단시간에 완전연소를 시켜야 한다.

② 넓은 부하범위에 걸쳐 기름의 미립화가 가능해야 한다.

③ 소음 발생이 적어야 한다.

④ 점도가 높은 기름도 적은 동력비로써 미립화가 가능해야 한다.

4) 유압식 버너(유압분무식 버너)

① 개요

오일펌프로 연료 자체에 고압력을 가하여 분사하여 분무화시키는 버너이다.

② 특징

㉠ 연료분사범위(연소용량)

30～3,000 L/hr(또는 15～2,000 L/hr)

㉡ 유량조절범위

환류식 1 : 3, 비환류식 1 : 2로 유량조절범위가 좁아 부하변동에 적응하기 어렵다.

㉢ 유압

5～30 kg/cm^2 정도

㉣ 분사(분무) 각도

ⓐ 40～90° 정도의 넓은 각도

ⓑ 연료유의 분사각도는 기름의 압력, 점도 등으로 약간 달라진다.

㉤ 특성

ⓐ 대용량 버너 제작이 용이하다.

ⓑ 유량은 유압의 평방근에 비례하고 고점도의 기름은 분무화가 불량하다.

ⓒ 구조가 간단하여 유지보수가 용이하다.

ⓓ 부하변동이 적은 곳에 적당하다.

ⓔ 유량조절범위가 다른 버너에 비해 좁아 부하변동에 적응하기 어렵다.

ⓕ 연료의 점도가 크거나, 유압이 5 kg/cm^2 이하가 되면 분무화가 불량하다.

5) 회전식 버너

① 개요

고속회전하는 Atomizer의 원심력에 의하여 연료유를 비산시켜 분무화하는 기능을 갖춘 형식의 버너이며 분무는 기계적 원심력과 공기를 이용한다.(3,000～10,000rpm으로 회전하는 컵모양의 분무컵에 송입되는 연료유가 원심력으로 비산됨과 동시에 송풍기에서 나오는 1차 공기에 의해 분무되는 형식이다.)

② 특징

㉠ 연료분사범위(연소용량)

5～1,000 L/hr(연료유 분사유량은 직결식이 1,000 L/hr 이하, 벨트식이 2,700 L/hr 이하)

㉡ 유량조절범위

1 : 5 (유압식 버너에 비해 연료유의 분무화 입경은 비교적 크다.)

㉢ 유압

0.3～0.5 kg/cm^2 정도

㉣ 분사(분무) 각도

40~80° 정도로 큼

㉤ 특성

ⓐ 비교적 넓게 퍼지는 화염을 나타낸다.

ⓑ 부하변동이 있는 중소형 보일러에 주로 사용한다.

ⓒ 유압식 버너에 비해 분무입자가 비교적 크므로 중유의 점도가 작을수록 분무상태가 좋아지며 점도가 작을수록 분무화 입경이 작아진다.

ⓓ 직결식은 분무컵의 회전수와 전동기의 회전수가 일치하는 방식으로 3,000~3,500 rpm 정도이다.

ⓔ 점도와 비중이 작은 저급연료에 적합하며 유량이 적으면 분무화가 불량해진다.

ⓕ 연소실의 구조에 따라 화염의 형상을 조절할 수 있다.

6) 고압공기식 버너(고압기류 분무식 버너)

① 개요

분무매체(증기 또는 공기)에 압력으로 분사, 분무화시켜 연소시키는 버너이며 분무매체의 압력이 높은 것이 고압공기식 버너이다.

② 특징

㉠ 연료분사범위(연소용량)

ⓐ 외부혼합식 : 3~500 L/hr

ⓑ 내부혼합식 : 10~1,200 L/hr

㉡ 유량조절범위

1 : 10 정도로 커서 부하변동에 적응이 용이하다.

㉢ 유압

2~8 kg/cm^2 정도(증기압 또는 공기압 2~10 kg/cm^2)

㉣ 분사(분무) 각도

30°(20~30°) 정도

㉤ 특성

ⓐ 고점도 사용에도 적합하다.(연료유의 점도가 큰 경우도 분무화 용이함)

ⓑ 장염(가장 좁은 각도의 긴 화염)이나 연소 시 소음이 크게 발생된다.

ⓒ 제강용평로, 연속가열로, 유리용해로 등의 대형가열로에 많이 사용된다.

ⓓ 분무에 필요한 1차 공기량은 이론연소공기량의 7~12% 정도이다.

ⓔ 외부혼합식보다 내부혼합식의 버너가 양호한 분무화가 된다.

ⓕ 무화 시 무화매체를 증기로 하면 연료가 예열되어 연소효율을 증가시킬 수 있다.

7) 저압공기식 버너(저압기류 분무식 버너)

① 개요

분무매체(공기)에 압력으로 분사, 분무화시켜 연소시키는 버너이며 분무매체의 압력이 낮은 것이 저압공기식 버너이다.

② 특징

㉠ 연료분사범위(연소용량)

2～300 L/hr

㉡ 유량조절범위

1 : 5 정도

㉢ 유압

0.3～0.5 kg/cm^2

㉣ 분사(분무) 각도

30～60° 정도

㉤ 특성

ⓐ 구조상 소형설비(소형 가열로 등에 적합)

ⓑ 무화 시 공기압력에 따라 공기량을 증감할 수 있다.

ⓒ 공기와 연료의 공급방법에 따라 연동형과 비연동형 저압기류식 공기버너가 있다.

ⓓ 자동연소제어가 용이하며 비교적 좁은 각도의 짧은 화염을 가진다.

ⓔ 분무에 필요한 공기량은 이론연소공기량의 30～50% 정도면 된다.

8) 건타입(Gun Type) 버너

① 개요

유압식과 공기분무식을 합한 형식의 버너이다.

② 특징

㉠ 유압은 보통 7 kg/cm^2 이상이다.

㉡ 연소가 양호하고 전자동 연소가 가능하다.

㉢ 소형으로서 소용량에 적합하다.

Reference | 분무연소기의 자동제어방법(시퀀스제어)

① 안전장치가 별도로 필요하다.
② 분무연소기의 자동점화, 자동소화, 연소량, 자동제어 등이 행해진다.
③ 화염이 꺼진 경우 화염검출기가 소화를 검출하고 점화플러그를 다시 작동시킨다.
④ 지진에 의해서 감지기가 작동하면 연료개폐밸브가 닫힌다.

(3) 기체연료의 연소장치

1) 확산연소장치(확산형 가스버너)

① 개요

기체연료와 연소용 공기를 버너 내에서 혼합하지 않고 내화재료로 제작된 넓은 화구에서 공기와 가스를 연소실로 보내어 혼합하여 연소시키는 방법이다.

② 종류

㉠ 포트형

ⓐ 내화재료로 구성된 화구에서 공기 및 가스를 각각 송입하여 공기와 가스 연료를 다 같이 고온 예열할 수 있는 형태로 연소시키는 버너로 버너 자체가 노 벽과 함께 내화벽돌로 조립되어 노 내부에 개구된 것이며 가스와 공기를 함께 가열할 수 있는 장점이 있다.

ⓑ 노 내부에서 연소가 완료되도록 가스와 공기의 유속을 결정하며 구조상 가스와 공기압이 높지 못한 경우에 사용한다.

ⓒ 포트 입구가 작으면 슬래그가 부착해서 막힐 우려가 있으므로 주의한다.

ⓓ 고발열량 탄화수소를 사용할 경우는 가스압력을 이용하여 노즐로부터 고속으로 분출케 하여 그 힘으로 공기를 흡인하는 방식을 취한다.

ⓔ 가스 및 공기의 온도와 밀도를 고려하여 밀도가 큰 가스 출구는 상부에, 밀도가 작은 공기 출구는 하부에 배치되도록 하여 양쪽의 밀도차에 의한 혼합이 잘 되도록 한다.

㉡ 버너형

공기와 가스연료를 가이드벤으로 하여금 혼합하여 연소시키는 버너로 연료선택의 사용범위가 넓다.

ⓐ 선회버너

기체연료와 공기를 안내날개에 의하여 혼합시키는 형식으로 저질연료(고로가스)를 연소시키는 데 적합하다.

ⓑ 방사형 버너

천연가스와 같은 고발열량 연료를 연소시키는 데 가장 적합한 버너이다.

③ 특징

㉠ 화염이 길고 그을음이 발생하기 쉽다.

㉡ 역화의 위험이 없으며 가스와 공기를 예열할 수 있다.

㉢ 사용상 조작범위가 넓고 장염을 만든다.

㉣ 주로 탄화수소가 적은 발생로가스, 고로가스에 적용되는 연소방식이고, 천연가스에도 사용될 수 있다.

2) 예혼합 연소장치(예혼합형 가스버너)

① 개요

㉠ 기체연료가 공기와 미리 혼합된 상태에서 버너에 의해 연소시키는 방법이다.

㉡ 난류가 형성되므로 화염길이가 짧고, 완전연소로 인한 그을음 생성량은 적다.

㉢ 화염온도가 높아 연소부하가 큰 경우에 사용이 가능하다.

㉣ 혼합기의 분출속도가 느릴 경우 역화의 위험이 있다.

② 종류

㉠ 저압버너

ⓐ 역화방지를 위해 1차 공기량을 이론공기량의 약 60% 정도만 흡입하고 2차 공기는 노 내의 압력을 부압(음압)으로 하여 공기를 흡입시켜 연소시킨다.

ⓑ 가스연료의 압력은 60~160 mmH_2O 정도이며 송풍기가 필요 없다.

ⓒ 일반적으로 연료는 도시가스이며 가정용 및 소형공업용으로 많이 사용된다.

㉡ 고압버너

ⓐ 노 내를 정압(양압)으로 하여 고온분위기를 얻을 수 있는 버너이다.

ⓑ 가스연료의 압력은 2 kg/cm^2 이상으로 공급하므로 연소실 내의 압력은 정압이며 소형의 가열로에 사용된다.

ⓒ 일반적으로 연료는 LPG, 압축도시가스이다.

㉢ 송풍버너

연소용 공기를 노즐을 이용 가압 분사시켜 가스연료를 흡인, 혼합, 연소시키는 형태의 버너이다.(노내 압력 : 정압)

Reference | 소각법(연소법)

1. 직접화염소각(직접화염재연소기)
   ① 오염물질을 직접 화염(불꽃)으로 소각하는 방법으로 재연소법(Affer Burner)이라고도 한다.
   ② 가연성 폐가스(HC, H_2, NH_3, HCN) 및 유독가스 제거에 널리 이용되며 배출량이 많은 경우에 유용하다.
   ③ 오염가스 농도가 LEL(연소하한값)의 50% 이상인 경우에 적용한다.
   ④ 연소실 설계 시 반응시간은 0.2~0.7초, 반응온도는 650~870℃, 혼합은 연료 및 산소, 오염물질이 잘 혼합되도록 하고, 배기가스의 적정온도 유지를 위해 혼합연료의 양과 연료가스량 및 체류시간 등을 잘 조절하여야 한다.
   ⑤ 고온상태에서 NO_x 발생이 많고 불완전 연소 시 CO 및 HCHO 등이 발생된다.
   ⑥ 연료소비가 많아(오염 농도 낮은 경우 보조연료 필요) 운전비용이 증가하므로 폐열회수장치를 이용하는 것이 경제적으로 바람직하다.
   ⑦ 연료 중 C/H 비가 3 이상일 경우 그을음이나 검댕이 발생되며 그 대책으로는 수증기의 주입으로 C/H 비를 낮추면 된다.
   ⑧ 장점
      ㉠ 가연성 오염물질의 완전 제지가 가능하다.
      ㉡ 시설이 배기의 유량과 농도가 크게 변하지 않는 한 잘 적응할 수 있다.
      ㉢ 연소장치의 효율저하가 없다.
      ㉣ 경제적인 열회수가 가능하다.
   ⑨ 단점
      ㉠ 시설비와 운영비가 비교적 많은 편이다.
      ㉡ 연소생성물에 대한 독성의 우려가 있다.

2. 촉매연소(촉매산화법)
   ① 오염가스를 촉매(백금, 파라디움, 코발트 등)을 사용하여 고온연소법에 비해 낮은 반응온도(≒400~500℃)에서 단시간(수백 분의 1 sec)에 소각시키는 방법이다.
   ② 일반적으로 VOC의 함유량이 적은 저농도의 가연물질과 공기를 함유하는 기체 폐기물에 대하여 적용된다.
   ③ 배출가스를 높은 온도로 예열하지 않으며 따라서 NOx의 발생이 거의 없다.
   ④ 대부분의 촉매는 800~900℃ 이하에서 촉매역할이 활발하므로 촉매의 온도상승은 50~100℃ 정도로 유지하는 것이 좋다.
   ⑤ 소각효율은 약 85% 이상이며 압력손실이 적어 운전상 경제적이다.
   ⑥ 구리, 금, 은, 아연, 카드뮴, 납, 수은, 황 및 분진 등은 촉매독 역할을 하여 촉매의 수명을 단축시킨다.

Reference | 폐열회수장치 설치소각로의 특성

① 연소가스 배출부분과 수증기보일러관에서 부식이 발생한다.
② 소각로의 수증기 생산설비로 인해 조작이 복잡하다.
③ 열회수로 연소가스온도와 부피를 줄일 수 있다.
④ 소각로 온도조절을 위해 과잉공기량이 적게 요구된다.
⑤ 공기와 연소가스의 양이 비교적 적으므로 용량이 작은 송풍기를 쓸 수 있다.
⑥ 수증기 생산을 위한 수냉로벽, 보일러 등 설비가 필요하다.

Reference | 화염을 유지하기 위한 보염기

① 공기유동에 대해 소용돌이를 발생시켜 화염의 순환영역을 만들어 화염의 안정화, 즉 화염 유지를 꾀한다.
② 공기유동에 대해 연료를 역방향으로 분사하고 국부공기유속을 화염전파속도보다 작게 한다.
③ 원추형 보염기는 원추의 가장자리에서 말려들게 한 소용돌이에 의하여 주로 보염작용을 행한다.
④ 축류형 보염기는 날개의 후방에 생기는 소용돌이에 의하여 주로 보염작용을 행한다.

Reference | 연소부산물 클링커

① 연료층의 내부온도가 높을 때 회분이 환원분위기 속에서 고온열화로 발생한다.
② 연료연소층의 교반속도를 적절히 조절하여 클링커 발생량을 줄인다.
③ 연료연소층의 온도분포가 균일한 경우 클링커 발생이 억제된다.
④ 연료 중의 회분유입을 억제하여 클링커 발생을 예방할 수 있다.

학습 Point

1 고정상 연소장치 및 유동층 연소장치 내용 숙지
2 기화연소방식 내용 숙지
3 예혼합 연소장치 내용 숙지

05 통풍장치

통풍이란 연소용 공기의 노내 유입력, 연소배기가스의 옥외 유출력을 의미하며, 통풍장치란 연소장치 내부에 배출된 연소가스를 대치할 공기를 공급하는 장치를 말한다.

(1) 통풍장치의 구분

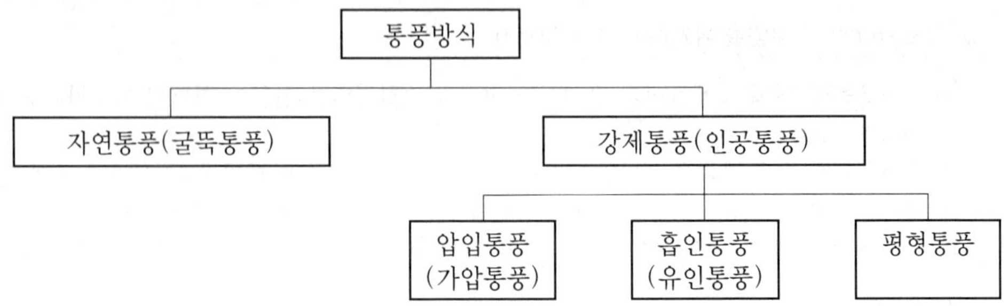

(2) 자연통풍

1) 개요

굴뚝 내외부의 공기밀도 및 가스밀도 차에 의한 통풍력이 발생하여 이루어진다.

2) 자연통풍력 상승조건

① 배기가스의 온도가 높을수록
② 외기온도가 낮을수록
③ 굴뚝(연돌)의 높이가 높을수록
④ 연돌의 단면적이 작고, 내부의 굴곡이 작을수록
⑤ 외기주입량이 없을수록
⑥ 계절별로는 여름보다 겨울에 통풍력이 높아짐
⑦ 굴뚝통로를 단순하게 함
⑧ 굴뚝가스의 체류시간을 증가시킴

3) 통풍력 계산

$$Z = 273H\left(\frac{r_a}{273+t_a} - \frac{r_g}{273+t_g}\right) = H(r_a - r_g)$$

여기서, Z : 통풍력(mmH_2O, mmAQ, kg/m^2)
H : 굴뚝의 높이(m)
r_a : 공기밀도(비중)(kg/m^3)
r_g : 배기가스 밀도(비중)(kg/m^3)
t_a : 외기 온도(℃)
t_g : 배기가스 온도(℃)

Reference ｜ 공기의 밀도와 배기가스의 밀도가 같을 때

$$Z = 355H\left(\frac{1}{273+t_a} - \frac{1}{273+t_g}\right)$$

4) 특징

① 소음이 거의 발생하지 않으며 동력 소모가 없다.
② 소요량에 적용 가능하다.
③ 연소실 구조가 복잡한 형태에는 부적당하며 통풍효율이 낮다.
④ 통풍력은 연돌조건(높이, 단면적), 온도조건(배기가스, 공기)에 영향을 받는다.

(3) 강제통풍

1) 개요

송풍기 및 배풍기를 이용하는 통풍방식이다.

2) 종류

① 압입통풍
㉠ 연소용 공기를 노 앞에서 설치된 가압송풍기를 이용하여 강제로 연소실 내부로 압입하는 통풍방식이다.

ⓛ 연소용 공기를 예열할 수 있고 가압연소가 가능하다.
ⓒ 연소실 열부하율을 높일 수 있다.(열부하율이 너무 높으면 노벽의 수명 단축)
ⓔ 노 내압이 정압(+)으로 유지된다.
ⓜ 송풍기의 고장이 적고 점검, 유지, 보수가 용이하다.
ⓑ 역화의 위험성이 있고 배기가스의 유속은 6~8 m/sec 정도이다.
ⓢ 흡인통풍방식보다 송풍기의 동력 소모가 적다.

② 흡인통풍

ⓖ 연기가스를 송풍기로 흡인하여 노 내의 압력을 부압(−)으로 하여 배기가스를 굴뚝에 흡인시켜 배출하는 통풍방식이다.
ⓛ 압입통풍에 비하여 통풍력이 크다.
ⓒ 노 내압이 부압(−)으로 냉기침입의 우려가 있으나 역화의 위험성은 없다.
ⓔ 굴뚝의 통풍저항이 큰 경우에 적합하다.
ⓜ 배풍기의 점검 및 보수가 어렵고 수명이 짧다.
ⓑ 소요동력이 많이 요구되고 연소배기가스에 의한 부식이 발생한다.
ⓢ 대형의 배풍기가 필요하며 연소용 공기를 예열할 수 없다.
ⓞ 연소효율이 낮고 배기가스에 의한 마모가 발생한다.

③ 평형통풍

ⓖ 연소실 전면, 후면에 각 송풍기 및 배풍기를 부착한 병용식 통풍방식이다.
ⓛ 연소실의 구조가 복잡하여도 통풍이 잘 이루어진다.
ⓒ 통풍력이 커서 대형 연소로(보일러)에 적합하다.
ⓔ 통풍 및 노 내 압력의 조절이 용이하나 소음이 크고 설비비 및 유지비가 많이 소요된다.
ⓜ 통풍손실이 큰 연소설비에 사용되고 동력소모도 크다.
ⓑ 열가스의 누기 및 냉기의 침입이 없다.

3) 특징

① 통풍 효율이 양호하다.
② 통풍 조절이 용이하다.
③ 소음이 많고 동력비가 증가된다.
④ 상대적으로 연돌의 높이가 낮아도 무방하다.
⑤ 외기공기온도, 배기가스온도의 영향을 받지 않는다.

(4) 굴뚝 내 평균가스온도(t_{mg})

$$t_{mg} = \frac{t_1 - t_2}{\ln\left(\frac{t_1}{t_2}\right)} (℃)$$

여기서, t_1 : 굴뚝입구 온도(℃)
t_2 : 굴뚝출구 온도(℃)

필수 문제

01 연돌 내 연소가스온도가 180℃ 이고 외부공기의 온도가 25℃ 일 때 통풍력(mmH_2O)은?(단, 연돌의 높이는 25m)

풀이

$$Z = 355H\left(\frac{1}{273+t_a} - \frac{1}{273+t_g}\right)$$

$$= 355 \times 25\left[\frac{1}{(273+25)} - \frac{1}{(273+180)}\right] = 10.19mmH_2O$$

필수 문제

02 다음 조건에서의 자연통풍력(mmH_2O)을 구하시오.

굴뚝 높이 50m, 굴뚝 내 평균배기가스온도 250℃, 외부대기온도 25℃
표준상태에서 배기가스와 외부대기의 비중량은 $1.3kg/Sm^3$으로 동일
단, 굴뚝 내에서의 마찰손실 및 압력손실은 무시

풀이

$$Z = 355H\left(\frac{1}{273+t_a} - \frac{1}{273+t_g}\right)$$

$$= 355 \times 50\left[\frac{1}{(273+25)} - \frac{1}{(273+250)}\right] = 25.62\ mmH_2O$$

※ $Z = 273 \times 50\left[\frac{1.3}{(273+25)} - \frac{1.3}{(273+250)}\right]$ 으로 계산하여도 결과는 동일($25.6\ mmH_2O$)함

필수 문제

03 굴뚝높이가 70m, 배기가스의 평균온도가 120℃일 때, 통풍력은 15.41mmH_2O 이다. 배기가스 온도를 230℃로 증가시키면 통풍력(mmH_2O)은 얼마가 되는가?(단, 외기온도는 20℃이며, 대기 비중량과 가스의 비중량은 표준상태에서 1.3kg/Sm^3 이다.)

풀이

공기밀도와 배기가스밀도가 같은 경우

$$Z = 355H\left(\frac{1}{273+t_a} - \frac{1}{273+t_g}\right)$$

$$= 355 \times 70 \times \left[\frac{1}{(273+20)} - \frac{1}{(273+230)}\right] = 35.41\ \text{mmH}_2\text{O}$$

필수 문제

04 연돌높이가 70 m 이고 대기온도 및 배기가스의 온도는 각각 28℃, 150℃ 일 경우 연돌의 통풍력을 1.5배 증가시키기 위한 배기가스의 온도는 얼마의 값을 가져야 되는지 계산하시오.(단, 대기 및 배기가스의 비중량은 1.3 kg/Sm^3, 연돌높이는 변함 없음)

풀이

150℃에서의 통풍력

$$Z = 355H\left(\frac{1}{273+t_a} - \frac{1}{273+t_g}\right)$$

$$= 355 \times 70\left[\frac{1}{(273+28)} - \frac{1}{(273+150)}\right] = 23.81\ \text{mmH}_2\text{O}$$

1.5배 증가시킨 통풍력(Z')

$$Z' = 1.5Z = 1.5 \times 23.81 = 35.72\ \text{mmH}_2\text{O}$$

배출가스온도(t_g)

$$35.72\ \text{mmH}_2\text{O} = 355 \times 70\left[\frac{1}{(273+28)} - \frac{1}{(273+t_g)}\right]$$

$$t_g = \frac{1}{\left(\frac{1}{273+28}\right) - \left(\frac{35.72}{355 \times 70}\right)} - 273 = 257.55℃$$

필수 문제

05

굴뚝높이가 50 m, 배기가스의 평균온도가 120℃일 때, 통풍력은 15.4 mmH_2O이다. 배기가스 온도를 200℃로 증가시키면 통풍력(mmH_2O)은 얼마나 되는가?(단, 외기온도는 20℃이며, 대기 비중량과 가스의 비중량은 표준상태에서 1.3 kg/Sm^3이다.)

풀이

$$Z(mmH_2O) = 355H\left[\frac{1}{273+t_a} - \frac{1}{273+t_g}\right]$$

$$15.41 = 355H \times \left[\frac{1}{273+20} - \frac{1}{273+120}\right]$$

$$H = 49.984(m)$$

$$Z = 355 \times 49.984 \times \left[\frac{1}{273+20} - \frac{1}{273+200}\right]$$

$$= 23.05(mmH_2O)$$

필수 문제

06

연돌 내의 배기가스의 평균온도가 325℃, 대기의 온도는 25℃이다. 이때 통풍력을 40 mmH_2O 로 하기 위한 연돌의 높이(m)는?(단, 연소가스와 공기의 표준상태에서의 밀도는 1.3 kg/Nm^3이고, 연돌 내의 압력손실은 무시)

풀이

$$Z = 355H\left(\frac{1}{273+t_a} - \frac{1}{273+t_g}\right)$$

$$40 = 355 \times H \times \left[\frac{1}{(273+25)} - \frac{1}{(273+325)}\right]$$

$$H = 66.93\ m$$

필수 문제

07 굴뚝에서 가스의 평균속도를 구할 때는 평균가스온도를 사용한다. 굴뚝입구의 온도가 245℃ 이고, 출구의 온도가 160℃ 일 때 굴뚝 내 평균가스온도(℃)는?

굴뚝 내 평균가스온도(t_{mg})

$$t_{mg} = \frac{t_1 - t_2}{\ln\left(\frac{t_1}{t_2}\right)}(℃) = \frac{245 - 160}{\ln\left(\frac{245}{160}\right)} = 199.49℃$$

학습 Point

1 자연통풍력 상승조건 숙지
2 통풍력 계산식 숙지(출제비중 높음)
3 강제통풍 3종류 내용 숙지

06 매연(검댕, 그을음) 발생

매연은 연소화염 속에 생성되는 탄소미립자이다.

(1) 개요

① -C-C-의 탄소결합을 절단하기보다는 탈수소가 쉬운 쪽이 매연이 생기기 쉽다.
② 연료의 C/H(탄수소비)의 비율이 클수록 매연이 생기기 쉽다.
[C중유 > B중유 > A중유]
③ 탈수소, 중합반응 및 고리화합물(방향족) 등과 같은 반응이 일어나기 쉬운 탄화수소일수록 매연이 잘 생긴다.
[타르 > 고휘발 역청탄 > 중유 > 저휘발 역청탄 > 아탄 > 경질유 > 등유 > 석탄가스 > LPG > 천연가스]
④ 분해나 산화하기 쉬운 탄화수소는 매연 발생이 적다.
⑤ 중질유일수록 매연이 생성되기 쉽다.
⑥ 탄화수소(CH)의 종류에 따라 매연량이 달라지며 분자량이 클수록(탄수소비가 클수록) 매연 발생량이 많다.(파라핀계 탄화수소가 매연발생량 가장 적음)
⑦ 연료의 휘발분이 많고 점성이 클수록 매연 발생은 많다.
⑧ 중유를 연소시킬 때 연소실 열발생률 이상으로 중유를 주입하면 검댕이 발생한다.
⑨ 공기비가 작을수록 불완전연소로 인하여 매연이 많이 발생한다.

(2) 매연 발생원인

① 통풍력이 부족 또는 과대한 경우
② 연소실의 체적이 적은 경우
③ 무리하게 연소하는 경우
④ 연소실의 온도가 낮은 경우
(화염온도가 높은 경우 매연 발생은 작으나 발열속도보다 전열면 등으로의 방열속도가 빨라 불꽃의 온도가 낮은 경우 발생하기 쉽다.)
⑤ 연소장치가 불량한 경우
⑥ 운전자의 취급이 미숙한 경우
⑦ 연료의 질이 해당 보일러에 적정하지 않은 경우

(3) 매연 방지대책

① 통풍력을 적절하게 유지할 것
② 연소실 및 연소장치를 점검, 개선할 것
③ 무리하게 연소하지 말 것
④ 연소기술을 향상시킬 것
⑤ 적합한 연료를 사용할 것
⑥ 후단에 매연집진장치를 설치할 것

학습 Point

매연발생원인 및 방지대책 내용 숙지

07 장치의 부식

(1) 저온부식

1) 개요

① 저온부식은 150℃ 이하의 전열면에 응축하는 황산, 질산, 염산 등의 산성염에 의하여 발생된다.

② 황산(H_2SO_4)은 연소가스 중 SO_2가 산화하여 SO_3로 되고 H_2O와 반응하여 생성되며 금속 등에 부착하여 부식의 원인이 된다.

2) 저온부식의 방지대책

① 내산성 금속재료를 사용한다.

② 저온부식이 일어날 수 있는 금속표면은 내식재료로 피복을 한다.

③ 연소가스온도를 산노점 온도보다 높게 유지해야 한다.

④ 예열공기를 사용하거나 보온시공을 한다.

⑤ 과잉공기를 줄여서 연소한다.(SO_2의 산화 방지)

⑥ 연료를 전처리하여 유황분을 제거한다.

⑦ 연소실 및 연돌에 공기누입을 방지한다.

(2) 고온부식

1) 개요

① 회분 중에 포함되어 있는 바나듐(V) 성분이 연소에 의해 5산화 바나듐(V_2O_5)이 되어 고온 전열면에 융착하여 그 부분을 부식시킨다.

② V_2O_5의 융점이 약 650℃ 정도이므로 고온부식은 이 온도에서 발생한다.

2) 고온부식의 방지대책

① 연료(중유)를 전처리하여 바나듐을 제거한다.

② 첨가제를 사용해 바나듐의 융점을 높여 전열면에 부착하는 것을 방지한다.

③ 연소가스의 온도를 바나듐의 융점 이하로 유지하여 운전한다.

④ 고온부식이 일어날 수 있는 전열면 표면에 보호 피복을 한다.

⑤ 전열면의 온도가 높아지지 않도록 설계시 반영한다.

학습 Point

저온부식 원인 및 대책 내용 숙지

08 연소계산

연소라 함은 고속의 발열반응으로 일반적으로 빛을 수반하는 현상의 총칭, 즉 가연물질과 산소와의 급격한 화학반응이다.

(1) 연료 구성

1) 연료의 구성요소

탄소(C), 수소(H), 산소(O), 황(S), 질소(N), 회분(Ash), 휘발분(V), 수분(W : H_2O)

2) 가연성 물질 3원소

① 탄소(C), 수소(H), 황(S) [단, 기체의 경우 CO, H_2, 각종 탄화수소, 황화합물]

② 가연 3원소의 연소반응에서 가연물질이 연소하기 위한 공기량, 연소생성가스량을 구할 수 있다.

Reference | 공기조성

① 산소	부피 : 21%	② 질소	부피 : 79%
	중량 : 23%(23.2%)		중량 : 77%(76.8%)

(2) 가연 3원소의 연소반응식

1) 탄소(C)

① 부피식

C	+	O_2	→	CO_2 ; [$2CO+O_2 \rightarrow 2CO_2$]
12 kg		22.4 Sm^3		22.4 Sm^3
1 kg		1.867 Sm^3(22.4/12)		1.867 Sm^3(22.4/12)

② 중량식

C	+	O_2	→	CO_2
12 kg		32 kg		44 kg
1 kg		2.67 kg(32/12)		3.67 kg(44/12)

③ 발열량

$C + O_2 \rightarrow CO_2 + 97{,}200$ kcal/kmol

$C + O_2 \rightarrow CO_2 + 8{,}100$ kcal/kg(97,200/12)

Reference | 열량단위

- kcal/kmol은 열량단위이며 가연성분 1 kg 분자량의 연소시 발열량은 kcal/kg이다. 즉, kcal/kg의 단위는 가연성분(1/1 kg분자량 : 12kg)에 대한 열량 단위이다.
- $97{,}200\ \text{kcal/kmol} \times \frac{1}{12} = 8{,}100\ \text{kcal/kg}$

2) 수소(H)

① 부피식

H_2	+	$\frac{1}{2}O_2$	→	H_2O ; $[2H_2 + O_2 \rightarrow 2H_2O]$
2 kg		11.2 Sm^3		22.4 Sm^3
1 kg		5.6 Sm^3(11.2/2)		11.2 Sm^3(22.4/2)

② 중량식

H_2	+	$\frac{1}{2}O_2$	→	H_2O
2 kg		16 kg		18 kg
1 kg		8 kg(16/2)		9 kg(18/2)

③ 발열량

$H_2 + \frac{1}{2}O_2 \rightarrow H_2O + 68{,}000$ kcal/kmol

$H_2 + \frac{1}{2}O_2 \rightarrow H_2O + 34{,}000$ kcal/kg(68,000/2)

3) 황(S)

① 부피식

S	+	O_2	→	SO_2
32 kg		22.4 Sm^3		22.4 Sm^3
1 kg		0.7 Sm^3(22.4/32)		0.7 Sm^3(22.4/32)

② 중량식

S	+	O_2	→	SO_2
32 kg		32 kg		64 kg
1 kg		1 kg(32/32)	→	2 kg(64/32)

③ 발열량

$S + O_2 \rightarrow SO_2 + 80{,}000$ kcal/kmol

$S + O_2 \rightarrow SO_2 + 2{,}500$ kcal/kg(80,000/32)

(3) 일반탄화수소(C_mH_n)의 연소반응식

1) 기본식

$$C_mH_n + \left(m + \frac{n}{4}\right)O_2 \rightarrow m\,CO_2 + \left(\frac{n}{2}\right)H_2O$$

2) 연소방응식 예

① 메탄(CH_4)

$CH_4 + 2O_2 \rightarrow CO_2 + 2H_2O$

② 아세틸렌(C_2H_2)

$C_2H_2 + 2.5O_2 \rightarrow 2CO_2 + H_2O$

③ 에틸렌(C_2H_4)

$C_2H_4 + 3O_2 \rightarrow 2CO_2 + 2H_2O$

④ 에탄(C_2H_6)

$C_2H_6 + 3.5O_2 \rightarrow 2CO_2 + 3H_2O$

⑤ 프로핀(C_3H_4)

$C_3H_4 + 4O_2 \rightarrow 3CO_2 + 2H_2O$

⑥ 프로필렌(C_3H_6)

$C_3H_6 + 4.5O_2 \rightarrow 3CO_2 + 3H_2O$

⑦ 프로판(C_3H_8)

$C_3H_8 + 5O_2 \rightarrow 3CO_2 + 4H_2O$

⑧ 부틴(C_4H_6)

$C_4H_6 + 5.5O_2 \rightarrow 4CO_2 + 3H_2O$

⑨ 부틸렌(C_4H_8)

$C_4H_8 + 6O_2 \rightarrow 4CO_2 + 4H_2O$

⑩ 부탄(C_4H_{10})

$C_4H_{10} + 6.5O_2 \rightarrow 4CO_2 + 5H_2O$

⑪ 벤젠(C_6H_6)

$C_6H_6+7.5O_2 \rightarrow 6CO_2+3H_2O$

(4) 이론산소량

연료를 이론적으로 완전연소시키는 데 소요되는 최소한의 산소량을 의미한다.

1) 고체 및 액체연료

고체, 액체 연료 1kg의 연소 시 이론산소량(O_0)

① 부피식

$$O_0=\frac{22.4}{12}C+\frac{11.2}{2}\left(H-\frac{O}{8}\right)+\frac{22.4}{32}S$$

$$=1.867C+5.6\left(H-\frac{O}{8}\right)+0.7S$$

$$=1.867C+5.6H-0.7O+0.7S(Sm^3/kg)$$

② 중량식

$$O_0=\frac{32}{12}C+\frac{16}{2}\left(H-\frac{O}{8}\right)+\frac{32}{32}S$$

$$=2.667C+8\left(H-\frac{O}{8}\right)+S$$

$$=2.667C+8H-O+S(kg/kg)$$

Reference | **유효수소$\left(H-\frac{O}{8}\right)$**

① 유효수소는 연료 내에 포함된 수분을 보정하는 것을 의미한다.
② 가연물질에 결합수로서 포함하는 수소를 제외한 유효수소분에 대한 소요산소를 나타낸다.
③ 유효수소는 실제 연소에 참여할 수 있는 수소의 양으로 전체수소에서 산소와 결합된 수소량을 제외한 양$\left(H-\frac{O}{8}\right)$을 의미한다.

2) 기체연료

기체연료의 이론산소량은 완전연소에 필요한 산소량의 합에서 기체연료 자체에 포함된 산소량을 제외한 것이다.

① 부피식

$$O_0=0.5H_2+0.5CO+2CH_4+\ \cdots\ +\left(m+\frac{n}{4}\right)C_mH_n-O_2(Sm^3/Sm^3)$$

$$=0.5H_2+0.5CO+2CH_4+2.5C_2H_2+3C_2H_4+5C_3H_8+6.5C_4H_{10}+1.5H_2S-O_2$$

② 중량식

$$O_0=\frac{1/2\times32}{22.4}H_2+\frac{1/2\times32}{22.4}CO+\frac{2\times32}{22.4}CH_4+\ \cdots$$

$$+\left(\frac{32m+8n}{22.4}\right)C_mH_n-\frac{32}{22.4}O_2(kg/Sm^3)$$

필수 문제

01 탄소(C) 5 kg을 완전연소시킨다면 산소는 몇 Nm^3 가 필요한가?

풀이

연소방정식

$C + O_2 \rightarrow CO_2$

12 kg : 22.4 Nm^3

5 kg : $O_2(Nm^3)$

$$O_2(Nm^3)=\frac{5\ kg\times22.4\ Nm^3}{12\ kg}=9.33\ Nm^3$$

필수 문제

02 이론적으로 순수한 탄소 3 kg을 완전연소시키는 데 필요한 산소의 양(kg)은?

풀이

연소반응식

$C + O_2 \rightarrow CO_2$

$12\,kg \quad : \quad 32\,kg$
$3\,kg \quad : \quad O_2(kg)$

$$O_2(kg) = \frac{3\,kg \times 32\,kg}{12\,kg} = 8\,kg$$

필수 문제

03 부탄 1kg을 표준상태에서 완전연소시키는 데 필요한 이론산소의 양(kg)은?

풀이

연소반응식

$C_4H_{10} + 6.5O_2 \rightarrow 4CO_2 + 5H_2O$

$58kg \quad : \quad 6.5 \times 32kg$

$1kg \quad : \quad O_2(kg)$

$$O_2(kg) = \frac{1kg \times (6.5 \times 32)kg}{58kg} = 3.59\,kg$$

필수 문제

04 기체연료의 혼합물 조성이 Ethylene 20%, Ethane 40%, Propane 40% 이다. 이 기체연료 3 kmol 의 질량(kg)은?

풀이

$$혼합물(kg/kmol) = \frac{[(C_2H_4 \times 20) + (C_2H_6 \times 40) + (C_3H_8 \times 40)]}{100}$$

$$= \frac{[(28 \times 20) + (30 \times 40) + (44 \times 40)]}{100} = 35.2\,kg/kmol$$

기체연료질량(kg) = 35.2 kg/kmol×3 kmol = 105.6 kg

필수 문제

05 표준상태에서 메탄 6 Sm^3을 완전연소시 요구되는 이론산소의 무게(kg)는?

풀이

$CH_4 + 2O_2 \rightarrow CO_2 + 2H_2O$

22.4 Sm^3 : 2×32 kg

6 Sm^3 : O_2(kg)

$$O_2(kg) = \frac{6Sm^3 \times (2 \times 32)kg}{22.4Sm^3} = 17.14\ kg$$

필수 문제

06 CO_2 50 kg 을 표준상태에서의 부피(m^3)로 나타내시오.(단, CO_2는 이상기체이고 표준상태로 간주)

풀이

연소반응식

$C + O_2 \rightarrow CO_2$

44 kg : 22.4 m^3

50 kg : x(m^3)

$$부피(m^3) = \frac{50\ kg \times 22.4\ m^3}{44\ kg} = 25.45\ m^3$$

필수 문제

07 수소 1 kg 이 완전연소되었을 때 필요한 이론적 산소요구량(kg)과 연소생성물인 수분의 양(kg)은 각각 얼마인가?

풀이

이론적 산소요구량

$H_2 + \frac{1}{2}O_2 \rightarrow H_2O$

2 kg : 16 kg

1 kg : O_2(kg)

$$O_2(kg) = \frac{1\ kg \times 16\ kg}{2\ kg} = 8\ kg$$

수분의 양

$$H_2 + \frac{1}{2}O_2 \rightarrow H_2O$$

2 kg : 18 kg

1 kg : H_2O(kg)

$$H_2O(kg) = \frac{1\,kg \times 18\,kg}{2\,kg} = 9kg$$

필수 문제

08 탄소 70kg 과 수소 20kg 을 완전연소시키는 데 필요한 이론적인 산소의 양(kg)은?

풀 이

$$C + O_2 \rightarrow CO_2$$

12 kg : 32 kg

70 kg : O_2(kg)

$$O_2(kg) = \frac{70\,kg \times 32\,kg}{12\,kg} = 186.67\,kg$$

$$H_2 + \frac{1}{2}O_2 \rightarrow H_2O$$

2 kg : 16 kg

20 kg : O_2(kg)

$$O_2(kg) = \frac{20kg \times 16kg}{2kg} = 160\,kg$$

이론산소량(kg) = 186.67 + 160 = 346.67 kg

필수 문제

09 Butane 4 Sm^3 을 완전연소할 경우 필요한 이론산소량(Sm^3)은?

풀 이

부탄(C_4H_{10}) 연소방정식

$$C_4H_{10} + 6.5O_2 \rightarrow 4CO_2 + 5H_2O$$

22.4Sm^3 : 6.5×22.4Sm^3

4Sm^3 : $O_2(Sm^3)$

$$O_2(Sm^3) = \frac{4Sm^3 \times (6.5 \times 22.4)Sm^3}{22.4Sm^3} = 26\,Sm^3$$

필수 문제

10 원소구성비(무게)가 C : 75%, O : 9%, H : 10%, S : 6%인 석탄 1kg 을 완전연소시킬 때 필요한 이론산소량(kg)은?

풀이

이론산소량(O_0)

O_0(kg/kg) = 2.667C + 8H − O + S

= (2.667×0.75) + (8×0.1) − 0.09 + 0.06 = 2.77kg/kg×1kg = 2.77 kg

필수 문제

11 연료 조성을 원소분석한 결과 중량비가 C : 69%, H : 6%, O : 18%, N : 5%, S : 2%였다. 100 kg 연소시 필요한 이론산소량(Sm^3)은?

풀이

이론산소량(O_0 : 부피)

O_0(Sm^3) = 1.867C + 5.6H − 0.7O + 0.7S

= (1.867×0.69) + (5.6×0.06) − (0.7×0.18) + (0.7×0.02)

= 1.51 Sm^3/kg×100 kg = 151 Sm^3

필수 문제

12 공기 중의 CO_2 가스부피가 5%를 넘으면 인체가 해롭다고 한다. 지금 450 m^3 되는 방에서 문을 닫고 80%의 탄소를 가진 숯을 약 몇 kg을 태우면 인체에 해로운 상태로 접어들겠는가?(단, 기존 공기 중 CO_2 가스 부피는 고려하지 않으며, 표준상태를 기준으로 하고 탄소성분은 완전연소해서 모두 CO_2로 된다.)

풀이

C + O_2 → CO_2에 인체에 해로운 CO_2량 고려 계산

12kg : 22.4m^3

x×0.8 : 450m^3×0.05

$$x\,(\mathrm{C : kg}) = \frac{12\mathrm{kg} \times 450\mathrm{m}^3 \times 0.05}{0.8 \times 22.4\mathrm{m}^3} = 15.07\,\mathrm{kg}$$

(5) 이론공기량

- 연료를 이론적으로 완전연소시키는 데 소요되는 최소한의 공기량을 의미하며 연료의 화학적 조성에 따라 다르다.
- 연소용 공기 중의 수분은 연료 중의 수분이나 연소시 생성되는 수분량에 비해 매우 적으므로 보통 무시할 수 있다.

1) 고체 및 액체연료

고체, 액체연료 1 kg의 연소시 이론공기량(A_0)

① 부피식

$$A_0 = \frac{1}{0.21}\left[\frac{22.4}{12}C + \frac{11.2}{2}\left(H - \frac{O}{8}\right) + \frac{22.4}{32}S\right]$$

$$= \frac{1}{0.21}(1.867C + 5.6H - 0.7O + 0.7S)$$

$$= 8.89C + 26.67H - 3.33O + 3.33S(Sm^3/kg)$$

② 중량식

$$A_0 = \frac{1}{0.232}\left[\frac{32}{12}C + \frac{16}{2}\left(H - \frac{O}{8}\right) + \frac{32}{32}S\right]$$

$$= \frac{1}{0.232}(2.667C + 8H - O + S)$$

$$= 11.49C + 34.48H - 4.31O + 4.31S(kg/kg)$$

2) 기체연료

① 부피식

$$A_0 = \frac{1}{0.21}\left[0.5H_2 + 0.5CO + 2CH_4 + \cdots + \left(m + \frac{n}{4}\right)C_mH_n - O_2\right](Sm^3/Sm^3)$$

② 중량식

$$A_0 = \frac{1}{0.232}\left[\frac{0.5 \times 32}{22.4}H_2 + \frac{0.5 \times 32}{22.4}CO + \frac{2 \times 32}{22.4}CH_4 + \cdots + \left(\frac{32m + 8n}{22.4}\right)C_mH_n - \frac{32}{22.4}O_2\right](kg/Sm^3)$$

3) 각 연료의 이론공기량(A_0) 근사치 범위

① 기체연료

㉠ LNG(천연가스) : 7.8~13.6 Sm^3/Sm^3 ㉡ LPG(석유가스) : 20.8~24.7 Sm^3/Sm^3

㉢ 코크스 : 8.0~9.0 Sm^3/Sm^3

㉣ 발생로 가스 : 1 Sm^3/Sm^3 미만(0.93~1.29 Sm^3/Sm^3)

㉤ 도시가스 : 1.6 Sm^3/Sm^3 미만 ㉥ 고로가스 : 0.7~0.9 Sm^3/Sm^3

㉦ 수소 : 2.4 Sm^3/Sm^3 ㉧ 메탄 : 9.5 Sm^3/Sm^3

㉨ 에탄 : 17 Sm^3/Sm^3

② 액체연료

㉠ 휘발유 : 11.3~11.5 Sm^3/kg ㉡ 등유 : 11.39 Sm^3/kg

㉢ 경유 : 10.32 Sm^3/kg ㉣ 중유 : 10.16~10.5 Sm^3/kg

㉤ 메탄올 : 5.04 Sm^3/kg

③ 고체연료

㉠ 목탄 : 7.2~8 Sm^3/kg ㉡ 코크스 : 6.9~7.5 Sm^3/kg

㉢ 무연탄 : 7.5~8.6 Sm^3/kg ㉣ 갈탄 : 3.2~5.3 Sm^3/kg

㉤ 역청탄 : 6.3~8 Sm^3/kg ㉥ 아탄 : 2.6~5.3 Sm^3/kg

필수 문제

01 수소가스 5 Sm^3 을 완전연소시키기 위한 이론 연소공기량(Sm^3)은?

풀이

연소반응식

$$H_2 \quad + \quad \frac{1}{2}O_2 \quad \rightarrow \quad H_2O$$

$22.4\ Sm^3 \ : \ 0.5\times22.4\ Sm^3$

$5\ Sm^3 \ : \ O_2(Sm^3)$

$$O_2 = \frac{5\,Sm^3 \times (0.5\times22.4)\,Sm^3}{22.4\,Sm^3} = 2.5\,Sm^3$$

$$A_0 = \frac{O_0}{0.21} = \frac{2.5}{0.21} = 11.9\ Sm^3$$

필수 문제

02 탄소 80%, 수소 10%, 산소 8%, 황 2% 로 조성된 중유의 완전연소에 필요한 이론공기량(Sm^3/kg)은?

풀이

이론공기량(A_0)

$$A_0(Sm^3/kg) = \frac{1}{0.21}[1.867C + 5.6H - 0.7O + 0.7S]$$

$$= \frac{1}{0.21}[(1.867\times0.8) + (5.6\times0.1) - (0.7\times0.08) + (0.7\times0.02)] = 9.58\ Sm^3/kg$$

필수 문제

03 탄소, 수소 및 황의 중량비가 83%, 14%, 3% 인 폐유 3 kg 을 연소하는 데 필요한 이론공기량(Sm^3)은?

풀이

이론공기량(A_0)

$$A_0(Sm^3) = \frac{1}{0.21}[1.867C + 5.6H + 0.7S]$$

$$= \frac{1}{0.21}[(1.867\times0.83) + (5.6\times0.14) + (0.7\times0.03)]$$

$$= 11.21\ Sm^3/kg\times3\ kg = 33.64\ Sm^3$$

필수 문제

04 중유의 성분분석 결과 탄소 : 82%, 수소 : 11%, 황 : 3%, 산소 : 1.5%, 기타 2.5% 라면 이 중유의 완전연소시 시간당 필요한 이론공기량(Sm^3/hr)은?(단, 연료사용량 : 100 L/hr, 연료비중 0.95, 표준상태 기준)

풀이

이론공기량(A_0)

$$A_0(Sm^3/kg) = \frac{1}{0.21}[1.867C + 5.6H - 0.7O + 0.7S)$$

$$= \frac{1}{0.21}[(1.867\times0.82) + (5.6\times0.11) - (0.7\times0.015) + (0.7\times0.03)]$$

$$= 10.27\ Sm^3/kg\times100\ L/hr\times0.95\ kg/L = 975.65\ Sm^3/hr$$

필수 문제

05 어떤 연료의 원소 조성이 다음과 같을 때 이론공기량(Sm^3/kg)은?(단, 가연분 80%(C=45%, H=10%, O=40%, S=5%), 수분 10%, 회분 10%)

풀이

이론공기량(A_0)

$$A_0(Sm^3/kg) = \frac{1}{0.21}[1.867C + 5.6H - 0.7O + 0.7S]$$

가연분 중 각 성분 : C=0.8×45=36%
H=0.8×10=8%
O=0.8×40=32%
S=0.8×5=4%

$$= \frac{1}{0.21}[(1.867\times0.36) + (5.6\times0.08) - (0.7\times0.32) + (0.7\times0.04)]$$

$$= 4.4\ Sm^3/kg$$

필수 문제

06 다음 조성을 가진 석탄 1 kg 을 완전연소시킬 때의 이론공기량(Sm^3)은?(단, 석탄의 조성은 중량 %로 탄소 70%, 수소 5%, 황 2%, 산소 4%, 수분 2%, 회분 17%이다.)

풀이

이론공기량(A_0)

$$A_0(Sm^3) = \frac{1}{0.21}[1.867C + 5.6H - 0.7O + 0.7S]$$

$$= \frac{1}{0.21}[(1.867\times0.7) + (5.6\times0.05) - (0.7\times0.04) + (0.7\times0.02)]$$

$$= 7.49\ Sm^3/kg\times1\ kg$$

$$= 7.49\ Sm^3$$

필수 문제

07 탄소, 수소의 중량조성이 각각 85%, 15% 인 액체연료를 매시간당 127kg 로 완전연소 할 경우 필요한 이론공기량(Sm^3/hr)은?

풀이

이론공기량(A_0)

$$A_0(Sm^3/hr) = \frac{1}{0.21}[1.867C + 5.6H]$$

$$= \frac{1}{0.21}[(1.867 \times 0.85) + (5.6 \times 0.15)]$$

$$= 11.56\ Sm^3/kg \times 127\ kg/hr = 1,468.12\ Sm^3/hr$$

필수 문제

08 메탄올(CH_3OH) 3 kg 이 연소하는 데 필요한 이론공기량(Sm^3)은?

풀이

이론공기량(A_0)

$$A_0(Sm^3) = \frac{1}{0.21}[1.867C + 5.6H - 0.7O]$$

CH_3OH의 분자량에 대한 각 성분 구성비

CH_3OH 분자량 $= C + H_4 + O = 12 + (1 \times 4) + 16 = 32$

$C = 12/32 = 0.375$

$H = 4/32 = 0.125$

$O = 16/32 = 0.500$

$$= \frac{1}{0.21}[(1.867 \times 0.375) + (5.6 \times 0.125) - (0.7 \times 0.5)]$$

$$= 5.0\ Sm^3/kg \times 3\ kg = 15\ Sm^3$$

다른 방법(연소반응식)

$CH_3OH + 1.5O_2 \rightarrow CO_2 + 2H_2O$

$32\ kg : 1.5 \times 22.4\ Sm^3$

$3\ kg : O_0(Sm^3)$

$$O_0(Sm^3) = \frac{3\ kg \times (1.5 \times 22.4\ sm^3)}{32\ kg} = 3.15\ Sm^3$$

$$A_0(Sm^3) = \frac{3.15}{0.21} = 15\ Sm^3$$

필수 문제

09 에탄올 1 kg 을 완전연소시킬 때 필요한 이론공기량(Sm^3)은?

풀이

연소반응식

$C_2H_5OH + 3O_2 \rightarrow 2CO_2 + 3H_2O$

46 kg : $3\times22.4\ Sm^3$

1 kg : $O_2(Sm^3)$

$$O_2(Sm^3) = \frac{1kg\times(3\times22.4)Sm^3}{46\,kg} = 1.46\,Sm^3$$

$$A_0(Sm^3) = \frac{O_0}{0.21} = \frac{1.46}{0.21} = 6.96\ Sm^3$$

필수 문제

10 3,000 kg 의 석탄이 완전연소시키는 데 소요되는 이론공기량(kg)은?(단, 석탄은 모두 탄소로 구성되어 있다고 가정함)

풀이

연소반응식

$C + O_2 \rightarrow CO_2$

12 kg : 32 kg

3,000 kg : $O_0(kg)$

$$O_0(kg) = \frac{3,000\ kg\times32\ kg}{12\ kg} = 8,000\ kg$$

$$A_0(kg) = \frac{8,000}{0.232} = 34,482.76\ kg$$

필수 문제

11 CH_4 95%, O_2 5%로 조성된 가스 1 Nm^3을 연소하기 위해 필요한 이론공기량(Nm^3)은?

풀이

이론공기량(A_0) : 기체

$$A_0(Nm^3) = \frac{1}{0.21}[2CH_4 - O_2]$$

$$= \frac{1}{0.21}[(2\times0.95) - 0.05] = 8.81\ Nm^3/Nm^3 \times 1Nm^3 = 8.81Nm^3$$

필수 문제

12 부피비로 CH_4 80%, O_2 10%, N_2 10%인 연료가스 1.5 Nm^3을 완전연소시키기 위해 필요한 이론공기량(Nm^3)은?

풀이

이론공기량(A_0) : 기체

$$A_0(Nm^3) = \frac{1}{0.21}[2CH_4 - O_2]$$

$$= \frac{1}{0.21}[(2\times0.8) - 0.1] = 7.14\ Nm^3/Nm^3 \times 1.5\ Nm^3 = 10.71\ Nm^3$$

필수 문제

13 CH_4 80%, O_2 3%, CO 7%, H_2 10%의 조성으로 된 가스 1 Sm^3를 완전연소하는 데 필요한 이론공기량(Sm^3/Sm^3)은?

풀이

이론공기량(A_0) : 기체

$$A_0(Sm^3/Sm^3) = \frac{1}{0.21}[0.5H_2 + 0.5CO + 2CH_4 - O_2]$$

$$= \frac{1}{0.21}[(0.5\times0.1) + (0.5\times0.07) + (2\times0.8) - 0.03] = 7.88\ Sm^3/Sm^3$$

필수 문제

14 C_6H_6 5 Sm^3 가 완전연소하는 데 소요되는 이론공기량(Sm^3)은?

풀이

이론공기량(A_0) : 탄화수소류

$$A_0(Sm^3) = \frac{1}{0.21}\left(m + \frac{n}{4}\right)$$
$$= 4.76m + 1.19n$$
$$= (4.76 \times 6) + (1.19 \times 6)$$
$$= 35.7\ Sm^3/Sm^3 \times 5\ Sm^3$$
$$= 178.5\ Sm^3$$

다른 방법(연소방정식)

$C_6H_6 + 7.5O_2 \rightarrow 6CO_2 + 3H_2O$

22.4 Sm^3 : 7.5×22.4 Sm^3

5 Sm^3 : $O_0(Sm^3)$

$$O_0(Sm^3) = \frac{5\ Sm^3 \times (7.5 \times 22.4)\ Sm^3}{22.4\ Sm^3} = 37.5\ Sm^3$$

$$A_0(Sm^3) = \frac{37.5}{0.21} = 178.5\ Sm^3$$

필수 문제

15 30 g의 에탄(C_2H_6) 을 완전연소시키기 위한 이론공기량(L)은?(단, 0℃ 1기압 기준)

풀이

완전 연소방정식

$C_2H_6 + 3.5O_2 \rightarrow 2CO_2 + 3H_2O$

30 g : 3.5×22.4 L

30 g : O_0(L)

$$O_0(L) = \frac{30\ g \times (3.5 \times 22.4)\ L}{30\ g} = 78.4L$$

$$A_0(L) = \frac{78.4}{0.21} = 373.33\ L$$

필수 문제

16 부피비 99%인 CH_4과 미량의 불순물로 구성된 탄화수소혼합가스 3 L를 완전연소 시 필요한 이론적공기량(L)은?

풀이

CH_4 + $2O_2$ → CO_2 + $2H_2O$

$1Sm^3$: $2Sm^3$

30 L×0.99 : $O_0(L)$

$$O_0(L) = \frac{(3L \times 0.99) \times 2Sm^3}{1Sm^3} = 5.94L$$

$$A_0 = \frac{5.94}{0.21} = 28.29L$$

필수 문제

17 부피비율로 프로판 30%, 부탄 70%로 이루어진 혼합가스 1 L를 완전연소시키는 데 필요한 이론공기량(L)은?

풀이

프로판(C_3H_8)의 연소반응식

C_3H_8 + $5O_2$ → $3CO_2$ + $4H_2O$

이론산소량 5 L(30%)

부탄(C_4H_{10})의 연소반응식

C_4H_{10} + $6.5O_2$ → $4CO_2$ + $5H_2O$

이론산소량 6.5 L(70%)

혼합시 이론산소량(O_0)

$$O_0(L) = \frac{(0.3 \times 5) + (0.7 \times 6.5)}{0.3 + 0.7} = 6.05L$$

이론공기량(A_0)

$$A_0(L) = \frac{6.05}{0.21} = 28.81L$$

필수 문제

18 혼합가스에 포함된 기체의 조성이 부피기준으로 메탄이 10%, 프로판 30%, 부탄이 60%인 가스연료가 있다. 이 기체 연료 1L를 연소하는 데 필요한 이론 공기량은 몇 L인가?(단, 연료와 공기는 동일 조건의 기체이며 완전연소라고 가정함)

풀이

메탄(CH_4)의 연소반응식

$CH_4 + 2O_2 \rightarrow CO_2 + 2H_2O$

이론산소량 2 L(10%)

프로판(C_3H_8)의 연소반응식

$C_3H_8 + 5O_2 \rightarrow 3CO_2 + 4H_2O$

이론산소량 5 L(30%)

부탄(C_4H_{10})의 연소반응식

$C_4H_{10} + 6.5O_2 \rightarrow 4CO_2 + 5H_2O$

이론산소량 6.5 L(60%)

혼합시 이론산소량(O_0)

$$O_0(L) = \frac{(0.1\times2)+(0.3\times5)+(0.6\times6.5)}{0.1+0.3+0.6} = 5.6\,L$$

이론공기량(A_0)

$$A_0(L) = \frac{5.6}{0.21} = 26.67\,L$$

필수 문제

19 옥탄 5.3 kg을 완전연소시키기 위하여 소요되는 이론공기량(kg)은?

풀이

연소반응식

$C_8H_{18} \quad + \quad 12.5O_2 \quad \rightarrow \quad 8CO_2 \quad + \quad 9H_2O$

114 kg : 12.5×32 kg

5.3 kg : O_0(kg)

$$O_0(kg) = \frac{5.3\,kg \times (12.5\times32)\,kg}{114\,kg} = 18.59\,kg$$

$$A_0(kg) = \frac{18.59}{0.232} = 80.13\,kg$$

필수 문제

20 프로판(C_3H_8) : 부탄(C_4H_{10})이 40% : 60% 의 용적비로 혼합된 **기체** 1 Sm^3 이 완전연소시 CO_2 발생량(Sm^3)은?

풀이

프로판(C_3H_8)의 연소반응식

$C_3H_8 + 5O_2 \rightarrow 3CO_2 + 4H_2O$

CO_2 발생량 $3Sm^3$(40%)

부탄(C_4H_{10})의 연소반응식

$C_4H_{10} + 6.5O_2 \rightarrow 4CO_2 + 5H_2O$

CO_2 발생량 $4\,Sm^3$(60%)

혼합시 CO_2 발생량

$$CO_2(Sm^3) = \frac{(0.4 \times 3) + (0.6 \times 4)}{0.4 + 0.6} = 3.6\,Sm^3$$

필수 문제

21 프로판과 부탄을 용적비 1 : 1로 혼합한 가스 1 Sm^3를 이론적으로 완전연소할 때 발생하는 CO_2의 양(Sm^3)은?(단, 표준상태기준)

풀이

$C_3H_8 + 5O_2 \rightarrow 3CO_2 + 4H_2O$

$1\,Sm^3 : 3\,Sm^3$

$0.5\,Sm^3 : CO_2(Sm^3)$ $\quad CO_2(Sm^3) = 1.5Sm^3$

$C_4H_{10} + 6.5O_2 \rightarrow 4CO_2 + 5H_2O$

$1\,Sm^3 : 4\,Sm^3$

$0.5\,Sm^3 : CO_2(Sm^3)$ $\quad CO_2(Sm^3) = 2Sm^3$

$CO_2 = 1.5 + 2 = 3.5Sm^3$

필수 문제

22 어떤 연료의 이론공기량이 10 m^3 이라면 질소의 부피(m^3)는?

풀이

질소(N_2)의 부피(m^3) = $(1-0.21)\times A_0 = 0.79\times 10 = 7.9\ m^3$

필수 문제

23 완전연소를 위하여 산소의 양이 10 m^3 필요하다면 이론적인 공기량(Nm^3)은?

풀이

이론공기량(A_0)

$$A_0(Nm^3) = \frac{O_0}{0.21} = \frac{10\ Nm^3}{0.21} = 47.62\ Nm^3$$

필수 문제

24 이론공기량이 20 kg 이라고 하면 산소의 중량(kg)은?

풀이

산소(O_2)의 중량(kg) = $0.232\times A_0 = 0.232\times 20\ kg = 4.64\ kg$

필수 문제

25 완전연소를 위한 산소의 양이 10 kg 필요하다면 공급해야 할 이론적인 공기량(m^3)은?(단, 공기분자량 29)

풀이

이론공기량(A_0) : 중량

$$A_0(kg) = \frac{O_0}{0.232} = \frac{10\ kg}{0.232} = 43.10\ kg$$

이론공기량(A_0) : 부피

$$A_0(m^3) = 43.10\ kg\times\left(\frac{22.4\ m^3}{29\ kg}\right) = 33.29\ m^3$$

필수 문제

26 Butane 몇 kg을 완전연소 시 이론적으로 필요한 공기량이 649kg 이 되겠는가?

풀이

이론공기량(A_0) = O_0/0.232

649kg = O_0/0.232 O_0 = 150.57kg

C_4H_{10} + $6.5O_2$ → $4CO_2$ + $5H_2O$

58kg : 6.5×32kg

C_4H_{10}(kg) : 150.57kg

$$C_4H_{10}(kg) = \frac{58kg \times 150.57kg}{6.5 \times 32kg} = 41.99kg$$

필수 문제

27 어떤 연료의 무게가 10 kg 이며 수소 18%, 산소가 3% 가 존재한다면 연소할 수 있는 유효수소의 양(kg)은?

풀이

유효수소(kg) = 전체수소량 − 산소와 결합한 수소량

$$= H - \frac{O}{8}$$

산소와 결합한 수소량

$$H_2 + \frac{1}{2}O_2 \rightarrow H_2O$$

2 kg : 0.5×32 kg

H(kg) : 0.3 kg (연료 내 산소량 = 10 kg×0.03 = 0.3 kg)

$$H(kg) = \frac{2\ kg \times 0.3\ kg}{(0.5 \times 32)\ kg} = 0.0375\ kg$$

$$= (10 \times 0.18)kg - 0.0375\ kg = 1.76\ kg$$

필수 문제

28 기체연료의 부피가 1 m^3 일 때 이론공기량(m^3)은?(단, 수소 60%, 일산화탄소 15%, 프로판 25%)

풀이

이론공기량(A_0)

$$A_0(m^3/m^3) = \frac{1}{0.21}\left[(0.5\times H_2) + (0.5\times CO) + \cdots + \left(m + \frac{n}{4}\right)C_mH_n - O_2\right]$$

$$= \frac{1}{0.21}\left[(0.5\times 0.6) + (0.5\times 0.15) + \left(3 + \frac{8}{4}\right)\times 0.25\right]$$

$$= 7.74\ m^3/m^3 \times 1m^3 = 7.74m^3$$

필수 문제

29 액화프로판 660 kg 을 기화시켜 9.9 Sm^3/hr 로 연소시킨다면 약 몇 시간 사용할 수 있는가?(단, 표준상태 기준)

풀이

$$\text{사용시간(hr)} = \frac{\text{연소량}(Sm^3)}{\text{연소율}(Sm^3/hr)} = \frac{660\ kg \times (22.4\ Sm^3/44\ kg)}{9.9\ Sm^3/hr} = 33.94\ hr$$

(6) 실제공기량과 공기비

- 연소시 실제로는 이론공기량(A_0)보다 많은 양의 공기를 공급하여야 완전연소가 가능하다.
- 실제공기량(A)은 이론공기량과 공기비(m)를 적용하여 산출한다.

1) 공기비(m) : 과잉공기계수

A_0에 대한 A의 비로 나타낸다.

$$m = \frac{A}{A_0} \, (A = m \cdot A_0)$$

여기서, m : 공기비(과잉공기계수)
A : 실제공기량
A_0 : 이론공기량

2) 과잉공기량(A^+)

$$A^+ = A - A_0 = mA_0 - A_0 = A_0(m-1) \; ; \; m = 1 + \left(\frac{A^+}{A_0}\right)$$

$$\text{과잉산소량(잔존산소량)} = 0.21(m-1)A_0$$

3) 과잉공기율(A′)

$$A' = \frac{A - A_0}{A_0} = \frac{A_0(m-1)}{A_0} = m - 1 \; ; \; m = A' + 1$$

4) 공기비 산출방법

① 연소가스의 조성을 이용(배기가스의 분석결과치를 주어진 경우)

㉠ 완전연소 시(CO=O)

$$m = \frac{21}{21 - O_2}$$

㉡ 불완전연소 시

(CO=O) 경우

$$m = \frac{N_2}{N_2 - 3.76O_2}$$

(CO≠O) 경우

$$m = \frac{N_2}{N_2 - 3.76(O_2 - 0.5CO)}$$

$$N_2(\%) = 100 - [CO_2 + O_2 + CO]$$

② CO_{2max}(최대탄산가스율)을 알고 있을 경우

가연물질 중 수소 성분이 매우 적어야 적용

$$m = \frac{CO_{2\,max}}{CO_2}$$

여기서, CO_{2max} : 최대탄산가스율(공기 중 산소가 모두 CO_2로 변화하여 연소가스 중의 CO_2 비율이 최대가 된 것을 의미)

$$m = \frac{G - G_0}{A_0} + 1$$

여기서, G : 실제 연소가스량

G_0 : 이론 연소가스량

(7) 공기비의 영향

1) 공기비가 클 경우(과잉공기량의 공급이 많을 경우)

① 공연비가 커지고 연소실 내 연소온도가 낮아진다.
② 통풍력이 증대되어 배기가스에 의한 열손실이 증대한다.
③ 배기가스 중 황산화물(SO_2), 질소산화물(NO_2)의 함량이 증가하여 연소장치의 전열면 부식이 촉진된다.
④ CH_4, CO 및 C 등 연료 중의 가연성 물질의 농도가 감소되는 경향을 보인다.
⑤ 에너지 손실이 커진다.
⑥ 연소가스의 희석 효과가 높아진다.
⑦ 화염의 크기는 작아지고 완전연소가 가능해진다.

2) 공기비가 작을 경우

① 불완전 연소로 인하여 배기가스 내 매연의 발생이 크다.
② 불완전 연소로 인하여 연소가스의 폭발위험성이 크다.
③ 연소배출가스 중의 CO, HC의 오염물질 농도가 증가한다.
④ 열손실에 큰 영향을 주어 연소효율이 저하된다.
⑤ 가연성분과 산소의 접촉이 원활하게 이루어지지 못한다.

Reference | 연료의 공기비

① 고체연료 : 1.4~2.0
② 액체연료 : 1.2~1.4
③ 기체연료 : 1.1~1.3

필수 문제

01 실제공기량과 이론공기량의 비를 과잉공기비 라고 한다. 연소 후 배기가스 중 5% 의 O_2 가 함유되어 있다면 과잉공기비는?(단, 기체연료의 연소, 완전연소로 가정함)

풀이

공기비(m)

$$m = \frac{21}{21 - O_2} = \frac{21}{21 - 5} = 1.31$$

필수 문제

02

어떤 액체연료를 보일러에서 완전연소시켜 그 배출가스를 Orset 분석장치로서 분석하여 CO_2 15%, O_2 5% 의 결과를 얻었다면 과잉공기계수는?(단, CO 발생량은 없다.)

풀이

공기비(m)

$$m=\frac{21}{21-O_2}=\frac{21}{21-5}=1.31$$

필수 문제

03

탄소, 수소의 중량조성이 각각 86%, 14% 인 액체연료를 매시 100 kg 연소한 경우, 배기가스 분석치가 CO_2 12.5%, O_2 3.5%, N_2 84% 였다면 과잉공기계수는?

풀이

$$m=\frac{N_2}{N_2-3.76O_2}=\frac{84}{84-(3.76\times3.5)}=1.18$$

필수 문제

04

배출가스 중 일산화탄소가 전혀 없는 완전연소가 일어나고 이때 공기비가 1.4라면 배출가스 중의 산소량(%)은?

풀이

$$m=\frac{21}{21-O_2}$$

$$1.4=\frac{21}{21-O_2}$$

$$O_2=6\%$$

필수 문제

05 배기가스의 분석치가 CO_2 10%, O_2 5%, N_2 85%이면 연소 시 공기비는?

풀이

공기비(m)

$$m=\frac{N_2}{N_2-3.76O_2}=\frac{85}{85-(3.76\times5)}=1.28$$

필수 문제

06 어느 석탄을 사용하여 가열로의 배기가스를 분석한 결과 CO_2 14.5%, O_2 6%, N_2 79%, CO 0.5%였다. 이 경우의 공기비는?

풀이

공기비(m)

$$m=\frac{N_2}{N_2-3.76(O_2-0.5CO)}=\frac{79}{79-3.76[6-(0.5\times0.5)]}=1.38$$

필수 문제

07 Methane과 Propane이 용적비 1 : 1의 비율로 조성된 혼합가스 1 Sm^3를 완전연소 시키는 데 20 Sm^3의 실제공기가 사용되었다면 이 경우 공기비는?

풀이

$$m=\frac{A}{A_0}$$

$A=20\,Sm^3$

A_0 → Methane 연소반응식

$CH_4+2O_2 \rightarrow CO_2+2H_2O$

Propane 연소반응식

$C_3H_8+5O_2 \rightarrow 3CO_2+4H_2O$

$$\text{혼합시 이론산소량}=\frac{(2\times0.5)+(5\times0.5)}{0.5+0.5}=3.5\,Sm^3$$

$$A_0=\frac{3.5}{0.21}=16.67\,Sm^3$$

$$=\frac{20}{16.67}=1.2$$

필수 문제

08 탄소 80%, 수소 20%인 액체연료를 1 kg/min 로 연소시킬 때 배기가스 성분이 CO_2 15%, O_2 5%, N_2 80% 였다면 실제 공급된 공기량(Sm^3/hr)은?

풀이

실제공기량(A)

$A = m \times A_0$

$$m = \frac{N_2}{N_2 - 3.76O_2} = \frac{80}{80-(3.76\times5)} = 1.31$$

$$A_0 = \frac{1}{0.21}[1.867C + 5.6H]$$

$$= \frac{1}{0.21}[(1.867\times0.8)+(5.6\times0.2)] = 12.45\ Sm^3/kg$$

$= 1.31 \times 12.45\ Sm^3/kg \times 1\ kg/min \times 60\ min/hr = 978.57\ Sm^3/hr$

필수 문제

09 C 85%, H 15% 의 액체연료를 100 kg/hr 로 연소하는 경우, 연소 배기가스의 분석결과가 CO_2 12%, O_2 4%, N_2 84% 였다면 실제연소용 공기량(Sm^3/hr)은?(단, 표준상태 기준)

풀이

실제공기량(A)

$A = m \times A_0$

$$m = \frac{N_2}{N_2 - 3.76O_2} = \frac{84}{84-(3.76\times4)} = 1.22$$

$$A_0 = \frac{1}{0.21}(1.867C + 5.6H)$$

$$= \frac{1}{0.21}[(1.867\times0.85)+(5.6\times0.15)] = 11.56\ Sm^3/kg$$

$= 1.22 \times 11.56\ Sm^3/kg \times 100\ kg/hr = 1,410.32\ Sm^3/hr$

필수 문제

10 중량조성이 탄소 85%, 수소 15% 인 액체연료를 매시 100kg 연소한 후 배출가스를 분석하였더니 분석치가 CO_2 12.5%, CO 3%, O_2 3.5%, N_2 81% 였다. 이때 매시간당 필요한 실제공기량(Sm^3/hr)은?

풀이

실제공기량(A)

$A = m \times A_0$

$$m = \frac{N_2}{N_2 - 3.76(O_2 - 0.5CO)} = \frac{81}{81 - 3.76[(3.5-(0.5\times3)]} = 1.1$$

$$A_0 = \frac{1}{0.21}(1.867\times0.85) + (5.6\times0.15) = 11.56\ Sm^3/kg$$

$= 1.1\times11.56\ Sm^3/kg\times100\ kg/hr = 1,271.6\ Sm^3/hr$

필수 문제

11 메탄올 5 kg을 완전연소시키는 데 필요한 실제공기량(Sm^3)은?(단, 과잉공기계수 m =1.3)

풀이

실제공기량(A)

$A = m \times A_0$

$$CH_3OH + 1.5O_2 \rightarrow CO_2 + 2H_2O$$

32 kg : $1.5\times22.4\ Sm^3$

5 kg : $O_2(Sm^3)$

$$O_2(Sm^3) = \frac{5kg\times(1.5\times22.4)Sm^3}{32\,kg} = 5.25\,Sm^3$$

$$= 1.3\times\frac{5.25}{0.21} = 32.5Sm^3$$

필수 문제

12 연소에 필요한 이론공기량이 1.49 Nm^3/kg 이고 공기비는 1.8 이었다. 하루 연소량이 200 ton 일 경우 실제 필요한 공기량(Nm^3/hr)은?

풀 이

실제공기량(A)

$A = m \times A_0$

$m = 1.8$

$A_0 = 1.49\ Nm^3/kg$

$= 1.8 \times 1.49\ Nm^3/kg \times 200\ ton/day \times 1{,}000\ kg/ton \times day/24\ hr = 22{,}350\ Nm^3/hr$

필수 문제

13 CH_4 95%, CO_2 2%, O_2 1%, N_2 2% 인 연료가스 1 Nm^3 에 대하여 10.8 Nm^3 의 공기를 사용하여 연소하였다. 이때의 공기비는?

풀 이

$$m = \frac{A}{A_0}$$

$$A = 10.8\,Nm^3$$

$$A_0 = \frac{1}{0.21}[2CH_4 - O_2]$$

$$= \frac{1}{0.21}[(2 \times 0.95) - 0.01)] = 9\,Nm^3$$

$$= \frac{10.8}{9} = 1.2$$

필수 문제

14 어떤 연료의 원소 조성이 다음과 같고 실제공기량이 6 Sm^3 일 때 공기비는?(단, 가연분 60%(C=45%, H=10%, O=40%, S=5%), 수분 30%, 회분 10%)

풀이

공기비(m)

$$m=\frac{A}{A_0}$$

$A=6\ Sm^3$

$$A_0=\frac{1}{0.21}(1.867C+5.6H-0.7O+0.7S)$$

가연분 중 각 성분계산 : C=0.6×45=27%
H=0.6×10=6%
O=0.6×40=24%
S=0.6×5=3%

$$A_0=\frac{1}{0.21}[(1.867\times0.27)+(5.6\times0.06)-(0.7\times0.24)+(0.7\times0.03)]=3.3\ Sm^3$$

$$=\frac{6}{3.3}=1.8$$

필수 문제

15 CH_4 95%, CO_2 1%, O_2 4%인 기체연료 1 Sm^3 에 대하여 12 Sm^3 의 공기를 사용하여 연소하였다면 이때의 공기비는?

풀이

$$m=\frac{A}{A_0}$$

$$A_0=\frac{1}{0.21}O_0$$

가연성분인 CH_4만 고려하고 기체연료 내의 산소는 분자상태이기 때문에 (-)한다.

$CH_4+2O_2 \rightarrow CO_2+2H_2O$

$$=\frac{1}{0.21}(2\times0.95-0.04)=8.86\ Sm^3$$

$$=\frac{12}{8.86}=1.35$$

필수 문제

16 A 연료가스가 부피로 H_2 9%, CH_4 2%, CO 30%, O_2 3%, N_2 56% 의 구성비를 갖는다. 이 기체연료를 1기압하에서 25% 의 과잉공기로 연소시킬 경우 연료 1 Sm^3 당 요구되는 실제공기량(Sm^3)은?

풀 이

실제공기량$(A) = m \times A_0$

$$m = 1.25$$

$$A_0(Sm^3/Sm^3) = \frac{1}{0.21}[0.5H_2 + 0.5CO + 2CH_4 - O_2]$$

$$= \frac{1}{0.21}[(0.5 \times 0.09) + (0.5 \times 0.3) + (2 \times 0.02) - 0.03]$$

$$= 0.976\,Sm^3/Sm^3 \times 1\,Sm^3 = 0.976\,Sm^3$$

$$= 0.976\,Sm^3 \times 1.25 = 1.22\,Sm^3$$

(7) 공기연료비(AFR)

1) 개요

모든 산소가 연료와 반응하여 완전히 소멸되는 경우, 즉 완전연소시 공급되는 공기와 연료의 비율을 나타내며 부피기준의 공연비는 [공기몰수/연료몰수]로, 무게기준의 공연비는 [공기단위중량/연료단위중량]으로 나타낸다.

2) 관련식

① 부피식

$$AFR = \frac{\text{공기의 몰수}(Air-mole)}{\text{연료의 몰수}(Fuel-mole)}$$

$$AFR = \frac{\text{산소의 몰수}/0.21}{\text{연료의 몰수}}$$

② 무게(중량)식

$$AFR = \frac{\text{공기의 중량}(Air-kg)}{\text{연료의 중량}(Fuel-kg)}$$

$$AFR = \frac{\text{공기의 몰수} \times \text{분자량}}{\text{연료의 몰수} \times \text{분자량}}$$

3) 공연비와 유해가스 발생농도의 관계

① 공연비를 이론치보다 높이면 공기량이 많아지기 때문에 완전연소에 가까워져 CO 및 HC의 양은 감소하고 NO_x 및 CO_2의 양은 증가한다.

② 공연비를 이론치보다 낮추면 공기량이 부족해지기 때문에 불완전 연소에 가까워져 CO 및 HC의 양은 증가한다.

③ 연소 시 공연비에 따른 HC, CO, CO_2의 발생변화량

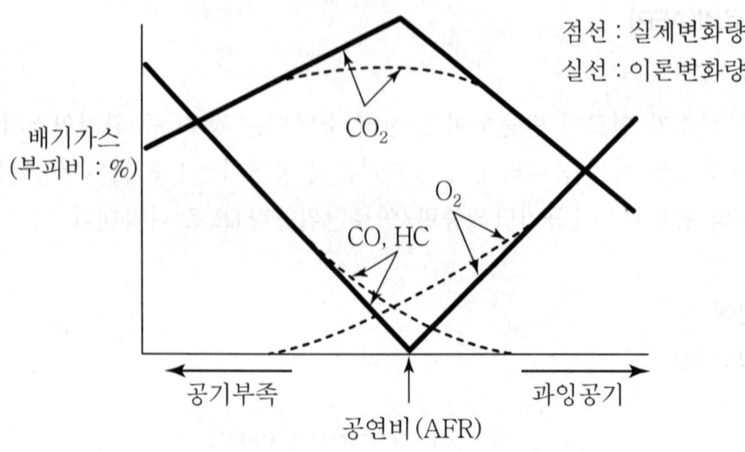

[공연비와 배기가스 농도]

필수 문제

01 메탄을 이론적으로 완전연소시킬 때 부피를 기준으로 한 공기연료비(AFR)는?(단, 표준상태 기준)

풀이

CH_4 의 연소반응식

$CH_4 \quad + \quad 2O_2 \quad \rightarrow \quad CO_2 \quad + \quad 2H_2O$

1 mole $\qquad$ 2 mole

$$\text{AFR} = \frac{\text{산소의 mole}/0.21}{\text{연료의 mole}} = \frac{2/0.21}{1} = 9.52$$

필수 문제

02 Methane 1 mole 이 공기비 1.2 로 연소하고 있을 때 부피기준의 공연비(Air Fuel Ratio)는?

풀이

CH_4의 연소반응식

$CH_4 \quad + \quad 2O_2 \quad \rightarrow \quad CO_2 \quad + \quad 2H_2O$

1 mole $\qquad$ 2 mole

$$\text{AFR} = \frac{(\text{산소의 mole}/0.21) \times \text{공기비}}{\text{연료의 mole}} = \frac{(2/0.21) \times 1.2}{1} = 11.43$$

필수 문제

03 옥탄(C_8H_{18})을 완전연소시킬 때의 AFR을 부피 및 중량기준으로 각각 구하시오. (단, 표준상태 기준)

풀 이

C_8H_{18}의 연소반응식

C_8H_{18} + $12.5O_2$ → $8CO_2$ + $9H_2O$

1 mole　　12.5 mole

$$\text{부피기준 AFR} = \frac{\text{산소의 mole}/0.21}{\text{연료의 mole}} = \frac{12.5/0.21}{1} = 59.5 \text{ mole air/mole fuel}$$

$$\text{중량기준 AFR} = 59.5 \times \frac{28.95}{114} = 15.14 \text{ kg air/kg fuel}$$

[114 : 옥탄의 분자량, 28.95 : 건조공기 분자량]

필수 문제

04 Nonane을 이론적으로 완전연소시킬 때 무게기준으로 한 공연비(AFR)는?(단, 표준상태 기준)

풀 이

C_9H_{20} + $14O_2$ → $9CO_2$ + $10H_2O$

1 mole　　14 mole

$$\text{부피기준 AFR} = \frac{\text{산소의 mole}/0.21}{\text{연료의 mole}} = \frac{14/0.21}{1} = 66.67 \text{ mole air/mole fuel}$$

$$\text{중량기준 AFR} = 66.67 \times \frac{28.95}{128} = 15.07 \text{ kg air/kg fuel}$$

필수 문제

05 Methane을 공기 중에서 완전연소시킬 때 이론 연소용 공기와 연료의 질량비(이론연소용 공기의 질량/연료의 질량, kg/kg)는?

풀이

$$CH_4 \quad + \quad 2O_2 \quad \rightarrow \quad CO_2 \quad + \quad 2H_2O$$

16 kg : 2×32 kg

$$AFR = \frac{\text{이론 연소용 공기의 질량}}{\text{연료의 질량}} = \frac{(2 \times 32)\ \text{kg}/0.232}{16\ \text{kg}} = 17.24$$

(8) 등가비(ϕ : Equivalent Ratio)

1) 개요

연소과정에서 열평형을 이해하기 위한 관계식으로 공기비의 역수, 즉 상호반비례 관계이다.

2) 관련식

$$\phi = \frac{(\text{실제의 연료량/산화제})}{(\text{완전연소를 위한 이상적 연료량/산화제})} = \frac{1}{m}$$

3) ϕ에 따른 특성

① $\phi=1$

㉠ m=1

㉡ 완전연소에 알맞은 연료와 산화제가 혼합된 경우로 이상적 연소형태이다.

② $\phi>1$

㉠ m<1

㉡ 연료가 과잉으로 공급된 경우로 불완전 연소형태이다.

㉢ 일반적으로 CO는 증가하고 NO는 감소한다.

③ $\phi<1$

㉠ m>1

㉡ 공기가 과잉으로 공급된 경우로 완전연소형태이다.

㉢ CO는 완전연소를 기대할 수 있어 최소가 되나, NO는 증가한다.

㉣ 열손실이 많아진다.

필수 문제

01 메탄 1 mole 이 공기비 1.4 로 연소하는 경우 등가비는?

풀이 등가비(ϕ) $= \frac{1}{m} = \frac{1}{1.4} = 0.71$

(9) 이론연소가스량

1) 고체 및 액체연료

① 이론건연소가스량(G_{od})

㉠ G_{od}는 배기가스 중 수증기(수분)가 포함되지 않은 상태의 조건이다.

㉡ 이론 공기량(A_0)으로 연소시 C, H, S 성분의 연소생성물 및 공기 내 질소의 양을 계산하여 연소가스량을 구한다.

$$G_{od} = A_0 \times 0.79 + \frac{22.4}{12}C + \frac{22.4}{32}S + \frac{22.4}{28}N$$

$$= (1 - 0.21)A_0 + 1.867C + 0.7S + 0.8N$$

$$= A_0 - 0.21\left[\frac{1.867C + 5.6\left(H - \frac{O}{8}\right) + 0.7S}{0.21}\right] + 1.867C + 0.7S + 0.8N$$

부피 : $G_{od} = A_0 - 5.6H + 0.7O + 0.8N(Sm^3/kg)$

여기서, C : $C + O_2 \rightarrow CO_2 \left[\frac{22.4\,sm^3}{12\,kg} = 1.867\,sm^3/kg\right]$

H_2 : $H_2 + 1/2O_2 \rightarrow H_2O \left[\frac{22.4\,sm^3}{2\,kg} = 11.2\,sm^3/kg\right]$

S : $S + O_2 \rightarrow SO_2 \left[\frac{22.4\,sm^3}{32\,kg} = 0.7\,sm^3/kg\right]$

N_2 : 연소반응 없음 $\left[\frac{22.4\,sm^3}{28\,kg} = 0.8\,sm^3/kg\right]$

H_2O : 연소반응 없음 $\left[\frac{22.4\,sm^3}{18\,kg} = 1.244\,sm^3/kg\right]$

중량 : $G_{od} = 12.5C + 26.49H - 3.31O + 5.31S + N$

$= (1 - 0.232)A_0 + 3.67C + 2S + N(kg/kg)$

② 이론습연소가스량(G_{ow})

㉠ G_{od}에 수증기(수분)가 포함되는 상태의 조건이다.

㉡ 연소용 공기 중의 수분은 연료 중의 수분이나 연소 시 생성되는 수분량에 비해 매우 적으므로 보통 무시할 수 있다.

$$부피 : G_{ow} = G_{od} + 11.2H + 1.244W$$
$$= (1-0.21)A_0 + 1.867C + 0.7S + 0.8N + 11.2H + 1.244W$$
$$= A_0 + 5.6H + 0.7O + 0.8N + 1.244W(Sm^3/kg)$$

$$중량 : G_{ow} = (1-0.232)A_0 + 3.76C + 9H + 2S + N + W(kg/kg)$$

2) 기체연료

$$G_{od} = (1-0.21)A_0 + \Sigma 연소생성물(Sm^3/Sm^3)$$

여기서, Σ 연소생성물 : 주로 N_2, CO_2, H_2O

$$G_{ow} = G_{od} + H_2O(Sm^3/Sm^3)$$
$$G_{od} = G_{ow} - H_2O$$

대부분 기체연료는 탄화수소(C_mH_n)의 형태이므로

$$G_{od} = 0.79A_0 + (m)(Sm^3/Sm^3)$$

$$G_{ow} = 0.79A_0 + \left(m + \frac{n}{2}\right)(Sm^3/Sm^3)$$

3) 발열량을 이용한 간이식(Rosin 식)

① 고체연료

㉠ 이론공기량(A_0)

$$A_0 = 1.01 \times \frac{저위발열량(H_l)}{1{,}000} + 0.5$$

㉡ 이론연소가스량(G_0)

$$G_0 = 0.89 \times \frac{저위발열량(H_l)}{1,000} + 1.65$$

② 액체연료

㉠ 이론공기량(A_0)

$$A_0 = 0.85 \times \frac{저위발열량(H_l)}{1,000} + 2$$

㉡ 이론연소가스량(G_0)

$$G_0 = 1.11 \times \frac{저위발열량(H_l)}{1,000}$$

필수 문제

01 C : 80%, H : 20% 인 연료를 1 kg/hr 연소시 발생되는 이론건배기가스량(Sm^3/hr)은?

풀 이

이론건배기가스량(G_{od})

$G_{od} = (1-0.21)A_0 + 1.867C$

$$A_0 = \frac{1}{0.21}[(1.867\times0.8)+(5.6\times0.2)] = 12.45\ Sm^3/kg\times1kg/hr$$

$= (0.79\times12.45)+(1.867\times0.8) = 11.33\ Sm^3/hr$

[다른 방법]

$G_{od} = A_0 - 5.6H = 12.45 - (5.6\times0.2) = 11.33\ Sm^3/hr$

필수 문제

02 다음 조건에서 이론습연소가스량(Sm^3)은?

C : 80%, H : 10%, O : 5%, S : 5%
고체연료 사용량 1 kg

풀 이

이론습연소가스량(G_{ow})

$G_{ow} = A_0 + 5.6H + 0.7O$

$$A_0 = \frac{1}{0.21}[(1.867\times0.8)+(5.6\times0.1)+(0.7\times0.05)-(0.7\times0.05)]$$

$= 9.78\ Sm^3/kg \times 1\ kg = 9.78\ Sm^3$

$= 9.78 + (5.6\times0.1) + (0.7\times0.05) = 10.38\ Sm^3$

필수 문제

03 중유조성이 탄소 87%, 수소 11%, 황 2% 였다면 이 중유연소에 필요한 이론습연소가스량(Sm^3/kg)은?

풀 이

이론습연소가스량(G_{ow})

$G_{ow} = A_0 + 5.6H$

$$A_0 = \frac{1}{0.21}[(1.867\times0.87)+(5.6\times0.11)+(0.7\times0.02)] = 10.73\ Sm^3/kg$$

$= 10.73 + (5.6\times0.11) = 11.35 Sm^3/kg$

[다른 풀이 방법]

$G_{ow} = 0.79A_0 + CO_2 + H_2O + SO_2$

$A_0 = 10.73 Sm^3/kg$

$CO_2 = 1.867\times0.87 = 1.624 Sm^3/kg$

$H_2O = 11.2\times0.11 = 1.232 Sm^3/kg$

$SO_2 = 0.7\times0.02 = 0.014 Sm^3/kg$

$= (0.79\times10.73) + (1.624) + (1.232) + (0.014) = 11.35 Sm^3/kg$

필수 문제

04 메탄 $1Sm^3$을 완전연소시 G_{od} 및 $G_{ow}(Sm^3)$을 구하면?

풀이

이론습연소가스량(G_{ow})

$G_{ow} = (1-0.21)A_0 +$ 연소생성물의 합

A_0(이론공기량)은 연소반응식에 의해 구함

$CH_4 + 2O_2 \rightarrow \underline{CO_2 + 2H_2O}$

연소생성물

$$A_0 = \frac{1}{0.21} \times 2Sm^3/Sm^3 = 9.52\ Sm^3/Sm^3 \times 1\ Sm^3 = 9.52\ Sm^3$$

$= (0.79 \times 9.52) + (1+2) = 10.52\ Sm^3$

이론건연소가스량(G_{od})

$G_{od} = G_{ow} - H_2O$

$= (1-0.21)A_0 +$ 연소생성물(수분 제외)

연소반응식

$CH_4 + 2O_2 \rightarrow \underline{CO_2}$

연소생성물

$= (0.79 \times 9.52) + 1 = 8.52\ Sm^3$

필수 문제

05 저위발열량 11,500 kcal/kg 인 중유를 완전연소시키는 데 필요한 이론습연소가스량(Sm^3/kg)은?(단, 표준상태 기준, Rosin의 식 적용)

풀이

액체연료 이론습연소가스량(G_0)

$$G_0 = 1.11 \times \frac{\text{저위발열량}(H_l)}{1,000} = 1.11 \times \frac{11,500}{1,000} = 12.77\ Sm^3/kg$$

필수 문제

06 저위발열량 11,500 kcal/kg 인 중유를 연소시키는 데 필요한 이론공기량(m^3/kg)은?(단, Rosin식 이용)

풀 이

이론공기량(A_0) : 액체연료 Rosin식

$$A_0 = 0.85 \times \frac{H\ell}{1,000} + 2 = 0.85 \times \frac{11,500}{1,000} + 2 = 11.78 m^3/kg$$

필수 문제

07 에탄의 이론건조연소가스량(Sm^3/Sm^3)은?

풀 이

연소반응식

$C_2H_6 + 3.5O_2 \rightarrow 2CO_2 + 3H_2O$

이론건조연소가스량(G_{od})

$G_{od} = 0.79A_0 + CO_2$

$$A_0 = \frac{1}{0.21} \times O_0 = \frac{1}{0.21} \times 3.5 = 16.67\ Sm^3/Sm^3$$

$= (0.79 \times 16.67) + 2 = 15.17\ Sm^3/Sm^3$

필수 문제

08 Propane 2.5 Sm^3 를 완전연소시킬 때 이론건조연소가스량(Sm^3)은?

풀 이

연소반응식

C_3H_8	+	$5O_2$	→	$3CO_2$	+	$4H_2O$
22.4 Sm^3	:	5×22.4 Sm^3		3×22.4 Sm^3		
2.5 Sm^3	:	$O_0(Sm^3)$		$CO_2(Sm^3)$		

$$O_0(Sm^3) = \frac{2.5\ Sm^3 \times (5 \times 22.4)\ Sm^3}{22.4\ Sm^3} = 12.5\ Sm^3$$

$$CO_2(Sm^3) = \frac{2.5\ Sm^3 \times (3 \times 22.4)\ Sm^3}{22.4\ Sm^3} = 7.5\ Sm^3$$

이론건조연소가스량(G_{od})

$G_{od} = 0.79A_0 + CO_2$

$$A_0 = \frac{1}{0.21} \times O_0 = \frac{1}{0.21} \times 12.5 = 59.52\ Sm^3$$

$= (0.79 \times 59.52) + 7.5 = 54.52\ Sm^3$

(10) 실제연소가스량

실제연소가스량은 이론연소가스량과 과잉공기량의 합으로 구할 수 있다.

1) 고체 및 액체연료

① 실제건연소가스량(G_d)

㉠ G_d는 배기가스 중 수증기(수분)가 포함되지 않은 상태의 조건이다. 즉 실제습연소가스량(G_w)에서 수분을 제외하면 된다.

㉡ G_d는 이론건연소가스량(G_{od})과 과잉공기량(Ⓐ)을 합한 것이다.

$$
\begin{aligned}
G_d &= G_{od} + Ⓐ \\
&= G_{od} + (m-1)A_0 \\
&= [A_0 - 5.6H + 0.7O + 0.8N] + (m-1)A_0
\end{aligned}
$$

$$
\begin{aligned}
G_d &= mA_0 - 5.6H + 0.7O + 0.8N\,(Sm^3/kg) \\
&= (m-0.21)A_0 + 1.867C + 0.7S + 0.8N
\end{aligned}
$$

② 실제습연소가스량(G_w)

㉠ G_d에 수증기(수분)가 포함되는 상태의 조건이다.

㉡ G_w는 이론습연소가스량(G_{ow})과 과잉공기량(Ⓐ)을 합한 것이다.

$$
\begin{aligned}
G_w &= G_o + Ⓐ \\
&= G_{ow} + (m-1)A_0 \\
&= [A_0 + 5.6H + 0.7O + 0.8N) + 1.244W + (m-1)A_0
\end{aligned}
$$

$$
\begin{aligned}
G_w &= mA_0 + 5.6H + 0.7O + 0.8N + 1.244W\,(Sm^3/kg) \\
&= (m-0.21)A_0 + 1.867C + 11.2H + 0.7S + 0.8N + 1.244W
\end{aligned}
$$

2) 기체연료

대부분 기체연료는 탄화수소(C_mH_n)의 형태이다.

① 탄화수소의 연소반응식

$$C_mH_n + \left(m + \frac{n}{4}\right)O_2 \rightarrow m\,CO_2 + \frac{n}{2}\,H_2O$$

② 실제건연소가스량(G_d)

$G_d=(m-1)A_0+G_{od}$

$=(m-0.21)A_0+\sum$ 연소생성물(Sm^3/Sm^3)

$=mA_0+1-1.5H_2-0.5CO-2CH_4-2C_2H_4$

③ 실제습연소가스량(G_w)

$G_w=(m-1)A_0+G_{ow}$

$=(m-0.21)A_0+\sum$ 연소생성물(Sm^3/Sm^3)

$=G_d+H_2O$ (Sm^3/Sm^3)

$=mA_0+1-\frac{1}{2}(H_2+CO)$

필수 문제

01 A 액체연료를 완전연소한 결과 습배출연소가스량이 18.6 Sm^3/kg 이었다. 이 연료의 이론공기량이 11.9 Sm^3/kg 일 때 이론습배출가스량이 12.8 Sm^3/kg 이었다면 공기비(m)는?

풀이

$G_w=G_{ow}+(m-1)A_0$

$18.6=12.8+(m-1)11.9$

$m=1.49$

필수 문제

02 프로판 1 Sm^3 을 공기비 1.2 로 완전연소시킬 경우, 발생되는 건조연소가스량(Sm^3)은?

풀이

연소반응식

$C_3H_8+5O_2 \rightarrow 3CO_2+4H_2O$

실제건조연소가스량(G_d)

$G_d=(m-0.21)A_0+CO_2$

$A_0=\frac{1}{0.21}\times O_0=\frac{1}{0.21}\times 5=23.81\ Sm^3/Sm^3\times 1\ Sm^3=23.81\ Sm^3$

$=[(1.2-0.21)\times 23.81]+3=26.57\ Sm^3$

필수 문제

03 메탄 1 Sm^3 을 공기과잉계수 1.5 로 연소시킬 경우 실제습윤연소가스량(Sm^3)은?

풀이

연소반응식

$CH_4+2O_2 \rightarrow CO_2+2H_2O$

실제습윤연소가스량(G_w)

$G_w=(m-0.21)A_0+CO_2+H_2O$

$$A_0=\frac{1}{0.21}\times O_0=\frac{1}{0.21}\times 2=9.52\ Sm^3/Sm^3\times 1\ Sm^3=9.52Sm^3$$

$=[(1.5-0.21)\times 9.52]+1+2=15.28\ Sm^3$

필수 문제

04 C : 85%, H : 10%, O : 2%, S : 2%, N : 1% 로 구성된 중유 1 kg를 완전연소시킨 후 오르자트 분석결과 연소가스 중의 O_2 농도는 5.0%였다. 건조연소가스양(Sm^3/kg)은?

풀이

$G_d=(m-0.21)A0+1.867C+0.7S+0.8N$

$$A_0=\frac{1}{0.21}[(1.867\times 0.85)+(5.6\times 0.1)-(0.7\times 0.02)+(0.7\times 0.02)]=10.22\ Sm^3/kg$$

$$m=\frac{21}{21-O_2}=\frac{21}{21-5}=1.313$$

$=[(1.313-0.21)\times 10.22]+(1.867\times 0.85)+(0.7\times 0.02)+(0.8\times 0.01)=12.88\ Sm^3/kg$

필수 문제

05 어떤 액체연료 1 kg 중 C : 85%, H : 10%, O : 2%, N : 1%, S : 2% 가 포함되어 있다. 이 연료를 공기비 1.3 으로 완전연소시킬 때 발생하는 실제습배출가스량(Sm^3/kg)은?

풀이

$G_w=mA_0+5.6H+0.7O+0.8N+1.244W(Sm^3/kg)$

$$A_0=\frac{1}{0.21}[(1.867\times 0.85)+(5.6\times 0.1)-(0.7\times 0.02)+(0.7\times 0.02)]=10.22\ Sm^3/kg$$

$=(1.3\times 10.22)+(5.6\times 0.1)+(0.7\times 0.02)+(0.8\times 0.01)=13.87\ Sm^3/kg$

필수 문제

06 연료 1 kg을 연소하여 발생되는 건연소가스량이 12.50 Sm^3/kg 이다. 이때 연료 1 kg 중에 포함된 수소의 중량비가 20%라면 습연소가스량(Sm^3/kg)은 얼마인가?

풀이

실제습윤연소가스량(G_w)

$G_w = G_d + H_2O = 12.50\ Sm^3/kg + (22.4\ Sm^3/2\ kg \times 0.2) = 14.74\ Sm^3/kg$

필수 문제

07 CH_4 0.5 Sm^3, C_2H_6 0.5 Sm^3를 공기비 1.5 로 완전연소시킬 경우 습연소가스량(Sm^3/Sm^3)은?

풀이

$G_w = G_{ow} + (m-1)A_0$

$G_{ow} = 0.79A_0 + CO_2 + H_2O$

$CH_4 + 2O_2 \rightarrow CO_2 + 2H_2O$

$1\ m^3 : 2\ m^3 \quad : \quad 1\ m^3 : 2\ m^3$

$0.5\ m^3 : 1\ m^3 \quad : \quad 0.5\ m^3 : 1\ m^3$

$C_2H_6 + 3.5O_2 \rightarrow 2CO_2 + 3H_2O$

$1\ m^3 : 3.5\ m^3 \quad : \quad 2\ m^3 : 3\ m^3$

$0.5\ m^3 : 1.75\ m^3 \quad : \quad 1\ m^3 : 1.5\ m^3$

$= [0.79 \times (1+1.75)/0.21] + (0.5+1) + (1+1.5) = 14.35\ Sm^3/Sm^3$

$= 14.35 + (1.5-1) \times [(1+1.75)/0.21] = 20.89\ Sm^3/Sm^3$

필수 문제

08 프로판 1 kg 을 완전연소시 발생하는 CO_2량(kg)과 아세틸렌(C_2H_2) 1 kg 을 완전연소시 발생하는 CO_2량(kg)의 비는?(단, 아세틸렌 연소시 CO_2량/프로판 연소시 CO_2량)

풀이

프로판, 연소반응식

$C_3H_8 + 5O_2 \rightarrow 3CO_2 + 4H_2O$

$44\ kg \quad : \quad 3 \times 44\ kg$

1 kg : CO_2(kg)

$$CO_2(kg) = \frac{1\ kg \times (3 \times 44)\ kg}{44\ kg} = 3\ kg$$

아세틸렌, 연소반응식

C_2H_2 + $2.5O_2$ → $2CO_2$ + H_2O

26 kg : 2×44 kg

1 kg : CO_2(kg)

$$CO_2(kg) = \frac{1\ kg \times (2 \times 44)\ kg}{26\ kg} = 3.38\ kg$$

$$CO_2\text{량의 비} = \frac{3.38\ kg}{3\ kg} = 1.13$$

필수 문제

09

프로판(C_3H_8) 2 kg 을 과잉공기계수 1.15 로 완전 연소시킬 때 발생하는 실제 습연소가스량(kg)은?

풀 이

연소반응식

C_3H_8 + $5O_2$ → $3CO_2$ + $4H_2O$

44 kg : 5×32 kg : 3×44 kg : 4×18 kg

2 kg : O_0(kg) : CO_2(kg) : H_2O(kg)

습연소가스량(G_w)

$$G_w = (m - 0.232) \times A_0 + CO_2 + H_2O$$

$$O_0 = \frac{2\ kg \times (5 \times 32)\ kg}{44\ kg} = 7.27\ kg$$

$$CO_2 = \frac{2\ kg \times (3 \times 44)\ kg}{44\ kg} = 6\ kg$$

$$H_2O = \frac{2\ kg \times (4 \times 18)\ kg}{44\ kg} = 3.27\ kg$$

$$A_0 = \frac{1}{0.232} \times O_0 = \frac{1}{0.232} \times 7.27 = 31.34\ kg$$

$$= [(1.15 - 0.232) \times 31.34] + 6 + 3.27 = 38.04\ kg$$

필수 문제

10 연소가스 중의 수분을 측정하였더니 건조가스 1 Sm^3 당 150 g 이었다. 이 건조가스에 대한 수증기의 용량비(V/V%)는?

풀이

$$수증기\ 용량(\%) = \frac{수분량}{건조가스량} \times 100$$

$$건조가스량(L) = 1{,}000\ L$$

$$수분량(L) = 150\ g \times \frac{22.4\ L}{18\ g} = 186.67\ L$$

$$= \frac{186.67\ L}{1{,}000\ L} \times 100 = 18.67\%$$

필수 문제

11 Butane 1 Sm^3 을 과잉공기 20 %로 완전연소시켰을 때 생성되는 습배출가스 중 CO_2 의 농도(vol%)는?

풀이

연소반응식

$$C_4H_{10} + 6.5O_2 \rightarrow 4CO_2 + 5H_2O$$

$$1\ m^3 : 6.5\ m^3 \qquad 4\ m^3 \quad 5\ m^3$$

$$실제습연소가스량 = (m - 0.21)A_0 + \Sigma CO_2 + \Sigma H_2O$$

$$A_0 = \frac{1}{0.21} \times O_0 = \frac{1}{0.21} \times 6.5 = 30.95\ Sm^3/Sm^3$$

$$= [(1.2 - 0.21) \times 30.95] + 4 + 5 = 39.64 Sm^3/Sm^3$$

$$CO_2\ 농도(\%) = \frac{CO_2\ 가스량}{실제습연소가스량} \times 100$$

$$= \frac{4}{39.64} \times 100 = 10.09\%$$

(11) 최대 이산화탄소 농도 : CO_{2max}

1) 개요

① CO_{2max} 는 연료 중의 탄소를 완전연소시킬 때 공기 중의 산소가 전부 CO_2로 바뀐 최대연소가스의 비율, 즉 배기가스 중에 포함되어 있는 CO_2의 최대치를 의미하며, 이론공기량으로 연소시 그 값이 가장 커진다.

② CO_{2max} 는 이론공기량으로 완전연소 시 이론건조연소가스량(G_{od}) 중 CO_2의 백분율을 의미하며 연소가스 중 CO_2의 농도가 최댓값을 갖도록 연소하는 것이 이상적이다.

③ CO_{2max} 는 연소방식에 관계없이 일정하며 연료의 조성에는 관련이 있다.

2) 관련식

$$CO_{2max}(\%) = \frac{CO_2\text{량}}{G_{od}} \times 100(\text{기본식})$$

여기서, CO_2량 : 단위연료당 CO_2 발생량
G_{od} : 이론건조연소가스량(Sm^3/kg)

① 고체 및 액체연료

$$CO_{2max}(\%) = \frac{1.867C}{G_{od}} \times 100 = \frac{187C}{G_{od}}$$

여기서, C : 연료 내 탄소량

② 기체연료

$$CO_{2max}(\%) = \left(\frac{CO + CO_2 + CH_4 + 2C_2H_2 + 2C_2H_4 + 2C_2H_6 + 3C_3H_8}{G_{od}}\right) \times 100$$

$$CO_{2max}(\%) = \frac{\Sigma CO_2\text{량}}{G_{od}} \times 100$$

여기서, ΣCO_2량 : 배기가스 내의 총 CO_2량
G_{od} : 이론건조연소가스량(Sm^3/Sm^3)

③ 완전연소

$$CO_{2max}(\%) = \frac{CO_2}{100 - \left(\frac{O_2}{0.21}\right)} \times 100 = \frac{CO_2}{\text{건연소가스부피} - \text{과잉공기부피}} \times 100$$

$$CO_{2max}(\%) = \frac{21 \times CO_2}{21 - O_2} = m \times CO_2$$

: CO=0일 때

여기서, CO_2 : 배기가스 내의 CO_2 농도 비율(%)
m : 과잉공기비

④ 불완전연소

$$CO_{2max}(\%) = \frac{21 \times (CO_2 + CO)}{21 - O_2 + 0.395CO} = m \times CO_2$$

: CO≠0일 때

여기서, CO : 배기가스 내의 CO 농도 비율(%)

3) 공기비(m)와 CO_{2max}(%)의 관계

① 완전연소

$$m = \frac{21}{21 - O_2} = \frac{CO_{2max}(\%)}{CO_2(\%)}$$

② 불완전연소

$$m = \frac{21N_2}{21N_2 - 79[O_2 - 0.5CO]} = \frac{N_2}{N_2 - 3.76O_2}$$

4) 각종 연료의 CO_{2max} 값(%)

① 탄소 : 21
② 갈탄 : 19.0~19.5
③ 역청탄 : 18.5~19.0
④ 코크스 : 20.0~20.5
⑤ 코크스로 가스 : 11.0~11.5
⑥ 고로가스 : 24.0~25.0

필수 문제

01 공기비를 1.3 으로 하는 어떤 연료를 연소시킬 때 배출가스 조성을 분석한 결과 CO_2가 11% 이었다면 CO_{2max}(%)는?

풀 이

$$m = \frac{CO_{2max}(\%)}{CO_2(\%)}$$

$CO_{2max}(\%) = m \times CO_2(\%) = 1.3 \times 11 = 14.3\%$

필수 문제

02 이론공기량을 사용하여 C_3H_8 을 완전연소시킬 때 건조가스 중의 CO_{2max}(%)는?

풀 이

$$CO_{2max}(\%) = \frac{CO_2\ 양}{G_{od}} \times 100$$

연소반응식

$C_3H_8 \quad + \quad 5O_2 \quad \rightarrow \quad 3CO_2 \quad + \quad 4H_2O$

$22.4\ Sm^3 \ : \ 5 \times 22.4\ Sm^3 \ : \ 3 \times 22.4\ Sm^3$

$G_{od} = (1-0.21)A_0 + CO_2$

$$A_0 = \frac{1}{0.21} \times O_0 = \frac{1}{0.21} \times 5 = 23.81\ m^3/m^3$$

$= (0.79 \times 23.81) + 3 = 21.81\ m^3/m^3$

$$= \frac{3}{21.81} \times 100 = 13.76\%$$

필수 문제

03 배출가스 분석 결과 $CO_2 = 15.6\%$, $O_2 = 5.8\%$, $N_2 = 78.6\%$, $CO = 0.0\%$ 일 때 CO_{2max}(%)와 공기과잉계수(m)는?

풀 이

완전연소[CO=O]

$$CO_{2max}(\%) = \frac{21 \times CO_2}{21 - O_2} = \frac{21 \times 15.6}{21 - 5.8} = 21.55$$

$$m = \frac{21}{21 - O_2} = \frac{1}{21 - 5.8} = 1.38$$

필수 문제

04

석탄연소 후 배출가스의 성분분석 결과가 $CO_2 = 15\%$, $O_2 = 5\%$, $N_2 = 80\%$ 일 때, $CO_{2max}(\%)$는?

풀 이 $CO_{2max}(\%) = \dfrac{21 \times CO_2}{21 - O_2} = \dfrac{21 \times 15}{21 - 5} = 19.69\%$

필수 문제

05

$C = 82$(중량%), $H = 14$(중량%), $S = 4$(중량%) 인 중유의 CO_{2max} 은 몇 %인가?(단, 표준상태, 건조가스 기준)

풀 이 $CO_{2max}(\%) = \dfrac{1.867C}{G_{od}} \times 100 = \dfrac{CO_2}{G_{od}} \times 100$

$G_{od} = A_0 - 5.6H$

$A_0 = \dfrac{1}{0.21} \times O_0$

$= \dfrac{1}{0.21} \times [(1.867 \times 0.82) + (5.6 \times 0.14) + (0.7 \times 0.04)] = 11.16\ m^3/kg$

$= 11.16 - (5.6 \times 0.14) = 10.38\ Sm^3/kg$

$= \dfrac{(1.867 \times 0.82)}{10.38} \times 100 = 14.75(\%)$

필수 문제

06

순수한 탄소 $1\ Nm^3$가 완전연소시 배출되는 $CO_{2max}(\%)$는?

풀 이 $CO_{2max}(\%) = \dfrac{CO_2}{G_{od}} \times 100$

$G_{od} = N_2 + CO_2$

연소반응식

$C+O_2 \rightarrow CO_2$

$$=\left(O_2 \times \frac{79}{21}\right)+CO_2=(1\times3.76)+1=4.76\ Nm^3/Nm^3$$

$$=\frac{1}{4.76}\times100=21\%$$

필수 문제

07 공기를 사용하여 CO 를 완전연소시킬 때 연소가스 중의 $CO_{2max}(\%)$는?

풀이 $CO_{2max}(\%)=\frac{CO_2}{G_{od}}\times100$

$G_{od}=(1-0.21)A_0+CO_2$

연소반응식

$CO+\frac{1}{2}O_2 \rightarrow CO_2$

$$A_0=\frac{1}{0.21}\times O_0=\frac{1}{0.21}\times0.5=2.38\ m^3/kg$$

$$=(0.79\times2.38)+1=2.88\ m^3/kg$$

$$=\frac{1}{2.88}\times100=34.72\%$$

필수 문제

08 탄소 82%, 수소 18% 조성을 갖는 액체연료의 $CO_{2max}(\%)$ 는?(단, 표준상태 기준)

풀이 $CO_{2max}(\%)=\frac{CO_2}{G_{od}}\times100=\frac{1.867\times C}{G_{od}}$

$G_{od}=A_0-5.6H$

$$A_0 = \frac{1}{0.21} O_0$$

$$= \frac{1}{0.21} \times [(1.867 \times 0.82) + (5.6 \times 0.18)] = 12.09\ m^3/kg$$

$$= 12.09 - (5.6 \times 0.18) = 11.08\ m^3/kg$$

$$= \frac{(1.867 \times 0.82)}{11.08} \times 100 = 13.82\%$$

필수 문제

09 탄소 85%, 수소 15%의 구성비를 갖는 중유를 연소할 때 $CO_{2max}(\%)$ 은?(단, 공기비는 1.1 이다.)

풀 이

$$CO_{2max}(\%) = \frac{1.867C}{G_{od}} \times 100$$

$$G_{od} = mA_0 - 5.6H$$

$$A_0 = \frac{1}{0.21} \times [(1.867C + 5.6H]$$

$$= \frac{1}{0.21} \times [(1.867 \times 0.85) + (5.6 \times 0.15)] = 11.56\ m^3$$

$$= (1.1 \times 11.56) - (5.6 \times 0.15) = 11.87\ m^3$$

$$= \frac{(1.867 \times 0.85)}{11.87} \times 100 = 13.37\%$$

(12) 연소가스의 조성에 따른 농도

1) 연소가스(배기가스) 중 산소농도

$$O_2 \text{ 농도}(\%) = \frac{O_2(\text{과잉공기 중 산소량})}{G} \times 100$$
$$= \frac{(m-1)A_0 \times 0.21}{G} \times 100$$

여기서, G : 연소가스량(실제)
$(m-1)A_0$: 과잉공기량

2) 연소가스(배기가스) 중 SO_2 농도

① 고체 및 액체연료

$$SO_2(\%) = \frac{SO_2}{G} \times 100 = \frac{0.7S}{G} \times 100$$

$G(m^3/kg)$

$$SO_2(ppm) = \frac{SO_2}{G} \times 10^6 = \frac{0.7S}{G} \times 10^6$$

$G(m^3/kg)$

② 기체연료

$$SO_2(\%) = \frac{SO_2}{G} \times 100$$

$G(m^3/m^3)$

$$SO_2(ppm) = \frac{SO_2}{G} \times 10^6$$

$G(m^3/m^3)$

3) 연소가스(배기가스) 중 CO_2 농도

소각로의 연소효율을 판단하는 인자는 배출가스 중 이산화탄소의 농도이다.

① 고체 및 액체연료

$$CO_2(\%) = \frac{CO_2}{G} \times 100 = \frac{1.867C}{G} \times 100$$

G(m³/kg)

② 기체연료

$$CO_2(\%) = \frac{CO_2}{G} \times 100$$

G(m³/m³)

4) 건조가스 내의 먼지농도

$$\text{먼지농도}(mg/m^3) = \frac{md(mg/kg)}{G_d(m^3/kg)} = \frac{\text{단위연료당 먼지 배출량}}{\text{건조가스량}}$$

5) 연소가스(배기가스) 중 N_2 농도

연료 중 질소성분이 존재하지 않을 경우에 적용한다.

$$N_2(\%) = \frac{mA_0 \times (1-0.21)}{G} \times 100 = \frac{\text{실제공기 내의 질소량}}{G} \times 100$$

필수 문제

01 C_3H_8(프로판)과 C_2H_6(에탄)의 혼합가스 1 Nm^3을 완전연소시킨 결과 배기가스 중 CO_2의 생성량이 2.8 Nm^3 이었다. 이 혼합가스의 mole 비(C_3H_8/C_2H_6)는 얼마인가?

풀이

프로판 연소반응식

$C_3H_8 + 5O_2 \rightarrow 3CO_2 + 4H_2O$

1 Nm^3 : 3 Nm^3

x (Nm^3) : $3x$ (Nm^3)

에탄 연소반응식

$C_2H_6 + 3.5O_2 \rightarrow 2CO_2 + 3H_2O$

1 Nm^3 : 2 Nm^3

$(1-x)$(Nm^3) : $2(1-x)$(Nm^3)

CO_2 생성량$=2.8\ Nm^3=3x+2(1-x)$

$2.8=3x+2(1-x)$

$x(C_3H_8)=0.8$ 이므로 $(1-x)=0.2$

혼합가스 mole 비$=\dfrac{C_3H_8}{C_2H_6}=\dfrac{0.8}{0.2}=4$

필수 문제

02 Propane과 Ethane의 혼합가스 3 Sm^3을 이론적으로 완전연소시킨 결과 배기가스 중 탄산가스의 생성량이 7.1 Sm^3 이었다면 이 혼합가스 중의 Propane과 Ethane의 mole 비(C_3H_8/C_2H_6)는?

풀이

Propane 연소반응식

$C_3H_8 + 5O_2 \rightarrow 3CO_2 + 4H_2O$

1 Sm^3 : 3 Sm^3

x (Sm^3) : $3x$ (Sm^3)

Ethane 연소반응식

$C_2H_6 + 3.5O_2 \rightarrow 2CO_2 + 3H_2O$

1 Sm^3 : 2 Sm^3

$(3-x)$(Sm^3) : $2(3-x)$ (Sm^3)

CO_2 생성량 $= 7.1\ Sm^3 = 3x + 2(3 - x)$
$7.1 = 3x + 2(3 - x)$
$x(C_3H_8) = 1.1$이므로 $(3 - x) = 1.9$
혼합가스 mole 비 $= \frac{C_3H_8}{C_2H_6} = \frac{1.1}{1.9} = 0.58$

PART 01 PART 02 PART 03 PART 04 PART 05

필수 문제

03

어떤 액체연료의 조성이 무게비로 탄소 81.0%, 수소 14.0%, 황 2.0%, 산소 3.0% 인 연료가 있다. 이 연료 65 kg 을 완전연소시킬 때 생성되는 이산화탄소(CO_2)의 양(kg)은?

풀이

C의 완전연소반응식
$C + O_2 \rightarrow CO_2$
12 kg : 44 kg
65 kg×0.81 : CO_2(kg)
$CO_2(kg) = \frac{(65\ kg \times 0.81) \times 44\ kg}{12\ kg} = 193.05\ kg$

필수 문제

04

중유의 원소 조성은 C : 88%, H : 12% 이다. 이 중유를 완전연소시킨 결과, 중유 1 kg 당 건조배기가스량이 15.8 Nm^3 이었다면, 건조배기가스 중의 CO_2 농도(V/V%)는?

풀이

$$CO_2(\%) = \frac{CO_2}{G_d} \times 100 = \frac{1.867 \times C}{G_d} \times 100$$
$$= \frac{(1.867 \times 0.88)Nm^3/kg}{15.8(Nm^3/kg)} \times 100 = 10.39\%$$

필수 문제

05 탄소 87%, 수소 13%인 경유 1 kg을 공기비 1.3으로 완전연소시켰을 때, 실제건조연소가스 중 CO_2 농도(%)는?

풀이 $CO_2(\%) = \frac{CO_2}{G_d} \times 100 = \frac{1.867 \times C}{G_d} \times 100$

$A_0 = \frac{1}{0.21}[(1.867 \times 0.87) + (5.6 \times 0.13)] = 11.20 m^3/kg$

$G_{od} = (0.79 \times A_0) + CO_2 = (0.79 \times 11.20) + (1.867 \times 0.87) = 10.472 m^3/kg$

$G_d = G_{od} + (m-1)A_0 = 10.472 + [(1.3-1) \times 11.2] = 13.832 m^3/kg$

$= \frac{1.867 \times 0.87}{13.832} \times 100 = 11.74\%$

필수 문제

06 용적비로 Propane : Butane = 3 : 1 로 혼합된 가스 1 Sm^3를 이론적으로 완전연소할 경우 발생되는 CO_2량(Sm^3)은?

풀이 Propane 연소방정식

$C_3H_8 + 5O_2 \rightarrow 3CO_2 + 4H_2O$

Butane 연소방정식

$C_4H_{10} + 6.5O_2 \rightarrow 4CO_2 + 5H_2O$

$CO_2(Sm^3) = \left(3 \times \frac{3}{4}\right) + \left(4 \times \frac{1}{4}\right) = 3.25 Sm^3$

필수 문제

07 유황 1.0%가 함유된 중유 1 kg을 연소하는 보일러에서 배출되는 가스 중 황산화물의 농도(ppm)는?(단, 중유 1 kg당 굴뚝배출연소가스량은 13 Sm^3이다.)

풀이 $SO_2(ppm) = \frac{SO_2}{G_d} \times 10^6$

$$S \rightarrow SO_2$$
$$32\,kg : 22.4\,Sm^3$$
$$1\,kg \times 0.01 : SO_2(Sm^3)$$
$$SO_2(Sm^3) = \frac{1\,kg \times 0.01 \times 22.4\,Sm^3}{32\,kg} = 0.007\,Sm^3$$
$$= \frac{0.007\,Sm^3}{13\,Sm^3} \times 10^6 = 538.46\,ppm$$

필수 문제

08

C, H, S의 중량(%)이 각각 85%, 13%, 2% 인 중유를 공기과잉계수 1.2 로 연소시킬 때 건조배기 중의 이산화황의 부피분율(%)은?(단, 황성분은 전량 이산화황으로 전환된다고 가정함)

풀이

$$SO_2(\%) = \frac{SO_2}{G_d} \times 100 = \frac{0.7S}{G_d} \times 100$$
$$G_d = mA_0 - 5.6H$$
$$A_0 = \frac{1}{0.21} \times O_0$$
$$= \frac{1}{0.21} \times [(1.867 \times 0.85) + (5.6 \times 0.13) + (0.7 \times 0.02)] = 11.09Sm^3/kg$$
$$= (1.2 \times 11.09) - (5.6 \times 0.13) = 12.58Sm^3/kg$$
$$= \frac{(0.7 \times 0.02)}{12.58} \times 100 = 0.11(\%)$$

[다른 풀이]

$$SO_2(\%) = \frac{SO_2}{G_d} \times 100 = \frac{0.7S}{G_d} \times 100$$
$$A_0 = 11.09Sm^3/Sm^3$$
$$G_d = 0.79A_0 + CO_2 + SO_2 + (m-1)A_0$$
$$= (0.79 \times 11.09) + (1.867 \times 0.85) + (0.7 \times 0.02) + [(1.2-1) \times 11.09]$$
$$= 12.58Sm^3/Sm^3$$
$$= \frac{(0.7 \times 0.02)}{12.58} \times 100 = 0.11(\%)$$

필수 문제

09 C : 78%, H : 22% 로 구성되어 있는 액체연료 1 kg 을 공기비 1.2 로 연소하는 경우에 C의 1% 가 검댕으로 발생된다고 하면 실제 건연소가스 1 Sm^3 중의 검댕의 농도 (g/Sm^3)은?

풀이

$$\text{검댕농도}(g/Sm^3) = \frac{\text{C의 발생량}}{G_d(\text{배기가스량})}$$

$$\text{C발생량}(g) = 0.78 \times 0.01 kg/kg \times 10^3 g/kg = 7.8 g/kg$$

$$G_d = mA_0 - 5.6H$$

$$A_0 = \frac{O_0}{0.21}$$

$$O_0 = 1.867C + 5.6H$$

$$= (1.867 \times 0.78) + (5.6 \times 0.22) = 2.69\ Sm^3/kg$$

$$= \frac{2.69}{0.21} = 12.8\ Sm^3/kg$$

$$= (1.2 \times 12.8) - (5.6 \times 0.22) = 14.13\ Sm^3/kg$$

$$= \frac{7.8\ g/kg}{14.13\ Sm^3/kg} = 0.552\ g/Sm^3$$

필수 문제

10 중유 중 황(S) 함량 3% 인 것을 6,400 kg/hr 로 연소시 5분 동안 생성되는 황산화물의 양(Sm^3)은?(단, 중유 중 황은 모두 SO_2로 되며, 표준상태 기준)

풀이

연소반응식

$$S + O_2 \rightarrow SO_2$$

$$32\ kg : 22.4\ Sm^3$$

$$6{,}400\ kg/hr \times 0.03 : SO_2(Sm^3)$$

$$SO_2(Sm^3) = \frac{(6{,}400\ kg/hr \times 0.03) \times 22.4\ Sm^3}{32\ kg}$$

$$= 134.4\ Sm^3/hr \times 5\ min \times hr/60\ min = 11.2\ Sm^3$$

필수 문제

11 1.5%(무게기준) 황분을 함유한 석탄 1,143 kg 을 이론적으로 완전연소시킬 때 SO_2 발생량(Sm^3)은?(단, 표준상태 기준이며, 황분은 전량 SO_2로 전환)

풀이

연소반응식

$$S + O_2 \rightarrow SO_2$$

32 kg : 22.4 Sm^3

1,143 kg×0.015 : $SO_2(Sm^3)$

$$SO_2(Sm^3) = \frac{(1,143\ \mathrm{kg} \times 0.015) \times 22.4\ \mathrm{Sm^3}}{32\ \mathrm{kg}} = 12.0\ \mathrm{Sm^3}$$

필수 문제

12 어느 보일러에서 시간당 1 ton 의 중유연소시 배출가스 중 SO_2 배출량이 10 Nm^3/hr 였다면 이 중유의 S 함량은 몇 %인가?(단, 중유 중의 황성분은 모두 SO_2 로 배출된다고 가정하고, 중량 % 기준)

풀이

연소반응식

$$S + O_2 \rightarrow SO_2$$

32 kg : 22.4 Nm^3

1,000 kg/hr×S : 10 Nm^3

$$S = \frac{32\ \mathrm{kg} \times 10\ \mathrm{Nm^3}}{1,000\ \mathrm{kg/hr} \times 22.4\ \mathrm{Nm^3}} = 0.01428 \times 100 = 1.43\%$$

필수 문제

13 시간당 1 ton 의 석탄을 연소시킬 때 발생하는 SO_2는 0.31 Nm^3/min 였다. 이 석탄의 황 함유량(%)은?(단, 표준상태를 기준으로 하고, 석탄 중의 황 성분은 연소하여 전량 SO_2가 된다.)

풀이

연소방정식

$$S + O_2 \rightarrow SO_2$$

32 kg : 22.4 Nm^3

1,000 kg/hr×hr/60 min×S : 0.31 Nm^3

$$S = \frac{32\ kg \times 0.31\ Nm^3}{16.67\ kg/min \times 22.4\ Nm^3} = 0.0265 \times 100 = 2.66\%$$

필수 문제

14 황 함유량이 질량 %로 1.4% 인 중유를 매시 100 ton 연소시킬 때 SO_2의 배출량(Sm^3/hr)은?(단, 표준상태를 기준으로 하고, 황은 100% 반응하며, 이 중 5% 는 SO_3로 배출, 나머지는 SO_2로 배출된다.)

풀이

연소반응식

$$S + O_2 \rightarrow SO_2$$

32 kg : 22.4 Sm^3

100 ton/hr×0.014×(1−0.05) : $SO_2(Sm^3/hr)$

$$SO_2(Sm^3/hr) = \frac{(100\ ton/hr \times 0.014 \times 0.95) \times 22.4\ Sm^3 \times 1,000\ kg/ton}{32\ kg}$$

$$= 931\ Sm^3/hr$$

필수 문제

15 S 함량 3%인 벙커C유 100 kL를 사용하는 보일러에 S 함량 1%인 벙커C유를 30% 섞어 사용하면 SO_2 배출량은 몇 % 감소하는가?(단, 벙커C유 비중은 0.95, 벙커C유 중의 S는 모두 SO_2로 전환됨)

풀이

- 황 함량 3%일 때

$$S + O_2 \rightarrow SO_2$$

$$32kg : 22.4Sm^3$$

$$100kL \times 950kg/m^3 \times 0.03 : SO_2(Sm^3) \qquad SO_2 = 1{,}995Sm^3$$

- 황 함량 3%(70%)+1%(30%)일 때

$$S + O_2 \rightarrow SO_2$$

$$32kg : 22.4Sm^3$$

$$(70kL \times 950kg/m^3 \times 0.03) + (30kL \times 950kg/m^3 \times 0.01) : SO_2(Sm^3) \qquad SO_2 = 1{,}596Sm^3$$

$$감소율 = \frac{1{,}995 - 1{,}596}{1{,}995} \times 100 = 20\%$$

필수 문제

16 350 m^3 되는 방에서 문을 닫고 91%의 탄소를 가진 숯을 최소 몇 kg 이상 태우면 해로운 상태가 되겠는가?(단, 공기 중 탄산가스의 부피가 5.8% 이상일 때, 인체에 해롭다고 함)

풀이

연소방정식

$$C + O_2 \rightarrow CO_2$$

$$12\,kg : 22.4\,Sm^3$$

$$C \times 0.91(kg) : 20.3\,Sm^3$$

[$20.3\,Sm^3 \Rightarrow CO_2$ 5.8%시 실내 CO_2량 $= 350\,m^3 \times 0.058 = 20.3\,Sm^3$]

$$C(kg) = \frac{12\,kg \times 20.3\,Sm^3}{0.91 \times 22.4\,Sm^3} = 11.95\,kg$$

필수 문제

17

탄소 84%, 수소 13.0%, 황 2.0%, 질소 1.0% 조성을 가지는 중유를 1 kg 당 15 Sm^3 의 공기로 완전연소할 경우 습배출가스 중의 황산화물의 부피농도(ppm)는?(단, 표준상태 기준)

풀이

$$SO_2(ppm) = \frac{SO_2}{G_w} \times 10^6 = \frac{0.7S}{G_w} \times 10^6$$

$$G_w = G_{ow} + (m-1)A_0$$

$$G_{ow} = (1-0.21)A_0 + CO_2 + H_2O + SO_2 + N_2$$

$$A_0 = \frac{1}{0.21} \times O_0$$

$$= \frac{1}{0.21} \times [(1.867 \times 0.84) + (5.6 \times 0.13) + (0.7 \times 0.02)]$$

$$= 11.0(Sm^3/kg)$$

$$= (0.79 \times 11.0) + (1.867 \times 0.84) + (11.2 \times 0.13) + (0.7 \times 0.02) + (0.8 \times 0.01)$$

$$= 11.73\ Sm^3/kg$$

$$m = \frac{A}{A_0} = \frac{15}{11.0} = 1.36$$

$$= 11.73 + [(1.36-1) \times 11.0] = 15.69\ Sm^3/kg$$

$$= \frac{(0.7 \times 0.02)}{15.69} \times 10^6 = 892.29\ ppm$$

필수 문제

18

벙커 C유에 3.9% 의 S 성분이 함유되어 있을 때 건조연소가스량 중의 SO_2 양(%)은?(단, 공기비 1.3, 이론공기량 11.09 Sm^3/kg-oil, 이론 건조연소가스량 11.25 Sm^3/kg-oil, 연료 중의 황 성분은 완전연소되어 SO_2 로 된다.)

풀이

$$SO_2(\%) = \frac{SO_2}{G_d} \times 100 = \frac{0.7S}{G_d} \times 100$$

$$G_d = G_{od} + (m-1)A_0$$

$$= 11.25 + [(1.3-1) \times 11.09] = 14.58\ Sm^3/kg$$

$$= \frac{(0.7 \times 0.039)}{14.58} \times 100 = 0.19\%$$

필수 문제

19 탄소 86%, 수소 13%, 황 1%인 중유를 연소시켜 배기가스를 분석했더니 CO_2+SO_2가 13%, O_2가 3%, CO가 0.5%이었다. 건조연소가스 중의 SO_2농도(ppm)는?(단, 표준상태기준)

풀이 $SO_2(ppm) = \dfrac{SO_2}{G_d} \times 10^6 = \dfrac{0.7S}{G_d} \times 10^6$

$A_0 = \dfrac{1}{0.21} \times [(1.867 \times 0.86) + (5.6 \times 0.13) + (0.7 \times 0.01)] = 11.146\ Sm^3/kg$

$G_{od} = 0.79A_0 + CO_2 + SO_2 = (0.79 \times 11.146) + (1.867 \times 0.86) + (0.7 \times 0.01)$
$= 10.418\ Sm^3/kg$

$G_d = G_{od} + (m-1)A_0 = 10.418 + [(1.14-1) \times 11.146] = 11.978\ Sm^3/kg$

$m = \dfrac{N_2}{N_2 - 3.76(O_2 - 0.5CO)} = \dfrac{83.5}{83.5 - 3.76[3-(0.5 \times 0.5)]}$
$= 1.14$

$= \dfrac{0.7 \times 0.01}{11.978} \times 10^6 = 584.40ppm$

필수 문제

20 내용적 160 m^3 의 밀폐된 상온 · 상압하의 실내에서 부탄 1 kg 을 완전연소시 실내의 산소농도(V/V%)는?(단, 기타 조건은 무시하며, 공기 중 용적산소비율은 21%)

풀이 실내산소농도(%) $= \dfrac{산소체적}{실내용적} \times 100$

산소농도(연소반응식)

$C_4H_{10} + 6.5O_2 \rightarrow 4CO_2 + 5H_2O$

58 kg : $6.5 \times 22.4\ m^3$

1 kg : $O_0(m^3)$

$O_0(m^3) = \dfrac{1\ kg \times (6.5 \times 22.4)\ m^3}{58\ kg} = 2.51\ m^3$

산소농도(m^3) = (내용적×공기 중 산소비율) − 이론산소량
$= (160 \times 0.21) - 2.51 = 31.09\ m^3$

$= \dfrac{31.09\ m^3}{160\ m^3} \times 100 = 19.43\%$

필수 문제

21 A연소시설에서 연료 중 수소를 10% 함유하는 중유를 연소시킨 결과 건조연소가스 중의 SO_2 농도가 600 ppm이었다. 건조연소가스양이 13 Sm^3/kg이라면 실제습배가스양 중 SO_2 농도(ppm)는?

풀이

$$SO_2(ppm) = \frac{SO_2}{G_w} \times 10^6$$

$$G_w = G_d + H_2O = 13 + (11.2 \times 0.1) = 14.12 Sm^3/kg$$

$$SO_2(ppm) = \frac{SO_2}{G_d} \times 10^6$$

$$SO_2 = \frac{600 \times 13}{10^6} = 7.8 \times 10^{-3} Sm^3/kg$$

$$= \frac{7.8 \times 10^{-3}}{14.12} \times 10^6 = 552.41 ppm$$

필수 문제

22 S 함량 3 %의 B-C유 200 kL 를 사용하는 보일러에 S 함량 1%인 B-C유를 50% 섞어서 사용하면 SO_2 의 배출량은 몇 % 감소하겠는가?(단, 기타 연소조건은 동일하며, S는 연소시 전량 SO_2 로 변환되고, B-C유 비중은 0.95)

풀이

연소시 전량 S는 SO_2 변환되므로 감소되는 S(%) = 감소되는 SO_2(%)

$$감소되는\ S(\%) = \left(1 - \frac{나중\ 조건의\ 황\ 함유량}{초기\ 조건의\ 황\ 함유량}\right) \times 100$$

초기 조건의 황 함유량 = 200 kL × 0.03 = 6 kL

나중 조건의 황 함유량 = 200 kL[(0.03×0.5) + (0.01×0.5)] = 4 kL

$$= \left(1 - \frac{4}{6}\right) \times 100 = 33.33\%$$

필수 문제

23 S 함량 2.5% 인 벙커 C유 100 kL 를 사용하는 보일러에 S 함량 5.5% 인 벙커 C유를 50% 섞어서(S 함량 2.5인 벙커 C유 50 kL + S 함량 5.5% 벙커 C유 50 kL) 사용한다면 S 의 배출량은 약 몇 % 증가하겠는가?(단, 황은 전량 배출되며, B-C유 비중 0.95, %는 무게기준)

풀 이

$$\text{증가되는 S}(\%) = \left(\frac{\text{나중 조건의 황 함유량} - \text{초기 조건의 황 함유량}}{\text{초기 조건의 황 함유량}}\right) \times 100$$

초기 조건의 황 함유량 = 100 kL×0.025 = 2.5 kL

나중 조건의 황 함유량 = 100 kL[(0.025×0.5) + (0.055×0.5)]
= 4 kL

$$= \left(\frac{4 - 2.5}{2.5}\right) \times 100 = 60\%$$

필수 문제

24 질량퍼센트로 76.9% 의 탄소를 함유하는 액체연료를 하루에 450 kg 연소시키는 공장이 있다. 완전연소라 가정할 때, 이 공장에서 하루에 방출하는 일산화탄소의 부피(Nm^3/day)는?(단, 0℃ 1 atm 연료 탄소성분 중 5%가 일산화탄소로 된다고 가정)

풀 이

연소방정식

C + $0.5O_2$	→	CO
12 kg	:	22.4 Nm^3
450 kg/day×0.769×0.05	:	CO(Nm^3/day)

$$CO(Nm^3/day) = \frac{(450\ kg/day \times 0.769 \times 0.05) \times 22.4\ Nm^3}{12\ kg}$$

$= 32.29\ Nm^3/day$

필수 문제

25 S 성분이 1% 인 중유를 10 ton/hr 로 연소시켜 배기가스 중 SO_2 를 $CaCO_3$ 으로 배연 탈황하는 경우, 이론상 필요한 $CaCO_3$ 의 양(ton/hr)은?(단, 중유 중 S 는 모두 SO_2 로 산화된다고 가정하고, 탈황률은 100% 로 본다.)

풀이

S → $CaCO_3$

32 kg : 100 kg

10,000 kg/hr×0.01 : $CaCO_3$(kg/hr)

$$CaCO_3(ton/hr) = \frac{(10,000\ kg/hr \times 0.01) \times 100\ kg}{32\ kg}$$

$= 312.5\ kg/hr \times ton/1,000\ kg$

$= 0.31\ ton/hr$

필수 문제

26 유황 함유량이 1.5%(W/W)인 중유를 10 ton/hr로 연소시킬 때 굴뚝으로부터의 SO_3 배출량(Sm^3/h)은?(단, 유황은 전량이 반응하고 이 중 5%는 SO_3로서 배출되며 나머지는 SO_2로 배출된다.)

풀이

$S + O_2 \rightarrow SO_2 + O \rightarrow SO_3$

32kg : $22.4Sm^3$

10,000kg/hr×0.015 : $SO_3(Sm^3/hr)$

$$SO_3(Sm^3/hr) = \frac{10,000kg/hr \times 0.015 \times 22.4Sm^3}{32kg} \times 0.05$$

$= 5.25Sm^3/hr$

필수 문제

27 프로판(C_3H_8) 1 Sm^3을 완전연소시 건조연소가스 중의 CO_2 농도는 10%였다. 이때의 공기비를 구하면?

풀이

연소반응식

$C_3H_8 + 5O_2 \rightarrow 3CO_2 + 4H_2O$

$G_d = (m - 0.21)A_0 + CO_2$

$CO_2(\%) = \frac{CO_2}{G_d} \times 100$

$G_d = \frac{3}{0.1} = 30Sm^3/Sm^3$

$A_0 = \frac{5}{0.21} = 23.81Sm^3/Sm^3$

$30 = [(m - 0.21)23.81)] + 3$

$32 = 23.81m$

$m = \frac{32}{23.81} = 1.34$

(13) 발열량

1) 개요

① 단위질량의 연료가 완전연소 후, 처음의 온도까지 냉각될 때 발생하는 열량을 말한다. 즉, 연료가 연소 시 열을 발생하는데, 표준상태에서 연료가 완전연소 시 발생하는 열을 의미한다.

② 대부분의 연료에서는 연료성분 내에 포함된 수소성분에 의해 수증기가 발생하며 이 수증기는 응축하여 물로 전환 시 열을 방출한다. 이를 잠열이라 하며 증발잠열을 포함한 열량을 고위발열량(총발열량)이라 한다.

③ 일반적으로 수증기의 증발잠열은 이용이 잘 안 되기 때문에 저위발열량이 주로 사용된다.

④ 증발잠열의 포함 여부에 따라 고위발열량과 저위발열량으로 구분된다.

2) 단위

① 고체 및 액체연료

kcal/kg

② 기체연료

$kcal/Sm^3$

3) 고위발열량(Hh)

① 정의

연료를 완전연소 후 생성되는 수증기가 응축될 때 방출하는 증발잠열(응축열)을 포함한 열량으로 총발열량이라고도 한다.

② 측정

- 봄브 열량계(Bomb Calorimeter) : 고체, 액체연료
- 융겔스 열량계 : 기체연료

③ 계산식

㉠ 고체, 액체연료(Dulong식)

$$Hh = 8{,}100C + 34{,}000\left(H - \frac{O}{8}\right) + 2{,}500S \,(kcal/kg)$$

㉡ 기체연료

$$Hl = Hh - 480\sum H_2O$$

여기서, Hl : 저위발열량(kcal/Sm³)
480 : 수증기(H_2O) 1 Sm³의 증발잠열(kcal/Sm³)
단, 중량으로 수증기의 응축잠열은 600 kcal/kg

$$\left(480\ \text{kcal/Sm}^3 = 600\ \text{kcal/kg} \times \frac{18\ \text{kg}}{22.4\ \text{Sm}^3}\right)$$

$$Hl = Hh - 480(H_2 + 2CH_4 + 2C_2H_4 + 3C_2H_5 + 4C_3H_8 \cdots)$$

$$= Hh - 480(H_2 + \sum \frac{y}{2}(C_xH_y)$$

4) 저위발열량(Hl)

① 정의

연료가 완전연소 후 연소과정에서 생성되는 수증기(수분)의 증발잠열(응축열)을 제외한 열량으로, 응축잠열을 회수하지 않고 배출하였을 때의 발열량이다.

② 계산

㉠ 연소분석치
㉡ 연소반응식
] 에 의한 산출

③ 계산식

$$Hl = Hh - 600(9H + W)\ (\text{kcal/kg})$$

여기서, H : 연료 내의 수소함량(kg)
W : 연료 내의 수분함량(kg)
600 : 0℃에서 H_2O 1 kg의 증발열량

5) 각 성분의 발열량 반응식

① 고체, 액체연료

[탄소] $C + O_2 \rightarrow CO_2 + 8,100\ \text{kcal/kg}$

[수소] $H_2 + \frac{1}{2}O_2 \rightarrow H_2O + 34,000\ \text{kcal/kg}$

[유황] $S + O_2 \rightarrow SO_2 + 2,500\ \text{kcal/kg}$

② 기체연료

[수소] $H_2+\frac{1}{2}O_2 \rightarrow H_2O+3{,}050$ kcal/m³(34,000kcal/kg)

[일산화탄소] $CO+\frac{1}{2}O_2 \rightarrow CO_2+3{,}035$ kcal/m³(2,430kcal/kg)

[메탄] $CH_4+2O_2 \rightarrow CO_2+2H_2O+9{,}530$ kcal/m³(13,320kcal/kg)

[아세틸렌] $2C_2H_2+5O_2 \rightarrow 4CO_2+2H_2O+14{,}080$ kcal/m³(12,030kcal/kg)

[에틸렌] $C_2H_4+3O_2 \rightarrow 2CO_2+2H_2O+15{,}280$ kcal/m³(12,130kcal/kg)

[에탄] $2C_2H_6+7O_2 \rightarrow 4CO_2+6H_2O+16{,}810$ kcal/m³(12,410kcal/kg)

[프로필렌] $2C_3H_6+9O_2 \rightarrow 6CO_2+6H_2O+22{,}540$ kcal/m³(11,770kcal/kg)

[프로판] $C_3H_8+5O_2 \rightarrow 3CO_2+4H_2O+23{,}700$ kcal/m³(12,040kcal/kg)

[부틸렌] $C_4H_8+6O_2 \rightarrow 4CO_2+4H_2O+29{,}170$ kcal/m³(11,630kcal/kg)

[부탄] $2C_4H_{10}+13O_2 \rightarrow 8CO_2+10H_2O+32{,}010$ kcal/m³(11,840kcal/kg)

• 주요 기체연료 발열량 크기(kcal/m³)

부탄 > 프로판 > 에탄 > 아세틸렌 > 메탄 > 일산화탄소 > 수소

Reference | 기타 연료 발열량

① 코크스로가스 : 5,000kcal/Sm³
② 발생로가스 : 1,480kcal/Sm³
③ 수성가스 : 2,650kcal/Sm³
④ 고로가스 : 900kcal/Sm³

필수 문제

01 황 5kg을 공기 중에서 이론적으로 완전연소시킬 때 발생되는 열량(kcal)은?(단, 황은 모두 SO_2로 전환된다.)

풀이

$S + O_2 \rightarrow SO_2 + 2{,}500$ kcal/kg
2,500 kcal/kg×5 kg = 12,500 kcal

필수 문제

02 액체연료의 성분분석결과 탄소 84%, 수소 11%, 황 2.4%, 산소 1.3%, 수분 1.3% 이었다면 이 연료의 저위발열량(kcal/kg)은?(단, Dulong식을 이용)

풀이

고위발열량(Hh)

$$Hh = 8{,}100C + 34{,}000\left(H - \frac{O}{8}\right) + 2{,}500S\,(kcal/kg)$$

$$= (8{,}100\times0.84) + \left[34{,}000\left(0.11 - \frac{0.013}{8}\right)\right] + (2{,}500\times0.024) = 10{,}548.75\ kcal/kg$$

저위발열량(Hl)

$$Hl = Hh - 600(9H + W) = 10{,}548.75 - 600[(9\times0.11) + 0.013] = 9{,}946.95\ kcal/kg$$

필수 문제

03 수소 12%, 수분 3.0% 가 포함된 고체연료의 고위발열량이 10,000 kcal/kg 일 때 이 연료의 저위발열량(kcal/kg)은?

풀이

$$Hl = Hh - 600(9H + W) = 10{,}000 - 600[(9\times0.12) + 0.03] = 9{,}334\ kcal/kg$$

필수 문제

04 수소 12%, 수분 0.5% 를 함유하는 중유의 고위발열량을 측정하였더니 10,500kcal/kg 이었다. 이 중유의 저위발열량(kcal/kg)은?

풀이

$$Hl = Hh - 600(9H + W) = 10{,}500 - 600[(9\times0.12) + 0.005] = 9{,}849\ kcal/kg$$

필수 문제

05 메탄의 Hh 이 9,000 kcal/Sm³ 이라면 저위발열량(kcal/Sm³)은?

풀이

기체연료 저위발열량(Hl)

$Hl = Hh - 480\Sigma H_2O$

CH_4 연소반응식

$CH_4 + 2O_2 \rightarrow CO_2 + 2H_2O$

$= 9{,}000 - (480 \times 2) = 8{,}040$ kcal/Sm³

필수 문제

06 에탄(C_2H_6)의 고위발열량이 15,520 kcal/Sm³ 일 때, 저위발열량(kcal/Sm³)은?(단, H_2O 1 Sm³의 증발잠열은 480 kcal/Sm³)

풀이

$Hl = Hh - 480\Sigma H_2O$

C_2H_6 연소반응식

$C_2H_6 + 3.5O_2 \rightarrow 2CO_2 + 3H_2O$

$= 15{,}520 - (480 \times 3) = 14{,}080$ kcal/Sm³

필수 문제

07 Propane 의 고위발열량이 23,000 kcal/Sm³ 일 때 저위발열량(kcal/Sm³)은?(단, 물의 증발잠열은 480 kcal/Sm³)

풀이

$Hl = Hh - 480\Sigma H_2O$

C_3H_8 연소반응식

$C_3H_8 + 5O_2 \rightarrow 3CO_2 + 4H_2O$

$= 23{,}000 - (480 \times 4) = 21{,}080$ kcal/Sm³

필수 문제

08 메탄과 프로판이 1 : 2 로 혼합된 기체연료의 고위발열량이 19,400kcal/Sm³ 이다. 이 기체연료의 저위발열량(kcal/Sm³)은?

풀이

메탄(CH_4) 저위발열량(Hl)

$Hl = Hh - 480\sum H_2O$

$CH_4 + O_2 \rightarrow CO_2 + 2H_2O$

$= 19{,}400 - (480 \times 2) = 18{,}440$ kcal/Sm³

프로판(C_3H_8) 저위발열량(Hl)

$Hl = Hh - 480\sum H_2O$

$C_3H_8 + 5O_2 \rightarrow 3CO_2 + 4H_2O$

$= 19{,}400 - (480 \times 4) = 17{,}480$ kcal/Sm³

혼합연료의 저위발열량(kcal/Sm³) $= \dfrac{(1 \times 18{,}440) + (2 \times 17{,}480)}{1+2} = 17{,}800$ kcal/Sm³

필수 문제

09 연료 1kg중 수소 20%, 수분 20%인 액체연료의 고위발열량이 10,500kcal/kg일 때, 저위발열량(kcal/kg)은?

풀이

$Hl = Hh - 600(9H + W) = 10{,}500 - 600[(9 \times 0.2) + 0.2] = 9{,}300$ kcal/kg

필수 문제

10 15℃ 물 10 L를 데우는 데 10 L의 프로판가스가 사용되었다면 물의 온도는 몇 ℃로 되는가?(단, 프로판 가스의 발열량은 488.53kcal/mole이고, 표준상태의 기체로 취급하며, 발열량은 손실없이 전량 물을 가열하는 데 사용되었다고 가정)

풀이

프로판가스 열량$= \dfrac{488.53\,\text{kcal}}{22.4\,\text{L}} \times 10\,\text{L} = 218.09\,\text{kcal}$

물 10L(10kg)을 데우는 데 필요한 열량$= 218.09\,\text{kcal}/10\,\text{kg} = 21.809\,\text{kcal/kg}$

증가되는 물의 온도$= \dfrac{21.809\,\text{kcal/kg}}{1\text{kcal/kg} \cdot ℃} = 21.809℃$

물의 온도$= 15 + 21.809 = 36.81℃$

필수 문제

11 연소실에서 아세틸렌 가스 1kg을 연소시킨다. 이때 연료의 80%(질량기준)가 완전연소되고, 나머지는 불완전연소되었을 때, 발생되는 열량(kcal)은?(단, 연소반응식은 아래 식에 근거하여 계산)

$C + O_2 \rightarrow CO_2 \quad \Delta H = 97{,}200\text{kcal/kmol}$

$C + \frac{1}{2}O_2 \rightarrow CO \quad \Delta H = 29{,}200\text{kcal/kmol}$

$H_2 + \frac{1}{2}O_2 \rightarrow H_2O \quad \Delta H = 57{,}200\text{kcal/kmol}$

풀이

$$C(\text{kcal}) = \frac{97{,}200}{12} \times \frac{24}{26} \times 0.8 + \frac{29{,}200}{12} \times \frac{24}{26} \times 0.2$$

$$= 6{,}430.77\,\text{kcal} \; [C_2H_2 : 26]$$

$$H(\text{kcal}) = \frac{57{,}200}{2} \times \frac{2}{26} = 2{,}200\,\text{kcal}$$

발열량 $= 6{,}430.77 + 2{,}200 = 8{,}630.77\,\text{kcal}$

필수 문제

12 벤젠의 연소반응이 다음과 같을 때 벤젠의 연소열(kJ/mole)은 얼마인가?(단, 표준상태(25℃, 1atm)에서의 표준생성열)

$$C_6H_6(g) + 7.5O_2(g) \rightarrow 6CO_2(g) + 3H_2O(g)$$

생성열	$C_6H_6(g)$	$O_2(g)$	$CO_2(g)$	$H_2O(g)$
ΔH_f^o(kJ/mole)	83	0	−394	−286

풀이

발열량 = 생성계 열량 − 반응계 열량

$Hl = [(6 \times -394) + (3 \times -286)] - [(1 \times 83) + (7.5 \times 0)]$

$= -3{,}305(\text{kJ/mole})$

(14) 연소온도

1) 이론 연소온도

① 연료를 이론공기량으로 완전연소시켜 화염에 도달할 수 있는 이론상 최고온도를 의미하며, 연소온도는 연소 후 배기가스 발생온도 중 최고온도를 말한다.

② 3,000K 정도의 고온조건으로 연소시킬 때 일산화탄소가 상당량 발생되는 원인은 일산화탄소가 열분해되기 때문이다.

2) 관련식

$$Hl = G_{ow} C_{pm} (T_{bt} - T_0)$$

여기서, Hl : 저위발열량(kcal/Sm^3 또는 Sm^3/kg)

G_{ow} : 이론습연소가스량(Sm^3/Sm^3 또는 Sm^3/kg)

C_{pm} : 온도 T_0와 T_{bt} 간의 연소가스 정압비열 G_p의 평균치(kcal/Sm^3 · ℃)

T_{bt} : 이론단열화연소온도(℃)

T_0 : 연소 전의 온도(℃)

$$Hl = G_{ow} C_p (t_2 - t_1)$$

여기서, Hl : 저위발열량(kcal/Sm^3 또는 kcal/kg)

G_{ow} : 이론습연소가스량(Sm^3/Sm^3 또는 Sm^3/kg)

C_p : 이론습연소가스량의 평균정압비열(kcal/Sm^3 · ℃)

t_2 : 이론연소온도(℃)

t_1 : 기준온도(℃) 또는 실제온도(℃)

$$t_2 = \frac{Hl}{GC_P} + t_1$$

3) 연소온도에 영향을 미치는 요인

① 공기비(가장 큰 영향인자)

② 공급공기온도 및 공급연료온도

③ 연소실 압력 및 연소상태

④ 발열량(저위발열량) 및 연소효율

⑤ 산소농도 및 화염전파의 열손실

필수 문제

01 이론적으로 탄소 1 kg 을 연소시키면 30,000 kcal의 열이 발생하며, 수소 1 kg 을 연소시키면 34,100 kcal의 열이 발생된다면 에탄 2 kg 연소시 발생되는 열량은?

풀이

$$\text{탄소(kcal)} = 30{,}000\ \text{kcal/kg} \times 2\ \text{kg} \times \frac{24(C_2)}{30(C_2H_6)} = 48{,}000\ \text{kcal}$$

$$\text{수소(kcal)} = 34{,}100\ \text{kcal/kg} \times 2\ \text{kg} \times \frac{6(H_6)}{30(C_2H_6)} = 13{,}640\ \text{kcal}$$

$$\text{열량(kcal)} = 48{,}000 + 13{,}640 = 61{,}640\text{kcal}$$

필수 문제

02 저위발열량이 3,500 kcal/Nm^3 인 가스연료의 이론연소온도는 몇 ℃ 인가?(단, 이론 연소가스량 10 Nm^3/Nm^3, 기준온도 15℃, 연료연소가스의 평균정압비열 0.35 kcal/Nm^3 · ℃, 공기는 예열되지 않으며, 연소가스는 해리되지 않는 것으로 한다.)

풀이

이론연소온도(t_2)

$$t_2 = \frac{Hl}{G \cdot C_p} + t_2$$

$$= \frac{3{,}500\ \text{kcal/Nm}^3}{10\ \text{Nm}^3/\text{Nm}^3 \times 0.35\ \text{kcal/Nm}^3 \cdot ℃} + 15℃ = 1{,}015℃$$

필수 문제

03

연료를 이론산소량으로 완전연소시켰을 경우의 이론연소온도는 몇 ℃ 인가?(단, 발열량 5,000 kcal/Sm³, 이론연소가스량 20 Sm³/Sm³, 연소가스 평균정압비열 0.35 kcal/Sm³ · ℃, 실온 15℃ 이다.)

풀 이

$$\text{이론연소온도}(℃) = \frac{\text{저위발열량}}{\text{이론연소가스량} \times \text{연소가스 평균정압비열}} + \text{실제온도}$$

$$= \frac{5{,}000\,\text{kcal/Sm}^3}{20\,\text{Sm}^3/\text{Sm}^3 \times 0.35\,\text{kcal/Sm}^3 \cdot ℃} + 15℃ = 729.29℃$$

필수 문제

04

저위발열량이 7,000 kcal/Sm³ 인 가스연료의 이론연소온도는 몇 ℃ 인가?(단, 이론연소가스량 10 Sm³/Sm³, 연료연소가스의 평균정압비열은 0.35 kcal/Sm³ · ℃, 기준온도 15℃, 공기는 예열하지 않으며 연소가스는 해리하지 않는다.)

풀 이

$$\text{이론연소온도}(℃) = \frac{\text{저위발열량}}{\text{이론연소가스량} \times \text{연소가스 평균정압비열}} + \text{실제온도}$$

$$= \frac{7{,}000\,\text{kcal/Sm}^3}{10\,\text{Sm}^3/\text{Sm}^3 \times 0.35\,\text{kcal/Sm}^3 \cdot ℃} + 15℃ = 2{,}015℃$$

필수 문제

05

저위발열량 13,500 kcal/Sm³ 인 기체연료를 연소시, 이론습연소가스량이 10 Sm³/Sm³ 이고 이론연소온도는 2,500℃ 라고 한다. 연료연소가스의 평균정압비열(kcal/Sm³ · ℃)은?(단, 연소용 공기연료온도는 15℃)

풀 이

$$\text{평균정압비열} = \frac{\text{저위발열량}}{(\text{이론연소온도} - \text{실제온도}) \times \text{이론연소가스량}}$$

$$= \frac{13{,}500\,\text{kcal/Sm}^3}{(2{,}500 - 15)℃ \times 10\,\text{Sm}^3/\text{Sm}^3} = 0.543\,\text{kcal/Sm}^3 \cdot ℃$$

필수 문제

06 아래와 같은 조건에서의 메탄의 이론 연소온도는?(단, 메탄, 공기는 25℃ 에서 공급되는 것으로 하며, 메탄의 저위발열량은 8,600 kcal/Sm^3, CO_2, $H_2O(g)$, N_2의 평균정압몰비열은 각각 13.1, 10.5, 8.0 kcal/kmol · ℃ 로 한다.)

풀이

이론연소온도(t_2)

$$t_2 = \frac{Hl}{GC_p} + t_2$$

$$G = (1-0.21)A_0 + \Sigma \text{연소생성물}$$

$$CH_4 + 2O_2 \rightarrow CO_2 + 2H_2O$$

$$= 0.79 \times \left(\frac{2}{0.21}\right) + [1+2] = 10.52\ Sm^3/Sm^3$$

$C_p \rightarrow CO_2$, H_2O, N_2 성분 계산 후 구함

$$CO_2 = \frac{CO_2}{G} \times 100 = \frac{1}{10.52} \times 100 = 9.51\%$$

$$H_2O = \frac{H_2O}{G} \times 100 = \frac{2}{10.52} \times 100 = 19.01\%$$

$$N_2 = 100 - [CO_2 + H_2O] = 100 - [9.51 + 19.01] = 71.48\%$$

$$C_p = (13.1 \times 0.0951) + (10.5 \times 0.1901) + (8.0 \times 0.7148)$$

$$= 8.96\ \text{kcal/kmol} \cdot ℃ \times \left(\frac{1\ \text{kmol}}{22.4\ Sm^3}\right) = 0.4\ \text{kcal}/Sm^3 \cdot ℃$$

$$= \frac{8,600\ \text{kcal}/Sm^3}{10.52\ Sm^3/Sm^3 \times 0.4\ \text{kcal}/Sm^3 \cdot ℃} + 25℃ = 2,068.73℃$$

(15) 연소효율

1) 개요

가연성 물질을 연소할 때 완전연소량에 비해서 실제연소되는 양의 비율을 말한다.

2) 특징

① 강열감량이 크면 연소효율이 저하된다.[강열감량 : 소각 또는 연소시 재(Ash)의 잔사에 포함되어 있는 미연분량]

② 연소효율이 낮으면 보조연료가 많이 요구된다.

3) 관련식

$$연소효율(\eta) = \frac{Hl-(L_1+L_2)}{Hl}\times 100(\%) = \frac{실제연소시\ 발열량}{완전연소시\ 발열량}\times 100(\%)$$

여기서, Hl : 저위발열량(kcal/kg)
L_1 : 미연손실열량(kcal/kg)
L_2 : 불완전연소손실열량(kcal/kg)

필수 문제

01 연소대상물인 플라스틱의 저위발열량은 5,400 kcal/kg 이며 이 플라스틱을 연소시 발생되는 연소재 중의 미연손실은 저위발열량의 10% 이고 불완전연소에 의한 손실은 600 kcal/kg 일 때 연소대상물의 연소효율(%)은?

풀이

$$연소효율(\%) = \frac{Hl-(L_1+L_2)}{Hl}\times 100$$

$$= \frac{5,400-[(5,400\times 0.1)+600]}{5,400}\times 100 = 78.9\%$$

필수 문제

02 수소 12%, 수분 1%를 함유한 중유 1kg의 발열량을 열량계로 측정하였더니 고위발열량이 10,000kcal/kg이었다. 비정상적인 보일러의 운전으로 인해 불완전연소에 의한 손실열량이 1,400kcal/kg이라면 연소효율(%)은?

풀이 연소효율(%) $= \dfrac{Hl - (L_1 + L_2)}{Hl} \times 100$

$$Hl = Hh - 600(9H + W)$$

$$= 10{,}000 - 600[(9 \times 0.12) + 0.01] = 9{,}346\text{kcal/kg}$$

$$= \frac{9{,}346 - (0 + 1{,}400)}{9{,}346} \times 100 = 85.02\%$$

(16) 연소실 열부하율(연소부하율 : 연소실 열발생률)

1) 개요

연소실 열부하율은 1시간 동안 단위부피당 발생되는 폐기물의 평균열량을 의미한다.

2) 단위

$kcal/m^3 \cdot hr$

3) 특징

① 열부하가 너무 크면 국부적인 과열에 의한 연소로의 손상 및 불완전연소가 우려된다.
② 열부하가 너무 작으면 연소실 내의 적정온도 유지가 어렵다.
③ 열부하율은 적정범위 내에서 가능한 크게 하는 것이 연소실의 크기를 작게 할 수 있어 경제적이다.

4) 관련식

$$\text{열부하율}(kcal/m^3 \cdot hr) = \frac{Hl \times G'}{V}$$

여기서, Hl : 저위발열량(kcal/kg)
V : 연소실 용적(m^3)
G' : 시간당 연료량(kg/hr)

필수 문제

01 가로, 세로, 높이가 각각 1.0 m, 1.2 m, 1.5 m 인 연소실에서 연소실 열발생률을 3×10^5 $kcal/m^3 \cdot hr$ 로 유지하려면 저위발열량이 20,000 kcal/kg 인 중유를 매시간 얼마나 연소시켜야 하는가?(kg/hr)

풀이

$$\text{연소실 열발생률}(kcal/m^3 \cdot hr) = \frac{Hl \times G'}{V}$$

$$G'(\text{시간당 연소량 : kg/hr}) = \frac{(1.0 \times 1.2 \times 1.5)m^3 \times (3 \times 10^5)kcal/m^3 \cdot hr}{20,000\ kcal/kg}$$

$$= 27\ kg/hr$$

필수 문제

02 최적 연소부하율이 100,000 kcal/m^3 · hr 인 연소로를 설계하여 발열량이 5,000 kcal/kg 인 석탄을 200 kg/hr 로 연소하고자 한다면, 이때 필요한 연소로의 연소실 용적(m^3)은?(단, 열효율은 100%)

풀이 연소부하율(kcal/m^3 · hr) $= \dfrac{Hl \times G'}{V}$

$$V(m^3) = \frac{5{,}000\ kcal/kg \times 200\ kg/hr}{100{,}000\ kcal/m^3 \cdot hr} = 10\ m^3$$

필수 문제

03 크기가 1.2m×2.0m×1.5m 인 연소실에서 저위발열량이 10,000 kcal/kg 인 중유를 1.5시간에 100 kg씩 연소시키고 있다. 이 연소실의 열발생률(kcal/m^3 · hr)은?

풀이 연소실 열발생률(kcal/m^3 · hr) $= \dfrac{Hl \times G'}{V}$

$$= \frac{10{,}000\,kcal/kg \times 100\,kg/1.5\,hr}{(1.2 \times 1.5 \times 2.0)m^3}$$

$$= 185{,}185.19 kcal/m^3 \cdot hr$$

필수 문제

04 가로, 세로, 높이가 각각 1.0m, 2.0m, 1.0m인 연소실에서 연소실 열발생률을 20×10^{4}kcal/m^3 · hr로 하기 위해서는 하루에 중유를 대략 몇 kg을 연소시켜야 하는가?(단, 중유의 저위발열량은 10,000kcal/kg이며, 연소실은 하루에 8시간 가동한다.)

풀이 연소실 열발생률(kcal/m^3 · hr) $= \dfrac{H\ell \times G'}{V}$

$$G'(kg/hr) = \frac{(1.0 \times 2.0 \times 1.0)m^3 \times 20 \times 10^4 kcal/m^3 \cdot hr}{10{,}000\,kcal/kg} = 40\,kg/hr$$

중유연소량(kg) = 40kg/hr×8hr = 320kg

학습 Point

1 이론산소량 및 이론공기량 관련식 숙지(출제비중 높음)
2 실제공기량 및 공기비 관련식 숙지(출제비중 높음)
3 이론연소가스량 및 실제연소가스량 관련식 숙지(출제비중 높음)
4 CO_{2max} 관련식 숙지
5 연소가스 조성에 따른 농도 관련식 숙지(출제비중 높음)
6 발열량 관련식 숙지(출제비중 높음)

09 자동차의 연소

(1) 자동차 점화방식에 따른 분류

1) 불꽃점화기관

① 전기점화 기관 또는 스파크 점화기관이라고도 한다.

② 압축된 혼합가스에 점화플러그에서 고압의 전기불꽃을 방전시켜 점화, 연소시키는 방식이다.(4행정사이클 : 흡입, 압축, 폭발, 배기 행정)

③ 가솔린엔진 및 LPG엔진의 점화방식이다.

④ 연소방식 중 예혼합연소에 가깝다.

2) 압축점화기관

① 자기착화 엔진이라고도 한다.

② 순수한 공기만을 흡입하여 고온고압으로 압축한 후 고압의 연료를 미세한 입자 형태로 분사시켜 자기착화시키는 방식, 즉 연료를 공기와 혼합시켜 실린더에 흡입·압축시킨 후 점화플러그에 의해 강제연소시키는 방식이다.

③ 디젤엔진의 점화방식이다.

④ 연소방식 중 확산연소에 가깝다.

(2) 가솔린엔진과 디젤엔진의 비교

항목	가솔린엔진(오토엔진)	디젤엔진
사용연료	휘발유, 알코올, LPG, CNG	경유
연료공급방식	압축전 연료공기 혼합 전자제어 연료분사방식, 기화기식	공기 압축 후 연료공급 전자제어 연료분사방식, 기계분사식
연소형태 (점화방식)	• 연료를 공기와 혼합 후 실린더에 흡입, 압축 후 점화플러그에 의해 강제로 점화, 연소, 폭발시키는 형태(불꽃점화방식 : 스파크 점화) • 연소 개념으로 보면 예혼합연소에 가깝다.	• 공기만을 실린더에 흡입 후 압축시킨 연료를 미세한 입자형태로 분사시켜 자연발화로 연소, 폭발시키는 형태(압축점화방식 : 자동점화) • 연소 개념으로 보면 확산연소에 가깝다.

연소특성	• 혼합기의 공기과잉률이 약 0.8~1.5 범위(범위에서 벗어나면 전기스파크에 의한 점화 및 정상적인 화염 전파가 어려움) • 연소 시 혼합기는 시·공간적으로 일정한 공기·연료비(공연비)를 나타냄	• 연소실 내의 공기과잉률은 시·공간적으로 일정하지 않음(고압 압축공기 중에 경유의 직접 분사로 균일한 혼합기의 생성이 어렵기 때문) • 공기가 충분한 상태에서 연소가 일어남(항상 일정 부피의 공기 중에 연료를 분사하기 때문)
배출가스	• 일반적으로 CO, HC, NO_x 농도가 높음(정지가동) • 공회전 시 CO, 가속 및 감속시 HC, 정속주행 시 NO_x 농도가 높음 • 정속주행 시 CO 농도 적게 배출	• 일반적으로 NO_x, 매연 다량 배출 • 고속주행 시 NO_x, 매연 농도 높음 • 공회전 시 CO, HC의 농도 낮음
소음·진동	소음진동이 적음(압축비가 8~9 정도로 낮기 때문)	소음·진동이 심함(압축비가 15~20 정도로 높기 때문)
연소실 크기	제한받음(노킹현상 때문에 일반적으로 160 mm 이하로 함)	제한 없음
사이클	정적사이클	정압사이클
압축온도	약 280℃	약 506℃
기타	• 일반적으로 가솔린엔진이 디젤엔진에 비하여 착화점이 높음 • 공연비 제어가 용이하고 삼원촉매를 적용할 수 있어 배출가스제어에 유리하다. • 배기가스의 구성 면에서 CO_2가 가장 많은 부피를 차지한다.(가속상태)	• 압축비가 높아 최대효율이 가솔린기관에 비해 1.5배 정도이며 연비는 가솔린기관에 비해 높다. • 디젤엔진은 공급공기가 많기 때문에 배기가스 온도가 낮아 엔진 내구성에 유리함 • 디젤기관이 가솔린기관에 비해 보다 문제시되는 물질은 매연, NO_x이다. • CO·HC는 휘발유자동차에 비하여 상대적으로 적게 배출된다. • 정체가 심한 도심주행에 있어서는 연료소비가 적은 편이다.

Reference | CNG(Compressed Natural Gas)를 가솔린엔진에 적용할 경우 특징

① 엔진연소실과 연료공급계통에 퇴적물이 적어 윤활유나 엔진오일, 필터의 교환주기가 연장된다.
② 옥탄가가 130 정도로 높기 때문에 엔진압축비를 높일 수 있다.
③ CO, HC는 30~50%, CO_2는 20~30% 이상 감소하는 것으로 알려져 있다.
④ CNG는 가솔린엔진에 비해 출력이 ≒10% 정도 감소하고 1회 충전거리도 짧다.

(3) 가솔린의 구비요건

① 발열량이 크며 옥탄가가 높아야 한다.
② 부피 및 무게가 적고 연소속도가 빨라야 한다.
③ 연소 후 오염물질이 발생되지 않아야 한다.
④ 연소온도에 무관하게 유동성이 좋을 것

(4) 가솔린엔진의 노킹(Knocking) 현상

1) 정의

실린더 내의 연소에서 불꽃 표면이 미연소가스에 점화되어 연소가 진행되는 사이에 미연소 말단가스의 2차적 자연발화현상이 일어나며, 이로 인해 고온과 국부적인 고압으로 진동과 진동에 의한 2차 금속성 소음이 발생된다.

2) 원인

① 엔진이 과부하 및 과열된 경우
② 점화시기가 정상보다 너무 빠른 경우
③ 혼합비가 희박한 경우
④ 연료의 옥탄가가 낮은 경우

3) 노킹이 엔진에 미치는 영향

① 엔진과열 및 출력성능 저하
② 배기가스온도의 저하
③ 실린더 및 피스톤의 고착
④ 피스톤 밸브의 손상

Reference | Carburetor

휘발유 엔진배기가스에 영향을 미친다. 즉, Carburetor의 역할은 광범위한 상태하에서 엔진이 만족스럽게 작동할 수 있는 혼합비로 연료증기와 공기의 균질혼합물을 제공하는 것이다.

4) 방지대책

① 연소실을 구형(Circular Type)으로 함
② 점화플러그의 부착은 연소실 중심에 함
③ 난류를 증가시키기 위해 난류생성 Pot를 부착함
④ 고옥탄가 연료 사용 및 점화시기를 정확히 조정함
⑤ 혼합비를 농후하게 하고 혼합가스의 와류를 증대함
⑥ 압축비, 혼합가스 및 냉각수 온도를 낮춤
⑦ 화염전파속도를 빠르게 하거나 화염전파거리(불꽃진행거리)를 단축시켜 말단가스가 고온·고압에 노출되는 시간을 짧게 함
⑧ 자연발화온도가 높은 연료를 사용함
⑨ 연소실 내에 침적된 카본 성분을 제거함
⑩ 말단가스의 온도·압력을 내림
⑪ 혼합기의 자기착화온도를 높게 하여 용이하게 자발화하지 않도록 함

(5) 디젤엔진

1) 장점

① 열효율이 높고, 연소소비율이 적어 대형 엔진 제작이 가능하다.
② 점화장치가 없어 가솔린엔진에 비해 고장이 적다.
③ 인화점이 높은 연료(경유)를 사용하므로 취급·저장에 위험성이 적다.
④ 저속에서 큰 회전력이 발생하여 저부하 시 효율이 나쁘지 않다.

2) 단점

① 연소압력이 크므로 엔진 각 부분의 내구성을 고려해야 한다.
② 운전 중 소음·진동이 크며 출력당 엔진중량과 형태가 크다.
③ 연료분사장치가 매우 정밀, 복잡하여 제작비용이 고가이다.
④ 압축비가 높아 큰 출력의 기동 전동기가 필요하다.

3) 디젤엔진의 노킹방지 대책

① 세탄가가 높은 연료를 사용한다.
② 분사 개시 때 분사량을 감소시킨다.
③ 급기온도를 높인다.

④ 기관의 압축비를 크게 하여 압축압력 및 압축온도를 높인다.
⑤ 회전속도를 감소시킨다.
⑥ 분사개시 때 분사량을 감소시켜 착화지연을 가능한 짧게 한다.
⑦ 분사시기를 알맞게 조정한다.
⑧ 흡입공기에 와류가 일어나도록 한다.
⑨ 착화지연기간 및 급격연소시간의 분사량을 감소시킨다.

Reference | 노킹방지 비교

엔진	가솔린	디젤
압축압력	낮을수록	높을수록
흡기압력	낮을수록	높을수록
흡기온도	낮을수록	높을수록
실린더벽 온도	낮을수록	높을수록
회전속도(rpm)	높을수록	낮을수록
연료착화온도	높을수록	낮을수록
연료착화지연	길수록	짧을수록
실린더 체적	작을수록	클수록

Reference | 입자상물질과 NO_X 저감을 위한 디젤엔진 연료분사 시스템의 적용기술

① 분사압력 고압화
② 분사압력 최적제어
③ 분사율 제어
④ 분사시기제어

(6) 자동차 배출가스

CO는 연료량에 비하여 공기량이 부족할 경우에 발생하고, NO_x는 높은 온도에서 많이 발생하며, 매연은 연료가 미연소하여 발생한다.

1) 배출가스

① 배기가스(Exhaust Gas)

㉠ 배기관에서 발생한다.

㉡ 주성분은 H_2O(수증기)와 CO_2이며 CO, HC, NO_x, 납산화물, 탄소입자(매연) 등이 있다.

② 블로바이가스(Blow-By Gas)

㉠ 실린더와 피스톤 간극에서 크랭크 케이스로 빠져나오는 가스이다.

㉡ 블로바이가스가 크랭크 케이스 내에 체류시 엔진부식, 오일찌꺼기 발생 등을 유발시킨다.

㉢ 주성분은 HC(≒20%)이다.

③ 증발가스

㉠ 연료계통에서 연료가 대기 중으로 증발, 방출되는 가스이다.

㉡ 주성분은 HC(≒20%)이다.

2) 배출가스와 혼합비의 관계

① 이론혼합비(≒14.7 : 1)보다 농후한 경우

㉠ NO_x 감소

㉡ CO, HC 증가

② 이론혼합비보다 약간 희박한 경우

㉠ NO_x 증가

㉡ CO, HC 감소

③ 이론혼합비보다 매우 희박한 경우

㉠ NO_x, CO 감소

㉡ HC 증가

Reference | NO_x의 농도경향

NO_x 농도는 화학양론 공연비보다 10% 정도 과잉일 때 최대가 된다.

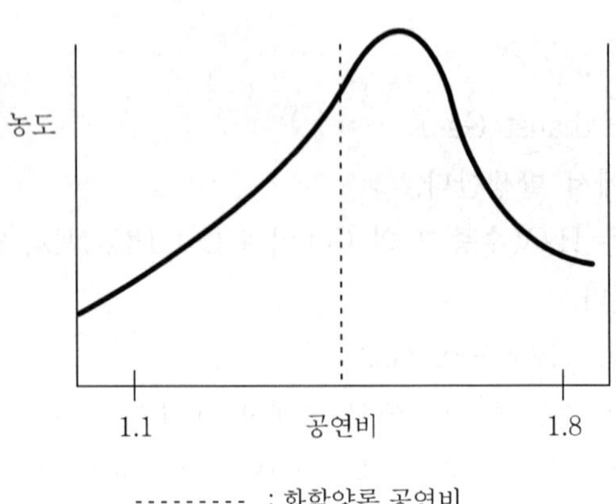

Reference

① NO_x는 일반적 공회전에 비해 가속시 배출농도가 높고 공연비를 이론치보다 낮추면 NO_x 농도는 감소한다.
② CO(%)와 HC(ppm) 농도는 공연비가 낮으면 높고, 이론공연비보다 높으면 낮다.
③ 배기가스의 조성은 차의 노후 정도, 주행속도, 외기온도, 습도 등에 따라 차이가 있다.
④ HC(ppm) 농도는 차의 속도가 감속될 때 가장 많은 양의 미연소 HC가 배출되어 HC 농도가 높다.

Reference | 가솔린기관의 오염물질 특성

① AFR(공연비)을 증가시키면 CO 및 HC 농도는 감소한다.
② CO와 HC는 불완전연소 시에 배출비율이 높고, NO_x는 이론 AFR 부근에서 농도가 높다.
③ AFR이 18 이상 정도의 높은 영역은 일반 연소기관에 적용하기는 곤란하다.
④ AFR을 과도하게 증가시킬 경우 오히려 점화불량 및 불완전연소에 의해 HC 농도는 증가한다.
⑤ AFR을 10에서 14로 증가시키면 CO 농도는 감소한다.
⑥ AFR이 16까지는 NO_x 농도가 증가하나 16이 지나면 NO_x 농도는 감소한다.

(7) 배출가스 제어장치

1) 가솔린 자동차

① 엔진개량

㉠ 흡·배기계 개선

㉡ 연소실 개선

② 연료장치개량

전자식 연료분사장치

㉠ 엔진출력 증대 및 연료소비율 감소

㉡ 오염배출가스 저감 효과

㉢ 응답성 향상 및 동일 양의 연료공급 가능

㉣ 구조가 복잡하고 비용 고가

③ Blow-By 가스 제어장치

PVC 밸브(Positive Crankcase Ventilation Valve)의 열림 정도로 유량 조절

④ 증발가스 제어장치

연료계통에서 발생한 HC를 Canister에 포집 후 PCSV(Purge Control Solenoid Valve)의 조절에 의해 연소실에서 연소

⑤ 배기가스 재순환장치(EGR ; Exhaust Gas Recirculation)

NO_x 저감을 위해 흡기다기관의 진공에 의해 배기가스 중의 약 15%를 배기 다기관에서 빼내어 연소실로 재유입하는 방식

$$\text{EGR률} = \frac{EGR\ \text{가스량}}{EGR\ \text{가스량} + \text{흡입공기량}}$$

⑥ 삼원촉매장치(TWC ; Three Way Catalyst)

㉠ 산화촉매(백금 Pt, 파라듐 Pd)와 환원촉매(로듐 Rh)를 사용하여 CO, HC, NO_x를 동시 처리하는 장치로 일반적으로 두 개의 촉매층이 직렬로 연결되어 CO, HC, NOx 성분을 동시에 80% 이상 저감시킬 수 있다.

㉡ 공연비가 작은 영역에서는 CO와 HC의 저감률은 90% 이상이나 NOx 저감률은 급격하게 저감된다.

㉢ 공연비가 큰 영역에서는 NOx 저감률은 90% 정도이나 CO와 HC 저감률은 낮아진다.

㉣ CO, HC, NO_x(3성분)을 동시 저감하기 위해서는 엔진에 공급되는 공기연료비를 이론공연비로 공급하여야 한다.

㉤ CO와 HC는 CO_2와 H_2O로 산화되며 NO는 N_2로 환원된다.

㉥ 촉매는 주로 백금과 로듐의 비를 5 : 1 정도로 사용한다.

㉦ Rh는 NO 환원반응을, Pt은 CO와 HC 산화반응을 촉진한다.

㉧ 실제 이론공연비를 중심으로 삼원촉매의 전환효율이 유지되는 공연비폭(Window)이 있으며, 이 폭은 0.1~0.14 정도이고 과잉공기율(λ)로는 0.01($\lambda = 1.0 \pm 0.005$) 정도이다.

2) 디젤자동차

① 엔진 개량

㉠ 흡·배기계 개선(터보차저, 인터쿨러)

㉡ 연소실 개선

② 연료장치 개량

㉠ 고압분사

㉡ 연료의 분사량 및 분사시기 조절 전자화장치

③ 배기가스 재순환장치(EGR)

㉠ 배기가스의 CO_2나 H_2O 등과 같은 불활성 가스가 흡기의 일부 공기와 치환되어 혼입됨으로써 혼합기에서 열용량이 증대되어 실린더 내 연소온도 상승을 억제, 또한 공기과잉률을 낮게 함으로써 Thermal NOx 생성을 억제하는 원리이다.

㉡ 흡입 중 일부가 산소농도가 작은 배기가스로 치환됨으로써 연소실 내에서 NOx 생성이 억제된다.

④ 후처리장치

㉠ 디젤산화 촉매(DOC ; Disel Oxidation Catalyst)

ⓐ PM의 용해성 유기물질(SOF ; Soluble Organic Fraction) 및 HC, CO을 산화, 매연 저감을 위해 백금 또는 팔라듐 촉매를 이용하여 $CO_2 + H_2O$로 산화시켜, 저감하는 방법이다.

ⓑ CO, HC의 처리효율은 약 80% 이상이며, PM은 20~40% 정도이다.

㉡ 선택적 촉매환원(SCR ; Selective Catalytic Reduction)

촉매 존재하에 NO_x와 선택적으로 반응할 수 있는 암모니아, 요소 등의 환원제를 주입하여 NO_x를 N_2로 환원하는 원리이다.

ⓒ 매연여과장치(DPF ; Disel Particulate Filter Trap)

ⓐ 필터(주로 세라믹, 금속 사용)를 이용하여 탄소성분 미립자를 포집하여 포집된 PM을 연소하여 필터를 재생하는 원리이다.

ⓑ PM를 포집, 연소하는 기술로서 PM을 80% 이상 저감 가능하나 가격이 높고 내구성이 약한 것이 단점이다.

ⓓ 후처리 버너는 엔진의 배기계통에 장착하여 배출가스 중의 가연성분을 제거하는 장치이다.

Reference | **대체연료 자동차의 특징**

1. 수소자동차
   ① 다른 에너지원에 비해 밀도가 낮으므로 생산된 단위에너지당의 연료의 무게가 적다.
   ② 연소에 의해 발생되는 가스상 오염물질의 양이 매우 적다.
2. 천연가스자동차
   ① 반응성 탄화수소의 양이 적게 배출된다.
   ② CO의 배출량이 매우 적다.
3. 전기자동차
   ① 충전시간이 오래 소요된다.
   ② 배터리 1회 충전당 주행거리가 짧다.
   ③ 가솔린자동차보다 주행속도가 느리다.
   ④ 엔진소음과 진동이 적다.
   ⑤ 친환경자동차에 해당한다.
4. 메탄올자동차
   ① 윤활기능이 휘발유에 비해 매우 약하므로 금속이나 플라스틱 재료의 침식가능성이 존재한다.
   ② 옥탄가는 메탄올이 106~107 정도, 무연휘발유가 92~98 정도이다.
   ③ 옥탄가와 압축비가 향상되므로 출력을 향상시킬 수 있다.
   ④ 메탄올 연소 시 발생하는 발암성 폼알데히드와 개미산의 생성에 따른 엔진부품의 부식 및 마모 등이 문제가 되기도 한다.
   ⑤ 동일 체적당 발열량이 가솔린의 1/2 정도로 작아 동일거리 주행 시 2배의 연료탱크 용량이 필요하다.

학습 Point

가솔린엔진과 디젤엔진의 비교 내용 숙지

PART

03

대기오염 방지기술

01 입자동력학

(1) 중력 (F_g)

$$F_g = m \cdot g$$

(입자가 구형일 경우 F_g)

$$F_g = \frac{1}{6}\pi dp^3 \rho_p g$$

여기서, d_p : 구형의 입자 직경
ρ_p : 구형의 입자 밀도
g : 중력가속도(9.8 m/sec²)
m : 구형의 입자질량

(2) 부력 (F_b)

중력의 반대방향으로 작용하는 힘

$$F_b = \rho_g V_p g = \frac{1}{6}\pi dp^3 \rho_g g$$

여기서, ρ_g : 가스의 밀도
V_p : 입자의 체적($V_p = \frac{\pi dp^3}{6}$)

(3) 항력 (F_d)

① 정의

유체(가스) 내부를 이동하는 입자는 유체에 의하여 마찰저항력을 받게 되며 이를 항력이라 한다.

$$F_d = C_D \frac{\rho_g A_p V_s^2}{2}$$

여기서, V_s : 구형입자의 상대이동속도
A_p : 입자의 Projected Area(투영면적)
C_D : 항력계수(Coefficient Of Drag Force)
유체의 흐름 상태에 따라 다른 값을 가짐

(층류의 경우 F_d)

$$F_d = 3\pi \mu_g d_p V_s$$

여기서, μ_g : 가스의 점도

② 특징
㉠ 레이놀즈수가 커질수록 항력계는 감소한다.
㉡ 항력계수가 커질수록 항력은 증가한다.
㉢ 입자의 투영면적이 클수록 항력은 증가한다.
㉣ 상대속도의 제곱에 비례하여 항력은 증가한다.

(4) 입자의 종말침강속도 (V_s, Terminal Settling Velocity)

① 정의
입자에 작용하는 세 힘, 즉 중력, 부력, 항력이 균형을 이루어 침강하는 속도를 종말침강속도라 한다.

② 힘의 평형식

중력(F_g) = 부력(F_b) + 항력(F_d)

③ Stokes 침강속도식
층류영역에서 구형입자가 자유낙하 시 구형입자의 표면에 충돌하는 상대적 가스속도가 0이라는 가정하에 성립하는 식으로 침강속도는 입자의 가속도가 0이 될 때의 속도를 의미한다.

$$\frac{\pi}{6} d_p^{\ 3} \rho_p g = \frac{\pi}{6} d_p^{\ 3} \rho_g g + 3\pi \mu_g d_p V_s$$

$$V_s(\text{m/sec}) = \frac{d_p^{\ 2}(\rho_p - \rho_g) g}{18 \mu_g}$$

여기서, V_s : 종말침강속도(m/sec)

ρ_p : 입자밀도(kg/m³)

ρ_g : 가스밀도(kg/m³)

μ_g : 가스점도(kg/m · sec)

(5) 커닝험 보정계수 (C_c, Cunningham Correction Factor)

① 개요

㉠ 입자의 직경이 1 μm보다 작은 미세 입자의 경우 기체분자가 입자에 충돌 시 입자 표면에서 Slip(미끄럼)현상이 일어나면 입자에 작용하는 항력이 작아져 종말침강속도 계산 시 Stokes 침강속도식으로 구한 값보다 커져 이를 보정하는 계수를 커닝험 보정계수라 한다.

㉡ 커닝험 보정계수는 항상 1보다 크다. 이 값은 가스온도가 높을수록, 미세입자일수록, 가스압력이 작을수록, 가스분자 직경이 작을수록 커지게 된다.

② 관련식(층류영역, 1 μm 미만 구형입자)

$$F_d = \frac{3\pi\mu_g d_p V_s}{C_c}$$

$$V_s = \frac{d_p^{\ 2}(\rho_p - \rho_q)g}{18\ \mu_g} C_c$$

여기서, $C_c = 1 + \frac{2.52\ \lambda}{d_p}$

λ : 가스(기체)의 평균자유행로

Reference | 커닝험보정계수(Cunningham Correction Factor ; C_f)

1. 미세입자 경우 입자표면에서의 미끄러짐 현상(Slip) 때문에 실제 입자에 작용하는 항력이 작아져 Stokes 침강속도식으로 구한 값보다 커져 보정계수를 이용 계산하는데, 이 보정계수를 커닝험보정계수라 한다.
2. 커닝험보정계수는 압력이 작아지면 증가한다.
3. 층류의 항력 계산 시 dp(입경)가 3μm보다 클 경우 C_f는 1로 적용한다.

(6) 평균자유행로(λ, Mean Free Path)

① 개요

㉠ 기체분자가 반복, 연속적인 충돌시 이동하는 거리의 평균값을 의미한다.

㉡ 기체의 평균자유행로는 압력에 영향을 받아 커닝험 보정계수에 영향을 미친다.(즉 압력이 낮아지면 평균자유행로가 증가하여 커닝험 보정계수도 증가한다.)

② 관련식

$$\lambda = \frac{1}{\sqrt{2}\pi n {d_m}^2}$$

여기서, λ : 기체분자의 평균자유행로
공기(0.066 μm : 1기압, 20℃)
n : 기체분자의 농도
표준상태(2.5×10^{19}개/cm³)
d_m : 기체분자의 충돌직경(충돌시 두 분자 간 중심거리)
공기(3.7×10^{-8} cm)

③ 특징

㉠ 충돌직경(d_m)이 일정한 경우 평균자유행로는 기체의 밀도에만 영향을 받는다.

㉡ 평균자유행로는 압력이 증가할수록 감소하고 온도가 높을수록 감소한다.

(7) 동력학적 형상계수(x, Aerodynamic Shope Factor)

① 개요

비구형입자의 항력 및 종말속도 계산시 보정해 주는 계수이며 입자 형상이 입자운동에 미치는 영향을 고려하기 위함이다.

② 관련식

$$x = \frac{F_d}{3\pi \mu_g dpe V_s}$$

여기서, x : 동력학적 형상계수(항상 1보다 큼)
F_d : 비구형입자에 실제로 작용하는 항력
$3\pi \mu_g dpe V_s$: 구형입자에 작용하는 항력
dpe : 등가체적경(비구형입자와 같은 체적, 종말침강속도를 갖는 구의 직경)

(비구형입자에 적용식)

$F_d = 3\pi \mu_g dpe V_s \chi$ → χ는 항상 1보다 크므로 비구형입자에 작용하는 항력은 구형입자에 비해 항상 큼

$V_s = \dfrac{dpe^2(\rho_p - \rho_g)g}{18\mu_g \chi}$ → χ는 항상 1보다 크므로 비구형입자에 작용하는 종말침강속도는 구형입자에 비해 항상 더 작게 됨

필수 문제

01 공기의 흐름이 층류상태에서 구형입자(입경 2.2 μm, 밀도 2,500 g/L)가 자유낙하시 종말침강속도(m/sec)를 구하시오.(단, 20℃ 에서 공기점도는 1.81×10^{-4} poise)

풀이

$V_s(\text{m/sec}) = \dfrac{d_p^{\,2}(\rho_p - \rho_g)g}{18\,\mu_g}$

$d_p = 2.2\ \mu\text{m} = 2.2\times10^{-6}\ \text{m}$

$\rho_p = 2{,}500\ \text{g/L}\times1{,}000\ \text{L/m}^3\times\text{kg}/1{,}000\ \text{g} = 2{,}500\ \text{kg/m}^3$

$\rho_g = 28.9\ \text{g}/22.4\ \text{L}\times1{,}000\ \text{L/m}^3\times\text{kg}/1{,}000\ \text{g} = 1.29\ \text{kg/m}^3$

$= 1.29\ \text{kg/m}^3\times\dfrac{273}{273+20} = 1.20\ \text{kg/m}^3$

$\mu_g = 1.81\times10^{-4}\ \text{g/cm}\cdot\text{sec}\times\text{kg}/1{,}000\ \text{g}\times1{,}00\ \text{cm/m}$

$= 1.81\times10^{-5}\ \text{kg/m}\cdot\text{sec}$

$= \dfrac{(2.2\times10^{-6})^2\times(2{,}500-1.2)\times9.8}{18\times(1.81\times10^{-5})} = 3.64\times10^{-4}\ \text{m/sec}$

필수 문제

02 동일한 밀도를 가진 먼지입자(A, B)가 2개가 있다. B먼지입자의 지름이 A먼지입자의 지름보다 100배가 더 크다고 하면, B먼지입자질량은 A먼지입자의 질량보다 몇 배나 더 크겠는가?

풀 이

중력(Fg) = m, g

중력(Fg) $= \frac{1}{6}\pi dp^3 \rho_p g$

m(질량)은 입경의 3승에 비례하므로

$100^3 = 1,000,000$

학습 Point

입자의 종말속도 관련식 숙지

02 입경과 입경분포

입자의 크기는 발생원에 따라 달라지나 일반적으로 화학적 요인보다 물리적 요인에 의해 생성된 입자상 물질의 입경이 크게 되며 보통 0.01 μm 이하는 가스분자와 같이 브라운 운동을 하기 때문에 가스상 물질로 취급한다. 또한 입경 10μm 이하의 부유입자는 비교적 대기 중에 장시간 체류하며 입경이 클수록 동종 입자 간에 부착력이 작아진다.

(1) 기하학적(물리적) 입경

① 개요

㉠ 현미경(광학, 전자, 주사전자현미경 등)을 사용하여 입자 직경을 직접 측정하며 광학직경(Optical Diameter)이라고도 한다.

㉡ 기하학적 입경측정은 측정위치에 따라 그 투영면적이 상이하기 때문에 정확한 산출에 어려움이 있다.

② 종류

㉠ 마틴직경(Martin Diameter)

ⓐ 입자의 면적을 2등분하는 선의 길이, 즉 입자의 2차원 투영상을 구하여 그 투영면적을 2등분한 선분 중 어떤 기준선과 평행인 것의 길이를 의미한다.(입자상 물질의 그림자를 2개의 등면적으로 나눈 선의 길이)

ⓑ 최단거리를 측정되므로 과소 평가할 수 있는 단점이 있다.

㉡ 페렛직경(Feret Diameter)

ⓐ 입자의 투영면적을 이용하여 측정한 입경 중 입자의 투영면적의 가장자리에 접하는 가장 긴 선의 길이, 즉 입자의 한쪽 끝 가장자리와 다른쪽 가장자리 사이의 거리이다.

ⓑ 최장거리로 측정되므로 과대평가할 수 있는 단점이 있다.

㉢ 등면적직경(Projected Area Diameter)

ⓐ 입자의 면적과 동일한 면적을 가진 원의 직경이다.

ⓑ 가장 정확한 직경이며 측정은 현미경 접안경에 Porton Reticle을 삽입하여 측정한다.

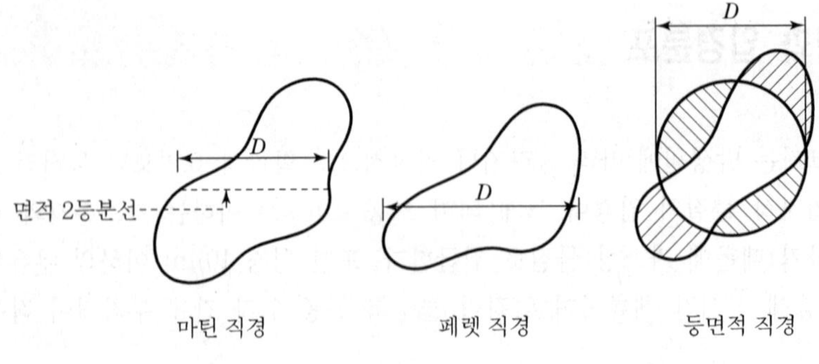

[물리적 직경]

(2) 운동 특성적 입경

① 개요

비구형입자를 물리적 특성치가 동일한 구형입자로 가정하여 역학적 형상계수(Dynamic Shape Factor)로 보정한 직경, 즉 등가상당직경(Equivalent Diameter)으로 정의한다.

② 종류

㉠ Stokes 직경

ⓐ 입자 형태가 구형이 아니더라도 동일한 침강속도 및 밀도를 갖는 구형입자의 직경을 Stokes 직경이라 한다.

ⓑ 스토크 직경의 단점은 입경의 크기가 입자의 밀도에 따라 달라지므로 계산시 입자 밀도도 고려해야 한다는 점이다.

ⓒ Stokes Diameter(d_s)

$$d_s = \left[\frac{18\,\mu_g V_s}{(\rho_p - \rho_g)g}\right]^{\frac{1}{2}} \text{ 일반적으로 } \rho_p \gg \rho_g \text{이므로 } d_s = \left[\frac{18\,\mu_g V_s}{\rho_p\, g}\right]^{\frac{1}{2}}$$

㉡ 공기역학적 직경(Aerodynamic Diameter)

ⓐ 입자 형태가 구형이 아니더라도 동일한 침강속도 및 단위밀도(1 g/cm^3)를 갖는 구형입자의 직경을 공기역학적 직경이라 한다.

ⓑ 대상먼지와 침강속도가 같고 단위밀도가 1 g/cm^{3}이며, 구형인 먼지의 직경으로 환산된 직경을 의미한다.

ⓒ 실제 대기오염 분야에서는 일반적으로 공기역학적 직경을 사용하여 입자의 크

기를 나타낸다.

ⓓ 입자의 크기를 입자의 역학적 특성, 침강속도 또는 종단속도에 의하여 측정되는 입자의 크기를 말한다.

ⓔ 입자의 공기 중 운동이나 호흡기 내의 침착기전을 설명할 때 유용하게 사용된다.

ⓕ 공기동역학적 직경을 알고 있다면 입자의 광학적 크기, 형상계수 등의 물리적 변수는 크게 중요하지 않다.

ⓖ 공기동역학적 직경은 Stokes경과 달리 입자밀도를 1 g/cm³으로 가정함으로써 보다 쉽게 입경을 나타낼 수 있다.

ⓗ 비구형입자에서 입자의 밀도가 1보다 클 경우 공기동역학경은 Stokes경에 비해 항상 크다고 볼 수 있다.

ⓘ Aerodynamic Diameter(d_a)

$$d_a = \left[\frac{18\,\mu_g V_s}{(\rho_p - \rho_g)g}\right]^{\frac{1}{2}} \quad ; \text{ 일반적으로 } \rho_p \gg \rho_g \text{이므로 } d_a = \left(\frac{18\,\mu_g V_s}{\rho_p\, g}\right)^{\frac{1}{2}}$$

㉢ Stokes 직경과 공기역학적 직경의 관계

$$d_a = d_p(\rho_p/\chi)^{\frac{1}{2}} = d_s(\rho_p)^{\frac{1}{2}}$$

여기서, χ : 역학적 형상계수(무차원)

학습 Point

공기역학적 직경 내용 및 관련식 숙지(출제비중 높음)

03 입경분포의 해석

- 먼지의 입경분포를 나타내는 방법 중 적산분포에는 정규분포, 대수정규분포, 로진-레믈러 분포가 있다.
- 적산분포(R)는 일정한 입경보다 큰 입자가 전체의 입자에 대하여 몇 % 있는가를 나타내는 것으로 입경분포가 0 이면 R=100%이다.
- 대수정규분포는 미세입경 범위는 확대, 조대입경범위는 축소하여 나타내는 방법이다.
- 빈도분포는 먼지의 입경분포를 적당한 입경간격의 개수 또는 질량의 비율로 나타내는 방법이다.

(1) 산술평균 (M)

① 모든 수치를 합하고 총 개수로 나눈, 즉 모든 입자의 입경을 합하여 총입자의 개수로 나눈 값이다.

② 계산식

$$M=\frac{X_1+\cdots\cdots+X_i}{N}=\frac{\sum_{i=1}^{n}X_i}{N}$$

(2) 표준편차(SD)

① 표준편차는 관측값의 산포도(Dispersion), 즉 평균 가까이에 분포하고 있는지 여부를 측정하는 데 많이 쓰이며 표준편차가 0일 때는 관측값의 모두가 동일한 크기이고 표준편차가 클수록 관측값 중에는 평균에서 떨어진 값이 많이 존재한다.

② 계산식

$$\mathrm{SD}=\sqrt{\frac{\sum_{i=1}^{N}(X_i-\overline{X})^2}{N-1}}$$

여기서, SD : 표준편차

X_i : 측정치

$\overline{X}$: 측정치의 산술평균치
N : 측정치의 수

측정횟수 N이 큰 경우는 다음 식으로 사용한다.

$$SD = \sqrt{\frac{\sum_{i=1}^{N}(X_i - \overline{X})^2}{N}}$$

(3) 산술가중평균 ($\overline{M}$)

① 특정 입경에 대한 입자의 개수가 다를 경우 적용하며 평균 개수를 갖는 입자의 직경이다.

② 계산식

$$\overline{M} = \frac{X_1 N_1 + \cdots\cdots + X_n N_k}{N_1 + \cdots\cdots + N_k}$$

여기서, K개의 측정치에 대한 각각의 크기를 $N_1 \cdots\cdots N_k$

(4) 최빈경 (Mode Diameter, M_o)

① 최빈치 또는 최빈값이라고도 하며 입자를 입경별로 분류시 발생빈도(도수)가 가장 큰 입경을 의미한다.

② 계산식

$$M_o = \overline{M} - 3(M - med)$$

여기서, med 는 중앙값

(5) 중앙값 (Median, M_d)

① 중앙치라고도 하며 N개의 측정치를 크기순서로 배열시 $X_1 \leq X_2 \leq X_3 \leq \cdots \leq X_n$ 이라 할 때 중앙에 오는 값을 의미한다.

② 계산식

㉠ 측정입자 수가 홀수인 경우

M_d=[중앙직경(중위경)]=$d_{p.50}$(크기 순 나열시 중앙에 위치한 입자의 직경)

㉡ 측정입자수가 짝수인 경우

$$M_d = \frac{d_{p\frac{n}{2}} + d_{p\frac{n}{2}+1}}{2}$$ (크기순 나열시 중앙 두 값의 평균을 의미)

(6) 기하평균(GM)

① 대수정규분포로 하기 위하여 모든 자료를 대수로 변환하여 평균 후 평균한 값을 역대수로 취한 값을 의미한다.

② 입경을 표시하는 x축에 log(대수)를 취하여 분포를 나타내면 대수정규분포가 되며 누적분포에서는 50%에 해당하는 값이다. 즉, 기하평균입경이란 배기가스 내 분진의 입도분포를 대수확률지에 Plot하여 직선이 되었을 경우 50%에 상당하는 입경을 말한다.

③ 계산식

$$\log(\mathrm{GM}) = \frac{\log X_1 + \cdots\cdots + \log X_n}{N}, \quad \mathrm{GM} = \sqrt[N]{X_1 \times X_2 \times \cdots\ X_n}$$

(7) 기하표준편차(GSD)

① 대수변환된 변화량의 표준편차 수치를 다시 역대수화한 수치값을 의미한다.

② 계산식

$$\log(\mathrm{GSD}) = \left[\frac{(\log X_1 - \log GM)^2 + \cdots\cdots (\log X_n - \log GM)^2}{N-1}\right]^{0.5}$$

③ 그래프상 GSD(대수확률 분포도)

$$\text{GDS} = \frac{84.1\%\text{에 해당하는 입경}}{50\%\text{인 먼지 입경}} = \frac{50\%\text{에 해당하는 입경}}{15.9\%\text{에 해당하는 입경}}$$

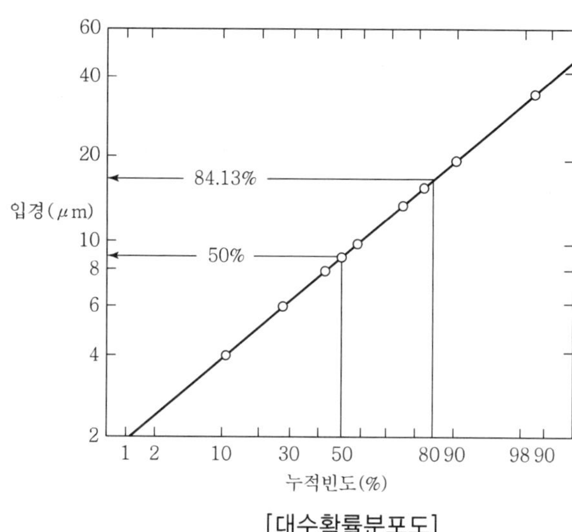

[대수확률분포도]

(8) 로진－레믈러 분포식(Rosin－Rammler 분포식)

① 개요

실제의 입경분포는 불규칙적인 분포를 보여 이 불규칙적인 분포를 해석하기 위하여 로진-레믈러 분포를 이용하며, 누적확률 그래프 상에서 입경이 큰 입자에서부터 작은 입자로 누적하여 분포확률을 나타낸다. 즉, 먼지입도의 분포(누적분포)를 나타내는 식이 로진－레믈러 분포식이다.

② 계산식

$$R(\%) = 100\exp(-\beta d_p{}^n)$$

여기서, $R(\%)$: 체상누적분포(입경 d_p보다 큰 입자비율 : %)

β : 입경계수(β가 커지면 임의의 누적분포를 갖는 입경 d_p는 작아져서 미세한 분진이 많다는 것을 의미)

n : 입경지수(입경분포범위의 의미이며 n이 클수록 입경분포 폭은 좁아짐)

d_p : 입경

Reference

> 일반적으로 대기오염발생원에서 배출되는 먼지의 입경분포에 대한 자료의 대푯값이 큰 순서는 산술평균 > 중앙값 > 최빈값이다.

필수 문제

01

어떤 먼지의 입경 30 μm 이하가 전체의 몇 %를 차지하는지를 Rosin-Rammler 분포식을 이용하여 계산하시오.(단, β=0.063, n=1)

풀이

30 μm 이상 차지하는 분포를 구하여 계산함

$R(\%) = 100\exp(-\beta d_p{}^n) = 100 \times \exp^{(-0.063 \times 30^1)} = 15.107\%$

30 μm 이하 차지하는 분포=100－15.107=84.89%

필수 문제

02

A작업장에서 배출하는 먼지의 입경을 Rosin-Rammler 분포로 표시하면 50% 누적확률에 대응하는 입경이 35 μm가 된다. 이때 10 μm 이하의 입자가 차지하는 분율(%)는?(단, 입경지수는 1 이다.)

풀이

$R(\%) = 100\exp(-\beta d_p{}^n)$

$50\% = 100 \times \exp^{(-\beta \times 35^1)}$

$-\beta \times 35 = \ln(1-0.5)$

$\beta = 0.0198$

$R(\%) = 100 \times \exp^{(-0.0198 \times 10^1)} = 82.03\%$

10 μm 이하의 입자가 차지하는 분포=100－82.03=17.97%

(9) 입경 측정방법

① 직접 측정법

㉠ 표준체 측정법

ⓐ 체(Sieve)를 이용하여 약 40μm 이상의 입경을 측정범위로 한다.

ⓑ 직접측정방법으로 중량분포로 나타낸다.

㉡ 현미경 측정법

ⓐ 광학현미경, 전자현미경 등을 이용하여 약 0.001~100μm 범위의 입경을 측정범위로 한다.

ⓑ 직접측정방법으로 개수분포로 나타낸다.

② 간접측정방법

㉠ 관성충돌법(Cascade Impactor) : 다단식 충돌판 측정법

ⓐ 입자가 관성력에 의해 시료채취 표면에 충돌하는 원리로 1~50 μm 범위의 입경을 측정범위로 한다.

ⓑ 입자상 물질의 크기별로 측정하는 기구이며 입자가 관성력에 의해 시료채취 표면에 충돌하여 채취하는 원리이다.

ⓒ 간접측정방법으로 크기 및 단계별로 중량분포로 나타낸다.

ⓓ 되튐으로 인한 시료의 손실이 일어날 수 있다.

ⓔ 시료채취가 까다롭고 채취준비시간이 과다하게 소요된다.

ⓕ 측정된 입경은 Stockes경을 의미하며, 입자의 밀도를 보정하면 공기역학적 직경으로 나타낼 수 있다.

ⓖ 단수는 임의로 설계·제작할 수 있으나 보통 9단이 많이 사용된다.

㉡ 광산란법

ⓐ 입자에 빛을 쏘이면 반사하여 발광하게 되는데 이 반사광을 측정하여 입자의 개수·입자 반경을 측정하며 0.2~100 μm 범위의 입경을 측정범위로 하며 빛의 종류에 따라 레이저식·할로겐식으로 구분한다.

ⓑ 간접측정방법으로 중량분포(중량)로 나타낸다.

㉢ 중력침강법

입자의 침강속도를 측정하여 간접적으로 측정하는 방법으로 1~100 μm 범위의 입경을 측정범위로 한다.

㉣ 액상침강법

ⓐ 입자가 액체 중에서 침강하는 시간을 측정하여 입경과 분포상태를 알아보는 측정방법이다.

ⓑ 주로 1μm 이상인 먼지의 입경측정에 이용되고, 그 측정장치로는 앤더슨 피펫, 침강천칭, 광투과장치 등이 있다.

학습 Point

로진-레믈러 분포 관련식

04 입자의 물리적 특성

(1) 밀도

입자 자체의 밀도이며 진밀도를 의미한다. 또한 진밀도가 작을수록 침강속도는 느리다.

$$\text{입자밀도}(\rho_p : \text{kg/m}^3) = \frac{\text{입자 질량(kg)}}{\text{입자 부피}(\text{m}^3)}$$

(2) 겉보기밀도(Bulk Density)

입자의 모양 및 공극 정도 등에 달라지는 밀도를 의미한다.

$$\text{입자 겉보기 밀도}(\rho_b : \text{kg/m}^3) = \frac{\text{입자질량(kg)}}{\text{겉보기부피}(V_b, \text{m}^3)}$$

$$\text{겉보기체적}(V_b) = \text{입자 자체의 부피(V)} + \text{입자 내부 공극부분 부피}$$

$$\text{공극률}(\varepsilon : \%) = \frac{\text{공극부분의 부피}}{\text{입자 전체의 부피}} = (1 - \frac{V}{V_b}) \times 100$$

Reference | 밀도의 상태보정

t℃, PmmHg의 상태에서 보정

$$\text{밀도}(\text{kg/m}^3) = (\text{표준상태 가스밀도}) \times \left(\frac{273}{273+t}\right) \times \left(\frac{P}{760}\right)$$

(3) 비중

$$\text{입자의 겉보기 비중}(S_b) = \text{진비중}(S_p) \times [1 - \text{공극률}(\varepsilon)]$$

① 입자가 재비산되는 비율은 (S_p/S_b) 10 이상이다. 따라서 집진장치 설계시 10 이하가 되도록 하여야 한다.
② 먼지입자의 S_p/S_b 가 가장 큰 발생원은 카본블랙 먼지이다.

Reference | 입자의 재비산비율(S_p/S_b)

① 카본블랙 먼지 : 76	② 시멘트킬른 발생먼지 : 5.0
③ 미분탄보일러 먼지 : 4.0	④ 골재드라이어(건조기) : 2.7

Reference | 가스상 물질의 비중(S_g)

$$S_g = \frac{\text{가스의 분자량}}{\text{공기분자량}(28.96)}$$

(4) 비표면적

① 비표면적(S_v)은 입자의 단위체적당 표면적으로 계산되며 입경이 작을수록 표면에 존재하는 원자와 내부에 존재하는 원자비가 크게 되어 비표면적은 커지고 비표면적이 커지면 부착성(응집성, 흡착성)도 증가한다.
② 입자의 크기가 작을수록 다른 물질과 쉽게 반응하여 폭발성을 지니게 될 경우가 많다.
③ 입자의 비표면적이 크면 원심력 집진장치의 경우 입자가 장치의 벽면에 부착하여 장치벽면을 폐색시키며 침강속도가 작아져 중력집진장치의 효율도 감소된다.
④ 입자의 비표면적이 크면 전기집진장치에서는 주로 먼지가 집진극에 퇴적되어 역전리 현상이 초래된다.

$$\text{비표면적}(S_v) = \frac{\text{입자의 표면적(구형)}}{\text{입자의 부피(구형)}} = \frac{\pi {d_p}^2}{\frac{\pi {d_p}^3}{6}} = \frac{6}{d_p}$$

$$\text{구형입자의 직경}(d_p) = \frac{6}{S_v}$$

Reference | 응집(Coagulation)

① 응집은 먼지입자들이 서로 접촉하여 달라붙거나 합체하는 현상을 의미한다.
② 브라운 운동이 대기의 온도와 관련될 때 일어나는 응집현상을 열응집(Thermal Coagulation)이라 한다.
③ 중력응집(Gravitational Coagulation)은 크기가 다른 입자들의 침전속도가 다르기 때문에 일어나는 응집으로 강우에 큰 영향을 미친다.
④ 바람 부는 날의 구름 속의 입자는 맑은 날보다 더 응집이 쉽게 이루어진다.

Reference | 부유먼지의 응집성

① 미세먼지입자는 브라운 운동에 의해 응집이 일어난다.
② 먼지의 입경이 작을수록 확산운동의 영향을 받고 응집이 잘 된다.
③ 먼지의 입경분포 폭이 넓을수록 응집을 하기 쉽다.
④ 입자의 크기에 따라 분리속도가 다르기 때문에 응집한다.

필수 문제

01 입자의 입경이 10 μm 인 구형입자의 밀도가 1,200 kg/m³ 이라면 이 입자의 단위질량당 표면적(m^2/kg)은?

풀이 $$\text{비표면적} = \frac{6}{d_p \times \rho_p} = \frac{6}{(10\ \mu m \times 10^{-6}\ m/\mu m) \times 1,200\ kg/m^3} = 500\ m^2/kg$$

Reference | 입자가 미세할수록 표면에너지는 커지게 되어 다른 입자 간에 부착하거나 혹은 동종 입자 간에 응집이 이루어지는데 이러한 현상이 생기게 하는 결합력의 종류

① 분자 간의 인력
② 정전기적 인력
③ 브라운 운동에 의한 확산력

학습 Point

겉보기 밀도 관련식 숙지

05 집진원리

(1) 개요

집진장치는 집진원리에 의한 작용력(Collection Force)에 따라 중력집진장치, 관성력집진장치, 원심력집진장치, 세정집진장치, 여과집진장치, 전기집진장치 등으로 분류된다.

(2) 효율별 구분

① 저효율 집진장치(전처리 장치 : 1차 처리장치)

전처리장치는 1차적으로 조대입자를 선별제거하여 후처리장치에 가해지는 입자부하를 낮추어 주기 위하여 설치되며 또한 배출가스가 고온일 경우 냉각(Conditioning)시키는 목적도 있다.

㉠ 중력집진장치

㉡ 관성력집진장치

㉢ 원심력집진장치(후처리 장치 단독으로 이용되는 경우도 있음)

② 고효율집진장치(후처리 장치 : 2차 처리장치)

㉠ 세정집진장치

㉡ 여과집진장치

㉢ 전기집진장치

(3) 집진장치 선정시 고려사항

① 입자의 함진농도, 입자크기, 입경분포

② 배출가스량, 요구집진효율, 점착성(응집 및 부착)

③ 전기저항(대전성)

④ 배출가스온도, 폭발 및 가연성 여부

⑤ 입자 밀도, 비중, 비표면적

⑥ 총압력손실, 제거분진의 처분

⑦ 투자비와 운영관리비

(4) 집진효율 (η)

$$\eta = \left(\frac{S_c}{S_i}\right) \times 100 = \left(\frac{S_i - S_o}{S_i}\right) \times 100 = \left(1 - \frac{S_0}{S_i}\right) \times 100$$

여기서, η : 집진효율(%)
S_i : 집진장치에 유입된 분진량(kg/sec, g/hr)
S_c : 집진장치에 집진된 분진량(kg/sec, g/hr)
S_o : 집진장치 출구 분진량(kg/sec, g/hr)

① 입구와 출구의 배출가스량이 같은 경우($Q_i = Q_o$)의 집진효율

$$\eta(\%) = \left(\frac{C_i - C_o}{C_i}\right) \times 100 = \left(1 - \frac{C_o}{C_i}\right) \times 100$$

② 입구와 출구의 배출가스량이 다른 경우($Q_i \neq Q_o$)의 집진효율

$$\eta(\%) = \left(\frac{Q_i C_i - Q_o C_o}{Q_i C_i}\right) \times 100 = \left(1 - \frac{Q_o C_o}{Q_i C_i}\right) \times 100$$

여기서, Q_i : 집진장치 입구에서의 배출가스량(m^3/sec, m^3/hr)
Q_o : 집진장치 출구에서의 배출가스량(m^3/sec, m^3/hr)
C_i : 집진장치 입구에서의 분진농도(kg/m^3, g/m^3)
C_o : 집진장치 출구에서의 분진농도(kg/m^3, g/m^3)

(5) 통과율 (P)

$$P(\%) = \frac{S_o}{S_i} \times 100 = 100 - \eta\ (\%)$$

집진 성능 파악시 집진율이 높은 경우 통과율을 적용하면 쉽다.

(6) 부분집진효율 (η_f)

함진가스에 함유된 입자 중 어느 특정 입경이나 입경범위의 입자를 대상으로 한 집진효율을 의미하며 집진장치의 집진성능 해석시 필요하다.

$$\eta_f(\%)=\left(1-\frac{C_o f_o}{C_i f_i}\right)\times 100$$

여기서, f_i, f_o : 특정 입경범위의 입자가 전입자에 대한 입·출구 중량비, 즉 집진장치 입·출구에서 전입자에 대한 특정입경범위를 갖는 입자의 분포율을 의미한다.

(7) 입경별 부분집진율에 대한 총집진율 (η_t)

$$\eta_t(\%)=\frac{(f_1\eta_{f_1})+(f_2\eta_{f_2})+\cdots\cdots+(f_n\eta_{f_n})}{f_1+f_2+\cdots\cdots+f_n}\times 100$$

여기서, $f_1, \cdots\cdots f_n$: 입자질량분포(1의 값을 가짐)

$\eta_{f_1}, \cdots\cdots \eta_{f_n}$: 부분집진효율

(8) 집진장치 직렬연결 시 총집진율 (η_T)

직렬방식이 병렬방식보다 더 많이 사용되며, 병렬방식은 처리가스량이 많은 경우 사용된다.

$$\begin{aligned}\eta_t(\%)&=1-[(1-\eta_1)(1-\eta_2)]\times 100\\&=(1-P_t)\times 100\\&=[\eta_1+\eta_2(1-\eta_1)]\times 100\end{aligned}$$

여기서, η_1 : 1차 집진장치 집진율(%)

η_2 : 2차 집진장치 집진율(%)

P_t : 2차 집진장치 출구에서의 통과율

(동일집진효율 집진장치 직렬시 총집진율)

$$\eta_t = 1-(1-\eta_c)^n$$

여기서, η_c : 단위집진효율(%)
n : 집진장치 개수

(9) 건식집진장치

① 종류

중력집진장치, 관성력집진장치, 원심력집진장치, 여과집진장치, 전기집진장치(건식)

② 특징

㉠ 폐수가 발생되지 않으며 입자를 건조상태로 포집이 가능하다.
㉡ 배기가스의 온도저하 및 압력저하가 작다.
㉢ 습식집진장치에 상대적으로 집진효율이 좋지 않다.
㉣ 집진장치 규모는 습식에 비해 크고 처리가스용량은 습식에 비해 작다.

(10) 습식집진장치

① 종류

세정집진장치, 전기집진장치(습식)

② 특징

㉠ 집진효율이 건식에 비해 높으며 입자상 및 가스상 오염물질을 동시 처리가 가능하다.
㉡ 집진장치 규모는 건식에 비해 작고 배기가스 처리속도는 높다.
㉢ 장치부식 및 냉각효과에 의한 통풍력 저하, 미스트 발생 유발 등 단점이 있다.

Reference | 배출가스의 온도냉각방법

(1) 열교환법
① 온도감소로 인한 상대습도는 증가하지만 가스 중 수분량에는 거의 변화가 없다.
② 열에너지를 회수할 수 있다.
③ 운전비 및 유지비가 높다.
④ 최종 공기부피가 공기희석 · 살수에 비해 적다.
(2) 공기희석법
(3) 살수법

필수 문제

01 어떤 집진장치의 입·출구농도가 각각 25.25 mg/m³, 0.957 mg/m³ 이었다면 이 집진장치의 집진효율(%)은?

풀이 $\eta(\%) = (1 - \frac{C_o}{C_i}) \times 100 = (1 - \frac{0.957}{25.25}) \times 100 = 96.21\%$

필수 문제

02 집진효율이 98%인 집진시설에서 처리 후 배출되는 먼지농도가 0.3g/m³일 때 유입된 먼지농도(g/m³)는?

풀이 $\eta = 1 - \frac{C_o}{C_i}$

$C_i = \frac{C_o}{1-\eta} = \frac{0.3}{1-0.98} = 15\text{g/m}^3$

필수 문제

03 배출가스량이 3,600 m³/hr 이고, 가스온도 150℃, 압력 500 mmHg, 함진농도 10 g/m³ 인 배출가스를 처리하는 집진장치에서 출구의 함진농도를 0.2 g/Sm³로 하기 위하여 필요한 집진율은 약 몇 %인가?

풀이 $\eta(\%) = (1 - \frac{C_o}{C_i}) \times 100$

$C_i = 10\text{ g/m}^3 \times \frac{273+150}{273} \times \frac{760}{500} = 23.55\text{ g/Sm}^3$

$C_o = 0.2\text{ g/Sm}^3$

$= (1 - \frac{0.2}{23.55}) \times 100 = 99.15\%$

필수 문제

04 어떤 집진장치의 입구와 출구에서 함진가스 중 분진의 농도를 측정하였더니 각각 15 g/Sm³, 0.3 g/Sm³ 이었고, 또 입구와 출구에서 측정한 분진시료 중 0~5 μm 의 중량 백분율이 각각 10%, 60% 이었다면 이 집진장치 0~5 μm 입경범위의 시료분진에 대한 부분집진율(%)은?

풀이 $\eta_f(\%) = (1 - \frac{C_o f_o}{C_i f_i}) \times 100 = (1 - \frac{0.3 \times 0.6}{15 \times 0.1}) \times 100 = 88\%$

필수 문제

05 A집진장치의 입구 및 출구에서 함진가스 중 먼지의 농도가 각각 15.8 g/Sm³, 0.032 g/Sm³ 이었다. 또 입구와 출구에서 측정한 먼지시료 중 입경이 0~5 μm 인 입자의 중량분율이 전 먼지에 대해 각각 0.1과 0.6 이라 할 때, 0~5 μm 입경을 가진 입자의 부분집진율은 몇 %인가?

풀이 $\eta_f(\%) = (1 - \frac{C_o f_o}{C_i f_i}) \times 100 = (1 - \frac{0.032 \times 0.6}{15.8 \times 0.1}) \times 100 = 98.78\%$

필수 문제

06 A 집진장치의 입구농도 6 g/m³, 입구 유입가스량 10 m³ 이며, 출구농도 0.5 g/m³, 출구 배출가스량이 12 m³ 일 때 이 집진장치의 효율(%)은?

풀이 $\eta(\%) = (1 - \frac{Q_o C_o}{Q_i C_i}) \times 100 = (1 - \frac{12 \times 0.5}{10 \times 6}) \times 100 = 90.0\%$

필수 문제

07 먼지함유량이 A인 배출가스에서 C만큼 제거하고 B만큼 통과시키는 집진장치의 효율 산출식을 나타내시오.

풀이

$$효율=\frac{C}{A}$$

필수 문제

08 백 필터를 통과한 배기가스 중 분진농도가 0.004 g/m^3 이며, 분진의 통과율이 3.2% 라면 집진장치를 통과하기 전 가스 중의 분진농도(mg/m^3)는?

풀이

$$P(통과율)=\frac{S_o}{S_i}\times 100$$

$$3.2\%=\frac{(0.004\ g/m^3\times 1,000\ mg/g)}{S_i}\times 100$$

S_i(통과 전 분진농도) = 125 mg/m^3

필수 문제

09 집진장치에서 외기 유입이 없을 경우 집진효율이 90% 이었다. 만일 외부로부터 외부공기가 5% 유입될 경우 집진효율(%)은 얼마인가?(단, 분진통과율은 외기 유입이 없는 경우의 2배)

풀이

$P=1-\eta=1-0.9=0.1$(외기유입 없을 경우)

분진통과율(외기유입 경우) = $0.1\times 2=0.2$

집진효율(%) = $1-P=1-0.2=0.8\times 100=80\%$

필수 문제

10 먼지농도 40 g/Sm³ 의 함진가스를 정상운전조건에서 92% 로 처리하는 사이클론이 있다. 이때 처리가스의 10% 에 해당하는 외부공기가 유입될 때 먼지통과율이 외부공기 유입이 없는 정상운전시의 2배에 달한다고 한다면, 출구가스 중의 먼지농도(g/Sm³)는?

풀이

P(외부유입 없을 경우) = 100 − 92 = 8%

P′(외부유입 경우) = 2 P = 8×2 = 16%

$$P(\text{통과율}) = \frac{C_o \times Q_o}{C_i \times Q_i} \times 100$$

$$16 = \frac{C_o \times 1.1}{40 \times 1} \times 100$$

$$C_o(\text{출구농도}) = \frac{40 \times 1 \times 0.16}{1.1} = 5.82\text{g/Sm}^3$$

필수 문제

11 유입구 농도가 3 g/Nm³, 처리가스량이 2,000 Nm³/min 인 집진장치의 처리효율이 97% 라면 하루에 포집된 먼지의 양(kg/day)은?

풀이

단위개념으로 풀이하면

포집 먼지량(kg/day) = 2,000 Nm³/min×3 g/Nm³×0.97

= 5,820 g/min×kg/1,000 g×60 min/hr×24 hr/day

= 8,380.8 kg/day

필수 문제

12 A 먼지 배출공장에 집진율 80% 인 사이클론과 집진율 98% 인 전기집진장치를 직렬로 연결하여 설치하였다. 이때 총 집진효율은?

풀이

$\eta_T = \eta_1 + \eta_2(1-\eta_1) = 0.8 + 0.98(1-0.8)$

$= 0.996 \times 100 = 99.6\%$

필수 문제

13 총집진효율 90% 를 요구하는 A 공장에서 50% 효율을 가진 1차 집진장치를 이미 설치하였다. 이때 2차 집진장치는 몇 % 효율을 가진 것이어야 하는가?(단, 장치 연결은 직렬 조합임)

풀이

$\eta_T = \eta_1 + \eta_2(1-\eta_1)$

$0.9 = 0.5 + \eta_2(1-0.5)$

$\eta_2(\%) = 0.8 \times 100 = 80\%$

필수 문제

14 2대의 집진장치를 직렬로 연결했을 때 2차 집진장치의 집진효율은 96.0% 이고, 총집진효율은 99.0% 이었다면, 1차 집진장치의 집진효율(%)은?

풀이

$\eta_T = \eta_1 + \eta_2(1-\eta_1)$

$0.99 = \eta_1 + 0.96(1-\eta_1)$

$\eta_1 = 0.75 \times 100 = 75\%$

필수 문제

15 두 종류의 집진장치를 직렬로 연결하였다. 1차 집진장치의 입구먼지농도는 13 g/m^3, 2차 집진장치의 출구먼지농도는 0.4 g/m^3 이다. 2차 집진장치의 처리효율을 90% 라 할 때, 1차 집진장치의 집진효율(%)은?(단, 기타 조건은 같다.)

풀이

총집진효율$(\eta_T) = (1 - \frac{C_o}{C_i}) \times 100 = (1 - \frac{0.4}{13}) \times 100 = 96.92\%$

$\eta_T = \eta_1 + \eta_2(1-\eta_1)$

$0.9692 = \eta_1 + 0.9(1-\eta_1)$

$\eta_1 = 0.692 \times 100 = 69.2\%$

필수 문제

16 사이클론과 전기집진장치를 직렬로 연결한 어느 집진장치에서 포집되는 먼지량이 각각 300 kg/hr(사이클론), 197.5 kg/hr(전기집진장치)이고, 최종 배출구로부터 유출되는 먼지량이 2.5 kg/hr 이면 이 집진장치의 종합집진효율(%)은?(단, 기타조건은 동일하며, 처리과정 중 소실되는 먼지는 없다.)

풀이

총집진효율(η_T)

$$\eta_T = (1 - \frac{C_o}{C_i}) \times 100$$

$$C_i = 300 + 197.5 + 2.5 = 500\ \text{kg/hr}$$

$$C_o = 2.5\ \text{kg/hr}$$

$$= (1 - \frac{2.5}{500}) \times 100 = 99.5\%$$

필수 문제

17 배출가스 중 먼지농도가 2,200 mg/Sm³ 인 먼지를 처리하고자 제진효율이 50% 인 중력집진장치, 75% 인 원심력집진장치, 80% 인 세정집진장치를 직렬로 연결하여 사용해 왔다. 여기에 효율이 80% 인 여과집진장치를 하나 더 직렬로 연결할 때, 전체 집진효율(①)과 이때 출구의 먼지농도(②)는 각각 얼마인가?

풀이

전체집진효율(η_T)

$$\eta_T(\%) = 1 - [(1-\eta_1)(1-\eta_2)(1-\eta_3)(1-\eta_4)]$$

$$= 1 - [(1-0.5)(1-0.75)(1-0.8)(1-0.8)]$$

$$= 0.995 \times 100 = 99.5\%$$

$$\text{P} = (1 - \eta_T) \times 100 = (1 - 0.995) \times 100 = 0.5\%$$

$$\text{P}(\%) = \frac{S_o}{S_i} \times 100$$

$$0.5\% = \frac{S_o}{2{,}200\ \text{mg/Sm}^3} \times 100$$

S_o(출구먼지 농도) = 11 mg/Sm³

필수 문제

18 어느 집진장치에서 처음에는 99.5% 의 먼지를 제거하였다. 그 후 효율이 떨어져 96% 로 낮아졌을 때 먼지의 배출농도는 어떻게 변화되는가?

풀이

초기 통과량 = 100 − 99.5 = 0.5%

나중 통과량 = 100 − 96 = 4%

배출농도비 $= \frac{\text{나중 통과량}}{\text{초기 통과량}} = \frac{4}{0.5}$ = 8배(초기의 8배 배출농도 증가)

필수 문제

19 3개의 집진장치를 직렬로 조합하여 집진한 결과 총집진율이 99% 이었다. 1차 및 2차 집진장치의 집진율이 각각 70%, 80% 라 하면 3차 집진장치의 집진율(%)은 약 얼마인가?

풀이

1차, 2차 총효율 계산 후 3차 집진장치의 집진효율을 구함

$\eta_T = \eta_1 + \eta_2(1-\eta_1) = 0.7 + 0.8(1-0.7) = 0.94$

$0.99 = 0.94 + \eta_2(1-0.94)$

$\eta_2(\%) = 0.833 \times 100 = 83.33\%$

필수 문제

20 Cl_2 농도가 200 ppm 인 배출가스를 처리하여 10 mg/m³ 로 배출할 경우 Cl_2 의 제거효율(%)은?(단, 온도는 표준상태)

풀이

$\eta = (1 - \frac{C_o}{C_i}) \times 100$

$C_i = 200\ \text{ppm} = 200\ \text{mL/m}^3$

$C_o = 10\ \text{mg/m}^3 \times \frac{\text{부피}}{\text{분자량}} = 10\ \text{mg/m}^3 \times \frac{22.4\ \text{mL}}{71\ \text{mg}} = 3.155\ \text{mL/m}^3$

$= (1 - \frac{3.155}{200}) \times 100 = 98.42\%$

필수 문제

21 HCl 350 ppm 이 굴뚝에서 배출되고 있다. 이를 배출허용기준 50 mg/m³ 으로 하려면 HCl 의 농도를 현재값의 몇 % 이하로 배출하여야 하는가?(단, 표준상태)

풀이

$$\eta = (1 - \frac{C_o}{C_i}) \times 100$$

$$C_i = 350\ \text{ppm} = 350\ \text{mL/m}^3$$

$$C_o = 50\ \text{mg/m}^3 \times \frac{22.4\ \text{mL}}{36.5\ \text{mg}} = 30.68\ \text{mL/m}^3$$

$$= (1 - \frac{30.68}{350}) \times 100 = 91.23\%$$

현재값의 (100－91.23) 8.77% 이하로 배출하여야 한다.

필수 문제

22 A집진장치에서 처음에는 99.5%의 먼지를 제거하였는데 성능이 떨어져 현재 96%밖에 제거하지 못한다고 하면 현재 먼지의 배출농도는 처음 배출농도의 몇 배가 되겠는가?

풀이

$$n(\%) = \left(1 - \frac{C_0}{C_i}\right)$$

$$C_0 = C_i \times (1 - \eta)$$

99.5% 경우 : $C_0 = C_i \times (1 - 0.995) = 0.005\,C_i$

96% 경우 : $C_0 = C_i \times (1 - 0.96) = 0.04\,C_i$

농도비$= \dfrac{0.04\,C_i}{0.005\,C_i} = 8$ 배

필수 문제

23 먼지농도가 25 g/Sm³ 인 배기가스를 1차 원심력식 집진장치, 2차 여과집진장치로 직렬연결하였다. 부분집진효율이 다음 표로 주어졌을 때 여과집진장치의 출구 먼지농도 (g/Sm³)를 구하시오.

입경범위(μm)	0~5	5~10	10~20	20~40	40~60	60~100
원심력집진장치 입구 먼지분포(%)	8	20	20	30	20	2
원심력집진장치의 부분집진효율(%)	0	1	10	55	88	93
여과집진장치의 부분집진효율(%)	80	85	88	92	93	95

풀이

원심력집진장치 집진효율(η_1)

$\eta_1 = (0\times0.08) + (1\times0.2) + (10\times0.2) + (55\times0.3) + (88\times0.2) + (93\times0.02) = 38.16\%$

여과집진장치 집진효율(η_2)

$\eta_2 = (80\times0.08) + (85\times0.2) + (88\times0.2) + (92\times0.3) + (93\times0.2) + (95\times0.02) = 89.1\%$

총집진효율(η_T)

$\eta_T = 1 - (1-\eta_1)(1-\eta_2) = 1 - [(1-0.3816)(1-0.891)] = 0.9326\times100 = 93.26\%$

출구 먼지농도(g/Sm³)

$$\eta_T = 1 - \frac{C_o}{C_i}$$

C_o(출구 먼지농도) $= (1-\eta_T)\,C_i = (1-0.9326)\times25\ \text{g/Sm}^3 = 1.68\ \text{g/Sm}^3$

필수 문제

24 유입공기 중 염소가스의 농도가 80,000 ppm이고, 흡수탑의 염소가스 제거효율은 80 %이다. 이 흡수탑 4개를 직렬로 연결시 유출공기 중 염소가스의 농도(ppm)는?

풀이

총제거효율(η_t)

$\eta_T = 1 - (1-\eta_c)^n = 1 - (1-0.8)^4 = 0.9984$

유출농도(ppm) $= 80{,}000 \times (1 - 0.9984) = 128$ppm

필수 문제

25 시간당 10,000 Sm^3 의 배출가스를 방출하는 보일러에 먼지 50% 를 제거하는 집진장치가 설치되어 있다. 이 보일러를 24시간 가동했을 때 집진되는 먼지량(kg)은?(단, 배출가스 중 먼지농도는 0.5 g/Sm^3 이다.)

집진먼지량(kg) = 10,000 Sm^3/hr×0.5 g/Sm^3×0.5×24hr×kg/1,000g = 60 kg

학습 Point

집진효율 관련식 숙지(출제비중 높음)

06 집진장치

(1) 중력집진장치

① 원리

함진가스 중의 입자상 물질을 중력에 의한 자연침강(Stoke의 법칙)을 이용하는 방법으로 주로 입자의 크기가 50 μm 이상의 입자상 물질을 처리하는 데 사용된다.

② 개요

㉠ 취급입자 : 50~100 μm 이상(조대입자)

㉡ 기본유속 : 1~2 m/sec

㉢ 압력손실 : 5~10(10~15) mmH_2O

㉣ 집진효율 : 40~60%

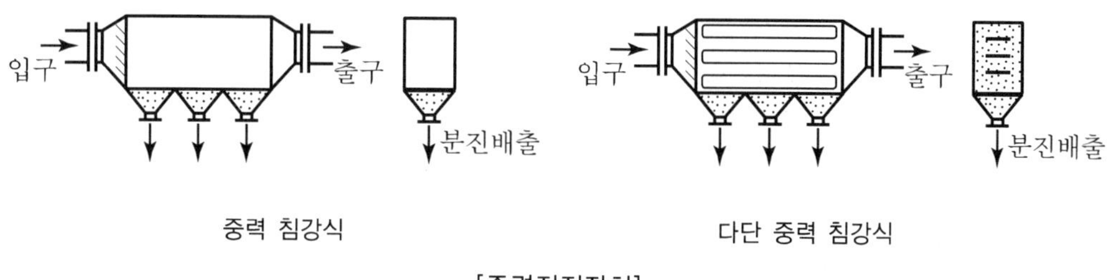

중력 침강식　　다단 중력 침강식

[중력집진장치]

③ 특징

㉠ 타 집진장치보다 구조가 간단하고 압력손실이 적다.

㉡ 전처리장치로 많이 이용된다.

㉢ 함진가스의 온도변화에 의한 영향을 거의 받지 않는다.

㉣ 설치, 유지비가 낮고 유지관리가 용이하다.

㉤ 부하가 높고, 고온가스 처리가 용이하며 장치 운전 시 신뢰도가 높다.

㉥ 집진효율이 낮고 미세입자 처리는 곤란하다.

㉦ 함진가스의 먼지부하 및 유량 변동에 적응성이 낮아 민감하다.

④ 종말침강속도(Stokes Law)

(Stokes Law 가정)

㉠ 구형입자

㉡ 층류 흐름영역

㉢ $10^{-4} < N_{Re} < 0.6$ (N_{Re} : 레이놀드 수)

㉣ 구는 일정한 속도로 운동

$$V_s = \frac{d_p^{\,2}(\rho_p - \rho)g}{18\,\mu_g}$$

여기서, V_s : 종말침강속도(m/sec)

d_p : 입자 직경(m)

ρ_p : 입자 밀도(kg/m³)

ρ : 가스(공기) 밀도(kg/m³)

g : 중력가속도(9.8 m/sec²)

μ_g : 가스의 점도(점성계수 : kg/m · sec)

⑤ 집진 가능 최소입경

Stokes 침강속도식을 이용

$$d_{pmin} = \left[\frac{18\,\mu_g V_s}{(\rho_p - \rho)g}\right]^{\frac{1}{2}}$$

여기서, d_{pmin} : 집진이 가능한 입자의 최소입경

$$d_{p100} = d_{pmin} \times \sqrt{2} = \left[\frac{36\,\mu_g V_s}{(\rho_p - \rho)g}\right]^{\frac{1}{2}}$$

여기서, d_{p100} : • 100% 제거되는 입자의 최소직경

• 작을수록 집진성능이 우수함

⑥ 집진율 향상조건

㉠ 침강실 내 처리가스의 속도가 작을수록 미립자가 포집된다.
㉡ 침강실 내의 배기가스 기류는 균일해야 한다.
㉢ 침강실의 높이가 낮고 중력장의 길이가 길수록 집진율은 높아진다.
㉣ 다단일 경우에는 단수가 증가할수록 집진율 및 압력손실도도 증가한다.
㉤ 침강실 입구폭이 클수록 유속이 느려지며 미세한 입자가 포집된다.

$$\eta = \frac{V_s}{V} \times \frac{L}{H} \times n = \frac{V_s LW}{VHW}$$
$$= \frac{d_p{}^2(\rho_p - \rho)gL}{18\,\mu_g HV} \times n$$

$$d_p = \left[\frac{18\,\mu_g \cdot H \cdot V}{g \cdot L(\rho_p - \rho)}\right]^{\frac{1}{2}}$$

여기서, d_p : 100% 제거되는 입자의 최소직경
η : 집진효율
V_s : 종말침강속도(m/sec)
V : 수평이동속도(처리가스속도 : m/sec)
L : 침강실 수평길이(m)
H : 침강실 높이(m)
n : 침강실 단수
W : 침강실 폭(m)

[배출가스량 Q 가 주어졌을 경우]

$$\eta = \frac{W \cdot L}{Q} \times \frac{d_p{}^2(\rho_p - \rho)g}{18\,\mu_g}$$

$$d_p = \left[\frac{18\,\mu_g Q}{W \cdot L(\rho_p - \rho)g}\right]^{\frac{1}{2}}$$

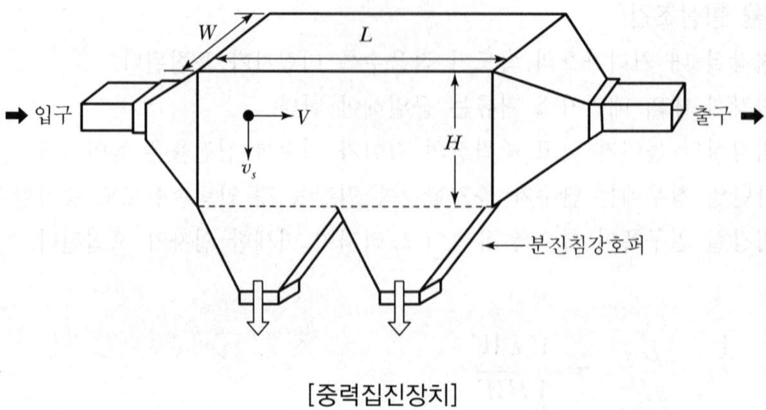

[중력집진장치]

필수 문제

01 상온에서 밀도가 1.5 g/cm³, 입경이 30 μm 의 입자상 물질의 종말침강속도(m/sec)는?(단, 공기의 점도 1.7×10^{-5} kg/m · sec, 공기의 밀도 1.3 kg/m³ 이다.)

풀이

Stoke Law에 의한 침강속도

$$V_s = \frac{d_p{}^2(\rho_p - \rho)g}{18\,\mu_g}$$

d_p : 30 μm(30×10^{-6} m)

ρ_p : 1.5 g/cm³(1,500 kg/m³)

$$= \frac{(30\ \mu m \times 10^{-6}\ m/\mu m)^2 \times (1{,}500 - 1.3) kg/m^3 \times 9.8\ m/sec^2}{18 \times (1.7 \times 10^{-5}) kg/m \cdot sec}$$

= 0.043 m/sec

필수 문제

02 점도 $\mu = 1.8\times10^{-4}$ g/cm · sec, 밀도 $\rho = 1.2\times10^{-3}$ g/cm³ 의 정지 대기공간에서 등속으로 중력침강하는 직경 50 μm, 밀도 $\rho_p = 1.8$ g/cm³ 의 구형입자의 중력침강속도(cm/sec)는?

풀이 $V_s = \dfrac{dp^2(\rho_p - \rho)g}{18\,\mu_g}$

$= \dfrac{(50\,\mu m \times 10^{-6}\,m/\mu m)^2 \times (1.800 - 1.2)kg/m^3 \times 9.8\,m/sec^2}{18 \times (1.8 \times 10^{-5})kg/m \cdot sec}$

$= 0.136\,m/sec \times 100\,cm/m = 13.6\,cm/sec$

필수 문제

03 직경 5 μm인 입자의 침강속도가 0.5 cm/sec였다. 같은 조성을 지닌 30 μm 입자의 침강속도(cm/sec)는?(단, 스토크 침강속도식 적용)

풀이 침강속도$(V_s) = \dfrac{{d_p}^2(\rho_p - \rho)}{18\mu_g}$

$0.5 : 5^2 =$ 침강속도 $: 30^2$

침강속도 $= \dfrac{0.5 \times 30^2}{5^2} = 18\ cm/sec$

필수 문제

04 폭 5 m, 높이 0.2 m, 길이 10 m, 침전실의 단수 2 인 중력집진장치에서 처리가스를 0.4 m^3/sec 로 유입처리시 입경 10 μm 입자의 집진효율(%)은?(단, $\rho_p = 1.10\ g/cm^3$, $\mu = 1.84 \times 10^{-4}\ g/cm \cdot sec$, ρ = 무시한다.)

풀이 $\eta = \dfrac{V_g}{V} \times \dfrac{L}{H} \times n = \dfrac{{d_p}^2(\rho_p - \rho)gL}{18\,\mu HV} \times n$

유속$(V) = \dfrac{Q}{A} = \dfrac{0.4m^3/sec}{(5 \times 0.2)m^2} = 0.4\ m/sec$

점도$(\mu) = 1.84 \times 10^{-4} \times 10^{-1}\ kg/m \cdot sec$

밀도$(\rho_p) = 1.10 \times 10^3\ kg/m^3$

입경$(d_p) = 10 \times 10^{-6}\ m$

$= \dfrac{(10 \times 10^{-6})^2 \times (1{,}100 - 0) \times 9.8 \times 10}{18 \times (1.84 \times 10^{-5}) \times (0.2 \times 0.4)} \times 2 = 0.4048 \times 2 = 0.8136 \times 100 = 81.36\%$

필수 문제

05 높이 7 m, 폭 10 m, 길이 15 m 의 중력집진장치를 이용하여 처리가스를 4 m^3/sec 의 유량으로 비중이 1.5 인 먼지를 처리하고 있다. 이 집진기가 포집할 수 있는 최소입자의 크기(μm)는?(단, 온도는 25℃, 점성계수는 1.85×10^{-5} kg/m · s 이며 공기의 밀도는 무시한다.)

풀이

$$d_{min} = \left(\frac{18\,\mu_g Q}{W \cdot L(\rho_p - \rho)g}\right)^{\frac{1}{2}}$$

$$\rho_p = 1.5\ g/cm^3 \times kg/1{,}000\ g \times 10^6\ cm^3/m^3 = 1{,}500\ kg/m^3$$

$$= \left(\frac{18 \times (1.85 \times 10^{-5})kg/m \cdot sec \times 4\ m^3/sec}{10\ m \times 15\ m \times 1{,}500 kg/m^3 \times 9.8\ m/sec^2}\right)^{\frac{1}{2}}$$

$$= 0.000024678\ m \times 10^6\ \mu m/m = 24.58\ \mu m$$

필수 문제

06 온도 25℃의 염산액적을 포함한 배출가스 1.4 m^3/sec 를 폭 9 m, 높이 6 m, 길이 15 m 의 침강집진기로 집진제거한다. 염산 비중이 1.6 이라면 이 침강집진기가 집진할 수 있는 최소입경(μm)은?(단, 25℃, 공기점도 1.85×10^{-5} kg/m · sec)

풀이

$$d_p = \left(\frac{18\,\mu_g \cdot Q}{W \cdot L(\rho_p - \rho)g}\right)^{\frac{1}{2}}$$

$$\rho_p = 1.6\ g/cm^3 \times kg/1{,}000\ g \times 10^6\ cm^3/m^3 = 1{,}600\ kg/m^3$$

$$\rho = 1.3 kg/m^3 \times \frac{273}{273+25} = 1.19 kg/m^3$$

$$= \left(\frac{18 \times (1.85 \times 10^{-5})kg/m \cdot sec \times 1.4\ m^3/sec}{9\ m \times 15\ m \times (1{,}600 - 1.19)kg/m^3 \times 9.8\ m/sec^2}\right)^{\frac{1}{2}}$$

$$= 0.000014845\ m \times 10^6\ \mu m/m = 14.85\ \mu m$$

필수 문제

07

배출가스 0.4 m³/s 를 폭 5 m, 높이 0.2 m, 길이 10 m의 중력식 침강집진장치로 집진제거한다면 처리가스 내의 입경 10 μm 먼지의 집진효율(%)은?[(단, 먼지밀도 1.10 g/cm³, 배출가스밀도 1.2 kg/m³, 처리가스점도 1.85×10^{-4} g/cm · s, 단수(n) 1, 집진효율 $\eta_f = \dfrac{g(\rho_p-\rho_s)nWLd_p^{\ 2}}{18\,\mu Q}$ 이용)]

풀이

$$\eta_f(\%) = \frac{g(\rho_p-\rho_s)n\cdot W\cdot L\cdot d_p^{\ 2}}{18\cdot\mu\cdot Q}\times100$$

$\rho_p = 1.10\ \text{g/cm}^3\times\text{kg}/1{,}000\ \text{g}\times10^6\ \text{cm}^3/\text{m}^3 = 1{,}100\ \text{kg/m}^3$

$\mu = 1.85\times10^{-4}\ \text{g/cm}\cdot\text{sec}\times\text{kg}/1{,}000\ \text{g}\times100\ \text{cm/m} = 1.85\times10^{-5}\ \text{kg/m}\cdot\text{sec}$

$$= \frac{9.8\ \text{m/sec}^2\times(1{,}100-1.2)\text{kg/m}^3\times1\times5\ \text{m}\times10\ \text{m}\times(10\ \mu\text{m}\times10^{-6}\ \text{m}/\mu\text{m})^2}{18\times(1.85\times10^{-5})\text{kg/m}\cdot\text{sec}\times0.4\ \text{m}^3/\text{sec}}$$

$=0.4042\times100=40.42\%$

필수 문제

08

침강실의 길이 5 m 인 중력집진장치를 사용하여 침강집진할 수 있는 먼지의 최소입경이 140 μm 였다. 이 길이를 2배로 변경할 경우 침강실에서 집진 가능한 최소입경(μm)은?(단, 배출가스의 흐름은 층류이고 길이 이외의 모든 설계조건은 동일하다.)

풀이

$d_p = \left[\dfrac{18\,\mu_g\cdot H\cdot V}{g\cdot L\cdot(\rho_p-\rho)}\right]^{\frac{1}{2}}$ 식에서 d_p과 L의 관계를 가지고 비례식으로 계산함

$d_p \propto \left(\dfrac{1}{L}\right)^{\frac{1}{2}}$

$140 : \left(\dfrac{1}{5}\right)^{\frac{1}{2}}$ = 2배 변경시 최소입경 : $\left(\dfrac{1}{5\times2}\right)^{\frac{1}{2}}$

2배 변경시 최소입경(μm) = 98.99 μm

필수 문제

09 배출가스의 흐름이 층류일 때 입경 100 μm 입자가 100% 침강하는 데 필요한 중력침강실의 길이(m)는?(단, 중력침강실의 높이 2 m, 배출가스 유속 4 m/sec, 입자의 종말침강속도 0.5 m/sec)

풀이

$$\eta = \frac{L \cdot V_s}{H \cdot V}$$

$$L = \eta \times \frac{H \cdot V}{V_s} = 1 \times \frac{2\text{ m} \times 4\text{ m/sec}}{0.5\text{ m/sec}} = 16\text{ m}$$

필수 문제

10 함진가스의 유입속도가 3 m/sec 이고 중력침강실의 높이가 1.5 m 일 때 입자의 침강종말속도가 15 cm/sec인 입자를 90% 제거하기 위한 침강실의 길이(m)는?

풀이

$$L = \eta \times \frac{H \cdot V}{V_s} = 0.9 \times \frac{1.5\text{ m} \times 3\text{ m/sec}}{15\text{ cm/sec} \times \text{m}/100\text{ cm}} = 27\text{ m}$$

필수 문제

11 직경 100 μm의 먼지가 높이 8 m 되는 위치에 있고 바람이 5 m/sec 수평으로 불 때 이 먼지의 전방 낙하지점 m은?(단, 동종의 10 μm 먼지의 낙하속도는 0.6 cm/sec)

풀이

$$L = \frac{V \cdot H}{V_g}$$

$$V_g = \frac{dp^2(\rho_p - \rho)g}{18 \cdot \mu}$$

$0.6\text{cm/sec} : 10^2 = X : 100^2$

$X = 60\text{ cm/sec}$(낙하속도)

$V = 5\text{ m/sec}$

$H = 8\text{ m}$

$$L = \frac{5\text{m/sec} \times 8\text{m}}{0.6\text{ m/sec}} = 66.67\text{ m}$$

필수 문제

12

입경 80 μm 이상 되는 분진을 포집하는 중력 침강실을 다시 입경 50 μm 이상 분진을 포집하기 위하여 침강실의 높이를 조절하려면 어느 정도의 높이(m)가 필요한가?(단, 침강실의 길이는 변경할 수 없으며, 처음 높이는 2 m 이다.)

풀이

$$V_s = \frac{H \cdot V}{L} \qquad V_s = \frac{d_p{}^2(\rho_p - \rho)g}{18\,\mu_g} \rightarrow V_s \propto d_p{}^2$$

$$V_s \propto H \propto d_p{}^2$$

2 m : $(80\ \mu m)^2$ = 조정침강실 높이 : $(50\ \mu m)^2$

조정침강실 높이(H : m) $= \dfrac{(50\ \mu m)^2 \times 2\ m}{(80\ \mu m)^2} = 0.78\ m$

필수 문제

13

배기가스의 흐름형태가 층류일 경우 다음 조건에서 100% 집진되는 최소입경(μm)을 구하시오.

- 중력침강실 높이 1.5 m, 길이 6 m, 유입속도 3 m/sec
- 배출가스온도 20℃
- 배출가스 점성계수(μ_g) = 0.067 kg/m · hr
- 입자밀도 2.5 g/cm³

풀이

$$d_{p100} = \left[\frac{36\,\mu_g V_s}{(\rho_p - \rho)g}\right]^{\frac{1}{2}}$$

$$V_s = V \times \frac{H}{L} = 3\ m/sec \times \left(\frac{1.5\ m}{6\ m}\right) = 0.75\ m/sec$$

$$\mu_g = 0.067\ kg/m \cdot hr \times hr/3{,}600\ sec = 1.861 \times 10^{-5}\ kg/m \cdot sec$$

$$\rho_p = 2.5\ g/cm^3 \times kg/1{,}000\ g \times 10^6\ cm^3/m^3 = 2{,}500\ kg/m^3$$

$$\rho = 1.293\ kg/m^3 \times \frac{273}{273+20} = 1.2\ kg/m^3$$

$$= \left[\frac{36 \times (1.861 \times 10^{-5})kg/m \cdot sec \times 0.75\ m/sec}{(2{,}500 - 1.2)kg/m^3 \times 9.8\ m/sec^2}\right]^{\frac{1}{2}}$$

$$= 0.000143\ m \times 10^6\ \mu m/m = 143.24\ \mu m$$

필수 문제

14 중력식 집진기에서 입자직경이 50μm이며 밀도가 2,000kg/m^3, 가스유량이 10m^3/sec이다. 집진기의 폭이 1.5m, 높이가 1.5m 이며 밑면을 포함한 수평단이 10단일 때 효율이 100%가 되기 위한 침강실의 길이(m)는?(단, 층류로 가정하며, 점성계수 μ=1.75×10^{-5}kg/m · sec)

풀이

침강실의 길이(L)

$$L=\eta\times\frac{H\times V}{V_s}$$

$$H=\frac{1.5\text{m}}{10}=0.15\text{m}$$

$$V=\frac{Q}{A}=\frac{10\text{m}^3/\text{sec}}{(1.5\times1.5)\text{m}^2}=4.44\text{m/sec}$$

$$V_s=\frac{d_p{}^2(\rho_p-\rho)g}{18\mu_g}$$

d_p=50μm×10^{-6}m/1μm=5×10^{-5}m

ρ_p=2,000kg/m^3

ρ_g=1.29kg/Sm^3

μ_g=1.75×10^{-5}kg/m · sec

$$=\frac{(5\times10^{-5})^2\times(2{,}000-1.29)\times9.8}{18\times(1.75\times10^{-5})}=0.155\text{m/sec}$$

$$=1.0\times\frac{0.15\times4.44}{0.155}=4.29\text{m}$$

학습 Point

1. 종말침강속도 관련식 숙지
2. 집진율 향상 조건 내용 숙지

(2) 관성력 집진장치

① 원리

함진배기를 방해판(Baffle)에 충돌시켜 기류의 방향을 급격하게 전환시켜 입자의 관성력에 의하여 입자를 분리 · 포집하는 장치이다.

② 개요

㉠ 취급입자 : 10~100 μm 이상(조대입자)

㉡ 기본유속 : 1~2 m/sec

㉢ 압력손실 : 30~70 mmH_2O

㉣ 집진효율 : 50~70%

③ 특징

㉠ 구조 및 원리가 간단하고 전처리 장치로 많이 이용된다.

㉡ 운전비용이 적고, 고온가스 중의 입자상 물질 제거가 가능하므로 굴뚝 또는 배관(Duct) 내에 적용될 경우가 많다.

㉢ 큰 입자 제거에 효율적이며 미세입자의 효율은 낮다.

㉣ 유속이 너무 빠르면 압력손실 증가와 포집된 분진의 재비산 문제가 발생하기 때문에 일반적으로 20 μm 이상 입자에 적용한다.

④ 종류

㉠ 충돌식

ⓐ 함진배기를 방해판에 충돌시켜 기류의 방향을 급격하게 전환시켜 입자의 관성력에 의하여 입자를 분리 · 포집하는 장치이다.

ⓑ 일반적으로 충돌 직전의 처리가스속도가 크고, 처리 후 출구가스속도는 느릴수록 미립자의 제거가 쉬우며 집진효율이 높아진다.

ⓒ 충돌 직전의 각 속도가 클수록 집진효율이 높아진다.

ⓓ 기류의 방향전환시 곡률반경이 작을수록(기류의 방향전환 각도가 작을수록), 방향전환 횟수가 많을수록 압력손실은 커지나 집진효율은 좋아 미세입자의 포집이 가능하다.

ⓔ 적당한 Dust Box의 형상과 크기가 필요하다.

㉡ 반전식

ⓐ 방해판을 설치하지 않고 함진배기 자체의 방향을 전환시켜 입자를 분리 · 포집하는 장치이며, 곡관형, louver형, pocket형, multi baffle형 등이 이에 해당한다.

ⓑ 액체입자의 포집에 사용되는 Multi Baffle형은 1 μm 전후의 미립자 제거가 가능하나 완전하게 처리하기 위해 가스출구에 충전층을 설치하는 것이 좋다.

ⓒ 방향전환을 하는 가스의 곡률반경이 작을수록 또한 전환횟수가 많을수록 미세한 먼지를 분리포집할 수 있다.

ⓓ Pocket형, Channel형과 같이 미로형에서는 먼지가 장치에 누적되므로 먼지의 성상을 충분히 파악하여 충격, 세정에 의하여 제거할 필요가 있다.

ⓔ 적당한 Dust Box의 형상과 크기가 필요하다.

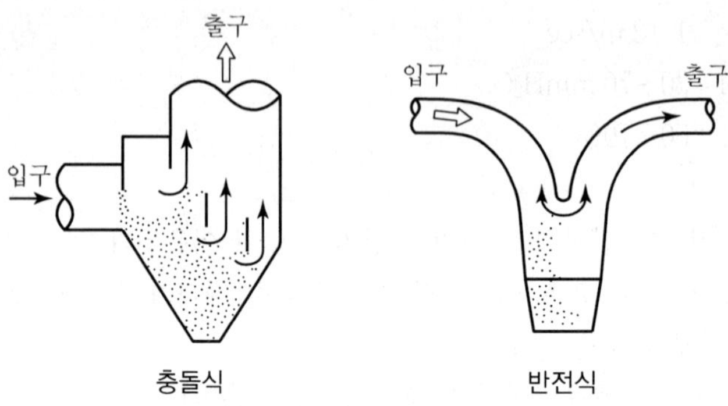

[관성력 집진장치]

⑤ 관성충돌계수(효과)를 크게 하기 위한 특성 및 조건

㉠ 분진의 입경이 커야 한다.

㉡ 처리가스와 액적의 상대속도가 커야 한다.

㉢ 처리가스의 온도가 낮아야 응집작용하여 관성충돌효과가 커진다.

㉣ 액적의 직경이 작아야 한다.

⑥ 분리속도(V_c)

㉠ 관성력에 의한 분리속도는 회전기류반경에 반비례하고 입경의 제곱에 비례한다.

$$V_c = \frac{{d_p}^2 \rho_p}{18\,\mu_g} \times \frac{V_\theta}{R_2}$$

여기서, V_c : 분리속도(m/sec)

d_p : 방해판에서 제거되는 입자직경(m)

ρ_p : 입자 밀도(kg/m³)

μ_g : 배출가스 점도(kg/m · sec)

V_θ : 원심반경 R_2인 지점에서 배출가스 유속(m/sec)

R_2 : 방해판에서의 회전기류 원심반경(m)

㉡ 입자분리속도는 입자의 입경과 밀도가 클수록 분리속도가 증가하여 미세입자의 분리가 가능하다.

㉢ 입자분리속도는 회전기류 원심반경이 작을수록, 즉 방향전환이 급격할수록 분리속도가 증가하여 미세입자의 분리가 가능하다.

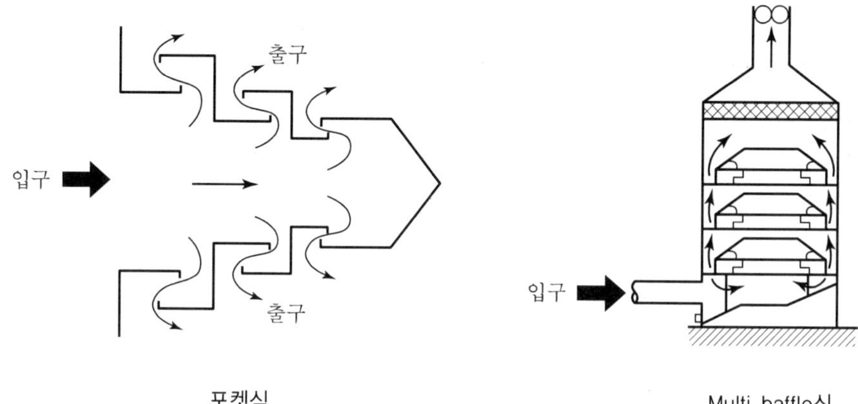

포켓식 Multi baffle식

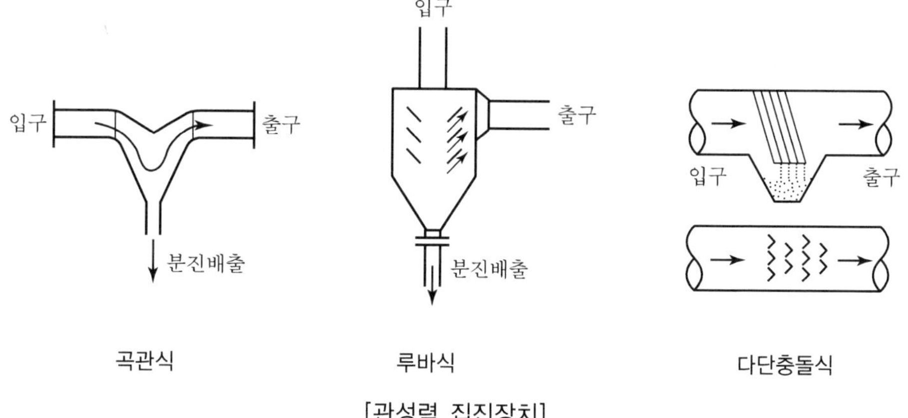

곡관식 루바식 다단충돌식

[관성력 집진장치]

Reference | 프라우드수(Froude Number)

관성력과 중력의 비를 무차원으로 나타낸다.

$$프라우드수 = \frac{V}{\sqrt{g \cdot L}}$$

여기서, g : 중력가속도, V : 속도, L : 길이

학습 Point

관성충돌계수를 크게 하기 위한 특성 및 조건 내용 숙지

(3) 원심력 집진장치

① 원리

입자를 함유하는 가스에 선회운동을 시켜서 배출가스 흐름으로부터 입자를 분리 · 포집하는 집진장치로 Cyclone 이라고도 한다.

② 개요

㉠ 취급입자 : 3～100 μm

㉡ 압력손실 : 50～150 mmH_2O

㉢ 집진효율 : 60～90%(50～80%)

㉣ 입구유속은 집진효율을 결정하는 가장 중요한 변수로 압력손실, 집진효율, 경제성을 고려하여 설정한다.

ⓐ 접선유입식 : 7～15 m/sec

ⓑ 축류식 : 10 m/sec 전후

③ 특징

㉠ 설치비가 적게 들고 고온에서 운전 가능하다.

㉡ 구조가 간단하여 유지, 보수비용이 저렴하다.

㉢ 고농도의 함진가스에 적당하며 미세입자에 대한 집진효율이 낮고 먼지부하, 유량변동에 민감하다.

㉣ 점착성, 마모성, 조해성, 부식성 가스에 부적합하다.

㉤ 먼지퇴적함에서 재유입, 재비산 가능성이 있고 저효율 집진장치 중 압력손실이 비교적 높아 동력소비량이 큰 편이다.

㉥ 단독 또는 전처리 장치로 이용된다.(저효율 집진장치 중 집진율이 높은 편이다.)

㉦ 배출 가스로부터 분진회수 및 분리가 적은 비용으로 가능하다.

㉧ 미세한 입자를 원심분리하고자 할 때 가장 큰 영향인자는 사이클론의 직경이다.

㉨ 직렬 또는 병렬로 연결하여 사용이 가능하다.

㉩ 처리가스량이 많아질수록 내관경이 커져서 미립자의 분리가 잘 되지 않는다.

㉪ 먼지량이 많아도 처리가 가능하다.

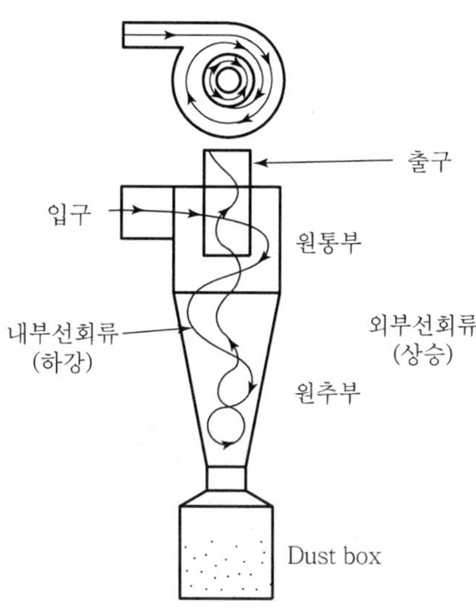

[원심력 집진장치(Cyclone)]

④ 종류

함진가스 흐름의 유입방식에 따라 접선유입식과 축류식으로 분류한다.

㉠ 접선유입식

ⓐ 입구 모양에 따라 나선형과 와류형으로 분류된다.

ⓑ 집진효율의 변화가 비교적 적은 편이다.

ⓒ 일반적인 입구 가스속도는 7~15 m/sec 정도로, 이 범위 속도가 집진효율에 미치는 영향은 크다.

㉡ 축류식(도익회전식)

ⓐ 축방향에서 안내날개(Vane)를 통하여 함진가스를 유입하는 것으로 반전형과 직진형이 있으며 함진가스 입구의 안내익(Vane)에 따라 집진효율이 달라진다.

ⓑ 반전형은 입구유속이 10 m/sec 전후이며, 접선 유입식에 비해 압력손실이 80~100 mmH_2O 로 적고 가스의 균일한 분배가 용이한 이점이 있다. 집진효율은 일반적으로 접선유입식과 큰 차이가 없는 편이다.

ⓒ 반전형은 Blow Down은 필요 없고, 함진가스 입구의 안내익(Aero-Dynamic Vane)에 따라 집진효율이 달라진다.

ⓓ 멀티사이클론(Multi-Cyclone)은 축류식의 반전형이다.

ⓔ 직진형은 설치면적이 적게 소요되며 압력손실은 40~50 mmH_2O 정도이다.

ⓕ 직진형의 단점은 관내에 분진이 쌓이고 장치 내부의 압력변동이 심하여 집진효율이 낮다는 것이다.

Reference | 멀티 사이클론(Multi-Cyclone)

① 소규모의 축류식 Cyclone이 병렬로 연결된 형태이다.
② 배기가스량이 많고 고집진효율 요구시 주로 이용된다.

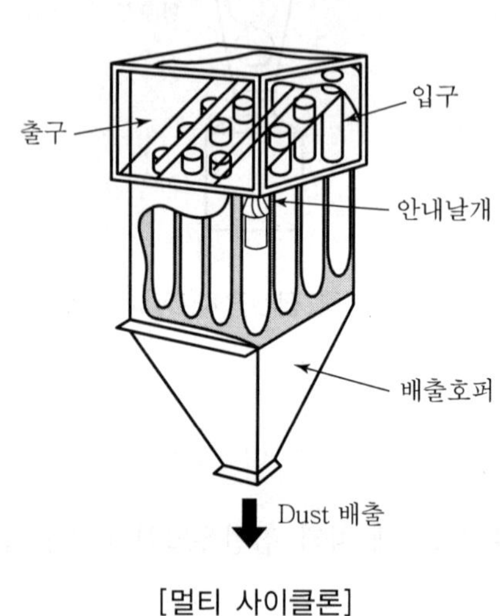

[멀티 사이클론]

⑤ 집진 성능인자

㉠ 입자의 분리속도(원심분리속도)

ⓐ 외부선회류에 의해 입자에 작용하는 최대원심력(F_c)

$$F_c = \left(\frac{\pi}{6} dp^3 \rho_p\right)\left(\frac{V_\theta^{\ 2}}{R_c}\right)$$

여기서, F_c : 최대원심력
d_p : 입자직경
ρ_p : 입자밀도
V_θ : 원심력이 최대가 되는 R_c지점에서 선회류의 접선속도
R_c : 원추 하부의 반경

ⓑ 입자의 분리속도(V)

$$V=\frac{d_p^{\ 2}(\rho_p-\rho)}{18\,\mu_g}\times\frac{V_\theta^{\ 2}}{R_2}$$

여기서, V : 입자분리속도(m/sec)
d_p : 입자직경(m)
μ_g : 배출가스 점도(kg/m · sec)
ρ_p : 입자밀도(kg/m^3)
V_θ : 원심반경 R_2인 지점에서 배출가스 유속(m/sec)
R_2 : • 원추 하부의 반경(m)
• 외부선회류가 내부선회류로 방향 전환을 일으키는 지점

ⓒ 집진효율은 한계(입구)유속 내에서는 유속이 빠를수록 효율이 증가한다.
ⓓ 분리속도는 입구유입속도, 입자 직경, 밀도차가 클수록, 배출가스 점도, 장치크기가 작을수록 커진다.
ⓔ 집진효율은 입자분리속도가 클수록 좋아진다.

㉡ 분리계수

ⓐ 개요

- 분리계수는 입자에 작용하는 원심력과 중력의 관계로 원심력을 중력으로 나눈 값이다.
- Cyclone의 잠재적인 효율(분리능력)을 나타내는 지표이다.
- 원심력이 클수록 분리계수가 커져 집진율도 증가한다.
- Cyclone의 원추 하부의 반경(입자 회전반경)이 클수록 분리계수는 작아진다.
- 분리계수는 중력가속에 반비례하고 입자의 접선방향속도의 제곱에 비례한다.

ⓑ 관련식

$$\text{분리계수(S)}=\frac{\text{원심력}}{\text{중력}}=\frac{V_\theta^{\ 2}}{g\cdot R_2}$$

㉢ 집진 가능 입경

ⓐ 절단입경(Cut Size Diameter)

- Cyclone에서 50% 처리효율로 제거되는 입자의 크기, 즉 50% 분리한계입경이다.

• Lapple의 절단입경

$$d_{p50} = \sqrt{\frac{9\,\mu_g W}{2\,\pi N(\rho_p - \rho)V}}$$

여기서, N : 유효회전수

V : 유입구의 가스유속(m/sec)

ⓑ 임계입경(Critical Diameter)

• Cyclone에서 100% 처리효율로 제거되는 입자의 크기, 즉 100% 분리한계입경이다.

• Lapple의 임계입경

$$d_{pcrit} = dp_{50} \times \sqrt{2} = \sqrt{\frac{9\,\mu_g W}{\pi N(\rho_p - \rho)V}}$$

ⓒ 절단 및 임계입경이 클수록 분리효율이 낮아 장치의 집진성능이 낮아진다.

㉣ 집진효율

ⓐ Lapple의 입경에 따른 부분집진율

$$\eta_f(\%) = \frac{\pi N dp^2(\rho_p - \rho)V}{9\,\mu_g W} \times 100 = \frac{\pi N dp^2(\rho_p - \rho)Q}{9\,\mu_g H W^2} \times 100 \quad \left(V = \frac{Q}{H \cdot W}\right)$$

여기서, Q : 입구의 배기가스량(m^3/sec)

H : 유입구 높이(m)

W : 유입구 폭(m)

ⓑ Lapple의 효율예측 곡선 이용 집진율

임경범위에 대한 중량분포가 주어졌을 때 적용하며 다음과 같이 구한다.

[절단입경 구함 → 효율곡선을 이용 (입경/절단입경)의 비를 종축에서 구함 → 종축에 의한 횡축의 부분집진율 구함 → 부분집진율과 중량분포를 이용 총집진율 구함]

Reference | 유효회전수(N)

$$N=\frac{1}{\text{유입구 높이}(H)}\times\left(\text{원통부 높이}+\frac{\text{원추부 높이}}{2}\right)$$

㉤ 압력손실 감소원인
ⓐ 내통이 마모되어 구멍이 뚫려 함진가스가 By Pass되는 경우
ⓑ 호퍼 하단부위에 외기가 누입될 경우
ⓒ 장치 내 처리가스의 선회가 원활하지 않은 경우
ⓓ 외통의 접합부 불량으로 함진가스가 누출될 경우

㉥ 블로다운(Blow Down) 방식
ⓐ 정의
Cyclone의 집진효율을 향상시키기 위한 하나의 방법으로서 더스트 박스 또는 호퍼부에서 처리가스(유입유량)의 5~10%에 상당하는 함진가스를 추출·흡인하여 운영하는 방식이다.
ⓑ 효과
- 원추 하부에 가교현상을 방지하여 장치의 원추 하부 또는 출구에 먼지퇴적을 억제한다.
- Cyclone 내의 난류현상(선회기류의 흐트러짐 현상)을 억제시킴으로써 집진된 먼지의 재비산을 방지하고 유효원심력을 증가시킨다.
- 먼지 부착으로 인한 장치의 폐쇄현상을 방지한다.

Reference | 운전조건 또는 배출원 특성이 변할 경우 집진성능 평가 추정식

1. 처리가스량이 변할 경우(기타 운전조건 일정)

$$\frac{1-\eta_1}{1-\eta_2}=\left(\frac{Q_2}{Q_1}\right)^{0.5}$$

여기서, 1, 2는 운전조건 또는 배출원 특성

2. 기타 운전조건이 변할 경우(처리가스량 일정)

① 밀도가 변할 경우

$$\frac{1-\eta_1}{1-\eta_2}=\left(\frac{\rho_p-\rho_1}{\rho_p-\rho_2}\right)^{0.5}$$

② 점도가 변할 경우

$$\frac{1-\eta_1}{1-\eta_2}=\left(\frac{\mu_1}{\mu_2}\right)^{0.5}$$

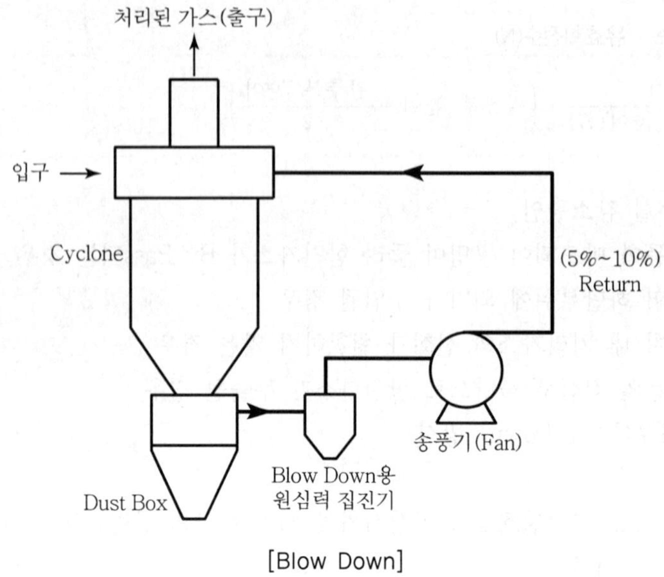

[Blow Down]

⑥ 집진효율 향상조건

㉠ 미세먼지의 재비산을 방지하기 위해 Skimmer와 Turning Vane 등을 설치한다.

㉡ 사이클론의 직경(외경) 및 배기관경(내경)이 작을수록 집진효율이 좋아지므로 입경이 작은 먼지를 제거할 수 있다.

㉢ 먼지폐색(Dust Plugging) 효과를 방지하기 위해 축류집진장치를 사용한다.

㉣ 고용량가스를 비교적 높은 효율로 처리해야 할 경우 소구경 Cyclone을 여러 개 조합시킨 Multi Cyclone을 사용한다.

㉤ 고농도는 병렬로 연결하고, 응집성이 강한 먼지는 직렬연결(단수 3단 한계)하여 주로 사용한다.

㉥ Blow-Down 효과를 적용하면 효율이 높아진다.

㉦ 한계(입구)유속 내에서는 유속이 빠를수록 효율이 증가한다.

Reference | Cyclone 운전조건에 따른 집진효율변화

운전조건	집진효율
유속 증가	증가
가스점도 증가	감소
분진밀도 증가	증가
분진량 증가	증가
온도 증가	감소
원통직경 증가	감소

필수 문제

01 다음 조건에서 Cyclone 의 입자 직경이 12 μm 인 분리속도(m/sec)를 구하시오.

- 함진가스 온도 및 유입속도 : 120℃, 12 m/sec
- 함진가스 중 입자밀도 : 2.4 g/cm³
- 가스점도(120℃) : 1.02×10^{-5} poise
- 원추하부의 직경 : 30 cm

풀이 분리속도(V) $= \dfrac{d_p{}^2(\rho_p-\rho)}{18\,\mu_g}\times\dfrac{V_\theta^2}{R_2}$

$d_p = 12\ \mu\text{m}\times\text{m}/10^6\ \mu\text{m} = 1.2\times10^{-5}\ \text{m}$

$\rho_p = 2.4\ \text{g/cm}^3\times\text{kg}/1{,}000\ \text{g}\times10^6\ \text{cm}^3/\text{m}^3 = 2{,}400\ \text{kg/m}^3$

$\rho = 1.3\ \text{kg/Sm}^3\times\dfrac{273}{273+120} = 0.903\ \text{kg/m}^3$

$V_\theta = 12\ \text{m/sec}$

$\mu_g = 1.02\times10^{-5}\ \text{poise}\times\dfrac{1\ \text{g/cm}\cdot\text{sec}}{\text{poise}}\times\text{kg}/1{,}000\ \text{g}\times100\ \text{cm/m}$

$= 1.02\times10^{-6}\ \text{kg/m}\cdot\text{sec}$

$R_2 = 0.3\ \text{m}/2 = 0.15\ \text{m}$

$$= \frac{(1.2\times10^{-5})^2\times(2{,}400-0.903)\times12^2}{18\times(1.02\times10^{-6})\times0.15} = 18.06\ \text{m/sec}$$

필수 문제

02 유입구 폭이 15 cm, 유효회전수가 6 인 사이클론에 아래 상태와 같은 함진가스를 처리하고자 할 때, 이 함진가스에 포함된 입자의 절단입경(μm)은?

- 함진가스의 유입속도 : 25 m/s
- 함진가스의 점도 : 2×10^{-5} kg/m · s
- 함진가스의 밀도 : 1.2 kg/m³
- 먼지입자의 밀도 : 2.0 g/cm³

풀이 $d_{p50} = \left(\dfrac{9\,\mu_g W}{2\,\pi N(\rho_p-\rho)\,V}\right)^{0.5}$

$\rho_p = 2.0\ \text{g/cm}^3\times\text{kg}/1{,}000\ \text{g}\times10^6\ \text{cm}^3/\text{m}^3 = 2{,}000\ \text{kg/m}^3$

$W = 15\,cm \times m/100\,cm = 0.15\,m$

$$= \left[\frac{9 \times (2 \times 10^{-5}) \times 0.15}{2 \times 3.14 \times 6 \times (2{,}000 - 1.2) \times 25}\right]^{0.5}$$

$= 3.78 \times 10^{-6}\,m \times 10^{6}\,\mu m/m = 3.78\,\mu m$

필수 문제

03 어떤 공장의 연마실에서 발생되는 배출가스의 먼지제거에 Cyclone이 사용되고 있다. 유입폭이 30 cm이고, 유효회전수 6회, 입구유입속도 8 m/s로 가동 중인 공정조건에서 10 μm 먼지입자의 부분집진효율은 몇 %인가?(단, 먼지의 밀도는 1.6 g/cm³, 가스점도는 1.75×10^{-4} g/cm · s, 가스밀도는 고려하지 않음)

풀이

$$\eta_f(\%) = \frac{\pi N dp^2 (\rho_p - \rho) V}{9\,\mu_g W}$$

$d_p = 10\,\mu m \times m/10^6\,\mu m = 10 \times 10^{-6}\,m$

$\rho_p = 1.6\,g/cm^3 \times kg/1{,}000\,g \times 10^6\,cm^3/m^3 = 1{,}600\,kg/m^3$

$\mu_g = 1.75 \times 10^{-4}\,g/cm \cdot sec = 1.75 \times 10^{-5}\,kg/m \cdot sec$

$W = 30\,cm \times m/100\,cm = 0.3\,m$

$$= \frac{3.14 \times 6 \times (10 \times 10^{-6})^2 \times 1{,}600 \times 8}{9 \times (1.75 \times 10^{-5}) \times 0.3} \times 100 = 51.04\%$$

필수 문제

04 원추하부 반경이 60 cm인 Cyclone에서 배출가스의 접선속도가 600 m/min일 때 분리계수는?

풀이

$$분리계수(S) = \frac{V_\theta^2}{g \cdot R_2}$$

$V_\theta = 600\,m/min \times min/60\,sec = 10\,m/sec$

$R_2 = 60\,cm \times m/100\,cm = 0.6\,m$

$$= \frac{(10\,m/sec)^2}{9.8\,m/sec^2 \times 0.6\,m} = 17.0$$

필수 문제

05 Cyclone 에서 외부공기가 유입되어 집진율이 70% 에서 60% 로 낮아졌을 때 출구에서 배출되는 먼지농도는 어떻게 변화되겠는가?(단, 기타 조건은 변경이 없다고 가정한다.)

풀이

배출먼지농도 = 유입농도×통과율

70%에서 배출농도 = 유입농도×(1 − 0.7) = 유입농도×0.3

60%에서 배출농도 = 유입농도×(1 − 0.6) = 유입농도×0.4

$$\text{배출농도 비} = \frac{0.4}{0.3} = 1.333$$

즉, 원래보다 33.3% 배출농도가 증가된다.

필수 문제

06 사이클론(Cyclone)에서 가스유입속도를 3배로 증가시키고 유입구 폭을 2배로 늘리면 Lapple의 절단입경(Cut Size Diameter)인 d_p'는 처음 값(d_p)에 비해 어떻게 변화되는가?

풀이

절단입경식 $d_{p50} = \left(\dfrac{9\,\mu_g W}{2\,\pi N(\rho_p - \rho)\,V} \right)^{0.5}$ 에서

가스유입속도 및 유입구 폭에 고려하여 계산하면

$$d_p' \propto \left(\frac{2}{3}\right)^{0.5}$$

$$= 0.816 d_p$$

필수 문제

07 실린더 직경 1.5×10^2 cm인 사이클론으로 선회류의 회전수가 5인 경우 함진가스 유입속도 10 m/s, 입자밀도 1.5 g/cm^{3}일 때 직경 24 μm인 입자의 Lapple식에 의한 이론적 제거효율(%)은?(단, D_p : 절단입경(μm), 배출가스점도 : 2×10^{-5} kg/m · sec, 배출가스의 밀도 : 1.3×10^{-3} g/cm^3, 유입구 폭 : $\frac{1}{4}$×실린더 직경)

〈입경비에 대한 이론적 제거효율〉

D/D_p	1.0	1.5	2.0	2.5
이론적 제거효율(%)	50	70	80	85

풀 이 절단입경(D_p) $=\left(\dfrac{9\,\mu_g W}{2\,\pi N(\rho_p-\rho)\,V}\right)^{0.5}$

$\rho_p = 1.5\ \text{g/cm}^3 \times \text{kg}/1{,}000\ \text{g} \times 10^6\ \text{cm}^3/\text{m}^3 = 1{,}500\ \text{kg/m}^3$

$\rho = 1.3\times10^{-3}\ \text{g/cm}^3 \times \text{kg}/1{,}000\ \text{g} \times 10^6\ \text{cm}^3/\text{m}^3 = 1.3\ \text{kg/m}^3$

$W = \dfrac{1}{4} \times$실린더 직경$= \dfrac{1}{4} \times (1.5\times10^2)\text{cm} \times \text{m}/100\ \text{cm} = 0.375\ \text{m}$

$=\left(\dfrac{9\times(2\times10^{-5})\times0.375}{2\times3.14\times5\times(1{,}500-1.3)\times10}\right)^{0.5}$

$=1.1976\times10^{-5}\ \text{m}\times10^6\ \mu\text{m/m} = 11.976\ \mu\text{m}$

직경비$\left(\dfrac{D}{D_p}\right) = \dfrac{24}{11.976} = 2.0$

표에서 이론적 제거효율(%) = 80%

필수 문제

08 사이클론으로 576 m^3/h 의 함진가스를 처리하고자 한다. 사이클론의 입구 속도를 10 m/s, 단변과 장변이 비를 1 : 2로 할 경우 단변의 길이(cm)는?

풀 이 $Q = A \times V$에서

$A = \dfrac{Q}{V} = \dfrac{576\ \text{m}^3/\text{hr}\times\text{hr}/3{,}600\ \text{sec}}{10\ \text{m/sec}} = 0.016\ \text{m}^2$

$A = 2\times$(단변)$^2 = 0.016\ \text{m}^2$

단변$= \sqrt{\dfrac{0.016\ \text{m}^2}{2}} = 0.089\ \text{m}\times100\ \text{cm/m} = 8.94\ \text{cm}$

필수 문제

09 사이클론 유입구의 높이(길이)가 50 cm, 원통부의 길이가 200 cm, 원추부의 길이가 500 cm일 때 유효회전수(N_e)를 구하시오.

풀이 유효회전수(N_e) $= \dfrac{1}{\text{유입구 높이}} \times \left(\text{원통부 높이} + \dfrac{\text{원추부 높이}}{2}\right)$

$$= \frac{1}{50} \times \left(200 + \frac{500}{2}\right) = 9$$

필수 문제

10 유량이 180 m^3/min 인 공기흐름을 몸통 직경이 1.0 m 인 사이클론을 이용하여 처리하고자 한다. 다음 표를 이용하여 새로 제작하려고 하는 사이클론의 외부 선회류의 유효회전수(N_e)를 구하면?

몸통 직경(D/D)	1.0	가스 출구 직경(D_e/D)	0.5
유입구 높이(H/D)	0.5	선회류 출구길이(S/D)	0.625
유입구 폭(W/D)	0.25	원통부의 길이(L_b/D)	2.5
원추부의 길이(L_c/D)	2.5		

풀이 유효회전수(N_e) $= \dfrac{1}{\text{유입구 높이}} \times \left(\text{원통부 높이} + \dfrac{\text{원추부 높이}}{2}\right)$

$$= \frac{1}{0.5}\left(2.5 + \frac{2.5}{2}\right) = 7.5$$

학습 Point

1. Cyclone의 특징 내용 숙지
2. 집진 가능 입경 내용 및 관련식 숙지
3. Blow down 방식 내용 숙지

(4) 세정 집진장치

① 원리

세정액을 분사시키거나 함진가스를 분산시켜 생성되는 액적(물방울), 액막 또는 응집을 일으켜 입자를 분리포집하는 장치이다. 주로 확산력과 관성력을 주로 이용한다.

㉠ 액적에 입자가 충돌하여 부착한다.

㉡ 배기가스 증습에 의하여 입자가 서로 응집한다.(증습하면 입자의 응집이 높아짐)

㉢ 미립자 확산에 의하여 액적과의 접촉을 쉽게 한다.

㉣ 액막과 기포에 입자가 충돌하여 부착된다.

㉤ 입자를 핵으로 한 증기의 응결에 따라 응집성을 촉진시킨다.

② 장점

㉠ 미립자 제거가 가능하고 단일장치에서 가스흡수와 먼지포집이 동시에 가능하다.

㉡ 친수성 입자의 집진효과가 크고 고온가스의 취급이 용이하다.

㉢ 한번 제거된 입자는 처리가스 속으로 거의 재비산되지 않는다.

㉣ 고온다습한 가스나 여과, 전기집진장치보다 협소한 장소에도 설치가 가능하다.

㉤ 고온다습한 가스나 연소성 및 폭발성 가스의 처리가 가능하다.

㉥ 점착성 및 조해성 분진의 처리가 가능하다.

㉦ 다른 고효율 집진장치에 비해 설비비가 저렴하며 가동부분이 작다.

㉧ Demistor 사용으로 미스트 처리가 용이하다.

㉨ 부식성 가스와 먼지를 중화시킬 수 있다.

③ 단점

㉠ 습식이기 때문에 부식잠재성이 있다.

㉡ 압력손실이 커 동력상승에 따른 운전비용이 고가이다.

㉢ 세정수가 다량 필요하여 폐수가 발생하며 공업용수(세정수)를 과잉 사용한다.

㉣ 처리된 가스의 확산이 어렵다. 즉, 배기의 상승확산력을 저하한다.

㉤ 백연 발생으로(가시적 연기) 인한 재가열시설이 필요하다.

㉥ 한랭, 즉 추운 경우에 세정액 동결방지장치를 필요로 한다.

㉦ 소수성 입자나 가스의 집진율이 일반적으로 낮다.

㉧ 친수성, 부착성이 높은 먼지에 의해 폐쇄 발생 우려가 있다.

㉨ 타 집진장치와 비교시 장기운전이나 휴식 후의 운전 재개시 장애가 발생할 수 있다.

㉩ 집진된 먼지의 회수가 용이하지 않다.

㉪ 굴뚝으로 최종 배출되기 전에 기액분리기를 사용해 제거해 주어야 한다.

④ 세정집진장치를 설치해야 하는 경우

㉠ 배기가스 성분이 가연성일 경우

㉡ 유독가스 및 악취를 포함하고 있는 경우
㉢ 배기가스 처리량이 적을 경우
㉣ 배기가스의 온도가 높아 냉각을 요하는 경우
㉤ 비중이 일반적으로 적고 전기저항이 $10^{11}\Omega \cdot cm$ 이상인 미세입자가 있는 경우
㉥ 접착성 입자 포함시 또한 입자의 크기를 증가시켜 응집효과를 기대할 경우

⑤ **종류**

세정집진장치는 세정액의 접촉형태에 따라 형식은 유수식, 가압수식, 회전식으로 크게 구분한다.

㉠ 유수식
ⓐ 가스분산형식이다.(기체분산형)
ⓑ 세정액 속으로 처리가스를 유입하여 이때 생성된 세정액의 액적·액막·기포를 형성, 배기가스를 세정하는 방식으로 보유액을 순환시키기 때문에 보충액량이 적은 것이 특징이다.
ⓒ 종류 - S임펠러형
- 로타형
- 가스 분수형
- 나선 안내익형
- 오리피스 스크러버
- Plate Tower

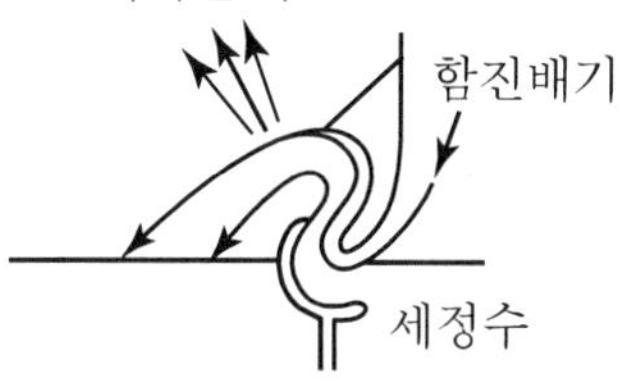

분수형

나선 Guide Vane형

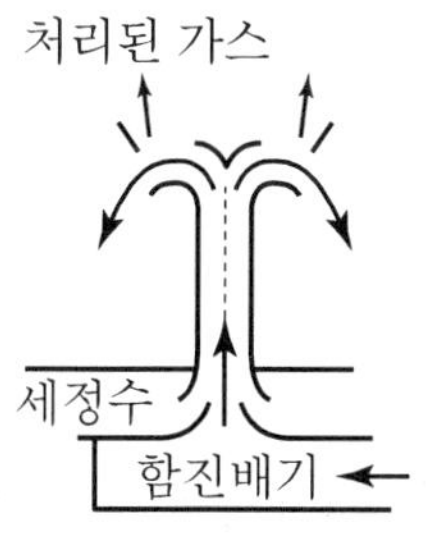

Impeller형

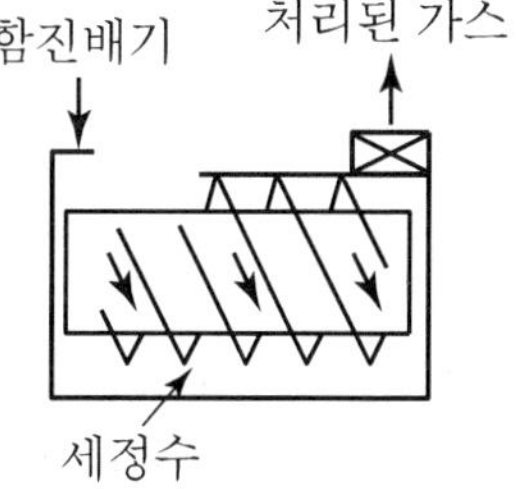

Rota형

[유수식 세정 세진장치의 예]

㉡ 가압수식

ⓐ 액분산형식이다.(액체분산형)

ⓑ 세정액을 가압공급하여 배기가스와 접촉하여 세정하는 방식이다.

ⓒ 종류

• 벤튜리스크러버(Venturi Scrubber)

- 원리 ⇒ 가스입구에 벤튜리관을 삽입하고 배기가스를 벤튜리관의 목부에 유속 60~90 m/sec로 빠르게 공급하여 목부 주변의 노즐로부터 세정액을 흡인 분사되게 함으로써 포집하는 방식, 즉 기본유속이 클수록 작은 액적이 형성되어 미세입자를 제거함

- 목(Throat)부 유속 ⇒ 60~90 m/sec

- 적용 ⇒ 분진농도 10 g/Sm^3 이하

- 효율 ⇒ 가압수식 중 가장 높음(광범위 사용)

- 액기비 ⇒ · 액가스비는 10μm 이하 미립자 또는 친수성 입자가 아닌 입자, 즉 소수성 입자의 경우는 1.5 L/m^3 정도를 필요로 한다. (0.3~1.5L/m^3)

· 액가스비는 일반적으로 먼지의 입경이 작고, 친수성이 아닐수록 먼지농도가 높을수록 액가스비가 커지며, 점착성이 크고, 처리가스의 온도가 높을 때도 액가스비가 커진다.

· 점착성, 조해성 먼지처리도 가능하다.

· 기본유속이 클수록 집진율 높음

- 압력손실 ⇒ 300~800 mmH_2O

- 물방울입경과 먼지입경의 비 ⇒ 150 : 1 전후(흡수효율 매우 우수)

- 특징 ⇒ · 소형으로 대용량의 가스 처리가 가능

· 먼지와 가스의 동시제거 가능

· 압력손실이 높음(동력소비량 증가로 운전비용 상승)

· 세정액 대량 요구됨(운전비용 상승)

· 먼지부하 및 가스유동에 민감함

· 소요면적이 적고 흡수효율이 매우 우수함

· 점착성, 조해성 먼지처리도 가능

· 기본유속이 클수록 집진율 높음

• 제트스크러버(Jet Scrubber)

- 원리 ⇒ 이젝터(Ejector)를 사용하여 물(세정액)을 고압분무하여 승압효과에 의해 수적과 접촉 포집하는 방식으로 기본유속이 클수록 작은 액적이 형성되어 미세입자를 제거함

- 유속 ⇒ 10~20 m/sec
- 적용 ⇒ · 가스저항이 적고, 세정수량이 다른 세정장치에 비해 10~20배 정도로 많아 동력비가 많이 소요됨
  · 현장여건이 송풍기 설치 불가하고 처리가스량이 소량인 경우 적용
- 액기비 ⇒ 10~100 L/m^3(액기비 가장 큼)
- 압력손실 ⇒ -100~-300 mmH_2O
- 특징 ⇒ · 송풍기를 사용하지 않음(세정액의 고압분무에 의한 승압효과로 배기가스를 장치 내로 유입시키기 때문)
  · 처리가스량이 많은 경우에는 효과가 낮은 편이므로 사용하지 않음
  · 다량세정액 사용으로 유지관리비 증가
  · 기본유속이 클수록 집진율 높음

• 사이클론스크러버(Cyclone Scrubber)
- 원리 ⇒ 처리가스를 접선 유입시켜 회전시키면서 중심부에 노즐을 설치하여 세정액을 분무·세정하는 방식
- 유속 ⇒ 15~35 m/sec
- 액기비 ⇒ 0.5~1.5 L/m^3
- 압력손실 ⇒ 100(120)~200(150) mmH_2O
- 특징 ⇒ · 원심력, 가압, 유수식 집진 원리를 동시에 가지므로 효율이 좋음

• 충전탑(Packed Tower)
- 원리 ⇒ 탑 내에 충전물을 넣어 배기가스와 세정액적과의 접촉표면적을 크게 하여 세정하는 방식이다. 즉, 충전물질의 표면을 흡수액으로 도포하여 흡수액의 엷은 층을 형성시킨 후 가스와 흡수액을 접촉시켜 흡수시킴
- 탑 내 이동속도 ⇒ 1 m/sec 이하(0.3~1 m/sec or 0.5~1.5m/sec)
- 액기비 ⇒ 1~10 L/m^3(2~3L/m^3)
- 압력손실 ⇒ 50~100 mmH_2O(100~250mmH_2O)
- 특징 ⇒ · 액분산형 흡수장치로서 충전물의 충전방식을 불규칙으로 했을 때 접촉면적은 크나, 압력손실은 증가한다.
  · 효율증대를 위해서는 가스의 용해도를 증가시키고 액가스비를 증가시켜야 한다.
  · 포말성 흡수액에도 적응성이 좋으나 충전층의 공극이 폐쇄되기 쉬우며 희석열이 심한 곳에는 부적합하다.
  · 가스유속이 과대할 경우 조작이 불가능하다.
  · 가스량 변동에 비교적 적응성이 있다.

· 충전탑에서 1~5μm 정도 크기의 입자를 제거할 경우 장치 내 처리가스의 속도는 대략 25cm/sec 이하 정도이어야 한다.

- 분무탑(Spray Tower)
  - 원리 ⇒ 다수의 분사노즐을 사용하여 세정액을 미립화시켜 오염가스 중에 분무하는 방식이다.
  - 가스유속 ⇒ 0.2~1 m/sec
  - 액기비 ⇒ 2~3 L/m^3
  - 압력 손실 ⇒ 2(10)~20(50) mmH_2O
  - 특징 ⇒ · 구조적으로 간단하고 압력손실이 적어 충전탑보다 저렴하다.
    · 가스유출시 세정액의 비산이 문제되므로 탑 상단에 Demistor (기액 분리장치)를 설치해야 한다.
    · 가스의 흐름이 균일하지 못하고, 분무액과 가스의 접촉이 균일하지 못하여 효율이 낮은 편이다.

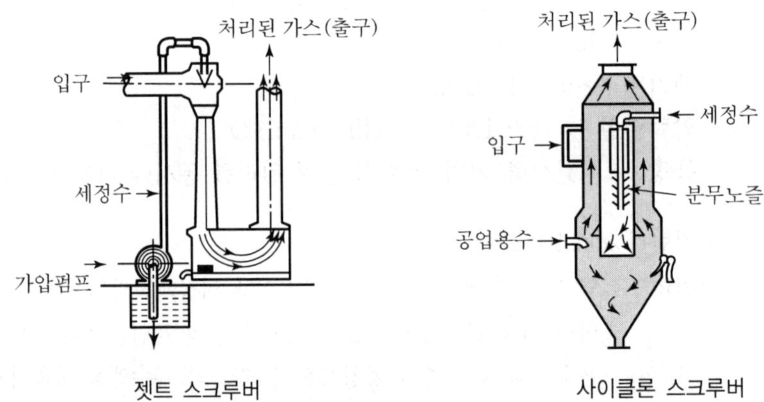

젯트 스크루버

사이클론 스크루버

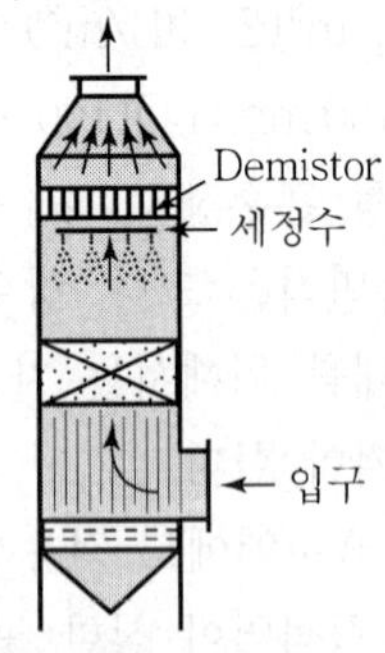

세정탑(충진탑)

[가압수식 집진장치]

㉢ 회전식

ⓐ 송풍기의 회전을 이용하여 액막, 기포를 형성시켜 배기가스를 세정하는 방식이다.

ⓑ 종류

• 타이젠 와셔(Theisen Washer)

- 원리 ⇒ 고정 및 회전날개로 구성된 다익형 날개차를 350~750 rpm 으로 고속선회하여 배기가스와 세정수를 교반시켜 먼지를 제거하는 방식이다.
- 액기비 ⇒ 0.5(0.7)~2 L/m³
- 압력손실 ⇒ -50~-150 mmH_2O
- 특징 ⇒ 미세먼지에 대한 효율이 99% 정도이며, 별도의 송풍기는 필요없으나 동력비는 많이 든다.

• 임펄스 스크러버(Impulse Scrubber)

- 원리 ⇒ 송풍기 회전축에 설치된 분무회전판에 의해 생성되는 액막, 기포 등으로 배기가스를 세정하는 방식이다.
- 액기비 ⇒ 0.2~0.5 L/m³
- 압력손실 ⇒ 30~100 mmH_2O
- 특징 ⇒ · 회전속도에 따라 액적의 크기가 변하여 집진율이 변동되어 타이젠와셔보다는 집진율이 낮다.
  · 운전비가 저렴하다.

⑥ 집진효율 향상조건

㉠ 가압수식(충전탑 제외 벤튜리스크러버 대표적)에서는 목(Throat)부의 배기가스 처리속도가 클수록 집진율이 높아진다.

㉡ 유수식에서는 세정액의 미립화수, 가스 처리속도가 클수록 집진율이 높아진다.

㉢ 회전식에서는 원주속도를 크게 하면 집진율이 높아진다.

㉣ 충전탑에서는 탑 내의 처리가스속도를 1 m/sec 정도로 작게 한다.

㉤ 분무액의 압력은 높게, 액적 · 액막 등의 표면적은 크게 한다.

㉥ 충전재의 표면적, 충전밀도를 크게 하고 처리가스의 체류시간이 갈수록 집진율이 높아진다.

㉦ 최종단에 사용되는 기액분리기의 수적생성률이 높을수록 집진율이 향상된다.

⑦ 관성충돌효율(η_t)

㉠ 개요

집진성능은 관성충돌효율이 커지면 줄여지고 관성충돌 효율은 관성충돌계수가 클수록 상승한다.

㉡ 관련식

$$\eta_t = \frac{1}{1+\dfrac{0.65}{S}}$$

여기서, S : 관성충돌계수(무차원)

$$S = \frac{{d_p}^2 \rho_p V}{18\,\mu_g d_w}$$

여기서, d_p : 입자 직경(m)

ρ_p : 입자 밀도(kg/m^3)

V : 초기상대속도(입자와 액적 : m/sec)

μ_g : 가스 점도(kg/m · sec)

d_w : 액적 직경(m)

㉢ 관성충돌계수 상승조건

ⓐ 액적 직경이 작아야 함

ⓑ 처리가스의 온도, 점도가 낮아야 함

ⓒ 처리가스와 액적의 상대속도가 커야 함

ⓓ 입자 입경 및 밀도가 커야 함

⑧ 액적의 직경

㉠ 누게야마식

가스분무 경우 그 기류에 의해 세정액이 미립화되는 경우

$$d_w = \frac{585}{V}\sqrt{\frac{T}{\rho_l}} + 597\left(\frac{\mu_l}{\sqrt{T}\rho_l}\right)^{0.45} \times L^{1.5}$$

여기서, d_p : 액적의 크기(직경 : μm)

V : 기-액 상대속도(m/sec)

T : 세정액의 표면장력(dyne/cm)

ρ_l : 세정액의 밀도(g/cm³)
μ_l : 세정액의 점도(g/cm · sec)
L : 액기비(L/m³)

[간이식]

$$d_w = \frac{5,000}{V} + 29\,L^{1.5}(\mu\text{m})\ \ (\text{at } 20℃)$$

㉡ 회전원판에 의해 분무액이 미립화되는 경우

$$d_w = \frac{200}{N\sqrt{R}}$$

여기서, d_w : 액적의 크기(직경 : cm)
N : 회전원판의 회전수(rpm)
R : 회전원판의 반경(cm)

⑨ 벤튜리스크러버의 각 인자 관계식

$$n\left(\frac{d}{D_t}\right)^2 = \frac{V_t \cdot L}{100\sqrt{P}}$$

여기서, D_t : 목부의 직경(m)
d : 노즐의 직경(m)
n : 노즐의 수
V_t : 목부의 가스유속(m/sec)
L : 액기비(L/m³)
P : 수압(mmH_2O)

필수 문제

01 20℃에서 기-액 상대속도가 60 m/sec 이고 액기비가 2.0 L/m^3 이라면 생성된 액적의 반경(μm)은?

풀이 액적의 직경(d_w) $= \dfrac{5,000}{V} + 29\,L^{1.5}(\mu m) = \dfrac{5,000}{60} + 29 \times 2^{1.5} = 165.36\ \mu m$

액적의 반경 $= 165.36/2 = 82.68\ \mu m$

필수 문제

02 0.25 μm 직경을 가진 구형물입자(Water Droplet) 하나에 포함되어 있는 물분자수는 몇 개인가?

풀이 구형물입자 체적(0.25 μm 직경) $= \dfrac{1}{6}\pi dw^3$

$= \dfrac{1}{6} \times 3.14 \times (0.25\ \mu m \times m/10^6\ \mu m)^3$

$= 8.178\times10^{-21}\ m^3 \times 1,000\ L/m^3 = 8.178\times10^{-18}\ L$

1 mol $= 6.023\times10^{23}$ 의 분자수(아보가드로 법칙)

물분자수 $= 8.178\times10^{-18}\ L \times 1,000\ g/L \times 1\ mol/18\ g \times \dfrac{6.023\times10^{23}}{1\ mol} = 2.736\times10^{8}$개

필수 문제

03 밀도가 1,400 kg/m^3 인 물질 1 kg 속에 포함되어 있는 입경 0.1 μm 인 구형입자의 수를 구하시오.

풀이 물체 1 kg의 체적(V)

$V = \dfrac{질량}{밀도} = \dfrac{1\ kg}{1,400\ kg/m^3} = 7.14 \times 10^{-4}\ m^3$

입경 0.1 μm 구형입자 한 개 체적(V')

$$V' = \frac{1}{6}\pi d_p^{\ 3} = \frac{1}{6} \times 3.14 \times (0.1\ \mu m \times m/10^6\ \mu m)^3 = 5.23 \times 10^{-22}\ m^3/개$$

$$0.1\ \mu m\ 구형입자\ 개수 = \frac{7.14 \times 10^{-4}\ m^3}{5.23 \times 10^{-22} m^3/개} = 1.365 \times 10^{18} 개$$

필수 문제

04

벤튜리스크러버에서 220 m³/min 의 함진가스를 처리하려고 한다. 목부(Throat)의 지름이 30 cm, 수압 1.8 atm, 직경 4 mm 인 노즐 8개를 사용할 때 필요한 물의 양(L/sec)은?(단, $n\left(\frac{d}{D_t}\right)^2 = \frac{V_t \cdot L}{100\sqrt{P}}$ 이용)

풀 이

식에 의해 L(액기비)를 구한 후 필요 물량을 구함

$$n\left(\frac{d}{D_t}\right)^2 = \frac{V_t \cdot L}{100\sqrt{P}}$$

$$V_t = \frac{Q}{A} = \frac{220\ m^3/\min \times \min/60\ sec}{\left(\frac{3.14 \times 0.3^2}{4}\right) m^2} = 51.89\ m/sec$$

$d = 4\ mm \times m/1{,}000\ mm = 0.004\ m$

$D_t = 30\ cm \times m/100\ cm = 0.3\ m$

$P = 1.8\ atm \times 10{,}332\ mmH_2O/atm = 18{,}597.6\ mmH_2O$

$n = 8$

$$8\left(\frac{0.004}{0.3}\right)^2 = \frac{51.89 \times L}{100\sqrt{18{,}597.6}}$$

$L = 0.374(L/m^3)$

필요한 물의 양(L/sec) = $220\ m^3/\min \times 0.374\ L/m^3 \times \min/60\ sec = 1.37\ L/sec$

필수 문제

05

벤튜리스크러버의 사양이 다음과 같을 때 노즐의 직경(mm)을 구하시오.

목 직경 : 20 cm, 수압 : 20,000 mmH_2O, 노즐개수 : 10개
액기비 : 1 L/m³, 목 부의 가스유속 : 60 m/sec

풀이 $n\left(\frac{d}{D_t}\right)^2 = \frac{V_t \cdot L}{100\sqrt{P}}$

$$d = D_t \times \left(\frac{1}{n} \times \frac{V_t \times L}{100\sqrt{P}}\right)^{0.5}$$

$$= 0.2 \times \left[\frac{1}{10} \times \left(\frac{60 \times 1}{100\sqrt{20,000}}\right)\right]^{0.5}$$

$$= 0.00411 \text{ m} \times 1,000 \text{ mm/m} = 4.12 \text{ mm}$$

필수 문제

06 세정식 집진장치에서 회전원판에 의해 분무액이 미립화될 경우 원심력과 표면장력에 의해 물방울 직경을 측정할 수 있다. 회전원판의 반경 4 cm, 회전수 3,600 rpm 일 때 물방울 직경(μm)은?

풀이 물방울 직경(μm) $= \frac{200}{N\sqrt{R}} = \frac{200}{3,600\sqrt{4}} = 0.0278 \text{ cm} \times 10^4 \ \mu\text{m/cm} = 277.78 \ \mu\text{m}$

필수 문제

07 회전식 세정 집진장치에 공급되는 세정액은 송풍기의 회전에 의해 미립자로 만들어지는데 물방울 직경을 300 μm 로 만들기 위한 직경 10 cm 회전판의 회전수(rpm)는?

풀이 $d_w = \frac{200}{N\sqrt{R}}$

$$300 \ \mu\text{m} \times \text{cm}/10^4 \ \mu\text{m} = \frac{200}{N\sqrt{5 \text{ cm}}}$$

$N = 2,981.42$ rpm

필수 문제

08 벤투리 스크러버에서 액가스비가 0.6 L/m^3, 목부의 압력손실이 350 mmH_2O 일 때 목부의 가스속도(m/sec)는?(단, 가스비중 1.2 kg/m^3, $\Delta P=(0.5+L)\times\frac{\gamma V^2}{2g}$ 이용)

풀이

$$\Delta P=(0.5+L)\times\frac{\gamma V^2}{2g}$$

$$350=(0.5+0.6)\times\frac{1.2\times V^2}{2\times 9.8}$$

$$V^2=5{,}196.97$$

$$V=72.09\ \text{m/sec}$$

필수 문제

09 목(Throat) 부분의 지름이 30 cm인 벤투리 스크러버를 사용하여 360 m^3/min의 함진가스를 처리할 때, 320 L/min의 세정수를 공급할 경우 이 부분의 압력손실(mmH_2O)은?(단, 가스밀도는 1.2 kg/m^3이고, 압력손실계수는 [0.5 + 액가스비이다.])

풀이

$$\Delta P=(0.5+L)\times\frac{\gamma V^2}{2g}$$

$$L(\text{L/m}^3)=\frac{320\text{L/min}}{360\text{m}^3/\text{min}}=0.89\text{L/m}^3$$

$$V=\frac{Q}{A}=\frac{360\text{m}^3/\text{min}\times\text{min}/60\text{sec}}{\left(\frac{3.14\times 0.3^2}{4}\right)\text{m}^2}=84.88\text{m/sec}$$

$$=(0.5+0.89)\times\frac{1.2\times 84.88^2}{2\times 9.8}=613.33\text{mmH}_2\text{O}$$

학습 Point

1. 세정집진장치 장 · 단점 내용 숙지(출제비중 높음)
2. 유수식 및 가압수식 종류 숙지
3. 벤튜리스크러버 내용 숙지(출제비중 높음)
4. 관성충돌효율 관련식 숙지

(5) 여과집진장치

① 원리

함진가스를 여과재(Filter Media)에 통과시켜 입자를 분리 포집하는 장치로서 1 μm 이상의 분진포집은 99%가 관성충돌과 직접 차단에 의하여 이루어지고 0.1 μm 이하의 분진은 확산과 정전기력에 의하여 포집하는 집진장치이다.

② 입자 제거 메커니즘(여과포집 기전)

㉠ 직접차단(간섭 : Direct Interception)

ⓐ 기체유선에 벗어나지 않는 크기의 미세입자가 입자에 작용하는 관성력이 상대적으로 작을 때 섬유와 접촉에 의해서 포집되는 집진기구이다.

ⓑ 입자크기와 필터 기공의 비율이 상대적으로 클 때 중요한 포집기전이다.

㉡ 관성충돌(Intertial Impaction)

ⓐ 입경이 비교적 크고 입자가 기체유선에서 벗어나 급격하게 진로를 바꾸면 방향의 변화를 따르지 못한 입자의 방향지향성, 즉 관성력 때문에 섬유층에 직접충돌하여 포집되는 원리이다.

ⓑ 유속이 빠를수록, 필터 섬유가 조밀할수록 이 원리에 의한 포집비율이 커진다.

㉢ 확산(Diffusion)

ⓐ 유속이 느릴 때 포집된 입자층에 의해 유효하게 작용하는 포집기구이다.

ⓑ 미세입자(직경 0.1 μm 이하)의 불규칙적인 운동, 즉 브라운 운동에 의한 포집원리이다.

㉣ 중력침강(Gravitional Settling)

ⓐ 입경이 비교적 크고 비중이 큰 입자가 저속기류 중에서 중력에 의하여 침강되어 포집되는 원리이다.

ⓑ 면속도가 약 5 cm/sec 이하에서 작용한다.

㉤ 정전기 침강(Electrostatic Settling)

입자가 정전기를 띠는 경우에는 중요한 기전이나 정량화하기가 어렵다.

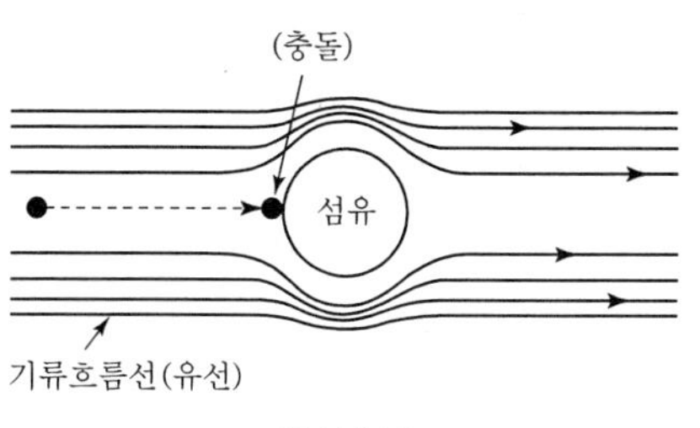

관성충돌

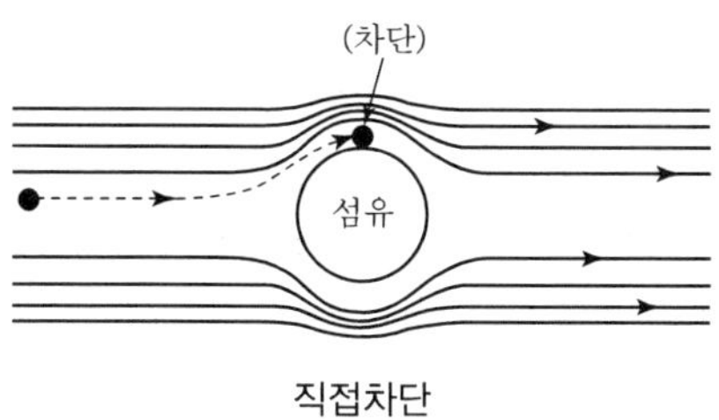

직접차단

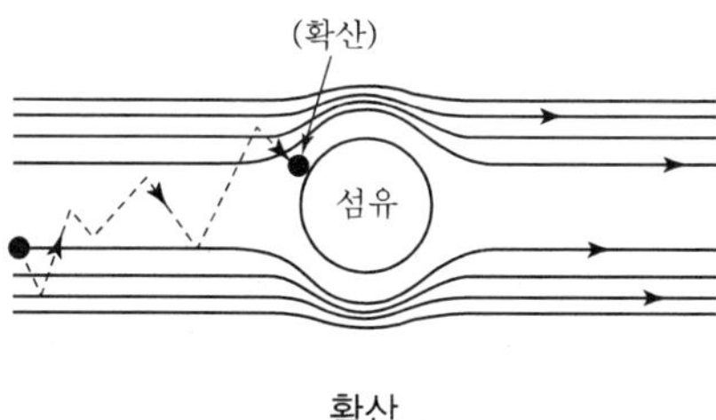

확산

[여과포집원리(기전)]

Reference | 브리지(Bridge) 현상

굵은 입자는 주로 관성충돌작용에 의해 부착되고 미세한 분진은 확산작용 및 차단작용에 의해 부착되어 섬유의 올과 올 사이에 가교를 형성하게 되는 현상

③ 개요

㉠ 취급입자 : 0.1～20 μm

㉡ 압력손실 : 100～200 mmH_2O

㉢ 집진효율 : 90～99%

㉣ 여과속도 : 일반입자(0.3～10 cm/sec), 미세입자(1～2 cm/sec)

④ 장점

㉠ 집진효율이 높고 미세입자 제거가 가능하다.

㉡ 세정집진장치보다 압력손실과 동력소모가 적다.

㉢ 다양한 여과재의 사용으로 인하여 설계 시 융통성이 있다.

㉣ 건식 공정이므로 포집먼지의 처리가 쉽고 설치적용범위가 광범위하다.

㉤ 연속집진방식일 경우 먼지부하의 변동이 있어도 운전효율에는 영향이 없다.

㉥ 여과재에 표면처리하여 가스상 물질을 처리할 수도 있다.

⑤ 단점

㉠ 여과재의 교환으로 유지비가 고가이다.

㉡ 수분이나 여과속도에 대한 적응성이 낮다.

㉢ 가스의 온도에 따른 여과재의 사용이 제한된다. 즉, 250℃ 이상 고온가스처리 경우 고가의 특수여과백을 사용해야 한다.

㉣ 점착성, 흡습성, 폭발성, 발화성(산화성 먼지농도 50 g/m^3 이상일 경우)의 입자 제거는 곤란하다.

㉤ 가스가 노점온도 이하가 되면 수분이 생성되므로 주의를 요한다.

⑥ 여과방식에 따른 구분

㉠ 내면여과 방식

ⓐ 여재를 비교적 느슨하게 틀 속에 충전하여 이것을 여과층으로 하여 함진가스 중의 먼지입자를 포집하는 방식으로 여재내면에서 포집된다.

ⓑ Package형 Filter, 방사성 먼지용 Air Filter 등이 이 여과방식에 속하고, 여과속도가 적으며, 압력손실은 보통 30 mmH_2O 이하이다.

ⓒ 습식인 경우 부착된 입자의 제거가 곤란하므로 일정량 이상의 입자가 부착되면 새로운 여재로 교환해야 한다.

ⓓ 내면여과는 일반적으로 건식으로서 사용되지만 접착성 기름을 여재에 바른 습식도 있다.

ⓔ 이 방식은 주로 저농도, 저용량의 함진가스의 오염공기를 처리시 사용된다.

㉡ 표면여과 방식

ⓐ 비교적 얇은 여과재(직조한 여과포)에 함진가스를 통과시켜 최초로 부착된 입자층(1차 부착층 또는 초층)을 실제 여과층으로 하여 미세입자를 분리 포집하는 방식이다.

ⓑ 초층의 눈막힘을 방지하기 위해 처리가스의 온도를 산노점 이상으로 유지한다.

⑦ 여과포(Filter Bag) 모양에 따른 구분

㉠ 원통형(Tube Type) : 주로 사용

㉡ 평판형(Plate Type)

㉢ 봉투형(Envelope Type)

⑧ 탈진방식에 따른 구분

㉠ 간헐식

- 집진실을 여러 개의 방으로 구분하고 방 하나씩 처리가스의 흐름을 차단하여 순차적으로 탈진하는 방식이며, 여포의 수명은 연속식에 비해 길다.
- 연속식에 비하여 먼지의 재비산이 적고, 높은 집진율을 얻을 수 있다.
- 점성이 있는 조대분진을 탈진할 경우 진동형은 여포 손상을 일으키며, 대량가스의 처리에 부적합하다.
- 진동형, 역기류형, 역기류 진동형은 간헐식 탈진방법에 해당한다.

ⓐ 진동형

- 여포의 음파진동, 횡진동, 상하진동에 의해 포집된 먼지층을 털어내는 방식으로 접착성 먼지의 집진에는 사용할 수 없다. 즉, 점성이 있는 조대먼지 탈진 시에는 여포손상을 일으킨다.
- 일반적 여과속도는 1~2 cm/sec 범위이다.

ⓑ 역기류형

- 단위집진실에 처리가스의 유입을 중단한 후 가스유입 반대방향으로 압축공기를 분사시켜 포집분진층을 탈리시키는 형식이다.
- 적정여과속도는 0.5~1.5 cm/sec이며 역기류가 강할 경우에는 Glass Fiber(초자섬유)를 적용하는 데는 한계가 있다.

ⓒ 역기류 진동형

- 진동+역기류형의 조합형식이다.

㉡ 연속식

- 포집과 탈진이 동시에 이루어지므로 압력손실이 거의 일정하고 고농도, 대용량의 가스를 처리할 수 있다.
- 탈진 공정 시 먼지의 재비산이 발생하므로 간헐식에 비하여 집진효율이 낮고 여과백(Bag Cloth)의 수명이 단축된다.
- 청소를 위해 주기적인 가동중단이 요구되지 않거나 불가능한 경우에 주로 채택된다.

ⓐ 역제트기류 분사형(Reverse Jet Type)

여과자루에 상하로 이동하는 블로어에 몇 개의 Slot(슬롯)을 설치하고 여기에 고속제트기류를 주입하여 여과자루를 위·아래로 이동하면서 탈진하는 방식이다.

ⓑ 충격제트기류 분사형(Pulse Jet Type)

- 함진가스는 외부여과하고, 먼지는 여포 외부에 포집되므로 여포에 Casing이 필요하며, 여포의 상부에는 각각 Venturi관과 Nozzle이 붙어 있어 압축공기를 분사 Nozzle에서 일정 시간마다 분사하여 부착한 먼지를 털어내야 한다. 즉, 고압력의 충격제트기류를 사용하여 여과포 내부의 포집분진층을 털어내는 방식이다.
- 적정여과속도는 2.5(3)~6(7) cm/sec이며 여과포의 재질은 매트형 모전이 사용되며 형상은 원통형으로 소형화가 가능하고, 여포를 부직포로 하면 직포의 2~3배 여과속도 2~5m/min에서 처리할 수 있다.
- 연속탈진이 가능하고 탈진주기는 10~20분 정도로 길고 탈진 소요시간은 0.5~1.5초로 짧다.

⑨ 여과속도

㉠ 단위시간 동안 단위면적당 통과하는 여과재의 총면적으로 나눈 값을 의미하며 공기여재비(Air To Cloth Ratio ; A/C)라고도 한다.

㉡ 1 μm 이하의 미세입자 포집을 위해서는 여과속도를 1~2 cm/sec, 일반적 입자 포집에는 0.3~10 cm/sec 범위로 운전하는 것이 적정하다.

㉢ 산화아연 및 금속훈연보다는 밀가루의 입자상 물질이 여과속도가 크다.

㉣ 겉보기 여과속도가 작을수록 미세입자의 포집이 가능하다.

$$\text{여과속도} = \frac{\text{처리가스량}}{\text{총여과면적(여과포 1개 면적} \times \text{여과포 개수)}}$$

여기서, 여과포 1개 면적 : π×여과포 직경×여과포 유효높이

$$\text{여과포 개수} = \frac{\text{처리가스량}}{\text{여과포 하나의 가스량}} = \frac{\text{전체 여과면적}}{\text{여과포 하나의 면적}}$$

Reference | 송풍기의 위치에 따른 구분

① 가압식
송풍기가 B/F 입구 쪽에 위치하고 B/F에 양(+)압이 작용하며 송풍기의 부식, 마모 염려가 있다.

② 흡입식
송풍기가 B/F 후단에 위치하고 B/F에 부(−)압이 작용한다. 또한 이럴 경우 후향날개형 송풍기가 사용된다.

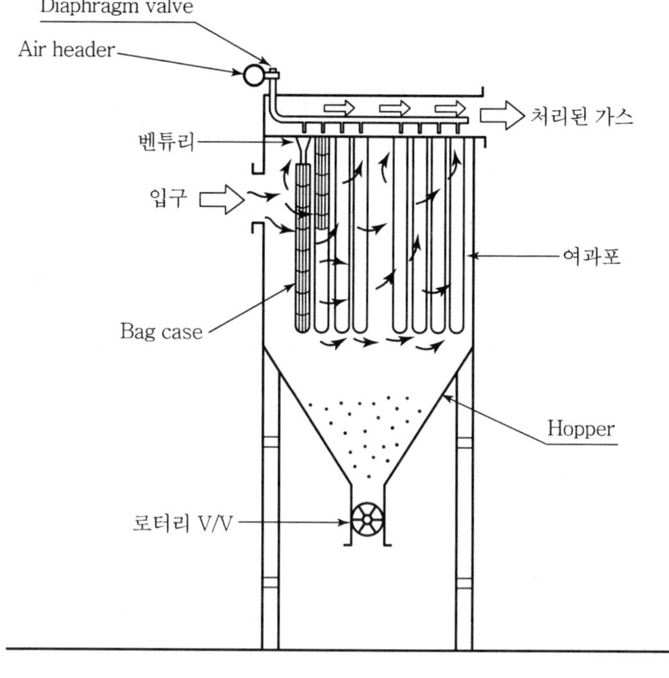

[Bag Filter]

필수 문제

01 직경이 30 cm, 높이가 10 m 인 원통형 여과집진장치(여포)를 이용하여 배출가스를 처리하고자 한다. 배출가스량은 750 m^3/min 이고, 여과속도는 3 cm/s 로 할 경우, 필요한 여포수는?

풀이 여과포 개수 $= \dfrac{\text{처리가스량}}{\text{여과포 하나당 가스량}}$

$$= \frac{750\ m^3/min \times min/60\ sec}{(\pi \times 0.3\ m \times 10\ m) \times 3\ cm/sec \times m/100\ cm} = 44.23(45\text{개})$$

필수 문제

02 반지름 245 mm, 유효길이 3.5 m 인 원통형 Bag Filter를 사용하여 농도 6 g/m³ 인 배출가스를 22 m³/s 로 처리하고자 한다. 겉보기 여과속도를 14 cm/s로 할 때 Bag Filter의 필요한 수는?

> **풀이** Bag Filter 수 $= \dfrac{\text{처리가스량}}{\text{여과포 하나당 가스량}}$
>
> $= \dfrac{22\ \text{m}^3/\text{sec}}{[\pi\times(2\times0.245)\,\text{m}\times3.5\ \text{m}]\times14\ \text{cm/sec}\times\text{m}/100\ \text{cm}}$
>
> $=29.18$(30개)

필수 문제

03 지름 20 cm, 유효높이 3 m 인 원통형 Bag Filter로 4.5×10^6 cm³/sec 의 함진가스를 처리하고자 한다. 여과속도를 0.04 m/sec 로 할 경우 필요한 Bag Filter 수는 얼마인가?

> **풀이** Bag Filter 수 $= \dfrac{\text{처리가스량}}{\text{여과포 하나당 가스량}}$
>
> $= \dfrac{4.5\times10^6\text{cm}^3/\text{sec}\times\text{m}^3/10^6\ \text{cm}^3}{(\pi\times0.2\ \text{m}\times3\ \text{m})\times0.04\ \text{m/sec}} = 59.71$(60개)

필수 문제

04 직경이 30 cm, 유효높이 10 m 의 원통형 Bag Filter를 사용하여 1,000 m³/min 의 함진가스를 처리할 때 여과속도를 1.5 cm/sec 로 하면 여과포 소요 개수는?

> **풀이** 총여과면적을 구하고 여과포 하나의 면적의 비를 구하면
>
> 총여과면적 $= \dfrac{\text{총처리가스량}}{\text{여과속도}}$
>
> $= \dfrac{1{,}000\ \text{m}^3/\text{min}}{1.5\ \text{cm/sec}\times60\ \text{sec/min}\times1\ \text{m}/100\ \text{cm}} = 1{,}111.11\ \text{m}^2$
>
> 여과포 소요 개수 $= \dfrac{\text{전체여과면적}}{\text{여과포 하나당 면적}(\pi\times D\times L)}$
>
> $= \dfrac{1{,}111.11\ \text{m}^2}{\pi\times0.3\ \text{m}\times10\ \text{m}} = 117.95$(118개)

⑩ 먼지부하

여과포의 단위면적당 퇴적되는 분진의 양을 의미하며 일반적으로 $0.2 \sim 1.0\,kg/m^2$ 범위에서 운전하는 것이 적당하다.

$$\text{먼지부하}(L_d) = (C_i - C_o)V_f t = C_i \times \eta \times V_f \times t$$

여기서, L_d : 먼지부하(kg/m^2, g/m^2)
C_i : 유입구 먼지농도(kg/m^3)
C_o : 출구 먼지농도(kg/m^3)
η : 집진효율
V_f : 여과속도(m/sec)
t : 여과시간(탈진주기 : sec)

$$\text{탈진주기}(t) = \frac{L_d}{C_i \times \eta \times V_f}$$

⑪ 여과포(여과재, 여포, Filter Bag, Bag Cloth)

㉠ 여포의 형상은 원통형, 평판형, 봉투형 등이 있으나 주로 원통형을 사용한다.

㉡ 여포는 내열성이 약하므로 가스온도가 250℃를 넘지 않도록 주의한다.

㉢ 여과재는 재질 보전을 위해서 최고사용온도를 넘지 않도록 주의해야 하며, 특히 고온가스를 냉각시킬 때에는 산노점(Dew Point) 이상으로 유지하여 여포의 눈막힘을 방지한다.

㉣ 여포재질 중 유리섬유(glass fiber)는 최고사용온도가 250℃ 정도이며, SO_2, HCl 등 내산성에 양호한 편이다.

㉤ 여과주머니(여과포)의 직경에 대한 길이의 비(L/D)를 너무 크게 하면 주머니끼리 마찰이 일어날 위험이 있고 먼지제거가 곤란하므로 통상 L/D 비는 20 이하가 좋다.

㉥ 여과포재질 중 Teflon은 고온(150~250℃)에 사용 가능하며, 내산성이 뛰어나지만 가격이 고가, 마모에 약하며 인장강도도 낮다.

㉦ 여과포의 재질은 내산・내알칼리성, 내열성, 물리적(기계적) 강도, 흡습성, 처리가스온도, 경제성 등을 고려하여 선택한다.

㉧ 여과포에서의 압력손실은 $150\,mmH_2O$가 넘지 않는 범위가 적절하다.

㉨ Cotton(목면)은 값이 저렴하나 흡습성이 높고, 최대허용온도는 약 80℃ 정도이고, 내산성은 나쁘고, 내알칼리성은 약간 양호하다.

㉩ 최고사용온도는 오론(150℃), 비닐론(100℃), 폴리아미드계 나일론(110℃) 등이다.

㉪ polyester계 섬유는 내산성과 내구성이 우수하다.
㉫ 오론은 내산성이 우수하고 최고사용온도는 150℃이다.
㉬ 비닐론은 내산성 및 내알칼리성이 우수하고 최고사용온도는 100℃이다.
㉭ 필요에 따라 유리섬유의 실리콘 처리, 합성섬유의 열처리 등을 한다.
㉮ 대표적 내산성 여과재는 비닐린, 카네카론, 글라스화이버이다.

Reference | Blinding 현상

점착성(부착성) 분진이 여과재에 부착된 후 배기가스 중에 함유된 수분의 응축으로 인하여 탈진이 되지 않고 여과재의 공극이 막혀 압력손실(저항)이 영구적으로 과도하게 증가되는 현상이다.

필수 문제

01 Bag Filter의 먼지부하가 420 g/m² 에 달할 때 탈락시키고자 한다. 이때 탈락시간 간격(분)은?(단, Bag Filter 유입가스 함진농도는 10 g/m³, 여과속도는 7,200 cm/hr이다.)

풀이

먼지부하$(L_d) = C_i \times V_f \times t \times \eta$

$$\text{탈진주기(min)} = \frac{L_d}{C_i \times V_f \times \eta}$$

$$= \frac{420\ \text{g/m}^2}{10\ \text{g/m}^3 \times 7,200\ \text{cm/hr} \times \text{hr}/60\ \text{min} \times \text{m}/100\ \text{cm}} = 35\ \text{min}$$

필수 문제

02 면적 1.5 m² 인 여과집진장치로 먼지농도가 1.5 g/m³ 인 배기가스가 100 m³/min 으로 통과하고 있다. 먼지가 모두 여과포에서 제거되었으며, 집진된 먼지층의 밀도가 1 g/cm³ 라면 1시간 후 여과된 먼지층의 두께(mm)는?

풀이

$$\text{먼지층 두께} = \frac{\text{먼지부하(kg/m}^2)}{\text{먼지밀도(kg/m}^3)}$$

먼지부하$= C_i \times V_f \times t$

$$= (1.5\ \text{g/m}^3 \times \text{kg}/1,000\ \text{g}) \times \left(\frac{100\ \text{m}^3/\text{min}}{1.5\ \text{m}^2}\right) \times 60\ \text{min}$$

$= 6\ \text{kg/m}^2$

$$= \frac{6\ \text{kg/m}^2}{1\ \text{g/cm}^3 \times 10^6 \text{cm}^3/\text{m}^3 \times \text{kg}/1,000\ \text{g}}$$
$$= 0.006\ \text{m} \times 1,000\ \text{mm/m} = 6\ \text{mm}$$

필수 문제

03 10개의 Bag 을 사용한 여과집진장치에 입구먼지농도가 25 g/Sm^3, 집진율이 98% 였다. 가동 중 1개의 Bag에 구멍이 열려 전체 처리가스량의 1/5 이 그대로 통과하였다면 출구의 먼지농도는?(단, 나머지 Bag의 집진율 변화는 없음)

풀이

출구먼지농도 = 원 출구농도 + 1/5 통과 고려 출구농도

$$= [\{25\ \text{g/Sm}^3 - (25\ \text{g/Sm}^3 \times \frac{1}{5})\} \times (1-0.98)] + (25\ \text{g/Sm}^3 \times \frac{1}{5})$$
$$= 0.4 + 5 = 5.4\ \text{g/Sm}^3$$

필수 문제

04 3개의 집진실로 구성된 여과집진기의 총 여과시간이 50분이고 단위집진실의 탈진시간이 6분이라면, 단위집진실의 운전시간은?

풀이

총 여과시간 = [(여과시간 + 탈진시간) × 집진실 수] − 단위 탈진시간

50 = [(여과시간 + 6) × 3] − 6

단위집진실 운전시간 = 12.67 min

학습 Point

1 입자제거 메커니즘 내용 숙지
2 장점 및 단점 내용 숙지
3 여과속도 및 여과포 개수 관련식 숙지(출제비중 높음)

(6) 전기집진장치

① 원리

특고압 직류 전원을 사용하여 집진극을 (+), 방전극을 (-)로 불평등 전계를 형성하고 이 전계에서의 코로나(Corona)방전을 이용 함진가스 중의 입자에 전하를 부여, 대전입자를 쿨롱력(Coulomb)으로 집진극에 분리포집하는 장치이다. 즉, 대전입자의 하전에 의한 쿨롱력, 전계강도에 의한 힘, 입자 간의 흡인력, 전기풍에 의한 힘에 의하여 집진이 이루어진다.

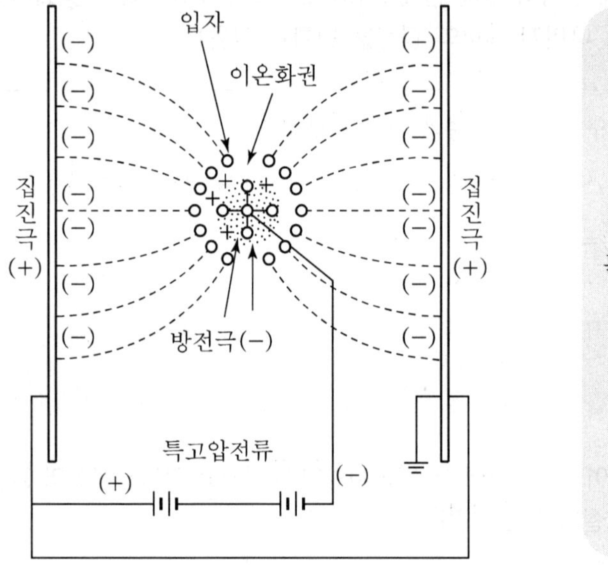

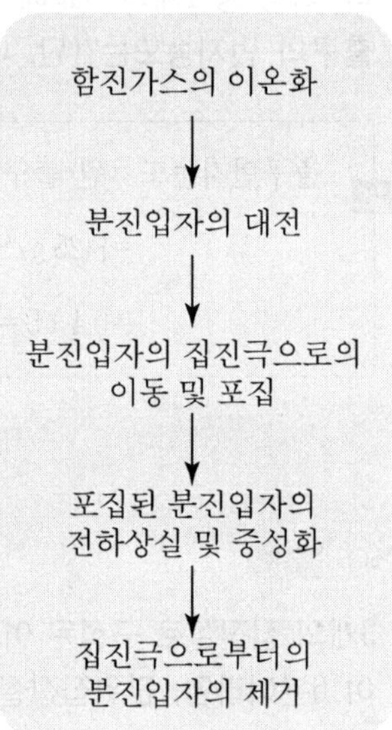

[전기집진장치 원리]

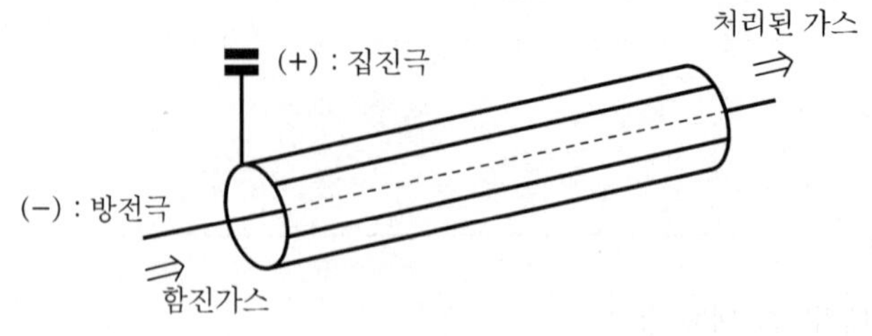

[코로나 방전관]

② 입자에 작용하는 전기력의 종류

㉠ 대전입자의 하전에 의한 쿨롱력 : 가장 지배적으로 작용

㉡ 전계강도에 의한 힘

㉢ 입자 간의 흡인력

㉣ 전기풍에 의한 힘

③ 개요

㉠ 취급입자 : 0.01 μm 이상

㉡ 압력손실 : 건식(10 mmH_2O), 습식(20 mmH_2O)

㉢ 집진효율 : 99.9% 이상

㉣ 입구유속 : • 건식(1~2 m/sec), 습식(2~4 m/sec)
• 건식은 재비산한계 내에서 기본유속을 정함

㉤ 방전극

ⓐ 코로나 방전 시 정(+) 코로나보다 부(−) 코로나 방전을 하는 이유는 코로나 방전 개기전압이 낮기 때문이다.

ⓑ 코로나 방전이 용이하도록 직경 0.13~0.38 cm 정도로 가늘고, 재료는 부식에 강한 티타늄 합금, 고탄소강, 스테인리스, 알루미늄 등이 사용된다.

ⓒ 방전극은 얇고 짧을수록(비표면적이 작을수록) 코로나 방전을 일으키기 쉽다.

ⓓ 방전극은 코로나 방전을 잘 형성하도록 뾰족한 edge로 이루어져야 하며 진동 혹은 요동을 일으키지 않는 구조이어야 한다.

㉥ 집진극

ⓐ 집진극 두께는 0.05~0.2 cm, 설치간격은 10~30 cm, 높이는 6~12 m이며, 재질은 주로 탄소강, 스테인리스강 등을 사용한다. 또한 원통형 집진극은 주로 습식 집진에 사용된다.

ⓑ 집진극이 습식인 경우(습식전기집진장치)에는 세정수가 일정하게 흐르고 전극면(집진면)이 깨끗하게 되어 높은 전계강도를 얻을 수 있고 작은 전기저항에 의해 생기는 먼지의 재비산을 방지할 수 있다.

ⓒ 습식은 건식에 비하여 가스의 처리속도를 2배 정도 크게 할 수 있다.

ⓓ 습식전기집진장치는 역전리현상 및 재비산현상이 건식에 비하여 상대적으로 아주 적게 발생한다.

ⓔ 집진극은 중량이 가벼워야 하며, 건식인 경우에는 취타에 의해 먼지비산이 많이 생기지 않는 구조이어야 한다.

Reference | 대전입자의 쿨롱력(Fe)

$Fe = ne_o E$

여기서, Fe : 입자가 받는 쿨롱력(kg · m/sec^2)
n : 하전수(전하수) : volt/m
e_o : 단위전자의 하전량(1.602×10^{-19} coulomb)
E : 하전부의 전계강도(volt/m)

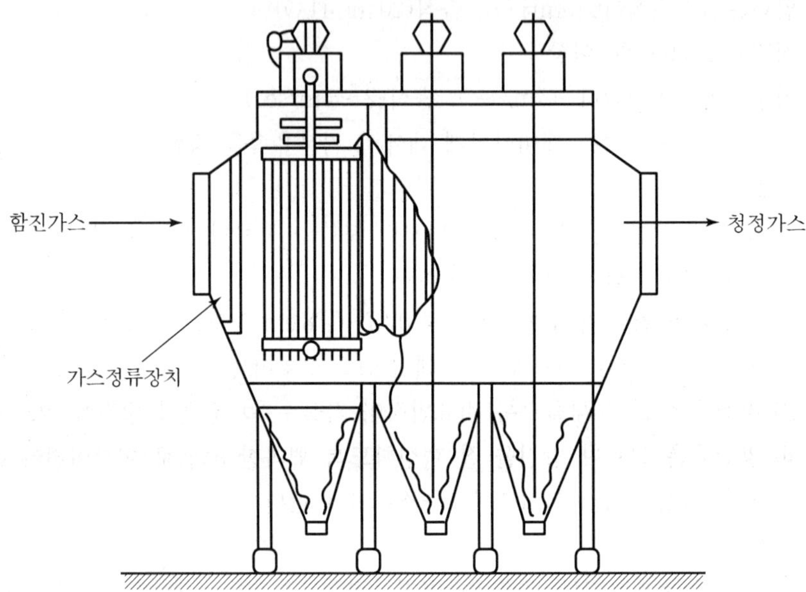

④ 장점

㉠ 집진효율이 높다.(0.1~0.9 μm인 것에 대해서도 높은 집진효율)
㉡ 광범위한 온도범위에서 적용이 가능하며 부식성, 폭발성 가스가 함유된 먼지의 처리도 가능하다.
㉢ 고온가스(450~500℃ 전후) 처리가 가능하여 보일러와 철강로 등에 설치할 수 있다.
㉣ 압력손실이 낮고 대용량의 처리가스가 가능하고 배출가스의 온도강하가 적다.
㉤ 운전 및 유지비가 저렴하다(전력소비 적음).
㉥ 회수가치 입자포집에 유리하며 습식 및 건식으로 집진할 수 있다.
㉦ 넓은 범위의 입경과 분진농도에 집진효율이 높다.

⑤ 단점

㉠ 처리가스가 적은 경우 다른 고성능 집진장치에 비해 건설비가 비싸다.

㉡ 설치공간을 많이 차지한다.

㉢ 설치된 후에는 운전조건의 변화에 유연성이 적다.

㉣ 먼지성상에 따라 전처리시설이 요구된다.

㉤ 분진포집에 적용되며 기체상 물질 제거에는 곤란하다.

㉥ 주어진 조건에 따라 부하변동에 따른 적응이 곤란하다.(전압변동과 같은 조건변동에 쉽게 적응이 곤란)

㉦ 가연성 입자의 처리가 곤란하다.

⑥ 집진효율

㉠ 일반식(Deutsch-Anderson식)

가정조건 : • 집진극에서 탈진 시 재비산이 일어나지 않음
• 장치 내 분진이동속도가 일정함
• 처리가스 내 분진 유속분포가 일정함

$$\eta = 1 - \exp\left(-\frac{Q_c}{Q}\right)K$$

여기서, η : 집진효율
Q_c : 집진극에 포집된 배기가스량
Q : 유입가스량

$$\eta = 1 - \exp\left(-\frac{A \cdot W}{Q}\right)k$$

여기서, A : 집진극 면적
W : 입자 분리속도(겉보기 이동속도)

㉡ 평판형

주로 수평으로 가스를 흐르게 하며 처리가스량이 많고 고집진율을 위하여 사용된다.

$$\eta = 1 - \exp\left(-\frac{lW}{dV_g}\right)K = 1 - \exp\left(-\frac{2lW}{DV_g}\right)K$$

여기서, l : 집진극 길이
d : 집진극과 방전극 사이의 거리
D : 집진극과 집진극 사이의 거리(방전극과 방전극 사이의 거리)
V_g : 배출가스 속도
K : 보정계수(전극구성, 재비산)

㉢ 원통형(관형)
주로 수직으로 가스를 흐르게 한다.

$$\eta = 1 - \exp\left(-\frac{2lW}{RV_g}\right)K = 1 - \exp\left(-\frac{4lW}{DV_g}\right)K$$

여기서, R : 집진극과 방전극 사이의 거리

㉣ 집진효율 100% : 집진극의 길이
집진극의 길이가 커질수록 집진성능은 향상된다.

$$l = d \times \frac{V_g}{W}$$

⑦ 하전(대전)형식에 따른 구분

㉠ 1단식
ⓐ 같은 전계에서 하전과 집진이 이루어지고 보통 산업용으로 많이 사용된다.
ⓑ 역전리가 발생하나 집진극에서 재비산 방지가 이루어진다.
ⓒ 극간 큰 접압 차이로 인한 많은 O_3이 발생된다.

㉡ 2단식
ⓐ 하전 및 집진부가 분리되어 있고 보통 공기정화기에 사용된다.
ⓑ 비교적 함진농도가 낮은 가스처리에 유용하다.
ⓒ 1단식에 비해 O_3의 생성을 감소시킬 수 있다.
ⓓ 역전리는 방지되나 재비산 문제가 있다.

필수 문제

01 직경 10 cm, 길이가 1 m 인 원통형 전기집진장치에서 가스유속이 2 m/s 이고, 먼지입자의 분리속도가 25 cm/s 라면 집진율은 얼마인가?

풀이 집진효율(%) $=1-\exp\left(-\dfrac{AW}{Q}\right)$

A : $\pi Dl=3.14\times0.1\text{ m}\times1\text{ m}=0.314\text{ m}^2$

W : $25\text{ cm/sec}\times\text{m}/100\text{ cm}=0.25\text{ m/sec}$

Q : $AV=\left(\dfrac{3.14\times0.1^2}{4}\right)\text{m}^2\times2\text{ m/sec}=0.0157\text{ m}^3\text{/sec}$

$=1-\exp\left(-\dfrac{0.314\times0.25}{0.0157}\right)=0.9933\times100=99.33\%$

필수 문제

02 시멘트공장에서 먼지 제거를 위해 전기집진장치를 사용하고 있다. 이 집진장치의 폭은 4.4 m, 높이 5.6 m 인 판을 23 cm 간격의 평형판으로 농도가 18.5 g/m^3 인 가스 68 m^3/min 를 처리한다면 집진효율(%)은?(단, 전기집진장치 내 입자의 겉보기 이동속도는 0.058 m/s 이다.)

풀이 집진효율(%) $=1-\exp\left(-\dfrac{AW}{Q}\right)$

A : $(4.4\text{ m}\times5.6\text{ m})\times2=49.28\text{ m}^2$

W : 0.058 m/sec

Q : $68\text{ m}^3\text{/min}\times\text{min}/60\text{ sec}=1.133\text{ m}^3\text{/sec}$

$=1-\exp\left(-\dfrac{49.28\times0.058}{1.133}\right)=0.9198\times100=91.98\%$

필수 문제

03

가로 4 m, 세로 5 m인 두 집진판이 평행하게 설치되어 있고, 두 판 사이 중간에 원형철심 방전극이 위치하고 있는 전기 집진장치에 굴뚝가스가 90 m^3/min 로 통과하고, 입자 이동속도가 0.09 m/s 일 때의 집진효율은?(단, Deutsch-Anderson식 적용)

풀이 집진효율(%) $= 1 - \exp\left(-\dfrac{A \cdot W}{Q}\right)$

A : (4 m×5 m)×2 = 40 m^2

W : 0.09 m/sec

Q : 90 m^3/min×min/60 sec = 1.5 m^3/sec

$$= 1 - \exp\left(-\frac{40 \times 0.09}{1.5}\right) = 0.909 \times 100 = 90.9\%$$

필수 문제

04

직경 10 cm 이고 길이가 1 m 인 원통형 집진극을 가진 전기집진장치에서 처리되는 가스의 유속이 1.5 m/s 이고, 먼지입자가 집진극을 향하여 이동한 속도가 15 cm/s 일 때, 먼지 제거효율(%)은?(단, $\eta = 1 - e^{-2VL/RU}$을 이용하여 계산)

풀이 제거효율(η) $= 1 - e^{-2VL/RU}$

$$= 1 - \exp\left(-\frac{2\,l\,W}{RV_g}\right)$$

W : 15 cm/sec×m/100 cm = 0.15 m/sec

l : 1 m

R : 5 cm×m/100 cm = 0.05 m

V_g : 1.5 m/sec

$$= 1 - \exp\left(-\frac{2 \times 1 \times 0.15}{0.05 \times 1.5}\right) = 0.9816 \times 100 = 98.16\%$$

필수 문제

05 석탄화력발전소에서 120 m^3/min 의 배출가스를 전기집진기로 처리한다. 입자이동 속도가 15 cm/sec 일 때, 이 집진기의 효율이 99.0% 가 되려면 집진극의 면적은?(단, Deutsch-Anderson식 적용)

풀이

집진효율$(\eta)=1-\exp\left(-\dfrac{A\cdot W}{Q}\right)$

W : 15 cm/sec×m/100 cm = 0.15 m/sec

Q : 120 m^3/min×min/60 sec = 2 m^3/sec

$$0.99=1-\exp\left(-\frac{A\times 0.15}{2}\right)$$

$$\exp\left(-\frac{A\times 0.15}{2}\right)=1-0.99$$

$$\left(-\frac{A\times 0.15}{2}\right)=\ln(1-0.99)$$

$A(m^2)=61.4\ m^2$

필수 문제

06 A 전기집진장치의 집진면적비 A/Q가 20 m^2/(1,000 m^3/h)일 때 집진효율은 90% 이었다. 이 전기집진장치의 집진면적비를 30 m^2/(1,000 m^3/h)으로 할 때 예상되는 집진효율(%)은?(단, Deutsch-Anderson식을 이용하여 계산하고, 기타 조건의 변화는 없다고 가정한다.)

풀이

우선 첫 번째 조건에서 W(겉보기 이동속도)를 구하여 나중 조건에서 집진효율을 구함

집진효율$(\eta)=[1-\exp\left(-\dfrac{A\,W}{Q}\right)]\times 100$

Q = 1,000m^3/hr×hr/3,600sec = 0.28m^3/sec

$$90=[1-\exp\left(-\frac{20\ W}{0.28}\right)]\times 100$$

W = 0.032 m/sec

$$\text{집진효율}(\eta)=1-\exp\left(-\frac{30\times 0.032}{0.28}\right)=0.9675\times 100=96.76\%$$

필수 문제

07 A 전기집진장치의 집진효율은 90% 이다. 이때 집진판의 면적을 1.5 배로 증가시키면 집진효율은 몇 %가 되는가?(단, 기타 조건은 같다.)

풀이 $\eta = 1 - \exp\left(-\dfrac{AW}{Q}\right)$ 양변에 ln을 취한 식을 만들면

$$\exp\left(-\frac{AW}{Q}\right) = 1 - \eta$$

$-\dfrac{AW}{Q} = \ln(1-\eta)$, 기타 조건이 동일하므로

$$A = -\frac{Q}{W}\ln(1-\eta)$$

$$1.5 = \frac{-\frac{Q}{W}\ln(1-\eta)}{-\frac{Q}{W}\ln(1-0.9)}$$

$$\eta = 0.9684 \times 100 = 96.84\%$$

필수 문제

08 전기 집진장치의 분진 제거효율은 다음 식으로 계산한다. $\eta = 1 - e^{-AV/Q}$ 효율을 90% 에서 99% 로 증가시키자면 집진극의 증가 면적은?(단, 다른 조건은 변하지 않는다.)

풀이 $\eta = 1 - e^{\frac{-AW}{Q}}$ 식을 양변에 ln 취한 식을 만들면

$$-\frac{AW}{Q} = \ln(1-\eta)$$

$$\text{증가면적비} = \frac{-\frac{Q}{W}\ln(1-0.99)}{-\frac{Q}{W}\ln(1-0.9)} = 2\text{배}$$

필수 문제

09 전기집진장치에서 입구 먼지농도가 10 g/m^3 이고, 출구 먼지농도가 0.5 g/m^3 이다. 출구 먼지농도를 100 mg/m^3 으로 하기 위해서 필요한 집진극의 증가면적은?(단, 기타 조건은 고려하지 않는다.)

풀이 $\eta = 1 - e^{\frac{-AW}{Q}}$ 양변에 ln을 취한 식을 만들면

$$-\frac{AW}{Q} = \ln(1-\eta)$$

$$\text{초기효율} = \left(1 - \frac{0.5}{10}\right) \times 100 = 95\%$$

$$\text{나중효율} = \left(1 - \frac{0.1}{10}\right) \times 100 = 99\%$$

$$\text{집진극 증가면적비} = \frac{-\frac{Q}{W}\ln(1-0.99)}{-\frac{Q}{W}\ln(1-0.95)} = 1.54\text{배}$$

필수 문제

10 전기집진장치에서 입구 분진농도가 16 g/Sm^3, 출구 분진농도가 0.1 g/Sm^3 이었다. 출구 분진농도를 0.03 g/Sm^{3}으로 하기 위해서는 집진극의 면적을 약 몇 % 넓게 하면 되는가?(단, 다른 조건은 무시한다.)

풀이 $\eta = 1 - \exp\left(-\frac{AW}{Q}\right)$과 $\eta = 1 - \frac{C_o}{C_i}$ 에서

$$1 - \frac{C_o}{C_i} = 1 - \exp\left(-\frac{AW}{Q}\right)$$

$$\frac{C_o}{C_i} = \exp\left(-\frac{AW}{Q}\right)$$ 양변에 ln을 취한 식을 만들면

$$\ln\left(\frac{C_o}{C_i}\right) = -\frac{AW}{Q}$$

$$A = -\frac{Q}{W}\ln\left(\frac{C_o}{C_i}\right)$$

$$면적비\left(\frac{A_1}{A_2}\right)=\frac{-\frac{Q}{W}\ln\left(\frac{0.1\ g/Sm^3}{16\ g/Sm^3}\right)}{-\frac{Q}{W}\ln\left(\frac{0.03\ g/Sm^3}{16\ g/Sm^3}\right)}=0.808$$

$$A_2=\frac{A_1}{0.808}=1.2376A_1$$

즉, 초기집진극 면적보다 23.76%를 더 넓게 하면 된다.

필수 문제

11 오염공기 1,995 m^3/min 을 전기집진장치로 처리하려고 한다. 높이 4 m, 길이 3 m 집진판을 사용하여 96% 의 집진율을 얻으려면 필요한 집진판의 수는?(단, Deutsch Anderson식 이용, 모든 내부집진판은 양면, 두 개의 외부집진판은 각 하나의 집진면을 가지며, 유효분리속도는 4 m/min 이다.)

풀이

$$\eta=1-\exp\left(-\frac{AW}{Q}\right)$$

A : $(4\ m\times3\ m)\times2=24\ m^2$

Q : $1{,}995\ m^3/min\times min/60\ sec=33.25\ m^3/sec$

W : $4\ m/min\times min/60\ sec=0.067\ m/sec$

$$0.96=1-\exp\left(-\frac{24\times0.067\times n}{33.25}\right)$$

$$\left(-\frac{24\times0.067\times n}{33.25}\right)=\ln(1-0.96)$$

$n=66.89≒67+1$(68개)

필수 문제

12

평판형 전기집진기에서 집진극과 방전극 사이의 거리가 4 cm, 가스 유속 2.4 m/sec 로서 먼지 입자를 100% 제거하기 위해 요구되는 이론적인 전기집진극의 길이(m)는? (단, 입자의 집진극으로 표류(분리)속도는 0.045 m/sec 임)

풀이 $L = d \times \frac{V_g}{W}$

d : 4 cm×m/100 cm = 0.04 m

V_g : 2.4 m/sec

W : 0.045 m/sec

$= 0.04 \times \frac{2.4}{0.045} = 2.13$ m

필수 문제

13

평판형 전기집진장치의 집진판 사이의 간격이 5 cm, 가스의 유속은 3 m/s, 입자의 집진극으로 이동속도가 7 cm/s일 때, 층류영역에서 입자를 완전히 제거하기 위한 이론적인 집진극의 길이(m)는?

풀이 $L = d \times \frac{V_g}{W}$

d : $\frac{5\text{cm} \times \text{m}/100\text{cm}}{2} = 0.025\text{m}$

V_g : 3 m/sec

W : 7 cm/sec×m/100 cm = 0.07 m/sec

$= 0.025 \times \frac{3}{0.07} = 1.07$ m

필수 문제

14 전기집진장치에서 분당 240 m^3 처리가스량을 이동속도 6 cm/sec 로 처리하고 있다. 집진판의 면적이 250 m^2 이고, 유입농도가 6.47 g/m^3 이라면 출구농도(g/m^3)는?(단, 집진율은 Deutsch-Anderson식 적용)

풀이 $\eta = 1 - \exp\left(-\frac{AW}{Q}\right)$과 $\eta = 1 - \frac{C_o}{C_i}$ 에서

$$\frac{C_o}{C_i} = \exp\left(-\frac{AW}{Q}\right)$$

$$C_o(\text{g/m}^3) = C_i \times \exp\left(-\frac{AW}{Q}\right)$$

C_i : 6.47 g/m^3

A : 250 m^2

W : 6 cm/sec×m/100 cm = 0.06 m/sec

Q : 240 m^3/min×min/60 sec = 4 m^3/sec

$$= 6.47\ \text{g/m}^3 \times \exp\left(-\frac{250\ \text{m}^2 \times 0.06\ \text{m/sec}}{4\ \text{m}^3/\text{sec}}\right) = 0.152\ \text{g/m}^3$$

필수 문제

15 평행하게 설치되어 있는 높이 7.0 m, 폭 5.0 m 인 두 판 사이의 중간에 방전극이 위치하고 있다. 이 집진기 처리유량이 1 m^3/sec 로 통과시 집진효율이 98% 가 되려면 충전입자의 이동속도(m/sec)는?

풀이 $\eta = 1 - \exp\left(-\frac{AW}{Q}\right)$

양변에 ln 취하여 정리하면

$$-\frac{AW}{Q} = \ln(1-\eta)$$

$$W(\text{m/sec}) = -\frac{Q}{A} ln(1-\eta)$$

Q : 1 m^3/sec

A : (7.0 m×5.0 m)×2 = 70 m^2

η : 0.98

$$= -\frac{1}{70}\ln(1-0.98) = 0.056\ \text{m/sec}$$

필수 문제

16

전기집진장치의 처리가스 유량 110 m^3/min, 집진극 면적 500m^2, 입구 먼지농도 30 g/Sm^3, 출구 먼지농도 0.2 g/Sm^3이고 누출이 없을 때 충전입자의 이동속도(m/sec)는?(단, Doutsch 효율식 적용)

풀이

$$\eta = 1 - \exp\left(-\frac{AW}{Q}\right)$$

$$\eta = \left(1 - \frac{0.2}{30}\right) = 0.9933$$

$$Q = 110\text{m}^3/\text{min} \times \text{min}/60\text{sec} = 1.83\text{m}^3/\text{sec}$$

$$0.9933 = 1 - \exp\left(-\frac{500 \times W}{1.83}\right)$$

$$\left(-\frac{500 \times W}{1.83}\right) = \ln(1 - 0.9933)$$

$$W = 0.018\text{m/sec}$$

필수 문제

17

전기집진장치 내 먼지의 겉보기 이동속도는 0.1 m/sec, 6m×3m 인 집진판 182 매를 설치하여 유량 10,000 m^3/min 를 처리할 경우 집진효율(%)은?(단, 내부 집진판은 양면집진, 2개의 외부 집진판은 각 하나의 집진면을 가진다.)

풀이

$$\eta = 1 - e^{-\frac{AW}{Q}}$$

$$A(\text{전체면적}) \Rightarrow \text{개수} = \frac{\text{전체면적}(A)}{1\text{개당면적}} + 1$$

$$182\text{개} = \frac{A}{6 \times 3 \times 2} + 1$$

$$A = 6{,}516\text{m}^2$$

$$= 1 - e^{-\frac{6{,}516 \times 0.1}{(10{,}000/60)}} = 0.98 \times 100 = 98\%$$

⑦ 겉보기 전기저항(비저항, 겉보기 고유저항)

㉠ 개요

전기집진장치의 성능지배요인 중 가장 큰 것이 분진의 겉보기 전기저항이며 집진율이 가장 양호한 범위는 비저항 값이 $10^4(10^5) \sim 10^{10}(10^{11})\Omega \cdot cm$ 정도이다.

㉡ 겉보기 전기저항이 낮을 경우

ⓐ $10^4\Omega \cdot cm$ 이하

ⓑ 분진은 쉽게 대전되어 집진 가능하나 저항이 낮아 집진극에 부착된 대전입자가 전하를 방전하여 중화가 빠르게 진행되며 먼지와 집진판의 결합력이 낮아 먼지가 가스 중으로 재비산된다.

ⓒ 부착, 포집된 분진 입자의 반발로 인해 처리가스 내로 재비산 현상이 빈번하게 발생하여 집진효율이 저하한다.

ⓓ NH_3(암모니아)를 주입하여 Conditioning하는 방법(암모니아를 황산과 반응하여 생성된 황산암모늄이 저항을 증가시키는 역할)을 이용한다.

ⓔ 처리가스의 온도와 습도는 낮게 조절한다.

㉢ 겉보기 전기저항이 높은 경우

ⓐ $10^{11}\Omega \cdot cm$ 이상

ⓑ 분진대전이 곤란하고, 대전된 분진이라도 전하가 쉽게 집진판으로 전달되지 않으며 집진극에서 쉽게 제거 되지 않는다.

ⓒ 절연 파괴현상이 발생하고 역코로나 및 역전리 현상(집진극인 양극이 방전극 역할이 되는 현상)이 일어나 재비산되어 집진율이 저하되며 가스 중 먼지입자의 이온화와 이동현상을 감소시킨다.

ⓓ 분진층의 전압손실이 일정하더라도 가스상의 압력손실이 감소하게 되므로 전류는 비저항의 증가에 따라 감소한다.

ⓔ 배연설비에서 연료에 S 함유량이 많은 경우 먼지의 비저항이 낮아진다.

ⓕ 비저항 조절제(물 또는 수증기, 소다회, 트리에틸아민, 황산, 이산화황, NaCl 등)를 투입하여 겉보기 전기저항을 낮춘다.

ⓖ 처리가스의 온도조절 및 배기가스 내 수분량이 증가할수록 먼지 비저항이 감소하므로 습도를 높게 한다. 온도조절시 장치 내부의 부식방지를 위해 노점온도 이상으로 유지하는 것이 필요하다.

ⓗ 물, 수증기 사용 시에는 습식집진방식을 택하여야 한다.

ⓘ 탈진 타격을 강하게 하며 빈도도 늘린다.

ⓙ $10^{11} \sim 10^{12}\Omega \cdot cm$ 범위에서는 역전리 또는 역이온화가 발생한다.

ⓚ $10^{12} \sim 10^{13}\Omega \cdot cm$ 범위에서는 스파크 발생은 없으나 절연파괴현상을 일으킨다.

㉣ 겉보기 전기저항이 정상적인 경우

ⓐ $10^5 \sim 10^{10}\Omega \cdot cm$

ⓑ 입자의 대전과 집진된 분진의 탈진이 정상적으로 진행된다.

⑧ 유지관리(운전요령)

㉠ 시동 시

ⓐ 애자 등의 표면을 깨끗이 닦아 고전압회로의 절연저항이 100MΩ 이상 되도록 한다.

ⓑ 배출가스를 유입하기 최소 6시간 전에 애관용 히터를 가열하여 애자관 표면에 수분이나 먼지의 부착을 방지한다.

ⓒ 집진실 내부를 충분하게 건조시킨 후 하전시키며 타봉장치는 운전과 동시에 자동으로 작동되게 한다.

㉡ 운전 시

ⓐ 2차 전류가 심하게 변하는 것은 전극 간 거리(Pitch)의 불균일 또는 변형으로 국부적인 단락을 일으키기 때문인 경우가 많다.

ⓑ 2차 전류가 매우 적을 때는 조습용 스프레이의 수량을 늘려 겉보기 저항을 낮추어 주어야 한다.

ⓒ 2차 전류가 주기적으로 변동하는 것은 방전극에 의한 영향이 크다.

ⓓ 2차 전류가 불규칙적으로 변동하는 것은 전극의 변형 및 부착 분진의 스파크에 의한 영향의 경우도 있다.

ⓔ 1차 전압은 낮은데도 불구하고 2차 전류가 흐르는 경우는 고압회로상의 절연불량이 원인이다.

ⓕ 조습용 spray nozzle은 운전 중 막히기 쉽기 때문에 운전 중에도 점검, 교환이 가능해야 한다.

㉢ 정지 시

ⓐ 접지저항을 연 1회 이상 점검하고 10Ω 이하로 유지한다.

ⓑ 가스 누수, 전극의 휨, 분진 부착 상태, 전극 간 거리, 각 장치의 부식 정도 등을 점검한다.

⑨ 장애현상의 원인 · 대책

㉠ 역전리 현상(Back Corona)

원인 ⇒ • 겉보기 전기저항이 너무 클 때
• 미분탄의 연소 시
• 배출가스의 점성이 클 때

대책 ⇒ • 고압부 상의 절연회로를 점검
• 집진극의 타격을 강하게 함
• 타격빈도를 늘림

㉡ 재비산 현상(Dust Jumping)

원인 ⇒ • 배출가스의 입구 유속이 클 때
• 겉보기 전기저항이 낮을 때

대책 ⇒ • 처리가스 속도를 낮추어 속도를 조절함
• 재비산 장소에 배플(Baffle) 설치

㉢ 2차 전류가 많이 흐를 때

원인 ⇒ • 먼지의 농도가 너무 낮을 때
• 공기 부하시험을 행할 때
• 방전극이 너무 가늘 때
• 이온 이동속도가 큰 가스를 처리할 때

대책 ⇒ • 입구 분진농도 조절
• 처리가스 조절
• 방전극을 새것으로 교환

㉣ 2차 전류가 현저하게 떨어질 때(먼지의 비저항이 비정상적으로 높은 경우)

원인 ⇒ • 먼지의 농도가 너무 높을 때

대책 ⇒ • 스파크 횟수를 증가
• 조습용 스프레이의 수량을 증가
• 입구먼지농도 적절히 조절

㉤ 2차 전류가 주기적 또는 불규칙적으로 흐를 때

원인 ⇒ 부착 분진의 스파크가 자주 발생할 때

대책 ⇒ • 1차 전압을 낮추어 줌
• 충분히 분진 탈리를 함
• 방전극과 집진극을 점검함

㉥ 1차 전압이 낮고 과도 전류가 흐를 때

원인 ⇒ 고압부 절연상태가 불량할 때

대책 ⇒ 절연회로 점검

Reference

전기집진장치 집진실을 독립된 하전설비를 가진 단위집진실로 구획화하는 주된 이유는 집진효율을 높이고 효율적인 전력사용을 하기 위함이다.

필수 문제

01 전기집진장치에서 전류밀도가 먼지층 표면 부근의 이온전류 밀도와 같고 양호한 집진작용이 이루어지는 값이 $2\times10^{-8}\text{A/cm}^2$ 이며, 또한 먼지층 중의 절연파괴 전계강도를 $5\times10^3\text{V/cm}$로 한다면, 이때 ① 먼지층의 겉보기 전기저항과 ② 이 장치의 문제점은?

풀이 전기저항 $=\dfrac{\text{전압}}{\text{전류}}=\dfrac{5\times10^3\ \text{V/cm}}{2\times10^{-8}\ \text{A/cm}^2}=2.5\times10^{11}\Omega\cdot\text{cm}$

$10^{11}\Omega\cdot\text{cm}$ 이상이므로 역전리현상이 발생한다.

Reference | 음파집진장치

함진가스 중의 입자에 음파진동을 부여하여 입자를 응집 · 제거한다.

Reference | 각 집진장치의 유속과 집진 특성

① 중력집진장치, 여과집진장치
기본유속이 작을수록 미세한 입자를 포집한다.
② 원심력집진장치
적정한계 내에서는 입구유속이 빠를수록 효율이 높은 반면, 압력손실도 높아진다.
③ 벤튜리스크러버, 제트스크러버
기본유속이 클수록 집진율이 높다.
④ 건식 전기집진장치
재비산한계 내에서 기본유속을 정한다.

학습 Point

1 장점 및 단점 내용 숙지(출제비중 높음)
2 집진효율 관련식 숙지(출제비중 높음)
3 유지관리 내용 숙지

07 유해가스 처리

(1) 흡수법

① 원리 및 개요

㉠ 흡수는 기체상태의 오염물질을 흡수액을 사용하여 흡수제거시키는 것으로 세정이라고도 하며 흡수조작에 사용되는 흡수제는 물 또는 수용액을 주로 사용한다.

㉡ 유해가스가 액상에 잘 용해되거나 화학적으로 반응하는 성질을 이용하며 주로 물이나 수용액을 사용하기 때문에 물에 대한 가스의 용해도가 중요한 요인이다.

㉢ 재생가치가 있는 물질이나 흡수제의 재사용은 탈착이나 Strippng을 통해 회수 또는 재생한다.

㉣ 흡수제가 화학적으로 유해가스의 성분과 비슷할 때 일반적으로 용해도가 크다.

② 이중격막설(Double Film Theory)

㉠ 두 상(Phase)이 접할 때 두 상이 접한 경계면의 양측에 경막이 존재한다는 가정을 Lewis-Whitman의 이중경막설이라 한다.

㉡ 확산을 일으키는 추진력은 두 상(Phase)에서의 확산물질의 농도차 또는 분압차가 주원인이다.

㉢ 액상으로의 가스흡수는 기－액 두상의 본체에서 확산물질의 농도기울기는 거의 없으며 기-액의 각 경막 내에서는 농도기울기가 있으며 이것은 두상의 경계면에서 효과적인 평형을 이루기 위함이다.

㉣ 주어진 온도, 압력에서 평형상태가 되면 물질의 이동은 정지한다.

③ 액체용량계수

가스흡수에서는 기-액의 접촉면적을 크게 하는 것이 필요한데 실제 유효접촉면적 a(m^2/m^3)의 참값을 구하기가 쉽지 않으므로, 액상총괄물질 이동계수 K_L과의 곱인 K・a 를 계수로 사용하며 이 계수를 액체용량계수라 한다.

④ 제거효율에 미치는 인자

㉠ 접촉시간　　㉡ 기액 접촉면적

㉢ 흡수제의 농도　　㉣ 반응속도

⑤ 헨리법칙(Henry Law)

㉠ 기체의 용해도와 압력관계, 즉 일정온도에서 기체 중에 있는 특정 유해가스 성분의 분압과 이와 접한 액체상 중 액농도와의 평형관계를 나타낸 법칙이다.(일정온도에서 특정 유해가스 압력은 용해가스의 액중 농도에 비례한다는 법칙)

㉡ 헨리법칙은 비교적 용해도가 적은 기체에 적용되며 용해에 따른 복잡한 화학반응

이 일어날 경우에는 흡수이론이 성립하지 않는다.

㉢ 용해도가 크지 않은 기체가 일정온도에서 용매에 용해될 경우 질량은 그 기체의 압력에 비례한다.

㉣ 헨리법칙에 잘 적용되는 기체(난용성 : 용해도가 적은 기체)
H_2, O_2, N_2, CO, CO_2, NO, NO_2, H_2S, CH_2

㉤ 헨리법칙에 잘 적용되지 않는 기체(가용성 : 용해도가 큰 기체)
Cl_2, HCl, NH_3, SO_2, SiF_4, HF, HCHO

㉥ 헨리법칙

$$P = H \cdot C$$

여기서, P : 용질가스의 기상분압(atm)
H : 헨리상수(atm · m^3/kg · mol)
C : 액체성분 농도(kg · mol/m^3)

㉦ • 헨리상수(H)는 온도에 따라 변하며 온도가 높을수록 용해도가 적을수록 커진다.
• 헨리상수 값이 큰 물질순서(용해도 크기의 반대 의미)
CO > H_2S > Cl_2 > SO_2 > NH_3 > HF > HCl
• 액상 측 저항이 지배적인 물질은 헨리상수 값이 큰 것을 의미한다.
• 용해도가 낮을수록 액중농도는 감소하며 헨리상수 값은 커진다.
• 세정흡수효율은 세정수량이 클수록, 가스의 용해도가 클수록, 헨리정수가 작을수록 커진다.

㉧ 총괄물질이동계수와 개별물질이동계수의 관계

$$\frac{1}{K_G} = \frac{1}{K_g} + \frac{H}{K_l}$$

여기서, K_G : 기상총괄물질이동계수(kg-mol/m^2 · hr · atm)
K_g : 기상물질이동계수
K_l : 액상이동계수
H : 헨리상수

Reference | 흡수이론

① 가스 측 경막저항은 흡수액에 대한 유해가스의 농도가 클 때 경막저항을 지배하고, 반대로 액 측 경막저항은 용해도가 작을 때 지배한다.
② 대기오염물질은 보통 공기 중에 소량 포함되어 있고, 유해가스의 농도가 큰 흡수제를 사용하므로 가스 측 경막저항이 주로 지배한다.
③ Baker는 평형선과 조작선을 사용하여 NTU를 결정하는 방법을 제안하였다.

필수 문제

01

유해가스와 흡수액이 일정온도에서 평형상태에 있고 기체상의 유해가스 부분압이 70 mmHg일 때 액상 중의 유해가스농도가 1.8 kg · mol/m³ 이라면 헨리상수(atm · m³/kg · mol)는?

풀이

$$P = H \cdot C$$

$$H = \frac{P}{C} = \frac{70\ \text{mmHg} \times \dfrac{1\ \text{atm}}{760\ \text{mmHg}}}{1.8\ \text{kg}\cdot\text{mol/m}^3} = 0.051\ \text{atm}\cdot\text{m}^3/\text{kg}\cdot\text{mol}$$

필수 문제

02

어떤 유해가스와 물이 일정온도에서 평형상태에 있다면 헨리상수(atm · m³/kg · mol)는?(단, 기상의 유해가스 분압이 58 mmH₂O 일 때 수중유해가스의 농도는 3.5 kg · mol/m³이며, 전압은 1 atm 이다.)

풀이

$$P = H \cdot C$$

$$H = \frac{P}{C} = \frac{58\ \text{mmH}_2\text{O} \times \dfrac{1\ \text{atm}}{10{,}332\ \text{mmH}_2\text{O}}}{3.5\ \text{kg}\cdot\text{mol/m}^3} = 0.0016(1.6\times10^{-3})\text{atm}\cdot\text{m}^3/\text{kg}\cdot\text{mol}$$

필수 문제

03 헨리의 법칙이 적용되는 가스가 물속에 2.5 kg · mol/m^3 농도로 용해되어 있고 이 가스의 분압은 35 mmHg이다. 이 유해가스의 분압이 20 mmHg가 될 경우 물속의 농도(kg · mol/m^3)를 구하시오.

풀이

P=H · C에서 P와 C는 비례하므로

35 mmHg : 2.5 kg · mol/m^3 = 20 mmHg : 농도

$$농도(kgmol/m^3) = \frac{2.5\ kg \cdot mol/m^3 \times 20mmHg}{35\ mmHg} = 1.43\ kg \cdot mol/m^3$$

필수 문제

04 헨리의 법칙을 따르는 유해가스가 물속에 2.0 kg · mol/m^3 만큼 용해되어 있을 때, 분압이 258.4 mmH_2O 이었다면, 이 유해가스의 분압이 57 mmHg 로 될 때 물속의 유해가스농도(kg · mol/m^3)는?(단, 기타 조건은 변화 없음)

풀이

P=H · C에서 P와 C는 비례하므로

$$258.4\ mmH_2O \times \frac{760\ mmHg}{10,332\ mmH_2O} = 19.02\ mmHg$$

19.02 mmHg : 2.0 kg · mol/m^3 = 57 mmHg : 농도

$$농도(kg \cdot mol/m^3) = \frac{2.0\ kg \cdot mol/m^3 \times 57\ mmHg}{19.02\ mmHg} = 5.99\ kg \cdot mol/m^3$$

⑥ 흡수액(세정액)의 구비조건

㉠ 용해도가 커야 한다.

㉡ 점도(점성)가 작고 화학적으로 안정해야 한다.

㉢ 독성이 없고 휘발성이 낮아야 한다.

㉣ 착화성, 부식성이 없어야 한다.

㉤ 빙점(어는점)은 낮고 비점(끓는점)은 높아야 한다.

㉥ 가격이 저렴하고 사용이 편리해야 한다.

㉦ 용매의 화학적 성질과 비슷해야 한다.

⑦ 흡수장치 종류

㉠ 액분산형 흡수장치

물에 대한 용해도가 크고 가스 측 저항이 큰 경우는 액분산형 흡수장치를 쓰는 것이 유리하다. 따라서 CO는 액분산형 흡수장치로 처리에는 부적합하다.

ⓐ 충전탑(Packed Tower)

ⓑ 분무탑(Spray Tower)

ⓒ 벤튜리스크러버(Venturi Scrubber)

ⓓ 사이클론 스크러버(Cyclone Scrubber)

ⓔ 분무실(Spray Chamber)

㉡ 기체분산형 흡수장치

ⓐ 단탑(Plate Tower)

• 포종탑(Tray Tower)

• 다공판탑(Sieve Plate Tower)

ⓑ 기포탑

⑧ 충전탑(Packed Tower)

㉠ 개요 및 특징

ⓐ 충전탑의 원리는 충전물질의 표면을 흡수액으로 도포하여 흡수액의 엷은 층을 형성시킨 후 가스와 흡수액을 접촉시켜 흡수시키는 것으로 급수량이 적절하면 효과가 좋다.

ⓑ 일반적으로 원통형의 탑 내에 여러 가지 충전재를 넣어 함진가스(가스유입속도 1m/sec 이하)와 세정액을 접촉시켜 세정하는 장치이다.

ⓒ 액분산형 가스흡수장치에 속하며, 효율 증대를 위해서는 가스의 용해도를 증가시키고 액가스비를 증가시켜야 한다.

ⓓ 온도의 변화가 큰 곳에는 적응성이 낮고, 희석열이 심한 곳에는 부적합하다.

ⓔ 흡수액에 고형물이 함유되어 있는 경우에는 침전물이 생겨 성능이 저하할 수

있다.

ⓕ 포말성 흡수액일 경우 단탑(Plate Tower)보다는 충전탑이 유리하다.

ⓖ 불화규소 제거에는 부적합하다.

ⓗ 충전층의 공극이 폐쇄되기 쉬우며 충전재는 내식성이 큰 플라스틱과 같이 가벼운 물질이어야 한다.

ⓘ 1~5 μm 크기의 입자를 제거할 경우 장치 내 처리가스의 속도는 약 25 cm/sec 이하가 되어야 한다.

ⓙ 급수량이 적절하여 효과가 좋으며 처리가스유량의 변화에도 비교적 적응성이 있다.

㉡ 충전물(Packing Material) 구비조건

ⓐ 단위부피당 표면적 및 공극률이 클 것

ⓑ 가스와 액체가 전체에 균일하게 분포될 것

ⓒ 가스 및 액체에 대하여 내식성 및 내열성이 있을 것

ⓓ 압력손실이 적고 충전밀도가 클 것

ⓔ 충분한 화학적 저항성을 가질 것(화학적으로 불활성)

ⓕ 대상물질에 부식성이 작을 것

ⓖ 세정액의 체류현상(Hold-Up)이 작을 것

ⓗ 충분한 기계적 강도가 있을 것

ⓘ 충전물 자체 하중을 견디는 내강성이 있을 것

ⓙ 단위부피의 무게가 작을 것

㉢ 충전제 종류

ⓐ Rasching Ring

ⓑ Pall Ring

ⓒ Berl Saddle

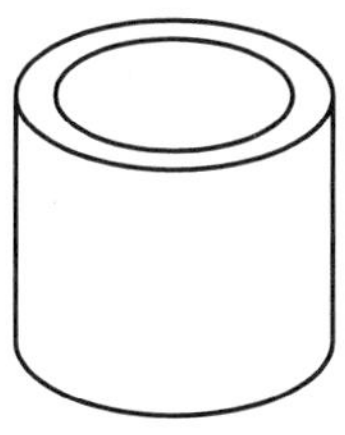
Rasching ring

Pall ring

Berl saddle

[충전제 종류]

㉣ 충전방법

ⓐ 불규칙적 방법

- 접촉면적은 크나 압력손실이 증가함
- 충전물이 0.25~2 inch 범위의 크기에 적용함

ⓑ 규칙적 방법

- 압력손실이 적어 흡수제 용량을 증가시키나 설치비가 고가임
- 충전물이 2~8 inch 범위의 크기에 적용함

㉤ 편류현상(Channeling Effect)

ⓐ 편류현상은 탑상부에서 흡수액 주입 시 한쪽으로만 흐르는 현상으로 효율이 저감된다.(임의로 충진한 충진탑에서 혼합물을 물리적으로 분리할 때, 액의 분배가 원활하게 이루어지지 못하여 발생되는 현상)

ⓑ 편류현상을 최소화하기 위해서는 주입구를 분산(최소 5개)시켜야 하며 탑의 직경(D)과 충전물 직경(d)의 비(D/d)가 8~10(9~10) 정도 되어야 한다.

ⓒ 불규칙적 충전방법은 충전밀도가 낮아 액이 내벽 쪽으로 흐르므로 일정간격으로 액 재분배기를 설치한다.

㉥ 충전탑의 파괴점(Break Point)

ⓐ 가스속도 증가 시 압력손실이 급격히 증가되는 break point가 나타나는데 첫 번째 파괴점을 부하점(Loading Point), 두 번째 파괴점을 범람점(Flooding Point)이라 한다.

ⓑ 일정한 양의 흡수액을 통과시키면서 유량속도를 증가시키면 압력손실은 가스속도의 대수값에 비례하며, 충전층 내의 액보유량(Hold-Up)이 증가하는 점을 부하점이라 한다.

ⓒ 범람점은 흡수액이 흘러넘쳐 향류조작 자체가 불가능함을 의미한다.

ⓓ 보통 가스유속은 범람점에서의 유속의 40~70% 범위에서 선정한다.

ⓔ 범람점(Flooding Point)에서의 가스속도는 충전제를 불규칙하게 쌓았을 때보다 규칙적으로 쌓았을 때가 더 크다.

㉦ 충전탑 높이

$$H = H_{OG} \times N_{OG}$$

여기서, H : 충전탑 높이

H_{OG} : 기상총괄이동단위높이

N_{OG} : 기상총괄이동단위수

$N_{OG} = \ln\left(\frac{1}{1-\eta}\right)$

η : 제거효율

Reference | 충전탑의 Break Point

1. Hold-up
   충전층(Packing) 내의 세정액 보유량을 의미한다.

2. Loading Point
   부하점이라 하며 세정액의 Hold-up이 증가하여 압력손실이 급격하게 증가되는 첫 번째 파괴점을 말한다.

3. Flooding Point
   범람점이라 하며 충전층 내의 가스속도가 과도하여 세정액이 비말동반을 일으켜 흘러넘쳐 향류조작 자체가 불가능한 두 번째 파괴점을 말한다.

4. 충전탑의 Loading Point, Flooding Point

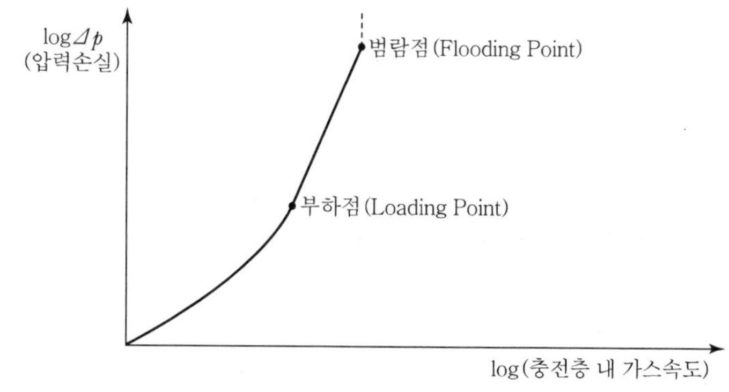

필수 문제

01

배출가스 중의 염소를 충전탑에서 물을 흡수액으로 사용하여 흡수시킬 때 효율이 85% 이었다. 동일한 조건에서 95% 의 효율을 얻기 위해서는 이론적으로 충전층의 높이를 몇 배로 하면 되는가?

풀이

$H = H_{OG} \times N_{OG}$

85% 효율 → $H_{85} = H_{OG} \times \ln\left(\frac{1}{1-0.85}\right) = 1.8971 \times H_{OG}$

95% 효율 → $H_{95} = H_{OG} \times \ln\left(\frac{1}{1-0.95}\right) = 2.9957 \times H_{OG}$

충전층 높이의 비 $= \frac{2.9957 \times H_{OG}}{1.8971 \times H_{OG}} = 1.58$배

필수 문제

02 충전탑에서 HF를 함유한 유해배출가스를 처리하고자 한다. 이동단위높이 $H_{OG}=1.2\,m$인 탑에서 배기가스 중의 HF를 수산화나트륨 수용액에 흡수시켜 제거하는 데 유해가스제거율을 98%로 하기 위한 탑의 높이(m)는?(단, 이동단위수 $N_{OG}=\ln\frac{y_1}{y_2}$로 계산되고, y_1, y_2는 흡수탑 입구와 출구에서 유해가스의 몰분율이다.)

풀이

$$H=H_{OG}\times N_{OG}=H_{OG}\times\ln\left(\frac{1}{1-\eta}\right)=1.2\,m\times\ln\left(\frac{1}{1-0.98}\right)=4.69\,m$$

필수 문제

03 충전탑에서 SO_2를 함유한 유해배출가스를 처리하고 있다. 높이 5 m인 충전탑에서 흡수 처리한 후 SO_2 농도가 0.1 ppm이었다면 유해가스 중의 SO_2 초기농도는 몇 ppm인가?(단, 기상 총괄이동높이 H_{OG}는 0.8 m이다.)

풀이

효율을 우선 구함

$H=H_{OG}\times N_{OG}$

$5\,m=0.8\,m\times N_{OG}$, $N_{OG}=6.25$

$6.25=\ln\left(\frac{1}{1-\eta}\right)$, $\eta=99.81\%$

SO_2 초기농도(ppm) $=\frac{\text{처리 후 농도}}{1-\text{효율}}=\frac{0.1}{1-0.9981}=52.63\,ppm$

⑨ 단탑(Plate Tower)

㉠ 포종탑

ⓐ 계단식으로 되어 있는 다단의 Plate 위에 있는 액체 속으로 기포가 발생되는 포종을 갖는 가스를 분산, 접촉시키는 방법이다.

ⓑ 가스속도가 작을 경우 효율이 증가한다.

ⓒ 흡수액에 부유물이 포함되어 있을 경우 충전탑보다는 단탑을 사용하는 것이 더 효율적이다.

ⓓ 온도변화에 따른 팽창과 수축이 우려될 경우에는 충전재 손상이 예상되므로 충전탑보다는 단탑이 유리하다.

ⓔ 운전 시 용매에 의해 발생하는 용해열을 제거할 경우 냉각오일을 설치하기 쉬운 단탑이 충전탑보다 유리하다.

㉡ 다공판탑

ⓐ 직경 3~12 mm 범위의 구멍을 갖춘 다공판(개공률≒10%) 위에 가스를 분산, 접촉시키는 방법으로 액측저항이 클 경우 이용하기 유리하다.

ⓑ 비교적 소량의 액량으로 처리가 가능하다.

ⓒ 판수를 증가시키면 고농도 가스처리도 일시 처리가 가능하다.

ⓓ 판간격은 40cm, 액가스비는 0.3~5 L/m^3 정도이다.

ⓔ 압력손실은 100~200 mmH_2O/단 정도이다.

ⓕ 가스(겉보기)속도는 0.1~1 m/sec 정도이다.

ⓖ 가스량의 변동이 심한 경우에는 조업할 수 없다.

ⓗ 고체부유물 생성 시 적합하다.

⑩ 분무탑(Spray Tower)

ⓐ 탑 내에 몇 개의 살수노즐을 사용하여 함진가스를 향류 접촉시켜 분진을 제거하며 가스의 흐름이 균일하지 못하고, 분무액과 가스의 접촉이 균일하지 못하여 효율이 낮은 편이다.

ⓑ 가스의 압력손실(2~20 mmH_2O)은 작은 반면, 세정액 분무에 상당한 동력이 요구되며, 겉보기 속도는 0.2~1 m/sec 정도이다.

ⓒ 구조가 간단하고 보수가 용이하며 충전제를 쓰지 않기 때문에 압력손실의 증가는 없다.

ⓓ 액가스비는 2(0.5)~3(1.5)L/m^3 정도이다.

ⓔ 유해가스 속도가 느릴 경우를 제외하고는 가스의 유출 시 비말동반의 위험이 있다.

ⓕ 충전탑에 비하여 설비비 및 유지비가 적게 든다.

ⓖ 액분산형 흡수장치에 해당하며 흡수가 잘 되는 수용성 기체에 효과적이다.

ⓗ 침전물이 생기는 경우에 적합하나 분무노즐의 폐쇄 및 노즐형태에 따라 흡수효율이 달라 효율이 낮은 단점이 있다.

학습 Point

1 헨리법칙 내용 및 관련식 숙지
2 흡수액 구비조건 내용 숙지
3 충전탑 내용 숙지(출제비중 높음)
4 충전탑 높이 관련식 숙지

(2) 흡착법

① 원리

㉠ 유체가 고체상 물질의 표면에 부착되는 성질을 이용하여 오염된 가스(주 : 유기용제)를 제거하는 원리이며 특히 회수가치가 있는 불연성 희박농도가스의 처리 및 기체상 오염물질이 비연소성이거나 태우기 어려운 경우에 가장 적합한 방법이 흡착법이다.

㉡ 흡착제의 비표면적과 흡착될 물질에 대한 친화력이 클수록 흡착효과가 증가하며 비표면적은 흡착제 내부 기공의 면적을 말한다.

㉢ 알코올유, 초산, 벤젠류 등은 잘 흡착되나 에틸렌, 일산화질소, 메탄, 일산화탄소 등은 흡착효과가 거의 없다.

② 흡착의 분류

㉠ 물리적 흡착

ⓐ 가스와 흡착제가 분자 간의 인력 즉, Van der Waals Force(반데르발스 결합력)으로 약하게 결합되어 있으며 보통 가용한 피흡착제의 표면적에 비례한다.

ⓑ 가스 중의 분자 간 상호의 인력보다 고체 표면과의 인력이 크게 되는 때에 일어난다. 즉, 화학적 흡착보다 발열량이 적다.

ⓒ 가역성이 높다. 즉, 가역적 반응이기 때문에 흡착제 재생 및 오염가스 회수에 매우 유용하며 여러 층의 흡착이 가능하다.

ⓓ 흡착물질은 임계온도 이상에서는 흡착되지 않는다.

ⓔ 흡착제에 대한 용질의 분자량이 클수록, 온도가 낮을수록, 압력(분압)이 높을수록 흡착에 유리하다.

ⓕ 흡착제 표면에 여러 층으로 흡착이 일어날 수 있고 흡착열은 약 40 kJ/g · mol 이하이다.

ⓖ 흡착량은 단분자층과는 관계가 적다. 즉, 물리적 흡착은 다분자 흡착층 흡착이며, 흡착열이 낮다.

ⓗ 압력을 낮추거나 온도를 높임으로써 흡착물질을 흡착제로부터 탈착시킬 수 있다.

㉡ 화학적 흡착

ⓐ 가스와 흡착제가 화학적 반응을 하기 때문에 결합력은 물리적 흡착보다 크다.

ⓑ 비가역 반응이기 때문에 흡착제 재생 및 오염가스 회수를 할 수 없다.

ⓒ 분자 간의 결합력이 강하여 흡착과정에서 발열량이 많다. 즉, 반응열을 수반하여 온도가 대체로 높다.

ⓓ 흡착력은 단분자층의 영향을 받는다.

ⓔ 흡착제는 대부분 고체로 재생성이 낮다.

③ 특징

㉠ 처리가스의 농도변화에 대응할 수 있다.

㉡ 오염가스 제거가 거의 100%에 가깝다.

㉢ 회수가치가 있는 불연성, 희박농도 가스처리에 적합하다.

㉣ 조작 및 장치가 간단하나 처리비용은 높다.

㉤ 분진, 미스트를 함유하는 가스는 전 처리시설이 필요하고 고온가스 처리의 경우에는 냉각장치가 필요하다.

④ 흡착법이 유용한 경우

㉠ 기체상 오염물질이 비연소성이거나 태우기 어려운 경우

㉡ 오염물질의 회수가치가 충분한 경우

㉢ 배기 내의 오염물 농도가 대단히 낮은 경우

Reference

> 케톤(ketone)류를 흡착법으로 처리 시에는 활성탄과 케톤의 반응에 의해 발화로 인한 화재 우려가 있어 흡착법은 적용하지 않는다.

⑤ 흡착제 선정시 고려사항

㉠ 흡착탑 내에서 기체흐름에 대한 저항(압력손실)이 작을 것

㉡ 어느 정도의 강도와 경도가 있을 것

㉢ 흡착률이 우수할 것

㉣ 흡착제의 재생이 용이할 것

㉤ 흡착물질의 회수가 용이할 것

⑥ 흡착제

㉠ 활성탄(Activated Corbon)

ⓐ 활성탄은 탄소함유물질을 탄화 및 활성화하여 만든 흡착능력이 큰 무정형 탄소의 일종이다.

ⓑ 주로 비극성 물질에 유효하며 혼합가스 내의 유기성 가스의 흡착에 주로 사용된다. 유기용제의 증기 제거기능이 높다.

ⓒ 유기용제 회수, 악취 제거, 가스정화에 주로 사용된다.

ⓓ 활성탄의 표면적은 600~1,400 m^2/g 정도이며 공극의 크기는 일반적으로 5~30Å으로 분자모세관 응축현상에 의해 흡착된다.

ⓔ 분자량이 클수록 흡착력이 커지며 흡착법으로 제거 가능한 유기성 가스의 분자량은 최소 45 이상이어야 한다.

ⓕ 페놀, 스타이렌 등 유기용제 증기, 수은증기 같은 상대적으로 무거운 증기는 잘 흡착하고 메탄, 일산화탄소 일산화질소 등은 흡착되지 않는다.

ⓖ 끓는점이 낮은 저비점 화합물인 암모니아, 에틸렌, 염화수소, 포름알데히드 증기는 흡착속도가 높지 않아 비효과적이다.

ⓗ 활성탄의 가스 흡착이 진행될 때 활성탄의 온도가 증가한다.

㉡ 실리카겔(Silicagel)

ⓐ 실리카겔은 규산나트륨과 황산과의 반응에서 유도된 무정형의 물질로 표면적은 300 m^2/g 정도이다.

ⓑ 탄소의 불포화결합을 가진 분자를 선택적으로 흡착한다. 즉, 물과 같은 극성분자를 선택적으로 흡착한다.

ⓒ 250℃ 이하에서 물과 유기물을 잘 흡착하며 일반적으로 NaOH 용액 중 불순물 제거에 이용된다.

ⓓ 실리카겔의 친화력(극성이 강한 순서)

물 > 알코올류 > 알데하이드류 > 케톤류 > 에스테르류 > 방향족 탄화수소류 > 올레핀류 > 파라핀류

㉢ 활성 알루미나(Alumina)

ⓐ 활성알루미나는 물과 유기물을 잘 흡착하며 175~325℃로 가열하여 재생시킬 수 있다.

ⓑ 주로 탈수에 사용되며 일반적으로 가스(공기), 액체의 건조에 이용된다.

ⓒ 표면적은 200~300 m^2/g 정도이다.

㉣ 보크사이트(Bauxite)

표면적은 200~300 m^2/g 정도로 주로 탈수에 사용되며 석유 중의 유분 제거, 가스 및 용액의 건조에 이용된다.

㉤ 합성제올라이트(Synthetic Zeolite)

ⓐ 극성이 다른 물질이나 포화 정도가 다른 탄화수소의 분리가 가능하다.

ⓑ 분자체로 알려져 있으며, 제조과정에 그 결정구조를 조절하여 특정한 물질을 선택적으로 흡착시키는 데 이용할 수 있으며 흡착속도를 다르게 할 수 있는 장점이 있다.

㉥ 마그네시아(Magnesia)

표면적은 200m^2/g 정도이며 휘발유 및 용제의 불순물을 제거하는 정제에 이용된다.

㉦ 점토 및 이온교환수지

탈색에도 이용되고 Ag, Cu, Zn 등의 무기첨가제를 포함한 특수한 탄소는 가스마스크 등에도 이용된다.

⑦ 흡착식

㉠ Freundlich 등온 흡착식

압력과 단위무게당 흡착량의 변화를 나타낸 식이며 고농도에서 등온선은 선형을 유지하지만 한정된 범위의 용질농도에 대한 흡착평형 값으로 적용된다.

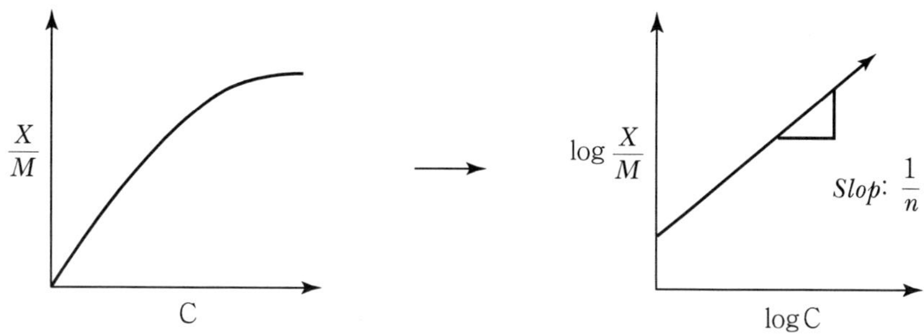

$\frac{X}{M}=KC^{\frac{1}{n}}$ 양변에 log 를 취하면

$\log\frac{X}{M}=\frac{1}{n}\log C+\log K$

여기서, X : 흡착제에 흡착된 피흡착제 농도(제거된 오염물질=흡착된 용질량 : mg/L)(유입농도－유출농도)의 의미

M : 흡착제의 양(mg/L)

C : 용질의 평형농도(흡착 후 평형농도, 피흡착제 물질농도=출구가스 농도 : mg/L)

K, n : 상수($\frac{X}{M}=KC^{\frac{1}{n}}$을 만족할 경우 $n=1.725$, $K=1.579$)

㉡ Langmuir 등온흡착식

ⓐ 흡착제와 흡착물질 사이에 결합력이 약한 물리적 흡착을 의미하며 고농도에서 등온선은 선형적이지 못하고 한정적이다.

ⓑ 흡착은 가역적, 평형조건이 이루어졌다는 가정하에 적용되며 흡착된 용질은 단분자층으로 흡착된다.

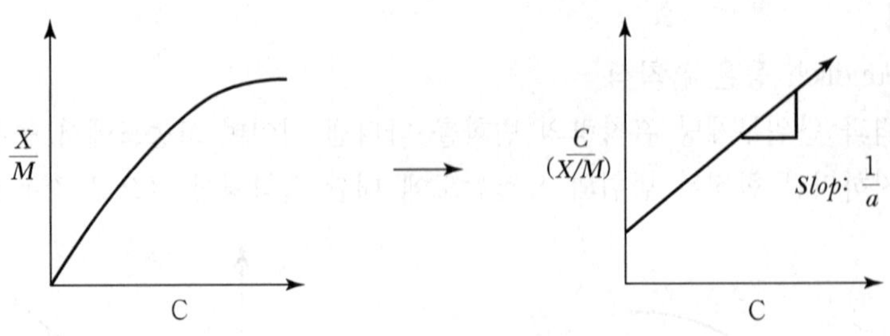

$$\frac{X}{M}=\frac{abC}{1+bC}\rightarrow(S=\frac{\alpha\beta C}{1+\alpha C})$$

양변에 C를 곱하면

$$\frac{C}{(\frac{X}{M})}=\frac{1}{ab}+\frac{C}{a}$$

여기서, $\frac{X}{M}=S$

a : 상수(최대흡착량) $\rightarrow \beta$

b : 상수(흡착에너지) $\rightarrow \alpha$

Reference | 흡착제의 흡착능

1. 흡착능은 흡착제의 능력을 의미하며 흡착능력은 포화, 보전력, 파괴점 등으로 나타낸다.
2. 보전력은 탈착되지 않고 흡착제에 남아 있는 잔여가스의 무게를 흡착제의 무게로 나눈 값으로 표현한다.
3. 여러 가지 혼합유기증기가 포함된 배출가스를 흡착할 경우 흡착률은 균일하지 않으며 그 경향은 이들 증기의 휘발성에 반비례한다.
4. 흡착질의 농도가 낮을 경우는 발열이 흡착효율에 미치는 영향이 크지 않지만 고농도일 경우는 흡착효율이 저하되므로 냉각해야 한다.
5. 활성탄 흡착면에 혼합유기증기가 통과되면 초기에는 증기의 종류에 관계없이 같은 양의 증기가 흡착되지만 시간경과에 따라 비점이 높은 물질의 흡착량이 많아진다.

필수 문제

01 수은농도가 25 mg/L 이다. 흡착법으로 처리하여 3 mg/L 까지 처리할 경우 소요되는 흡착제의 양(mg/L)은?(단, K=0.5, n=2, Freundlich 식 이용)

풀이

$$\frac{X}{M} = KC^{\frac{1}{n}}$$

$$\frac{25-3}{M} = 0.5 \times 3^{\frac{1}{2}}$$

$M = 25.40$ mg/L

필수 문제

02 초기농도가 60 mg/L 인 배기가스에 활성탄 15 mg/L 를 반응시키니 농도가 10 mg/L 가 되었고 활성탄을 40 mg/L 반응시키니 농도가 4 mg/L 로 되었다. 농도를 8 mg/L 로 만들기 위하여 반응시켜야 하는 활성탄의 양(mg/L)은?(단, Freundlich 등온공식 $\frac{X}{M} = KC^{\frac{1}{n}}$ 을 이용)

풀이

$$\frac{X}{M} = KC^{\frac{1}{n}}$$

$$\frac{60-10}{15} = K \times 10^{\frac{1}{n}}$$: ㉮식

$$\frac{60-4}{40} = K \times 4^{\frac{1}{n}}$$: ㉯식

㉮식을 ㉯식으로 나눔

$2.378 = 2.5^{\frac{1}{n}}$, 양변에 log을 취하면

$\log 2.378 = \frac{1}{n}\log 2.5$, $n = 1.057$ → ㉮식에 대입

$3.33 = K \times 10^{\frac{1}{1.057}}$, $K = 0.38$

$$\frac{60-8}{M} = 0.38 \times 8^{\frac{1}{1.057}}$$

$M = 19.14$ mg/L

필수 문제

03 어떤 유해가스의 흡착 실험을 수행한 결과 흡착제의 단위질량당 흡착된 용질량 $\left(\frac{x}{m}\right)$과 출구가스농도 C_0 데이터를 얻었다. 이 실험데이터로부터 $\log(C_0)$ 대 $\log\left(\frac{x}{m}\right)$에 대하여 Plot 하였더니 다음과 같은 직선을 얻었다. 흡착은 Freundlich 등온흡착식 $\frac{x}{m} = KC_0^{1/n}$을 만족할 때 등온상수 n과 K값을 구하면?

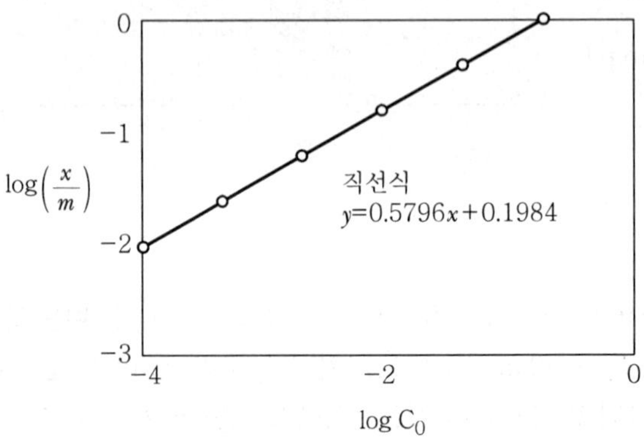

풀이 $\frac{x}{m} = KC^{\frac{1}{n}}$ 양변에 log을 취하면

$$\log\left(\frac{x}{m}\right) = \log\left(KC_0^{\frac{1}{n}}\right)$$

$$\log\left(\frac{x}{m}\right) = \frac{1}{n}\log C_0 + \log K$$

문제상 직선식 $y = 0.5796x + 0.1984$ 에서

$$\frac{1}{n} = 0.5796,\ n = 1.725$$

$\log K = 0.1984$

$K = 1.579$

⑧ 흡착장치

㉠ 고정상 흡착장치(Fixed Bed Absorber)

ⓐ 보통수직형은 처리가스량이 적은 소규모에 적합하고, 수평형 및 실린더형은 처리가스량이 많은 대규모에 적합하다.

ⓑ 처리가스를 연속적으로 처리하고자 할 경우에는 회분식(Batch Type) 흡착장치 2개를 병렬로 연결하여 흡착과 재생을 교대로 한다.

ⓒ 활성탄의 재생은 흡착된 오염물질의 탈착, 활성탄 냉각 및 재사용의 3단계로 구분할 수 있고 이 3단계 과정을 탈착주기라 한다.

ⓓ 흡착장치 내 흡착층 단면속도는 0.15~0.5 m/sec이고 접촉체류 시간은 0.5~5초 정도이다.

㉡ 이동상 흡착장치(Movable Bed Adsorber)

ⓐ 흡착층을 위에서 아래로 이동시키면서 처리가스를 아래에서 위로 향하게 하여 향류 접촉시키는 방식이다.

ⓑ 항상 흡착제를 탈착부로 이동시키기 때문에 포화된 탈착에 필요한 에너지가 적게 들고 또한 흡착제 사용량이 절약되는 장점이 있다.

ⓒ 유동층 흡착장치에 비해 가스의 유속을 크게 유지할 수 없으며 흡착제 이동에 따른 파손이 많다는 단점이 있다.

㉢ 유동상 흡착장치

ⓐ 고정층과 이동층 흡착장치의 장점만을 이용한 복합형이다.

ⓑ 가스의 유속을 크게 유지할 수 있고, 고체와 기체의 접촉을 크게 할 수 있으며 가스와 흡착제를 향류 접촉시킬 수 있다.

ⓒ 흡착제의 유동에 의한 마모가 크게 일어나고, 조업조건에 따른 주어진 조건의 변동이 어렵다.

⑨ 흡착과정

㉠ 포화점(Saturation Point)

주어진 온도와 압력조건에서 흡착제가 가장 많은 양의 흡착질을 흡착하는 점이다.

㉡ 파과점(Break Point)

ⓐ 흡착제층 전체가 포화되어 배출가스 중에 오염가스 일부가 남게 되는 점을 파과점이라 한다.(흡착탑 출구에서 오염물질 농도가 급격히 증가되기 시작하는 점)

ⓑ 파과점 이후부터는 오염가스의 농도가 급격히 증가한다.

ⓒ 파과곡선의 형태는 비교적 기울기가 큰 것이 바람직하다. 그 이유는 기울기가 작은 경우는 흡착층의 상당한 부분이 이미 포화되기 전부터 파과가 진행됐음을 의미하기 때문이다.

ⓓ 흡착 초기에는 흡착이 매우 빠르고 효과적으로 진행되다가 어느 정도 흡착이 진행되면 흡착이 점차로 천천히 진행된다.

ⓔ 파과곡선은 흡착탑 출구농도(유출농도)를 시간진행에 따라 나타낸 S자 형태의 그래프로 나타난다.

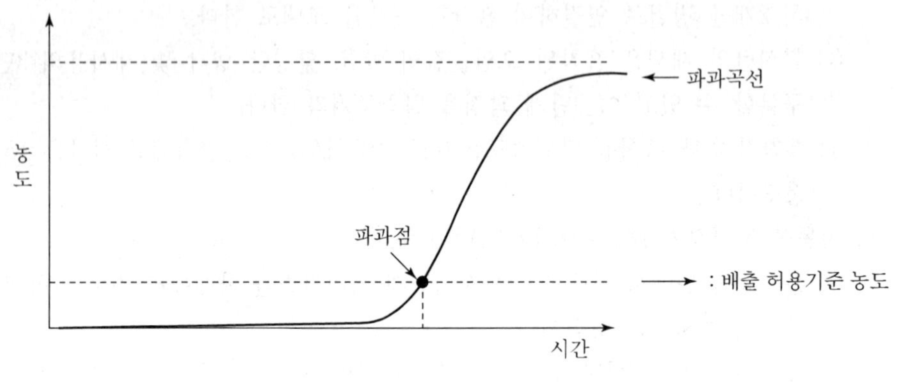

[파과곡선]

⑩ 흡착제 재생방법

㉠ 수증기 송입 탈착법

㉡ 가열공기(고온의 불활성기체) 탈착법

㉢ 수세(물) 탈착법

㉣ 감압(압력을 낮춤) 탈착법

⑪ 활성탄 흡착탑의 화재방지대책

㉠ 접촉시간은 5sec 이내, 선속도는 0.15~0.5m/sec로 유지한다.

㉡ 축열에 의한 발열을 피할 수 있도록 형상이 균일한 조립상 활성탄을 사용한다.

㉢ 사영역이 있으면 축열이 일어나므로 활성탄층의 구조를 수직 또는 경사지게 하는 편이 좋다.

㉣ 운전 초기에 흡착열이 발생하여 15~30분 후에는 점차 낮아지므로 물을 충분히 뿌려 주어 30분 정도 공기를 공회전 시킨 다음 정상 가동한다.

Reference | **환원법**

활성탄에 SO_2를 흡착시키면 황산이 생성되는데, 이를 탈착시키려는 방법 중 활성탄 소모나 약산이 생성되는 단점을 극복하기 위해 H_2S 또는 CS_2를 반응시켜 단체의 S를 생성시키는 방법

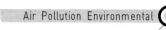

학습 Point

1 물리적 흡착 내용 숙지
2 흡착제 활성탄, 실리카겔 내용 숙지
3 흡착 관련식 숙지(출제비중 높음)
4 파과점 내용 숙지

(3) 연소법(소각법)

① 개요

배출가스량이 많은 가연성의 유해가스, 유해가스의 농도가 낮은 경우, 악취물질 등에 적용한다.

② 특징

㉠ 폐열을 회수하여 이용할 수 있다.

㉡ 배기가스의 유량과 농도의 변화에 잘 적용할 수 있다.

㉢ 연소장치의 설계 및 운전조절을 통해 유해가스를 거의 완전히 제거할 수 있다.

㉣ 시설투자비와 유지관리비가 많이 들며 연소시 기타 오염물질을 유발시킬 가능성이 있다.

③ 종류

㉠ 직접연소법

ⓐ After Burner법이라고도 하며, HC, H_2, NH_3, HCN 및 유독가스 제거법으로 사용된다.

ⓑ 경우에 따라 보조연료나 보조공기가 필요하며 대체로 오염물질의 발열량이 연소에 필요한 전체열량의 50% 이상일 때 경제적으로 타당하다.

ⓒ 악취물질을 직접불꽃방식에 의해 제거할 경우 연소온도는 600~800℃ 범위가 적당하다.

ⓓ 직접화염 재연소기의 설계 시 반응시간은 0.2~0.7sec 정도로 하고, 이 방법은 연소온도가 높아 NO_x가 발생한다.

㉡ 가열연소법

ⓐ After Burner 법이라고도 하며, H_2S, 메르캅탄, 가솔린, HC, H_2, NH_3, HCN 등의 제거에 유용하다.

ⓑ 오염기체의 농도가 낮을 경우 보조연료가 필요하며, 보통 경제적으로 오염가스의 농도가 연소하한치(LEL)의 50% 이상일 때 적합하다.

ⓒ 보통 연소실 내의 온도는 650~850℃, 체류시간은 0.7(0.2)~0.9(0.8)초 정도로 설계한다.

ⓓ 그을음은 연료 중의 C/H 비가 3 이상일 때 주로 발생되므로 수증기 주입으로 C/H 비를 낮추면 해결 가능하다.

ⓔ 배출가스 내 가연성 물질의 농도가 매우 낮아 직접연소법으로 불가능할 경우에 주로 사용되고 조업의 유동성이 적어 NOx 발생이 적다.

㉢ 촉매연소법

ⓐ 악취성분을 함유하는 가스를 촉매에 의해 비교적 저온(400~500℃) 정도에서 불꽃 없이 산화시키는 방법으로 직접연소법에 비해 낮은 온도, 짧은 체류시간(수백분의 1초)에서도 처리가 가능하며 저농도의 가연물질과 공기를 함유한 기체물질에 대하여 적용된다.

ⓑ 촉매는 백금(Pt), 코발트(Co), 니켈(Ni) 등이 있으나, 고가이지만 성능이 우수한 백금계의 것을 많이 사용한다.

ⓒ 활성도가 높은 촉매를 사용하는 것이 바람직하지만 내열성과 촉매독의 문제가 있다.

ⓓ 직접연소법과 비교하여 연료소비량이 적기 때문에 운전비가 절감되지만 촉매의 수명이 문제가 된다.

ⓔ 높은 온도의 예열이 필요 없으며 직접연소법에 비해 NOx 발생량이 적고 낮은 농도로 배출할 수 있다.

ⓕ 연소효율이 90~98% 정도로 높고 연료소비량이 적으므로 운전비용이 절감되고 압력손실도 적다.

ⓖ Fe, Si, P 등은 촉매의 수명을 단축시키거나 효율을 감소시킨다.

ⓗ Zn, Pb, Hg, S 및 분진과 같은 촉매독 때문에 촉매의 수명이 짧아지는 단점도 있다.

Reference | 고온산화법

유해가스로 오염된 가연성 물질을 처리하는 방법 중 반응속도가 빠르고 연료소비량이 적은 편이며, 산화온도가 비교적 적기 때문에 NO_x의 발생이 가장 적은 처리방법이다.

Reference | 화격자 종류 중 폰 롤 시스템

폰 롤 시스템(Von Roll System)은 일련의 왕복식 화격자들을 사용하여 폐기물을 소각로 내에서 이동시키면서 연소시킨다. 화격자는 건조화격자, 연소화격자, 후연소화격자의 세 부분으로 구성되어 있다.

Reference | 다단로와 회전로의 비교(활성탄의 고온활성화 재생방법)

구분		다단로	회전로
①	온도유지	여러 개의 버너로 구분된 반응영역에서 온도분포 조절이 가능하고 열효율이 높음	단 1개의 버너로 열공급 영역별 온도유지가 불가능하고 열효율이 낮음
②	수증기공급	반응영역에서 일정입자가 빨리 배출	입구에서만 공급하므로 일정치 않음
③	입도분포	입도 분포에 관계없이 체류시간을 동일하게 유지 가능	입도에 비례하여 큰 입자가 빨리 배출
④	품질	고품질 입상재생설비로 적합	고품질 입상재생설비로 부적합

학습 Point

촉매연소법 내용 숙지

08 황산화물 처리

(1) 개요

화석연료 연소시 가연성 황성분은 거의 SO_2로 산화되고, 연료 중 황성분 1~5% 정도가 SO_3로 산화되며 SO_3는 연소가스 중의 수증기와 반응하여 H_2SO_4가 된다.(단, 연소가스의 온도가 낮은 경우는 황산이 Mist 상태로 생성)

(2) 종류

① 습식법

흡수제를 용해 또는 현탁시켜서 배기가스와 접촉하여 탈황시키며 흡수제로는 석회의 현탁액, 암모니아 수용액, 아황산나트륨 수용액 등을 사용한다.

㉠ 종류

ⓐ 석회세정법(Wet Lime 또는 Limestone Scrubbing)

ⓑ 암모니아 흡수법

ⓒ 나트륨 흡수법(또는 초산나트륨 흡수법)

ⓓ 마그네슘 흡수법

㉡ 장점

ⓐ 반응효율(제거효율)이 높다.

ⓑ 장치규모가 적고 상용화 실적이 많다.

ⓒ 화학적 양론비가 적어 백연발생 및 약품비가 적게 소요된다.

㉢ 단점

ⓐ 배출가스의 냉각으로 인해 배기가스의 온도가 저하하고 연돌에서의 확산이 나쁘다.

ⓑ 수질오염(폐수)의 문제가 있다.

ⓒ 장치의 부식을 유발할 수 있다.

ⓓ 운전비 및 건설비는 건식법에 비해 높다.

② 건식법

㉠ 종류

ⓐ 석회석 주입법

ⓑ 활성산화망간법

ⓒ 활성탄 흡착법

ⓓ 산화·환원법
ⓔ 산화구리법
ⓕ 전자빔을 이용한 방법

㉡ 장점
ⓐ 배출가스의 온도저하(냉각)가 거의 없다.
ⓑ 배출가스의 연돌에서의 확산력이 좋다.
ⓒ 초기투자비가 적게 들고 다이옥신 제거 효과도 있다.
ⓓ 폐수가 발생하지 않는다.

㉢ 단점
ⓐ 습식법에 비해 상대적으로 효율이 낮다.
ⓑ 장치의 규모가 크다.
ⓒ 장치 내 스케일 문제 및 후단 여과집진장치의 여과포 손상을 유발할 수 있다.

(3) 석회세정법

① 개요

효율이 낮은 건식석회법을 보완하여 소석회 또는 석회석을 슬러리 상태로 만들어 배연가스 중 황산화물을 처리하는 방법이다.

② 반응식

탈황률의 유지 및 스케일 형성을 방지하기 위해 흡수액의 pH를 6 정도(6.5~7.0)로 조정한다. 또한 반응온도조건은 120~150℃ 정도이다.

$\underline{CaO} + H_2O \rightarrow Ca(OH)_2$
(Lime : 소석회)
$Ca(OH)_2 + CO_2 \rightarrow \underline{CaCO_3} + H_2O$
(Limestone : 석회석)
$CaCO_3 + CO_2 + H_2O \rightarrow Ca(HCO_3)_2$
$Ca(HCO_3)_2 + SO_2 + H_2O \rightarrow CaSO_3 \cdot 2H_2O + 2CO_2$
$CaSO_3 \cdot 2H_2O + \frac{1}{2}O_2 \rightarrow CaSO_4 \cdot 2H_2O$

③ 제거효율에 영향을 미치는 인자

㉠ 흡수액의 pH

흡수액 pH가 상승하는 경우
- SO_2 제거효율이 높아짐
- 석회석 이용효율이 낮아짐
- 산화반응 속도가 낮아짐

㉡ 액기비(L/G)

액기비가 증가하는 경우
- SO_2 제거효율이 높아짐
- 순환 Pump 동력비가 증가됨

④ 특징

㉠ 흡수탑의 부식 및 흡수탑 내에서의 압력손실 증가가 단점이다.

㉡ 세정액의 폐수처리 문제 및 백연이 발생한다.

㉢ 반응표면적을 증대시켜 반응효율(제거효율)이 높다.

㉣ 가장 큰 단점은 흡수탑 및 탑 이후의 배관에서 스켈링을 유발시키는 것이다.

㉤ 스켈링 방지방법

ⓐ 흡수탑 순환액에 산화탑에서 생성한 석고를 반송하고 흡수액 슬러리 중의 석고 농도를 5% 이상으로 유지하여 석고의 결정화를 촉진한다.

ⓑ 흡수액량을 많게 하여 탑 내에서의 결착을 방지한다.

ⓒ 순환액 pH 값 변동을 적게 한다.

ⓓ 탑 내의 내장물을 가능한 한 설치하지 않는다.

(4) 암모니아 흡수법

① 개요

암모니아 수용액($2NH_4OH$)을 SO_2와 반응시켜 SO_2, S, $(NH_4)_2SO_4$ 형태로 흡수하는 방법이다.

② 반응식

$$SO_2 + 2NH_4OH \rightarrow (NH_4)_2SO_3 + H_2O$$

$$(NH_4)_2SO_4 + H_2O + SO_2 \rightarrow 2NH_4HSO_3$$

③ 반응 pH

흡수액의 pH는 약 6 정도로 유지하여야 흡수효율이 증가하며 pH 5 이하로 되면 흡수효율이 급격히 저하한다.

Reference

석유정제시 배출되는 H_2S의 제거에 널리 사용되는 세정제는 다이에탄올아민용액이다.

(5) 석회석 주입법

① 개요

$CaCO_3$ 분말을 연소실(≒1,000℃)에 직접 혼입하여 열분해에 의해 SO_2를 $CaSO_4$(황산칼슘)으로 반응, 집진장치에서 최종 제거하는 방법으로 연소로 내에서 아주 짧은 접촉시간과 아황산가스가 석회분말의 표면 안으로 침투되기 어려우므로 아황산가스 제거효율(≒40%)이 낮은 편이다.

② 반응식

$$CaCO_3 + SO_2 + \frac{1}{2}O_2 \rightarrow CaSO_4 + CO_2$$

$$[CaCO_3 \rightarrow CaO + CO_2$$

$$CaO + SO_2 + \frac{1}{2}O_2 \rightarrow CaSO_4 \downarrow]$$

연소로 내에서의 화학반응은 주로 소성, 흡수, 산화의 3가지로 나눌 수 있다.

③ 특징

㉠ 제거효율이 낮고 연소로 내에서 석회석 분말이 재와 반응 Scale을 생성하여 전달률을 저감시켜 SO_2와 반응하지 못한 석회수 분말이 후단 집진기 성능저하를 유발한다.

㉡ 초기 투자비용이 적게 들어 소규모 보일러나 노후된 보일러에 추가로 설치할 때 사용한다.

㉢ $CaCO_3$의 가격이 저렴하고 배기가스의 온도 저하가 없어 굴뚝에서 확산력이 좋은 장점이 있다.

㉣ 석회석 값이 저렴하므로 재생하여 쓸 필요가 없고 석회석의 분쇄와 주입에 필요한 장비 외에 별도의 부대시설이 크게 필요 없다.

㉤ 배기가스 중 재와 석회석이 반응하여 연소로 내에 달라붙어 압력손실을 증가시키고, 열전달을 낮춘다.

㉥ $CaCO_3$ 분말이 미반응하면 후처리 집진장치의 효율이 저감된다.

(6) 접촉촉매 산화법

① 개요

V_2O_5, K_2SO_4 등의 촉매를 이용하여 배기가스 중 SO_2를 SO_3로 산화 후 탑 내에서 세정하여 진한 H_2SO_4, $(NH_4)_2SO_4$ 로 회수하는 방법이다.

② 반응식

$$SO_2 + V_2O_5 \rightarrow SO_3$$
$$SO_3 + H_2O \rightarrow H_2SO_4$$
$$SO_3 + 2NH_4OH \rightarrow (NH_4)SO_4 + H_2O$$

(7) 흡착법

① 개요 및 특징

㉠ SO_2를 함유한 배기가스를 활성탄층으로 통과시켜 SO_2를 흡착시킨다.

㉡ 흡착된 SO_2는 활성탄 표면에서 산소와 반응하여 산화된 후 수증기와 반응하여 황산으로 흡착층에 고정된다.

㉢ 활성탄은 재생 가능하고 황산은 회수한다.

㉣ 재생식공정의 대표적 방법은 웰만-로드법이다.

② 반응식

$$SO_2 + \frac{1}{2}O_2 + H_2O \rightarrow H_2SO_4$$

Reference | 중질유의 탈황방법

① 직접탈황법

수소첨가촉매(CO-Ni-Mo)로 250~450℃에서 압력을 30~150kg/cm^2 정도로 가하여 황성분을 H_2S, S, SO_2 형태로 제거하는 방법

② 간접탈황법

상압잔유를 감압증류에 의하여 증류하고 얻어진 감압경유를 수소화탈황에 의해 탈황화하며 이 탈황된 경유와 감압잔유를 혼합하여 황이 적은 제품을 생산하는 방법

③ 중간탈황법

상압증류에서 얻은 증류를 감압증류시켜 경유 및 감압잔유를 얻어 이 감압잔유를 프로판 또는 분자량이 큰 탄화수소를 이용하여 아스팔트와 잔유로 분리 후 이 잔유와 감압경유 혼합, 탈황 후 아스팔트분과 재혼합하여 저황유를 만드는 방법

Reference

산, 알칼리, 약액세정법으로 제거 가능한 대표적 성분으로는 무기산(염산, 황산)의 희박수용액에 의한 암모니아, 아민류 등의 염기성 성분이다.

필수 문제

01 황성분이 무게비로 1.5% 인 중유를 1,000 kg/hr 으로 연소시 배출되는 SO_2 를 석고로 회수하는 경우 석고의 생산량(kg/hr)은?

풀이

SO_2 가스의 양

$S + O_2 \rightarrow SO_2$

32 kg : 64 kg

1,000 kg/hr×0.015 : SO_2(kg/hr)

$$SO_2(kg/hr) = \frac{1,000\ kg/hr \times 0.015 \times 64\ kg}{32\ kg} = 30\ kg/hr$$

석고의 생산량

$SO_2 + CaO + \frac{1}{2}O_2 \rightarrow CaSO_4$

64 kg : 136 kg

30 kg/hr : $CaSO_4$(kg/hr)

$$CaSO_4(kg/hr) = \frac{30\ kg/hr \times 136\ kg}{64\ kg} = 63.75\ kg/hr$$

필수 문제

02 유황 함유량이 1.5% 인 중유를 시간당 10톤 연소시킬 때 SO_2의 배출량(Sm^3/hr)은? (단, 표준상태 기준, 유황은 전량이 반응하고, 이 중 5%는 SO_3로서 배출되며, 나머지는 SO_2로 배출된다.)

풀이

$S + O_2 \rightarrow SO_2$

32kg : 22.4Sm³

10,000kg/hr×0.015×0.95 : SO_2(Sm³/hr)

$$SO_2(m^3/hr) = \frac{10,000kg/hr \times 0.015 \times 0.95 \times 22.4Sm^3}{32kg} = 99.75Sm^3/hr$$

필수 문제

03 시간당 1 ton의 석탄을 연소시킬 때 발생하는 SO_2는 0.31 Sm³/min였다. 이 석탄의 황 함유량(%)은?(단, 표준상태를 기준으로 하고, 석탄 중의 황성분은 연소하여 전량 SO_2가 된다.)

풀이

$S + O_2 \rightarrow SO_2$

32kg : 22.4Sm³

1,000kg/hr×hr/60min×S : 0.31Sm³/min

$$S = \frac{32kg \times 0.31Sm^3/min}{16.67kg/min \times 22.4Sm^3} = 0.0266 \times 100 = 2.66\%$$

필수 문제

04 황분 2.5%의 중유를 5ton/hr로 연소하고 있는 열설비에서 발생하는 SO_2를 탄산칼슘으로 완전히 탈황할 경우 필요한 이론적 탄산칼슘의 양(kg/min)은?(단, 중유 중 황은 모두 SO_2로 된다고 가정한다.)

풀이

$S + O_2 \rightarrow SO_2$

32kg : 64kg

5,000kg/hr×0.025 : SO_2(kg/hr)

$$SO_2(kg/hr) = \frac{5,000kg/hr \times 0.025 \times 64kg}{32kg} = 250kg/hr$$

$SO_2 + CaCO_3 \rightarrow CaSO_3 + CO_2$

64kg : 100kg
250kg/hr : $CaCO_3$(kg/hr)

$$CaCO_3(kg/min) = \frac{250kg/hr \times 100kg \times hr/60min}{64kg}$$

$$= 6.51kg/min$$

필수 문제

05 황 성분 1.1% 인 중유를 15 ton/hr 으로 연소할 때 배출되는 가스를 $CaCO_3$ 로 탈황하고 황을 석고($CaSO_4 \cdot 2H_2O$)로 회수하고자 할 경우 회수하는 석고의 양(ton/hr)은? (단, 황 성분은 100% SO_2 로 전환되고, 탈황률은 93% 이다.)

풀이

S → $CaSO_4 \cdot 2H_2O$
32 kg : 172 kg
15 ton/hr×0.011×0.93 : $CaSO_4 \cdot 2H_2O$(ton/hr)

$$CaSO_4 \cdot 2H_2O(ton/hr) = \frac{15\ ton/hr \times 0.011 \times 0.93 \times 172\ kg}{32\ kg}$$

$$= 0.82\ ton/hr$$

필수 문제

06 3% 황분이 들어 있는 중유를 10 ton/hr 로 연소하는 보일러의 배출가스를 탄산칼슘으로 탈황하여 석고($CaSO_4 \cdot 2H_2O$)로 회수하려 한다. 탈황률이 90% 라 할 때 이론적으로 회수할 수 있는 석고의 양(ton/hr)은?(단, 연료 중의 황 성분은 모두 SO_2로 된다).

풀이

S → $CaSO_4 \cdot 2H_2O$
32 kg : 172 kg
10 ton/hr×0.03×0.9 : $CaSO_4 \cdot 2H_2O$(ton/hr)

$$CaSO_4 \cdot 2H_2O(ton/hr) = \frac{10\ ton/hr \times 0.03 \times 0.9 \times 172\ kg}{32\ kg}$$

$$= 1.45\ ton/hr$$

필수 문제

07 황 함량 2.5% 인 중유를 1시간에 20 ton 연소하고 있는 공장에서 배연탈황을 실시하고 있다. 이 시설에서 부산물을 석고($CaSO_4$)로 회수하려고 하는 경우 회수되는 석고의 이론량(ton/h)은?(단, 이 장치의 탈황률은 90% 이고, Ca 원자량 : 40)

풀 이

S → $CaSO_4$

32 kg : 136 kg

20 ton/hr×0.025×0.9 : $CaSO_4$(ton/hr)

$$CaSO_4(\text{ton/hr}) = \frac{20\ \text{ton/hr} \times 0.025 \times 0.9 \times 136\ \text{kg}}{32\ \text{kg}} = 1.91\ \text{ton/hr}$$

필수 문제

08 배연탈황을 하지 않는 시설에서 중유 중의 황성분이 중량비로 S(%), 중유사용량이 매시 W(L)라면 황산화물의 배출량(Sm^3/hr)은?(단, 중유의 비중은 0.9, 표준상태를 기준으로 하며 황산화물은 전량 SO_2로 계산한다.)

풀 이

S + O_2 → SO_2

32 kg : 22.4 Sm^3

W L/hr×0.9 kg/L×S/100 : SO_2(m^3/hr) [액체비중단위 kg/L 적용]

$$SO_2(\text{Sm}^3/\text{hr}) = \frac{\text{W L/hr} \times 0.9\ \text{kg/L} \times \text{S}/100 \times 22.4\ \text{Sm}^3}{32\ \text{kg}} = 0.0063 \times \text{W} \times \text{S}\ \ \text{Sm}^3/\text{hr}$$

필수 문제

09 황 성분이 중량비로 S%인 벙커유의 사용량이 분당 Wkg이라고 하면 황산화물(SO_2) 배출량(Sm^3/hr)은?

풀 이

S + O_2 → SO_2

32 kg : 22.4 Sm^3

Wkg/min×60min/hr×S/100 : SO_2(m^3/hr)

SO_2(Sm^3/hr) = 0.42×W×S Sm^3/hr

필수 문제

10 건식석회법으로 SO_2를 처리하고자 한다. 배기가스량은 100 Sm^3/hr, 배기가스의 SO_2 농도는 3,000 ppm 일 때 SO_2 제거에 요구되는 석회석($CaCO_3$)의 양(kg/hr)은?

풀이

$SO_2 + CaCO_3 \rightarrow CaSO_3 + CO_2$

64 kg : 100 kg

$100\ Sm^3/hr \times 3{,}000\ mL/Sm^3 \times 64\ g/22{,}400\ mL \times kg/1{,}000\ g : CaCO_3(kg/hr)$

$$CaCO_3(kg/hr) = \frac{100\ Sm^3/hr \times 3{,}000\ mL/Sm^3 \times 64\ g/22{,}400\ mL \times kg/1{,}000\ g \times 100\ kg}{64\ kg}$$

$= 1.34\ kg/hr$

필수 문제

11 비중 0.9, 황 성분 0.16% 인 중유를 1,400 L/hr 로 연소시키는 보일러에서 황산화물의 시간당 발생량(Sm^3/hr)은?(단, 표준상태 기준, 황 성분은 전량 SO_2으로 전환된다.)

풀이

$S + O_2 \rightarrow SO_2$

32 kg : 22.4 Sm^3

$1{,}400\ L/hr \times 0.9\ kg/L \times 0.0016 : SO_2(Sm^3/hr)$

$$SO_2(Sm^3/hr) = \frac{1{,}400\ L/hr \times 0.9\ kg/L \times 0.0016 \times 22.4\ Sm^3/hr}{32\ kg} = 1.41\ Sm^3/hr$$

필수 문제

12 황 함유량 1.5% 인 중유를 10 ton/hr 로 연소하는 보일러에서 배기가스를 NaOH 수용액으로 처리한 후 황 성분을 전량 Na_2SO_3로 회수할 경우, 이때 필요한 NaOH 의 이론량(kg/hr)은?(단, 황 성분은 전량 SO_2로 전환된다고 한다.)

풀이

$S + O_2 \rightarrow SO_2$

$SO_2 + 2NaOH \rightarrow Na_2SO_3 + H_2O$

S → 2NaOH
32 kg : 2×40 kg
10,000 kg/hr×0.015 : NaOH(kg/hr)

$$NaOH(kg/hr) = \frac{10,000\ kg/hr \times 0.015 \times 80\ kg}{32\ kg} = 375\ kg/hr$$

필수 문제

13 황 성분이 2.4% 인 중유를 2,000 kg/hr 연소하는 보일러 배기가스를 NaOH 용액으로 처리시, 시간당 필요한 NaOH의 양(kg/hr)은?(단, 탈황률은 95%)

풀이

$S + O_2 \rightarrow SO_2$
$SO_2 + 2NaOH \rightarrow Na_2SO_3 + H_2O$

S → 2NaOH
32 kg : 2×40 kg
2,000 kg/hr×0.024×0.95 : NaOH(kg/hr)

$$NaOH(kg/hr) = \frac{2,000\ kg/hr \times 0.024 \times 0.95 \times 80\ kg}{32\ kg} = 114\ kg/hr$$

필수 문제

14 비중 0.95, 황 성분 3.0% 의 중유를 매시간 1 kL씩 연소시키는 공장 배출가스 중 SO_2(kg/hr) 양은?(단, 중유 중 황 성분의 90% 가 SO_2로 되며, 온도변화 등 기타 변화는 무시한다.)

풀이

$S + O_2 \rightarrow SO_2$
32 kg : 64 kg
1,000 L/hr×0.95 kg/L×0.03×0.9 : SO_2(kg/hr)

$$SO_2(kg/hr) = \frac{1,000\ L/hr \times 0.95\ kg/L \times 0.03 \times 0.9 \times 64\ kg}{32\ kg} = 51.3\ kg/hr$$

필수 문제

15 S성분 2.8%를 함유한 중유 10ton/hr를 연소하는 보일러가 있다. 연소를 통해 S성분은 100% SO_2로 변화하고, 보일러의 배기가스를 NaOH 수용액으로 세정하여 S성분을 Na_2SO_3로 회수할 경우에 이론적으로 필요한 NaOH의 양(kg/hr)은?(단, 사용된 NaOH의 순도는 85%이다.)

풀이

$S + O_2 \rightarrow SO_2$

$SO_2 + 2NaOH \rightarrow Na_2SO_3 + H_2O$

$S \rightarrow 2NaOH$

32kg : 2×40kg

10,000kg/hr×0.028 : NaOH×0.85

$$NaOH(kg/hr) = \frac{10,000kg/hr \times 0.028 \times (2 \times 40)kg}{32kg \times 0.85} = 823.53kg/hr$$

필수 문제

16 가스 1 m^3당 50 g의 아황산가스를 포함하는 어떤 폐가스를 흡수처리하기 위하여 가스 1 m^3에 대하여 순수한 물 2,000 kg의 비율로 연속 향류 접촉시켰더니 폐가스 내 아황산가스의 농도가 1/10로 감소하였다. 물 1,000 kg에 흡수된 아황산가스의 양(g)은?

풀이

$50g : 2,000kg = x : 1,000kg$

$$x = \frac{50g \times 1,000kg}{2,000kg} = 25g$$

흡수된 아황산가스양(g) $= 25g \times (1 - 0.1) = 22.5g$

학습 Point

1. 습식법, 건식법 종류 구분 숙지
2. 석회세정법 반응식 및 제거효율에 영향을 미치는 인자내용 숙지(출제비중 높음)
3. 석회석 주입법 반응식 및 특징 내용 숙지

09 질소산화물 처리

(1) 개요

질소산화물(NOx)은 주로 연소과정에서 발생하며 대기오염 유발물질은 NO와 NO_2이며 화염에서 NOx 발생 중 90%는 NO이고 나머지 10%는 NO_2가 차지한다.
연소가스 중의 NO는 환원제와 반응하여 N_2로 재전환될 수 있으며, 일반적으로 내연기관 엔진에서의 환원제는 CO이고, 화력발전소에서는 NH_3이다.

(2) 연소시 NOx 생성에 영향을 미치는 인자 및 저감

① 온도(낮게 함)
② 반응속도
③ 반응물질의 농도(NOx 함량)가 적은 연료 사용
④ 반응물질의 혼합 정도(연소영역에서 산소농도 낮춤)
⑤ 연소실 체류시간(연소영역에서 연소가스 체류시간은 짧게 함)

(3) 연소과정에서 발생하는 질소산화물의 종류

질소산화물은 연소 시 연료의 성분으로부터 발생하는 Fuel Nox와 고온에서 공기 중의 질소와 산소가 반응하여 생기는 Thermal NOx 등이 있다.

① Thermal NOx(Zeldovich mechanism에 의해 생성)
 ㉠ 연료의 연소로 인한 고온분위기에서 연소공기의 분해과정에서 발생, 즉 대기 중 N_2와 O_2가 결합하여 생성된다.($N_2+O_2 \rightarrow 2NO$)
 ㉡ 고온에서 고온 NO는 빠르게 형성되지만 형성에 필요한 시간은 평형에 도달하지 못할 정도로 짧다.
 ㉢ 연소 시 발생하는 질소산화물의 대부분은 NO와 NO_2이며 발생원 근처에서는 NO/NO_2의 비가 크지만 발생원으로부터 멀어지면서 그 비가 감소한다.

② Fuel NOx
 연료 자체가 함유하고 있는 불순물의 질소성분 연소에 의해서 발생한다.

③ Prompt NOx
 ㉠ 연료와 공기 중 질소 성분의 결합으로 발생한다. 즉, 연료가 열분해 시 질소가 HC 및 C와 반응하여 HCN 또는 CN이 생성되며, 이들은 OH 및 O_2 등과 결합하여 중간생성물질(NCO)을 형성하여 NO의 발생에 관계가 있다는 학설이다.
 ㉡ 반응식 : $CH+N_2 \rightarrow HCN+N$

(4) 연소조절에 의한 NOx 저감방법(연소 개선에 의한 NOx 억제방법)

① 저산소연소(저과잉공기 연소)

㉠ 낮은 공기비로 연소시키는 방법, 즉 연소로 내로 과잉공기의 공급량을 줄여(≒10%) 질소와 산소가 반응할 수 있는 기회를 적게 하는 것이다.

㉡ 낮은 공기비일 경우 CO 및 검댕의 발생이 증가하고 노 내의 온도가 상승하므로 주의를 요한다.

② 저온도 연소(연소용 예열공기의 온도 조절)

에너지 절약, 건조 및 착화성 향상을 위해 사용하는 예열공기의 온도를 조절(낮게 함)하여 NOx 생성량을 조절한다.(희박예혼합연소를 함으로써 최고화염온도를 1,800K 이하로 억제)

③ 연소부분의 냉각

연소실의 열부하를 낮춤으로써 NOx 생성을 저감할 수 있다.

④ 배기가스의 재순환

㉠ 연소용 공기에 일부 냉각된 배기가스를 섞어 연소실로 재순환(재순환 비율은 연소공기 대비 10~20%)하여 온도 및 산소농도를 낮춤으로써 NOx 생성을 저감할 수 있다.

㉡ NOx 발생량을 ≒15~25% 줄일 수 있고 Thermal NOx 저감에 효과는 좋으나 Fuel NOx 저감은 미비하다.

㉢ 대부분의 다른 연소제어 기술과 병행해서 사용할 수 있고 저 NOx 버너와 같이 사용하는 경우가 많다.

⑤ 2단 연소(2단계 연소법)

㉠ 1차 연소실에서 가스온도 상승을 억제하면서 운전하여 NOx의 생성을 줄이고 불완전 연소가스는 2차 연소실에서 완전연소시키는 방법이다. 즉 버너 부분에서 이론공기량의 85~95% 정도로 공급하고, 상부 공기구멍에서 10~15%의 공기를 더 공급한다.

㉡ 두 연소단계 사이에서 열의 일부가 제거되어 화염온도가 낮게 되는 과정을 거쳐서 연소가 이루어진다.

㉢ NOx를 20~30% 줄일 수 있으나 과잉공기 부족으로 인하여 매연, CO의 발생이 증가한다.

⑥ 버너 및 연소실의 구조 개선

저 NOx 버너를 사용하고 버너의 위치를 적정하게 설치하여 NOx 생성을 저감할 수 있다.

⑦ 수증기 물분사 방법

물분자의 흡열반응을 이용하여 화로 내에 수증기를 분무, 온도를 저하시켜 NOx 생성을 저감할 수 있다.

⑧ 완만혼합

연료와 공기의 혼합을 완만하게 하여 연소를 길게 함으로써 화염온도의 상승을 억제한다.

⑨ 화염형상의 변경

화염을 분할하거나 막상으로 얇게 늘여서 열손실을 증대시켜 NOx 생성을 억제한다.

⑩ 기타

연소영역에서 연소가스의 체류시간을 짧게 한다.

(5) 처리기술에 의한 질소산화물 제거방법

배출가스 중의 NOx 제거는 연소조절에 의한 제어법보다 더 높은 NOx 제거효율이 요구되는 경우나 연소방식을 적용할 수 없는 경우에 사용된다.

① 선택적 촉매환원법(SCR ; Selective Catalytic Reduction)

㉠ 개요

연소가스 중의 NOx를 촉매(T_iO_2와 V_2O_5를 혼합하여 제조)를 사용하여 환원제(NH_3, H_2S, CO, H_2 등)와 반응 N_2와 H_2O로 O_2와 상관없이 접촉환원시키는 방법이다.

㉡ 반응식

ⓐ 환원제 : NH_3

NH_3를 환원제로 사용하는 탈질법은 산소 존재에 의해 반응속도가 증대하는 특이한 반응이고, 2차 공해 문제도 적은 편이므로 광범위하게 적용된다.

$6NO + 4NH_3 \rightarrow 5N_2 + 6H_2O$
$6NO_2 + 8NH_3 \rightarrow 7N_2 + 12H_2O$
(산소가 공존하는 경우)
$4NO + 4NH_3 + O_2 \rightarrow 4N_2 + 6H_2O$

ⓑ 환원제 : CO

$2NO + 2CO \rightarrow N_2 + 2CO_2$
$2NO_2 + 4CO \rightarrow N_2 + 4CO_2$

㉢ 특징

ⓐ 주입환원제가 배출가스 중 질소산화물을 우선적으로 환원한다는 의미에서 선택적 촉매환원법이라 한다.

ⓑ 적정반응 온도영역은 275~450℃이며 최적반응은 350℃에서 일어난다.

ⓒ 최적조건에서 약 90% 정도의 효율이 있다.

ⓓ 먼지, SOx 등에 의해 촉매의 활성이 저하되어 효율이 떨어진다.

ⓔ 촉매 교체시 상당한 비용이 부담된다.

ⓕ 촉매반응탑 설치가 필요하여 설비비가 많이 든다.

ⓖ 질소산화물의 고효율 제거에 사용되며 잔여물질이 없어 폐기물처리비용이 들지 않는다.

ⓗ SCR에서 Al_2O_3계(알루미나계)의 촉매는 SO_2, SO_3, O_2와 반응하여 황산염이 되기 쉽고 촉매의 활성이 저하된다.

ⓘ H_2S를 사용하는 선택적 촉매환원법은 Claus 반응에 따라 아황산가스 제거도 가능한 NOx, SOx 동시제거법으로 제안되기도 한다.

ⓙ 질소산화물 전환율은 반응온도에 따라 종 모양(Bell Shape)을 나타낸다.

② 선택적 비촉매(무촉매) 환원법(SNCR ; Selective Noncatalytic Reduction)

㉠ 개요

촉매를 사용하지 않고 연소가스에 환원제(암모니아, 요소)를 분사하여 고온에서 NOx와 선택적으로 반응하여 N_2와 H_2O로 분해하는 방법으로 NO의 암모니아에 의한 환원에는 보통 산소의 공존이 필요하다.

㉡ 반응식

$$4NO + 4NH_3 + O_2 \rightarrow 4N_2 + 6H_2O$$
$$4NO + 2(NH_2)_2CO + O_2 \rightarrow 4N_2 + 4H_2O + 2CO_2$$

㉢ 특징

ⓐ 반응온도 영역은 750~950℃이며 최적반응은 800~900℃에서 일어난다.

ⓑ 질소산화물의 제거효율은 약 40~70%이며 제거율을 높이기 위해서는 보통 1,000℃ 정도의 고온과 NH_3/NO 비가 2 이상인 암모니아의 첨가가 필요하다.

ⓒ 다양한 가스에 적용 가능하고 장치가 간단하며 유지보수가 용이하다.

ⓓ 약품을 과다 사용하면 암모니아가 HCl과 반응하여 백연현상이 발생할 수 있으므로 주의를 요한다.

ⓔ 온도가 너무 낮은 경우 NOx의 환원반응이 원활하지 않아 암모니아 그대로 배출되는데 이를 암모니아 슬립현상이라 한다.

ⓕ 반응기 등의 설비가 필요하지 않아 설비비는 작고, 특히 더러운(고농도) NOx의 제거에 적합하다.

ⓖ NO의 암모니아에 의한 환원에는 암모니아 첨가가 필요하다.

Reference I SCR과 SNCR의 비교

비교 항목	SNCR	SCR
NOx 저감한계	50 ppm	20~40 ppm
제거효율	30~70%	90%
운전온도	850~950℃	300~400℃
소요면적	설치공간이 작다.	촉매탑 설치
암모니아 슬립	10~100 ppm	5~10 ppm
PCDD 제거	거의 없음	가능성 있음
경제성	설치비가 저렴하다.	수명이 짧다.
고려사항	• 투입온도, 혼합 • 암모니아 슬립 • 효율	• 운전온도 • 배기가스 가열비용 • 촉매독 • 암모니아 슬립(매우 적음) • 설치공간 • 촉매 교체비
장점	• 다양한 가스성상에 적용 가능 • 장치가 간단 • 운전보수 용이	• 높은 탈질효과 • 암모니아 슬립이 매우 적다.
단점	연소온도를 950℃ 이하로 확실히 제어	• 유지비가 많이 든다(촉매비용). • 운전비가 많이 든다. • 압력손실이 크다. • 먼지, SOx 등에 의해 방해를 받음

③ 접촉분해법

㉠ NO가 함유된 배기가스를 Co_3O_4(산화코발트)에 접촉시켜 N_2와 O_2로 분해하는 방법이다.

㉡ 반응식

$$2NO \rightarrow N_2 + O_2$$
$$\uparrow$$
$$Co_3O_4$$

④ 흡착법

㉠ 활성탄, 실리카겔의 흡착제에 배기가스를 흡착시키는 방법으로, 산소가 다량 포함 시 폭발, 화재의 위험성이 있다.

㉡ NO_2는 흡착 가능하나, NO는 흡착이 곤란하다.

⑤ 전자선 조사법

㉠ 배기가스 중 암모니아를 첨가, 전리성 방사선(α선, β선, γ선, 전자선 및 X선)을 조사하여 가스 중의 산소 또는 물을 활성화시켜 산화력이 강한 OH 라디칼을 형성하여 NOx와 SOx을 고체상 입자로 동시 제거하는 방법으로 탈진 및 탈황효율은 전자선의 조사량에 비례한다.

㉡ 부생물로 황산암모늄 및 질산암모늄을 생성한다.

㉢ NOx 및 SOx 제거율이 80% 이상을 달성할 수 있는 건식의 제거 프로세스이다.

㉣ 구성이 간단하여 계 내의 압력손실이 낮다.

⑥ 용융염 흡수법

배기가스 중의 NO를 용융염에 흡수하는 방법이다.

⑦ 접촉환원법

NOx 함유된 배기가스를 촉매($CuO-Al_2O_3$, $Mn-Fe_2O_3$)하에서 환원제(CO, H_2, CH_4)를 이용하여 N_2로 환원시키는 방법으로 CO의 환원반응속도가 가장 빠르다.

⑧ 습식법(습식배연탈질법)

㉠ 종류

ⓐ 물, 알칼리 흡수법

ⓑ 황산 흡수법

ⓒ 산화 흡수법

ⓓ 산화흡수 환원법

㉡ 일반적으로 조작의 공정이 복잡하고 가격이 비싸다.

㉢ 건식 암모니아환원법에 비해 연구개발이 느리다.

㉣ NO는 반응성이 낮고, NO_2 또는 N_2O_5까지 산화하기 위해서는 강한 산화제가 필요하므로 처리비용이 높아진다.

㉤ 처리액 중 아질산염 및 질산염의 처리가 용이하지 못하다.

㉥ 배기가스 중에 있는 먼지의 영향이 적고 SO_2와 동시에 제거할 수 있다.

㉦ 질산염 등의 부산물이 많아 2차 처리가 필요하다.

㉧ 고가의 산화제 및 환원제가 다량 소모된다.

㉨ 흡수산화법은 NO_x 제거에 $KMnO_4$, H_2O_2, $NaClO_2$ 등과 같은 산화제를 포함하는 흡수액에 흡수시켜 산화제거한다.

Reference | 열생성 NO_x(Thermal NO_x)를 억제하는 연소방법

① 희박 예혼합연소
연료와 공기를 미리 혼합하고 이론당량비 이하에서 생성되는 Thermal NO_x를 저감
② 화염형상의 변경
화염을 분할하거나 막상으로 얇게 늘려서 열손실을 증대
③ 완만혼합
연료와 공기의 혼합을 완만하게 하여 연소를 길게 함으로써 화염온도의 상승을 억제
④ 배기 재순환
펜을 써서 굴뚝가스를 노의 상부에 피드백시켜 최고 화염온도와 산소농도로 억제

Reference | 비선택적 촉매환원법(NSCR)

① 개요
배기가스 중 O_2을 우선 환원제(CH_4, H_2, CO, HC 등)로 하여금 소비하게 한 후 NOx를 환원시키는 방법이다. 즉 NOx뿐만 아니라 O_2까지 소비된다.
② 반응식
$4NO+CH_4 \rightarrow 2N_2+CO_2+2H_2O$
$4NO_2+CH_4 \rightarrow 4NO+CO_2+2H_2O$
③ 특징
㉠ 촉매로는 P_t, V_2O_5 뿐만 아니라 Co, Ni, Cu, Cr 등의 산화물도 이용 가능하다.
㉡ NO 환원제는 아세틸렌계 > 올레핀계 > 방향족계 > 파라핀계 순으로 불포화도가 높은 만큼 반응성이 좋다.
㉢ NOx와 환원제의 반응서열은 CH_4 > H_2 > CO이며 탄화수소의 경우 탄소수의 증가에 따라 일반적으로 반응성이 개선된다고 볼 수 있다.

Reference | SOx와 NOx 동시 제어기술 종류

① 활성탄 흡착공정
S, H_2SO_4 및 액상 SO_2 등의 부산물이 생성되며, 공정 중 재가열이 없으므로 경제적이다.
② NOXSO 공정
알루미나 담체에 탄산나트륨을 3.5~3.8% 정도 첨가하여 제조된 흡착제를 사용하여 SOx와 NOx를 90% 이상 제거한다.
③ CuO 공정
알루미나 담체에 CuO를 함침시켜 SO_2는 흡착반응하고 NOx는 선택적 촉매환원되어 제거되는 원리를 이용하는 공정으로 반응온도는 250~400℃ 정도이다.
④ 전자선 조사공정

필수 문제

01

150 ppm의 NO 를 함유하는 배기가스가 50,000 Sm^3/hr 으로 발생하고 있다. 암모니아 접촉환원법으로 탈질하는 데 필요한 암모니아의 양(kg/hr)은?

풀 이

$$6NO + 4NH_3 \rightarrow 5N_2 + 6H_2O$$

6×22.4 Sm^3 : 4×17 kg

50,000 Sm^3/hr×150 mL/Sm^3×10^{-6} Sm^3/mL : NH_3(kg/hr)

$$NH_3(kg/hr) = \frac{50,000\ Sm^3/hr \times 150\ mL/Sm^3 \times 10^{-6}\ Sm^3/mL \times (4 \times 17)kg}{6 \times 22.4\ Sm^3}$$

= 3.79 kg/hr

필수 문제

02

NO 농도가 100 ppm인 배기가스 150,000 Sm^3/hr를 CO 로 선택적 접촉환원법으로 처리하는 경우 필요한 CO의 양(kg/hr)은?

풀 이

$$2NO + 2CO \rightarrow N_2 + 2CO_2$$

2×22.4 Sm^3 : 2×28 kg

150,000 Sm^3/hr×100 mL/Sm^3×10^{-6} Sm^3/mL : CO(kg/hr)

$$CO(kg/hr) = \frac{150,000\ Sm^3/hr \times 100\ mL/Sm^3 \times 10^{-6}\ Sm^3/mL \times (2 \times 28)kg}{2 \times 22.4\ Sm^3}$$

= 18.75 kg/hr

필수 문제

03

600 ppm의 NO을 함유하는 배기가스 450,000 Sm^3/hr를 암모니아 선택적 접촉환원법으로 배연탈질할 때 요구되는 암모니아 양(Sm^3/hr)은?(단, 산소 공존 경우)

풀 이

$$4NO + 4NH_3 + O_2 \rightarrow 4N_2 + 6H_2O$$

4×22.4 Sm^3 : 4×22.4 Sm^3

450,000Sm^3×600mL/Sm^3×$10^{-6}$$Sm^3/mL$: NH_3(Sm^3/hr)

$$NH_3(Sm^3/hr) = \frac{450,000\,Sm^3 \times 600mL/Sm^3 \times 10^{-6}Sm^3/mL \times 4 \times 22.4\,Sm^3}{4 \times 22.4\,Sm^3}$$

$= 270\ Sm^3/hr$

필수 문제

04 A배출시설에서 시간당 배출가스양이 100,000 Sm^3이고, 배출가스 중 질소산화물의 농도는 350 ppm이다. 이 질소산화물을 산소의 공존하에 암모니아에 의한 선택적 접촉환원법으로 처리할 경우 암모니아의 소요량은 몇 kg/hr인가?(단, 탈질률은 90%이고, 배출가스 중 질소산화물은 전부 NO로 가정)

풀이

$4NO + 4NH_3 + O_2 \rightarrow 4N_2 + 6H_2O$

$4 \times 22.4Sm^3 : 4 \times 17kg$

$100,000Sm^3/hr \times 350mL/m^3 \times m^3/10^6mL \times 0.9 : NH_3(kg/hr)$

$NH_3(kg/hr) = 23.91kg/hr$

필수 문제

05 질산공장의 배출가스 중 NO_2 농도가 80 ppm, 처리가스량이 1,000 Sm^3이었다. CO에 의한 비선택적 접촉환원법으로 NO_2를 처리하여 NO와 CO_2로 만들고자 할 때, 필요한 CO의 양 Sm^3은?

풀이

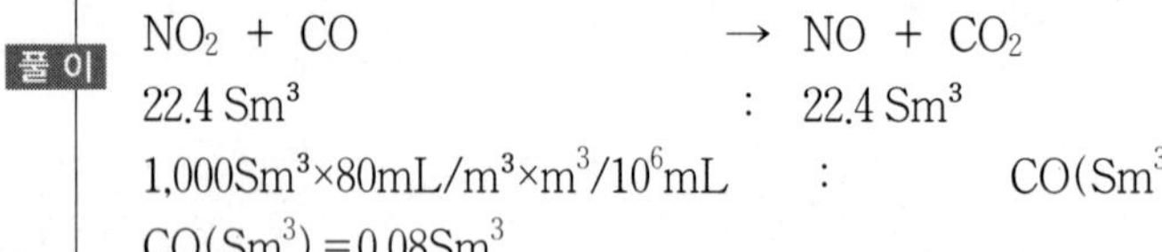

$NO_2 + CO \rightarrow NO + CO_2$

$22.4\ Sm^3 : 22.4\ Sm^3$

$1,000Sm^3 \times 80mL/m^3 \times m^3/10^6mL : CO(Sm^3)$

$CO(Sm^3) = 0.08Sm^3$

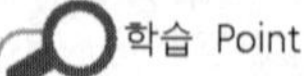

학습 Point

1 연소조절에 의한 NO_X 저감방법 내용 숙지(출제비중 높음)
2 SCR, SNCR 반응식 및 특징 내용 숙지(출제비중 높음)
3 SO_X, NO_X 동시 제어기술 종류 숙지

10 염소(Cl_2) 및 염화수소(HCl) 처리

(1) 개요 및 특징

① 염소 및 염화수소 가스는 물에 대한 용해도가 매우 크기 때문에 세정식 집진장치(벤튜리스크러버)나 충전탑을 이용하여 처리한다. 즉, 수세흡수법이 적합하다.

② 염소가스는 NaOH 및 $Ca(OH)_2$ 등의 알칼리용액에 의해 중화반응을 거쳐 처리하기도 한다.

③ 염화수소가스는 용해열이 매우 크고, 온도가 상승하면 염화수소 분압이 상승하므로 처리효율 유지를 위해서는 염화수소가스를 냉각한 후 처리하는 것이 효율적이다.

④ 염산은 부식성이 있으므로 장치는 유리라이닝, 폴리에틸렌 등을 사용하고, 회전부를 갖는 접촉장치는 재질, 보수상의 문제가 있다.

⑤ 충전탑, 스크러버를 사용할 때는 반드시 Mist Catcher(Demistor)를 설치하여 미스트 발산을 방지해야 한다.

(2) 반응식

$2NaOH + Cl_2 \rightarrow NaCl + NaOCl + H_2O$

$2Ca(OH)_2 + 2Cl_2 \rightarrow CaCl_2 + Ca(OCl)_2$[표백분]$ + 2H_2O$

$2HCl + Ca(OH)_2 \rightarrow CaCl_2 + 2H_2O$

염소를 함유한 폐가스를 소석회와 반응시켜 생성되는 물질은 표백분이다.

Reference | 염화인(삼염화인 : PCl_3)

① 무색투명한 발연액체이며 에틸에테르, 벤젠, 이황화탄소, 사염화탄소에 용해된다.

② 물에 대한 용해도가 높아 물에 흡수시켜 제거하나 아인산과 염화수소로 가수분해되어 염화수소 기체를 방출한다.

필수 문제

01 염소가스의 농도가 0.6%(부피비) 되는 배출가스 500 Nm^3/hr를 수산화칼슘으로 처리하려고 할 때 이론적으로 필요한 시간당 수산화칼슘량(kg/hr)은?

풀이

흡수반응식

$2Ca(OH)_2 + 2Cl_2 \rightarrow CaCl_2 + Ca(OCl)_2 + 2H_2O$

$2\times74\,kg : 2\times22.4\,Nm^3$

$Ca(OH)_2(kg/hr) : 500\,Nm^3/hr\times0.006$

$$Ca(OH)_2(kg/hr) = \frac{(2\times74)kg\times500\,Nm^3/hr\times0.006}{2\times22.4\,Nm^3} = 9.91\,kg/hr$$

필수 문제

02 염화수소의 함량이 0.85%(v/v)의 배출가스 4,500 Sm^3/hr 를 수산화칼슘으로 처리하여 염화수소를 완전히 제거할 때 이론적으로 필요한 수산화칼슘의 양(kg/hr)은?

풀이

흡수반응식

$2HCl + Ca(OH)_2 \rightarrow CaCl_2 + 2H_2O$

$2\times22.4\,Sm^3 : 74\,kg$

$4,500\,Sm^3/hr\times0.0085 : Ca(OH)_2(kg/hr)$

$$Ca(OH)_2(kg/hr) = \frac{4,500\,Sm^3/hr\times0.0085\times74\,kg}{2\times22.4\,Sm^3} = 63.18\,kg/hr$$

필수 문제

03 염소농도가 200 ppm인 배출가스를 처리하여 10 mg/Sm^3으로 배출한다고 할 때 염소의 제거율(%)은?(단, 온도는 표준상태로 가정)

풀이

$$염소제거율(\eta : \%) = \left(1-\frac{C_o}{C_i}\right)\times100$$

$C_i = 200\,mL/m^3\times71\,mg/22.4\,mL = 633.93\,mg/Sm^3$

$C_o = 10\,mg/Sm^3$

$$= \left(1-\frac{10}{633.93}\right)\times100 = 98.42\%$$

필수 문제

04 배출시설의 배기가스 중 염소농도가 100 mL/Sm³ 이었다. 이 염소농도를 20 mg/Sm³로 저하시키기 위해 제거해야 할 염소농도(mL/Sm³)는?

풀이 제거해야 할 염소농도(mL/Sm³) = 초기농도 − 나중농도

초기농도 = 100 mL/Sm³

$$\text{나중농도} = 20\ \text{mg/Sm}^3 \times \frac{22.4\ \text{mL}}{71\ \text{mg}} = 6.31\ \text{mL/Sm}^3$$

$$= 100 - 6.31 = 93.69\ \text{mL/Sm}^3$$

필수 문제

05 배출가스 중 염화수소의 농도가 300 ppm 이다. 배출허용기준이 150 mg/Sm³ 일 때, 최소한 몇 %를 제거해야 배출허용 기준을 만족할 수 있는가?(단, 표준상태 기준, 기타 조건은 동일함)

풀이

$$\text{제거효율}(\%) = \frac{\text{초기농도} - \text{나중농도}}{\text{초기농도}} \times 100$$

초기농도 = 300 ppm

$$\text{나중농도} = 150\ \text{mg/Sm}^3 \times \frac{22.4\ \text{mL}}{36.5\ \text{mg}} = 92.05\ \text{mL/Sm}^3(\text{ppm})$$

$$= \left(\frac{300 - 92.05}{300}\right) \times 100 = 69.32\%$$

필수 문제

06 굴뚝 배출가스 중 염화수소의 농도는 250 ppm이었다. 배출허용기준을 82 mg/Sm³ 이하로 하기 위해서는 현재 값의 몇 % 이하로 하여야 하는가?(단, 표준상태 기준)

풀이

$$\text{제거효율} = \frac{\text{초기농도} - \text{나중농도}}{\text{초기농도}} \times 100$$

$$\text{나중농도} = 82\ \text{mg/Sm}^3 \times \frac{22.4\ \text{mL}}{36.5\ \text{mg}} = 50.32\ \text{mL/Sm}^3(\text{ppm})$$

$$= \frac{250 - 50.32}{250} \times 100 = 79.88\ \%$$

따라서 현재의(100 − 79.88) 20.12 % 이하로 해야 함

필수 문제

07

염소가스를 함유하는 배출가스에 50 kg 의 수산화나트륨을 포함한 수용액을 순환사용하여 100% 반응시킨다면 몇 kg의 염소가스를 처리할 수 있는가?(표준상태 기준)

풀이

$2NaOH + Cl_2 \rightarrow NaCl + NaOCl + H_2O$

2×40 kg : 71 kg

50 kg : Cl_2(kg)

$$Cl_2(kg) = \frac{50\ kg \times 71\ kg}{2 \times 40\ kg} = 44.38\ kg$$

필수 문제

08

배출가스량이 100 Sm^3/hr 이고 HCl 농도가 250 ppm 이다. 이를 5 m^3의 물에 1시간 동안 흡수율 60%로 반응시 이 수용액의 pH는?

풀이

배출가스 중 HCl의 양(g/hr) $= 100Sm^3/hr \times 250mL/Sm^3 \times \frac{36.5g}{22,400mL} \times 0.6 = 24.44g/hr$

1시간 후 물에 녹는 HCl의 양(g) $= 24.44g/hr \times 1hr = 24.44g$

HCl 몰농도＝수소이온 몰농도

$$[H^+] = [HCl] = \frac{24.44g \times \frac{1mol}{36.5g}}{5,000L} = 0.0001339mol/L(1.34\times10^{-4}mol/L)$$

$$pH = -\log[H^+] = -\log[1.34\times10^{-4}] = 3.87$$

필수 문제

09

배출가스량이 1,000 Sm^3/hr, 그중 HCl 농도가 500 ppm 이다. 10 m^3 물순환 사용하는 Spray Tower 에서 HCl 제거시 5시간 후 세정순환수의 pH는?(단, 물의 증발로 인한 손실은 없고, Spray Tower의 제거효율은 100%)

풀이 배출가스 중 HCl 양(g/hr) $= 1{,}000\ Sm^3/hr \times 500\ mL/Sm^3 \times \dfrac{36.5\ g}{22{,}400\ mL}$

$= 814.73\ g/hr$

5시간 후 물에 녹는 HCl 양(g) $= 814.73\ g/hr \times 5\ hr = 4{,}073.66\ g$

HCl 몰농도=수소이온 몰농도

$$[H^+] = [HCl] = \dfrac{4{,}073.66g \times \dfrac{1mol}{36.5g}}{10{,}000L} = 0.01116\ mol/L$$

$pH = -\log[H^+] = -\log[0.01116] = 1.95$

필수 문제

10 다음 조건에서 흡수탑의 폐수를 중화하기 위한 0.5 N NaOH 용액의 필요량(L/hr)은?

- 배출가스량 : 500 Sm^3/hr
- HCl 농도 : 250 ppm
- 액가스비 : 1 L/Sm^3
- 단, HCl은 100% 흡수가정함

풀이 배출가스 중 HCl 양(g/hr) $= 500\ Sm^3/hr \times 250\ mL/Sm^3 \times 36.5\ g/22{,}400\ mL = 203.68\ g/hr$

$N_1V_1 = N_2V_2$

N_1(HCl 규정농도) $= \dfrac{203.68\ g/hr \times 1eq/36.5\ g}{500\ L/hr} = 0.011\ N$

$V_1 = 500\ L/hr$

$N_2 = 0.5\ N$

$0.011 \times 500 = 0.5 \times V_2$

V_2(NaOH 필요량) $= \dfrac{0.011 \times 500}{0.5} = 11\ L/hr$

학습 Point

반응식 숙지

11 불소(F_2) 및 불소화합물 처리

(1) 개요 및 특징

① 물에 대한 용해도가 비교적 크므로 수세에 의한 처리가 적당하다.
② 침전물이 생겨 공극폐쇄를 유발하므로 충전탑과 같은 세정장치를 불소처리 사용하는 것은 부적절하다.
③ 일반적으로 Spray Tower(분무탑)를 사용하며, 사용 시 분무 노즐의 막힘이 없도록 보수관리에 주의가 필요하다.
④ 처리 중 고형물을 생성하는 경우가 많다.

(2) 반응식

$F_2 + Ca(OH)_2 \rightarrow CaF_2 + \frac{1}{2}O_2 + H_2O$
$2HF + Ca(OH)_2 \rightarrow CaF_2 + 2H_2O$; $HF + NaOH \rightarrow NaF + H_2O$
$3SiF_4 + 2H_2O \rightarrow SiO_2$[규산] + $2H_2SiF_6$[규불화수소산]
⇒ 사불화규소는 물과 반응해서 콜로이드 상태의 규산과 규불화수소산 생성
$F_2 + NaOH \rightarrow NaF$

필수 문제

01 불화수소농도가 250 ppm 인 배출가스량 1,000 Sm^3/hr 를 10 m^3 의 물로 10시간 순환 세정할 경우 순환수의 pH는?(단, HF는 60%가 전리하고, F 원자량 19)

풀 이 배출가스 중 HF 양(g) $= 1{,}000\ Sm^3/hr \times 250\ mL/Sm^3 \times \frac{20\ g}{22{,}400\ mL} \times 10\ hr$
$= 2{,}232.14\ g$

HF의 mol 수 $= 2{,}232.14\ g \times \frac{1\ mol}{20\ g} = 111.61\ mol$

세정순환수 중 HF 몰농도(M) $= \frac{111.61\ moL}{10{,}000\ L} = 0.011\ M$

$HF \rightarrow H^+ + F^-$ 반응에서 HF 60% 전리
$[H^+] = [HF]$
$[H^+]$농도 $= 0.011 \times 0.6 = 0.0066\ M$
$pH = -\log[H^+] = -\log(0.0066) = 2.18$

필수 문제

02

HF 농도가 900 ppm 인 배출가스를 1,000 Sm^3/hr 으로 배출하는 공정에서 HF를 제거하기 위해 $Ca(OH)_2$ 현탁액으로 처리시 8시간 처리할 경우 $Ca(OH)_2$의 필요한 양(kg)은?(단, 제거효율 90%)

풀이 배출가스 중 HF 양(g) $= 1{,}000\ Sm^3/hr \times 900\ mL/Sm^3 \times \dfrac{20\ g}{22{,}400\ mL} \times 8\ hr$

$= 6{,}428.57\ g$

2HF	+	$Ca(OH)_2$	→	$CaF_2 + 2H_2O$
2×20 g	:	74 g×0.9		
6,428.57 g	:	$Ca(OH)_2$(kg)		

$$Ca(OH)_2(kg) = \frac{6{,}428.57\ g \times 74\ g \times 0.9}{(2 \times 20)g} = 10{,}703.57\ g \times kg/1{,}000\ g = 10.70\ kg$$

필수 문제

03

HF 3,000ppm, SiF_4 1,500ppm 이 들어 있는 가스를 시간당 22,400 Sm^3씩 물에 흡수시켜 규불산을 회수하려고 한다. 이론적으로 회수할 수 있는 규불산의 양(kg · mol/hr)은?(단, 흡수율은 100%)

풀이

2HF	+	SiF_4	→	H_2SiF_6
$2 \times 22.4\ Sm^3$	:	1 kg · mol		
$22{,}400\ Sm^3/hr \times 3{,}000/10^6$	:	SiF_4(kg · mol/hr)		

$$SiF_4(kg \cdot mol/hr) = \frac{22{,}400\ Sm^3/hr \times 3{,}000/10^6 \times 1\ kg \cdot mol}{2 \times 22.4\ Sm^3}$$

$$= 1.5\ kg \cdot mol/hr$$

필수 문제

04 불화수소 0.5%(V/V)를 포함하는 배출가스 8,000Sm^3/hr를 $Ca(OH)_2$ 현탁액으로 처리할 때 이론적으로 필요한 시간당 $Ca(OH)_2$의 양(kg/hr)은?

배출가스 중 HF양(g)

$$= 8{,}000Sm^3/hr \times 5{,}000mL/Sm^3 \times \frac{20g}{22{,}400mL} = 35{,}714.29g/hr$$

$2HF + Ca(OH)_2 \rightarrow CaF_2 + 2H_2O$

2×20g : 74g

35,714.29g/hr : $Ca(OH)_2$(kg)/hr

$$Ca(OH)_2(kg/hr) = \frac{35{,}714.29g/hr \times 74g}{(2 \times 20)g}$$

$$= 66{,}071.43g/hr \times kg/1{,}000g = 66.07kg/hr$$

학습 Point

반응식 숙지

12 일산화탄소(CO) 처리

(1) 개요 및 특징

① CO는 용해도가 매우 작아서 일반적 처리방법으로는 제거가 곤란한 경우가 대부분이므로 연소시설을 적정하게 제어하여 발생 자체를 억제하는 것이 효과적이다.

② 배출가스 중의 CO를 제거하는 방법 중 가장 실질적이고 확실한 방법은 백금계 촉매를 사용하여 무해한 CO_2로 산화시켜 제거하는 방법이다.

③ CO를 백금계 촉매를 사용하여 CO_2로 완전산화시켜서 처리 시 촉매독으로 작용하는 물질은 Hg, Pb, Zn, As, S, 할로겐물질(F, Cl, Br), 먼지 등이므로 사전에 제거할 필요성이 있다.

Reference | 기타 유해가스 처리

① 시안화수소
물에 대한 용해도가 매우 크므로 가스를 물로 세정하여 처리한다.

② 아크로레인
그대로 흡수가 불가능하여 NaClO 등의 산화제를 혼입한 가성소다 용액(NaOH 용액)으로 흡수 제거한다.

③ 이산화셀렌
코트럴집진기로 포집, 결정으로 석출, 물에 잘 용해되는 성질을 이용해 스크러버에 의해 세정하는 방법 등이 이용된다.

④ 벤젠
촉매연소법이나 활성탄흡착법을 이용하여 처리한다.

⑤ 브롬
가성소다 수용액을 이용하여 처리한다.

⑥ 비소
알칼리액에 의한 세정으로 처리한다.

⑦ 이황화탄소
암모니아를 불어넣는 방법으로 처리한다.

⑧ 수은
온도차에 따른 공기 중 수은 포화량의 차이를 이용하여 제거한다.

⑨ 염화인
염화인은 물에 대한 용해도가 높아 충전물을 채운 흡수탑을 이용하여 알칼리성 용액 및 물에 흡수시켜 제거한다.

⑩ 크롬산 Mist
비교적 입자가 크고 친수성이므로 수세법으로 제거한다.

⑪ 황화수소
다이에탄올아민용액을 이용하여 세정하여 제거한다.

⑫ 삼산화인
표면적이 충분히 넓은 충전물을 채운 흡수탑 안에서 알카리성 용액에 의한 흡수제거한다.

13 악취처리

취기농도를 일으키는 최소농도를 최소감지농도라 하며 황화수소의 최소감지농도가 약 0.00041 ppm 정도로 아주 낮은 편이다.

(1) 통풍(환기) 및 희석(ventilation)

① 높은 굴뚝을 통해 방출시켜 대기 중에 분산 희석시키는 방법, 즉 악취를 대량의 공기로 희석시키는 방법이다.
② Down Draft 및 Down Wash 현상이 생기지 않도록 굴뚝 높이를 주위 건물의 2.5배 이상, 연돌 내 토출속도를 18 m/sec 이상으로 해야 한다.
③ 운영비(Operation Cost)가 일반적으로 가장 적게 드는 방법이다.

(2) 흡착에 의한 처리

① 유량이 비교적 적은 경우 활성탄 등 흡착제를 이용하여 냄새를 제거하는 방식이다.
② 활성탄을 사용하여 악취물질을 흡착시켜 제거할 경우에는 일반적으로 표면유속을 112~150 m/min(1.87~2.5 m/sec) 정도로 한다.
③ 흡착제를 재생하려면 증기를 사용하여 충전층을 340℃ 정도로 가열하거나 용질을 제거할 때에는 역방향으로 충전층 내부로 서서히 유입시킨다.
④ 물리적흡착법이 주로 이용된다.
⑤ 암모니아, 메탄, 메탄올 등은 효과적으로 처리하기 어렵다.

Reference | 첨착활성탄소(Impregnated Activated Carbon)

① 활성탄의 비표면적에 화학물질을 첨착시켜 기체 및 액체의 특정성분의 물질을 선택적으로 화학흡착 및 촉매작용을 하는 기능성 활성탄을 의미한다.
② 첨착물질과 악취성분은 비가역적인 화학반응을 일으키면서 그 다음 무취물질로 변한다.
③ 악취성분은 흡인된 세공의 공간부에서 첨착물질과 화학적으로 반응한다.
④ 산성가스 탈취용 첨착활성탄인 경우 수분공존에 의한 탈황효과에 양호한 영향을 주는 경우가 많다.
⑤ 대부분의 경우 재생이 가능하다.

(3) 흡수에 의한 처리

① 악취물질이 흡수액에 대해 용해성이 좋아야 적용 가능하다. 즉, 악취물질이 세정액에 가용성이어야 한다.
② 일반적으로 흡수액은 물이 사용된다.
③ 석유정제시 배출되는 H_2S의 제거에 널리 사용되는 세정제는 다이에탄올아민용액이다.
④ 약액세정법은 중화·산화반응 등 물리적인 흡수법이며 일반적으로 널리 사용되며 또한 조작이 간단하고, 대상악취물질에 대한 제한성이 작고, 산성가스 및 염기성가스의 별도처리가 필요하다.
⑤ 단탑은 충전탑에서 가스액의 분리가 문제될 때 유용하다.
⑥ 수세법은 수온변화에 따라 탈취효과가 변하고, 처리풍량 및 압력손실이 크다.

(4) 응축법에 의한 처리

① 냄새를 가진 가스를 냉각·응축시키는 방법이다.
② 유기용매증기를 고농도(200 g/Sm^3) 이상으로 함유한 배기가스에 적용하며 응축 후 액화된 유기용매는 회수가 가능하다.
③ 직접응축법과 표면응축법이 있다.

(5) 불꽃소각법(직접 연소법)

① 대부분은 산화방식의 직접불꽃 소각법에 의하여 산화분해하여 탄산가스와 물(수증기)로 변화시켜 악취를 제거하며 보조연료가 필요한 점이 경제적으로 부담이 된다.
② 연소온도는 600(700)~800℃ 정도이며 이 온도 범위에서 0.5 sec 정도의 체류시간이 필요하다.

(6) 촉매산화법(촉매 연소법)

① 백금이나 금속산화물 등의 촉매를 이용하여 250~450℃(300~400℃) 정도의 온도에서 산화분해시키는 방법으로 보조연료가 필요 없다.
② 금속촉매로는 백금, 크롬, 망간, 구리, 코발트, 니켈, 팔라듐, 알루미나 등이 사용되며 할로겐원소, 납, 수은, 비소, 아연 등은 2차 공해 유발 가능성이 높아 바람직하지 않다.
③ 배출가스 중 불순물(먼지, 중금속, SO_2 등)이 존재하면 촉매독 역할, 즉 저해물질이나 먼지에 의한 막힘, 열노화 등에 의해 촉매의 활성을 저하시킨다.
④ 액상촉매법은 악취가스의 완전분해가 가능하므로 2차 오염처리대책이 거의 불필요하

며 촉매의 수명이 길다.

⑤ 황화수소 등 유황계 악취가스는 처리 후 SO_2 및 SO_3로 된다.

⑥ 적용가능한 성분으로는 가연성 악취성분, 황화수소, 암모니아 등이 있다.

⑦ 직접연소법에 비해 질소산화물 발생량이 적고, 낮은 농도로 배출된다.

⑧ 열소각법에 비해 체류시간이 훨씬 짧다.

⑨ 열소각법에 비해 점화온도를 낮춤으로써 전체 비용을 절감할 수 있다.

⑩ 열소각법에 비해 NOx 생성량을 감소시킬 수 있다.

⑪ 촉매들은 운전 시 상한온도가 있기 때문에 촉매층을 통과할 때 온도가 과도하게 올라가지 않도록 한다.

(7) 화학적 산화법

① 강산화력의 O_3, $KMnO_4$, $NaOCl$, ClO_2, H_2O_2, ClO, Cl_2 등을 산화제로 사용한다.

② 주로 유기물질(알데하이드, 케톤, 페놀, 스티렌) 제거에 적용한다.

③ 염소주입법 : 페놀이 다량 함유될 경우 클로로페놀을 형성하여 2차 오염문제를 발생시킨다.

(8) 위장법(Masking)

높은 향기를 가진 물질을 이용하여 악취를 은폐(위장)시키는 방법으로 유해도가 덜한 악취에 적용한다.

(9) BALL 차단법

밀폐형 구조물을 설치할 필요가 없고 크기와 색상이 다양하며 미관이 수려한 편이다.

학습 Point

각 처리방법 숙지

14 휘발성 유기화합물(VOC) 처리

(1) VOC 구분

VOC
- 방향족 탄화수소 ⎤
- 할로겐화 탄화수소 ⎦ ⇒화합물 자체로 직접적으로 환경 및 인체에 영향
- 지방족 탄화수소 ⇒광화학 반응에 의해 2차 오염물질을 생성

(2) VOC 제거 기술

① 작업환경 관리
- ㉠ 원료의 대체
- ㉡ 공정의 변경
- ㉢ 누출 방지

② 흡착법
- ㉠ VOC 분자가 Van Der Waals의 약한 결합력에 의해 흡착제에 물리적으로 흡착하는 원리를 이용한 방법이다.
- ㉡ VOC 흡착에는 고정상 및 유동상 흡착장치를 주로 사용한다.

③ 연소법
- ㉠ 후연소(직접화염소각법, 열소각법)
- ㉡ 재생(Regenerative) 열산화
- ㉢ 촉매소각법
  촉매의 수명은 한정되어 있는데, 이는 저해물질이나 먼지에 의한 막힘, 열노화 등에 의해 촉매활성이 떨어지기 때문이다.

④ 흡수(세정)법
- ㉠ 흡수장치는 Con－Current나 Cross 형태로 가스상과 액상에 흐르는 경우도 있으나, 대부분은 Counter－Current 형태가 일반적이다.
- ㉡ 지방족 및 방향족 HC의 제어기술로는 적절하지 않다.

⑤ 생물막(여과)법
- ㉠ 미생물을 사용하여 VOC를 CO_2, H_2O, 광물염으로 전환시키는 일련의 공정을 말한다.
- ㉡ CO 및 NOx를 포함한 생성오염부산물이 적거나 없다.
- ㉢ 습도제어에 각별한 주의가 필요하다.
- ㉣ 생체량의 증가로 장치가 막힐 수 있다.

㉤ 저농도 오염물질의 처리에 적합하고 설치가 간단하다.

⑥ 저온(Cryogenic) 응축법

탄화수소와 같은 가스성분을 냉각제로 냉각 응축시켜 VOC를 분리 · 포집하는 방법이다.

Reference | 축열식 연소(RTO ; Regenerative Thermal Oxidation)

① 원리

VOC의 연소열을 열교환용 세라믹 축열재로 축열시켜 축열된 열로 VOC를 승온하여 연소시키는 방법, 즉 배기가스의 폐열을 최대한 회수하여 이를 흡기가스 예열에 이용하기 위해 표면적이 큰 세라믹 소재 등의 축열재를 직접가열하고 재생(Regeneration)하는 장치가 RTO이다.

② 반응식

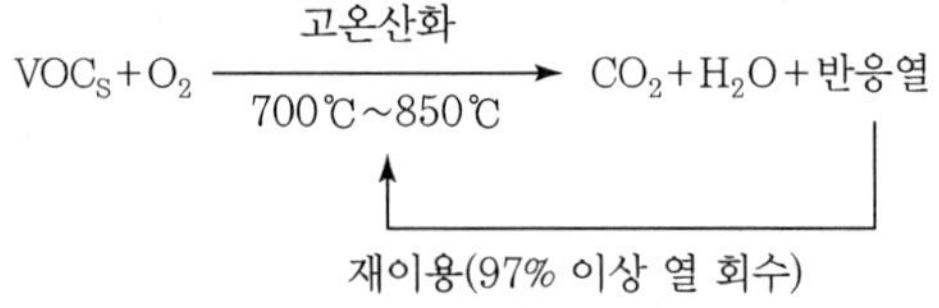

학습 Point

각 제거기술 특징 숙지

15 다이옥신류 제어

(1) 개요 및 특징

① 다이옥신과 퓨란은 PVC 또는 플라스틱류 등을 포함하고 있는 합성물질을 연소시킬 때 발생한다. 또한 PCB의 부분산화 또는 불완전연소에 의하여 발생한다.

② 다이옥신류란 PCDDs와 PCDFs 를 총체적으로 말하며 다이옥신과 퓨란은 하나 또는 두 개의 산소원자와 1~8개의 염소원자가 결합된 두 개의 벤젠고리를 포함하고 있다. (다이옥신은 산소 2개, 2개의 벤젠고리, 2개 이상의 염소원소로 구성)

③ 다이옥신과 퓨란류의 농도는 연소기 출구와 굴뚝 사이에서 증가하며, 산소과잉조건에서 연소가 진행될 때 크게 증가한다.

④ 다이옥신의 광분해에 가장 효과적인 파장범위는 250~340 nm이다.

⑤ 다이옥신 중 2, 3, 7, 8-tetrachloro dibenzo-p-dioxin이 독성이 가장 높다.

⑥ 수용성이라기보다는 벤젠 등에 용해되는 지용성이며 비점이 높아 열적 안정성이 좋고 토양에 흡수될 수 있다.

⑦ 다이옥신은 낮은 증기압, 낮은 수용성을 가지며 완전분해 후 연소가스 배출 시 300~400℃에서 재생성이 가능하다(완전분해되더라도 연소가스 배출 시 저온에서 재생될 수 있음).

⑧ 독성이 가장 강한 것으로 알려진 2, 3, 7, 8-TCDD의 독성잠재력을 1로 보고, 다른 이성질체에 대해서는 상대적인 독성등가인자를 사용하여 주로 표시한다.(TCDD : tetrachloro dibenzo-p-dioxin)

⑨ 다이옥신은 산소원자가 2개인 PCDD와 산소원자가 1개인 PCDF를 통칭하는 용어이다.

⑩ 다이옥신은 전구물질의 연소뿐만 아니라, 유기화합물과 염소화합물이 고온에서 연소하여도 생성된다.

⑪ PCDF계는 135개 PCDD계는 75개의 이성질체가 존재하며 유기성 고체물질로서 용출실험에 의해서도 거의 추출되지 않는 특징을 가지고 있다.

⑫ 유기성 고체화합물질로서 용출시험에 의해서도 거의 추출되지 않는 특징을 가지고 있다.

⑬ 표준상태에서 증기압이 매우 낮은 고형화합물이다.

(2) 연소로의 다이옥신류 배출경로

① 폐기물 중에 존재하는 다이옥신류(PCDD/PCDF)가 분해되지 않고 배출(PCB의 불완전연소에 의해 발생)

② PCDD/PCDF의 전구물질이 전환되어 배출

③ 소각과정에서 유기물에 염소공여체가 반응하여 생성 배출

④ 저온에서 촉매화반응에 의해 분진과 결합하여 배출(저온에서 fly ash 표면에 염소공여체와 반응하여 배출)

(3) 제어방법

① 1차적(사전 : 연소 전) 제어방법

㉠ 다이옥신류 전구물질(PVC, 유기염소계 화합물)을 사전에 제어한다.

㉡ 플라스틱류는 분리수거하고 페인트가 칠해져 있거나 페인트로 처리된 목재, 가구류 반입을 억제한다.

㉢ 연소온도, 일산화탄소, 산소, 유기물의 변동을 피하기 위해 균일한 조성으로 소각로에 투입한다.(다이옥신류의 생성이 최소가 되는 배출가스 내 산소와 일산화탄소의 농도가 되도록 연소상태를 제어)

② 2차적(노 내, 연소과정) 제어방법

㉠ 다이옥신 물질의 분해에 충분한 연소온도가 되도록 가동개시할 때 온도를 빨리 승온시키고 체류시간을 조정하고 완전연소를 위해 연료와 공기를 충분히 혼합시킨다.(완전연소 조건 3T)

㉡ 일반적으로 적절한 온도범위는 850~950℃ 정도이다. 즉, 소각 후 연소실 온도는 850℃ 이상 및 연소실에서의 체류시간을 2초 정도로 유지하여 2차 발생을 억제한다.

㉢ 연소용 공기(1차, 2차 공기)는 적정량을 효과적으로 배분 공급하여 완전연소가 가능하도록 한다(연소실에 2차 공기를 주입하여 난류를 개선함).

㉣ 충분한 2차 연소실 확보와 고온연소에 따른 NOx 발생에 주의하여 운전하여야 한다.

㉤ 입자이월(소각로 내 부유분진이 연소기 밖으로 빠져나가는 입자)은 다이옥신류의 저온형성에 참여하는 전구물질 역할을 하기 때문에 최소화한다. 즉, 소각로를 벗어나는 비산재의 양이 최대한 적도록 한다.

㉥ 연소실의 형상을 클링커 축적이 생기지 않는 구조로 한다.

㉦ 실시간 연소상태를 모니터링하는 자동제어시스템을 운영한다. 특히 배출가스 중 산소와 일산화탄소농도를 측정하여 연소상태를 제어한다.

③ 3차적(후처리, 연소 후) 제어방법

㉠ 촉매분해법

촉매로 금속산화물(V_2O_5, T_iO_2), 귀금속(Pt, Pd) 등을 이용하여 다이옥신을 분해하는 방법이다.

㉡ 열분해법

ⓐ 산소가 아주 적은 환원성 분위기에서 탈염소화, 수소첨가반응 등에 의해 다이옥신을 분해하는 방법이다.

ⓑ 850℃ 이상의 고온을 유지하여 열적으로 다이옥신을 분해하는 방법으로, 체류시간도 2 sec 이상 유지가 요구된다.

㉢ 자외선 광분해법
자외선 파장(250~340 nm)을 이용하여 배기가스에 조사하여 다이옥신의 결합을 분해하는 방법이다.

㉣ 오존분해법
ⓐ 용액 중에 오존을 주입하여 다이옥신을 산화분해하는 방법이다.
ⓑ 수중분해 시 염기성 조건일수록, 온도는 높을수록 분해속도는 커진다.

㉤ 활성탄주입시설+반응탑+Bag Filter(여과집진시설)의 조합방법
ⓐ 배기가스 Conditioning 시 활성탄 분말투입시설을 설치하여 다이옥신과 반응시킨 후 집진함으로써 제거하는 방법이다.
ⓑ 집진장치의 온도는 200℃ 이하로 내리는 것이 바람직하다.

㉥ 생물학적 분해법

Reference | 특정 대기오염물질의 유출에 의한 사고발생 시 조치사항

① HCN은 NaOH용액으로 중화시킨다.
② HF, HCl, Cl_2 등은 소석회나 소다회로 중화 또는 흡수시킨다.
③ 액체염소가 용기로부터 누출시 용기에 다량의 물을 주입시킨다.
(단, 클로로술폰산[HSO_3Cl]의 경우는 수분과 접촉하여 염산, 황산흄, 가연성가스를 발생시키므로 물로 세정하는 것은 위험함)
④ 가스상 물질이나 휘발성 물질 중에 증기밀도가 공기보다 큰 것은 빨리 확산되도록 조치한다.

학습 Point

단계별 제어방법 내용 숙지

16 기초유체 역학

(1) 단위

① 기본단위 : 질량, 시간, 길이가 하나의 단위로 표시되는 것
② 유도단위 : 1개 이상의 기본단위가 복합적으로 구성되어 있는 것
③ 절대단위계
　㉠ MKS 단위계 → 길이(m), 질량(kg), 시간(sec)으로 표시하는 단위계
　㉡ CGS 단위계 → 길이(cm), 질량(g), 시간(sec)으로 표시하는 단위계
④ SI 단위계 : 국제적으로 표준화된 단위계로서 MKS 단위계를 보다 발전시킨 단위계

물리량	기호	명칭	비고
길이	m	미터	기본단위
질량	kg	킬로그램	기본단위
시간	s	초	기본단위
전류	A	암페어	기본단위
온도(열역학)	K	켈빈	기본단위
물질의 양	mol	몰	기본단위
광도	cd	칸델라	기본단위
평면각	rad	레디안	보존단위
입체각	sr	스테레디안	보존단위
주파수	Hz	헤르츠	유도단위, $1\,Hz = \frac{1}{s}$
힘	N	뉴턴	유도단위, $1\,N = 1\,kg \cdot m/s^2$
압력	Pa	파스칼	유도단위, $1\,Pa = 1\,N/m^2$
에너지(일)	J	줄	유도단위, $1\,J = 1\,N \cdot m$
동력	W	와트	유도단위, $1\,W = 1\,J/s$

㉠ 길이

$1\ m = 10^2\ cm = 10^3\ mm = 10^6\ \mu m = 10^9\ nm (1\ nm = 10^{-3}\ \mu m = 10^{-6}\ m)$

$1\ \mu m = 10^{-3}\ mm = 10^{-6}\ m$

$1\ ft = 0.3048m$

$1\ mile = 1609.3m$

㉡ 질량

$1\ kg = 10^3\ g = 10^6\ mg = 10^9\ \mu g$

$1\ ton = 10^3\ kg$

$1\ \mu g = 10^{-3}\ mg = 10^{-6}\ g$

$1\ ng = 10^{-3}\ \mu m = 10^{-6}\ mg = 10^{-9} g$

$1\ lb = 0.4536kg = 453.6g$

㉢ 시간

1 day = 24 hr = 1,440 min = 86,400 sec

㉣ 넓이(면적)

$1\ m^2 = 10^4\ cm^2 = 10^6\ mm^2$

㉤ 체적(부피)

$1\ m^3 = 10^6\ cm^3 = 10^9\ mm^3$

$1\ L = 10^{-3}\ kL = 10^3\ mL = 10^6\ \mu L$

㉥ 온도

ⓐ 공학적으로 쓰이는 온도는 일반적으로 섭씨온도(Centigrade Temperature)와 화씨온도(Fahrenheit Temperature)이다.

ⓑ 섭씨온도(℃) : 1기압에서 물의 끓는점(100℃)과 어는점(0℃) 사이를 100등분하여 1등분을 1℃로 정한 것

ⓒ 화씨온도(°F) : 1기압에서 물의 끓는점(212°F)과 어는점(32°F) 사이를 180등분하여 1등분을 1°F로 정한 것

ⓓ 절대온도(K) : 절대온도를 기준으로 하여 온도를 나타낸 것

ⓔ 관계식 : 섭씨온도(℃) $= \frac{5}{9}$[화씨온도(°F) − 32]

화씨온도(°F) = [$\frac{9}{5}$ × 섭씨온도(℃)] + 32

절대온도(K) = 273 + 섭씨온도(℃)

랭킨온도(°R) = 460 + 화씨온도(°F)

ⓢ 압력

ⓐ 물체의 단위면적에 작용하는 수직방향의 힘

ⓑ $1\ Pa = 1\ N/m^2 = 10^{-5}\ bar = 10\ dyne/cm^2 = 1.020\times10^{-1}\ mmH_2O = 9.869\times10^{-6}\ atm$

ⓒ 1기압 $= 1\ atm = 760\ mmHg = 10{,}332\ mmH_2O = 1.0332\ kgf/cm^2 = 10{,}332\ kgf/m^2$
$= 14.7\ Psi = 760\ Torr = 10{,}332\ mmAq = 10.332\ mH_2O = 1{,}013\ hPa$
$= 1{,}013.25\ mb = 1.01325\ bar = 10{,}113\times10^5\ dyne/cm^2 = 1.013\times10^5\ Pa$

필수 문제

01 $10m^3$은 몇 cm^3인가?

풀이 $10m^3 \times \frac{10^6cm^3}{1m^3} = 10^7cm^3$

필수 문제

02 화씨온도가 100°F일 경우 절대온도로 환산하시오.

풀이 절대온도(K) = 섭씨온도(℃) + 273

$$섭씨온도(℃) = \frac{5}{9}[화씨온도(°F) - 32]$$
$$= \frac{5}{9}[100 - 32]$$
$$= 37.78℃$$
$$= 37.78℃ + 273 = 310.78℃$$

(2) 유체의 물리적 성질

- 대부분의 물질은 고체, 액체, 기체의 상태로 크게 나누어 어느 한 상태로 존재하며 유체란 액체나 기체 상태로 흐름을 가진 물질이다.
- 유체는 물질을 구성하는 분자상호 간의 거리와 운동범위가 커서 스스로 형상을 유지할 수 있는 능력이 없고 용기에 따라 형상이 결정되는 물질이다.
- 유체는 아주 작은 힘이라도 외력을 받으면 비교적 큰 변형을 일으키며 유체 내에 전단응력이 작용하는 한 계속해서 변형하는 물질이다.

① 밀도(Density : ρ)

㉠ 정의 : 단위체적당 유체의 질량

㉡ 단위 : g/cm^3, kg/m^3

㉢ 관계식 : 밀도$(\rho) = \dfrac{질량}{부피}$

㉣ 0℃, 1기압의 건조한 공기의 밀도는 1.293 kg/m^3이다.

② 비중량(Specific Weight : γ)

㉠ 정의 : 단위체적당 유체의 중량

㉡ 단위 : g_f/cm^3, kg_f/m^3

㉢ 관계식 : 비중량$(\gamma) = \dfrac{중량}{부피}$

㉣ 비중량(γ), 밀도(ρ), 중력가속도(g)의 관계식 : $\gamma = \rho \cdot g$

㉤ 0℃ 1기압에서 공기의 비중량은 $\dfrac{28.97\ kg_f}{22.4\ m^3} = 1.293\ kg_f/m^3$

③ 비중(Specific Gravity : S)

㉠ 정의 : 표준물질의 밀도를 기준으로 실제 물질에 대한 밀도의 비이다.

㉡ 단위 : 무차원

㉢ 관계식 : 비중$(S) = \dfrac{어떤\ 대상물질의\ 밀도}{표준물질의\ 밀도}$

㉣ 표준물질의 적용

ⓐ 기체인 경우 0℃, 1기압 상태의 공기밀도(1.293 kg/m^3)

ⓑ 고체, 액체의 경우 4℃, 1기압 상태의 물의 밀도(1,000 kg/m^3)

④ 비체적(Specific Volume : Vs)

㉠ 정의 : 단위질량이 갖는 유체의 체적

㉡ 단위 : m^3/kg, cm^3/g

㉢ 관계식 : 비체적$(Vs) = \dfrac{1}{\rho}$, ρ : 밀도(kg/m^3)

⑤ 점성계수(Dynamic Viscosity : μ)

㉠ 정의 : 유체에 미치는 전단응력과 그 속도 사이의 비례상수, 즉 전단응력에 대한 저항의 크기를 나타낸다.

㉡ 단위 : $N \cdot s/m^2$, $kg/m \cdot s$, $g/cm \cdot s$, $kg_f \cdot sec/m^2$

$1\ Poise = 1\ g/cm \cdot s = 1\ dyne \cdot s/cm^2 = Pa \cdot s$

$1\ centipoise = 10^{-2}\ Poise = 1\ mg/mm \cdot s$

20℃ 물의 점도는 약 1CP이다.

㉢ 점도는 온도에 따라 변화한다. → 액체는 온도가 증가하면 점도는 작아진다.
기체는 온도가 증가하면 점도는 증가한다.

㉣ 점성계수는 온도의 영향을 받지만 압력과 습도의 영향은 거의 받지 않는다.

㉤ 점성은 유체분자 상호 간에 작용하는 분자응집력과 인접유체층 간의 분자운동에 의하여 생기는 운동량 수송에 기인한다.

㉥ Hagen의 점성법칙에서 점성의 결과로 생기는 전단응력은 유체의 속도구배에 비례한다.

⑥ 동점성계수(Kinematic Viscosity : v)

㉠ 정의 : 점성계수를 밀도로 나눈 값을 말한다.

㉡ 단위 : m^2/sec, cm^2/sec

$1\ stokes = 1\ cm^2/s$

$1\ cstoke = 10^{-2}\ stokes$

㉢ 관계식 → 동점성계수$(v) = \frac{\mu}{\rho}$

⑦ 표준공기

㉠ 표준상태(STP)란, 0℃, 1 atm 상태를 말하며 물리 · 화학 등 공학분야에서 기준이 되는 상태로서 일반적으로 사용한다.

㉡ 환경공학에서 표준상태는 기체의 체적을 Sm^3, Nm^3으로 표시하여 사용한다.

필수 문제

01 25℃에서 공기의 점성계수 $\mu = 1.607 \times 10^{-5}$ Poise, 밀도 $\rho = 1.203\ kg/m^3$이다. 동점성계수(m^2/sec)는?

풀이 동점성계수$(v) = \frac{\text{점성계수}}{\text{밀도}} = \frac{1.607 \times 10^{-6}\ kg/m \cdot s}{1.203\ kg/m^3} = 1.336 \times 10^{-6}\ m^2/sec$

필수 문제

02 45.5 mmH_2O는 몇 mmHg인가?

풀이 $P = 45.5\ mmH_2O \times \frac{760\ mmHg}{10,332\ mmH_2O}$ ($10,332\ mmH_2O = 760\ mmHg$)

$= 3.35\ mmHg$

필수 문제

03 밀도 0.8g/cm³인 유체의 동점도가 3stokes이라면 절대점도(poise)는?

풀이 점성계수(절대점도) = 동점성계수×밀도
= 3stokes×0.8g/cm³ = 3cm²/sec×0.8g/cm³
= 2.4g/cm · sec(2.4poise)

필수 문제

04 1 centi-poise(cp)는 몇 kg/m · sec인가?

풀이 (kg/m · sec) = 1mg/mm · sec×1kg/10^6mg×10^3mm/m = 0.001kg/m · sec

(3) 연속방정식

① 개요

정상류가 흐르고 있는 유체 유동에 관한 연속방정식을 설명하는 데 적용된 법칙은 질량보존의 법칙이다. 즉 정상류로 흐르고 있는 유체가 임의의 한 단면을 통과하는 질량은 다른 임의의 한 단면을 통과하는 단위시간당 질량과 같아야 한다.

② 관계식(비압축성 유체 흐름 가정)

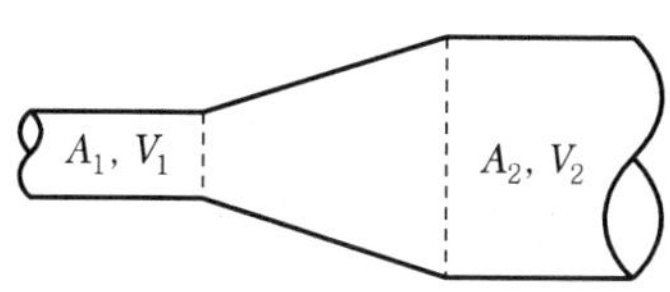

$$Q = A_1V_1 = A_2V_2$$

여기서, Q(m³/min) : 단위시간에 흐르는 유체의 체적(유량)
A_1, A_2(m²) : 각 유체통과 단면적
V_1, V_2(m/sec) : 각 유체의 통과 유속

③ 유체역학의 질량보존 원리를 환기시설에 적용하는 데 필요한 네 가지 공기 특성의 주요가정(전제조건)

㉠ 환기시설 내외(덕트 내부와 외부)의 열전달(열교환) 효과 무시

㉡ 공기의 비압축성(압축성과 팽창성 무시)

㉢ 건조 공기 가정

㉣ 환기시설에서 공기 속의 오염물질 질량(무게)과 부피(용량)를 무시

필수 문제

01 그림과 같이 Q_1과 Q_2에서 유입된 기류가 합류관인 Q_3로 흘러갈 때 Q_3의 유량은?(단, Q_3 직경은 350 mm)

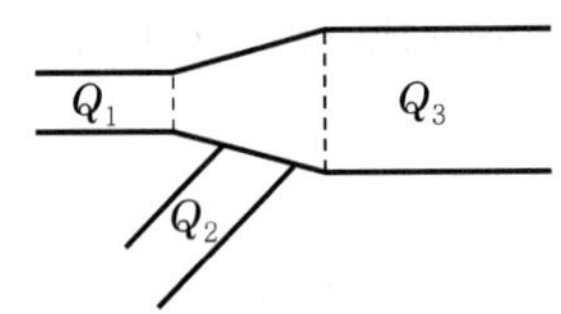

Q_1 → 직경 200 mm, 유속 10 m/sec

Q_2 → 직경 150 mm, 유속 14 m/sec

풀이

연속방정식 이론에 의해 유체의 질량보존법칙이 성립하므로

$Q_3 = Q_1 + Q_2$

$Q_1 = A \times V = \dfrac{\pi \times D^2}{4} \times V = \dfrac{\pi \times 0.2^2\ \text{m}^2}{4} \times 10\ \text{m/sec} = 0.314\ \text{m}^3/\text{sec}$

$Q_2 = A \times V = \dfrac{\pi \times 0.15^2\ \text{m}^2}{4} \times 14\ \text{m/sec} = 0.25\ \text{m}^3/\text{sec}$

$Q_3 = Q_1 + Q_2 = 0.314 + 0.25 = 0.564\ \text{m}^3/\text{sec}\ (= 33.84\ \text{m}^3/\text{min})$

필수 문제

02 유체가 흐르는 관의 직경을 2배로 하면 나중속도는 처음속도의 몇 배가 되는가?(단, 유량변화 등 다른 조건은 변화 없다고 가정)

풀이

$Q = A \times V$

$V = \dfrac{Q}{A}$ 와 $A = \dfrac{\pi D^2}{4}$ 식에서

$V \propto \dfrac{1}{D^2}$

$\propto \dfrac{1}{2^2}$ (0.25배) 감소

필수 문제

03 실온에서 물이 동관 파이프 속을 6 m/min 으로 흐르고 있다. 파이프 관의 단면적이 0.005 m^2 일 때 관속을 흐르는 유체의 질량유속(g/sec)은?(단, 물의 밀도는 1 g/cm^3)

풀이

유체질량유속(g/sec) $= A \times V \times \rho$

$= 0.005\ m^2 \times 6\ m/min \times 1\ g/cm^3 \times 10^6\ cm^3/1\ m^3 \times 1\ min/60\ sec$

$= 500\ g/sec$

필수 문제

04 기체유량이 10 m^3/sec 로 그림의 A점을 지나 원형관 내를 흐르고 있다. B지점에서의 유속(m/sec)은?(단, $d_1 = 0.2$ m, $d_2 = 0.4$ m)

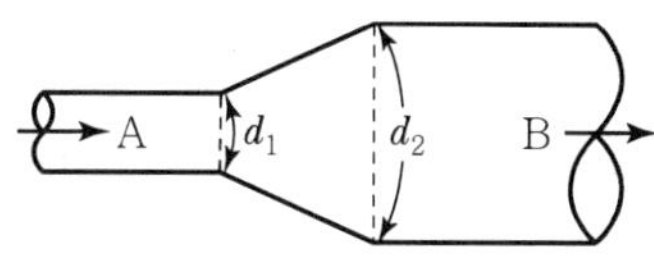

풀이 A점이나 B점에서 유량은 동일하므로

$Q=A\times V$

$$V=\frac{Q}{A}=\frac{10\,\text{m}^3/\text{sec}}{\left(\frac{3.14\times0.4^2}{4}\right)\text{m}^2}=79.62\,\text{m/sec}$$

필수 문제

05 직경 500mm인 관에 60m³/min인 공기가 통과한다면 공기의 이동속도(m/sec)는?

풀이

$$V=\frac{Q}{A}$$

$$=\frac{60\text{m}^3/\text{min}\times\text{min}/60\text{sec}}{\left(\frac{3.14\times0.5^2}{4}\right)\text{m}^2}=5.09\text{m/sec}$$

필수 문제

06 온도 20℃, 압력 120 kPa의 오염공기가 내경 400 mm의 관로 내를 질량유속 1.2 kg/s로 흐를 때 관 내의 유체의 평균유속(m/sec)은?(단, 오염공기의 평균분자량은 29.96이고 이상기체로 취급한다. 1 atm = 1.013×10⁵ Pa)

풀이

$$V=\frac{Q}{A}$$

$$=\frac{1.2\text{kg/sec}\times\frac{22.4\text{Sm}^3}{29.96\text{kg}}}{\frac{(3.14\times0.4^2)\text{m}^2}{4}}\times\frac{273+20℃}{273}\times\frac{760\text{mmHg}}{120{,}000\text{Pa}\times\frac{760\text{mmHg}}{1.013\times10^5\text{Pa}}}$$

$$=6.47\text{m/sec}$$

(4) 베르누이 정리(Bernoulli 정리)

① 동일 유선상에서 정상상태로 흐르는 유체에 대한 베르누이 정리의 적용조건은 비압축성이며 비점성 유체, 즉 베르누이 방정식은 임의의 두 점이 같은 유선상에 있고 비압축성이며 비점성인 이상유체가 정상상태(정상류)로 흐르는 조건하에 성립한다.

② 환기시설 내에서의 기류흐름은 후드나 덕트와 같은 관내의 유동이며 이 유동은 두 점 사이의 압력차에 기인하여 일어나고 여기서 압력은 단위체적의 유체가 갖는 에너지를 의미한다.

③ 베르누이 정리에 의해 국소 환기장치 내의 에너지 총합은 에너지의 득, 실이 없다면 언제나 일정하다. 즉 에너지 보존법칙이 성립한다.

④ 베르누이 정리(방정식)

압력수두, 속도수두, 위치수두의 합은 일정하다.

$$\frac{P}{\gamma}+\frac{V^2}{2g}+Z=\text{Constant}(\text{H})$$

여기서, $\frac{P}{\gamma}$: 압력수두(m) → 단위질량당 가지는 압력에너지

$\frac{V^2}{2g}$: 속도수두(m) → 단위질량당 속도에너지

Z : 위치수두(m) → 단위질량당 위치에너지

H : 전수두(m)

⑤ 환기, 즉 유체가 기체인 경우 위치수두 Z의 값이 매우 작아 무시한다.

즉, 이때 베르누이 방정식은

$$\frac{P}{\gamma}+\frac{V^2}{2g}=\text{Constant}(\text{H})$$

⑥ 베르누이 방정식 적용조건

㉠ 정상 유동(정상상태의 흐름)

㉡ 비압축성, 비점성흐름

㉢ 마찰이 없는 흐름, 즉 이상유동

㉣ 동일한 유선상의 유동(같은 유선상에 있는 흐름)

상기조건에서 한 조건이라도 만족하지 않을 경우 적용할 수 없다.

(5) 공기흐름 원리

① 두 지점 사이의 공기가 이동하려면 두 지점 사이에 압력의 차이가 있어야 하며, 이 압력차이가 공기에 힘을 가하여 압력이 높은 지점에서 낮은 지점으로 공기를 흐르게 한다. 국소배기장치의 배출구 압력은 항상 대기압보다 높아야 한다.

② 관계식

$$Q = A \times V$$

여기서, Q : 공기흐름의 유량(m^3/min)
A : 공기가 흐르고 있는 단면적(Duct)(m^2)
V : 공기흐름 속도(m/min)

(6) 압력의 종류

① 압력은 단위 면적당 단위 체적의 유체가 가지고 있는 에너지를 의미한다.

② 베르누이 정리에 의해 속도수두를 동압(속도압), 압력수두를 정압이라 하고 동압과 정압의 합을 전압이라 한다. 즉

전압(TP ; Total Pressure)
=동압(VP ; Velocity Pressure)+정압(SP ; Static Pressure)

㉠ 정압

ⓐ 밀폐된 공간(Duct) 내 사방으로 동일하게 미치는 압력. 즉 모든 방향에서 동일한 압력이며 송풍기 앞에서는 음압, 송풍기 뒤에서는 양압이다.

ⓑ 밀폐공간에서 전압이 50 mmHg이면 정압은 50 mmHg이다.

ⓒ 공기흐름에 대한 저항을 나타내는 압력이며 위치에너지에 속한다.

ⓓ 정압이 대기압보다 낮을 때는 음압(Negative Pressure)이고, 대기압보다 높을 때는 양압(Positive Pressure)으로 표시한다.

ⓔ 정압은 단위체적의 유체가 압력이라는 형태로 나타내는 에너지이다.

ⓕ 양압은 공간벽을 팽창시키려는 방향으로 미치는 압력이고 음압은 공간벽을 압축시키려는 방향으로 미치는 압력, 즉 유체를 압축 또는 팽창시키려는 잠재에너지의 의미가 있다.

ⓖ 정압을 때로는 저항압력 또는 마찰압력이라고 한다.

ⓗ 정압은 속도압과 관계없이 독립적으로 발생한다.

㉡ 동압(속도압)

ⓐ 공기의 흐름방향으로 미치는 압력이고 단위체적의 유체가 갖고 있는 운동에너지이다. 또한 액체의 높이로 표시할 수도 있다.

ⓑ 정지상태의 유체에 작용하여 속도 또는 가속을 일으키는 압력으로 공기를 이동시키며 액체의 높이로 표시할 수 있다.

ⓒ 공기의 운동에너지에 비례하여 항상 0 또는 양압을 갖는다.

ⓓ 동압은 송풍량과 덕트직경이 일정하면 일정하다.

ⓔ 정지상태의 유체에 작용하여 현재의 속도로 가속시키는 데 요구되는 압력이고 반대로 어떤 속도로 흐르는 유체를 정지시키는 데 필요한 압력으로서 흐름에 대항하는 압력이다.

ⓕ 공기속도(V)와 속도압(VP)의 관계

$$\text{속도압(동압)}(VP) = \frac{\gamma V^2}{2g} \text{에서,} \quad V = \sqrt{\frac{2gVP}{\gamma}}$$

여기서, 표준공기인 경우 $\gamma = 1.203\ kg_f/m^3$, $g = 9.81\ m/s^2$이므로 위의 식에 대입하면

$$V = 4.043\sqrt{VP}$$

$$VP = \left(\frac{V}{4.043}\right)^2$$

여기서, V : 공기속도(m/sec)
VP : 동압(속도압)(mmH_2O)

ⓖ Duct에서 속도압은 Duct의 반송속도를 추정하기 위해 측정한다.

㉢ 전압

ⓐ 전압은 단위유체에 작용하는 정압과 동압의 총합이다.

ⓑ 시설 내에 필요한 단위체적당 전 에너지를 나타낸다.

ⓒ 유체의 흐름방향으로 작용한다.

ⓓ 정압과 동압은 상호변환 가능하며, 그 변환에 의해 정압, 동압의 값이 변화하더라도 그 합인 전압은 에너지의 득, 실이 없다면 관의 전 길이에 걸쳐 일정하다. 이를 베르누이 정리라 한다. 즉, 유입된 에너지의 총량은 유출된 에너지의 총량과 같다는 의미이다.

ⓔ 속도변화가 현저한 축소관 및 확대관 등에서는 완전한 변환이 일어나지 않고 약간의 에너지 손실이 존재하며 이러한 에너지 손실은 보통 정압손실의 형태를 취한다.

ⓕ 흐름이 가속되는 경우 정압이 동압으로 변화될 때의 손실은 매우 적지만 흐름이 감속되는 경우 유체가 와류를 일으키기 쉬우므로 동압이 정압으로 변화될 때의 손실은 크다.

필수 문제

01

속도압이 10 mmH_2O 인 덕트의 유속 V(m/sec)는?(단, 공기밀도 1.2 kg/m^3)

풀이 $V=\sqrt{\frac{2\,g\,VP}{\gamma}}=\sqrt{\frac{2\times9.8\times10}{1.2}}=12.78\text{ m/sec}$

필수 문제

02

송풍관 내를 20℃의 공기가 20 m/sec 의 속도로 흐를 때 속도압(mmH_2O)을 구하여라.(단, 공기밀도는 1.293 kg/m^3, 기압 1 atm)

풀이

$$VP(\text{속도압})=\frac{\gamma V^2}{2\,g}$$
$$=\frac{1.293\times20^2}{2\times9.8}$$
$$=26.38\text{ mmH}_2\text{O},\ \text{온도보정하면}$$
$$=26.38\times\frac{273}{273+20}=24.6\text{ mmH}_2\text{O}$$

필수 문제

03 표준공기가 15 m/sec 로 흐르고 있다. 이때 송풍기 앞쪽에서 정압을 측정하였더니 10 mmH_2O 였다. 전압(mmH_2O)은 얼마인가?

풀이

$TP = VP + SP$이므로

$$VP = \left(\frac{V}{4.043}\right)^2 = \left(\frac{15}{4.043}\right)^2 = 13.76\ mmH_2O$$

$SP = -10\ mmH_2O$(송풍기 앞쪽이므로)

$TP = 13.76 + (-10) = 3.76\ mmH_2O$

필수 문제

04 건조공기가 원관 내를 흐르고 있다. 속도압이 6 mmH_2O 이면 풍속(m/sec)은?(단, 건조공기의 비중량은 1.2 kg_f/m^3이며, 표준상태)

풀이

$$V = 4.043\sqrt{VP} = 4.043\sqrt{6} = 9.9\ m/sec$$

필수 문제

05 0.306 m^3/sec인 유량의 공기가 직경 0.2 m인 관 속을 흐르고 있다. 관속 단면의 평균속도(m/sec)는?

풀이

$Q = A \times V$

$$V = \frac{Q}{A} = \frac{0.306\ m^2/sec}{\left(\frac{3.14 \times 0.2^2}{4}\right)m^2} = 9.75\ m/sec$$

필수 문제

06

직경 180 mm 덕트 내 정압은 $-80.5\ mmH_2O$, 전압은 $28.9\ mmH_2O$ 이다. 이때 공기유량(m^3/sec)은?

풀이

$Q = A \times V$

A(단면적) $= \dfrac{3.14 \times D^2}{4} = \dfrac{3.14 \times 0.18^2}{4} = 0.025\ m^2$

V(유속)은 동압을 우선 구하여야 한다.

동압 = 전압 − 정압 = 28.9 − (−80.5) = $109.4\ mmH_2O$

$V = 4.043\sqrt{VP} = 4.043\sqrt{109.4} = 42.29\ m/sec$

$= 0.025 m^2 \times 42.29 m/sec = 1.06\ m^3/sec$

필수 문제

07

15℃ 1기압의 공기가 덕트 내에서 15 m/sec 의 속도로 흐를 때 속도압(mmH_2O)은? (단, 표준상태의 가스의 비중량 $1.2\ kg/m^3$)

풀이

$\gamma' = \gamma \times \dfrac{273}{273 + ℃} \times \dfrac{P}{760}$

$= 1.2 \times \dfrac{273}{273+15} \times \dfrac{760}{760} = 1.14\ kg/m^3$

VP(속도압) $= \dfrac{\gamma V^2}{2g} = \dfrac{1.14 \times 15^2}{2 \times 9.8} = 13.09\ mmH_2O$

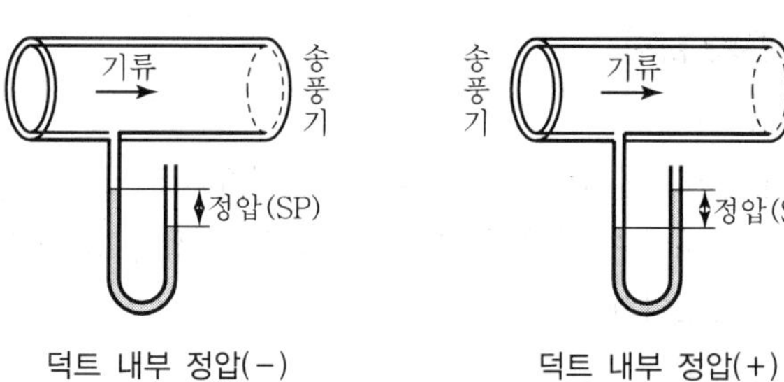

덕트 내부 정압(−) 덕트 내부 정압(+)

[정압의 특징]

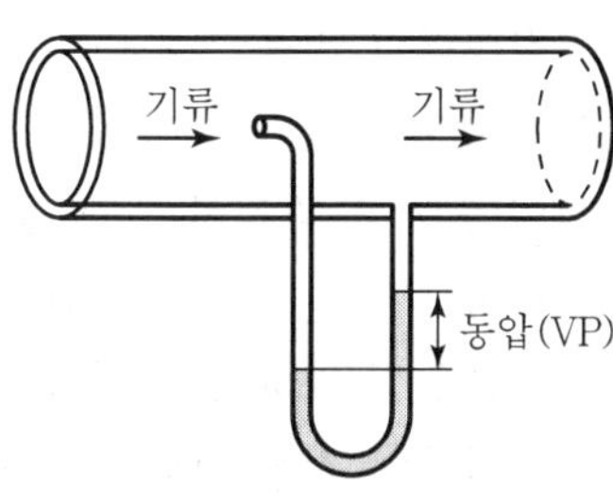

덕트 내부 동압 항상(+)

[동압(속도압)의 측정]

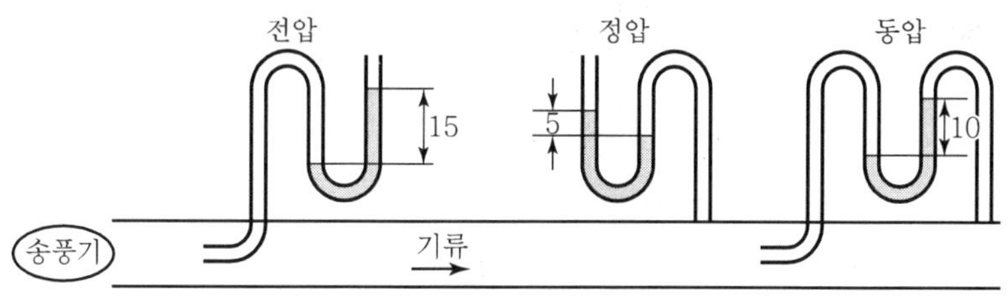

덕트(배기)에서 전압=정압+동압 (15 mmH_2O=5 mmH_2O+10 mmH_2O)

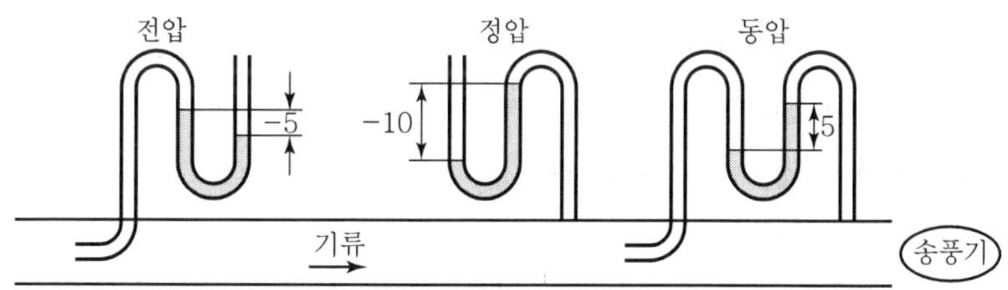

덕트(흡인)에서 전압=정압+동압 (−5 mmH_2O=−10 mmH_2O+5 mmH_2O)

[송풍기 위치에 따른 정압, 동압, 전압의 관계]

(7) 레이놀즈 수 및 층류와 난류

① 층류(Laminar Flow)

유체의 입자들이 규칙적인 유동상태(소용돌이, 선회운동 일으키지 않음)가 되어 질서 정연하게 흐르는 상태이며 관내에서의 속도 분포가 정상 포물선을 그리며 평균유속은 최대유속의 약 1/2이다.

② 난류(Turbulent Flow)

유체의 입자들이 불규칙적인 유동상태(작은 소용돌이가 혼합된 상태)가 되어 상호간 활발하게 운동량을 교환하면서 흐르는 상태이다.

③ 레이놀즈 수(Reynold Number : Re)

㉠ 유체흐름에서 관성력과 점성력의 비를 무차원 수로 나타낸 것을 말한다.

㉡ 레이놀즈 수는 유체흐름에서 층류와 난류를 구분하는 데 사용된다.

㉢ 유체에 작용하는 마찰력의 크기를 결정하는 데 중요한 인자이다.

㉣ 층류흐름 : 레이놀즈 수가 작으면 관성력에 비해 점성력이 상대적으로 커져서 유체가 원래의 흐름을 유지하려는 성질을 갖는다.(관성력<점성력)

㉤ 난류흐름 : 레이놀즈 수가 커지면 점성력에 비해 관성력이 지배하게 되어 유체의 흐름에 많은 교란이 생겨 난류흐름을 형성한다.(관성력>점성력)

㉥ 관계식

$$Re = \frac{\rho V d}{\mu} = \frac{V d}{\nu} = \frac{\text{관성력}}{\text{점성력}}$$

여기서, Re : 레이놀즈 수(무차원)
ρ : 유체밀도(kg/m^3)
d : 유체가 흐르는 직경(m)
V : 유체의 평균유속(m/sec)
μ : 유체의 점성계수[(kg/m · s(Poise : Pa · s)] : 유체 점도
ν : 유체의 동점성계수(m^2/sec)

㉦ 레이놀즈 수의 크기에 따른 구분

ⓐ 층류($Re < 2{,}100$)

ⓑ 천이영역($2{,}100 < Re < 4{,}000$)

ⓒ 난류($Re > 4{,}000$)

㉧ 상임계 레이놀즈 수는 층류로부터 난류로 천이될 때의 레이놀즈 수이며 12,000~14,000 범위이다.

㉨ 하임계 레이놀즈 수는 난류에서 층류로 천이될 때의 레이놀즈 수이며 2,100~4,000

범위이다.(하임계 레이놀즈 수를 층류, 난류 구분기준인 임계레이놀즈 수로 정함)

㉧ 일반적 국소환기 배관 내 기류 흐름의 레이놀즈 수 범위는 $10^5 \sim 10^6$ 범위이다.

㉨ 표준공기가 관내 유동인 경우 레이놀즈 수

$$Re = \frac{Vd}{\nu} = \frac{Vd}{1.51 \times 10^{-5}} = 0.666\ Vd \times 10^5$$

PART 01 PART 02 PART 03 PART 04 PART 05

필수 문제

01

관내유속 5 m/sec, 관경 0.1 m 일 때 Reynold 수는?(단, 20℃, 1기압, 동점성계수는 $1.5 \times 10^{-5}\ m^2/s$)

풀이 $Re = \frac{Vd}{\nu} = \frac{5 \times 0.1}{1.5 \times 10^{-5}} = 3.3 \times 10^4$

필수 문제

02

덕트 직경 30 cm, 공기유속이 10 m/sec 인 경우 Reynold 수는?(단, 공기의 점성계수는 1.85×10^{-5} kg/sec · m 이고, 공기밀도는 1.2 kg/m³ 으로 가정)

풀이 $Re = \frac{\rho Vd}{\mu} = \frac{1.2 \times 10 \times 0.3}{1.85 \times 10^{-5}} = 194{,}595$

필수 문제

03

공기의 유속과 점도가 각각 1.5 m/s와 0.0187 cp일 때 레이놀즈수를 계산한 결과 1,950이었다. 이때 덕트 내를 이동하는 공기의 밀도(kg/m³)는?(단, 덕트의 직경은 75 mm 이다.)

풀 이 $Re = \frac{관성력}{점성력} = \frac{DV\rho}{\mu}$

$$\rho = \frac{Re \times \mu}{D \times V} = \frac{1,950 \times 0.0187 \times 10^{-3}\text{kg/m} \cdot \text{sec}}{0.075\text{m} \times 1.5\text{m/sec}} = 0.32\text{kg/m}^3$$

필수 문제

04

21℃ 에서 동점성계수가 1.5×10^{-5} m^2/sec 이다. 직경이 20 cm 인 관에 층류로 흐를 수 있는 최대의 평균속도(m/sec)와 유량(m^3/min)을 구하여라.

풀 이 ① 공기의 최대평균속도

관내를 층류로 흐를 수 있는 Re =2,100이므로

$Re = \frac{Vd}{\nu}$ 에서 V를 구하면

$$V = \frac{Re \cdot \nu}{d} = \frac{2,100 \times (1.5 \times 10^{-5})}{0.2} = 0.16\text{ m/sec}$$

② 유량

$$Q = A \times V = \left(\frac{3.14 \times 0.2^2}{4}\right) \times 0.16 = 5.02 \times 10^{-3}\text{ m}^3\text{/sec}(=0.3\text{ m}^3\text{/min})$$

필수 문제

05

1 atm, 20℃에서 공기 동점성계수 $\nu = 1.5 \times 10^{-5}$ m^2/s 일 때 관의 지름을 50 mm 로 하면 그 관로에서의 풍속(m/s)은?(단, 레이놀즈 수는 2.5×10^4이다.)

풀 이 $Re = \frac{VD}{v}$

$$V = \frac{Re \times v}{D}$$

D=50 mm×m/1,000 mm=0.05 m

$$= \frac{2.5 \times 10^4 \times 1.5 \times 10^{-5}}{0.05} = 7.5\text{ m/sec}$$

필수 문제

06 직경 0.4 mm의 액적(구)이 1.5×10^{-2} m/s 로 자유침강할 때 레이놀즈 수(N_{Re})는?(단, 공기밀도는 1.2 kg/m^3, 점도는 1.8×10^{-5} kg/m · s이다.)

풀이

$$Re = \frac{DV\rho}{\mu}$$

D = 0.4 mm×m/1,000 mm = 0.0004 m

$$= \frac{0.0004\times1.5\times10^{-2}\times1.2}{1.8\times10^{-5}} = 0.4$$

필수 문제

07 직경이 30 cm 인 관으로 유체가 5 m/sec 로 흐르고 있다. 유체의 점도가 1.85×10^{-5} kg/m · s 라 할 때 이 유체의 흐름 특성을 평가하면?(단, 유체의 밀도는 1.2 kg/m^{3}으로 가정)

풀이

$$Re = \frac{\rho Vd}{\mu} = \frac{1.2\times5\times0.3}{1.85\times10^{-5}} = 97{,}297$$

따라서, 유체 흐름 특성은 Re 값이 4,000보다 큰 값이므로 난류상태

필수 문제

08 1기압 20℃의 동점성계수가 1.5×10^{-5} m^2/sec 이고 유속이 20 m/sec 이다. 원형 Duct의 단면적이 0.385 m^2 이면 Reynold Number는?

풀이

$$Re = \frac{V\cdot d}{\nu}$$

$$= \frac{20\times0.7}{1.5\times10^{-5}} \left(\text{단면적} = \frac{3.14d^2}{4} \text{에서 } d = \sqrt{\frac{\text{단면적}\times4}{3.14}} = \sqrt{\frac{0.385\times4}{3.14}}\right)$$

= 933,333

학습 Point

1. 연속방정식, 베르누이 정리 내용 숙지
2. 압력 종류 내용 및 관련식 숙지(출제비중 높음)
3. 레이놀즈 수 내용 및 관련식 숙지

17 자연환기

(1) 개요

자연환기는 오염물질을 외부에서 공급된 신선한 공기와의 혼합으로 오염물질의 농도를 희석시키는 방법으로 자연환기방식과 인공환기방식으로 나누며 자연환기방식은 작업장 내외의 온도, 압력 차이에 의해 발생하는 기류의 흐름을 자연적으로 이용하는 방식이며 인공환기방식이란 환기를 위한 기계적 시설을 이용하는 방식이다. 또한 환기방식을 결정할 때 실내압의 압력에 주의해야 한다.

(2) 목적

① 오염물질 농도를 희석, 감소시켜 근로자의 건강을 유지 증진한다.
② 화재나 폭발을 예방한다.
③ 실내의 온도 및 습도를 조절한다.

(3) 종류

① 자연환기

㉠ 개요

ⓐ 기계적 시설이 필요 없다.
ⓑ 작업장의 개구부(문, 창, 환기공 등)를 통하여 바람(풍력)이나 작업장 내외의 온도, 기압 차이에 의한 대류작용으로 행해지는 환기를 의미한다.
ⓒ 급기는 자연상태, 배기는 벤틸레이터를 사용하는 경우는 실내압을 언제나 음압으로 유지가 가능하다.

㉡ 장점

ⓐ 설치비 및 유지보수비가 적게 든다.
ⓑ 적당한 온도차이와 바람이 있다면 운전비용이 거의 들지 않는다.
ⓒ 효율적인 자연환기는 에너지 비용을 최소화할 수 있다.(냉방비 절감효과)
ⓓ 소음발생이 적다.

㉢ 단점

ⓐ 외부 기상조건과 내부조건에 따라 환기량이 일정하지 않아 작업환경 개선용으로 이용하는 데 제한적이다.

ⓑ 계절변화에 불안정하다. 즉, 여름보다 겨울철이 환기효율이 높다.

ⓒ 정확한 환기량 산정이 힘들다. 즉, 환기량 예측자료를 구하기 힘들다.

② 인공환기(기계환기)

㉠ 개요

자연환기의 작업장 내외의 압력차는 몇 mmH_2O 이하의 차이이므로 공기를 정화해야 할 때는 인공환기를 해야 한다.

㉡ 장점

ⓐ 외부조건(계절변화)에 관계없이 작업조건을 안정적으로 유지할 수 있다.

ⓑ 환기량을 기계적(송풍기)으로 결정하므로 정확한 예측이 가능하다.

㉢ 단점

ⓐ 소음발생이 크다.

ⓑ 운전비용이 증대하고 설비비 및 유지보수비가 많이 든다.

㉣ 종류

ⓐ 급배기법

- 급, 배기를 동력에 의해 운전한다.
- 가장 효과적인 인공환기 방법이다.
- 실내압을 양압이나 음압으로 조정 가능하다.
- 정확한 환기량이 예측가능하며 작업환경 관리에 적합하다.

ⓑ 급기법

- 급기는 동력, 배기는 개구부로 자연 배출한다.
- 고온 작업장에 많이 사용한다.
- 실내압은 양압으로 유지되어 청정산업(전자산업, 식품산업, 의약산업)에 적용한다. 즉, 청정공기가 필요한 작업장은 실내압을 양압(+)으로 유지한다.

ⓒ 배기법

- 급기는 개구부, 배기는 동력으로 한다.
- 실내압은 음압으로 유지되어 오염이 높은 작업장에 적용한다. 즉 오염이 높은 작업장은 실내압을 음압(−)으로 유지해야 한다.

(4) 자연환기(희석환기) 적용시 조건

① 오염물질의 독성이 비교적 낮은 경우, 즉 TLV가 높은 경우(가장 중요한 제한 조건)
② 동일한 작업장에 다수의 오염원이 분산되어 있는 경우
③ 오염물질이 시간에 따라 균일하게 발생될 경우
④ 오염물질의 발생량이 적은 경우 및 희석공기량이 많지 않아도 될 경우
⑤ 오염물질이 증기나 가스일 경우
⑥ 국소환기로 불가능한 경우
⑦ 배출원이 이동성인 경우
⑧ 가연성 가스의 농축으로 폭발의 위험이 있는 경우
⑨ 오염원이 근무자가 근무하는 장소로부터 멀리 떨어져 있는 경우

(5) 일정기적을 갖는 작업장 내에서 매시간 Mm^3의 CO_2가 발생할 때 필요환기량

$$\text{필요환기량}(m^3/hr) = \frac{M}{C_s - C_o} \times 100$$

여기서, M : CO_2 발생량(m^3/hr)
C_s : 실내 CO_2 기준농도(%)
C_o : 실외 CO_2 기준농도(%)

필수 문제

01 실내에서 발생하는 CO_2 양이 0.2 m^3/hr 일 때 필요환기량(m^3/hr)은?(단, 외기 CO_2 농도 0.03 %, CO_2 허용농도 0.1 %)

> **풀이** 필요환기량(Q) $= \frac{M}{C_S - C_O} \times 100 = \frac{0.2}{0.1 - 0.03} \times 100 = 285.71\ m^3/hr$

필수 문제

02 공기 중 CO_2 가스의 부피가 5%를 넘으면 인체에 해롭다고 한다면 지금 600 m^3되는 방에서 문을 닫고 80%의 탄소를 가진 숯을 최소 몇 kg을 태우면 해로운 상태로 되겠는가?(단, 기존의 공기 중 CO_2 가스의 부피는 고려하지 않음. 실내에서 완전혼합, 표준상태 기준)

> **풀이**
> $C + O_2 \rightarrow CO_2$(인체에 해로운 CO_2양 고려 계산)
> 12kg : $22.4m^3$
> $x \times 0.8$: $600m^3 \times 0.05$
> $x(\text{c : kg}) = \frac{12\text{kg} \times 600\text{m}^3 \times 0.05}{0.8 \times 22.4\text{m}^3} = 20.09\text{kg}$

학습 Point

① 자연환기, 인공환기 장 · 단점 숙지
② 자연환기 적용조건 내용 숙지

18 국소환기(국소 배기)

(1) 개요

① 오염물질의 발생원에 되도록 가까운 장소에서 동력에 의하여 발생되는 오염물질을 흡인 배출하는 장치이다. 즉 오염물질이 발생원에서 이탈하여 확산되기 전에 포집, 제거하는 환기방법이 국소환기이다.(압력차에 의한 공기의 이동을 의미함)

② 비교적 높은 증기압과 낮은 허용기준치를 갖는 유기용제를 사용하는 작업장을 관리할 때 국소환기가 효과적인 방법이다.

③ 국소환기에서 효율성 있는 운전을 하기 위해 가장 먼저 고려할 사항은 필요송풍량의 감소이다.

(2) 자연환기와 비교시 장점

① 자연환기는 희석에 의한 저감으로서 완전 제거가 불가능하나, 국소배기는 발생원상에서 포집, 제거하므로 오염물질 완전제거가 가능하다.

② 국소환기는 전체환기에 비해 필요환기량이 적어 경제적이다.

③ 작업장 내의 방해기류나 부적절한 급기에 의한 영향을 적게 받는다.

④ 오염물질의 의한 작업장 내의 기계 및 시설물을 보호할 수 있다.

⑤ 비중이 큰 침강성 입자상 물질도 제거 가능하므로 작업장 관리(청소 등) 비용을 절감할 수 있다.

(3) 국소환기장치의 설계순서

후드형식 선정 → 제어속도 결정 → 소요 풍량 계산 → 반송속도 결정 → 배관내경 선출 → 후드의 크기 결정 → 배관의 배치와 설치장소 선정 → 공기정화장치 선정 → 국소배기 계통도와 배치도 작성 → 총압력 손실량 계산 → 송풍기 선정

(4) 국소환기시설의 구성

① 국소환기시설(장치)은 후드(Hood), 덕트(Duct), 공기정화장치(Air Cleaner Equipment), 송풍기(Fan), 배기덕트(Exhaust Duct)의 각 부분으로 구성되어 있다.

② 국소환기시설의 계통도

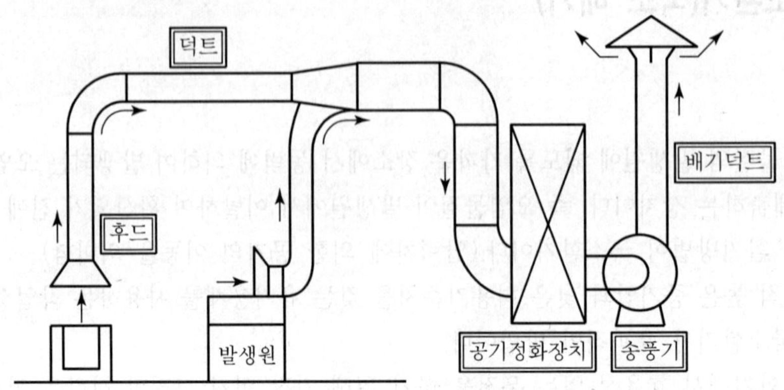

[국소환기기설의 계통도]

학습 Point

국소환기 적용조건 및 장점 내용 숙지

19 후드(Hood)

(1) 개요

후드는 발생원에서 발생된 오염물질을 작업자 호흡영역까지 확산되어 가기 전에 한곳으로 포집하고 흡인하는 장치로 최소의 배기량과 최소의 동력비로 오염물질을 효과적으로 처리하기 위해 가능한 오염원 가까이 설치한다.

(2) 후드 모양과 크기 선정시 고려인자

① 작업형태
② 오염물질의 특성과 발생특성
③ 작업공간의 크기

(3) 제어속도(포촉속도 : 포착속도 ; 통제속도)

① 오염물질의 발생속도를 이겨내고 오염물질을 후드 내로 흡인하는 데 필요한 최소의 기류속도를 말한다. 즉, 오염물질이 주위로 확산되지 않고 안전하게 후드에 유입되도록 조절한 공기의 속도와 적절한 안전율을 고려한 공기의 유속을 말한다.
② 후드가 취급할 공기양을 최소로 하고, 최대의 먼지부하를 얻도록 결정한다.
③ 제어속도는 확산조건, 주변 공기의 흐름이나 열 등에 많은 영향을 받는다.
④ 국소환기장치의 제어풍속은 모든 후드를 개방한 경우의 제어풍속을 말한다.
⑤ 포위식 후드에서는 당해 후드면에서의 풍속을, 외부식 후드에서는 당해 후드에 의하여 거리의 발생원 위치에서의 풍속을 말한다.
⑥ **제어속도 결정시 고려사항**
㉠ 오염물질의 비산방향(확산상태)
㉡ 오염물질의 비산거리(후드에서 오염원까지 거리)
㉢ 후드의 형식(모양)
㉣ 작업장 내 방해기류(난기류의 속도)
㉤ 오염물질의 성상(종류) : 오염물질의 사용량 및 독성

⑦ 제어속도범위(ACGIH)

작업조건	작업공정사례	제어속도(m/sec)
• 움직이지 않는 공기 중에서 속도 없이 배출되는 작업조건 • 조용한 대기 중에 실제 거의 속도가 없는 상태로 발산하는 경우의 작업조건	• 액면에서 발생하는 가스나 증기 · 흄 • 탱크에서 증발, 탈지시설	0.25~0.5
• 비교적 조용한(약간의 공기 움직임) 대기 중에서 저속도로 비산하는 작업조건	• 용접, 도금 작업 • 스프레이 도장 • 저속 컨베이어 운반	0.5~1.0
• 발생기류가 높고 오염물질이 활발하게 발생하는 작업조건	• 스프레이 도장, 용기 충전 • 컨베이어 적재 • 분쇄기	1.0~2.5
• 초고속기류가 있는 작업장소에 초고속으로 비산하는 경우	• 회전연삭작업 • 연마작업 • 블라스트 작업	2.5~10

⑧ 제어속도범위 적용 시 기준

범위가 낮은 쪽	범위가 높은 쪽
• 작업장 내 기류가 낮거나, 제어하기 유리하게 작용될 때 • 오염물질의 독성이 낮을 때 • 오염물질 발생량이 적고, 발생이 간헐적일 때 • 대형 후드로 공기량이 다량일 때	• 작업장 내 기류가 국소환기 효과를 방해할 때 • 오염물질의 독성이 높을 때 • 오염물질 발생량이 높을 때 • 소형 후드로 국소적일 때

(4) 후드가 갖추어야 할 사항(필요환기량을 감소시키는 방법)

① 잉여공기의 흡입을 적게 하고 가능한 한 오염물질 발생원에 가까이 설치한다.
② 제어속도는 작업조건을 고려하여 적정하게 선정한다.
③ 작업이 방해되지 않도록 설치하여야 한다.
④ 오염물질 발생특성을 충분히 고려하여 설계하여 충분한 포착속도를 유지한다.
⑤ 가급적이면 공정을 많이 포위한다.
⑥ 후드 개구면에서 기류가 균일하게 분포되도록 설계한다.
⑦ 개구면적을 작게 하여 흡인속도를 크게 한다.
⑧ 국부적인 흡인방식으로 한다.
⑨ 실내의 기류, 발생원과 후드 사이의 장애물 등에 위한 영향을 고려하여 필요에 따라 에어커튼을 이용한다.

(5) 후드 입구의 공기흐름을 균일하게 하는 방법(후드 개구면 면속도를 균일하게 분포시키는 방법)

① 테이퍼(Taper, 경사접합부) 설치
경사각은 60° 이내로 설치하는 것이 바람직하다.

② 분리날개(Spliter Vanes) 설치
㉠ 후드개구부를 몇 개로 나누어 유입하는 형식이다.
㉡ 분리날개에 부식 및 오염물질 축적 등 단점이 있다.

③ 슬롯(Slot) 사용
도금조와 같이 길이가 긴 탱크에서 가장 적절하게 사용한다.

④ 차폐막 이용

(6) 플래넘(Plenum)

후드 뒷부분에 위치하며 개구면 흡입유속의 강약을 작게 하여 일정하게 되므로 압력과 공기흐름을 균일하게 형성하는 데 필요한 장치이며 가능한 설치는 길게 한다.

(7) 무효점(제로점, Null Point) 이론 : Hemeon 이론

① 무효점이란 발생원에서 방출된 오염물질이 초기 운동에너지를 상실하여 비산속도가 0이 되는 비산한계점을 의미한다.

② 무효점이란 필요한 제어속도는 발생원뿐만 아니라 이 발생원을 넘어서 오염물질이 초기운동에너지가 거의 감소되어 실제 제어속도 결정시 이 오염물질을 흡인할 수 있는 지점까지 확대되어야 한다는 이론이다.

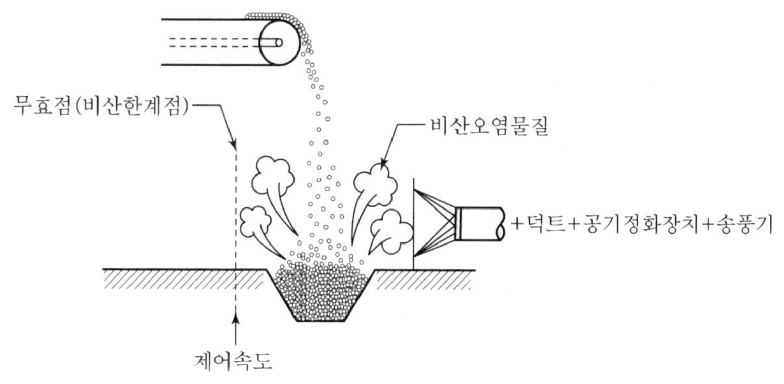

[Null Point]

(8) 후드의 형태

후드의 형태는 작업형태(작업공정), 오염물질의 발생특성, 근로자와 발생원 사이의 관계 등에 의해서 결정되며 일반적으로 포위식(부스식)·외부식·레시버식 후드로 구분하고 포집효과는 포위식, 부스식, 외부식 순으로 크다.

① 포위식 후드(Enclosure type hood)

㉠ 개요

발생원을 완전히 포위하는 형태의 후드이고 후드의 개방면에서 측정한 속도로서 면속도가 제어속도가 되며 국소환기시설의 후드형태 중 가장 효과적인 형태이다. 즉, 필요환기량을 최소한으로 줄일 수 있다. 또한 유독한 오염물질의 발생원을 포위할 수 있는 경우에는 포위식을 선택한다.

㉡ 특성

ⓐ 후드의 개방면에서 측정한 면속도가 제어속도가 된다.

ⓑ 오염물질의 완벽한 흡입이 가능하다.(단, 충분한 개구면 속도를 유지하지 못할 경우 오염물질이 외부로 누출될 우려가 있음)

ⓒ 오염물질 제거 공기량(송풍량)이 다른 형태보다 훨씬 적다.

ⓓ 작업장 내 방해기류(난기류)의 영향을 거의 받지 않는다.

㉢ 부스식 후드(Booth type hood)

ⓐ 포위식 후드의 일종이며 포위식보다 큰 것을 의미한다.

ⓑ 작업을 위한 하나의 개구면을 제외하고 발생원 주위를 전부 에워싼 것으로 그 안에서 오염물질이 발산된다.

ⓒ 이 방식은 오염물질의 송풍 시 낭비되는 부분이 적은데, 이는 개구면 주변의 벽이 라운지 역할을 하고, 측벽은 외부로부터의 분기류에 의한 방해에 대하여 방해판 역할을 하기 때문이다.

㉣ 필요송풍량

$$Q = 60 \cdot A \cdot V = (60 \cdot K \cdot A \cdot V)$$

여기서, Q : 필요송풍량(m^3/min)

A : 후드 개구면적(m^2)

V : 제어속도(m/sec)

K : 불균일에 대한 계수

(개구면 평균유속과 제어속도의 비로서 기류분포가 균일할 때 K=1로 본다.)

(포위식)

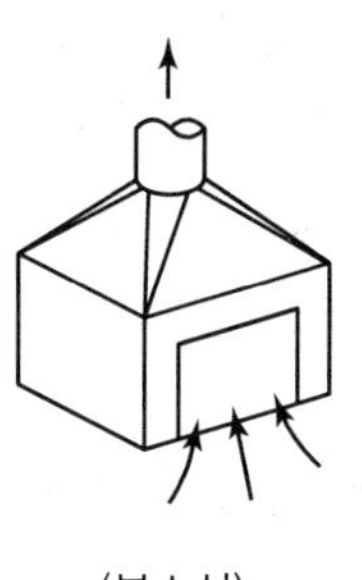
(부스식)

[포위식 후드, 부스식 후드]

필수 문제

01 덕트의 단면적이 0.5 m^2 이고, 덕트에서 반송속도는 30 m/sec 였다면 유량(m^3/min)은?

> **풀 이**
> $Q = A \times V = 0.5\ m^2 \times 30\ m/sec \times 60\ sec/min = 900\ m^3/min$

필수 문제

02 크롬도금 작업에 가로 0.5 m, 세로 2.0 m 인 부스식 후드를 설치하여 크롬산 미스트를 처리하고자 한다. 이때 제어풍속을 0.5 m/sec 로 하면 송풍량(m^3/min)은?

> **풀 이**
> $Q = A \times V = (0.5 \times 2.0)\ m^2 \times 0.5\ m/sec \times 60\ sec/min = 30\ m^3/min$

필수 문제

03 환기장치에서 관경이 300 mm 인 직관을 통하여 풍량 95 m^3/min 의 표준공기를 송풍할 때 관 내 평균유속(m/sec)은?

> **풀 이**
> $Q = A \times V$
> $$V = \frac{Q}{A} = \frac{95\ m^3/min}{\left(\frac{3.14 \times 0.3^2}{4}\right) m^2} = 1{,}344.66\ m/min \times min/60\ sec = 22.41\ m/sec$$

② 외부식 후드(Exterior type hood)

㉠ 후드의 흡인력이 외부까지 미치도록 설계한 후드이며 포집형 후드라고 한다.

㉡ 작업 여건상 발생원에 독립적으로 설치하여 오염물질을 포집하는 후드이다. 즉 작업 또는 공정상 발생원을 포위할 수 없는 경우 외부식 후드를 선택한다.

㉢ 특성

ⓐ 타 후드형태에 비해 작업자가 방해를 받지 않고 작업을 할 수 있어 일반적으로 많이 사용하고 있다.

ⓑ 포위식에 비하여 필요 송풍량이 많이 소요된다.

ⓒ 방해기류(외부 난기류)의 영향이 작업장 내에 있을 경우 흡인효과가 저하된다.

ⓓ 기류속도가 후드 주변에서 매우 빠르므로 쉽게 흡인되는 물질(유기용제, 미세분말 등)의 손실이 크다.

㉣ 필요송풍량(Q)(Dalla Valle)

ⓐ 외부식 원형 또는 장방형 후드⇒자유공간 위치, 플랜지 미부착

$$Q=60 \cdot Vc(10X^2+A) \Rightarrow \text{Dalla Valle 식(기본식)}$$

여기서, Q : 필요송풍량(m^3/min)

Vc : 제어속도(m/sec)

A : 개구면적(m^2)

X : 후드중심선으로부터 발생원(오염원)까지의 거리(m)

위 공식은 오염원에서 후드까지의 거리가 덕트 직경의 1.5배 이내일 때만 유효하다.

ⓑ 측방외부식 테이블상 장방형 후드⇒바닥면에 위치, 플랜지 미부착

$$Q=60 \cdot Vc(5X^2+A)$$

여기서, Q : 필요송풍량(m^3/min)

Vc : 제어속도(m/sec)

A : 개구면적(m^2)

X : 후드 중심선으로부터 발생원(오염원)까지의 거리(m)

ⓒ 측방외부식 플랜지 부착 원형 또는 장방형 후드⇒자유공간 위치, 플랜지 부착

$$Q=60 \cdot 0.75 \cdot Vc(10X^2+A)$$

일반적으로 외부식 후드에 플랜지(Flange)를 부착하면 후방유입기류를 차단(후드 뒤쪽의 공기흡입방지)하고 후드 전면에서 포집범위가 확대되어 포착속도가 커지며 Flange가 없는 후드에 비해 동일 지점에서 동일한 제어속도를 얻는데 필요한 송풍량을 약 25% 감소시킬 수 있으며, 동일한 오염물질 제거에 있어 압력손실도 감소한다. 또한, 플랜지 폭은 후드 단면적의 제곱근($\sqrt{A}$) 이상이 되어야 한다.

ⓓ 측방외부식 테이블상 플랜지 부착 장방형 후드 ⇒ 바닥면에 위치, 플랜지 부착

$$Q = 60 \cdot 0.5 \cdot Vc(10X^2 + A)$$

필요송풍량을 가장 많이 줄일 수 있는 경제적 후드형태이다.

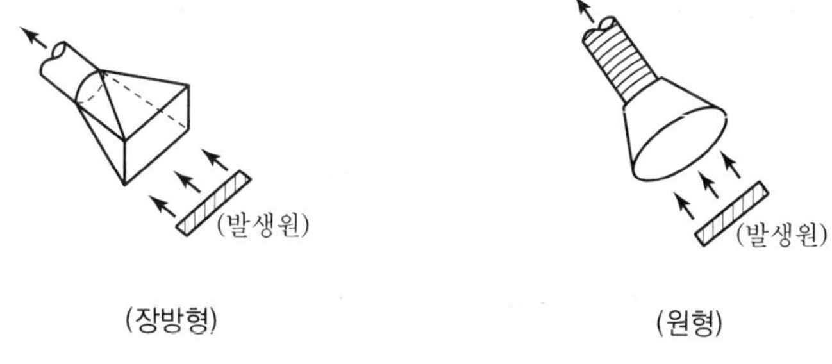

[외부식 후드]

필수 문제

01 용접작업시 발생되는 Fume을 제거하기 위하여 외부식 후드를 설치하려고 한다. 후드 개구면에서 흄 발생 지점까지의 거리가 0.25 m, 제어속도는 0.5 m/sec, 후드개구면적이 0.5 m²일 때 필요한 송풍량(m³/min)은?

풀이 문제 내용 중 후드 위치 및 플랜지에 대한 언급이 없으므로 기본식으로 구한다.

$$Q = 60 \times Vc(10X^2 + A)$$

Vc(제어속도) : 0.5 m/sec

X(후드 개구면부터 거리) : 0.25 m

A(개구단면적) : 0.5 m²

$$= 60 \times 0.5[(10 \times 0.25^2) + 0.5] = 33.75\ m^3/min$$

필수 문제

02 용접기에서 발생되는 용접흄을 배기시키기 위해 외부식 원형 후드를 설치하기로 하였다. 제어속도를 1 m/sec 로 했을 때 플랜지 없는 원형 후드의 설계유량이 20 m^3/min 으로 계산되었다면, 플랜지 있는 원형 후드를 설치할 경우 설계유량(m^3/min)은 얼마이겠는가?(단, 기타 조건은 같음)

풀이

Flange 부착시 25%의 송풍량이 절약되므로

$20\ m^3/min \times (1-0.25) = 15\ m^3/min$

필수 문제

03 플랜지가 붙고 면에 고정된 외부식 국소배기후드의 개구면적이 3 m^2 이고 오염물 발산원의 포착속도는 0.8 m/sec 이며, 발산원이 개구면으로부터 2.5 m, 거리에 위치하고 있다면 흡인공기량(m^3/min)은?

풀이

후드 바닥면(작업 table)에 위치, 플랜지 부착 조건이므로

$Q = 60 \times 0.5 \times Vc(10\ X^2 + A)$

Vc(포착속도, 제어속도) : 0.8 m/sec

X(후드개구면부터 거리) : 2.5 m

A(개구단면적) : 3 m^2

$= 60 \times 0.5 \times 0.8[(10 \times 2.5^2) + 3)] = 1{,}572\ m^3/min$

필수 문제

04 용접시 발생하는 용접 흄을 제어하기 위해 발생원 상단에 플랜지가 붙은 외부식 후드를 설치하였다. 후드에서 오염원의 거리가 0.25 m, 제어속도 0.5 m/sec, 개구면적이 0.5 m^2 일 때 필요송풍량(m^3/min)은?(단, 후드는 공간에 설치)

풀이

후드는 자유공간에 위치, 플랜지 부착 조건이므로

$Q = 60 \times 0.75 \times Vc(10\ X^2 + A)$

Vc(제어속도) : 0.5 m/sec

X(후드 개구면부터 거리) : 0.25 m

A(개구단면적) : 0.5 m^2

$= 60 \times 0.75 \times 0.5[(10 \times 0.25^2) + 0.5)] = 25.31\ m^3/min$

③ 외부식 슬롯 후드

㉠ 개요

ⓐ Slot 후드는 후드 개방부분의 길이가 길고 높이(폭)가 좁은 형태로 [높이(폭)/길이]의 비가 0.2 이하인 것을 말하며 작업의 특성상 포위식이나 Booth Type으로 할 수 없을 때 부득이 발생원에서 격리시켜 설치하는 형태이다.

ⓑ Slot 후드에서도 플랜지를 부착하면 필요배기량을 줄일 수 있다.(미국 ACGIH : 환기량 30% 절약)

ⓒ 필요송풍량(Q)

$$Q = 60 \cdot C \cdot L \cdot Vc \cdot X$$

여기서, Q : 필요송풍량(m^3/min)

C : 형상계수(• 전원주 ⇒ 5.0

• $\frac{3}{4}$ 원주 ⇒ 4.1

• $\frac{1}{2}$ 원주(플랜지 부착 경우와 동일) ⇒ 2.8

• $\frac{1}{4}$ 원주 ⇒ 1.6)

Vc : 제어속도(m/sec)

L : Slot 개구면의 길이(m)

X : 포집점까지의 거리(m)

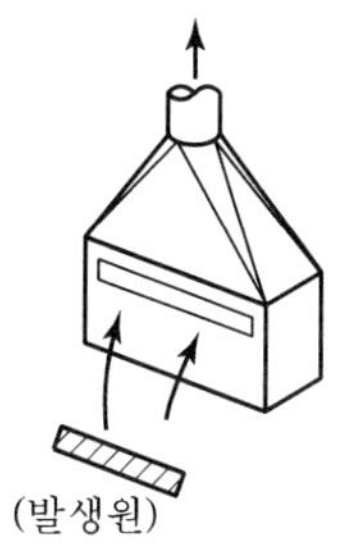

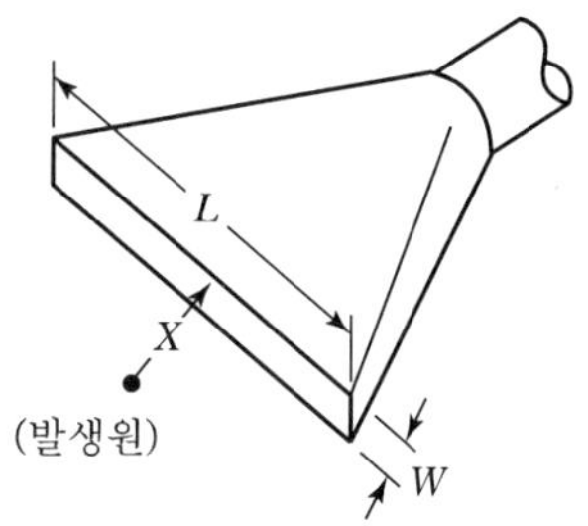

[슬롯 후드]

필수 문제

01 Hood의 길이가 1.25 m, 폭이 0.25 m인 외부식 슬롯형 후드를 설치하고자 한다. 포집점과의 거리가 1.0 m, 포집속도는 0.5 m/sec 일 때 송풍량(m^3/min)은?(단, 플랜지가 없으며 공간에 위치하고 있음)

풀이

전원주 형상계수를 사용하면

Q=60 · C · L · Vc · X

C(형상계수) : 5.0

L(Slot 개구면의 길이) : 1.25 m

X(포착점까지의 거리) : 1.0 m

Vc(제어속도) : 0.5 m/sec

=60×5.0×1.25×0.5×1.0=187.5 m^3/min

필수 문제

02 Flange 부착 Slot 후드가 있다. Slot의 길이가 40 cm 이고 제어풍속이 1 m/sec, 제어풍속이 미치는 거리가 20 cm 인 경우 필요환기량(m^3/min)은?

풀이

Flange 부착의 경우 형상계수는 원주 1/2에 해당하는 2.8 적용

Q=60 · C · L · Vc · X=60×2.8×0.4×1×0.2=13.44 m^3/min

④ 외부식 캐노피(천개형 : Canopy) 후드

- 가열된 상부개방 오염원에서 배출되는 오염물질을 포집하는 데 일반적으로 사용되며 주로 고온의 오염공기를 배출하고, 과잉습도를 제어할 때 제한적으로 사용된다. 단, 오염원이 고온이 아닐 때는 사용되지 않는다.
- 작업을 위한 하나의 개구면을 제외하고 발생원 주위를 전부 에워싼 것으로 그 안에서 오염물질이 발산된다.
- 이 방식은 오염물질의 송풍시 낭비되는 부분이 적은데 이는 개구면 주변의 벽이 라운지 역할을 하고, 측벽은 외부로부터의 분기류에 의한 방해에 대하여 방해판 역할을 하기 때문이다.

㉠ 4측면 개방 외부식 천개형 후드(Thoms 식)

ⓐ 필요송풍량(Q)

$$Q=60\times14.5\times H^{1.8}\times W^{0.2}\times Vc$$

여기서, Q : 필요송풍량(m^3/min)
H : 개구면에서 배출원 사이의 높이(m)
W : 캐노피 단변(직경(m)
Vc : 제어속도(m/sec)

ⓑ 상기 Thoms 식은 $0.3 < H/W \leqq 0.75$일 때 사용한다.

ⓒ $H/L \leqq 0.3$인 장방형의 경우 필요송풍량(Q)

$$Q=60\times1.4\times P\times H\times Vc$$

여기서, L : 캐노피 장변(m)
P : 캐노피 둘레길이 ⇒ 2(L+W)(m)

㉡ 3측면 개방 외부식 천개형 후드(Thoms 식)

- 필요송풍량(Q)

$$Q=60\times8.5\times H^{1.8}\times W^{0.2}\times Vc$$

단, $0.3<H/W \leqq 0.75$인 장방형, 원형 캐노피에 사용

⑤ 레시버식(수형) 천개형 후드(Receiving type hood)

㉠ 개요

작업공정에서 발생되는 오염물질의 발생상태를 조사한 후 오염물질이 운동량(관성력)이나 열 상승력(열부력에 의한 상승기류)을 가지고 자체적으로 발생될 때, 일정하게 발생되는 방향쪽에 후드의 입구를 설치함으로써 보다 적은 풍량으로 오염물질을 포집할 수 있도록 설계한 후드이며 필요송풍량 계산 시 제어속도의 개념이 필요 없다.

㉡ 적용

가열로, 용융로, 단조, 연마, 연삭 공정에 적용한다.

㉢ 종류

ⓐ 천개형(Canopy Type)

ⓑ 그라인더형(Grinder Type)

ⓒ 자립형(Free Standing)

㉣ 특징

ⓐ 비교적 유해성이 적은 오염물질을 포집하는 데 적합하다.

ⓑ 잉여공기량이 비교적 많이 소요된다.

ⓒ 한랭공정에는 사용을 금하고 있다.

ⓓ 기류속도가 후드 주변에서 매우 빠르다.

㉤ 열원과 캐노피 후드의 관계

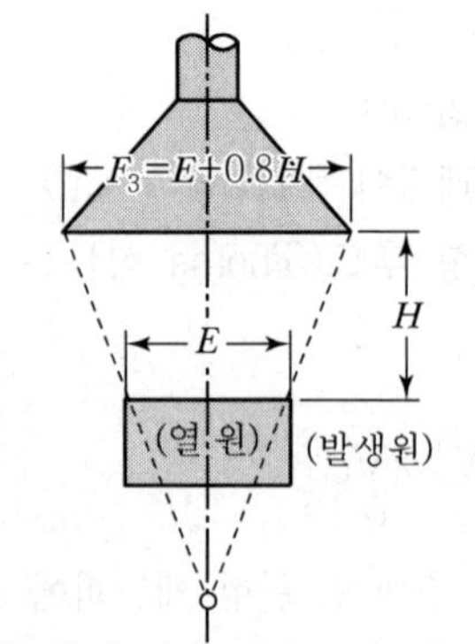

[열원과 캐노피 후드의 관계]

$$F_3 = E + 0.8\,H$$

여기서, F_3 : 후드의 직경
E : 열원의 직경(직사각형은 단변)
H : 후드 높이

ⓐ 배출원의 크기(E)에 대한 후드면과 배출원 간의 거리가(H)의 비(H/E)는 0.7 이하로 설계하는 것이 바람직하다.

ⓑ 필요송풍량(Q)

- 난기류가 없을 경우(유량비법)

$$Q_T = Q_1 + Q_2 = Q_1\left(1 + \frac{Q_2}{Q_1}\right) = Q_1(1 + K_L)$$

여기서, Q_T : 필요송풍량(m^3/min)
Q_1 : 열상승기류량(m^3/min)
Q_2 : 유도기류량(m^3/min)
K_L : 누입한계유량비 ⇒ 오염원의 형태, 후드의 형식 등에 영향을 받는다.

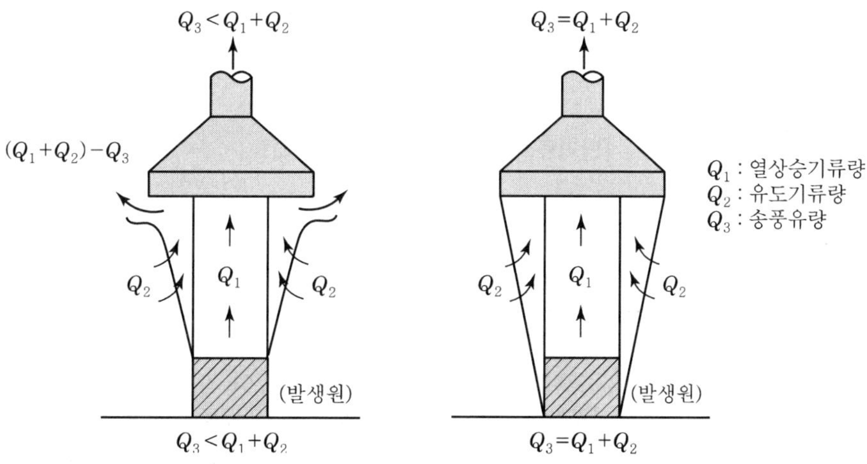

[난기류가 없는 경우 열상승기류량과 유도기류량]

• 난기류가 있을 경우(유량비법)

$$Q_T = Q_1 \times [1 + (m \times K_L)] = Q_1 \times (1 + K_D)$$

여기서, Q_T : 필요송풍량(m^3/min)

Q_1 : 열상승기류량(m^3/min)

m : 누출안전계수(난기류의 크기에 따라 다름)

K_L : 누입한계유량비

K_D : 설계유량비($K_D = m \times K_L$)

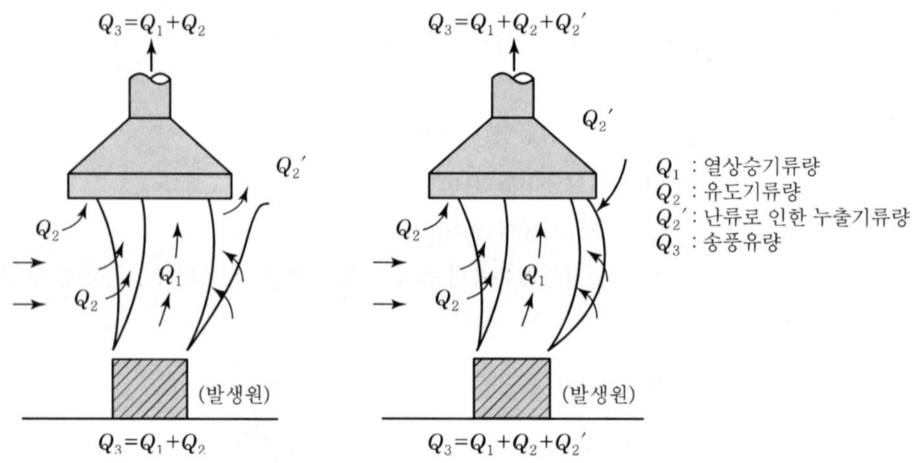

[난기류가 있는 경우 필요송풍량]

〈후드의 형식과 적용작업〉

식	형	적용작업의 예
포위식	포위형 장갑부착상자형	분쇄, 마무리 작업, 공작기계, 체분저조 농약 등 유독물질 또는 독성가스 취급
부스식	드래프트 챔버형 건축부스형	연마, 포장, 화학분석 및 실험, 동위원소 취급, 연삭 산세척, 분무도장

외부식	슬로트형 루바형 그리드형 원형 또는 장방형	도금, 주조, 용해, 마무리 작업, 분무도장 주물의 모래털기 작업 도장, 분쇄, 주형해체 용해, 체분, 분쇄, 용접, 목공기계
레시버식	캐노피형 원형 또는 장방형 포위형(그라인더형)	가열로, 소입, 단조, 용융 연삭, 연마 탁상그라인더, 용융, 가열로

Reference | 가스유속 측정장치 중 Bernoulli식 원리를 이용한 장치

① 벤투리장치(Venturi Meter)
② 오리피스 장치(Orifice Meter)
③ 로터미터(Rotameter)

필수 문제

01 용해로에 레시버식 캐노피형 국소배기장치를 설치한다. 열상승기류량 Q_1은 50 m^3/min, 누입한계유량비 K_L은 2.5 이라 할 때 소요송풍량(m^3/min)은?(단, 난기류가 없다고 가정함)

풀이

소요송풍량(Q_T)

$Q_T = Q_1 \times (1 + K_L) = 50 \times (1 + 2.5) = 175\ m^3/min$

필수 문제

02 고열 발생원에 후드를 설치할 때 주위환경의 난류형성에 따른 누출안전계수는 소요송풍량 결정에 크게 작용한다. 열상승기류량 30 m^3/min, 누입한계유량비 3.0, 누출안전계수 7 이라면 소요풍량(m^3/min)은?

풀이

소요송풍량(Q_T)

$Q_T = Q_1 \times [1 + (m \times K_L)] = 30 \times [1 + (7 \times 3.0)] = 660\ m^3/min$

Reference | Push－Pull 후드(밀어 당김형 후드)

① 도금조와 같이 오염물질 발생원의 개방면적이 큰 작업공정(폭이 넓은 오염원 탱크)에 주로 많이 사용하여 포집효율을 증가시키면서 필요유량을 대폭 감소시킬 수 있는 장점이 있는 후드이다.
② 제어길이가 비교적 길어서 외부식 후드에 의한 제어효과가 문제가 되는 경우에 공기를 불어주고(Push) 당겨주는(Pull) 장치로 되어 있어 작업자의 방해가 적고 적용이 용이하다.
③ 개방조 한 변에서 압축공기를 이용하여 오염물질이 발생하는 표면에 공기를 불어 반대쪽에 오염물질이 도달하게 한다.
④ 단점으로는 원료의 손실이 크고, 설계방법이 어렵고, 효과적으로 기능을 발휘하지 못하는 경우가 있다.

Reference | 공기공급시스템(Make－Up Air : 보충용 공기)

① 환기시설을 효율적으로 운영하기 위해서는 공기공급시스템이 필요하다. 즉 국소배기장치가 효과적인 기능을 발휘하기 위해서는 후드를 통해 배출되는 것과 같은 양의 공기가 외부로부터 보충되어야 한다. 즉, 보충용 공기는 환기시설에 의해 작업장 내에서 배기된 만큼의 공기를 작업장 내로 재공급해야 하는 공기의 양을 말한다.
② 공기공급시스템은 환기시설에 의해 작업장 내에서 배기된 만큼의 공기를 작업장 내로 재공급하는 시스템을 말한다.
③ 보충용 공기가 배기용 공기보다 약 10～15% 정도 많도록 조절하여 실내를 약간 양압으로 하는 것이 좋다.
④ 겨울철에는 일반적으로 보충용 공기를 18～20℃ 정도로 가온하여 공급한다.
⑤ 여름에는 보통 외부공기를 그대로 공급하지만, 공정 내의 열부하가 커서 제어해야 하는 경우에는 보충용 공기를 냉각하여 공급한다.
⑥ 보충용 공기의 유입구는 작업장이나 다른 건물의 배기구에서 나온 유해물질의 유입을 피할 수 있는 위치로서 통상 바닥으로부터 2.4～3m 정도에서 유입되도록 한다.
⑦ 공기공급시스템이 필요한 이유
㉠ 국소배기장치의 원활한 작동을 위하여
㉡ 국소배기장치의 효율 유지를 위하여
㉢ 안전사고를 예방하기 위하여
㉣ 에너지(연료)를 절약하기 위하여
㉤ 작업장 내의 방해기류(교차기류)가 생기는 것을 방지하기 위하여
㉥ 외부공기가 정화되지 않은 채로 건물 내로 유입되는 것을 막기 위하여

(9) Hood 압력손실

공기가 후드 내부로 유입될 때 가속손실(Acceleration Loss)과 유입손실(Entry Loss)의 형태로 압력손실이 발생한다.

① 가속손실

㉠ 정지상태의 실내공기를 일정한 속도로 가속화시키는 데 필요한 운동에너지이다.

㉡ 가속화시키는 데는 동압(속도압)에 해당하는 에너지가 필요하다.

㉢ 공기를 가속시킬 시 정압이 속도압으로 변화될 때 나타나는 에너지손실, 즉 압력손실이다.

㉣ 관계식

$$가속손실(\Delta P) = 1.0 \times VP$$

여기서, VP : 속도압(동압)(mmH_2O)

② 유입손실

㉠ 공기가 후드나 덕트로 유입될 때 후드 덕트의 모양에 따라 발생되는 난류가 공기의 흐름을 방해함으로써 생기는 에너지손실을 의미한다.

㉡ 후드 개구에서 발생되는 베나수축(Vena Contractor)의 형성과 분리에 의해 일어나는 에너지 손실이다.

㉢ 관계식

$$유입손실(\Delta P) = F \times VP$$

여기서, F : 유입손실계수(요소)
VP : 속도압(동압)(mmH_2O)

㉣ 베나수축

ⓐ 관 내로 공기가 유입될 때 기류의 직경이 감소하는 현상. 즉, 기류면적의 축소현상을 말한다.

ⓑ 베나수축에 의한 손실과 베나수축이 다시 확장될 때 발생하는 난류에 의한 손실을 합하여 유입손실이라 하고 후드의 형태에 큰 영향을 받는다.

ⓒ 베나수축현상이 심할수록 손실은 증가되므로 수축이 최소화될 수 있는 후드 형태를 선택해야 한다.

ⓓ 베나수축이 심할수록 후드 유입손실은 증가한다.

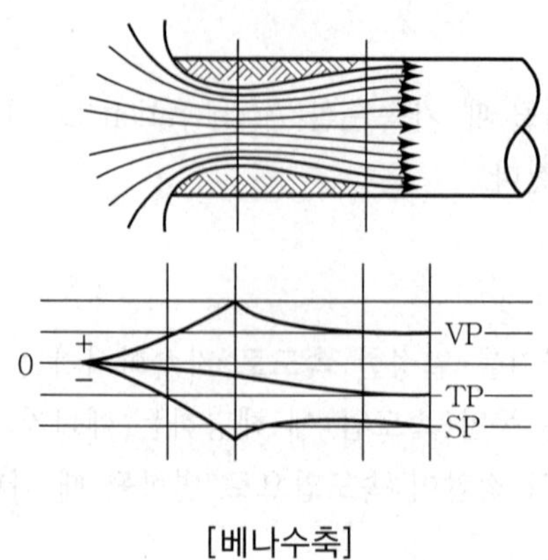

[베나수축]

③ 후드(Hood) 정압(SP_h)

㉠ 개요

가속손실과 유입손실을 합한 것이다. 즉, 공기를 가속화시키는 힘인 속도압과 후드 유입구에서 발생되는 후드의 압력손실을 합한 것이다.

㉡ 관계식

$$\text{후드정압}(SP_h) = VP + \Delta P = VP + (F \times VP) = VP(1+F)$$

여기서, VP : 속도압(동압)(mmH_2O)

ΔP : Hood 압력손실(mmH_2O) ⇒ 유입손실

F : 유입손실계수(요소) ⇒ 후드 모양에 좌우됨

㉢ 유입계수(Ce)

ⓐ 개요

- 실제 후드 내로 유입되는 유량과 이론상 후드 내의 유입되는 유량의 비
- 후드의 유입효율을 나타내며 Ce가 1에 가까울수록 압력손실이 작은 Hood 의미

ⓑ 관계식

$$\text{유입계수(Ce)} = \frac{\text{실제적 유량}}{\text{이론적인 유량}} = \frac{\text{실제 흡인유량}}{\text{이상적인 흡인유량}}$$

$$\text{후드유입 손실계수(F)} = \frac{1-Ce^2}{Ce^2} = \frac{1}{Ce^2} - 1$$

유입계수(Ce) $= \sqrt{\frac{1}{1+F}}$

필수 문제

01 유입계수가 0.82, 속도압이 20 mmH$_2$O 일 때 후드의 압력손실(mmH$_2$O)은?

풀이

후드의 정압이 아니라 압력손실계산문제이므로
후드의 압력손실(ΔP) = F×VP

F : 후드 유입 손실계수

$$F = \frac{1}{Ce^2} - 1 = \frac{1}{0.82^2} - 1 = 0.487$$

VP : 속도압 = 20 mmH$_2$O

= 0.487×20 = 9.74 mmH$_2$O

필수 문제

02 후드의 유입계수와 속도압이 각각 0.87, 16 mmH$_2$O 일 때 후드의 압력손실(mmH$_2$O)은?

풀이

ΔP = F×VP

$$F = \frac{1}{Ce^2} - 1 = \frac{1}{0.87^2} - 1 = 0.32$$

= 0.32×16 = 5.13 mmH$_2$O

필수 문제

03 후드의 유입계수가 0.7, 후드의 압력손실이 1.6 mmH$_2$O 일 때 후드의 속도압(mmH$_2$O)은?

풀이

후드의 압력손실(ΔP)=F×VP(후드 압력손실=후드 유입손실)

$$VP=\frac{\Delta P}{F}$$

$$F=\frac{1}{Ce^2}-1=\frac{1}{0.7^2}-1=1.04$$

$$\Delta P=1.6\ \text{mmH}_2\text{O}$$

$$=\frac{1.6}{1.04}=1.54\ \text{mmH}_2\text{O}$$

필수 문제

04 후드의 압력손실이 2.5 mmH$_2$O 이고 동압이 1 mmH$_2$O 일 경우 유입계수는?

풀이

$$Ce=\sqrt{\frac{1}{1+F}}$$

$$\Delta P=F\times VP$$

$$F=\frac{\Delta P}{VP}=\frac{2.5}{1}=2.5$$

$$=\sqrt{\frac{1}{1+2.5}}=0.5345$$

필수 문제

05 어떤 단순 후드의 유입계수가 0.82 이고 기류속도가 18 m/sec 일 때 후드의 정압(mmH$_2$O)은?(단, 공기밀도는 1.2 kg/m^3)

풀이

후드의 정압(SP_h) = $VP(1+F)$

$$F=\frac{1}{Ce^2}-1=\frac{1}{0.82^2}-1=0.487$$

$$VP=\frac{\gamma V^2}{2g}=\frac{1.2\times 18^2}{2\times 9.8}=19.84\ \text{mmH}_2\text{O}$$

$$=19.84(1+0.487)$$

=29.5 mmH$_2$O 이나 실질적으로 −29.5 mmH$_2$O 임

필수 문제

06 후드의 정압이 20 mmH$_2$O 이고 속도압이 12 mmH$_2$O 일 때 유입계수(Ce)는?

풀이

유입계수(Ce) $= \sqrt{\dfrac{1}{1+F}}$ 이므로 우선 F(유입손실계수)를 구하면

$SP_h = VP(1+F)$

$F = \dfrac{SP_h}{VP} - 1 = \dfrac{20}{12} - 1 = 0.67$

$Ce = \sqrt{\dfrac{1}{1+0.67}} = 0.77$

필수 문제

07 환기시스템에서 공기유량(Q)이 0.14 m^3/sec, 덕트 직경이 9.0 cm, 후드유입 손실요소 (F_h)가 0.5일 때 후드 정압(mmH$_2$O)은?

풀이

후드의 정압(SP_h) $= VP(1+F)$

VP를 구하기 위하여 V(속도)를 먼저 구하면

$Q = A \times V$에서

$$V = \frac{Q}{A} = \frac{0.4\ \mathrm{m^3/sec}}{\left(\dfrac{3.14 \times 0.09^2\ \mathrm{m^2}}{4}\right)} = 22.02\ \mathrm{m/sec}$$

$$VP = \left(\frac{V}{4.043}\right)^2 = \left(\frac{22.02}{4.043}\right)^2 = 29.66\ \mathrm{mmH_2O}$$

$SP_h = 29.66 \times (1+0.5)$

$= 44.49$ mmH$_2$O (실제적으로 -44.49 mmH$_2$O)

필수 문제

08 후드의 유입계수를 구하여 보니 0.9 이었고, 덕트의 기류를 측정해보니 14 m/sec 였다. 이 후드의 유입손실(mmH$_2$O)은?(단, 오염공기의 밀도 1.2 kg/m^3)

풀이

후드의 압력손실(ΔP) $= F \times VP$

F(유입 손실계수) $= \dfrac{1}{Ce^2} - 1 = \dfrac{1}{0.9^2} - 1 = 0.23$

$$VP = \frac{\gamma V^2}{2g} = \frac{1.2 \times 14^2}{2 \times 9.8} = 12\ \text{mmH}_2\text{O}$$

$\Delta P = 0.23 \times 12 = 2.76\ \text{mmH}_2\text{O}$

필수 문제

09 유입계수 Ce=0.78 플랜지 부착 원형 후드가 있다. 덕트의 원면적이 0.0314 m^2 이고 필요 환기량 Q는 30 m^3/min 이라고 할 때 후드의 정압은?(단, 공기밀도 1.2 kg/m^3)

풀이

후드의 정압(SP_h) $= VP(1+F)$

VP를 구하기 위하여 V(속도)를 먼저 구하면

$Q = A \times V$에서

$$V = \frac{Q}{A} = \frac{30\ \text{m}^3/\text{min}}{0.0314\ \text{m}^2} = 955.41\ \text{m/min}(=15.92\ \text{m/sec})$$

$$VP = \frac{\gamma V^2}{2g} = \frac{1.2 \times 15.92^2}{2 \times 9.8} = 15.51\ \text{mmH}_2\text{O}$$

$$F = \frac{1}{Ce^2} - 1 = \frac{1}{0.78^2} - 1 = 0.64$$

$SP_h = 15.51 \times (1 + 0.64)$

$= 25.44\ \text{mmH}_2\text{O}$(실제적으로 $-25.44\ \text{mmH}_2\text{O}$)

학습 Point

1. 제어속도 내용 숙지
2. 후드가 갖추어야 할 사항 내용 숙지(출제비중 높음)
3. 외부식 후드 관련식 숙지(출제비중 높음)
4. 레시버식 후드 적용 및 관련식 숙지
5. 후드압력손실 및 후드정압 관련식 숙지

20 덕트(Duct)

(1) 개요

① 후드에서 흡인한 오염물질을 공기정화기를 거쳐 송풍기까지 운반하는 송풍관 및 송풍기로부터 배기구까지 운반하는 관을 덕트라 한다.

② 후드로 흡인한 오염물질이 덕트 내에 퇴적하지 않게 공기정화장치까지 운반하는 데 필요한 최소속도를 반송속도라 한다. 또한 압력손실을 최소화하기 위해 낮아야 하지만 너무 낮게 되면 입자상 물질의 퇴적이 발생할 수 있어 주의를 요한다.

(2) 덕트 설치기준(설치시 고려사항)

① 가능한 한 길이는 짧게 하고 굴곡부의 수는 적게 할 것

② 접속부의 내면은 돌출된 부분이 없도록 할 것

③ 곡관 전후에 청소구를 설치하는 등 청소하기 쉬운 구조로 할 것

④ 덕트 내 오염물질이 쌓이지 아니하도록 이송속도를 유지할 것

⑤ 연결부위 등은 외부공기가 들어오지 아니하도록 할 것(연결 방법을 가능한 한 용접할 것)

⑥ 가능한 후드의 가까운 곳에 설치할 것

⑦ 송풍기를 연결할 때는 최소덕트 직경의 6배 정도 직선구간을 확보할 것

⑧ 직관은 공기가 아래로 흐르도록 하향구배로 하고 직경이 다른 덕트를 연결할 때는 경사 30° 이내의 테이퍼를 부착할 것

⑨ 가급적 원형덕트를 사용하며 부득이 사각형 덕트를 사용할 경우에는 가능한 정방형을 사용하고 곡관의 수를 적게 할 것

⑩ 곡관의 곡률반경은 최소 덕트직경의 1.5 이상, 주로 2.0을 사용할 것(곡관의 밴드는 가급적 90°를 피하고 밴드 수도 가능한 적게 한다.)

⑪ 수분이 응축될 경우 덕트 내로 들어가지 않도록 경사나 배수구를 마련할 것

⑫ 덕트의 마찰계수는 작게 하고 분지관을 가급적 적게 할 것

(3) 반송속도

반송속도는 오염물질을 이송하기 위한 송풍관 내 기류의 최소 속도를 의미하며 일반적으로 다음 표에 준하여 결정한다.

유해물질	예	반송속도(m/sec)
가스, 증기, 흄 및 매우 가벼운 물질	각종 가스, 증기, 산화아연 및 산화알루미늄 등의 흄, 목재분진, 고무분, 합성수지분	10
가벼운 건조먼지	원면, 곡물분, 고무, 플라스틱, 경금속 분진	15
일반 공업 분진	털, 나무부스러기, 대패부스러기, 샌드블라스트, 글라인더 분진, 내화벽돌분진	20
무거운 분진	납분진, 주조 및 모래털기 작업시 먼지, 선반작업시 먼지	25
무겁고 비교적 큰 입자의 젖은 먼지	젖은 납 분진, 젖은 주조작업 발생 먼지	25 이상

(4) Duct 압력손실

① 개요

후드에서 흡입된 공기가 덕트를 통과할 때 공기기류는 마찰 및 난류로 인해 마찰압력손실과 난류압력손실이 발생한다.

② Duct 압력손실 구분

㉠ 마찰압력손실

ⓐ 공기가 덕트면과 접촉에 의한 마찰에 의해 발생한다.

ⓑ 마찰손실에 미치는 영향 인자로는 공기속도, 덕트면의 성질(조도 : 거칠기), 덕트직경, 공기밀도, 공기점도, 덕트의 형상이 있다.

㉡ 난류압력손실

곡관에 의한 공기기류의 방향전환이나 수축, 확대 등에 의한 덕트 단면적의 변화에 따른 난류속도의 증감에 의해 발생한다.

③ 덕트 압력손실 계산 종류

㉠ 등가길이(등거리) 방법

Duct의 단위길이당 마찰손실을 유속과 직경의 함수로 표현하는 방법, 즉 같은 손실을 갖는 직관의 길이로 환산하여 표현하는 방법이다.

㉡ 속도압 방법

ⓐ 유량과 유속에 의한 Duct 1 m당 발생하는 마찰손실로 속도압을 기준으로 표현하는 방법으로 산업환기 설계에 일반적으로 사용한다.

ⓑ 장점으로는 정압 평형법 설계시 덕트 크기를 보다 더 신속하게 재계산이 가능하다.

PART 01 PART 02 PART 03 PART 04 PART 05

④ 원형 직선 Duct의 압력손실

㉠ 압력손실은 덕트의 길이, 공기밀도에 비례, 유속의 제곱에 비례하고 덕트의 직경에 반비례하며 또한 원칙적으로 마찰계수는 Moody Chart(레이놀즈수와 상대조도에 의한 그래프)에서 구한 값을 적용한다.

㉡ 압력손실(ΔP)

$$\Delta P = F \times VP(\text{mmH}_2\text{O}) \ \text{: Darcy-Weisbach식}$$

여기서, F(압력손실계수) $= 4 \times f \times \dfrac{L}{D}\left(= \lambda \times \dfrac{L}{D}\right)$

λ : 관마찰계수(무차원)($\lambda = 4f$; f는 페닝마찰계수)

D : 덕트 직경(m)

L : 덕트 길이(m)

$$\text{VP(속도압)} = \frac{\gamma \cdot V^2}{2g}(\text{mmH}_2\text{O})$$

여기서, γ : 비중(kg/m^3)

V : 공기속도(m/sec)

g : 중력가속도(m/sec^2)

$$\text{f(페닝마찰계수 : 표면마찰계수)} = \frac{\lambda}{4}$$

⑤ 장방형 직선 Duct 압력손실

㉠ 압력손실 계산시 상당직경을 구하여 원형 직선 Duct 계산과 동일하게 한다.

㉡ 압력손실(ΔP)

$$\Delta P = \lambda(f) \times VP$$

$$\text{F(압력손실계수)} = f \times \frac{L}{D}$$

여기서, f : 페닝마찰계수(무차원)

D : 덕트 직경(상당직경, 등가직경)(m)

L : 덕트 길이(m)

$$VP(속도압) = \frac{\gamma \cdot V^2}{2g} (mmH_2O)$$

여기서, γ : 비중(kg/m^3)

V : 공기속도(m/sec)

g : 중력가속도(m/sec^2)

㉢ 상당직경(등가직경 : Equivalent Diameter)이란 사각형(장방형)관과 동일한 유체 역학적인 특성을 갖는 원형관의 직경을 의미한다.

$$상당직경(d_e) = \frac{2ab}{a+b}$$

여기서, $\frac{2ab}{a+b} = 수력반경 \times 4 = \frac{유로단면적}{접수길이} \times 4 = \frac{ab}{2(a+b)} \times 4$

a, b : 각 변의 길이

$$상당직경(d_e) = 1.3 \times \frac{(ab)^{0.625}}{(a+b)^{0.25}}$$

⇒ 양변의 비가 75% 이상일 경우에 적용

필수 문제

01 방형직관에서 가로 400 mm, 세로 800 mm 일 때 상당직경(m)은?

풀이 상당직경$(d_e)=\dfrac{2ab}{a+b}=\dfrac{2(400\times 800)}{400+800}=533.33\text{ mm}(=0.533\text{ m})$

필수 문제

02 원형 송풍관의 길이 30 m, 내경 0.2 m, 직관 내 속도압이 15 mmH_2O, 철판의 관마찰계수(λ)가 0.016 일 때 압력손실(mmH_2O)은?

풀이 압력손실$(\Delta P)=\left(4\times f\times\dfrac{L}{D}\right)\times VP$

4 f=λ이므로

$=\lambda\times\dfrac{L}{D}\times VP=0.016\times\dfrac{30}{0.2}\times 15=36\text{ mmH}_2\text{O}$

필수 문제

03 입구직경이 400 mm인 접선유입식 사이클론으로 함진가스 100 m^3/min을 처리할 때, 배출가스의 밀도는 1.28 kg/m^3이고, 압력손실계수가 8이면 사이클론 내의 압력손실(mmH_2O)은?

풀이 $\Delta P=F\times\dfrac{\gamma V^2}{2g}$

$F=8$

$\gamma=1.28\text{kg/m}^3$

$V=\dfrac{Q}{A}=\dfrac{100\text{m}^3/\text{min}\times\text{min}/60\text{sec}}{\left(\dfrac{3.14\times 0.4^2}{4}\right)\text{m}^2}=13.26\text{m/sec}$

$=8\times\dfrac{1.28\times 13.26^2}{2\times 9.8}=91.86\text{mmH}_2\text{O}$

필수 문제

04 장방형 덕트의 단변 0.13 m, 장변 0.26 m, 길이 15 m, 속도압 20 mmH$_2$O, 관마찰계수(λ)가 0.004 일 때 덕트의 압력손실(mmH$_2$O)은?

풀이 압력손실(ΔP) $= \lambda \times \dfrac{L}{D} \times$ VP에서

$$상당직경(d_e) = \frac{2\,ab}{a+b} = \frac{2(0.13 \times 0.26)}{0.13+0.26} = 0.173\text{ m}$$

$$= 0.004 \times \frac{15}{0.173} \times 20 = 6.94\text{ mmH}_2\text{O}$$

필수 문제

05 송풍량이 110 m^3/min 일 때 관내경이 400 mm 이고 길이가 5 m 인 직관의 마찰손실은?(단, 유체밀도 1.2 kg/m^3, 관마찰손실계수 0.02 를 직접 적용함)

풀이 압력손실(ΔP) $= \left(\lambda \times \dfrac{L}{D}\right) \times$ VP

VP(속도압)을 구하려면 먼저 V(속도)를 구하여야 한다.

Q = A×V

$$V = \frac{Q}{A} = \frac{110\text{ m}^3/\text{min}}{\left(\dfrac{\pi \times (0.4)^2}{4}\right)\text{m}^2} = 875.8\text{ m/min}(=14.6\text{ m/sec})$$

$$= 0.02 \times \frac{5}{0.4} \times \frac{1.2 \times 14.6^2}{2 \times 9.8} = 3.26\text{ mmH}_2\text{O}$$

필수 문제

06 튀김집 주방환기구에서 옥상까지 10 m 길이로 양철직관 환기장치를 하려고 한다. 이 가로 300 mm, 세로 450 mm 의 장방형관에 100 m^3/min 표준공기가 흐른다고 가정할 때 이 양철직관(10 m)의 마찰압력손실은?(단, 마찰계수(f) = 0.03이고, $\Delta P = f \times \frac{L}{D} \times \frac{\gamma V^2}{2g}$ 이용)

풀이 $\Delta P = f \times \frac{L}{D} \times \frac{\gamma V^2}{2g}$

$f = 0.03$

$L = 10(m)$

$D = \frac{2ab}{(a+b)} = \frac{2 \times 0.3 \times 0.45}{0.3 + 0.45} = 0.36(m)$

$V = \frac{Q}{A} = \frac{100m^3/min \times min/60sec}{(0.3 \times 0.45)m^2} = 12.346(m/sec)$

$= 0.03 \times \frac{10}{0.36} \times \frac{1.3 \times 12.35^2}{2 \times 9.8} = 8.43(mmH_2O)$

필수 문제

07 높이 100 m, 직경이 1 m인 굴뚝에서 260℃의 배출가스가 12,000 m^3/hr로 토출될 때 굴뚝에 의한 마찰손실(mmH_2O)은 약 얼마인가?(단, 굴뚝의 마찰계수 λ = 0.06, 표준상태의 공기밀도는 1.3 kg/m^3)

풀이 $\Delta P = \lambda \times \frac{L}{D} \times \frac{\gamma V^2}{2g}$

$V = \frac{Q}{A} = \frac{12,000m^3/hr \times hr/3,600sec}{\left(\frac{3.14 \times 1^2}{4}\right)m^2} = 4.24m/sec$

$\gamma = 1.3kg/m^3 \times \frac{273}{273 + 260} = 0.6658kg/m^3$

$= 0.06 \times \frac{100}{1} \times \frac{0.6658 \times 4.24^2}{2 \times 9.8} = 3.66mmH_2O$

(6) 곡관 압력손실

① 곡관 압력손실은 곡관의 덕트직경(D)과 곡률반경(R)의 비, 즉 곡률반경비(R/D)에 의해 주로 좌우되며 곡관의 크기, 모양, 속도, 연결 덕트 상태에 의해서도 영향을 받는다. 즉, 곡관의 반경비(R/D)를 크게 할수록 압력손실이 적어진다.

② 곡관의 구부러지는 경사는 가능한 한 완만하게 하도록 하고 구부러지는 관의 중심선의 반지름이 송풍관 직경의 2.5배 이상이 되도록 한다.

③ 압력손실은 곡관의 각도가 90°가 아닌 경우 ΔP에 $\frac{\theta}{90°}$을 곱하여 구한다.

$$압력손실(\Delta P) = \left(\xi \times \frac{\theta}{90}\right) \times VP$$

여기서, ξ : 압력손실계수

θ : 곡관의 각도

VP : 속도압(동압)(mmH_2O)

필수 문제

01 90° 곡관의 반경비가 2.0 일 때 압력손실계수는 0.27 이다. 속도압이 14 mmH_2O 라면 곡관의 압력손실(mmH_2O)은?

풀이 $\Delta P=\left(\xi\times\frac{\theta}{90}\right)\times VP=0.27\times\left(\frac{90}{90}\right)\times 14=3.78\ mmH_2O$

필수 문제

02 45° 곡관의 반경비가 2.0 일 때 압력손실계수는 0.27 이다. 속도압이 15 mmH_2O 일 때 곡관의 압력손실은?

풀이 $\Delta P=\left(\xi\times\frac{\theta}{90}\right)\times VP=0.27\times\left(\frac{45}{90}\right)\times 15=2.03\ mmH_2O$

필수 문제

03 형상비가 3.0 이고 반경비가 2.0 인 장방형 곡관의 속도압 백분율은 10% 이다. 속도압이 30 mmH_2O 라면 이 관의 압력손실(mmH_2O)은?

풀이 $\Delta P=\left(\xi\times\frac{\theta}{90}\right)\times VP=0.1\times 30=3\ mmH_2O$

학습 Point

1. 덕트설치기준 내용 숙지
2. Duct 직관압력손실 내용 숙지(출제비중 높음)

21 송풍기(Fan)

(1) 개요

국소배기장치의 일부로서 오염공기를 후드에서 덕트 내로 유동시켜서 옥외로 배출하는 원동력을 만들어내는 흡인장치를 말한다.

(2) 분류

① 팬(Fan)

㉠ 토출압력과 흡입 압력비가 1.1 미만인 것을 말한다.

㉡ 압력상승의 한계가 1,000 mmH_2O 미만인 것을 말한다.

② 블로어(Blower)

㉠ 토출압력과 흡입 압력비가 1.1 이상 2 미만인 것을 말한다.

㉡ 압력상승의 한계가 1,000~10,000 mmH_2O인 것을 말한다.

(3) 종류

① 원심력 송풍기(Centrifugal Fan)

원심력 송풍기는 축방향으로 흘러 들어온 공기가 반지름 방향으로 흐를 때 생기는 원심력을 이용하고 달팽이 모양으로 생겼으며 흡입방향과 배출방향이 수직이며 날개의 방향에 따라 다익형, 평판형, 터보형으로 구분한다.

㉠ 다익형(Multi Blade Fan)

ⓐ 개요

- 전향 날개형(전곡 날개형(Forward-Curved Blade Fan))이라고 하며 익현 길이가 짧고 깃폭이 넓은 36~64매나 되는 다수의 전경깃이 강철판의 회전차에 붙여지고, 용접해서 만들어진 케이싱 속에 삽입된 형태의 팬으로, 시로코팬이라고도 한다.
- 같은 주속도에 가장 높은 풍압(최고 750 mmH_2O)을 발생시키나, 효율은 3종류의 송풍기 중 가장 낮아서 약 40~70% 정도, 여유율은 1.15~1.25 정도이고, 제한된 장소나 저압에서 대풍량(20,000 m^3/min 이하)을 요하는 시설에 이용된다.
- 송풍기의 임펠러가 다람쥐 쳇바퀴 모양으로 회전날개가 회전방향과 동일한 방향으로 설계되어 있으며 축차의 날개는 작고 회전축차의 회전방향 쪽으로 굽어 있다.

- 비교적 느린 속도로 가동되며, 이 축차는 때로 '다람쥐 축차'라고도 불린다.
- 주로 가정용 화로, 중앙난방장치 및 에어컨과 같이 저압난방 및 환기 등에 이용된다.

ⓑ 장점

- 동일풍량, 동일풍압에 대해 가장 소형이므로 제한된 장소에 사용 가능
- 설계 간단
- 회전속도가 작아 소음이 낮음
- 분지관의 송풍에 적합
- 저가로 제작이 가능

ⓒ 단점

- 구조강도상 고속회전이 불가능
- 효율이 낮음(≒60%)
- 동력 상승률이 크고 과부하되기 쉬우므로 큰 동력의 용도에 적합하지 않음
- 청소가 곤란

㉡ 평판형(Radial Fan)

ⓐ 플레이트 송풍기, 방사날개형 송풍기라고도 한다.

ⓑ 날개(Blade)가 다익형보다 적고, 직선이며 평판 모양을 하고 있어 강도가 매우 높게 설계되어 있다.

ⓒ 깃의 구조가 분진을 자체 정화할 수 있도록 되어 있다.

ⓓ 시멘트, 미분탄, 곡물, 모래 등의 고농도 분진 함유 공기나 마모성이 강한 분진 이송용으로 사용된다.

ⓔ 부식성이 강한 공기를 이송하는 데 많이 사용된다.

ⓕ 압력은 다익팬보다 약간 높으며 효율도 65%로 다익팬보다는 약간 높으나 터보팬보다는 낮다.

ⓖ 습식집진장치의 배기에 적합하며 소음은 중간 정도이다.

㉢ 터보형(Turbo Fan)

ⓐ 개요

- 후향 날개형(후곡날개형, Backward-Curved Blade Fan)은 송풍량이 증가해도 동력이 증가하지 않는 장점을 가지고 있어 한계부하 송풍기 또는 비행기 날개형 송풍기라고도 한다.
- 회전날개(깃)가 회전방향 반대편으로 경사지게 설계되어 있어 충분한 압력을 발생시킬 수 있다.

- 소음이 크나 구조가 간단하여 설치장소의 제약이 적고, 고온·고압의 대용량에 적합하다. 즉 비교적 큰 압력손실에도 잘 견디기 때문에 공기정화장치가 있는 국소배기시스템에 사용한다. 압입 송풍기로 주로 사용되고 효율이 좋다.
- 송풍기 성능곡선에서 동력곡선의 최대 송풍량의 60~70%까지 증가하다가 감소하는 경향을 띠는 특성이 있으며 깃의 모양은 두께가 균일한 것과 익형이 있다.
- 고농도 분진함유 공기를 이송시킬 경우 깃 뒷면에 분진이 퇴적한다.

ⓑ 장점
- 장소의 제약을 받지 않음
- 송풍기 중 효율이 가장 좋음
- 풍압이 바뀌어도 풍량의 변화가 적음(하향구배 특성이기 때문에)
- 송풍량이 증가해도 동력은 크게 상승하지 않음
- 송풍기를 병렬로 배치해도 풍량에는 지장이 없음

ⓒ 단점
- 소음이 큼
- 분진농도가 낮은 공기나 고농도 분진함유 공기 이송시에 집진기 후단에 설치해야 함

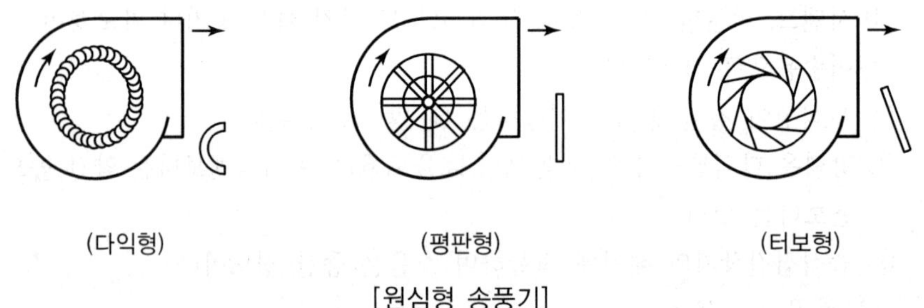

[원심형 송풍기]

Reference | 비행기 날개형 송풍기(Airfoil Blade Fan)

표준형 평판날개형보다 비교적 고속에서 가동되고, 후향날개형을 정밀하게 변형시킨 것으로써 원심력 송풍기 중 효율이 가장 좋아 대형 냉난방 공기조화장치, 산업용 공기청정장치 등에 주로 이용되며, 에너지 절감효과가 뛰어난 송풍기 유형이다.

② 축류 송풍기(Axial Flow Fan)

㉠ 개요

ⓐ 전향날개형 송풍기와 유사한 특징을 가지고 있다.

ⓑ 공기 이송 시 공기가 회전축(프로펠러)을 따라 직선방향으로 이송되며 프로펠러 송풍기는 구조가 가장 간단하고 적은 비용으로 많은 양의 공기를 이송시킬 수 있다.

ⓒ 국소배기용보다는 압력손실이 비교적 적은 전체환기량으로 사용해야 한다.

ⓓ 공기는 날개의 앞부분에서 흡인되고 뒷부분 날개에서 배출되므로 공기의 유입과 유출은 동일한 방향을 가지고 유출된다. 즉 축방향으로 흘러들어온 공기가 축방향으로 흘러나갈 때의 임펠러의 양력을 이용한 것이다.

㉡ 장점

ⓐ 덕트에 바로 삽입할 수 있어 설치비용이 저렴

ⓑ 전동기와 직결할 수 있고, 또 축방향 흐름이기 때문에 관도 도중에 설치할 수 있음

ⓒ 경량이고 재료비 및 설치비용이 저렴

㉢ 단점

ⓐ 압력손실이 비교적 많이 걸리는 시스템에 사용했을 때 서징현상으로 진동과 소음이 심한 경우가 생김

ⓑ 최대 송풍량의 70% 이하가 되도록 압력손실이 걸릴 경우 서징현상을 피할 수 없음

ⓒ 규정 풍량 이외에서는 효율이 떨어지므로 가열공기 또는 오염공기의 취급에 부적당

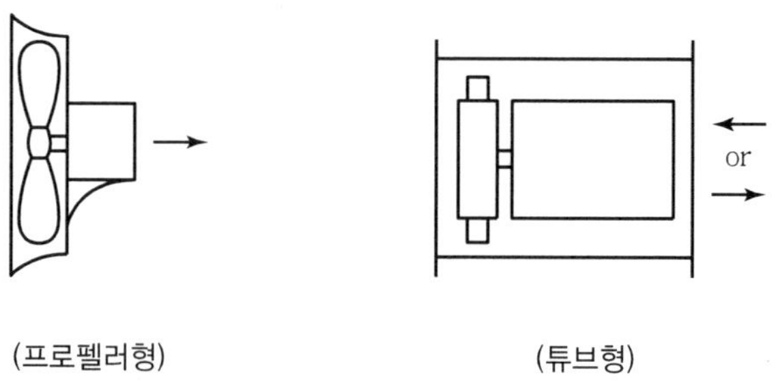

(프로펠러형) (튜브형)

[축류형 송풍기]

Reference | 프로펠러형 송풍기(Propeller Fan)

> 축차는 두 개 이상의 두꺼운 날개를 틀 속에 가지고 있고, 효율은 낮으며 저압 응용 시 사용되며, 덕트가 없는 벽에 부착되어 공간 내 공기의 순환에 응용되고, 대용량 공기운송에 이용된다.

Reference | 고정날개 축류형 송풍기

① 축류형 중 가장 효율이 높다.
② 일반적으로 직선류 및 아담한 공간이 요구되는 HVAC 설비에 응용된다.
③ 공기의 분포가 양호하여 많은 산업장에서 응용되고 있다.
④ 효율과 압력상승효과를 얻기 위해 직선형 고정날개를 사용하나 날개의 모양과 간격은 변형되기도 한다.
⑤ 중·고압을 얻을 수 있다.

(4) 송풍기 전압 및 정압

① 송풍기 전압(FTP)

배출구 전압(TP_{out})과 흡입구 전압(TP_{in})의 차로 표시한다.

$$\begin{aligned} FTP &= TP_{out} - TP_{in} \\ &= (SP_{out} + VP_{out}) - (SP_{in} + VP_{in}) \end{aligned}$$

② 송풍기 정압(FSP)

송풍기 전압(FTP)과 배출구 속도압(VP_{out})의 차로 표시한다.

$$\begin{aligned} FSP &= FTP - VP_{out} \\ &= (SP_{out} - SP_{in}) + (VP_{out} - VP_{in}) - VP_{out} \\ &= (SP_{out} - SP_{in}) - VP_{in} \\ &= (SP_{out} - TP_{in}) \end{aligned}$$

Reference

송풍기에 송출관은 있고 흡입관이 없을 때 송풍기 정압은 송출구에서의 정압과 동일하다.

필수 문제

01 송풍기의 흡입구 및 배출구 내의 속도압은 각각 18 mmH_2O 로 같고, 흡입구의 정압은 −55 mmH_2O 이며 배출구 내의 정압은 20 mmH_2O 이다. 송풍기의 전압(mmH_2O)과 정압(mmH_2O)은 각각 얼마인가?

풀이
송풍기 전압(FTP)
$FTP = (SP_{out} + VP_{out}) - (SP_{in} + VP_{in}) = (20+18) - (-55+18) = 75\ mmH_2O$
송풍기 정압(FSP)
$FSP = (SP_{out} - SP_{in}) - VP_{in} = [20 - (-55)] - 18 = 57\ mmH_2O$

(5) 송풍기 소요동력

$$kW = \frac{Q \times \Delta P}{6,120 \times \eta} \times \alpha, \qquad HP = \frac{Q \times \Delta P}{4,500 \times \eta} \times \alpha$$

여기서, Q : 송풍량(m^3/min)
ΔP : 송풍기 유효전압(정압 ; mmH_2O)
η : 송풍기 효율(%)
α : 안전인자(여유율)(%)

필수 문제

01 100 m^3/min, 송풍기 유효전압이 150 mmH_2O, 송풍기 효율이 70%, 여유율이 1.2 인 송풍기의 소요동력(kW)은?(단, 송풍기 효율과 원동기 여유율을 고려함)

풀이 $kW = \frac{Q \times \Delta P}{6,120 \times \eta} \times \alpha = \frac{100 \times 150}{6,120 \times 0.7} \times 1.2 = 4.2\ kW$

필수 문제

02 송풍기 풍량 Q는 200 m^3/min 이고 풍정압(SP_f)은 150 mmH_2O 이다. 송풍기의 효율이 0.8이라면 소요동력(kW)은?

풀이 $kW = \frac{Q \times \Delta P}{6,120 \times \eta} \times \alpha = \frac{200 \times 150}{6,120 \times 0.8} \times 1 = 6.13\,kW$

필수 문제

03 풍량이 200 m^3/min, 풍전압 100 mmH_2O, 송풍기 소요동력 5 kW 라면 송풍기 효율(%)은?

풀이 $kW = \frac{Q \times \Delta P}{6,120 \times \eta} \times \alpha$

$\eta = \frac{Q \times \Delta P}{6,120 \times kW} \times \alpha = \frac{200 \times 100}{6,120 \times 5} \times 1 = 0.65 \times 100 = 65\%$

필수 문제

04 처리가스량 20,000 m^3/hr, 압력손실이 100 mmH_2O 인 집진장치의 송풍기 소요동력은 몇 kW인가?(단, 송풍기 효율 60%, 여유율 1.3)

풀이 $kW = \frac{Q \times \Delta P}{6,120 \times \eta} \times \alpha$

$Q = 20,000\,m^3/hr \times hr/60\,min = 333.33\,m^3/min$

$= \frac{333.33 \times 100}{6,120 \times 0.6} \times 1.3 = 11.8\,kW$

필수 문제

05 어떤 집진장치의 압력손실이 600 mmH_2O, 처리가스량 750 m^3/min, 송풍기효율이 75% 일 때 소요동력(HP)은?

풀이 $HP = \frac{Q \times \Delta P}{4,500 \times \eta} \times \alpha = \frac{750 \times 600}{4,500 \times 0.75} \times 1.0 = 133.33\ HP$

필수 문제

06 처리가스량 $1 \times 10^6\ Sm^3/hr$, 집진장치 입구 먼지농도 2 g/Sm^3, 출구의 먼지농도 0.3 g/Sm^3, 집진장치의 압력손실은 50 mmH_2O로 했을 경우, Blower의 소요동력(kW)은?(단, Blower의 효율은 80% 이다.)

풀이 $kW = \frac{Q \times \Delta P}{6,120 \times \eta} \times \alpha$

$Q = 1 \times 10^6\ Sm^3/hr \times hr/60\ min = 16,666.67\ m^3/min$

$= \frac{16,666.67 \times 50}{6,120 \times 0.8} \times 1.0 = 170.21\ kW$

필수 문제

07 연소 배출가스가 4,000 Sm^3/hr 인 굴뚝에서 정압을 측정하였더니 20 mmH_2O 였다. 여유율 20% 인 송풍기를 사용할 경우 필요한 소요동력(kW)은?(단, 송풍기 정압효율 80%, 전동기 효율 70%)

풀이 $kW = \frac{Q \times \Delta P}{6,120 \times \eta} \times \alpha$

$Q = 4,000\ Sm^3/hr \times hr/60\ min = 66.67\ m^3/min$

$= \frac{66.67 \times 20}{6,120 \times 0.8 \times 0.7} \times 1.2 = 0.47\ kW$

필수 문제

08 집진장치의 압력손실 350 mmH₂O, 처리가스량 3,500 m³/min, 송풍기 효율 70%, 송풍기 축동력에 여유율 20%를 고려한다면 이 장치의 소요동력(kW)은?

풀이 $\text{kW} = \dfrac{Q \times \Delta P}{6,120 \times \eta} \times \alpha = \dfrac{3,500 \times 350}{6,120 \times 0.7} \times 1.2 = 343.14\,\text{kW}$

(6) 송풍기 법칙(상사법칙 : Law Of Similarity)

송풍기 법칙이란 송풍기의 회전수와 송풍기 풍량, 송풍기 풍압, 송풍기 동력과의 관계이며 송풍기의 성능 추정에 매우 중요한 법칙이다.

① 송풍기 크기가 같고 유체(공기)의 비중이 일정할 때

㉠ 풍량은 송풍기 회전속도(회전수)비에 비례한다.

$$\frac{Q_2}{Q_1} = \frac{N_2}{N_1} \qquad Q_2 = Q_1 \times \frac{N_2}{N_1}$$

여기서, Q_1 : 회전수 변경 전 풍량(m³/min)
Q_2 : 회전수 변경 후 풍량(m³/min)
N_1 : 변경 전 회전수(rpm)
N_2 : 변경 후 회전수(rpm)

㉡ 풍압(전압)은 송풍기 회전속도(회전수)비의 제곱에 비례한다.

$$\frac{FTP_2}{FTP_1} = \left(\frac{N_2}{N_1}\right)^2 \qquad FTP_2 = FTP_1 \times \left(\frac{N_2}{N_1}\right)^2$$

여기서, FTP_1 : 회전수 변경 전 풍압(mmH₂O)
FTP_2 : 회전수 변경 후 풍압(mmH₂O)

㉢ 동력은 송풍기 회전속도(회전수)비의 세제곱에 비례한다.

$$\frac{kW_2}{kW_1}=\left(\frac{N_2}{N_1}\right)^3 \qquad kW_2=kW_1\times\left(\frac{N_2}{N_1}\right)^3$$

여기서, kW_1 : 회전수 변경 전 동력(kW)
kW_2 : 회전수 변경 후 동력(kW)

② 송풍기 회전수, 유체(공기)의 중량이 일정할 때

㉠ 풍량은 송풍기 크기(회전차 직경)의 세제곱에 비례한다.

$$\frac{Q_2}{Q_1}=\left(\frac{D_2}{D_1}\right)^3 \qquad Q_2=Q_1\times\left(\frac{D_2}{D_1}\right)^3$$

여기서, D_1 : 변경 전 송풍기의 크기(회전차 직경)
D_2 : 변경 후 송풍기의 크기(회전차 직경)

㉡ 풍압(전압)은 송풍기 크기(회전차 직경)의 제곱에 비례한다.

$$\frac{FTP_2}{FTP_1}=\left(\frac{D_2}{D_1}\right)^2 \qquad FTP_2=FTP_1\times\left(\frac{D_2}{D_1}\right)^2$$

여기서, FTP_1 : 송풍기 크기 변경 전 풍압(mmH_2O)
FTP_2 : 송풍기 크기 변경 후 풍압(mmH_2O)

㉢ 동력은 송풍기 크기(회전차 직경)의 오제곱에 비례한다.

$$\frac{kW_2}{kW_1}=\left(\frac{D_2}{D_1}\right)^5 \qquad kW_2=kW_1\times\left(\frac{D_2}{D_1}\right)^5$$

여기서, kW_1 : 송풍기 크기 변경 전 동력(kW)
kW_2 : 송풍기 크기 변경 후 동력(kW)

③ 송풍기 회전수와 송풍기 크기가 같을 때

㉠ 풍량은 비중(량)의 변화에 무관하다.

$$Q_1=Q_2$$

여기서, Q_1 : 비중(량) 변경 전 풍량(m^3/min)
Q_2 : 비중(량) 변경 후 풍량(m^3/min)

㉡ 풍압과 동력은 비중(량)에 비례, 절대온도에 반비례한다.

$$\frac{FTP_2}{FTP_1} = \frac{\mathrm{kW}_2}{\mathrm{kW}_1} = \frac{\rho_2}{\rho_1} = \frac{T_1}{T_2}$$

여기서, FTP_1, FTP_2 : 변경 전후의 풍압(mmH_2O)
kW_1, kW_2 : 변경 전후의 동력(kW)
ρ_1, ρ_2 : 변경 전후의 비중(량)
T_1, T_2 : 변경 전후의 절대온도

필수 문제

01 송풍기 풍압 50 mmH_2O 에서 200 m^3/min의 송풍량을 이동시킬 때 회전수가 500 rpm 이고 동력은 4.2 kW 이다. 만약 회전수를 600 rpm 으로 하면 송풍량(m^3/min), 풍압(mmH_2O), 동력(kW)은?

풀이

송풍량

$$\frac{Q_2}{Q_1} = \left(\frac{N_2}{N_1}\right)$$

$$Q_2 = Q_1 \times \left(\frac{N_2}{N_1}\right) = 200 \times \left(\frac{600}{500}\right) = 240\ \mathrm{m^3/min}$$

풍압

$$\frac{FTP_2}{FTP_1} = \left(\frac{N_2}{N_1}\right)^2$$

$$FTP_2 = FTP_1 \times \left(\frac{N_2}{N_1}\right)^2 = 50 \times \left(\frac{600}{500}\right)^2 = 72\ \mathrm{mmH_2O}$$

동력

$$\frac{\mathrm{kW}_2}{\mathrm{kW}_1} = \left(\frac{N_2}{N_1}\right)^3$$

$$\mathrm{kW}_2 = \mathrm{kW}_1 \times \left(\frac{N_2}{N_1}\right)^3 = 4.2 \times \left(\frac{600}{500}\right)^3 = 7.3\ \mathrm{kW}$$

필수 문제

02 회전차 외경이 600 mm인 원심송풍기의 풍량은 300 m^3/min, 풍압은 100 mmH_2O, 축동력은 10 kW 이다. 회전차 외경이 1,200 mm 인 동류(상사구조)의 송풍기가 동일한 회전수로 운전된다면 이 송풍기의 풍량(m^3/min), 풍압(mmH_2O), 축동력(kW)은? (단, 두 경우 모두 표준공기를 취급한다.)

풀이

송풍량

$$\frac{Q_2}{Q_1}=\left(\frac{D_2}{D_1}\right)^3$$

$$Q_2=Q_1\times\left(\frac{D_2}{D_1}\right)^3=300\times\left(\frac{1,200}{600}\right)^3=2{,}400\ \mathrm{m^3/min}$$

풍압

$$\frac{FTP_2}{FTP_1}=\left(\frac{D_2}{D_1}\right)^2$$

$$FTP_2=FTP_1\times\left(\frac{D_2}{D_1}\right)^2=100\times\left(\frac{1,200}{600}\right)^2=400\ \mathrm{mmH_2O}$$

축동력

$$\frac{\mathrm{kW}_2}{\mathrm{kW}_1}=\left(\frac{D_2}{D_1}\right)^5$$

$$\mathrm{kW}_2=\mathrm{kW}_1\times\left(\frac{D_2}{D_1}\right)^5=10\times\left(\frac{1,200}{600}\right)^5=320\ \mathrm{kW}$$

필수 문제

03 21℃ 기체를 취급하는 어떤 송풍기의 풍량이 20 m^3/min, 송풍기 정압이 70 mmH_2O, 축동력이 2 kW 이다. 동일한 회전수로 50℃ 인 기체를 취급한다면 이때, 풍량, 송풍기 정압, 축동력은?

풀이

풍량

동일 송풍기로 운전되므로 풍량은 비중량의 변화와 무관

$$Q_1 = Q_2 = 20\,m^3/min$$

송풍기 정압

$$\frac{FTP_2}{FTP_1} = \frac{T_1}{T_2}\text{(정압은 절대온도에 반비례)}$$

$$FTP_2 = FTP_1 \times \left(\frac{T_1}{T_2}\right) = 70 \times \left(\frac{273+21}{273+50}\right) = 63.72\,mmH_2O$$

축동력

$$\frac{kW_2}{kW_1} = \frac{T_1}{T_2}\text{(축동력은 절대온도에 반비례)}$$

$$kW_2 = kW_1 \times \left(\frac{T_1}{T_2}\right) = 2 \times \left(\frac{273+21}{273+50}\right) = 1.82\,kW$$

필수 문제

04 송풍기의 크기와 유체의 밀도가 일정한 조건에서 한 송풍기가 1.2 kW 의 동력을 이용하여 20 m^3/min 의 공기를 송풍하고 있다. 만약 송풍량이 30 m^3/min 으로 증가했다면 이때, 필요한 송풍기의 소요동력(kW)은?

풀이

$$Kw_2 = Kw_1 \times \left(\frac{Q_2}{Q_1}\right)^3 = 1.2 \times \left(\frac{30}{20}\right)^3 = 4.05\,kW$$

필수 문제

05 송풍기가 표준공기(밀도 : 1.2 kg/m^3)를 10 m^3/sec로 이동시키고 1,000 rpm으로 회전할 때 정압이 900 N/m^2이었다면 공기밀도가 1.0 kg/m^3으로 변할 때 송풍기의 정압은?

풀이

$$\Delta P_2 = \Delta P_1 \times \left(\frac{\rho_2}{\rho_1}\right)$$

$$= 900 \times \left(\frac{1.0}{1.2}\right) = 750\mathrm{N/m^2}$$

(7) 송풍기의 풍량 조절방법

① 회전수 조절법(회전수 변환법)

㉠ 풍량을 크게 바꾸려고 할 때 가장 적절한 방법이다.

㉡ 구동용 풀리의 풀리비 조정에 의한 방법이 일반적으로 사용된다.

㉢ 비용은 고가이나 효율은 좋다.

② 안내익 조절법(Vane Control법)

㉠ 송풍기 흡입구에 6~8매의 방사상 Blade를 부착, 그 각도를 변경함으로써 풍량을 조절한다.

㉡ 다익, 레이디얼 팬보다 터보팬에 적용하는 것이 효과가 크다.

㉢ 큰 용량의 제진용으로 적용하는 것은 부적합하다.

③ 댐퍼 부착법(Damper 조절법)

㉠ 후드를 추가로 설치해도 쉽게 압력조절이 가능하고 사용하지 않는 후드를 막아 다른 곳에 필요한 정압을 보낼 수 있어 현장에서 배관 내에 댐퍼를 설치하여 송풍량을 조절하기 가장 쉬운 방법이다.

㉡ 저항곡선의 모양을 변경해서 교차점을 바꾸는 방법이다.

(8) 송풍기 성능곡선, 시스템 곡선 및 동작점

① 성능곡선

㉠ 송풍기에 부하되는 송풍기 정압에 따라 송풍량이 변하는 경향을 나타내는 곡선이다.

㉡ 송풍유량, 송풍기 정압, 축동력, 효율의 관계에서 나타낸다.

② 시스템(요구)곡선

송풍량에 따라 송풍기 정압이 변하는 경향을 나타내는 곡선이다.

③ 동작점

송풍기 성능곡선과 시스템 요구곡선이 만나는 점

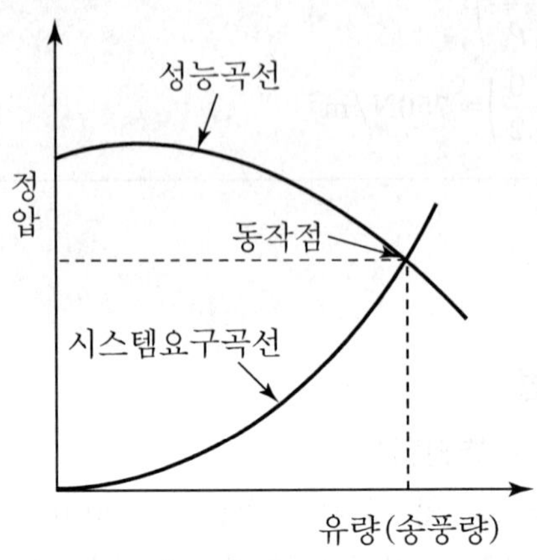

[송풍기 동작점(운전곡선)]

학습 Point

1 원심력 송풍기 종류별 특징 내용 숙지
2 송풍기 전압 및 정압, 소요동력 관련식 숙지(출제비중 높음)
3 송풍기 법칙 관련식(출제비중 높음)

메모...

메모...